구조방정식모형과 다층모형을 중심으로

# 빅데이터 분석방법론

송태민 · 송주영 지음

한나래 아카데미

빅데이터 분석방법론

지은이 | 송태민·송주영
펴낸이 | 한기철

2013년 12월 20일 1판 1쇄 펴냄
2015년 4월 20일 1판 3쇄 펴냄

펴낸곳 | 한나래출판사
등록 | 1991. 2. 25 제22-80호
주소 | 서울시 마포구 월드컵로3길 39, 2층 (합정동)
전화 | 02-738-5637·팩스 | 02-363-5637·e-mail | hannarae91@naver.com
www.hannarae.net


published by Hannarae Publishing Co.
Printed in Seoul

ISBN 978-89-5566-154-5 94310
ISBN 978-89-5566-051-7 (세트)

* 이 도서의 국립중앙도서관 출판시도서목록(CIP)은 서지정보유통지원시스템 홈페이지(http://seoji.nl.go.kr)와 국가자료공동목록시스템(http://www.nl.go.kr/kolisnet)에서 이용하실 수 있습니다.
(CIP제어번호: CIP2013023943)

# 머리말

사회과학(social science)은 사회생활의 전반적인 측면을 과학적인 연구방법을 동원하여 연구하는 학문 분야이다. 오늘날 많은 분야에서 다양한 사회현상을 탐색·기술하여 인과성을 발견하고 미래를 예측하기 위해 사회과학 연구방법을 적용하고 있다. 특히, 모바일 인터넷과 소셜미디어의 확산으로 데이터량이 기하급수적으로 증가하여 데이터가 경제적 자산이 될 수 있는 빅데이터(big data) 시대에는 데이터를 분석하는 역량이 연구자의 핵심 경쟁력으로 자리매김하고 있다.

인간의 사회활동의 결과로 쌓이는 빅데이터는 기존의 관리·분석 체계로는 감당할 수 없을 정도로 방대한 분량의 데이터로, 오늘날 이러한 빅데이터를 관리하고 분석할 수 있는 데이터 사이언티스트(data scientist)의 역할은 점점 그 중요성을 더해 가고 있다. 연구자는 수많은 온오프라인 빅데이터에서 새로운 가치를 찾기 위해 끊임없이 창조적인 탐구과정을 거쳐야 한다. 구글의 수석 경제학자 할 배리언(Hal R. Varian)은 데이터를 얻는 능력, 데이터를 이해하고 처리하는 능력, 가치를 뽑아내는 능력, 시각화하는 능력, 그리고 전달하는 능력이 앞으로 10년간 매우 중요한 능력으로 인정받게 될 것이라고 말했다. 행복한 사고로 정의되는 '우연한 발견(serendipity)'은 한순간에 저절로 나타나지 않는다. 수많은 실험 끝에 푸른곰팡이(페니실리움 노타툼)를 우연히 발견한 플레밍과 같이, 연구자는 데이터를 가지고 끊임없이 새로운 분석을 시도할 때 창조적인 발견을 할 수 있다.

많은 국가와 기업에서는 SNS를 통하여 생산되는 소셜 빅데이터의 분석을 통하여 사회적 문제의 해결은 물론 새로운 경제적 효과와 일자리 창출을 위하여 적극적으로 노력하고 있다. 우리나라는 최근 정부3.0과 창조경제의 추진·실현을 위하여 정부의 주요 정책과제의 지원과 함께 다양한 분야에서 빅데이터의 활용가치가 강조되고 있다. 우리 주변에는 이미 수많은 정형화된(구조화된) 빅데이터를 정부나 공공기관에서 관리하고 있으며, 비정형화된(구조화되지 않은) 빅데이터는 민간기관의 검색포털이나 SNS를 통해 생산·저장되고 있다. 그동안 많은 연구자들은 공공기관의 정형화된 빅데이터를 이용하여 새로운 사회현상을 발견하기 위해 노력해 왔다. 그러나 이러한 연구는 개인이나 집단의 특성을 살펴보는 데는 장점을 지니나, 개별 대상자에게서 파악한 현상들이 지역사회나 사회적·환경적 현상과 얼마나 어떻게 연관되어 있는지를 살피는 데는 불분명한 점이 있으며 실시간으로 원인을 분석하는 데도 한계가 있다.

따라서 그동안 저자들은 정형화된 빅데이터의 분석 경험을 바탕으로 비정형화된 빅데이터를 연결하여 분석함으로써 급속히 변화하는 사회현상을 예측하기 위한 노력을 경주해 왔다. 그런데 많은 연구자들은 고급통계지식을 갖추어야만 빅데이터 분석이 가능하다고 여겨 쉽게 접근하지 못하는 것이 현실이다. 물론 빅데이터를 분석하려는 연구자는 가설검증, 상관분석, 요인분석, 회귀분석과 같은 최소한의 기본적인 통계지식을 갖추어야 한다. 저자들 또한 통계학을 전공하지 않은 학자로서 고급통계지식을 많이 쌓으려고 노력해 왔다. 그러나 분석기법마다 복잡한 수식으로 설명되어 있는 통계서를 정확히 이해하기란 쉬운 일이 아니다. 이와 같은 고충을 알기에 저자들은 지금까지 빅데이터를 이용하여 사회과학 분야 연구를 하면서 적용한 다양한 통계기법들을 이 책에 담아 처음 빅데이터를 분석하려고 하는 초보연구자들이 그대로 따라 하면서 다양한 빅데이터 분석기법을 충분히 익히고 연구를 할 수 있도록 하였다.

이러한 점에서 본서는 몇 가지 특징을 갖는다. 첫째, 기본적인 통계지식을 가진 연구자라면 고급통계를 모르더라도 쉽게 따라 할 수 있게 구성하였다. 둘째, 본서에서 사용한 대부분의 빅데이터 분석기법은 이론적 근거를 확보하기 위해 국내외 학회지에 게재하여 검증을 받았다. 셋째, 처음 빅데이터를 이용하여 논문을 작성하는 연구자를 위해 이론적 배경을 정리하는 과정부터 통계분석과 고찰에 이르기까지 논문 작성의 전 과정에 대한 지침서를 각 논문에 포함하여 새로운 논문을 쉽게 작성할 수 있도록 구성하였다. 넷째, 빅데이터에서 새로운 현상을 발견하기 위한 방법론으로 구조방정식모형과 다층모형을 적용하였다.

이 책의 모든 장은 실제 빅데이터를 이용하여 사회과학 분야의 관련 논문을 작성하는 방법과 예제를 포함하고 있기 때문에 본서를 이용하는 연구자는 빅데이터를 분석하는 방법론을 쉽고 깊이 있게 학습할 수 있을 것이다. 본서의 1부(1~3장)에서는 빅데이터를 분석하기 위한 다변량 통계기법인 다층모형과 구조방정식모형의 개념, 그리고 빅데이터의 활용방안에 대해 설명하였으며, 2부(4~8장)에서는 실제 빅데이터를 분석하여 논문을 작성하는 방법에 대해 서술하였다.

1장에는 다층모형의 기본적인 개념부터 모델링까지의 전 과정에 대한 이론적인 내용을 기술하고 구체적인 예제를 통해 HLM 사용법을 상세하게 기술하였다. 2장에는 본서의 논문에 사용된 구조방정식모형을 이해하기 위해 기본적인 개념에서부터 잠재성장곡선 모델링까지의 과정을 간략하게 기술하였다. 3장에는 본서의 분석대상인 빅데이터의 개념과 분석방법, 분석사례를 상세하게 기술하였다.

4장에는 구글 검색트랜드에서 제공하는 빅데이터를 이용하여 '한국의 자살검색에 영향을 미치는 요인에 대한 다차원 분석' 논문에 적용한 실제 사례를 기술하였다. 5장에는 국내의 SNS 채널에서 수집된 빅데이터를 이용하여 '소셜 빅데이터를 활용한 자살검색 요인 다변량 분석' 논문에 적용한 실제 사례를 기술하였다. 6장에는 우리나라 전국 보건소의 금연클리닉 데이터를 이용하여 '다층모형을 통한 금연성공에 영향을 미치는 요인 분석' 논문에 적용한 실제 사례를 기술하였다. 7장에는 한국의료패널 데이터를 이용하여 '앤더슨 행동모형을 이용한 노년기 외래의료서비스 이용에 대한 스트레스 취약요인의 매개효과 분석' 논문에 적용한 실제 사례를 기술하였다. 8장에는 환자조사 데이터를 이용하여 '공공과 민간 의료기관의 외래의료서비스 이용에 대한 다변량 분석–잠재성장모형, 자기회귀교차지연모형, 다층모형을 중심으로' 논문에 적용한 실제 사례를 기술하였다.

아울러 본서의 4장, 5장의 분석데이터는 비정형 빅데이터로 정의하였고, 6장, 7장, 8장의 분석데이터는 정형 빅데이터로 정의하였다. 그리고 본서에 기술된 대부분의 연구내용은 2012년부터 최근까지 국내 학회지 등에 게재된 저자들의 것을 기초로 하였고, 일부는 빅데이터 분석 사례를 설명하기 위해 작성한 것으로 분석된 구체적인 내용들은 저자들의 의견임을 밝힌다.

이 책의 저술을 시작해 완성하기까지 주변 분들의 도움이 컸다. 먼저 본서의 출간을 가능하게 해주신 한나래출판사 한기철 사장님과 조광재 이사님 및 관계자분들께 감사의 인사를 드린다. 편집부 직원들의 헌신적인 노력 또한 고마울 따름이다. 특히, 본서에 수록된 논문의 공동저자들과 저자들이 집필하면서 참고했던 서적이나 논문의 저자분들께 머리 숙여 감사를 드린다. 끝으로, 새로운 사회현상을 발견하기 위해 오늘도 애쓰고 있는 연구자들에게 우리의 책이 실질적인 도움이 되고, 빅데이터 분석에 대한 학문적 발전을 이루는 데 조금이라도 일조할 수 있기를 진심으로 희망한다.

2013년 12월

송태민 · 송주영

## 일러두기

- 이 책의 2부(4~8장)에는 실제 국내 학회지에 게재된 내용을 본문에 기술하였다.
- 본문의 분석방법은 매뉴얼 형식으로 수록하여 초급자가 쉽게 따라 할 수 있도록 구성하였다.
- 본서에 사용된 모든 데이터 파일과 구조모형 및 다층모형 파일은 한나래출판사 홈페이지(http://www.hannarae.net) Data Room에서 내려받을 수 있다.
- IBM SPSS Amos 평가판은 (주)데이타솔루션 홈페이지(http://www.datasolution.kr/trial/trial.asp)를 방문하여 정회원 가입 후 설치할 수 있다.
- HLM 7.0X 평가판은 SSI(http://www.ssicentral.com/hlm/downloads.html)를 방문하여 정회원 가입 후 설치할 수 있다.

차례

# 2부 빅데이터 분석방법론 실전

## 4장 빅데이터 논문 실전 I



## 5장 빅데이터 논문 실전 II



## 6장 빅데이터 논문 실전 III

## 7장 빅데이터 분석 실전 IV



## 8장 빅데이터 분석 실전 V

# 1부

# 빅데이터 분석방법론 개론

1부에서는 빅데이터를 분석하기 위한 다변량 통계기법인 다층모형과 구조방정식모형의 개념, 그리고 빅데이터의 활용방안에 대해 설명하였다.
1장에는 다층모형의 기본적인 개념부터 모델링까지의 전 과정에 대한 이론적인 내용을 기술하고 구체적인 예제를 통해 HLM 사용법을 상세하게 기술하였다.
2장에는 본서의 논문에 사용된 구조방정식모형을 이해하기 위해 기본적인 개념에서부터 잠재성장곡선 모델링까지의 과정을 간략하게 기술하였다.
3장에는 본서의 분석대상인 빅데이터의 개념과 분석방법, 분석사례를 상세하게 기술하였다.

1장

# 다층모형의 개요

※ 주요 내용

1. 다층모형의 개념
2. 2수준 다층모형
3. 다층모형 분석방법
4. 다층모형 사용방법

## 1 다층모형의 개념

우리 주변의 많은 사회조직과 사회현상은 집단 간에 위계적 관계를 가진다. 위계적 관계 속에서 개개인이 속한 상위 조직이나 현상은 각 조직과 현상마다 나름의 특성을 지닌다. 예를 들면, 사회조직의 경우 보건복지서비스를 이용하는 개인은 시군구에 속하고 개인이 속한 시군구는 시도에 속한다. 학생은 학급에 속하며 학급은 학교에 속하고 학교는 지역에 속한다. 사회현상의 경우 일별 현상은 월별 현상에 속하고 월별 현상은 연별 현상에 속한다. 연구자는 사회조직과 사회현상으로부터 많은 데이터를 수집하여 분석할 수 있다. 연구자는 개인이 속한 조직과 사회현상에 대한 많은 데이터를 공공기관이나 민간기관이 무료로 제공하는 채널을 통하여 쉽게 수집할 수 있다.

위계적 구조를 가진 변인 간의 인과관계를 분석하기 위해서는 자료가 속한 모든 상하위 단위의 다양성과 특성을 반영할 수 있는 통계적 분석기법이 필요하다. 그동안 개인과 집단 간 인과관계의 분석은 분산분석이나 회귀분석을 사용하여 왔다. 그러나 분산분석과 회귀분석은 그룹 간의 단순한 비교 또는 자료의 위계적 구조를 고려하지 않은 상태에서 변인 간의 인과관계에 초점을 두기 때문에 조직 특성의 영향을 받는 변인 사이에 상관관계가 존재한다는 사실을 고려하지 않고 개인이 서로 독립적으로 분포하는 것을 가정하고 있지 않다(유정진, 2006, p. 170). 또한 위계적 구조를 가진 자료에 단층구조의 분석기법인 분산분석이나 회귀분석을 사용하면 집단수준에서의 상관이 개인수준의 상관보다 크게 나타나는 집계화의 오류(aggregative fallacy)나 집단수준에서의 예측변수의 효과를 개인수준에서 해석함으로써 발생하는 생태학적 오류(ecological fallacy)가 발생할 수 있으며, 이 경우 회귀계수의 표준오차가 실제보다 작게 산출되는 통계적 위험성이 있다(강상진, 1998, p. 215; Hox, 2002).

이와 같이 개인적 수준과 지역적 수준의 위계적 특성을 가진 자료를 분산분석이나 회귀분석과 같은 단층 분석모형에 활용함으로써 분석단위 선정에 발생할 수 있는 오류를 범할 수 있다. 따라서 다층구조(hierarchical structure) 또는 내재적 구조(nested structure)를 가지는 자료의 분석에는 자료가 속한 모든 상하위의 다양성과 특성을 반영할 수 있는 통계적 분석기법인 위계적 선형모형(hierarchical linear model)이 적합하다(Raudenbush & Bryk, 2002). 위계적 선형모형은 흔히 다층모형(multilevel model)이라고 부르며, 수집된 자료들의 구조가 다층적이거나 내재적일 때 사용한다. 다층구조에서는 같은 지역에 속한 개인의 특성은 상호 종속적인 반면 다른 지역의 개인들과는 독립적이라는 점에서 다층적 또는 위계적 자료가 된다.

## ■ 다층모형 분석의 장점과 단점[1]

다층모형 분석의 장점은 다음과 같다. 첫째, 회귀분석에서는 통상 개인의 예측변인(독립변수)을 가지고 종속변인(종속변수)을 예측하지만 다층모형 분석에서는 개인의 예측뿐만 아니라 개인보다 상위에 있는 그룹의 예측변인을 가지고 종속변인을 예측함으로써 더욱 향상된 모형을 제공한다. 둘째, 다층모형 분석에서는 종속변인의 보다 많은 변량(variance)을 설명할 수 있고, 각각의 회귀계수도 실제 값에 더 근접한 값을 제시해 줄 수 있다. 또 각각의 상위 조직 내에서의 개인과 종속변인의 관계를 볼 수 있다. 셋째, 단일수준으로 추정된 고정계수(fixed coefficient)의 값을 임의적으로(randomly) 변화시킴으로써 상호 위계적으로 포섭되는(nested) 사회과학 자료들에 대한 설명이 가능하므로 개인의 종속변수의 총 변량에서 나타나는 지역 간 변량과 개인 간 변량을 체계적으로 분리할 수 있고 지역수준의 변수들이 개인수준의 변수들에 어느 정도 영향을 미치는지 산출할 수 있다(전기석·이현석, 2006, p. 174).

한편 다층모형 분석의 단점은 다음과 같다. 첫째, 적은 표본수를 대상으로 하는 연구에는 적합하지 않다(Pollack, 1998). 다층모형 분석에서 적절한 파워를 얻기 위한 표본의 크기에 대해 명확한 지침은 없다. 하지만 다층모형 분석에서 0.9 정도의 파워를 얻기 위해서는 30개의 그룹과 그룹당 30명(30/30법칙)으로 900명 정도의 표본수가 요구되며, 수준 간 상호작용(cross-level interaction)에 관심이 있다면 50개의 그룹과 그룹당 20명이 필요하다는 주장이 있다(Kreft, 1996). 그리고 그룹을 많이 확보하였다면 그룹당 개인 수는 적어도 무방하며 반대로 개인 수가 많으면 그룹 수는 적어도 괜찮다는 주장도 어느 정도 힘을 얻고 있다. 둘째, 그룹 간 변량(between group variance)의 차이가 적다면 다층모형 분석은 그다지 추천할 방법이 아니다. 즉, 그룹 간 변량의 비율 대 총 변량(total variance)을 의미하는 집단 내 상관계수(Intraclass Correlation Coefficient, ICC)가 매우 낮은 경우, 이는 그룹 간 변량이 매우 적다는 의미로 종속변인을 예측하는 데 조직의 특성은 큰 문제가 되지 않는다. 그러나 일반적으로 ICC가 0.05 이상이면 집단 간 변이가 있다고 보며, ICC가 0.05보다 작더라도 집단 간 변이에 대한 경험적 연구결과가 있을 경우에는 다층모형 분석을 실시할 수 있다는 연구(Heck & Thomas, 2009)도 있다. 셋째, 다층모형 분석에서는 2수준에 내재되어 있는 1수준의 예측변인에 미치는 영향은 파악할 수 있지만, 1수준의 예측변인들이 2수준의 예측변인에 미치는 영향은 알 수가 없다.

---

1. 본 다층모형의 장점과 단점의 일부 내용은 〈위계적 선형모형의 이해와 활용〉(유정진, 2006, 아동학회지 27(3), pp. 171-172)을 인용하였다.

## 2 2수준 다층모형

다층모형은 분석단위[2]에 따라 2수준 다층모형(two-level hierarchical model), 3수준 다층모형(three-level hierarchical model), 4수준 다층모형(four-level hierarchical model)으로 구분할 수 있다. 2수준 다층모형은 분석단위가 2단계인 가장 표준적인 모형으로 종속변수의 척도에 따라 다음과 같이 분석모형을 설정할 수 있다. 본고의 2수준 다층모형의 사례는 6장(종속변수가 이항변수)과 4장(종속변수가 연속형 변수)의 다층모형 논문 실전에서 사용한 2수준 다층모형을 제시한 것이다.

### ■ 종속변수(금연성공 여부)가 이항변수인 경우

1수준 모형(개인수준)

$$\log[\phi_{ij} / (1-\phi_{ij})] = \eta_{ij} = \beta_{0j} + \sum_{q=1}^{Q} \beta_{qj} X_{qij} \tag{1-1}$$

여기서, $\eta_{ij}$ : 지역사회 $j$에 거주하는 금연클리닉 이용자 $i$가 금연에 성공할 승산로그(log of the odds)값

$\phi_{ij}$ : 지역사회 $j$에 거주하는 금연클리닉 이용자 $i$의 금연성공확률

$\beta_{0j}$ : $j$번째 지역의 절편(intercept)

$\beta_{qj}$ : $j$번째 지역의 $X$변인의 회귀계수(고정효과)

$X_{qij}$ : $j$번째 지역의 금연클리닉 이용자 $i$의 독립변수

2수준 모형(지역수준)

$$\beta_{0j} = \gamma_{00} + \sum_{s=1}^{S} \gamma_{os} \omega_{sj} + \mu_{oj},\ \mu_{oj} \sim N(0, \tau_{00}) \tag{1-2}$$

$$\beta_{qj} = \gamma_{q0},\ q = 1, 2, \cdots, Q$$

2. 분석단위는 연구자가 분석을 위하여 직접적인 조사대상인 관찰단위를 더욱 세분화하여 하위단위로 나누거나 상위단위로 합산하여 실제 분석에 이용하는 단위로 자료분석의 기초단위이다(박정선, 2003, p. 286).

여기서, $\tau_{00}$ : 금연클리닉 이용자의 평균 금연성공 승산로그값에 대한 지역 간 변량(분산)

$\gamma_{00}$ : 2수준(지역)의 모형이 갖는 절편

$\gamma_{os}$ : 2수준의 회귀계수(고정효과)

$\omega_{sj}$ : 2수준의 예측(독립)변수

$\mu_{0j}$ : 2수준의 무선효과로 2수준의 특성을 설명하지 못하는 각 지역별 잔차

## ■ 종속변수(자살검색량)가 연속형 변수인 경우

1수준 모형(월수준)

$$Y_{ij} = \beta_{0j} + \beta_{1j}X_{ij} + r_{ij} \tag{1-3}$$

여기서, $Y_{ij}$ : $j$년도에 있는 $i$월의 자살검색량

$\beta_{0j}$ : $j$년도의 절편

$\beta_{1j}$ : $j$년도 $X$변인의 회귀계수(고정효과)

$X_{ij}$ : $j$년도에 있는 $i$월의 독립변수(스트레스, 음주, 운동 검색량)

$r_{ij}$ : 1수준, 즉 $j$년도에 있는 $i$월의 무선효과로 1수준의 예측변인들에 의해 설명되지 않은 1수준(월)의 잔차

2수준 모형(연수준)

$$\begin{aligned} \beta_{0j} &= \gamma_{00} + \gamma_{01}W_j + u_{0j} \\ \beta_{1j} &= \gamma_{10} + \gamma_{11}W_j + u_{1j} \end{aligned} \tag{1-4}$$

여기서, $\gamma_{00}$ , $\gamma_{10}$ : 2수준, 즉 연도의 모형이 갖는 절편

$\gamma_{01}$ , $\gamma_{11}$ : 2수준의 회귀계수(고정효과)

$W_j$ : 2수준의 예측변수(자살률)

$u_{0j}$ , $u_{1j}$ : 2수준의 무선효과로 2수준(년) 특성을 설명하지 못한 각 연도별 잔차

## 3 다층모형 분석방법

다층분석은 크게 기초모형과 연구모형으로 구분하여 단계적으로 분석할 수 있다. 기초모형은 무조건 모형(unconditional model)이라 부르며 모형에 독립변수를 투입하지 않은 모형으로, 기초모형 분석을 통해 종속변수의 총분산 중 개인수준 및 지역(또는 조직)수준이 설명하는 분산의 비율을 검증하는 데 활용할 수 있다. 기초모형 분석에서 지역효과와 관련된 무선효과(random effect)의 통계적 유의성이 확인되면 연구모형을 설정할 수 있다. 연구모형은 다시 무조건적 기울기 모형(unconditional slope model), 조건적 모형(conditional model)으로 구분하여 분석할 수 있다.

무조건적 기울기 모형은 개인요인들이 종속변수에 미치는 영향에 있어 지역에 따라 차이가 발생하는가를 개인요인에 대한 무선효과와 고정효과를 통하여 검증하는 것이다. 무조건적 기울기 모형에서 개인요인에 대한 무선효과의 통계적 유의성이 확인되면 이는 개인요인들이 종속변수에 미치는 영향에 지역 간 차이가 있음을 의미하는 것으로, 이로써 지역요인의 투입이 필요(조건적 모형 분석 가능)하다는 것을 확인할 수 있다.

조건적 모형은 개인요인과 지역요인이 개인요인의 종속변수에 미치는 영향을 검증하는 것으로 조건적 모형의 설정에서 유의할 점은 무조건적 기울기 모형의 무선효과 검증에서 유의미하지 않았던 개인특성 변수는 조건적 모형 검증에서 고정미지수로 묶어서 분석해야 한다.

다음은 상호작용효과 모형(interaction effect model)으로 무조건적 기울기 모형에서의 무선효과의 유의성을 나타낸 개인요인 변수들과 조건적 모형에서 지역요인의 고정효과에서 유의성을 나타낸 변수들의 상호작용에 의해 종속변수에 미치는 영향을 검증하기 위한 상호작용효과(interaction effect)를 분석할 수 있다.

[표 1-1] 다층모형 분석 절차

| 분석 절차 | 분석 내용 |
|---|---|
| 무조건 모형 | 무선효과의 유의성 확인 후, 연구모형 설정 |
| 무조건적 기울기 모형 | 무선효과와 고정효과의 유의성 확인 후, 조건적 모형 설정 |
| 조건적 모형 | 무조건적 기울기 모형의 무선효과 검증에서 유의미한 변수만 미지수로 설정한 후, 개인요인과 지역요인의 무선효과와 고정효과 검증 |
| 상호작용효과 모형 | 무조건적 기울기 모형의 무선효과 검증에서 유의미한 변수와 조건적 모형의 지역요인의 고정효과 검증에서 유의미한 변수의 상호작용효과 검증 |

■ 고정효과, 무선효과, 집단 내 상관계수

고정효과(fixed effect)는 1수준과 2수준 모형에서 설정한 개인변수와 지역변수들의 효과를 나타내는 모수(회귀계수)이다. 1수준 무선효과(random effect)는 1수준의 예측변인에 의해 설명되지 못한 개인별 잔차이고, 2수준 무선효과는 지역의 특성을 설명하지 못한 지역별 잔차다. 집단 내 상관계수(Intraclass Correlation Coefficient, ICC)는 동일한 수준에 속한 하위수준 간의 유사성을 보여 주는 것으로 2수준(지역) 차이로 설명되는 분산비율을 말한다.

종속변수가 연속형인 경우 ICC = $\tau_{00}$(2수준 분산)/[$\tau_{00}$(2수준 분산)+$\sigma^2$(1수준 분산)]으로 산출한다. 종속변수가 이항변수인 경우 Snijders & Bosker(1999)가 제시한 로짓모형에 대한 ICC 공식인 ICC = $\tau_{00}$(2수준 분산)/[$\tau_{00}$(2수준 분산)+$\pi^2/3$]으로 산출한다. 이때 1수준 분산에 사용하는 $\pi$값은 3.1415이다. ICC의 산출식은 다음과 같다.

$$\text{종속변수 연속형 : ICC}(\rho) = \tau_{00}/(\tau_{00}+\sigma^2) \quad (1\text{-}5)$$

$$\text{종속변수 이분형 : ICC}(\rho) = \tau_{00}/(\tau_{00}+\pi^2/3) \quad (1\text{-}6)$$

■ 다층모형 추정방법, 편향도, 중심화

다층모형의 추정방법으로 최대우도법(Maximum Likelihood, ML)[3]을 사용한다. 특히, 한정최대우도추정법(REstricted Maximum Likelihood, REML)은 무선효과의 분산추정을 계산하는 과정에서 고정효과의 자유도가 감소하는 것을 고려할 수 있다(Raudenbush & Bryk, 2002). 고정효과의 최종추정은 종속변수의 분포를 정상분포로 가정하지 않는 표준오차(robust standard error)를 사용할 수 있다.

편향도(deviance)는 자료와 모형의 적합성 부족을 의미하는 함수로 작을수록 우수한 모형으로 인증하며, 모형 간 고정효과와 무선효과를 비교함으로써 어떤 모형이 종속변수를 더 잘 설명해 주는지 파악할 수 있다(유정진, 2006, p. 174).

중심화(centering)는 다층분석에서 독립변수가 0일 때 종속변수의 기댓값(평균)인 Intercept의 무선오차(random variance)는 무의미한 정보를 전달할 수 있기 때문에 기댓값을 실제 데이터에서 독립변수의 가장 대표적인 곳(평균값)에 위치시키면, 그때 기댓값과 무선오

3. 다층자료를 전통적 회귀분석의 보통최소자승법(Ordinary Least Square, OLS)으로 추정할 경우 두 가지 문제가 발생한다. 첫째, 동일한 조직에 속한 개인들이 조직특성을 공유함으로써 각 개인의 자료는 독립적이지 않아 오차항 사이에 상관관계가 존재하여 표준오차를 과소추정하게 되고 이는 1차 오류($\alpha$ 오류)를 발생시켜 유의미하지 않은 추정계수를 유의미한 것으로 검증하게 된다. 둘째, 전통적 회귀분석의 계수는 고정효과 계수로 모든 조직에서 동일한 것으로 간주되어 계수추정의 편의(bias)를 가져옴으로써 조직 간 차이를 설명하지 못한다(Hox, 2002; Raudenbush & Bryk, 2002; 이동영·이정주, 2007, p. 182).

차가 실질적인 정보전달을 하게 된다. 다층모형 분석에서 투입하는 개인요인 변수(연속형 변수)들은 그룹평균(group mean), 지역요인 변수(연속형 변수)들은 전체평균(grand mean)으로 중심화할 수 있다.

## 4 다층모형 사용방법

다층모형, 즉 위계적 선형모형은 자료의 특성에 초점을 맞추어 명명한 용어로, 이 모형이 적용하고 있는 성장연구, 조직효과연구, 메타연구 등에서 측정한 자료가 모두 위계적이라는 공통적인 특성을 반영하여 붙은 명칭이다(서민원, 2003, p. 45). 다층모형을 다루는 통계 프로그램은 여러 학문분야에서 다양하게 발전해 왔다. HLM, MLWIN, SAS PROC MIXED, SPSS GLMM 등으로 이 중 가장 많이 사용하는 프로그램은 브라이언 라우덴부시(Bryan Raudenbush) 등이 개발한 HLM이다. HLM은 라우덴부시 등이 최신화하여 2013년 현재 HLM 7.0을 제공하고 있다. 본고의 다층모형 분석은 HLM 7.0을 사용하였다.

다층모형 프로그램(HLM 7.0)을 실행하기 전에 MDM(Multivariate Data Matrix) 파일을 작성하여야 한다. MDM 파일은 SPSS, SAS, ASCII, STATA 등 다양한 형식의 데이터로 작성할 수 있다. 본고의 2수준 다층모형 실전 데이터는 6장의 연구에서 사용한 금연클리닉 자료(1수준 자료)와 지역건강통계 자료(2수준 자료)를 SPSS 파일로 변환하여 사용하였다.

## 4-1 HLM 7.0 실행 및 MDM 파일 만들기

- [시작] → [프로그램] → [SSI, Inc] → [HLM7]
- HLM 7.0을 실행하면 다음과 같은 초기화면이 나온다.

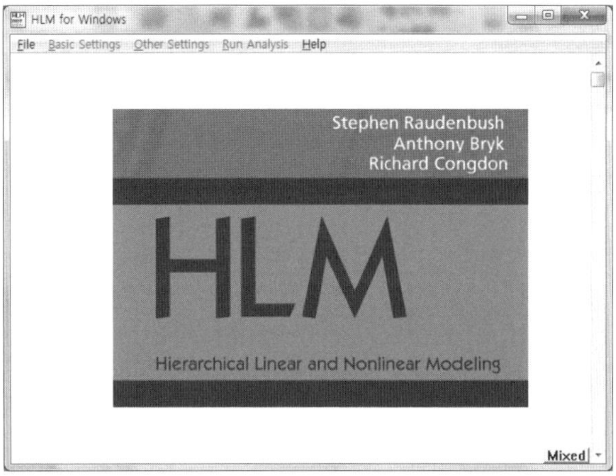


[그림 1-1] HLM for Window

- [File] → [Make new MDM file] → [Stat package input]

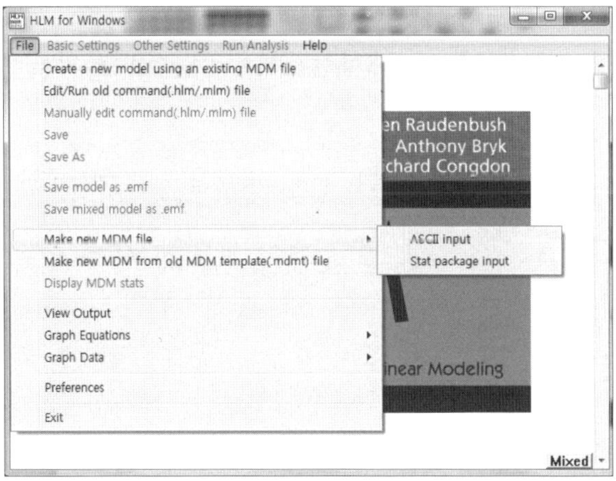


[그림 1-2] WHLM Window

- [File] → [Make new MDM file] → [Stat package input]을 실행하면 다음과 같은 MDM 파일 형태의 선택화면이 나타난다. 본고의 실전 데이터는 2수준이며 1수준의 개인요인이 2수준의 지역요인에 위계적으로 포섭되어 있기 때문에 Default Model(HLM2)을 선택한 후 [OK]를 선택한다.

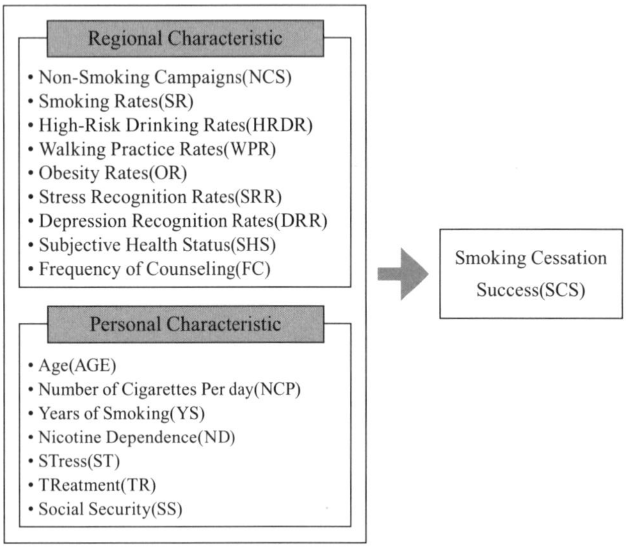


[그림 1-3] Research model(multilevel model)

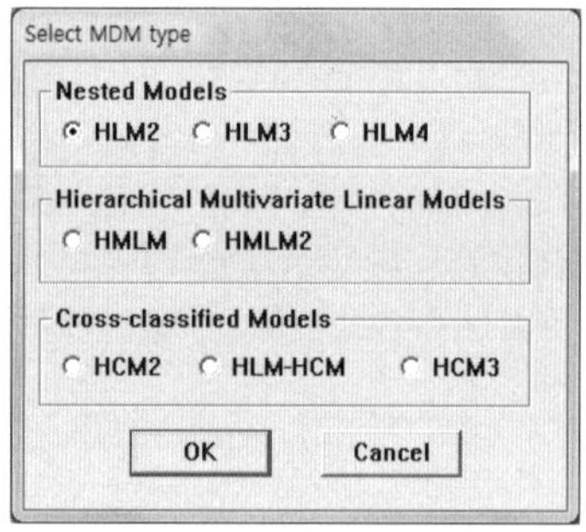


[그림 1-4] Select MDM type 대화상자

- [그림 1-5]와 같이 MDM - HLM2 대화상자가 나타나면 다음의 순서대로 MDM 파일을 작성한다.

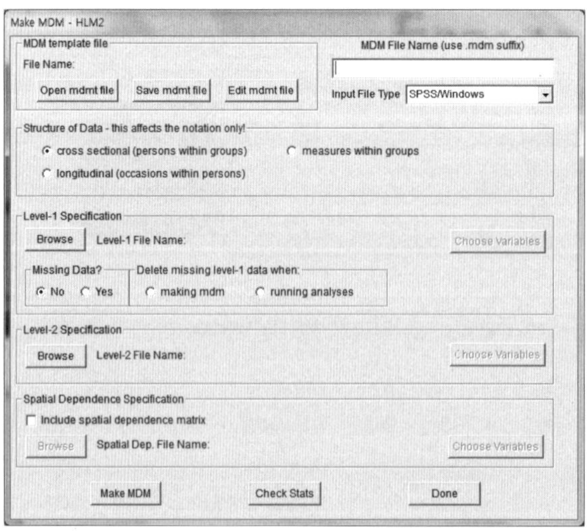


[그림 1-5] Make MDM-HLM2 대화상자

가. pull-down 메뉴의 [Input File Type]에서 [SPSS/Windows]를 선택한다.

나. Data structure(cross sectional, longitudinal, measures within groups)를 정의한다. 본 실전 자료는 cross sectional data이다.

다. Level-1 명세서(Specification)에서 [Browse] 선택 후, [Open Data File]에서 Level-1 SPSS 파일(2008_개인(L1)_20130625.sav)을 선택[열기]한다.

이때, Level 1과  Level 2를 연결시킬 ID(V4)는 SPSS에서 오름차순으로 정렬하여야 한다.

[데이터] → [케이스 정렬] → [V4 지정] → [확인] → [파일 저장]

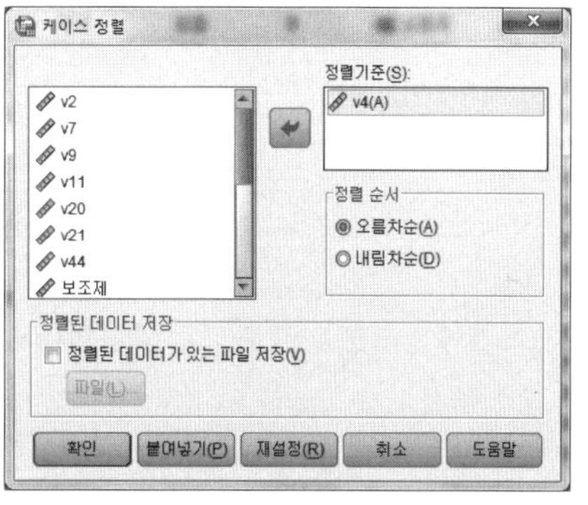


라. [Choose Variables] 선택 후 [Choose Variables – HLM2] 대화상자에서 Level-2(지역요인)와 연결할 수 있는 ID를 선택하고(ID: V4), Level-1에서 사용할 변수들을 선택한 후[종속변수(금연성공 여부): V83_1, 독립변수(Age: V7, NCP: V9, YS: V20, ND: V21, ST: V44, TR: 보조제, SS: LO_13)], [OK]를 선택한다.

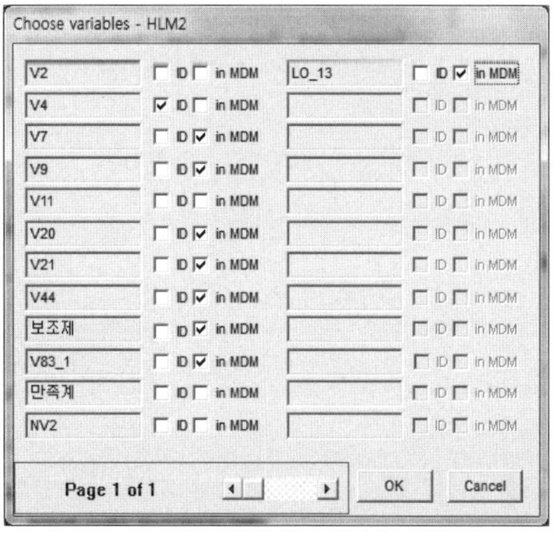

마. Level-1 파일에 결측치(missing data)가 있는 경우 [yes]를 선택하고 결측치 데이터를 언제 제외시킬 것인지 선택[MDM 파일 작성 시 제외(making mdm), 분석실행 시 제외(running analyses)]한다. 본 실전 데이터는 결측치가 있으므로 [making mdm]을 선택한다.

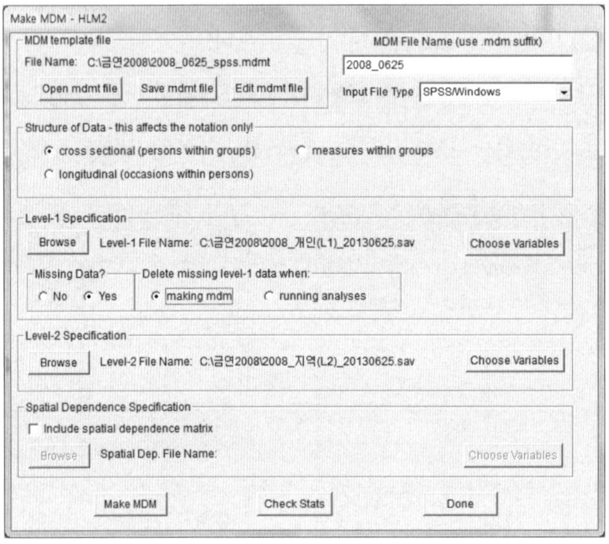

바. Level-2 명세서(Specification)에서 [Browse] 선택 후, [Open Data File]에서 Level-2 SPSS 파일(2008_지역(L2)_20130625.sav)을 선택[열기]한다.

사. [Choose Variables] 선택 후 [Choose Variables – HLM2] 대화상자에서 Level-1(개인요인)과 연결할 수 있는 ID를 선택하고(ID: V4), Level-2에서 사용할 변수들을 선택한 후(NSC: R1, SR: R2, HRDR: R3, WPR: R4, OR: R5, SRR: R6, DRR: R7, SHS: R10, FC: R11), [OK]를 선택한다.

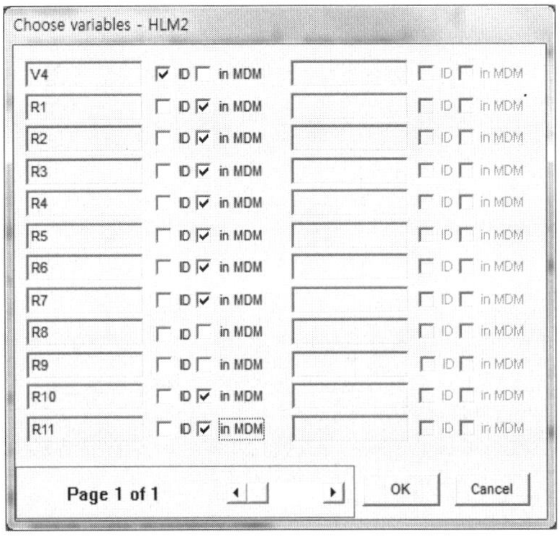


아. [MDM File Name]에 MDM 파일명을 입력한 후[2008_0625], [Save mdmt file]을 선택한 후 [Save MDM Template File] 대화상자에서 MDMT 파일명을 저장한다(2008_0625_SPSS).

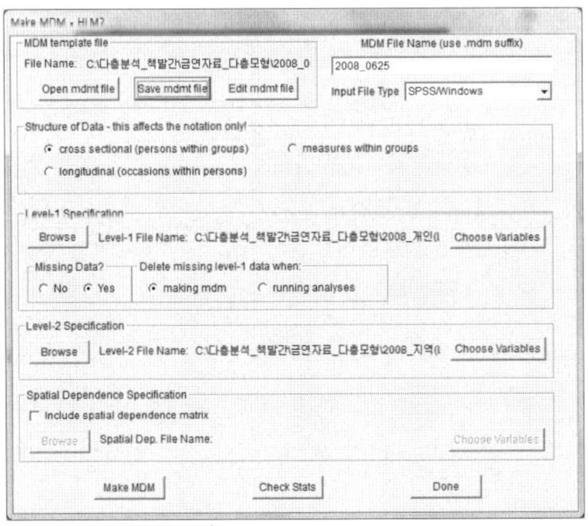


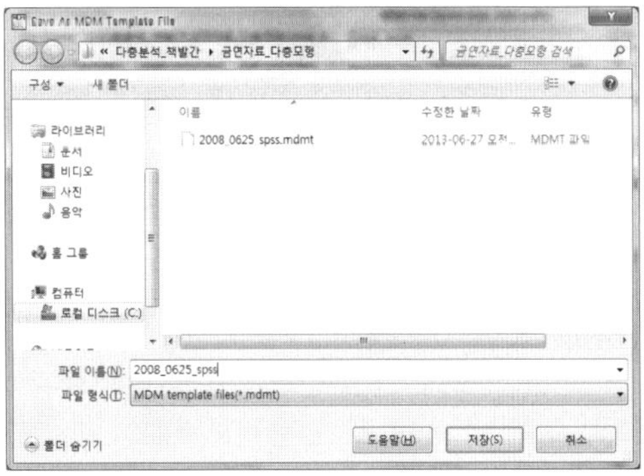

자. [Make MDM] 버튼을 선택한 후, MDM 파일의 기술통계를 확인한다. Level-1과 Level-2에 사용된 모든 변수의 기술통계를 확인할 수 있다.

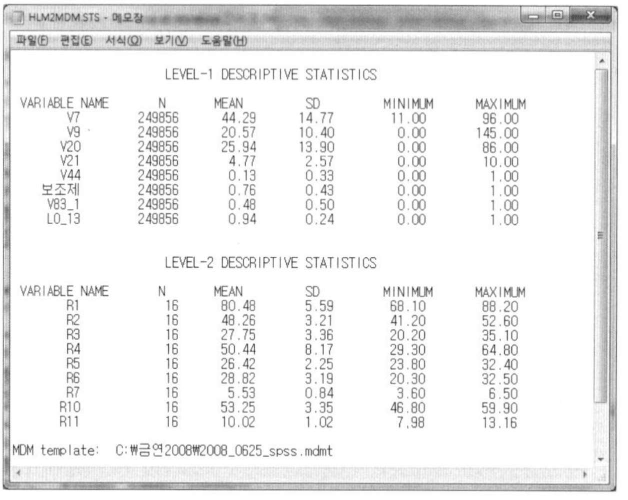
HLM2MDM.STS - 메모장

파일(F) 편집(E) 서식(O) 보기(V) 도움말(H)

LEVEL-1 DESCRIPTIVE STATISTICS

| VARIABLE NAME | N | MEAN | SD | MINIMUM | MAXIMUM |
|---|---|---|---|---|---|
| V7 | 249856 | 44.29 | 14.77 | 11.00 | 96.00 |
| V9 | 249856 | 20.57 | 10.40 | 0.00 | 145.00 |
| V20 | 249856 | 25.94 | 13.90 | 0.00 | 86.00 |
| V21 | 249856 | 4.77 | 2.57 | 0.00 | 10.00 |
| V44 | 249856 | 0.13 | 0.33 | 0.00 | 1.00 |
| 보조제 | 249856 | 0.76 | 0.43 | 0.00 | 1.00 |
| V83_1 | 249856 | 0.48 | 0.50 | 0.00 | 1.00 |
| LO_13 | 249856 | 0.94 | 0.24 | 0.00 | 1.00 |

LEVEL-2 DESCRIPTIVE STATISTICS

| VARIABLE NAME | N | MEAN | SD | MINIMUM | MAXIMUM |
|---|---|---|---|---|---|
| R1 | 16 | 80.48 | 5.59 | 68.10 | 88.20 |
| R2 | 16 | 48.26 | 3.21 | 41.20 | 52.60 |
| R3 | 16 | 27.75 | 3.36 | 20.20 | 35.10 |
| R4 | 16 | 50.44 | 8.17 | 29.30 | 64.80 |
| R5 | 16 | 26.42 | 2.25 | 23.80 | 32.40 |
| R6 | 16 | 28.82 | 3.19 | 20.30 | 32.50 |
| R7 | 16 | 5.53 | 0.84 | 3.60 | 6.50 |
| R10 | 16 | 53.25 | 3.35 | 46.80 | 59.90 |
| R11 | 16 | 10.02 | 1.02 | 7.98 | 13.16 |

MDM template: C:₩금연2008₩2008_0625_spss.mdmt

차. [Done] 버튼을 선택하면 최종 작성된 MDM 파일(2008_0625.MDM)을 확인할 수 있다.

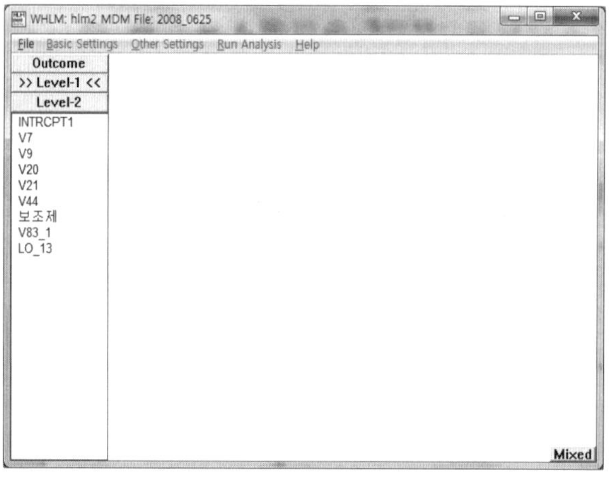

### 4-2 MDM 파일 분석하기

MDM 파일을 구축하고 나면 [표 1-1]의 다층모형 분석 절차와 같이 4단계로 모형을 검증한다.

**1단계: 무조건 모형 검증**

기초모형으로 설명변수(독립변수)를 투입하지 않은 상태에서 보건소 금연클리닉 이용자의 금연성공 여부에 대한 지역 간 분산을 분석한다(고정효과, 무선효과 확인).

가. 종속변수(V83_1) 선택 후 [Outcome variable] 탭을 선택한다.

나. 기본값은 Level-1 모형의 종속변수가 연속형 변수로 설정되어 있다.

다. 종속변수는 이항변수로 베르누이 분포를 따르므로 확률을 로짓으로 변환하여 분석한다. [Basic Settings]→[Distribution of Outcom Variable]→[Bernoulli]를 선택[OK]한다.

라. Level-1 모형의 종속변수가 이항변수로 설정되어 있다.

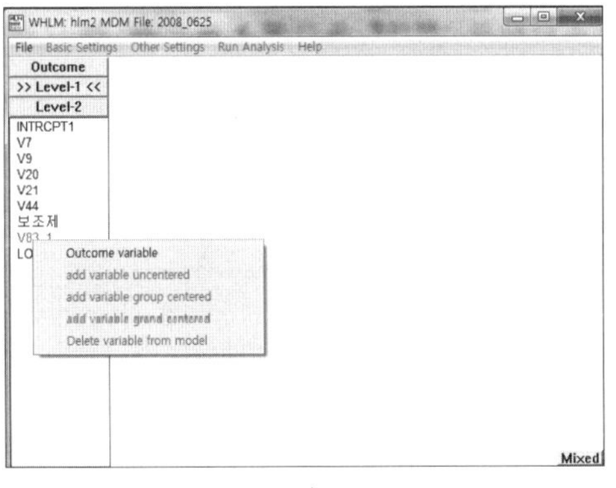


(가)

(나)

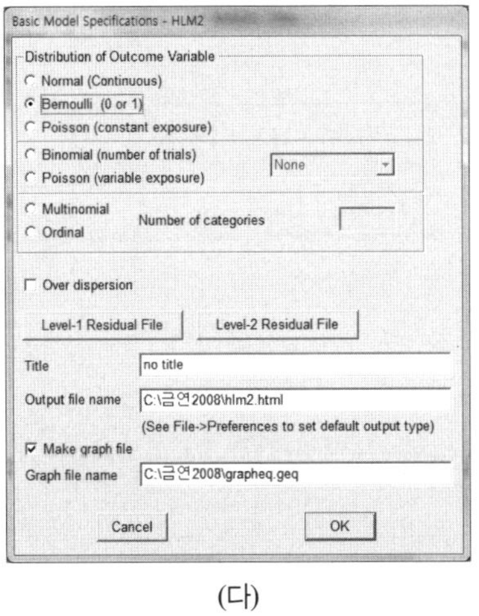


(다)

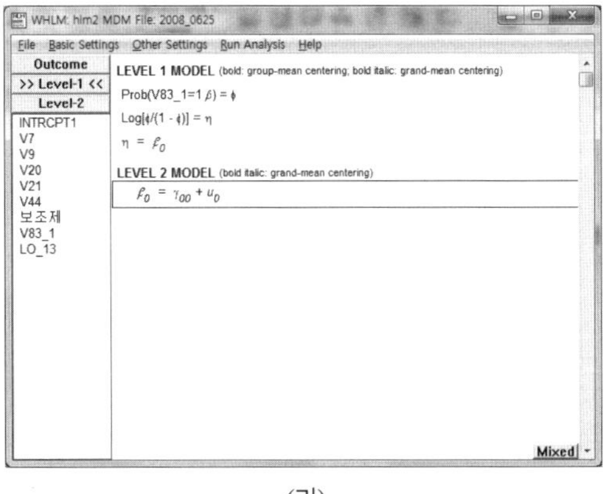


(라)

마. [Run Analysis]→[Run the model shown]을 선택한다.

바. 반복연산(iteration)이 실행된다. 결과파일을 확인한다.

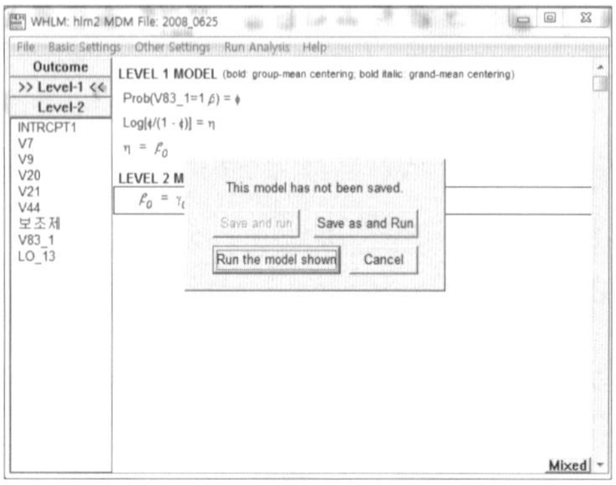


(마)

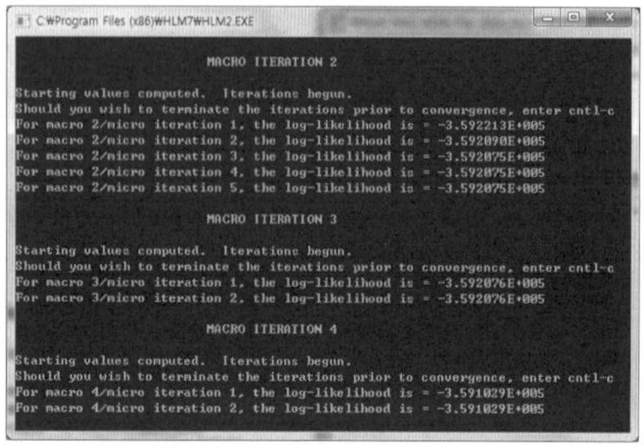


(바)

사. 기초모형 모델과 Mixed Model을 기술한다.

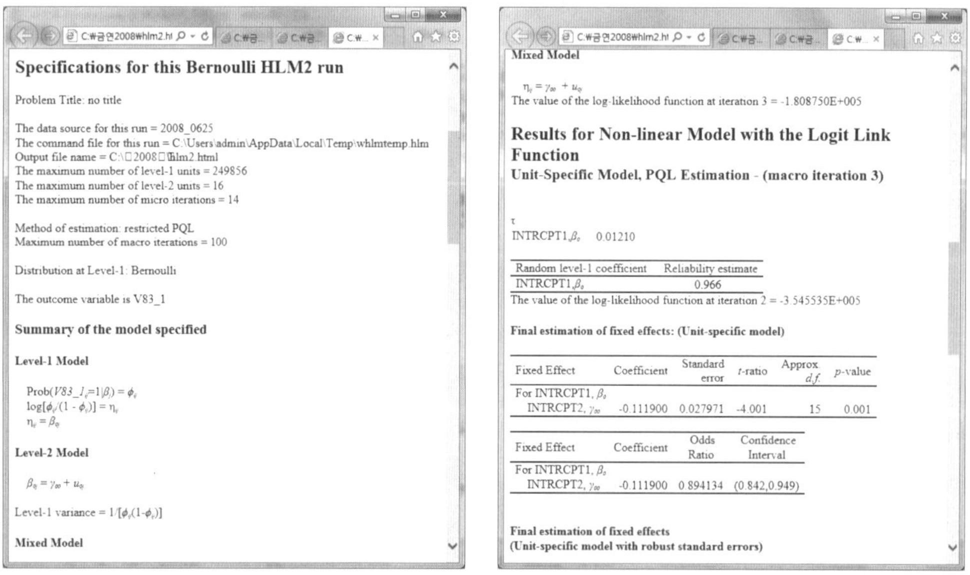


(사)

아. 무선효과의 표준편차(SD), 분산($\sigma^2$), $\chi^2$, 유의확률(p-value)을 확인한다.

자. [Final estimation of fixed effects(population-average model with robust standard errors)] 에서 고정효과(fixed effect)의 회귀계수(coefficient), 표준오차(standard error), 유의확률, 오즈(승산)비(odds ratio)를 확인한다.

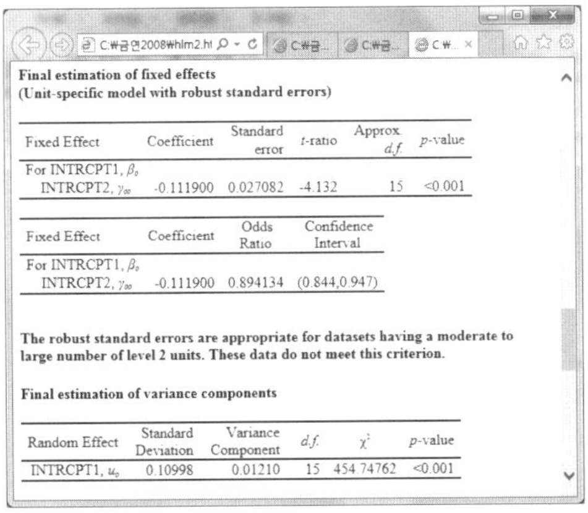

**Final estimation of fixed effects**
**(Unit-specific model with robust standard errors)**

| Fixed Effect | Coefficient | Standard error | *t*-ratio | Approx. *d.f.* | *p*-value |
|---|---|---|---|---|---|
| For INTRCPT1, $\beta_0$ | | | | | |
| INTRCPT2, $\gamma_{00}$ | -0.111900 | 0.027082 | -4.132 | 15 | <0.001 |

| Fixed Effect | Coefficient | Odds Ratio | Confidence Interval |
|---|---|---|---|
| For INTRCPT1, $\beta_0$ | | | |
| INTRCPT2, $\gamma_{00}$ | -0.111900 | 0.894134 | (0.844,0.947) |

**The robust standard errors are appropriate for datasets having a moderate to large number of level 2 units. These data do not meet this criterion.**

**Final estimation of variance components**

| Random Effect | Standard Deviation | Variance Component | *d.f.* | $\chi^2$ | *p*-value |
|---|---|---|---|---|---|
| INTRCPT1, $u_0$ | 0.10998 | 0.01210 | 15 | 454.74762 | <0.001 |

(아)

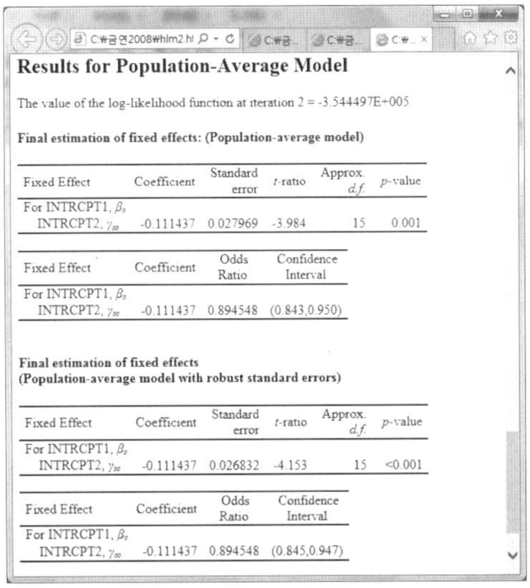

**Results for Population-Average Model**

The value of the log-likelihood function at iteration 2 = -3.544497E+005

**Final estimation of fixed effects: (Population-average model)**

| Fixed Effect | Coefficient | Standard error | *t*-ratio | Approx. *d.f.* | *p*-value |
|---|---|---|---|---|---|
| For INTRCPT1, $\beta_0$ | | | | | |
| INTRCPT2, $\gamma_{00}$ | -0.111437 | 0.027969 | -3.984 | 15 | 0.001 |

| Fixed Effect | Coefficient | Odds Ratio | Confidence Interval |
|---|---|---|---|
| For INTRCPT1, $\beta_0$ | | | |
| INTRCPT2, $\gamma_{00}$ | -0.111437 | 0.894548 | (0.843,0.950) |

**Final estimation of fixed effects**
**(Population-average model with robust standard errors)**

| Fixed Effect | Coefficient | Standard error | *t*-ratio | Approx. *d.f.* | *p*-value |
|---|---|---|---|---|---|
| For INTRCPT1, $\beta_0$ | | | | | |
| INTRCPT2, $\gamma_{00}$ | -0.111437 | 0.026832 | -4.153 | 15 | <0.001 |

| Fixed Effect | Coefficient | Odds Ratio | Confidence Interval |
|---|---|---|---|
| For INTRCPT1, $\beta_0$ | | | |
| INTRCPT2, $\gamma_{00}$ | -0.111437 | 0.894548 | (0.845,0.947) |

(자)

## 2단계: 무조건적 기울기 모형 검증

개인별 요인들이 종속변수(개인별 금연성공 여부)에 미치는 영향에 지역 간 차이가 있는지를 검증하는 것이다. 개인요인이 종속변수에 미치는 영향은 고정효과로 분석하고, 개인요인이 지역에 따라 차이가 있는지는 무선효과로 분석한다.

가. 독립변수(AGE: V7)를 선택한 후, 그룹평균(add variable group centered)으로 중심화(centering)한다.

나. Level-2의 무선효과($u_1$)는 더블클릭하여 미지수로 지정해야 한다.

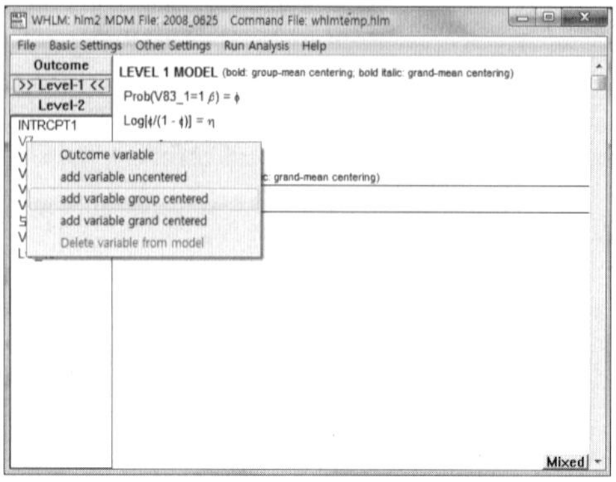


(가)

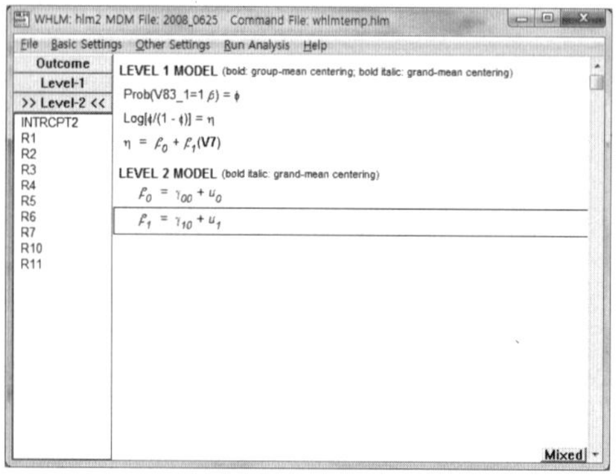


(나)

다. 독립변수(NCP: V9, YS: V20, ND: V21)를 연속하여 선택한 후, 그룹평균으로 중심화한다.

라. Level-2의 무선효과($u_2$, $u_3$, $u_4$)는 더블클릭하여 미지수로 지정해야 한다.

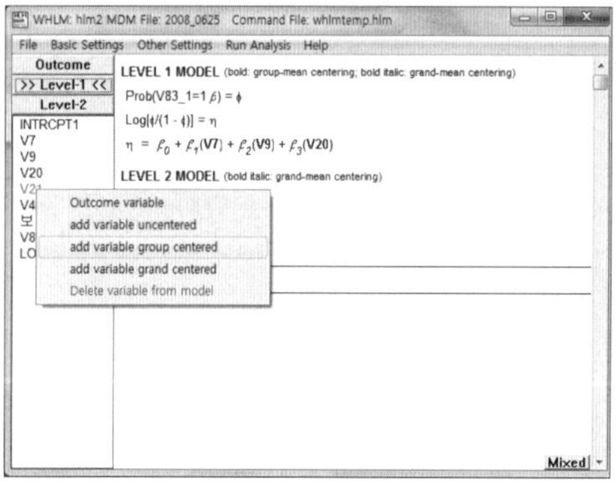


(다)

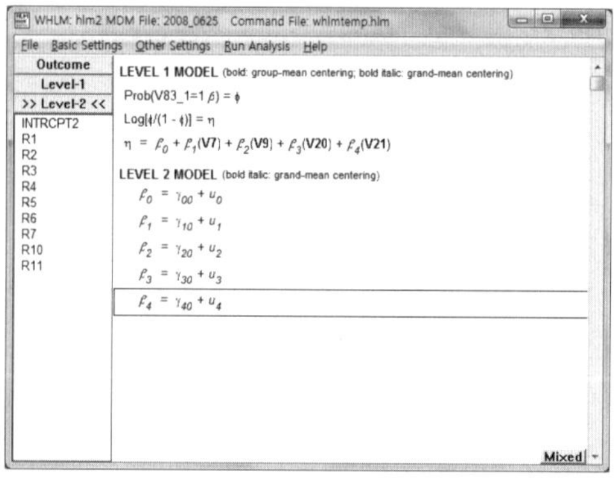


(라)

마. 독립변수(ST: V44, TR: 보조제, SS: LO_13)를 선택한 후, 중심화하지 않고(add variable uncentered) 지정한다.

바. Level-2의 무선효과($u_5$, $u_6$, $u_7$)는 더블클릭하여 미지수로 지정해야 한다.

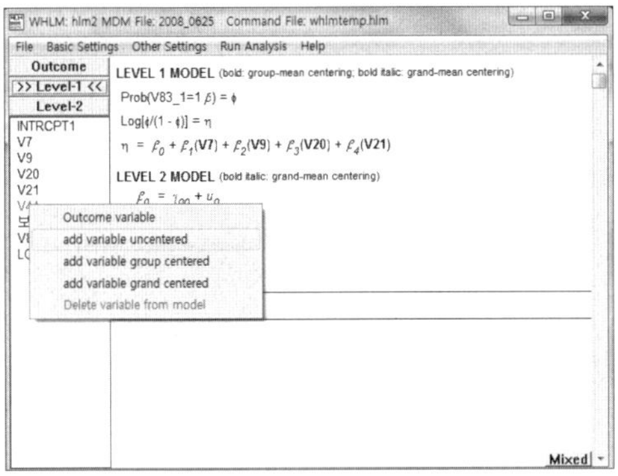


(마)

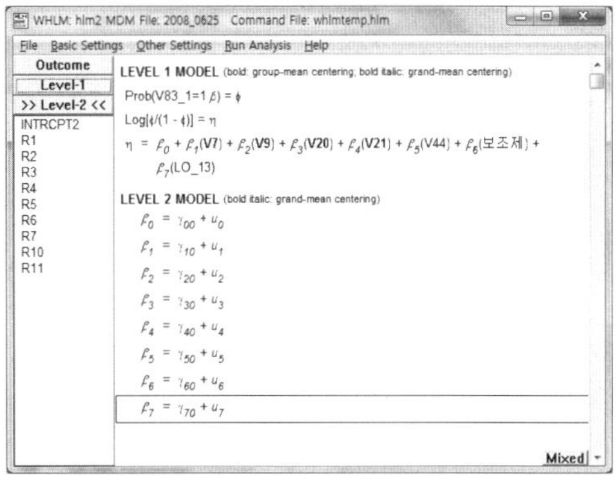


(바)

사. [Other Settings]-[Iteration Settings]에서 [Number of macro iterations]을 500으로 지정하고 반복연산의 최대값(500)일 때 중단 지정[Stop Iterating]한 후 [OK]한다. (본 연구자료는 약 25만 건으로 모든 변수의 미지수 추정치의 수렴값을 0.0001로 하기 위해서는 수천 번의 반복연산을 해야 하기 때문에 본 연구에서는 500회로 제한하였다.)

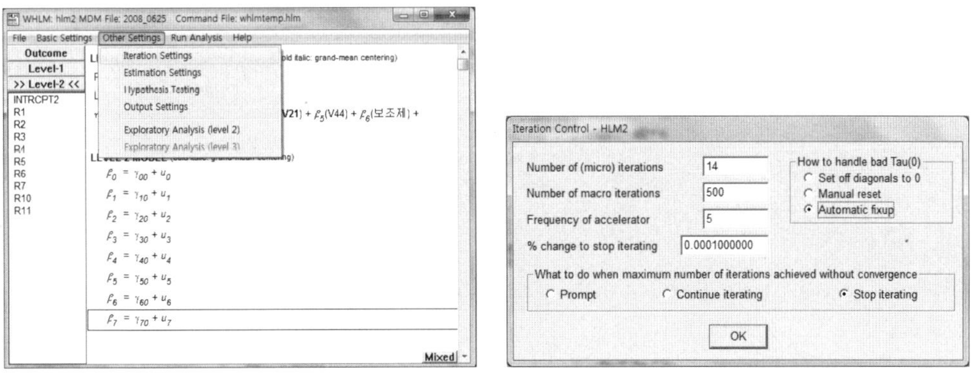


(사)

아. [Run Analysis]→[Run the model shown]을 선택한다.

자. 반복연산이 실행된다. 결과파일을 확인한다.

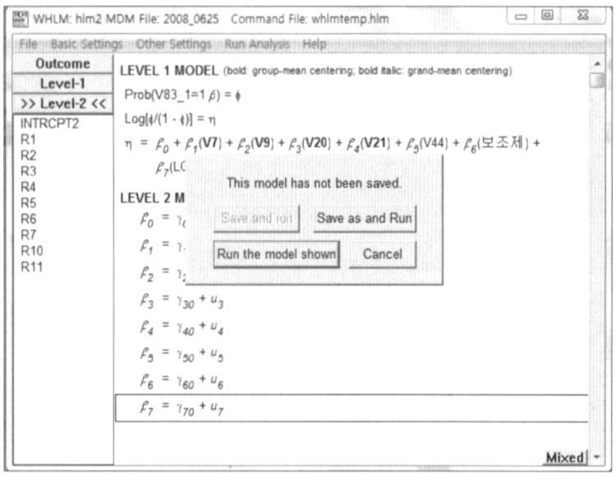


(아)

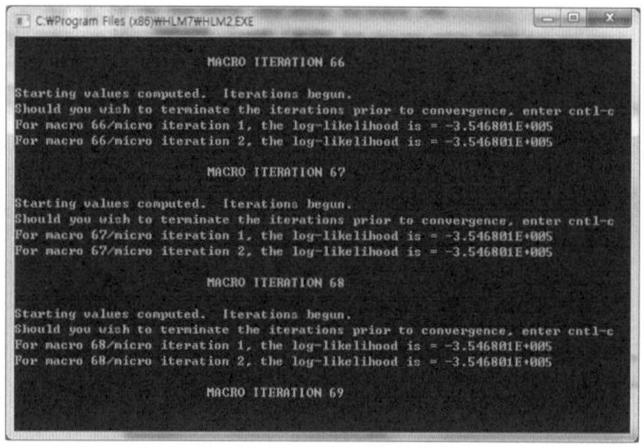


(자)

차. 무조건적 기울기 모형과 Mixed Model을 기술한다.

카. 독립변수들의 무선효과에 대한 표준편차(SD), 분산($\sigma^2$), $\chi^2$, 유의확률(p-value)을 확인한다.

타. [Final estimation of fixed effects(Population-average model with robust standard errors)] 에서 독립변수들의 고정효과의 회귀계수, 표준오차, 유의확률, 오즈비를 확인한다[보조제는 한글로 결과에서는 (For □□□□□□ slope, $\beta_6$)로 출력된다].

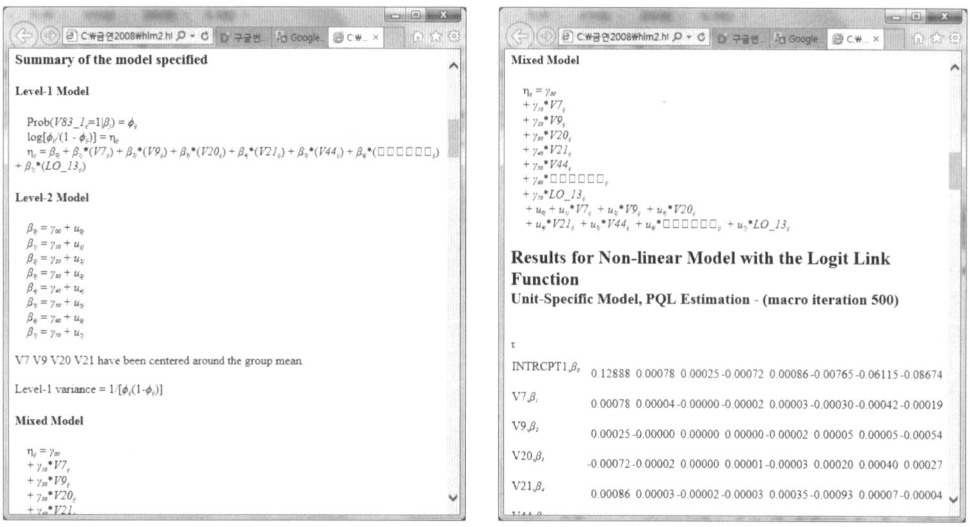


(차)

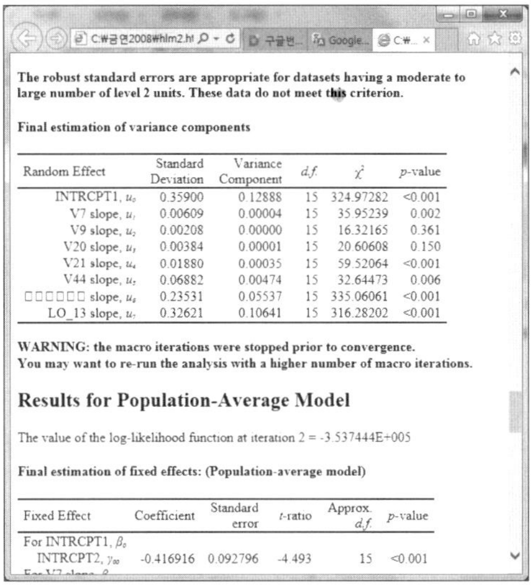

The robust standard errors are appropriate for datasets having a moderate to large number of level 2 units. These data do not meet this criterion.

Final estimation of variance components

| Random Effect | Standard Deviation | Variance Component | d.f. | $\chi^2$ | p-value |
|---|---|---|---|---|---|
| INTRCPT1, $u_0$ | 0.35900 | 0.12888 | 15 | 324.97282 | <0.001 |
| V7 slope, $u_1$ | 0.00609 | 0.00004 | 15 | 35.95239 | 0.002 |
| V9 slope, $u_2$ | 0.00208 | 0.00000 | 15 | 16.32165 | 0.361 |
| V20 slope, $u_3$ | 0.00384 | 0.00001 | 15 | 20.60608 | 0.150 |
| V21 slope, $u_4$ | 0.01880 | 0.00035 | 15 | 59.52064 | <0.001 |
| V44 slope, $u_5$ | 0.06882 | 0.00474 | 15 | 32.64473 | 0.006 |
| □□□□□□ slope, $u_6$ | 0.23531 | 0.05537 | 15 | 335.06061 | <0.001 |
| LO_13 slope, $u_7$ | 0.32621 | 0.10641 | 15 | 316.28202 | <0.001 |

WARNING: the macro iterations were stopped prior to convergence. You may want to re-run the analysis with a higher number of macro iterations.

Results for Population-Average Model

The value of the log-likelihood function at iteration 2 = -3.537444E+005

Final estimation of fixed effects: (Population-average model)

| Fixed Effect | Coefficient | Standard error | t-ratio | Approx. d.f. | p-value |
|---|---|---|---|---|---|
| For INTRCPT1, $\beta_0$ | | | | | |
| INTRCPT2, $\gamma_{00}$ | -0.416916 | 0.092796 | -4.493 | 15 | <0.001 |

(카)

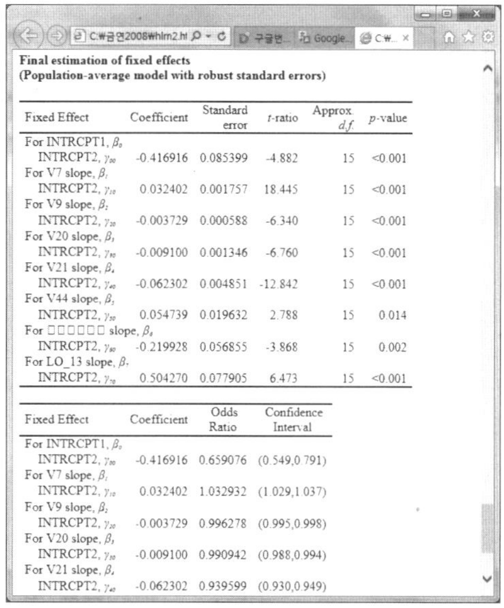

Final estimation of fixed effects
(Population-average model with robust standard errors)

| Fixed Effect | Coefficient | Standard error | t-ratio | Approx. d.f. | p-value |
|---|---|---|---|---|---|
| For INTRCPT1, $\beta_0$ | | | | | |
| INTRCPT2, $\gamma_{00}$ | -0.416916 | 0.085399 | -4.882 | 15 | <0.001 |
| For V7 slope, $\beta_1$ | | | | | |
| INTRCPT2, $\gamma_{10}$ | 0.032402 | 0.001757 | 18.445 | 15 | <0.001 |
| For V9 slope, $\beta_2$ | | | | | |
| INTRCPT2, $\gamma_{20}$ | -0.003729 | 0.000588 | -6.340 | 15 | <0.001 |
| For V20 slope, $\beta_3$ | | | | | |
| INTRCPT2, $\gamma_{30}$ | -0.009100 | 0.001346 | -6.760 | 15 | <0.001 |
| For V21 slope, $\beta_4$ | | | | | |
| INTRCPT2, $\gamma_{40}$ | -0.062302 | 0.004851 | -12.842 | 15 | <0.001 |
| For V44 slope, $\beta_5$ | | | | | |
| INTRCPT2, $\gamma_{50}$ | 0.054739 | 0.019632 | 2.788 | 15 | 0.014 |
| For □□□□□□ slope, $\beta_6$ | | | | | |
| INTRCPT2, $\gamma_{60}$ | -0.219928 | 0.056855 | -3.868 | 15 | 0.002 |
| For LO_13 slope, $\beta_7$ | | | | | |
| INTRCPT2, $\gamma_{70}$ | 0.504270 | 0.077905 | 6.473 | 15 | <0.001 |

| Fixed Effect | Coefficient | Odds Ratio | Confidence Interval |
|---|---|---|---|
| For INTRCPT1, $\beta_0$ | | | |
| INTRCPT2, $\gamma_{00}$ | -0.416916 | 0.659076 | (0.549,0.791) |
| For V7 slope, $\beta_1$ | | | |
| INTRCPT2, $\gamma_{10}$ | 0.032402 | 1.032932 | (1.029,1.037) |
| For V9 slope, $\beta_2$ | | | |
| INTRCPT2, $\gamma_{20}$ | -0.003729 | 0.996278 | (0.995,0.998) |
| For V20 slope, $\beta_3$ | | | |
| INTRCPT2, $\gamma_{30}$ | -0.009100 | 0.990942 | (0.988,0.994) |
| For V21 slope, $\beta_4$ | | | |
| INTRCPT2, $\gamma_{40}$ | -0.062302 | 0.939599 | (0.930,0.949) |

(타)

3단계: 조건적 모형 검증

개인요인과 지역요인이 금연성공 여부에 미치는 영향을 검증하는 것으로 무조건적 기울기 모형의 무선효과 검증에서 유의성이 있는 개인요인(Age: V7, ND: V21, ST: V44, TR: 보조제, SS: LO_13)은 지역요인의 무선효과를 검증하고, 유의미하지 않은 개인요인(NCP: V9, YS: V20)은 고정미지수로 투입하여 검증한다.

가. Level-2의 초기값($\mathcal{L}_0$)을 클릭한 후 Level-2의 독립변수(NSC: R1)를 선택한 후, 전체평균(add variable grand centered)으로 중심화한다.

나. 연속하여 나머지 Level-2의 독립변수(SR: R2, HRDR: R3, WPR: R4, OR: R5, SRR: R6, DRR: R7, SHS: R10, FC: R11)를 전체평균으로 중심화하여 투입한다.

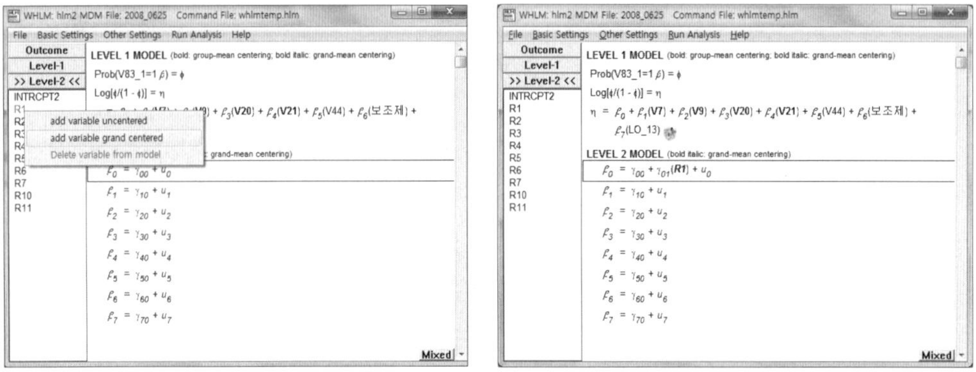


(가)

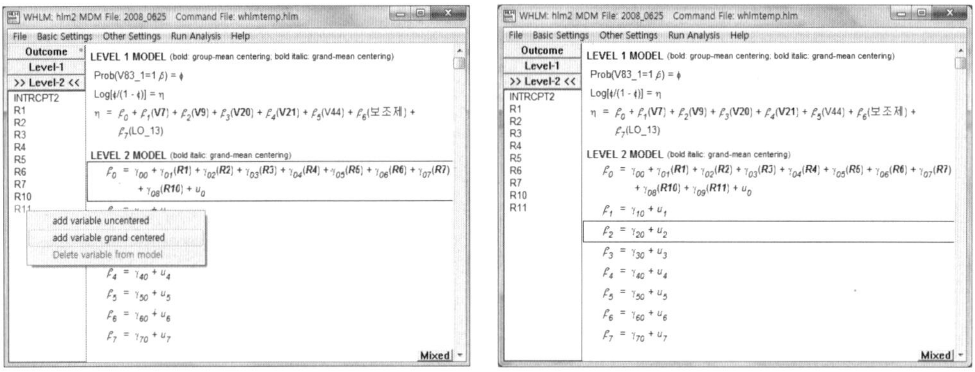


(나)

다. 무조건적 기울기 모형의 무선효과 검증에서 유의성이 있는 개인요인(Age: V7, ND: V21, ST: V44, TR: 보조제, SS: LO_13)은 지역요인의 무선효과를 검증한다. 즉 Level-2의 무선효과($u_1$, $u_4$, $u_5$, $u_6$, $u_7$)는 클릭하여 미지수로 지정해야 한다.

라. 유의미하지 않은 개인요인(NCP: V9, YS: V20)은 고정미지수로 투입하여 검증한다. 즉 Level-2의 무선효과($u_2$, $u_3$)는 더블클릭하여 고정미지수로 지정해야 한다.

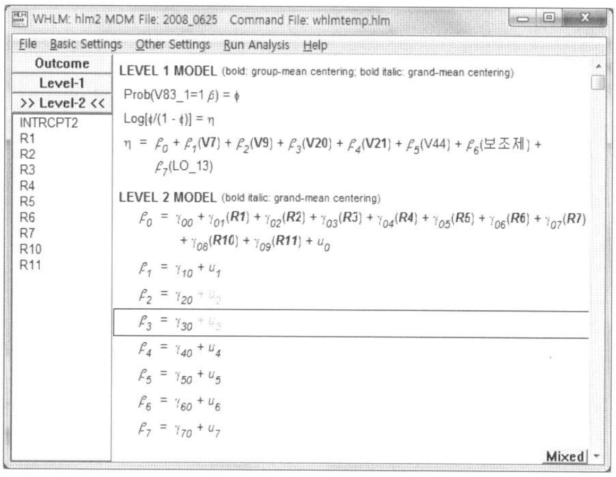


(다), (라)

마. [Run Analysis]→[Run the model shown]을 선택한다.

바. 반복연산이 실행된다. 결과파일을 확인한다.

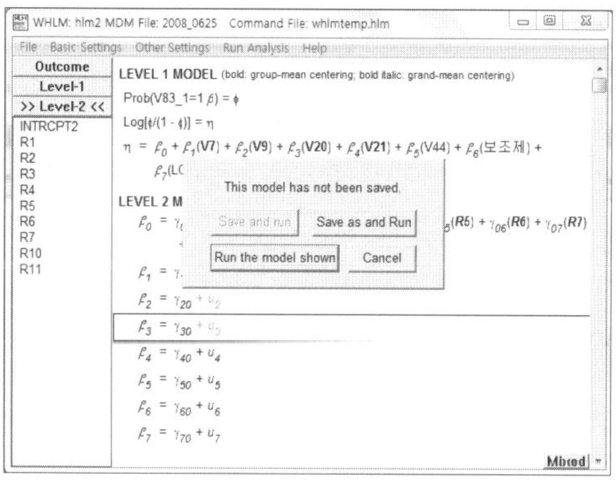


(마)

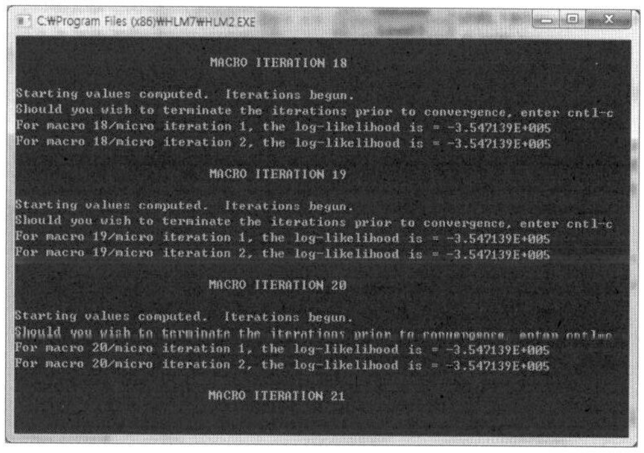


(바)

사. 조건적 모형과 Mixed Model을 기술한다.

아. 독립변수들의 무선효과에 대한 표준편차(SD), 분산($\sigma^2$), $\chi^2$, 유의확률(p-value)을 확인한다.

자. [Final estimation of fixed effects(Population-average model)]에서 독립변수들의 고정효과의 회귀계수, 표준오차, 유의확률, 오즈비를 확인한다.

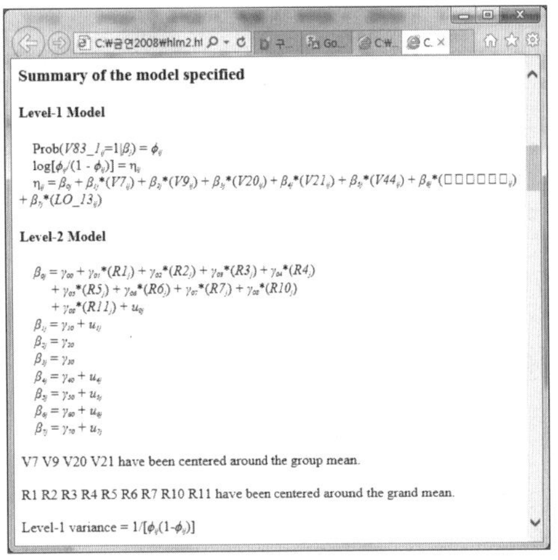

**Summary of the model specified**

**Level-1 Model**

$Prob(V83\_1_{ij}=1|\beta_j) = \phi_{ij}$

$\log[\phi_{ij}/(1 - \phi_{ij})] = \eta_{ij}$

$\eta_{ij} = \beta_{0j} + \beta_{1j}*(V7_{ij}) + \beta_{2j}*(V9_{ij}) + \beta_{3j}*(V20_{ij}) + \beta_{4j}*(V21_{ij}) + \beta_{5j}*(V44_{ij}) + \beta_{6j}*(□□□□□□_{ij}) + \beta_{7j}*(LO\_13_{ij})$

**Level-2 Model**

$\beta_{0j} = \gamma_{00} + \gamma_{01}*(R1_j) + \gamma_{02}*(R2_j) + \gamma_{03}*(R3_j) + \gamma_{04}*(R4_j) + \gamma_{05}*(R5_j) + \gamma_{06}*(R6_j) + \gamma_{07}*(R7_j) + \gamma_{08}*(R10_j) + \gamma_{09}*(R11_j) + u_{0j}$

$\beta_{1j} = \gamma_{10} + u_{1j}$

$\beta_{2j} = \gamma_{20}$

$\beta_{3j} = \gamma_{30}$

$\beta_{4j} = \gamma_{40} + u_{4j}$

$\beta_{5j} = \gamma_{50} + u_{5j}$

$\beta_{6j} = \gamma_{60} + u_{6j}$

$\beta_{7j} = \gamma_{70} + u_{7j}$

V7 V9 V20 V21 have been centered around the group mean.

R1 R2 R3 R4 R5 R6 R7 R10 R11 have been centered around the grand mean.

Level-1 variance = $1/[\phi_{ij}(1-\phi_{ij})]$

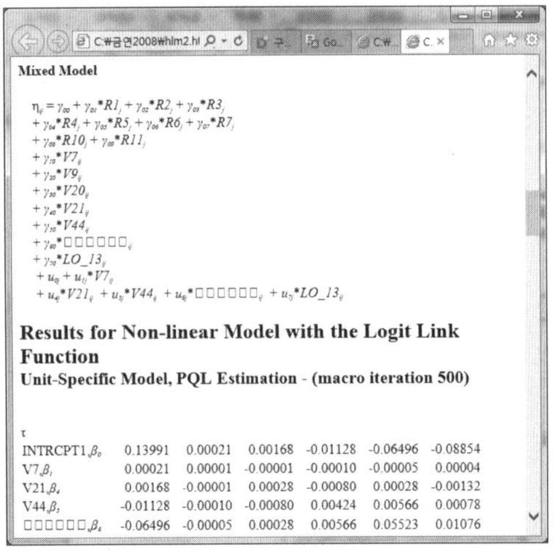

**Mixed Model**

$\eta_{ij} = \gamma_{00} + \gamma_{01}*R1_j + \gamma_{02}*R2_j + \gamma_{03}*R3_j + \gamma_{04}*R4_j + \gamma_{05}*R5_j + \gamma_{06}*R6_j + \gamma_{07}*R7_j + \gamma_{08}*R10_j + \gamma_{09}*R11_j + \gamma_{10}*V7_{ij} + \gamma_{20}*V9_{ij} + \gamma_{30}*V20_{ij} + \gamma_{40}*V21_{ij} + \gamma_{50}*V44_{ij} + \gamma_{60}*□□□□□□_{ij} + \gamma_{70}*LO\_13_{ij} + u_{0j} + u_{1j}*V7_{ij} + u_{4j}*V21_{ij} + u_{5j}*V44_{ij} + u_{6j}*□□□□□□_{ij} + u_{7j}*LO\_13_{ij}$

**Results for Non-linear Model with the Logit Link Function**

**Unit-Specific Model, PQL Estimation - (macro iteration 500)**

| τ | | | | | | |
|---|---|---|---|---|---|---|
| INTRCPT1, $\beta_0$ | 0.13991 | 0.00021 | 0.00168 | -0.01128 | -0.06496 | -0.08854 |
| V7, $\beta_1$ | 0.00021 | 0.00001 | -0.00001 | -0.00010 | -0.00005 | 0.00004 |
| V21, $\beta_4$ | 0.00168 | -0.00001 | 0.00028 | -0.00080 | 0.00028 | -0.00132 |
| V44, $\beta_5$ | -0.01128 | -0.00010 | -0.00080 | 0.00424 | 0.00566 | 0.00078 |
| □□□□□□, $\beta_6$ | -0.06496 | -0.00005 | 0.00028 | 0.00566 | 0.05523 | 0.01076 |

(사)

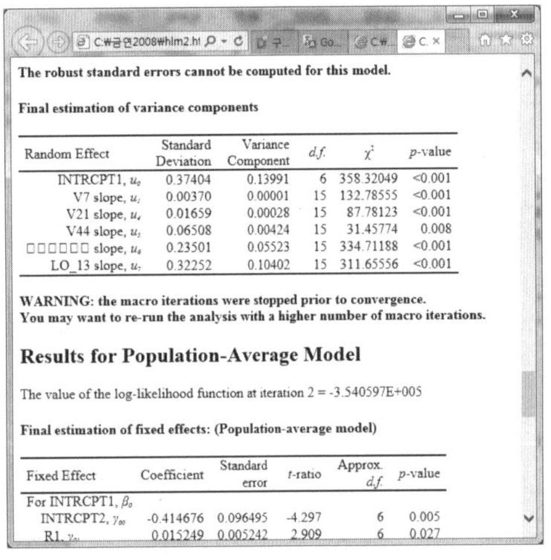

**The robust standard errors cannot be computed for this model.**

**Final estimation of variance components**

| Random Effect | Standard Deviation | Variance Component | d.f. | $\chi^2$ | p-value |
|---|---|---|---|---|---|
| INTRCPT1, $u_0$ | 0.37404 | 0.13991 | 6 | 358.32049 | <0.001 |
| V7 slope, $u_1$ | 0.00370 | 0.00001 | 15 | 132.78555 | <0.001 |
| V21 slope, $u_4$ | 0.01659 | 0.00028 | 15 | 87.78123 | <0.001 |
| V44 slope, $u_5$ | 0.06508 | 0.00424 | 15 | 31.45774 | 0.008 |
| □□□□□□ slope, $u_6$ | 0.23501 | 0.05523 | 15 | 334.71188 | <0.001 |
| LO_13 slope, $u_7$ | 0.32252 | 0.10402 | 15 | 311.65556 | <0.001 |

**WARNING: the macro iterations were stopped prior to convergence.**
**You may want to re-run the analysis with a higher number of macro iterations.**

**Results for Population-Average Model**

The value of the log-likelihood function at iteration 2 = -3.540597E+005

**Final estimation of fixed effects: (Population-average model)**

| Fixed Effect | Coefficient | Standard error | t-ratio | Approx. d.f. | p-value |
|---|---|---|---|---|---|
| For INTRCPT1, $\beta_0$ | | | | | |
| INTRCPT2, $\gamma_{00}$ | -0.414676 | 0.096495 | -4.297 | 6 | 0.005 |
| R1, $\gamma_{01}$ | 0.015249 | 0.005242 | 2.909 | 6 | 0.027 |

(아)

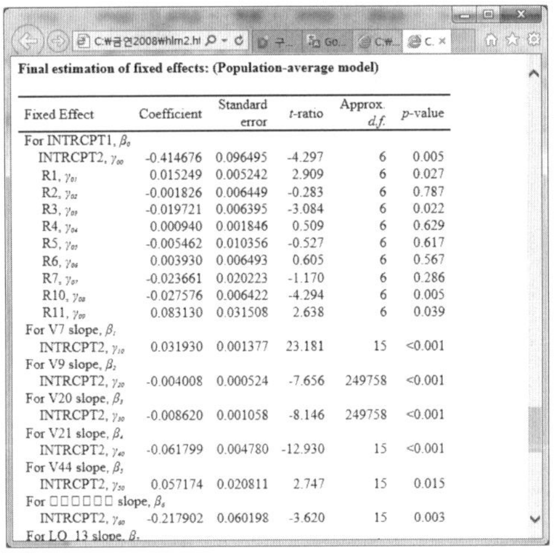

**Final estimation of fixed effects: (Population-average model)**

| Fixed Effect | Coefficient | Standard error | t-ratio | Approx. d.f. | p-value |
|---|---|---|---|---|---|
| For INTRCPT1, $\beta_0$ | | | | | |
| INTRCPT2, $\gamma_{00}$ | -0.414676 | 0.096495 | -4.297 | 6 | 0.005 |
| R1, $\gamma_{01}$ | 0.015249 | 0.005242 | 2.909 | 6 | 0.027 |
| R2, $\gamma_{02}$ | -0.001826 | 0.006449 | -0.283 | 6 | 0.787 |
| R3, $\gamma_{03}$ | -0.019721 | 0.006395 | -3.084 | 6 | 0.022 |
| R4, $\gamma_{04}$ | 0.000940 | 0.001846 | 0.509 | 6 | 0.629 |
| R5, $\gamma_{05}$ | -0.005462 | 0.010356 | -0.527 | 6 | 0.617 |
| R6, $\gamma_{06}$ | 0.003930 | 0.006493 | 0.605 | 6 | 0.567 |
| R7, $\gamma_{07}$ | -0.023661 | 0.020223 | -1.170 | 6 | 0.286 |
| R10, $\gamma_{08}$ | -0.027576 | 0.006422 | -4.294 | 6 | 0.005 |
| R11, $\gamma_{09}$ | 0.083130 | 0.031508 | 2.638 | 6 | 0.039 |
| For V7 slope, $\beta_1$ | | | | | |
| INTRCPT2, $\gamma_{10}$ | 0.031930 | 0.001377 | 23.181 | 15 | <0.001 |
| For V9 slope, $\beta_2$ | | | | | |
| INTRCPT2, $\gamma_{20}$ | -0.004008 | 0.000524 | -7.656 | 249758 | <0.001 |
| For V20 slope, $\beta_3$ | | | | | |
| INTRCPT2, $\gamma_{30}$ | -0.008620 | 0.001058 | -8.146 | 249758 | <0.001 |
| For V21 slope, $\beta_4$ | | | | | |
| INTRCPT2, $\gamma_{40}$ | -0.061799 | 0.004780 | -12.930 | 15 | <0.001 |
| For V44 slope, $\beta_5$ | | | | | |
| INTRCPT2, $\gamma_{50}$ | 0.057174 | 0.020811 | 2.747 | 15 | 0.015 |
| For □□□□□□ slope, $\beta_6$ | | | | | |
| INTRCPT2, $\gamma_{60}$ | -0.217902 | 0.060198 | -3.620 | 15 | 0.003 |
| For LO_13 slope, $\beta_7$ | | | | | |

(자)

### 4단계: 상호작용효과 모형 검증

무조건적 기울기 모형에서의 무선효과의 유의성을 나타낸 개인요인 변수들(절편: INTRCPT1, Age: V7, ND: V21, ST: V44, TR: 보조제, SS: LO_13)과 조건모형에서 지역요인의 고정효과에서 유의성을 나타낸 변수들(NSC: R1, HRDR: R3, SHS: R10, FC: R11)의 상호작용에 의해 종속변수에 미치는 영향을 검증하기 위해 상호작용효과(interaction effect)를 분석한다.

가. Level-2의 초기값($\mathcal{L}_0$)을 클릭한 후 지역변수(R1-R11)를 모두 삭제한다.

나. Level-2의 초기값을 클릭한 후 조건모형의 지역요인 고정효과의 유의성을 나타내는 변수(R1, R3, R10, R11)를 차례로 전체평균으로 중심화하여 투입한다.

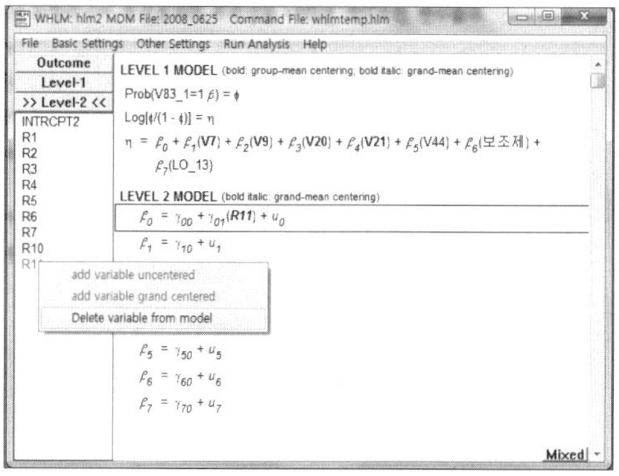

(가)

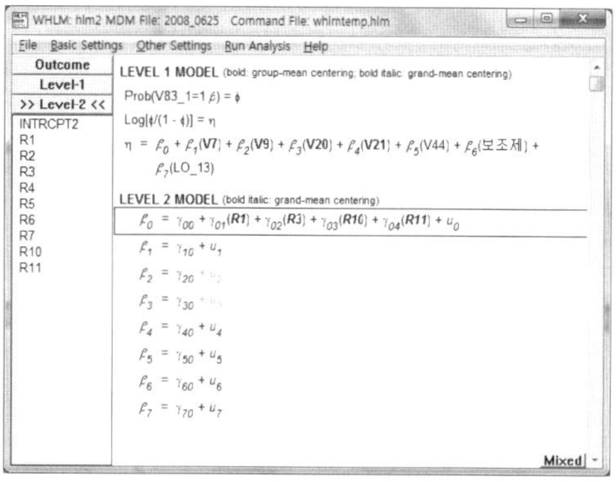

(나)

다. 무조건적 기울기 모형의 무선효과의 유의성을 나타낸 개인요인 변수들의 무선효과($\mathcal{L}_1$, $\mathcal{L}_4$, $\mathcal{L}_5$, $\mathcal{L}_6$, $\mathcal{L}_7$)를 차례로 클릭한 후 조건모형의 지역요인 고정효과의 유의성을 나타내는 변수(R1, R3, R10, R11)를 차례로 전체평균으로 중심화하여 투입한다.

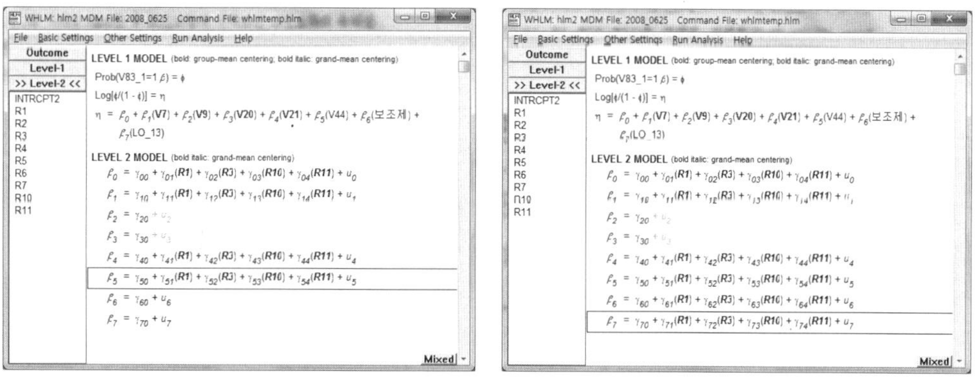

(다)

라. [Run Analysis]→[Run the model shown]을 선택한다.

마. 반복연산이 실행된다. 결과파일을 확인한다.

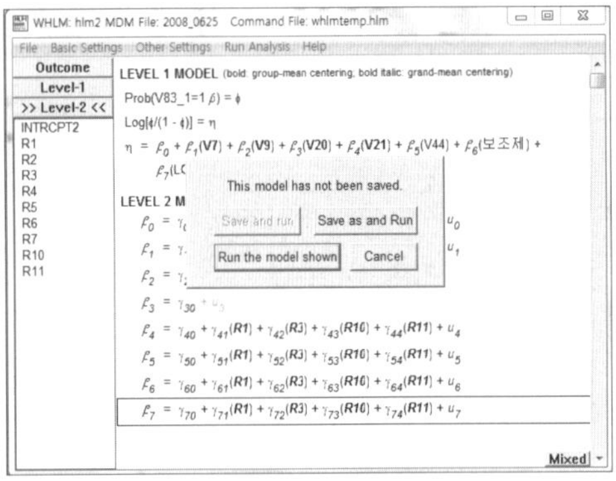

(라)

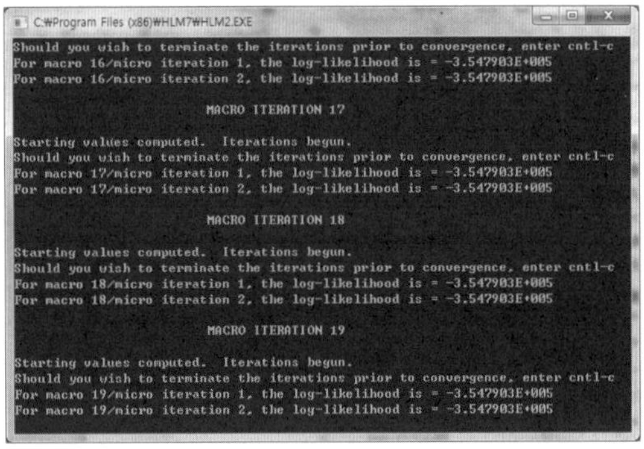

(마)

바. 상호작용효과 모델과 Mixed Model을 기술한다.

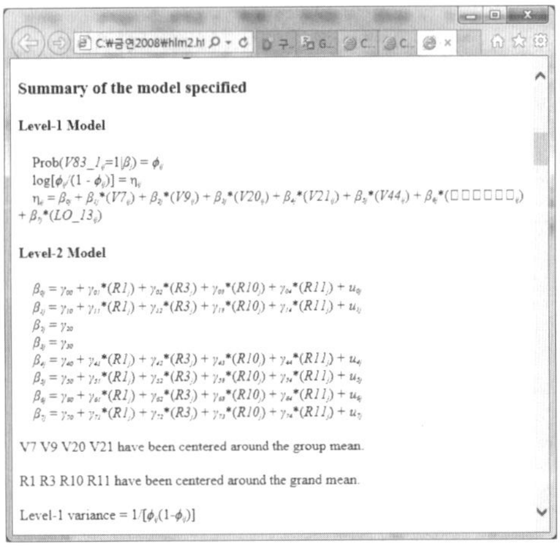

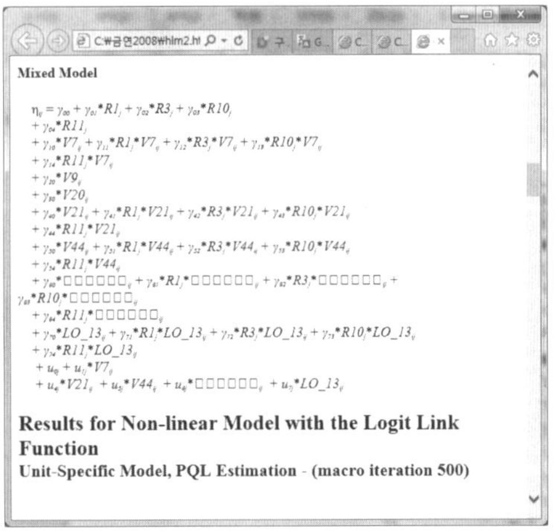

(바)

사. 상호작용 독립변수들(V7, V21, V44, 보조제, LO_13)의 무선효과에 대한 표준편차(SD), 분산($\sigma^2$), $\chi^2$, 유의확률(p-value)을 확인한다.

아. [Final estimation of fixed effects(Population-average model)]에서 개인요인 독립변수들과 지역요인 독립변수의 상호작용에 대한 고정효과의 회귀계수, 표준오차, 유의확률, 오즈비를 확인한다.

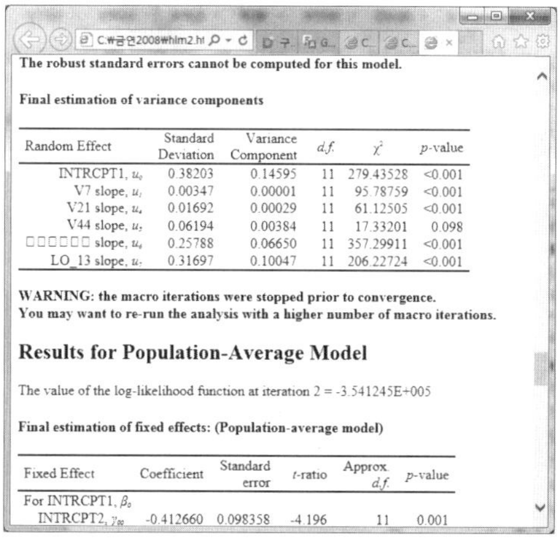

**The robust standard errors cannot be computed for this model.**

**Final estimation of variance components**

| Random Effect | Standard Deviation | Variance Component | *d.f.* | $\chi^2$ | *p*-value |
|---|---|---|---|---|---|
| INTRCPT1, $u_0$ | 0.38203 | 0.14595 | 11 | 279.43528 | <0.001 |
| V7 slope, $u_1$ | 0.00347 | 0.00001 | 11 | 95.78759 | <0.001 |
| V21 slope, $u_4$ | 0.01692 | 0.00029 | 11 | 61.12505 | <0.001 |
| V44 slope, $u_5$ | 0.06194 | 0.00384 | 11 | 17.33201 | 0.098 |
| □□□□□□ slope, $u_6$ | 0.25788 | 0.06650 | 11 | 357.29911 | <0.001 |
| LO_13 slope, $u_7$ | 0.31697 | 0.10047 | 11 | 206.22724 | <0.001 |

**WARNING: the macro iterations were stopped prior to convergence.**
**You may want to re-run the analysis with a higher number of macro iterations.**

**Results for Population-Average Model**

The value of the log-likelihood function at iteration 2 = -3.541245E+005

**Final estimation of fixed effects: (Population-average model)**

| Fixed Effect | Coefficient | Standard error | *t*-ratio | Approx. *d.f.* | *p*-value |
|---|---|---|---|---|---|
| For INTRCPT1, $\beta_0$ | | | | | |
| INTRCPT2, $\gamma_{00}$ | -0.412660 | 0.098358 | -4.196 | 11 | 0.001 |

(사)

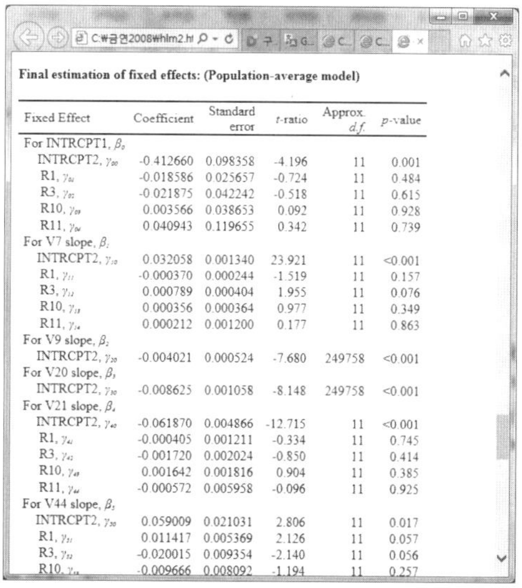

**Final estimation of fixed effects: (Population-average model)**

| Fixed Effect | Coefficient | Standard error | *t*-ratio | Approx. *d.f.* | *p*-value |
|---|---|---|---|---|---|
| For INTRCPT1, $\beta_0$ | | | | | |
| INTRCPT2, $\gamma_{00}$ | -0.412660 | 0.098358 | -4.196 | 11 | 0.001 |
| R1, $\gamma_{01}$ | -0.018586 | 0.025657 | -0.724 | 11 | 0.484 |
| R3, $\gamma_{02}$ | -0.021875 | 0.042242 | -0.518 | 11 | 0.615 |
| R10, $\gamma_{03}$ | 0.003566 | 0.038653 | 0.092 | 11 | 0.928 |
| R11, $\gamma_{04}$ | 0.040943 | 0.119655 | 0.342 | 11 | 0.739 |
| For V7 slope, $\beta_1$ | | | | | |
| INTRCPT2, $\gamma_{10}$ | 0.032058 | 0.001340 | 23.921 | 11 | <0.001 |
| R1, $\gamma_{11}$ | -0.000370 | 0.000244 | -1.519 | 11 | 0.157 |
| R3, $\gamma_{12}$ | 0.000789 | 0.000404 | 1.955 | 11 | 0.076 |
| R10, $\gamma_{13}$ | 0.000356 | 0.000364 | 0.977 | 11 | 0.349 |
| R11, $\gamma_{14}$ | 0.000212 | 0.001200 | 0.177 | 11 | 0.863 |
| For V9 slope, $\beta_2$ | | | | | |
| INTRCPT2, $\gamma_{20}$ | -0.004021 | 0.000524 | -7.680 | 249758 | <0.001 |
| For V20 slope, $\beta_3$ | | | | | |
| INTRCPT2, $\gamma_{30}$ | -0.008625 | 0.001058 | -8.148 | 249758 | <0.001 |
| For V21 slope, $\beta_4$ | | | | | |
| INTRCPT2, $\gamma_{40}$ | -0.061870 | 0.004866 | -12.715 | 11 | <0.001 |
| R1, $\gamma_{41}$ | -0.000405 | 0.001211 | -0.334 | 11 | 0.745 |
| R3, $\gamma_{42}$ | -0.001720 | 0.002024 | -0.850 | 11 | 0.414 |
| R10, $\gamma_{43}$ | 0.001642 | 0.001816 | 0.904 | 11 | 0.385 |
| R11, $\gamma_{44}$ | -0.000572 | 0.005958 | -0.096 | 11 | 0.925 |
| For V44 slope, $\beta_5$ | | | | | |
| INTRCPT2, $\gamma_{50}$ | 0.059009 | 0.021031 | 2.806 | 11 | 0.017 |
| R1, $\gamma_{51}$ | 0.011417 | 0.005369 | 2.126 | 11 | 0.057 |
| R3, $\gamma_{52}$ | -0.020015 | 0.009354 | -2.140 | 11 | 0.056 |
| R10, $\gamma_{53}$ | -0.009666 | 0.008092 | -1.194 | 11 | 0.257 |

(아)

◆ 참고문헌 ◆


1. 강상진. (1998). 교육 및 사회연구를 위한 연구방법으로서의 다층모형과 전통적 선형모형의 비교분석연구. 교육평가연구, 11(1), 207-258.
2. 박정선. (2003). 다수준 접근의 범죄학적 활용에 대한 연구. 형사정책연구, 제14권 4호, 281-314.
3. 유정진. (2006). 위계적 선형모형의 이해와 활용. 아동학회지, 27(3), 169-187.
4. 이동영·이정주. (2007). 장애인근로자의 직무만족에 대한 조직효과분석: 2005년 장애인 근로자 실태조사를 활용한 위계적 선형모형(HLM)의 적용. 사회보장연구, 23(1), 177-203.
5. 서민원. (2003). 다층모형의 논리적 구조와 적용: 대학교육의 효과 측정과 분석. 교육평가연구, 16(2), 43-63.
6. 전기석·이현석. (2006). 위계적 선형모형을 이용한 오피스 임대료 결정요인 분석. 국토연구, 제49권, 171-184.
7. Heck, R., & Thomas, S. (2009). *An Introduction to Multilevel Modeling Techniques*(2nd ed). New York, NY: Routledge.
8. Hox, J. (2002). *Multilevel analysis: Techniques and applications.* Mahwah, NJ J: Lawrence Erlbaum.
9. Kreft, I. (1996). Are multilevel techniques necessary? An overview, including simulation studies. Unpublished manuscript, California State University, Los Angeles.
10. Pollack, B. N. (1998). Hierarchical linear modeling and the 'Unit of Analysis' problem: A solution for analyzing response of intact group members. *Group Dynamics : Theory, Research, and Practice*, 2, 299-312.
11. Raudenbush, S. W., & Bryk, A. S. (2002). *Hirearchical Linear Models: Applications and Data Analysis Methods.* Thousand Oaks, CA: Sage.
12. Snijders, T., & Bosker, R. (1999). *Multilevel Models: An Introduction to basic and Advanced Multilevel Modeling.* London, England: Sage Publications.

2장

# 구조방정식모형의 개요

※ 주요 내용

1. 구조방정식모형의 구성
2. 경로분석
3. 구조방정식모형의 적합도 검증
4. 조절효과와 매개효과
5. 다중집단 분석
6. 잠재성장곡선 모델링

# 1 구조방정식모형의 구성

구조방정식모형(Structural Equation Modeling, SEM)[1]은 측정모형(measurement model)과 구조모형(structural model)을 통하여 모형 간의 인과관계를 파악하는 방정식 모형이다. 구조방정식모형은 공분산구조분석(covariance structure analysis), 공분산구조모형(covariance structure modeling), 인과모델링(causal modeling), 잠재변수모델(latent variable model), LISREL(LInear Structural RELations)이라고도 불린다. 즉, 구조방정식모형은 이론적인 배경하에서 측정변수를 통한 잠재요인을 발견하고 잠재요인 간의 인과관계의 가설을 검증하는 것이다. 구조방정식모형은 측정모형과 구조모형(이론모형이라고도 함)을 확인적 요인분석(Confirmatory Factor Analysis, CFA)과 회귀분석(regression analysis) 형태로 적절하게 결합시켜 놓은 방정식이다. 본서의 구조방정식모형 분석은 제임스 L. 아버클(James L. Arbuckle) 교수가 개발한 Amos(Analysis of moment structure)를 사용하였다.

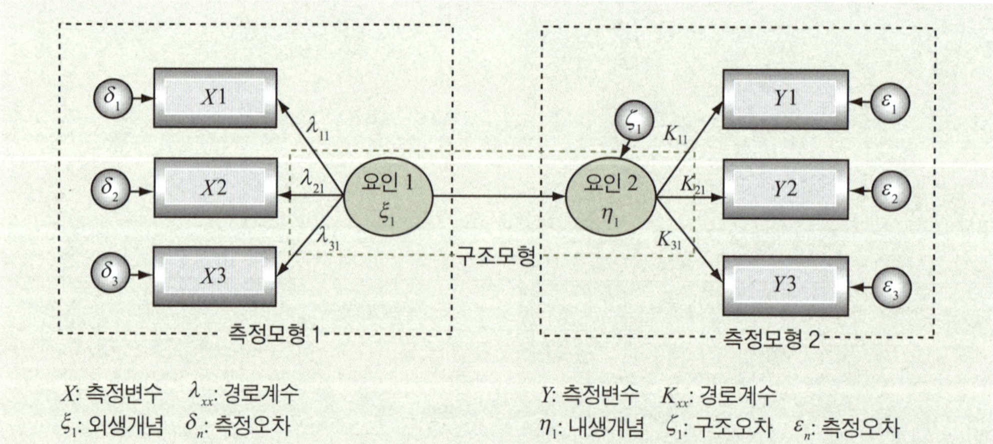


[그림 2-1] 구조방정식모형

1. 구조방정식모형 개요는 《보건복지연구를 위한 구조방정식모형》(송태민 · 김계수, 2012)에서 본고에서 사용된 구조방정식모형을 분석할 수 있도록 부분 발췌한 내용임을 밝힌다.

## 2 경로분석

경로분석(path analysis)은 관측변수들 간에 가정된 인과관계를 추정하는 방법이다. 경로분석은 다수의 독립변수와 다수의 종속변수 간 공분산이나 상관관계를 이용하여 인과적인 효과를 분석하는 방법이다. 경로분석에서 모형은 관측변수들 간의 관계로만 이루어져 있어 연구모형의 표기도 직사각형으로 구성한다.

경로분석이 구조방정식모형과 다른 점은 요인분석을 통한 잠재요인의 연결이 없다는 것이다. 연구자는 경로분석을 통하여 복잡한 연구모형에서 변수 간 인과관계를 한 번의 분석으로 측정할 수 있다. 연구자는 경로분석으로 중회귀분석에서 파악하기 어려운 직접효과, 간접효과, 총효과를 쉽게 파악할 수 있다.

### ■ 경로분석의 기본가정

첫째, 구성개념의 측정항목이 단일항목(사각형)으로 구성되어 있다.

둘째, 측정오차는 존재하지 않고 구조오차만 존재한다.

셋째, 외생변수(독립변수)와 내생변수(종속변수)의 관계는 직선적(linear)이고 합산적(additive)이다.

넷째, 변수들은 양적변수(등간척도, 비율척도)로 구성하여야 한다. 예외적으로 성별(0: 남, 1: 여)이나 Yes/No(0: No, 1: Yes)와 같은 이분법적 변수는 분석과정에서 사용할 수 있다.

### ■ 경로도형에서의 효과

경로도형(path diagram)은 변수 간의 관계를 그림으로 나타낸 것이다. 경로분석을 통하여 얻을 수 있는 공변량은 변수 간의 전체적인 효과로 다음과 같이 분해할 수 있다.

$$\text{공변량(전체효과)} = \text{인과효과(직접효과} + \text{간접효과)} + \text{의사효과} \qquad (2\text{-}1)$$

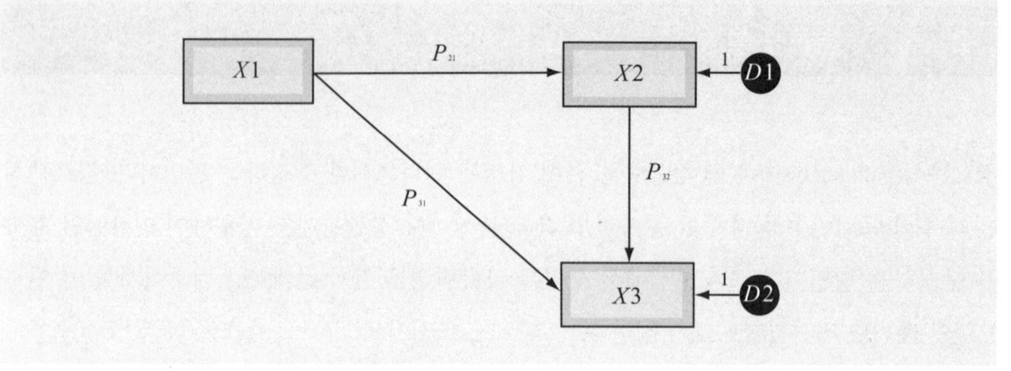


[그림 2-2] 경로도형의 전체효과(직접효과+간접효과)

여기서 직접효과(direct effect)는 직접적인 인과관계를 나타낸 것으로 이론적인 구성 체계 내에서 하나의 독립변수(*X*1)가 종속변수(*X*2)에 영향을 미치는 것을 나타낸다(직접효과 = $P_{21}$, $P_{31}$, $P_{32}$).

간접효과(indirect effect)는 독립변수의 효과가 하나 이상의 중간변수에 의해 매개되어 종속변수에 영향을 미치는 경우를 나타낸다. *X*1과 *X*3 사이에는 직접효과와 간접효과가 동시에 발생하는 것을 알 수 있다(간접효과 = $P_{21} \times P_{32}$). Amos에서는 간접효과와 총효과에 대한 크기는 제공하지만 그것에 대한 유의확률은 곧바로 제공하지 않는다. 따라서 연구자는 간접효과에 대한 유의확률을 부트스트래핑(bootstrapping)이나 소벨 검정(Sobel test)을 이용하여 구한다.

의사효과(spurious effect)는 두 독립변수가 직접적인 연결은 없으나 제3의 변수에 의해 동시에 영향을 받음으로써 두 변수 간에 관계가 있는 것처럼 보이는 경우를 말한다(의사효과 = $P_{21} \times P_{31}$).

## 3 구조방정식모형의 적합도 검증

모형의 적합도는 구축한 모형과 실제 자료 사이의 일치도를 나타낸다. 즉, 구축한 모형과 실제로 조사·관측한 표본자료와의 부합성을 살펴보는 것이다. Amos에서 모형의 적합성 평가는 기본적으로 절대적합지수, 증분적합지수, 간명적합지수 등을 이용한다.

절대적합지수는 연구자가 수집한 데이터의 공분산행렬과 이론을 바탕으로 한 연구모델에서 추정한 공분산행렬이 얼마나 적합한지를 보여 주는 것으로 모형의 전반적인 부합도를 평가하는 지수이다.

증분적합지수는 기초모형에 대한 제안모형의 부합도를 평가하는 것이다(기초모형은 측정변수 사이에 공분산 또는 상관관계가 없는 모형으로 독립모형이라고 한다. 제안모형은 연구자가 이론적 배경 하에 설정한 모형이다).

간명적합지수는 제안모형의 적합지수, 즉 모형의 복잡성과 객관성의 차이를 비교하는 것을 말한다. 간명적합지수는 모델 간 비교를 하기 때문에 2개 이상의 모델 중 어느 모델(예: 제안모델과 수정모델)이 적합한지를 비교할 때 매우 유용하다. 주요 모형의 적합도 지수와 판단 기준은 [표 2-1]과 같다.

[표 2-1] 모형의 적합도 지수 및 판단 기준

| 모형평가지수 | 적합도 지수 | 최적모형 부합치 |
|---|---|---|
| 절대적합지수 (absolute fit index) | $\chi^2$ | p-값이 0.05 이상이면 양호 |
| | $Q(\chi^2/\text{df})$ | ≤ 2(좋음), ≤ 3(양호), ≤ 5(보통) |
| | GFI(Goodness Fit Index) | ≥ 0.9(양호) |
| | AGFI(Adjusted Goodness Fit Index) | ≥ 0.9(양호) |
| | RMR(Root Mean Squared Residual) | ≤ 0.05(양호) |
| | RMSEA(Root Mean Squared Error of Approximation) | ≤ 0.05(좋음), ≤ 0.08(양호), ≤ 0.1(보통) |
| 증분적합지수 (incremental fit index) | NFI(Normed Fit Index) | ≥ 0.9(양호) |
| | TLI(Tucker-Lewis Index) 또는 NNFI | ≥ 0.9(양호) |
| | CFI(Comparative Fit Index) | ≥ 0.9(양호) |
| 간명적합지수 (parsimonious fit index) | PGFI(Parsimonious Goodness Fit Index) | 높을수록 양호 |
| | PNFI(Parsimonious Normed Fit Index) | 높을수록 양호 |
| | AIC(Akaike Information Criteria) | 낮을수록 양호 |

$\chi^2$은 Amos에서 CMIN으로 표현된다. $\chi^2$은 표본의 크기가 클 경우에는 모델이 부적합하게 나타날 수 있다. 또한 $\chi^2$을 이용한 적합성 검증에서 표본의 크기가 작을 경우 모델이 적합하다고 나타날 수 있기 때문에 표본의 크기가 적절한 경우에만 올바른 값을 구할 수 있는 한계를 지닌다(Kline, 2010, p. 301). 그리고 모델의 복잡성에 따라 영향을 많이 받을 수 있다. 따라서 $Q$[Normed $\chi^2$(CMIN/DF)]를 사용하여 모델의 적합도를 검증할 수 있다. 일반적으로 '$Q \leq 5$'이면 수용할 만하며 '$Q \leq 3$'이면 좋다고 할 수 있다(Wheaton et al., 1977).

RMR은 측정 척도에 영향을 받는 단점이 있기 때문에 변수들의 척도가 다를 경우 SRMR(Standardized RMR)을 사용하기도 한다. SRMR 값은 0.8 이하이면 수용할 수(acceptable fit) 있다(Hu & Bentler, 1999).

TLI는 Amos에서 비표준적합지수(Non-Normed Fit Index, NNFI)로 TLI 지수의 장점은 자료의 크기에 민감하지 않다는 것이다. 이 때문에 $\chi^2$ 지표의 문제를 보조할 수 있는 지표로 꼽힌다.

SRMR(Standardized RMR)은 모델 간 비교 시 유용하게 사용되며, Amos에서 [Plugins] → [Standardized RMR]을 선택한 후 실행 아이콘을 클릭하면 제공된다.

## 4 조절효과와 매개효과

### ■ 조절효과

조절효과(moderation effect)는 변수 혹은 요인이나 변수 관계를 변화시키는 제3의 변수나 요인이 있는 경우를 말한다. 아래의 예에서 변수 *Z*의 수준에 따라 *Y*에 대한 *X*의 영향력이 다르다면 변수 *Z*는 변수 *X*와 변수 *Y* 사이에서 조절(moderates)한다고 한다. Amos에서 조절효과의 연구모형 분석은 다중집단 분석(multiple group analysis)을 이용한다. 연속형 조절변수는 범주형 조절변수로 변환하여 분석할 수 있다.

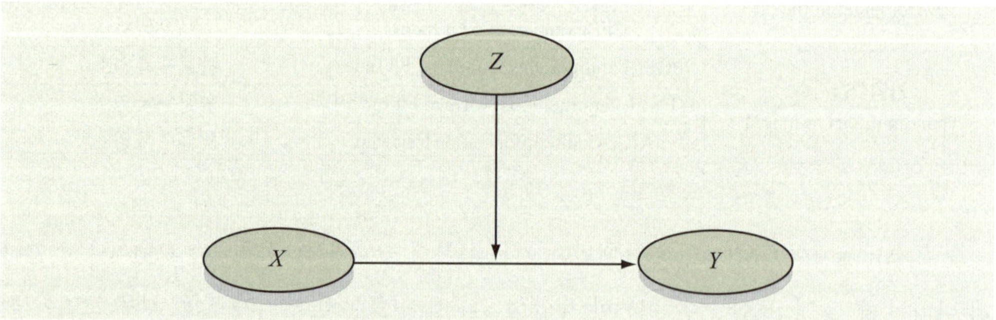


[그림 2-3] 조절효과 연구모형

### ■ 매개효과

매개효과(mediator effect)는 독립변수(*X*)와 종속변수(*Y*) 사이에 제3의 변수인 매개변수(*M*)가 개입될 때 발생한다(Baron & Kenny, 1986). Hair et al.(2006)은 Baron & Kenny(1986)의 연구에 기초하여 매개효과를 검증하기 위해 다음 4가지 단계를 제시하고 있다(김계수, 2010; 우종필, 2012).

첫째, *X-Y, X-M, M-Y*의 유의한 상관 정도를 확인한다.

둘째, *X*와 *Y* 사이에 *M*이 개입된 상태에서 *X*와 *Y*의 유의한 정도가 1단계에서처럼 그대로 이거나 변화가 없다면 매개효과는 없다고 해석한다.

셋째, *X*와 *Y* 사이에 *M*이 개입된 상태에서 *X*와 *Y*의 관계가 유의하지만 약하게 영향을 미치는 것으로 변하면 부분매개(partial mediation)를 보인다고 해석한다.

넷째, *X*와 *Y* 사이에 *M*이 개입된 상태에서 *X*와 *Y*의 관계가 유의하지 않은 것으로 변하면 완전(전부)매개(full mediation)를 보인다고 해석한다.

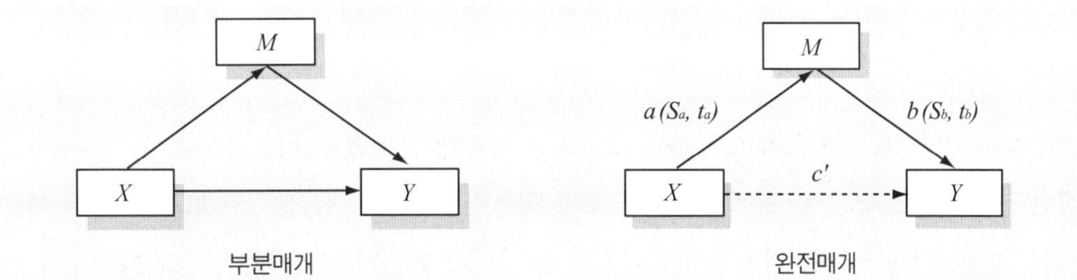


[그림 2-4] 부분매개와 완전매개
*a*: *X-M*의 비표준화 계수(estimate), $S_a$: *X-M*의 표준오차(S.E.), $t_a$: *X-M*의 C.R., C': *X-Y*의 경로계수

■ **간접효과(매개효과)의 통계적 유의성 검증**

Amos 프로그램에서는 간접효과와 총효과 크기는 제공하고 있다. 그러나 간접효과에 대한 통계적 유의성은 제공하지 않는다. 연구자는 직접효과에 대해서는 결과표에 나타난 *C.R.*값이나 *P*값 등을 통해 유의성을 알 수 있다. Amos에서는 간접효과에 대한 유의성을 제공해 주지 않기 때문에 간접효과의 유의성 검증을 위하여 부트스트래핑(bootstrapping) 방법을 사용한다. 부트스트래핑은 자료들이 다변량 정규분포를 따른다는 통계적 가정의 제약으로부터 자유로운 비모수적 추론을 제공한다. 즉, 부트스트래핑은 모집단(population)의 분포에 대해 모수적 가정을 하지 않고 표본자료의 추론으로 모수(parameter)를 추론하게 된다.

부트스트래핑과 달리 소벨 검정은 모든 자료가 정규분포를 따른다는 가정하에 통계적 유의성을 검정하는 것을 말한다. 간접효과의 유의성을 평가하는 소벨 검정은 크리스토퍼 J. 프리처(Kristopher J. Preacher) 교수의 웹사이트(http://quantpsy.org/sobel/sobel.htm)를 방문하여 쉽게 계산할 수 있다. 연구자는 소벨 검정 통계량과 관련 확률로 간접효과를 계산할 수 있다 (Input에 해당 값을 입력해 계산한 후 $p<\alpha$이면 '*X*와 *Y*의 간접효과는 유의하다'라는 대립가설을 채택한다).

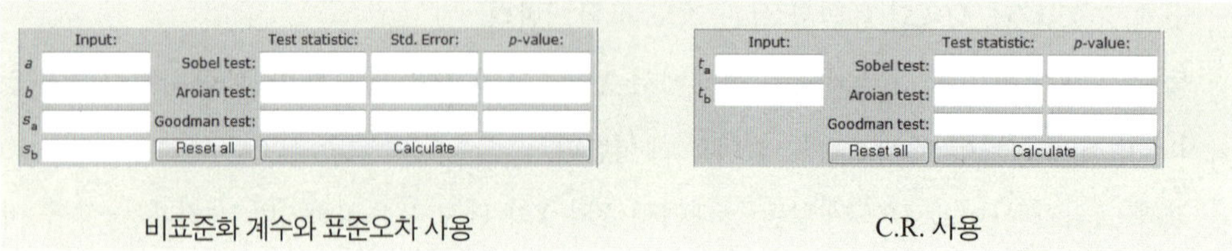


[그림 2-5] 간접효과 소벨 검정

## 5 다중집단 분석

연구자는 다중집단 분석(multiple group analysis)을 통해서 조절효과를 확인할 수 있다. 다중집단 분석은 구조방정식모형에서 조절효과와 집단 간 차이 여부를 분석할 때 사용한다. 예를 들어, 청소년비행에 관한 연구에서 남녀집단 간 차이가 있는지 없는지를 알아보는 연구를 한다고 가정하자. 여기서 긴장은 독립변수, 비행은 종속변수, 성별은 조절변수가 된다.

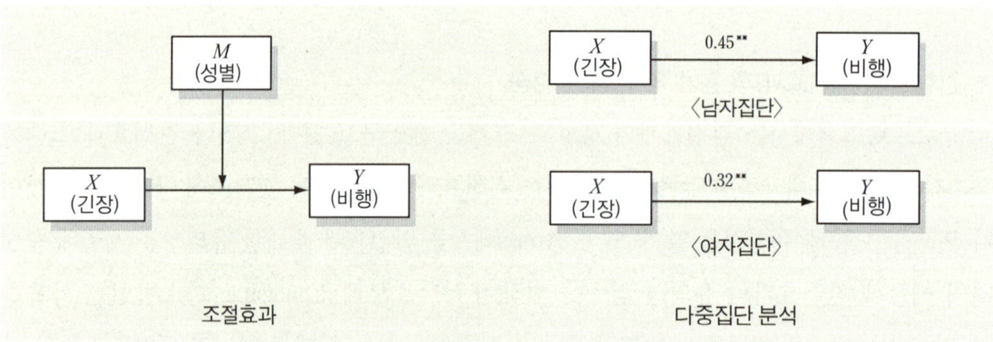


[그림 2-6] 조절효과와 다중집단 분석

앞의 예에서 두 집단 간 경로계수의 크기를 가지고 서로 통계적으로 유의한 차이가 있는지 없는지를 알고 싶어 하는 경우, 연구자는 다중집단 분석방법을 이용하여 모델 내 경로의 통계적 유의성뿐만 아니라 집단 간 경로의 통계적 유의성에 대한 차이를 검증해야 한다. 다중집단 분석에서 경로계수의 차이는 집단 간 경로계수를 자유롭게 하는 비제약모델과 고정하는 제약모델 간 차이를 통하여 검증한다. 다중집단 분석은 다중집단 확인적 요인분석을 실시한 이후, 다중집단 경로분석이나 다중집단 구조방정식모형 분석을 실시한다.

다중집단 확인적 요인분석은 집단 간 교차타당성(cross validation)을 검증할 때 사용된다. 교차타당성은 동일한 모집단이나 이질 모집단에서 얻은 2개 이상의 표본들이 서로 동일한 결과를 보이는지를 검증하는 것이다. 교차타당성을 검증하기 위해서는 측정동일성(measurement equivalence)에 대한 분석이 필요하다. 측정동일성은 다수의 응답자들이 측정도구(예: 설문지)에 대해서 동등하게 인식하고 있다는 것을 검증하는 과정이다. 측정동일성은 [표 2-2]와 같이 5단계로 나뉜다(Myers et al., 2000; Mullen, 1995).[2] 교차타당성의 모델 간 비교는 통계량 차이($\triangle\chi^2$)를 통해서 유의한지를 검증한다.

연구자는 Amos 프로그램을 이용한 다중집단 분석 과정에서 경로를 직접 제약하는 방법과 아이콘을 이용하는 방법을 이용할 수 있다. 경로를 직접 제약하는 방법의 경우는 연구자가 각각의 경로에 직접 제약을 한 다음 비제약모델과 제약모델을 비교하는 것이다. 이 방법은 제약하는 경로계수의 수만큼 각각 분석해야 하는 번거로움이 있다.

아이콘을 이용한 집단 간 비교분석방법은 비제약모델과 제약모델을 차례로 비교하는 방법이다. 연구자는 Amos 프로그램에서 다중집단 분석 아이콘()을 이용하는 방법으로 집단 간 차이 여부를 한번에 쉽게 알 수 있다. 아이콘을 이용한 교차타당성 분석 단계는 형태동일성에 이어 요인부하량 동일성, 공분산 동일성, 오차분산 동일성의 제약 순서로 진행한다.

[표 2-2] 측정동일성 분석단계

| 단계 | 측정동일성 | 모델형태 |
|---|---|---|
| 1 | 형태 동일성<br>(model 1: 비제약) | 비제약모델로 집단 간 어떠한 제약도 하지 않은 상태 |
| 2 | 요인부하량 동일성<br>(model 2: $\lambda$제약) | 요인부하량 제약모델로 집단 간 요인부하량을 동일하게 제약한 모델 |
| 3 | 공분산 동일성<br>(model 3: $\phi$제약) | 공분산 제약모델로 집단 간 공분산 및 잠재변수의 분산을 동일하게 제약한 모델 |
| 4 | 요인부하량,<br>공분산 동일성<br>(model 4: $\lambda$, $\phi$제약) | 요인부하량, 공분산 제약모델로 집단 간 요인부하량, 공분산을 동일하게 제약한 모델 |
| 5 | 요인부하량<br>공분산, 오차분산 동일성<br>(model 5: $\lambda$, $\phi$, $\theta$제약) | 요인부하량, 공분산, 오차분산 제약모델로 집단 간 요인부하량, 공분산, 오차분산을 동일하게 제약한 모델 |

2. 다중집단 분석방법으로 Benlter(1980)와 MacCallum et al.(1994)은 측정동일성(metric equivalence) 검정방법을, Steenkamp et al.(1998)은 스칼라 동일성(scalar invariance) 검정방법을 제안하였다(김계수, 2010). 본문에서는 Amos 결과의 다중집단 분석 단계와 일치하는 Myers et al.(2000)과 Mullen(1995)이 제시하는 측정동일성 검증 5단계를 기술하였다(우종필, 2012).

잠재성장곡선 모델링(Latent Growth Curve Modeling, LGM)은 시간의 경과에 따른 어떤 변수의 변화를 측정한 종단적 데이터(longitudinal data)에 대해 그 변화패턴을 분석하고자 할 때 사용하는 방법이다. 잠재성장곡선 모델링은 세 번 이상 또는 그 이상의 종단자료(longitudinal data)[3]나 패널자료(panel data)에 대하여 집단평균 또는 개인에 대한 변화량을 확인하는 연구방법이다(Duncan et al., 1999). 잠재성장곡선 모델링은 기본적으로 두 단계를 거쳐 분석한다. 1단계를 비조건적 모델(unconditional model) 분석단계, 2단계를 조건적 모델(conditional model) 분석단계라고 부른다(Kline, 2010, p.306).

1단계인 비조건적 모델 분석단계에서는 일정 기간 동안 발달곡선(종속변수의 변화 추이)을 측정한 다음 각 개인의 반복측정값(repeated measure) 자료를 적합시킨다. 연구자는 비조건적 모델 분석을 통하여 평균 발달곡선의 초기값(intercept), 변화율(slope)을 구할 수 있다. 2단계인 조건적 모델 분석단계에서는 1단계에서 구한 잠재요인(latent factor)으로서의 초기값과 변화율을 다양한 예측요인(공변량, 독립변수)에 연결시켜 초기값과 변화율에 영향을 미치는 효과를 찾아낸다. 즉, 조건적 모델은 변수의 조절효과를 검증하는 것이라고 할 수 있다.

잠재성장곡선 모델링의 방정식은 식 (2-2)와 같다.

$$Y = \beta_{0i} + \beta_{1i}[t] + \varepsilon \tag{2-2}$$

여기서, $\beta_{0i}$ : 개인 $i$의 초기상태

$\beta_{1i}$ : 시간 변화에 따른 개인의 변화율

$[t]$ : 성장의 모양이나 시간을 나타내는 변수

$\varepsilon$ : 개인 $i$에 대한 시간에서 관찰되지 않은 오차

자료의 상황에 따라서는 2차함수에 의한 비선형 잠재성장 모델링(non linear latent growth modeling)을 추정할 수 있다. 비선형 잠재성장 모델링의 방정식은 식 (2-3)과 같다.

$$Y = \beta_{0i} + \beta_{1i}[t] + \beta_{2i}[t^2] + \varepsilon \tag{2-3}$$

3. 종단자료에는 코호트자료(cohort data)와 패널자료가 있으나, LGM은 패널자료에 대부분 사용한다.

즉, 잠재성장곡선 모델링 분석을 하기 위해서는 3회 이상 측정한 양적 변수(등간척도, 비율척도)가 있어야 하며, 변수의 측정치는 측정기간 동안 동일한 측정단위와 시간대를 가져야 한다.

[표 2-3] 잠재성장곡선모델 기본 설명

| 변수명 | 변수종류 | 내용 |
|---|---|---|
| 잠재변수<br>(latent variable) | ICEPT, SLOPE | ICEPT는 절편(Intercept)으로 초기값을 의미하고,<br>SLOPE는 기울기로 변화율을 의미한다. |
| 관측변수<br>(observed variable) | *X*1, *X*2, *X*3, *X*4, *X*5 | 측정 기간에 측정된 측정치를 나타낸다. |
| 측정오차<br>(measurement error) | *E*1, *E*2, *E*3, *E*4, *E*5 | 관측변수의 측정오차를 말한다. |
| 경로계수<br>(regression weight) | 잠재변수와 관측변수 간<br>요인부하량(회귀계수) | ICEPT의 경로계수는 1, SLOPE 경로계수는 0, 1, 2, 3, 4 등으로<br>고정, 모형에 따라 경로계수가 달라질 수 있다. |
| 공분산<br>(covariance) | 잠재변수 간 공분산 | 잠재변수(ICEPT, SLOPE) 사이에 공분산이 설정되어 있는<br>것을 나타낸다. |

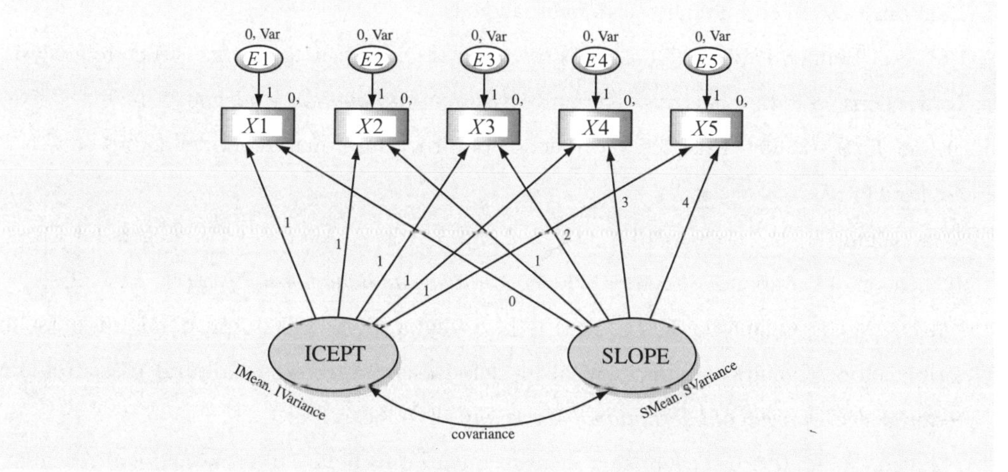


[그림 2-7] 잠재성장곡선모델의 기본 형태(제약모델)

◆ 참고문헌 ◆


1. 김계수. (2010). 구조방정식모형 분석. 한나래아카데미.
2. 김계수. (2009). 잠재성장모델링과 구조방정식 모델 분석. 한나래아카데미.
3. 송태민·김계수. (2012). 보건복지연구를 위한 구조방정식모형. 한나래아카데미.
4. 우종필. (2012). 구조방정식모델 개념과 이해. 한나래아카데미.
5. Baron, R. M., & Kenny, D. A. (1986). The moderator-mediator variable in social psychological research: conceptual, strategic, and statistics considerations. *Journal of Personality and Social Psychology*, 51(6), 1173-1182.
6. Benlter, P. M. (1980). Multivariate Analysis with Latent Variables: Causal Modeling. *Annual Review of Psychology*, 31, 419-456.
7. Duncan, T. E., Duncan, S. C., Strycker, A. L., Li F., & Alpert, A. (1999). An introduction to latent variable growth curve modeling; Concepts, issues, and applications. Mahwah, NJ: Lawrence Erlbaum Associates.
8. Hair, J. F. Jr., W. C. Black, B. J. Babin, R. E. Anderson, & R. L. Tatham. (2006). Multivariate Data Analysis(6th ed.). Prentice-Hall International.
9. Hu, L. T., Bentler, P. M. (1999). Cutoff criteria for fit indices in covariance structure analysis: conventional criteria versus new alternatives. *Structural Equation Modeling*, 6, 1-55.
10. Kline, R. B. (2010). Principles and Practice of Structural Equation Modeling(3rd ed.). NY: Guilford Press.
11. MacCallum, R. M., Rosnowski, C. M., & Reith, I. (1994). Alternative Strategies for Cross-Validation of Covariance Structure Models. *Multivariate Behavioral Research*, 29, 1-32.
12. Myers, M. B., Calantone, R. J., Page, T. J., & Taylor, C. R. (2000). Academic insights: an application of multiple-group causal models in assessing cross-cultural measurement equivalence. *Journal of International Marketing*, 8(4), 108-121.
13. Mullen, M. R. (1995). Diagnosing measurement equivalence in cross-national research. *Journal of International Business Studies*, 26, 573-596.
14. Preacher, K. J., Wichman, A. L., MacCallum, R. C., & Briggs, N. E. (2008). Latent growth curve modeling. CA: Sage Publications Inc.
15. Preacher, K. J., Hayes, A. F. (2004). SPSS and SAS procedures for estimating indirect effects in simple mediation models. *Behavior Research Methods, Instruments, & Computers*, 36, 717-731.
16. Steenkamp, J., & Baumgartner, H. (1998). Assessing Measurement Invariance in Cross-National Consumer Research. *Journal of Consumer Research*, 25(june), 78-79.
17. Wheaton, B., Mutten, B., Alwin, D., & Summers, G. (1977). Assessing reliability and stability in panel models, In D. R. Heise(Eds.). *Sociological methodology*, San Francisco: Jossy-Bass, 84-136.

3장

# 빅데이터 활용방안

※ 주요 내용

1. 서론
2. 관련 연구
3. 본론
4. 결론

# 1 서론[1]

최근 스마트폰, 스마트TV, RFID, 센서 등의 급속한 보급과 모바일 인터넷과 소셜미디어의 확산으로 데이터량이 기하급수적으로 증가하고 데이터의 생산·유통·소비 체계에 큰 변화를 주면서 데이터가 경제적 자산이 될 수 있는 빅데이터 시대를 맞이하게 되었다. 특히, 정보통신기술(Information Communication Technology, ICT)이 다른 산업들과 융복합되면서 방대한 양의 데이터가 생산되고 있는 가운데 사회 변화에 따른 삶의 질에 대한 욕구 및 현안 해결에 빅데이터의 활용은 매우 중요한 과제로 떠오르고 있다(이성훈·이동우, 2013).

빅데이터 생산의 주된 원인은 기존의 레거시 시스템의 성공적 구축과 함께 스마트기기의 보급으로 사용자의 위치정보와 온라인 및 모바일 사용기록, SNS에 올라온 일상생활 정보나 의견이 어딘가에 모두 저장됨에 따라 정보량이 폭증하는 것이다. 이러한 빅데이터의 정보량은 2012년에 연간 2.7제타바이트(2조 7,000억 기가바이트)[2]를 넘어섰다. 아울러 페이스북 가입자가 8억 명을 돌파하고, 카카오톡의 하루 전송 메시지가 10억 건, 모바일 기기 1조 대 이상, M2M센서 20억 대 이상 보급, 1분에 유튜브 동영상이 60시간 분량 이상 업로드됨에 따라서 빅데이터는 폭발적으로 증가할 것으로 예측된다(함유근·채승병, 2012; 윤형중, 2012).

세계 각국의 정부와 기업들은 빅데이터가 향후 국가와 기업의 성패를 가름할 새로운 경제적 가치의 원천이 될 것으로 기대하며 매킨지(McKinsey), 이코노미스트(Economist), 가트너(Gartnert) 등은 빅데이터를 활용한 시장변동 예측과 신사업 발굴 등 경제적 가치창출 사례와 효과를 제시하고 있다. 이코노미스트(2010)는 빅데이터를 제대로 활용하면 전 세계가 직면한 환경, 에너지, 식량, 의료 문제를 상당 부분 해결할 것으로 전망하였다. 가트너(2011)는 빅데이터가 미래 경쟁력을 좌우하는 21세기의 원유라고 정의하였으며, 매킨지(2011)는 빅데이터의 활용에 따라 기업·공공 분야의 경쟁력 확보와 생산성 향상, 사업혁신, 신규사업 발굴의 차이가 생길 것이라고 보았다. 매킨지(2011)는 또한 빅데이터 활용 시 미국 의료분야에서 연 3,000억 달러, 유럽 공공분야에서 연 2,500억 달러의 경제적 효과를 거둘 수 있으며, 우리나라는 약 10.7조 원의 정부지출이 감소할 것이라고 예측하였다.

1. 본 내용은 〈우리나라 보건복지 빅데이터 동향 및 활용방안〉(송태민, 2013. 9, 과학기술정책 통권192호, 과학기술정책연구원)의 내용을 수정·보완한 것이다.
2. 2012년에 생산된 데이터는 2.7제타바이트로, 매일 생산되는 데이터는 평균 7.7엑사바이트에 달한다. 이를 저장하려면 1테라바이트 PC용 HDD가 하루에 750만 개 필요하다.

한편 인구 고령화와 만성질환 유병률의 증가로 의료비 문제와 의료서비스의 접근성과 질에 관한 문제가 논의되면서 IT기술과 의료기술을 접목한 u-Health 도입이 의료비 절감 등의 사회경제적 비용감소 효과와 공공보건 의료서비스와 예방관리 보건 등의 사회정책적 효과를 기대할 수 있는 가장 효과적인 대안으로 많은 국가에서 추진하게 되었다. u-Health의 보급은 의료분야에서 많은 변화를 가져올 것으로 예측된다. 유무선 통신기술과 센싱기술의 발전으로 u-Health 기기나 스마트TV 등을 통한 의사의 건강상담 및 진료서비스가 가능해지고, 개인의 건강정보를 기록하는 전자건강기록(Electronic Health Records, EHR)을 통해 환자의 건강상태를 실시간으로 관찰할 수 있게 되었다. u-Health 서비스를 제공하기 위해서는 다양한 생체정보를 수집하기 위한 여러 스마트 센서들의 네트워크가 필수적이다. 환자의 의료정보나 건강정보를 수집한 스마트센서들은 여러 형태로 분석·처리되어 개인의료정보에 저장되고 병원의 의사나 간호사 등에게 전송되어 활용될 수 있다. 최근 이러한 u-Health 서비스를 통해 생산되는 건강정보 관련 빅데이터의 관리와 활용에 대한 논의가 활발히 진행되고 있다. 따라서 본고에서는 빅데이터의 개념과 보건복지분야의 빅데이터 적용 사례를 살펴봄으로써 보건복지 빅데이터의 효율적 관리와 활용을 위한 방안을 제시하고자 한다.

## 2 관련 연구

### 2-1 빅데이터의 개념

빅데이터란 무엇인가. 위키피디아는 "빅데이터란 기존 데이터베이스의 관리도구로 데이터를 수집·저장·관리·분석할 수 있는 역량을 넘어서는 대량의 정형 또는 비정형 데이터 세트 및 이러한 데이터로부터 가치를 추출하고 결과를 분석하는 기술"이라고 정의한다(2014. 8. 2). 국가정보화전략위원회에서는 "대용량 데이터를 활용·분석하여 가치 있는 정보를 추출하고, 생성된 지식을 바탕으로 능동적으로 대응하거나 변화를 예측하기 위한 정보화 기술"이라고 정의한다(국가정보화전략위원회, 2011). 또한 삼성경제연구소에 따르면 "빅데이터란 수십에서 수천 테라바이트 정도의 거대한 크기를 갖고 여러 가지 다양한 비정형 데이터를 포함하고 있으며, 생성·유통·소비가 몇 초에서 몇 시간 단위로 일어나 기존의 관리 및 분석 체계로는 감당할 수 없을 정도의 거대한 데이터의 집합으로, 대규모 데이터와 관계된 인력·조직·기술 및 도구(수집·저장·검색·공유·분석·시각화 등)까지 모두 포함하는 개념"이다(함유근·채승병, 2012). 이와 같은 정의를 살펴볼 때, 요컨대 빅데이터란 대량의 데이터로서 단순히 양적인 의미뿐만 아니라 데이터 분석과 활용을 포괄하는 개념이라는 것을 알 수 있다.

인터넷이 일상화된 최근 10년 사이, 인류는 디지털 데이터가 폭증하는 데이터 홍수(data deluge)(IDC, 2011) 현상에 직면하여 2011년 전 세계 데이터에서 생성된 디지털 정보량이 1.8제타바이트에 달하는 '제타바이트 시대'[3]로 진입(IDC, 2011)함으로써 '빅데이터'라는 용어가 등장하기 시작하였다(정지선, 2011). 빅데이터의 주요 특성으로는 일반적으로 3V(Volume, Variety, Velocity)를 기본으로 하고 1V(Value 혹은 Veracity)나 1C(Complexity)를 추가하기도 한다(정지선, 2012; IBM, 2013). 빅데이터의 4가지 구성요소는 [표 3-1]과 같다. 비즈니스 분석 솔루션 기업인 SAS는 데이터의 가치(value)에 중점을 두어 가치를 창출하기 위한 비즈니스 예측 및 최적화 주제를 선정하여 빅데이터로부터 어떤 가치 있는 정보를 얻을 것인가에 분석 관점을 둔다(김근태, 2012).

[표 3-1] 빅데이터의 4가지 구성요소

| 구분 | 주요 내용 |
|---|---|
| 규모(Volume)의 증가 | 기술적 발전과 IT의 일상화가 진행됨에 따라 해마다 디지털 정보량이 기하급수적으로 폭증하여 제타바이트 시대로 진입하게 됨. |
| 다양성(Variety)의 증가 | 로그기록, 소셜, 위치, 소비, 현실데이터와 같은 데이터 종류가 증가하고 멀티미디어 같은 비정형화된 데이터 유형이 다양화함. |
| 복잡성(Complexity)의 증가 | 구조화되지 않은 데이터, 저장방식의 차이, 중복성 문제, 데이터의 종류 확대, 데이터 관리 및 처리의 복잡성이 심화됨. |
| 속도(Velocity)의 증가 | 사물정보(센서·모니터링), 스트리밍 정보와 같은 실시간 정보가 증가함에 따라 데이터의 생성과 이동(유통) 속도가 증가함. 대규모 데이터 처리와 정보의 활용을 위한 데이터 처리 및 분석 속도가 중요해짐. |

자료: 〈신가치창출 엔진, 빅데이터의 새로운 가능성과 대응 전략〉(정지선, 2011).

## 2-2 빅데이터 기술

정보통신기술의 주도권이 인프라, 기술, SW 등에서 데이터로 이동함에 따라 빅데이터의 역할은 분석과 추론(전망)의 방향으로 진화하여 가치창출의 원천요소로 작용하고 있다(그림 3-1).

3. 1제타바이트는 1조 기가바이트에 해당하는 양으로 미의회도서관 저장정보(235테라바이트, 2011년 4월 현재)의 4백만 배에 해당한다.

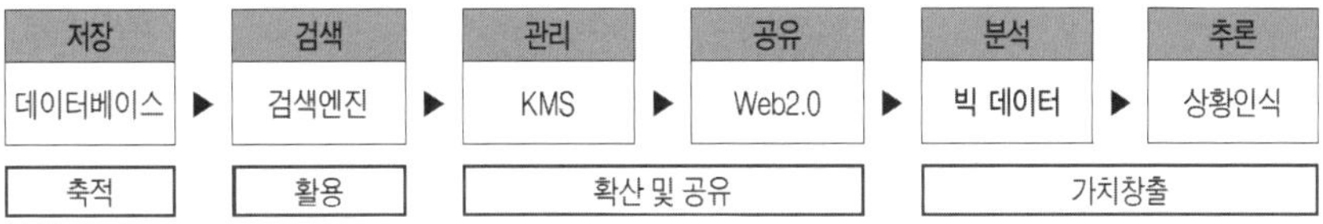


[그림 3-1] 데이터의 진화단계
자료: 〈신가치창출 엔진, 빅데이터의 새로운 가능성과 대응 전략〉(정지선, 2011)

빅데이터 기술은 '생성→수집→저장→분석→표현'의 처리 전 과정을 거치면서 요구되는 개념으로, 분석기술과 인프라는 [표 3-2]와 같다. 빅데이터 분석기술은 통계, 데이터마이닝, 기계학습, 자연어처리, 패턴인식, 소셜네트워크 분석, 비디오·오디오·이미지 프로세싱 등이 해당된다. 빅데이터의 활용·분석·처리 등을 포함하는 인프라에는 BI(Business Intelligence), DW(Data Warehouse), 클라우드 컴퓨팅, 분산데이터베이스(NoSQL), 분산병렬처리, 하둡(Hadoop)[4] 분산파일시스템(HDFS), 맵리듀스(MapReduce) 등이 해당된다(Peter Warden, 2011; 장상현, 2012). 그리고 다양한 데이터 소스에서 수집한 빅데이터를 처리·분석하여 지식을 추출하고 이를 기반으로 지능화된 서비스를 제공하기 위해서는 빅데이터 플랫폼이 필요하다.

[표 3-2] 빅데이터 처리 프로세스별 기술 영역

| 흐름 | 영역 | 개요 |
|---|---|---|
| 소스 | 내부데이터 | database, file management system |
| | 외부데이터 | file, multimedia streaming |
| 수집 | 크롤링(crawling) | 검색엔진의 로봇을 이용한 데이터 수집 |
| | ETL(Extraction, Transformation, Loading) | 소스데이터의 추출, 전송, 변환, 적재 |
| 저장 | NoSQL database | 비정형데이터 관리 |
| | storage | 빅데이터 관리 |
| | servers | 초경량 서버 |
| 처리 | MapReduce | 데이터 추출 |
| | processing | 다중업무처리 |
| 분석 | NLP(Neuro Linguistic Programming) | 자연어처리 |
| | machine learning | 기계 학습을 통해 데이터의 패턴 발견 |
| | serialization | 데이터 간의 순서화 |
| 표현 | visualization | 데이터를 도표나 그래픽으로 표현 |
| | acquisition | 데이터 획득 및 재해석 |

자료: Pete Warden(2011), *Big Data Glossary*, O'Reilly Media.

4. 하둡은 대용량 데이터 처리 분석을 위한 대규모 분산 컴퓨팅 지원 프레임워크인 하둡분산파일시스템(HDFS)과 분산처리를 위한 맵리듀스가 핵심요소이며 그 외 분산 데이터베이스인 Hbase, 검색엔진(Nutch), 쿼리 언어(Pig) 등을 포함한다.

[그림 3-2] 빅데이터 플랫폼
자료: 《빅데이터 플랫폼 전략》(황승구 외, 2013, 전자신문사, p. 81.)

데이터 수집에는 ETL(Extraction Transformation Loading)과 크롤링엔진(crawling engine)을 사용한다. ETL은 필요한 데이터를 다양한 소스시스템에서 추출하여 변환작업을 거쳐 저장하거나 분석을 담당하는 시스템으로 전송 및 적재하는 모든 과정을 포함한다. 크롤링엔진은 로봇이 거미줄처럼 얽혀 있는 인터넷 링크를 따라다니며 방문한 사이트의 모든 페이지의 복사본을 생성함으로써 문서를 수집한다. 하둡 분산파일시스템을 이용하여 수천 대의 노드를 연결해 수 페타바이크급의 저장용량을 제공하고, 다이나모(dynamo) 분산데이터 관리시스템으로 데이터를 분할하여 노드들을 배치함으로써 대용량의 데이터를 관리할 수 있다. 인메모리컴퓨팅은 데이터베이스 자체를 메모리에 올려서 입출력을 빠르게 하여 데이터의 분석과 저장, 제공을 신속히 지원한다.

빅데이터 분야에서는 '소셜 애널리틱스(social analytics)'가 페이스북, 트위터, SNS 등에서 수집되는 비정형 데이터를 신속하게 분석한다. 소셜미디어에서 정보를 뽑아내고 분석하는 방법은 크게 3가지로 나눌 수 있다.

첫째, 텍스트마이닝(text mining)은 인간의 언어로 쓰인 비정형 텍스트에서 자연어처리기술을 이용하여 유용한 정보를 추출하거나 연계성을 파악하고, 분류 혹은 군집화·요약함으로써 빅데이터의 숨겨진 의미 있는 정보를 발견하는 것이다. 둘째, 오피니언마이닝(opinion mining)은 소셜미디어의 텍스트 문장을 대상으로 자연어처리기술과 감성분석기술을 적용하여 사용자의 의견을 분석하는 것으로 마케팅에서는 버즈(buzz, 입소문)분석이라고도 한다. 셋째, 네트워크분석(network analysis)은 네트워크 연결구조와 연결강도를 분석하여 어떤 메시지가 어떤 경로를 통해 전파되는지, 누구에게 영향을 미칠 수 있는지를 파악하는 것이다.

# 3 본론

## 3-1 보건복지 빅데이터의 활용사례[5]

보건분야의 빅데이터 국외 활용사례로 미국 국립보건원은 다양한 질병을 연구하기 위해 유전자 데이터를 공유·분석할 수 있는 유전자 데이터 공유를 통한 질병치료체계를 마련하여 주요 관리대상의 질병에 대한 관리 및 예측을 실시하고 있다. 현재 1,700명의 유전자 정보를 아마존 클라우드에 저장하여 누구나 데이터를 이용 가능하게 구축하였다(http://www.1000genomes.org/). 미국 국립보건원 산하 국립의학도서관에서는 사용자가 요구하는 다양한 약에 대한 정보를 제공하고 제조사와 사용자 간의 쌍방향 상호작용을 통해 약의 정보를 제공하는 필박스(Pillbox) 프로젝트를 통한 의료개혁을 추진하고 있다. 알약의 기능이나 유효기간을 문의하기 위해 미국 국립보건원에 접수되는 민원 수는 100만 건 이상으로 평균한 건당 확인하는 비용 50달러가 소요되는데, 필박스 서비스(http://pillbox.nlm.nih.gov/) 시행 이후 연간 5,000만 달러의 비용 절감효과가 있는 것으로 보고 있다. 미국 퇴역군인국에서는 퇴역군인의 전자의료기록 분석을 통한 맞춤형 의료서비스를 지원하는 빅데이터 분석을 위해 2년간 25개의 DW(Data Warehouse)를 배치하여 2,200만 퇴역군인에게 의료서비스를 제공하고 있다. 퇴역군인 전자건강기록(EHR)을 분석하여 의사가 개별 환자를 쉽게 진료할 수 있도록 지원하고 있다.

싱가포르 PA(People's Association)는 1,800개 이상의 주민위원회 센터(커뮤니케이션 센터)에서 진행하는 다양한 활동을 공유하기 위해 주민위원회 센터 네트워크 기반의 맞춤형 복지사회를 구현하였다. 싱가포르 PA는 빅데이터 처리를 위하여 다양한 인종, 나이, 문화, 소득, 연령에 따른 주민의 데이터를 수집·분석하여 개인별 맞춤형 서비스를 제공하고 있다.

캐나다 온타리오 공과대병원은 인큐베이터 내 미숙아에 대한 다양한 데이터를 분석하여 병원균 감염을 예측할 수 있는 시스템을 개발하였다. 이로써 미숙아 모니터링을 통한 감염예방 및 예측이 가능해져 감염징후 등을 조기에 발견하고 다른 미숙아 등에 대한 감염을 예방할 수 있게 되었다. 또한 퇴원 후 무선센서를 이용하여 병원 밖에서도 환자들을 실시간으로 체크할 수 있는 시스템도 구축하였다.

---

5. 본 절은 〈빅데이터로 진화하는 세상(Big Data 글로벌 선진 사례)〉(한국정보화진흥원, 2012)에서 보건(건강한 사회)과 복지(안전한 사회) 사례를 분석·재정리한 것이다.

IBM과 미국 건강보험회사인 웰포인터(Wellpoint)는 의사와 다른 의료진들이 진단과 환자 치료에 이용할 수 있는 애플리케이션(왓슨)을 개발하여 제공하고 있다. 왓슨은 임상실험 및 우수 치료사례 등 과거 데이터를 분석하여 환자에게 가장 적절한 치료방법을 제공하고 최신 정보를 과학적인 방법으로 제시하고 있다. 구글 또한 감기와 관련된 검색어 분석을 통하여 독감예보 서비스를 제공하고 있다. 구글 독감예보 서비스(http://www.google.org/flutrends/)는 다양한 사용자의 검색어 분석을 통하여 사용자에게 유의미한 데이터로 다시 가공한 뒤 정확한 정보를 실시간으로 제공하고 있다.

보건분야 국내 활용사례로는 질병관리본부에서 운영하는 한국인체자원은행네트워크(http://kbn.cdc.go.kr/)를 꼽을 수 있다. 이곳에서는 16개 병원을 통해 36만 명의 인체자원을 확보하여 질병지표 발굴 및 질병조기 진단을 위해 활용하고 있다. 한국인체자원은행네트워크는 생명연구자원의 체계적 수집과 정보 표준화, 정보 공유를 통하여 질병의 예방과 진단, 맞춤치료, 신약·신기술을 위한 미래 바이오산업의 신성장동력으로서 기반을 마련하고 있다. 분당서울대병원은 빅데이터 도입을 통해 업무효율성 및 생산성 향상을 위한 임상의사결정지원시스템을 개발하였다. 임상의사결정지원시스템은 환자 개인의 특이사항을 입력하여 임상적 의사결정을 지원하기 위한 서비스로, 이 시스템을 도입한 후 부적절한 용량의 신독성 약물 처방률이 30.6%로 감소하는 효과가 나타났다. 임상의사결정지원시스템은 빅데이터를 분석하여 자연어검색을 지원하고 의약품의 처방과 조제 시 해당 약품의 안정성과 관련된 정보를 실시간으로 제공하여 부적절한 약물사용을 사전에 검사할 수 있도록 확대하고 있다. 한편, DNA Link(http://dnalink.com/)에서는 질병관리 분석과 개인의 유전체 염기서열 분석으로 맞춤형 건강진단 서비스를 제공하는 유전자 분석시스템을 제공하고 있다. 또 연세대학교의료원에서는 u-Health를 이용하여 언제 어디서나 질병의 예방, 진단, 치료가 가능한 후(H∞H) 헬스케어시스템을 제공하고 있다.

복지분야 국외 사례로는 주로 안전과 관련한 빅데이터 활용이 주를 이룬다. 싱가포르에서는 국가위험관리시스템(Risk Assessment Horizon Scanning)을 구축하여 질병, 금융위기 등 모든 국가적 위험을 수집·분석하고 있다. RAHS(http://hsc.gov.sg)는 2004년부터 빅데이터를 기반으로 한 위험관리 계획을 추진하여 수집한 정보를 시뮬레이션, 시나리오 기법을 통해 분석하고 사전 위험 예측 및 대응방안을 모색하고 있다. FBI는 유전자 색인시스템을 활용하여 단시간에 범인을 검거하는 체계를 구축하고 있다. FBI의 유전자 정보은행 CODIS(Combined DNA Index System)는 미제사건 용의자 및 실종자에 대한 DNA 정보 1만 3,000건을 포함하여 12만 명에 달하는 범죄자 DNA 정보를 저장하고 있다. 또 매년 2,200만 명의 DNA 샘플을 추가하여 범죄 수사에 활용하고 있으며, 약 350만 개의 DNA 분석표를 내장하고 있다. 샌프란시스코 경찰청은 범죄 발생지역 및 시각을 예측하여 범죄를 미연에 방지하기 위한 범죄예방시스템을 구축하였다(www.crimemapping.com). 범죄예방시스템은 과거 범죄를 분석하여 경찰을 효율적으로 배치하고 과거 범죄자 및 범죄유형을 SNS를 통해 지속적으로 관찰함으로써 그와 관련된 조직 및 범죄에 대한 예방을 하고 있다.

복지분야 국내 활용 현황으로는 보건복지부가 사회복지통합관리망(행복e음)을 개발하여 수요자 중심의 복지서비스를 구현하였다. 사회복지통합관리망은 지자체 공무원들의 복지행정 처리를 지원하는 정보시스템으로, 지자체에서 집행하는 120여 가지의 복지 급여 및 서비스 이력데이터를 이용하여 복지대상자를 선정하고 맞춤형 서비스를 제공하고 있다. 또한 근로복지공단은 공공부문 고객관계관리(CRM)를 구축하여 '찾아가는 서비스'를 통한 맞춤형 서비스를 제공하고 있다. 한편, 한국정보화진흥원 빅데이터 국가전략포럼 분석팀에서는 2012년 1월부터 10월 18일까지 자살로 언급된 빅데이터 자료를 뉴스(온라인에서 게재되는 214개 웹사이트), 블로그(네이트·네이버·이글루스·다음·티스토리·야후), 카페(네이버·다음·뽐뿌·카드고릴라·SLR클럽), SNS(트위터·미투데이), 게시판(네이버 지식인·네이트 지식·다음 신지식) 등에서 수집하여 청소년이 작성했다고 추정되는 자료 6만 9,886건을 분석하였다. 그 결과 청소년들은 자살과 관련하여 온라인상에 많은 버즈를 생성하고 있으며 버즈의 발생패턴에 따라 보다 체계적으로 대응할 수 있는 자살예방체계를 설계할 수 있다는 가능성을 보여 주었다(한국정보화진흥원, 2012).

### 3-2 빅데이터 분석사례[6]

우리나라의 보건복지분야에서는 이미 수많은 빅데이터를 정부 및 공공기관에서 관리하고 있으나 정보 접근의 어려움 때문에 새로운 가치를 창출할 수 있는 빅데이터의 활용사례는 미흡한 실정이다. 이처럼 공공부문의 빅데이터는 정보의 제한적 서비스로 활용이 미흡한 반면, 민간기관의 검색포털이나 SNS에서 관리하고 있는 빅데이터의 분석과 활용은 활발히 이루어지고 있다.

급격한 사회적·경제적 변화 속에 우리나라의 자살률은 2004년부터 OECD 국가 중 최고 수준에 이르렀다. 특히 청소년계층의 자살문제가 사회적 이슈로 대두되면서 정부 차원의 대

6. 본 분석사례는 〈빅데이터를 활용한 자살요인 다변량 분석: Google 검색트렌드 적용〉(송태민, 2012. 12, 보건복지 ISSUE & FOCUS, 한국보건회연구원)의 내용을 수정·재정리한 것이다.

책이 시급한 실정이다. 그동안 자살에 관한 연구는 국가 간 자살률 비교나 패널데이터 분석을 통해 자살원인에 대한 연구를 진행하여 왔으나 데이터 수집의 제한으로 인하여 개인과 집단의 다양한 자살원인에 대한 분석은 미흡한 실정이다. 따라서 빅데이터 분석을 통하여 다양한 자살원인과 자살에 대한 위험징후를 예측할 수 있을 것으로 본다. 본 연구는 구글의 검색트렌드를 활용하여 자살요인에 대한 다변량 분석을 적용함으로써 보건복지분야의 빅데이터 활용방안을 제시하고자 한다. 본 연구에 사용한 구글의 검색어는 스트레스(stress), 음주(drinking), 운동(exercise), 자살(suicide)로 2004년 1월부터 2012년 10월까지의 검색량을 이용하였다.

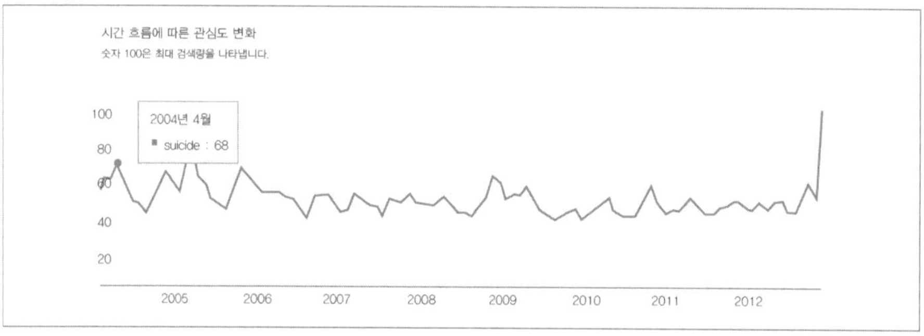


[그림 3-3] 구글 검색트렌드의 suicide 검색결과(미국)

한국의 자살률은 2003년 28.1명에서 2004년 29.5명, 2005년 29.9명으로 증가하였고 2006년 감소하였다가 2007년 이후 다시 증가 추세를 보이고 있다. 구글의 자살검색량 역시 자살률과 비슷한 추세를 보이는 것으로 나타났다.

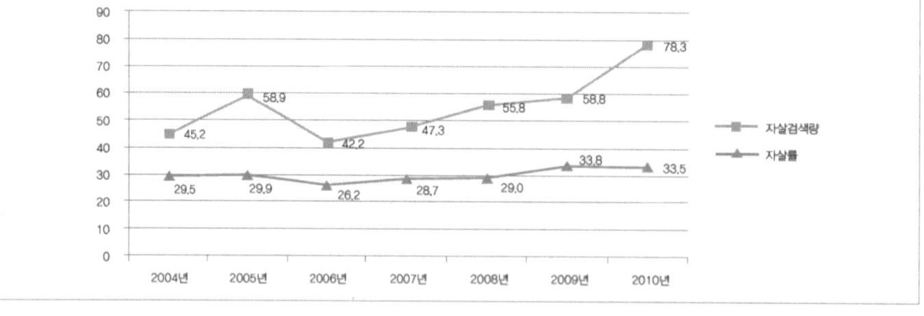


[그림 3-4] 한국의 자살률과 자살검색량 비교

한국과 미국 두 집단 모두 스트레스가 운동, 음주, 그리고 자살로 가는 경로에 정적(+)으로 유의한 영향을 미치는 것으로 나타났다. 특별히 한국의 경우에는 스트레스가 운동과 음주를 부분매개(partial mediation)하여 한국인이 스트레스를 경험할 경우 건강생활실천요인(음주, 운동)을 많이 찾게 되고 이러한 건강생활실천요인이 자살검색에 영향을 미치는 것으로 나타났다.

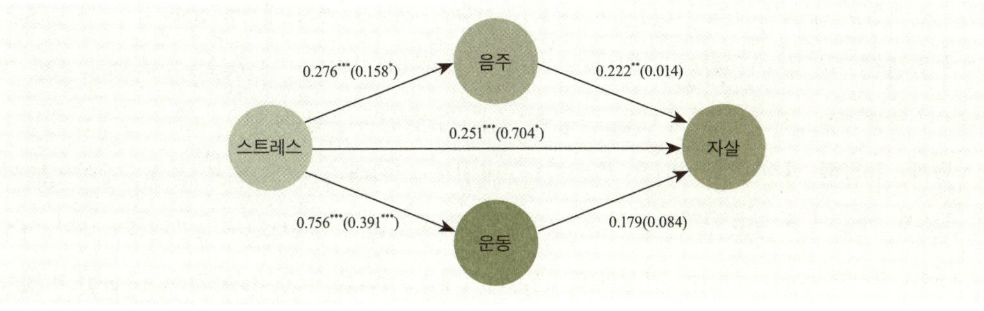


***p<0.01, **p<0.05, *p<0.1
경로계수 표기: 한국경로계수(미국경로계수)
[그림 3-5] 한국과 미국의 자살요인 다중집단 구조모형

한국보건사회연구원과 SK텔레콤은 2011년 1월 1일부터 2013년 3월 31일까지 인터넷 뉴스, 블로그, 카페, 게시판, SNS(트위터, 미투데이) 등의 온라인 채널에서 발생한 '청소년 자살' 관련 온라인 버즈(본문, 댓글 포함)를 공동으로 분석하였다. 그 결과 청소년 자살이나 유명인 자살 같은 자살 관련 사회적 이슈 발생 시에 자살과 관련한 커뮤니케이션이 급증하는 양상을 보이며 특히 연예인 자살 이슈 발생 시에 버즈량이 급증하는 것으로 나타났다.

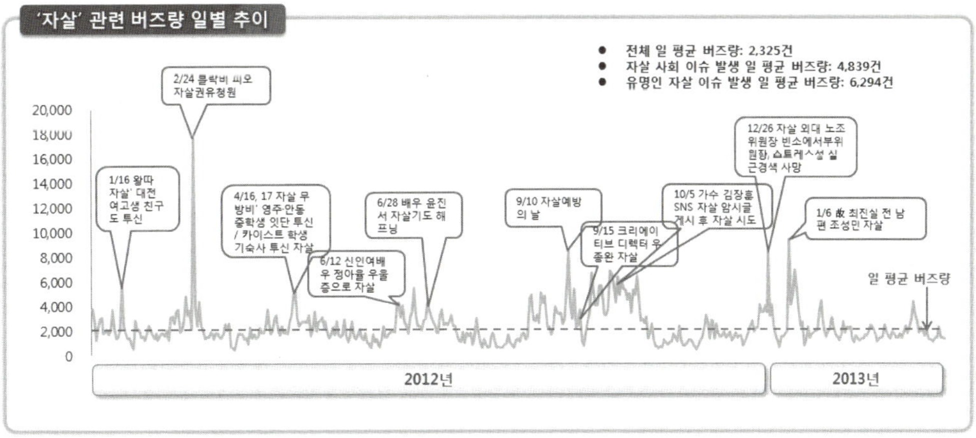


[그림 3-6] 자살 관련 버즈량 일별 추이

## 3-3 빅데이터 분석방법

소셜 빅데이터 분석 절차 및 방법은 [그림 3-7]과 같다. 첫째, 해당 버즈(자살)분석 모델링을 통해 수집대상과 수집범위를 설정한 후, 대상채널(뉴스·블로그·카페·게시판·SNS 등)에서 크롤러 등 수집엔진(로봇)을 이용하여 수집한다. 이때 자살 관련 키워드 그룹(원인·유형·대상·성별·장소·지역·방법 등)과 자살 토픽에 대한 불용어 등을 지정하여 수집한다.

둘째, 수집한 비정형 데이터를 분석한다. 비정형 데이터 분석은 버즈 분석, 키워드분석, 감성분석, 계정분석 등으로 진행한다. [그림 3-7]의 청소년 자살버즈 수집 사례와 같이 비정형 데이터를 연구자가 수집한 원상태로 분석하기에는 어려움이 있다. 따라서 수집한 비정형 데이터를 텍스트마이닝(text mining), 오피니언마이닝(opinion mining), 네트워크 분석(network analysis)을 통하여 분류하는 절차가 필요하다.

셋째, 비정형 빅데이터를 정형 빅데이터로 변환해야 한다. 자살버즈 사례를 살펴보면, 자살버즈 각각의 문서는 ID로 코드화하여야 하고, 버즈 내 키워드나 방법 등도 모두 코드화하여야 한다.

넷째, 사회현상과 연계해 분석하기 위하여 정형화된 빅데이터를 오프라인 통계(조사) 자료와 연계해야 한다. 오프라인 통계(조사) 자료는 대부분 정부나 공공기관에서 유료 또는 무료로 제공하기 때문에, 연계대상 자료와 함께 연계 가능한 ID(일별·월별·연별·지역별)를 확인한 후 오프라인 자료를 수집하여 연계(merge)할 수 있다.

다섯째, 오프라인 통계(조사) 자료와 연계된 정형화된 빅데이터의 분석은 요인 간의 인과관계나 시간별 변화궤적을 분석할 수 있는 구조방정식모형이나 일별(월별·연별), 지역별 사회현상과 관련된 요인과의 관계를 분석할 수 있는 다층모형, 그리고 수집된 키워드의 분류과정을 통해 새로운 현상을 발견할 수 있는 데이터마이닝 분석을 실시할 수 있다.

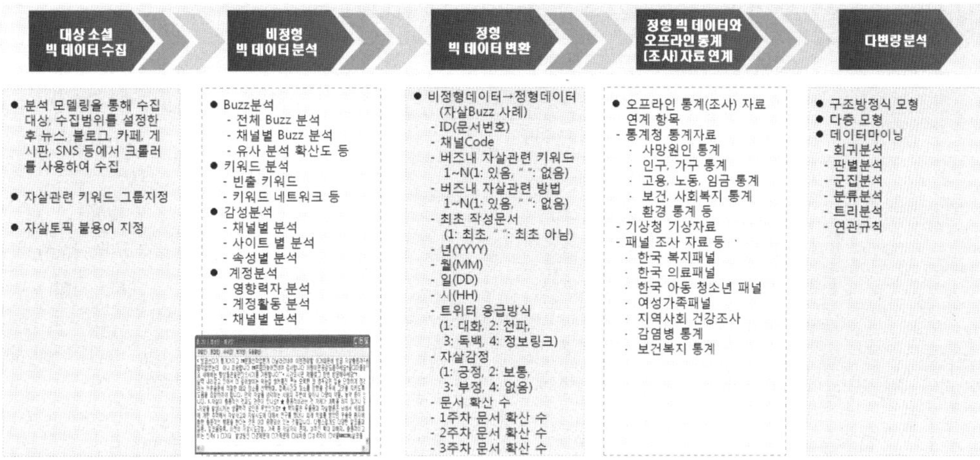


[그림 3-7] 소셜 빅데이터 분석 절차 및 방법(자살버즈 분석사례)

## 1 정형화 빅데이터의 분석사례

• 사회현상을 예측하기 위해서는 비정형 데이터를 정형 데이터로 변환해야 한다. 본 연구에서는 2011년 1월 1일부터 2013년 3월 31일까지 215개의 온라인 뉴스채널과 13개의 SNS 채널에서 청소년 자살로 언급된 버즈 22만 2,691건을 대상으로 하였다.

1단계: [SPSS PROGRAM]에서 정형화된 빅데이터를 불러온다(파일명: 2011-2013청소년자살_v1.sav).

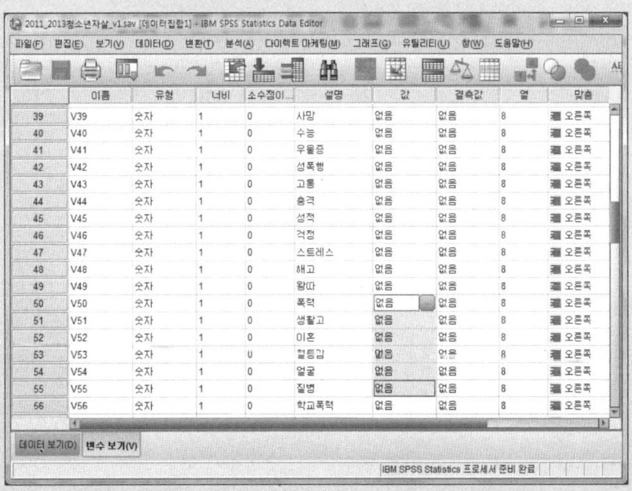

• 청소년 자살버즈의 간단한 특성을 살펴보면 다음과 같다(빈도분석 실행).

| 변수 | 항목 | 건수(%) | 변수 | 항목 | 건수(%) |
|---|---|---|---|---|---|
| 채널구분 | 뉴스사이트 | 13,670(6.1) | 트위터 언급방식 | 대화형 | 4,742(5.1) |
| | SNS | 209,016(93.9) | | 전파형 | 52,607(56.4) |
| 자살감정 | 부정 | 51,907(47.5) | | 독백형 | 20,220(21.7) |
| | 보통 | 23,670(21.7) | | Reply형 | 186(0.2) |
| | 긍정 | 33,651(30.8) | | 정보링크형 | 15,486(16.6) |
| 순계정(최초작성) 수 | | 132,242(59.4) | 확산 수(평균) | | 345.42회 |

2단계: 자살원인에 대한 군집분석을 위하여 우선적으로 데이터 변환을 실시한다.

- 본 연구자료의 자살원인은 해당 버즈에서 각 항목(v39~v56 18개 항목) 언급(토픽 발생) 시 '1'로 코드화되어 있어, 1개의 버즈에서 발생할 수 있는 항목 수를 빈도변수(SPSS에서 COUNT 명령문 사용)로 합산하여 새로운 변수(SURCO)를 생성해야 한다.
- [SPSS 메뉴]→[변환]→[케이스 내의 값 빈도]
- 대상변수는 SURCO로 입력하고, COUNT 변수에 사용할 자살원인 변수(v39~v56)를 숫자변수(V)에 투입한다.

3단계: COUNT로 생성된 변수의 분포를 살펴보면 다음과 같이 자살 관련 버즈에서 자살원인을 언급하지 않은 버즈가 13만 9,034(62.4%)건임을 알 수 있다. 따라서 요인분석이나 군집분석을 위해서는 자살원인이 언급된 버즈만 선택(SURCO의 항목 수 1~12)하여 별도의 파일로 구성해야 한다.

| SURCO | 항목 수 | 빈도 | 퍼센트 | 유효퍼센트 | 누적퍼센트 |
|---|---|---|---|---|---|
| 유효 | 0.00 | 139,034 | 62.4 | 62.4 | 62.4 |
| | 1.00 | 38,841 | 17.4 | 17.4 | 79.9 |
| | 2.00 | 26,120 | 11.7 | 11.7 | 91.6 |
| | 3.00 | 10,565 | 4.7 | 4.7 | 96.3 |
| | 4.00 | 4,360 | 2.0 | 2.0 | 98.3 |
| | 5.00 | 2,156 | 1.0 | 1.0 | 99.3 |
| | 6.00 | 887 | 0.4 | 0.4 | 99.7 |
| | 7.00 | 422 | 0.2 | 0.2 | 99.9 |
| | 8.00 | 183 | 0.1 | 0.1 | 99.9 |
| | 9.00 | 70 | 0.0 | 0.0 | 100.0 |
| | 10.00 | 38 | 0.0 | 0.0 | 100.0 |
| | 11.00 | 10 | 0.0 | 0.0 | 100.0 |
| | 12.00 | 5 | 0.0 | 0.0 | 100.0 |
| | 합계 | 222,691 | 100.0 | 100.0 | |

- [SPSS 메뉴]→[데이터]→[케이스 선택]→[조건을 만족하는 케이스-조건]
- 파일명을 '2011_2013청소년자살_missing.sav'로 저장한다.

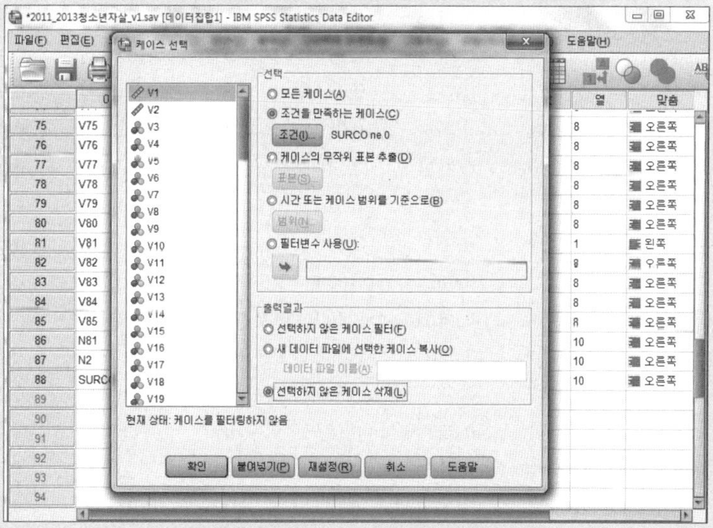


4단계: 자살원인이 언급된 파일(파일명: 2011_2013청소년자살_missing.sav)을 이용하여 요인분석을 실시한다.

- [SPSS 메뉴]→[분석]→[차원감소]→[요인분석]
- 요인분석에 사용할 자살원인 변수(v39~v56)를 [변수(V)]에 투입한다.
- 군집분석에 사용할 요인점수를 저장하고, 요인회전은 베리맥스를 선택한다.

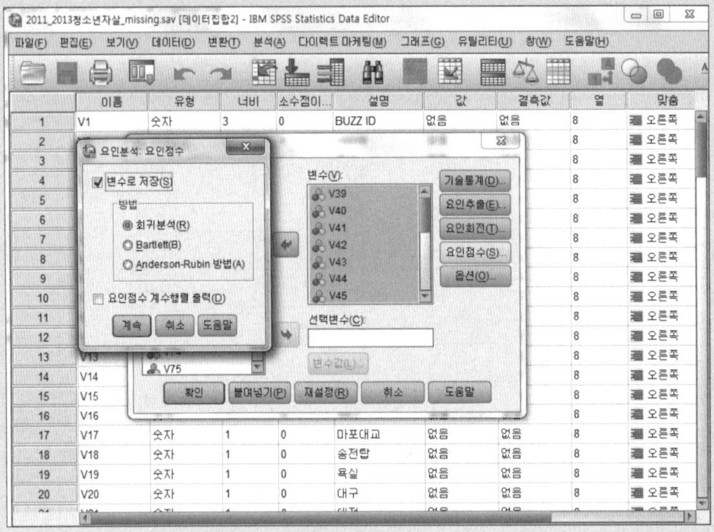


5단계: 다음과 같이 8개의 요인이 추출되었다.

**회전된 성분행렬[a]**

| | 성분 | | | | | | | |
|---|---|---|---|---|---|---|---|---|
| | 1 | 2 | 3 | 4 | 5 | 6 | 7 | 8 |
| V39 | –0.135 | 0.747 | 0.041 | –0.093 | –0.137 | –0.058 | 0.019 | –0.051 |
| V40 | –0.091 | –0.091 | –0.105 | 0.577 | 0.038 | 0.021 | 0.009 | –0.100 |
| V41 | –0.069 | –0.009 | 0.672 | –0.084 | 0.023 | 0.068 | 0.022 | 0.009 |
| V42 | –0.075 | –0.063 | –0.101 | –0.082 | –0.229 | 0.040 | 0.007 | 0.795 |
| V43 | 0.031 | –0.005 | 0.162 | –0.044 | 0.155 | 0.711 | 0.043 | 0.028 |
| V44 | –0.008 | –0.035 | 0.095 | –0.037 | 0.297 | –0.036 | –0.014 | 0.554 |
| V45 | –0.129 | –0.128 | 0.104 | 0.680 | –0.144 | 0.001 | 0.023 | –0.039 |
| V46 | –0.059 | –0.055 | 0.062 | 0.034 | 0.694 | –0.010 | –0.012 | 0.018 |
| V47 | –0.028 | –0.055 | 0.062 | 0.269 | 0.044 | –0.047 | –0.090 | –0.048 |
| V48 | –0.006 | –0.016 | 0.000 | –0.002 | 0.007 | 0.018 | 0.754 | 0.034 |
| V49 | –0.234 | –0.514 | –0.052 | –0.531 | –0.174 | –0.027 | –0.043 | –0.283 |
| V50 | 0.907 | –0.120 | –0.047 | –0.123 | –0.097 | –0.008 | –0.017 | –0.030 |
| V51 | –0.025 | 0.025 | 0.015 | 0.035 | 0.000 | –0.011 | 0.755 | –0.038 |
| V52 | –0.110 | 0.695 | –0.009 | –0.127 | 0.009 | 0.040 | –0.016 | –0.077 |
| V53 | –0.055 | –0.001 | –0.047 | 0.070 | –0.073 | 0.805 | –0.033 | –0.024 |
| V54 | –0.083 | –0.013 | –0.087 | –0.072 | 0.659 | 0.081 | 0.021 | –0.004 |
| V55 | 0.000 | 0.091 | 0.632 | –0.092 | –0.067 | 0.066 | 0.063 | 0.030 |
| V56 | 0.909 | –0.109 | –0.067 | –0.084 | –0.092 | –0.022 | –0.026 | –0.049 |

요인추출 방법: 주성분 분석
회전 방법: Kaiser 정규화가 있는 베리맥스
[a] 6 반복계산에서 요인회전이 수렴됨.

- 요인 1(학교폭력요인): V50(폭력), V56(학교폭력)
- 요인 2(사망이혼요인): V39(사망), V52(이혼)
- 요인 3(우울질병요인): V41(우울증), V55(질병)
- 요인 4(수능성적요인): V40(수능), V45(성적)
- 요인 5(얼굴걱정요인): V46(걱정), V54(얼굴)
- 요인 6(고통열등요인): V43(고통), V53(열등감)
- 요인 7(해고생활고요인): V48(해고), V51(생활고)
- 요인 8(성폭행충격요인): V42(성폭행), V44(충격)

※ 상기 요인명은 연구자가 이론적 배경에 따라 임의로 명명할 수 있다. 본서에서는 분석 사례를 설명하기 위해 항목을 그대로 요인명으로 사용하였다.

6단계: 요인점수가 계산된 새로운 변수가 생성된 것을 확인할 수 있다.

- 연구자는 요인점수 변수를 이용하여 회귀분석이나 군집분석 등에 활용할 수 있다.
- 요인점수 변수명을 변경한다[(FAC1-1~FAC8-1)→(SUR1~SUR8)].

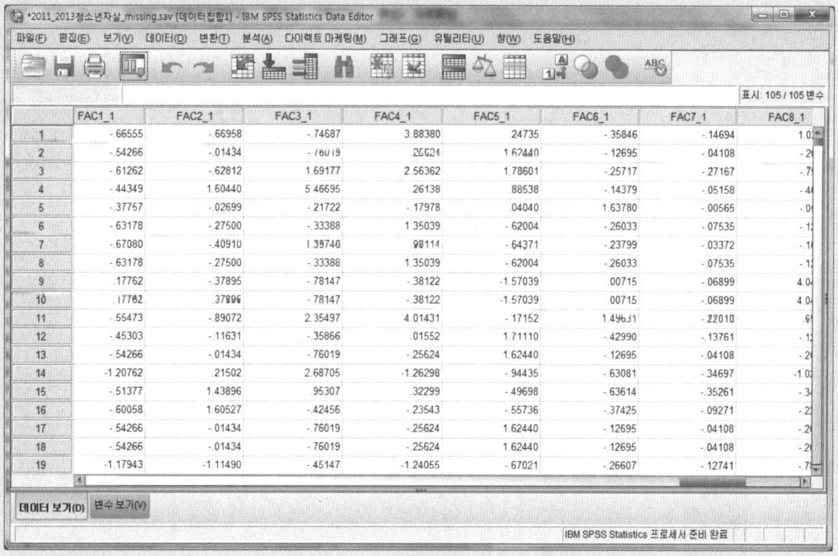

## 2 정형화 빅데이터의 군집분석

• 군집분석은 군집의 수를 연구자가 지정하는 비계층적 군집분석(K-평균 군집분석)과 가까운 대상끼리 순차적으로 군집을 묶는 계층적 군집분석이 있다. 본 예제에서는 요인분석의 결과로 산출된 새로운 변수를 가지고 군집분석을 실시하여 K-평균 군집분석을 적용하였다.

1단계: [SPSS 메뉴]→[분석]→[분류분석]→[K-평균 군집분석]을 실행한다.

2단계: 필요한 변수[요인분석에서 요인점수로 생성된 변수들(SUR1~SUR8)]를 선택하여 우측 변수 목록 상자로 이동시킨다.

- [반복계산]을 클릭하여 반복횟수를 지정한다(기본설정은 10, 본 연구는 50 지정).

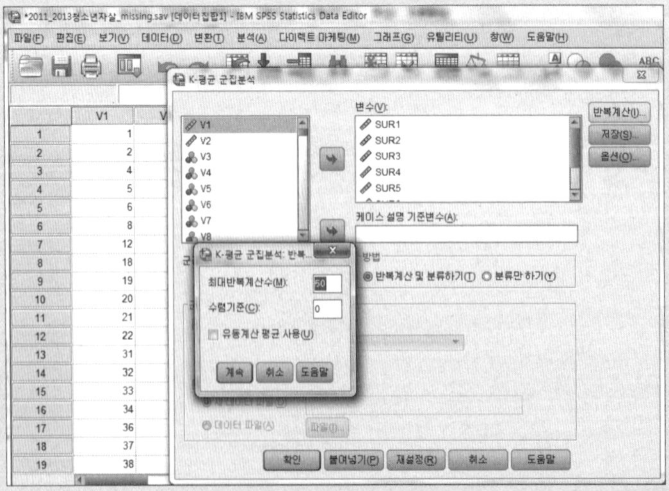

3단계: [저장]→[소속군집]을 선택하여 소속군집을 나타내는 새로운 변수(군집변수)를 생성한다.

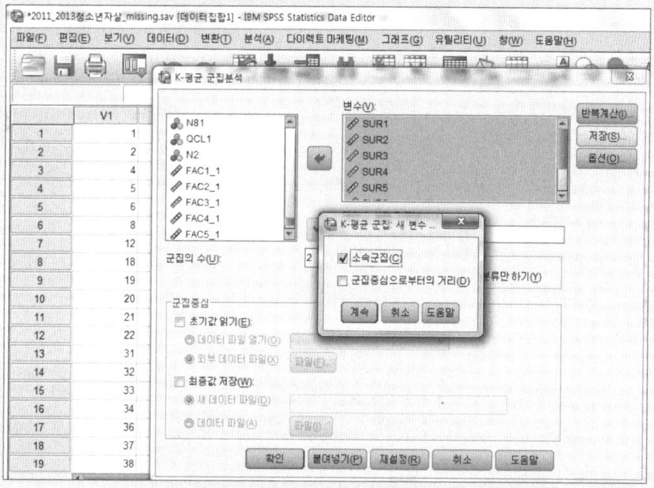


4단계: [옵션]→[군집중심초기값, 분산분석표]를 선택한다.

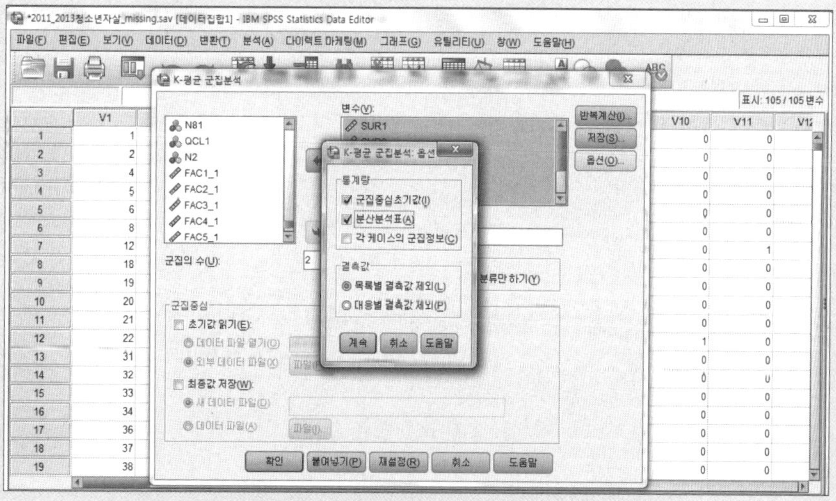


5단계: 군집 수를 결정한다(기본값은 2로 설정).

- 군집 수를 여러 번 반복하여 결과를 확인한 후, 최종 군집 수를 결정한다. 군집 수를 결정할 때는 최종 군집중심에 포함될 수 있는 요인이 2개 이상이어야 한다.
- 군집 수를 4개로 결정했을 때 군집 3의 최종 군집중심 값이 매우 적은 반면, 군집 수를 5개로 결정했을 때의 최종 군집중심은 1개 이상 요인의 군집별 중심값이 1 이상으로 나타나 본고에서는 군집 수를 5개로 결정하였다.

**최종 군집중심**

| | 군집 | | | |
|---|---|---|---|---|
| | 1 | 2 | 3 | 4 |
| SUR1 | −0.46358 | −0.07105 | 0.01632 | −0.16666 |
| SUR2 | −0.00803 | 0.19962 | −0.01837 | 0.09619 |
| SUR3 | −0.41268 | 2.58581 | −0.21349 | 0.09948 |
| SUR4 | 0.57098 | −0.23034 | 0.00840 | 0.10866 |
| SUR5 | −0.61332 | 0.19407 | −0.00790 | 0.08244 |
| SUR6 | 6.59452 | 0.23882 | −0.12737 | 0.04511 |
| SUR7 | −0.39866 | −0.08866 | −0.11736 | 7.72588 |
| SUR8 | −0.19318 | 0.16212 | −0.01014 | −0.02572 |

**최종 군집중심**

| | 군집 | | | | |
|---|---|---|---|---|---|
| | 1 | 2 | 3 | 4 | 5 |
| SUR1 | −0.36633 | −0.28098 | −0.41386 | 0.11624 | −0.15632 |
| SUR2 | −0.30097 | −0.41981 | −0.23560 | 0.08389 | 0.14471 |
| SUR3 | −0.01619 | −0.04592 | −0.47743 | 0.03347 | 0.11248 |
| SUR4 | 1.65817 | 1.00325 | −0.16888 | −0.37774 | 0.02845 |
| SUR5 | −0.31090 | −0.41905 | −0.99223 | 0.13676 | 0.12531 |
| SUR6 | −0.17302 | −0.28053 | 1.97792 | −0.09213 | 0.09444 |
| SUR7 | −0.12334 | 14.34789 | −0.18249 | −0.11446 | 7.09772 |
| SUR8 | −0.18720 | −0.22299 | 2.85190 | −0.14507 | −0.00550 |

6단계: 군집결과를 해석한다.

- 초기 군집별 군집중심값과 최대반복 수(23)를 확인할 수 있다.

**초기 군집중심**

| | 군집 | | | | |
|---|---|---|---|---|---|
| | 1 | 2 | 3 | 4 | 5 |
| SUR1 | −0.75292 | −0.24213 | −0.88318 | 1.10318 | 0.97417 |
| SUR2 | −1.10021 | 1.48415 | 1.26478 | 2.13657 | −1.96865 |
| SUR3 | −0.53156 | 2.64728 | 0.20278 | 5.86109 | −0.081523 |
| SUR4 | 4.76504 | −1.01620 | −1.06310 | −0.99030 | −2.08945 |
| SUR5 | −1.37463 | −1.07528 | 2.43381 | −1.74472 | 2.56557 |
| SUR6 | 5.44289 | −0.45780 | 7.57163 | −0.36460 | −0.21355 |
| SUR7 | 6.78609 | 14.64837 | −0.47202 | −0.11498 | 7.31866 |
| SUR8 | −0.74559 | −0.23877 | 5.02755 | −1.28137 | 5.02442 |

**반복계산정보**

| 반복계산 | 군집중심의 변화량 | | | | |
|---|---|---|---|---|---|
| | 1 | 2 | 3 | 4 | 5 |
| 1 | 7.587 | 3.647 | 6.716 | 6.700 | 5.957 |
| 2 | 1.393 | 1.229 | 1.142 | 0.076 | 3.852 |
| 3 | 0.693 | 1.036 | 0.215 | 0.038 | 0.184 |
| 4 | 1.114 | 0.000 | 0.072 | 0.201 | 0.000 |
| 5 | 0.221 | 0.000 | 0.040 | 0.070 | 0.000 |
| 6 | 0.060 | 0.000 | 0.003 | 0.014 | 0.000 |
| 7 | 0.018 | 0.000 | 0.000 | 0.004 | 0.000 |
| 8 | 0.014 | 0.000 | 0.000 | 0.004 | 0.000 |
| 9 | 0.013 | 0.000 | 0.000 | 0.003 | 0.000 |
| 10 | 0.008 | 0.000 | 0.000 | 0.003 | 0.000 |
| 11 | 0.004 | 0.000 | 0.000 | 0.002 | 0.000 |
| 12 | 0.248 | 0.000 | 0.000 | 0.001 | 0.000 |
| 13 | 0.113 | 0.000 | 0.000 | 0.002 | 0.000 |
| 14 | 0.075 | 0.000 | 0.002 | 0.024 | 0.000 |
| 15 | 0.067 | 0.000 | 0.006 | 0.023 | 0.000 |
| 16 | 0.061 | 0.000 | 0.012 | 0.022 | 0.000 |
| 17 | 0.027 | 0.000 | 0.002 | 0.009 | 0.000 |
| 18 | 0.033 | 0.000 | 0.000 | 0.012 | 0.000 |
| 19 | 0.024 | 0.000 | 0.000 | 0.005 | 0.000 |
| 20 | 0.014 | 0.000 | 0.000 | 0.005 | 0.000 |
| 21 | 0.003 | 0.000 | 0.000 | 0.001 | 0.000 |
| 22 | 0.002 | 0.000 | 0.000 | 0.001 | 0.000 |
| 23 | 0.000 | 0.000 | 0.000 | 0.000 | 0.000 |

- 최종 군집중심 해석에서 군집 1은 SUR4(1.29), SUR3(0.48), 군집 2는 SUR7(14.35), SUR4(1.00), 군집 3은 SUR8(2.85), SUR6(1.98), 군집 4는 SUR5(0.16), SUR1(0.16), 군집 5는 SUR7(7.10), SUR2(0.14)로 나타났다.
- 본 연구에서는 군집별 2개의 중심값이 높은 요인을 결정하기 위해 1 이하의 낮은 중심값 요인도 선정하였다(새로 생성된 군집변수명: QCL_1).
- 요인분석을 통하여 청소년 자살원인에 대해 8개의 요인으로 분류하고, 다시 군집분석을 실시하여 5개의 집단으로 세분화하였다.

  군집 1은 2만 570버즈이며 수능성적요인과 우울질병요인의 유형을 분류할 수 있다. 군집 2는 110버즈로 군집에 포함된 case는 적으나 해고생활고요인과 수능성적요인의 유형으로 분류할 수 있다. 군집 3은 4,212버즈로 성폭행충격요인과 열등감고통요인의 유형을 분류할 수 있다. 군집 4는 5만 7,600버즈로 요인의 중심값은 낮지만 외모걱정요인과 학교폭력요인의 유형으로 분류할 수 있다. 군집 5는 1,165버즈로 해고생활고요인과 사망이혼요인의 유형으로 분류할 수 있다(본서에서는 군집분석 결과의 자세한 설명은 생략하였다).

- 분산분석표 결과 모든 요인은 군집 간 유의한 차이가 있는 것으로 나타났다.

**최종 군집중심**

| | 군집 | | | | |
|---|---|---|---|---|---|
| | 1 | 2 | 3 | 4 | 5 |
| SUR1 | −0.34535 | −0.28098 | −0.41190 | 0.15715 | −0.15632 |
| SUR2 | −0.23237 | −0.41981 | −0.23633 | 0.09814 | 0.14471 |
| SUR3 | 0.48019 | −0.04592 | −0.48010 | −0.13857 | 0.11248 |
| SUR4 | 1.28503 | 1.00325 | −0.16520 | −0.44932 | 0.02845 |
| SUR5 | −0.24268 | −0.41905 | −0.99105 | 0.15740 | 0.12531 |
| SUR6 | −0.21450 | −0.28053 | 1.98380 | −0.06984 | 0.09444 |
| SUR7 | −0.16590 | 14.34789 | −0.18291 | −0.09833 | 7.09772 |
| SUR8 | −0.16128 | −0.22299 | 2.84794 | −0.15012 | 0.00550 |

**분산분석**

| | 군집 | | 오차 | | F | 유의확률 |
|---|---|---|---|---|---|---|
| | 평균제곱 | 자유도 | 평균제곱 | 자유도 | | |
| SUR1 | 1156.881 | 4 | 0.945 | 83652 | 1224.564 | 0.000 |
| SUR2 | 486.138 | 4 | 0.977 | 83652 | 497.683 | 0.000 |
| SUR3 | 1708.713 | 4 | 0.918 | 83652 | 1860.650 | 0.000 |
| SUR4 | 11455.572 | 4 | 0.452 | 83652 | 25328.772 | 0.000 |
| SUR5 | 1703.271 | 4 | 0.919 | 83652 | 1854.198 | 0.000 |
| SUR6 | 4455.630 | 4 | 0.787 | 83652 | 5661.593 | 0.000 |
| SUR7 | 20649.715 | 4 | 0.013 | 83652 | 1634022.727 | 0.000 |
| SUR8 | 9000.302 | 4 | 0.570 | 83652 | 15798.899 | 0.000 |

- 각 군집별 분포수를 나타낸다.

| | | |
|---|---|---|
| 군집 | 1 | 20570.000 |
| | 2 | 110.000 |
| | 3 | 4212.000 |
| | 4 | 57600.000 |
| | 5 | 1165.000 |
| 유효 | | 83657.000 |
| 결측 | | 0.000 |

- 새로 생성된 군집변수(QCL1)의 변수 값을 설명한다(본 연구에서 새로 생성된 QCL_1을 QCL1으로 변경하여 사용하였다).

## 3 세분화 실시(카이제곱 검정)

• 군집분석에서의 세분화는 군집별 각각의 특성을 도출하기 위해 앞에서 분류된 군집(QCL1)에 대한 자살감정(N81)과 사이트구분(N2)의 카이제곱 검정으로 확인한다.

1단계: [분석]→[기술통계량]→[교차분석] 통계량(카이제곱)과 셀(행, 열)을 지정한 후 결과를 확인한다.

- 군집 1은 자살감정이 긍정인 버즈가 31.8%로 가장 높게 나타났다.

| 군집 \ 자살감정 | | | N81 | | | 전체 |
|---|---|---|---|---|---|---|
| | | | 1(부정) | 2(보통) | 3(긍정) | |
| QCL1 | 1 | 빈도 | 5562 | 2344 | 3680 | 11586 |
| | | QCL1 중% | 48.0% | 20.2% | 31.8% | 100.0% |
| | | N81 중% | 26.5% | 24.0% | 27.1% | 26.1% |
| | 2 | 빈도 | 7 | 4 | 2 | 13 |
| | | QCL1 중% | 53.8 % | 30.8 % | 15.4 % | 100.0 % |
| | | N81 중% | 0.0 % | 0.0 % | 0.0 % | 0.0 % |
| | 3 | 빈도 | 1189 | 501 | 739 | 2429 |
| | | QCL1 중% | 49.0 % | 20.6 % | 30.4 % | 100.0 % |
| | | N81 중% | 5.7 % | 5.1 % | 5.4 % | 5.5 % |
| | 4 | 빈도 | 13868 | 6740 | 8952 | 29560 |
| | | QCL1 중% | 46.9 % | 22.8 % | 30.3 % | 100.0 % |
| | | N81 중% | 66.1 % | 69.1 % | 65.9 % | 66.7 % |
| | 5 | 빈도 | 346 | 170 | 220 | 736 |
| | | QCL1 중% | 47.0 % | 23.1 % | 30.7 % | 100.0 % |
| | | N81 중% | 1.6 % | 1.7 % | 1.6 % | 1.7 % |
| 전체 | | 빈도 | 20972 | 9759 | 13593 | 44324 |
| | | QCL1 중% | 47.3 % | 22.0 % | 30.7 % | 100.0 % |
| | | N81 중% | 100.0 % | 100.0 % | 100.0 % | 100.0 % |

- 사이트별로는 모든 군집에서 SNS에서의 버즈가 80% 이상으로 유의한 차이가 있는 것으로 나타났다.

| 군집 \ 사이트 유형 | | | N2 | | 전체 |
|---|---|---|---|---|---|
| | | | 1(뉴스) | 2(SNS) | |
| QCL1 | 1 | 빈도 | 2140 | 18428 | 20568 |
| | | QCL1 중% | 10.4 | 89.6 | 100.0 |
| | | N2 중% | 20.9 | 25.1 | 24.6 |
| | 2 | 빈도 | 7 | 103 | 110 |
| | | QCL1 중% | 6.4 | 93.6 | 100.0 |
| | | N2 중% | 0.1 | 0.1 | 0.1 |
| | 3 | 빈도 | 436 | 3776 | 4212 |
| | | QCL1 중% | 10.4 | 89.6 | 100.0 |
| | | N2 중% | 4.3 | 5.1 | 5.0 |
| | 4 | 빈도 | 7411 | 50187 | 57598 |
| | | QCL1 중% | 12.9 | 87.1 | 100.0 |
| | | N2 중% | 72.6 | 68.3 | 68.9 |
| | 5 | 빈도 | 221 | 944 | 1165 |
| | | QCL1 중% | 19.0 | 81.0 | 100.0 |
| | | N2 중% | 2.2 | 1.3 | 1.4 |

| 전체 | 빈도 | 10215 | 73438 | 83653 |
|---|---|---|---|---|
| | QCL1 중% | 12.2 | 87.8 | 100.0 |
| | N2 중% | 100.0 | 100.0 | 100.0 |

## 4 군집별 차이 검정(일원배치분산분석)

• 군집별 버즈의 확산속도의 차이를 살펴보는 것은 어떤 군집이 확산속도가 빠른지를 예측하여 맞춤형 프로그램을 제공하기 위한 것이다.

1단계: [분석]→[평균비교]→[일원배치분산분석]을 실행한다.

- 요인에는 군집분석에서 새롭게 생성된 QCL1을 지정하고, 종속변수는 V82(버즈 확산 수)를 지정한다.
- [사후분석]에는 Scheffe(분산이 동일할 때), Dunnett의 T3(등분산이 아닐 때)를 선택한다.
- [옵션]에는 [기술통계량, 분산동질성 검정]을 선택한다.

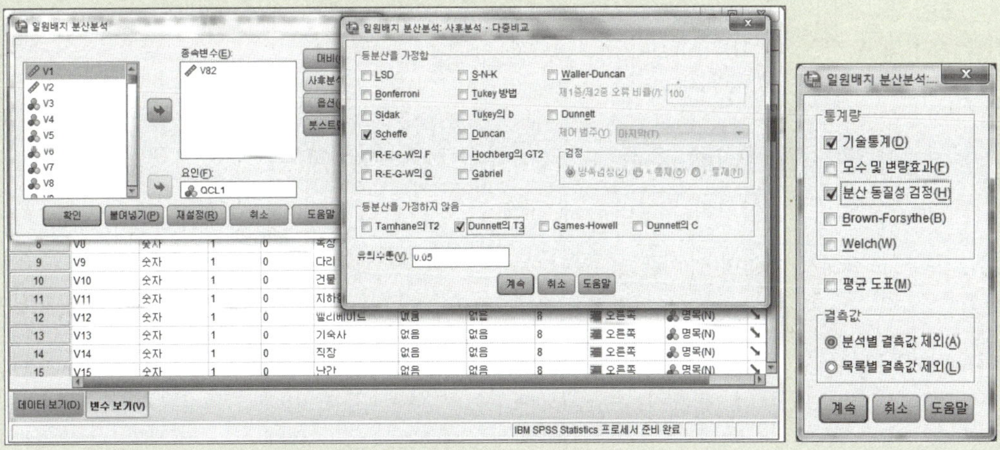

2단계: 결과를 해석한다.

- 군집 1('수능성적+우울질병' 유형)의 평균 버즈 확산 수는 486.41로 가장 높게 나타났으며, 군집 5('해고생활고+사망이혼' 유형)의 평균 확산 수가 8.94로 가장 낮게 나타났다.
- 분산은 동일하지 않아(p=0.000) 사후검정에서 Dunnett의 T3를 확인해야 한다.
- 분산분석에서 F(1020.765, p=0.000)로 군집별 확산 수의 평균에 차이가 나타났다.

### 기술통계

V82

| | N | 평균 | 표준편차 | 표준오차 | 평균에 대한 95% 신뢰구간 | | 최소값 | 최대값 |
|---|---|---|---|---|---|---|---|---|
| | | | | | 하한값 | 상한값 | | |
| 1 | 11207 | 486.41 | 860.026 | 8.124 | 470.49 | 502.34 | 2 | 2208 |
| 2 | 94 | 79.77 | 23.846 | 2.459 | 74.88 | 84.65 | 2 | 87 |
| 3 | 2345 | 109.35 | 177.068 | 3.657 | 102.18 | 116.52 | 2 | 462 |
| 4 | 31116 | 149.44 | 300.470 | 1.703 | 146.10 | 152.77 | 2 | 1143 |
| 5 | 619 | 8.94 | 11.123 | 0.447 | 8.06 | 9.82 | 2 | 57 |
| 합계 | 45381 | 228.52 | 517.997 | 2.432 | 223.76 | 233.29 | 2 | 2208 |

### 분산의 동질성 검정

V82

| Levene 통계량 | df1 | df2 | 유의확률 |
|---|---|---|---|
| 4921.074 | 4 | 45376 | 0.000 |

### 일원배치 분산분석

V82

| | 제곱합 | df | 평균제곱 | F | 유의확률 |
|---|---|---|---|---|---|
| 집단-간 | 1005216368 | 4 | 251304092.1 | 1020.765 | 0.000 |
| 집단-내 | 11171201056 | 45376 | 246191.843 | | |
| 합계 | 12176417425 | 45380 | | | |

- 5개의 군집 간 평균의 차이를 검정하는 사후검정에서 등분산 가정이 기각되어 Dunnett의 T3의 검정결과는 다음과 같다.
- 모든 군집에서 유의한 차이를 보였다.

| | | | | | | | |
|---|---|---|---|---|---|---|---|
| Dunnett의 T3 | 1 | 2 | 406.649* | 8.488 | 0.000 | 382.86 | 430.44 |
| | | 3 | 377.068* | 8.909 | 0.000 | 352.28 | 401.86 |
| | | 4 | 336.980* | 8.301 | 0.000 | 313.82 | 360.14 |
| | | 5 | 477.473* | 8.136 | 0.000 | 454.72 | 500.22 |
| | 2 | 1 | -406.649* | 8.488 | 0.000 | -430.44 | -382.86 |
| | | 3 | -29.581* | 4.407 | 0.000 | -41.95 | -17.21 |
| | | 4 | -69.669* | 2.992 | 0.000 | -78.13 | -61.21 |
| | | 5 | 70.824* | 2.500 | 0.000 | 63.67 | 77.97 |
| | 3 | 1 | -377.068* | 8.909 | 0.000 | -401.86 | -352.28 |
| | | 2 | 29.581* | 4.407 | 0.000 | 17.21 | 41.95 |
| | | 4 | -40.088* | 4.034 | 0.000 | -51.39 | -28.79 |
| | | 5 | 100.405* | 3.684 | 0.000 | 90.08 | 110.73 |

| | | | | | | |
|---|---|---|---|---|---|---|
| 4 | 1 | −336.980* | 8.301 | 0.000 | −360.14 | −313.82 |
| | 2 | 69.669* | 2.992 | 0.000 | 61.21 | 78.13 |
| | 3 | 40.088* | 4.034 | 0.000 | 28.79 | 51.39 |
| | 5 | 140.493* | 1.761 | 0.007 | 135.48 | 145.51 |
| 5 | 1 | −477.473* | 8.136 | 0.000 | −500.22 | −454.72 |
| | 2 | −70.824 | 2.500 | 0.000 | −77.97 | −63.67 |
| | 3 | −100.405 | 3.684 | 0.000 | −110.73 | −90.08 |
| | 4 | −140.493 | 1.761 | 0.007 | −145.51 | −135.48 |

* $p<0.05$

- 등분산 가정이 성립되지 않기 때문에 동일 집단군에 대한 확인은 평균도표를 분석하여 확인할 수 있다.
- 군집 1의 평균이 가장 크며 동일한 군집인 2, 3, 4는 그다음으로 평균이 크다. 군집 5의 평균은 가장 작은 것으로 나타났다.

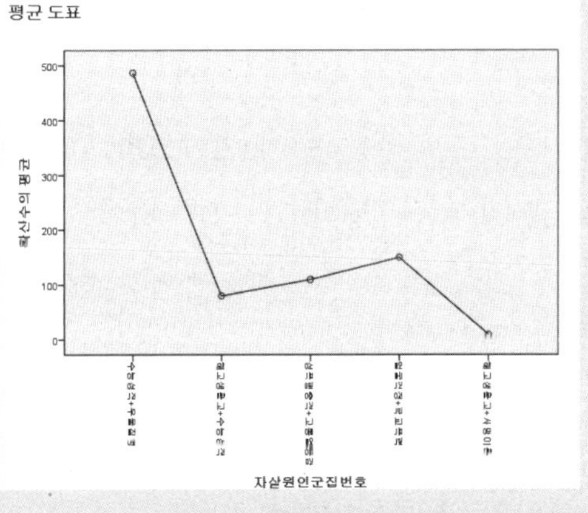


**동일집단군**

V82

| | QCL1 | N | 유의수준=0.05에 대한 부집단 | | |
|---|---|---|---|---|---|
| | | | 1 | 2 | 3 |
| Scheffe | 5 | 619 | 8.94 | | |
| | 2 | 94 | 79.77 | 79.77 | |
| | 3 | 2345 | 109.35 | 109.35 | |
| | 4 | 31116 | | 149.44 | |
| | 1 | 11207 | | | 486.41 |
| | 유의확률 | | 0.092 | 0.427 | 1.000 |

• 지금까지 비정형 빅데이터를 정형화하여 군집분석에 적용해 보았다. 향후 본 연구의 분석은 다음과 같이 진행할 수 있다.

- 통계청의 통계자료(사망원인 통계 등)와 기상청의 기상통계, 패널자료 등과 연계(일별 통계, 월별 통계)하여 다변량 분석을 실시할 수 있다.
- 군집분석, 다중회귀분석, 구조방정식모형 분석, 다층모형 분석, 데이터마이닝 분석 등을 통해 위험예측에 대한 맞춤형 프로그램을 개발할 수 있다.
- 자살사이트, 동호회, 카페에 대한 모니터링을 실시할 수 있다.

## 5 정형화 빅데이터의 의사결정나무 분석

### 1. 연구목적

청소년 자살에 대한 많은 선행연구들은 인간행동의 복잡하고 역동적인 과정을 고려하지 못하고, 각 변인의 개별적인 영향만을 살펴봄으로써 청소년 자살의 원인을 명확히 밝혀낼 수 없었다(이주리, 2009). 본 연구는 데이터마이닝의 의사결정나무 분석을 통하여 자살버즈 확산의 다양한 변인들 간의 상호작용 관계를 모두 분석함으로써 청소년 자살버즈 확산에 대한 위험요인을 파악하고자 한다.

### 2. 조사도구

가. 종속변수

청소년 자살버즈의 1주차 확산 수로 본 연구에서는 확산 수의 평균(108.88회)을 기준으로 108회 미만은 유지(0), 108회 이상은 위험(1)으로 명목형 변수(DTD)로 변환하여 사용하였다.

나. 독립변수

앞에서 자살원인으로 언급한 항목(v39~v56)의 요인분석에서 추출한 8개 요인(SUR1~SUR8)의 요인점수의 평균(0)보다 크면 높음(1), 작으면 낮음(0)으로 변수변환(DT1~DT8)하여 사용하였다.

• 변수변환은 SPSS syntax를 사용하면 편리하다.

```
compute DTD=9.
if(V83 ge 108)DTD=1.
if(V83 le 107)DTD=0.
missing values DTD(9).
compute DT1=0.
if(SUR1 gt 0)DT1=1.
compute DT2=0.
if(SUR2 gt 0)DT2=1.
compute DT3=0.
if(SUR3 gt 0)DT3=1.
compute DT4=0.
if(SUR4 gt 0)DT4=1.
compute DT5=0.
if(SUR5 gt 0)DT5=1.
compute DT6=0.
if(SUR6 gt 0)DT6=1.
compute DT7=0.
if(SUR7 gt 0)DT7=1.
compute DT8=0.
if(SUR8 gt 0)DT8=1.
execute.
```

```
VARIABLE LABELS DTD '1주확산수'.
VALUE LABELS DTD(0)유지(1)위험.
VARIABLE LABELS DT1'폭력요인'
/DT2'사망이혼요인'
/DT3'우울질병요인'
/DT4'수능성적요인'
/DT5'걱정얼굴요인'
/DT6'고통열등감요인'
/DT7'해고생활고요인'
/DT8'성폭행충격요인'/.

VALUE LABELS DT1 to DT8
(0)낮음 (1)높음.
```

### 3. 분석방법

1단계: 변수변환을 실시한다.

- SPSS syntax를 실행(▶)하면 종속변수(DTD)와 독립변수(DT1~DT8)가 생성된다(데이터 파일명: 2011_2013청소년자살_missing.sav, syntax 파일명: 명령문.sps).

2단계: 의사결정나무를 실행시킨다.

- [SPSS 메뉴] → [분류분석] → [트리]

3단계: 종속변수(목표변수)를 지정하고 이익도표(gain chart)를 산출하기 위하여 목표(target) 범주를 선택한다(본 연구에서는 '위험' 범주를 목표로 하였다).

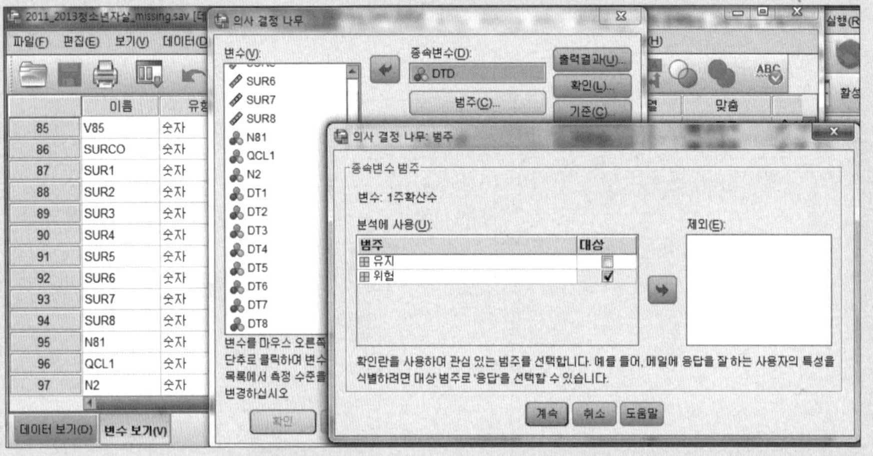

※ 본 연구에서 [범주]를 활성화시키기 위해서는 반드시 범주에 value label을 부여해야 한다 [예(syntax): VALUE LABELS DTD(0)유지 (1)위험].

4단계: 독립변수(예측변수)를 지정한다.

- 본 연구의 독립변수는 요인분석에서 생성된 8개 요인에 대한 요인점수의 평균을 기준으로 생성된 명목형 변수(DT1~DT8)를 지정한다.

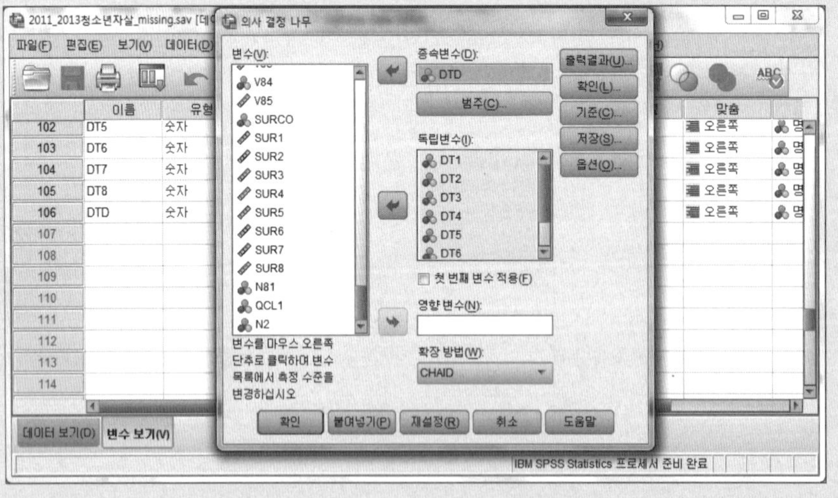

5단계: 확장방법(growing method)을 결정한다.

- 크게 CHAID, CRT, QUEST로 구분된다.
- 본 연구에서는 목표변수와 예측변수 모두 명목형으로 CHAID를 사용하였다.

| 구분 | CHAID | CRT | QUEST |
|---|---|---|---|
| 목표변수 | 명목형, 순서형, 연속형 | 명목형, 순서형, 연속형 | 명목형 |
| 예측변수 | 명목형, 순서형, 연속형 | 명목형, 순서형, 연속형 | 명목형, 순서형, 연속형 |
| 분리기준 | 카이제곱-검정, F-검정 | 지니지수, 분산의 감소 | 카이제곱-검정, F-검정 |
| 분리개수 | 다지분리(multiway) | 이지분리(binary) | 이지분리(binary) |

자료: 《데이터마이닝 예측 및 활용》(최종후 외, 2006)

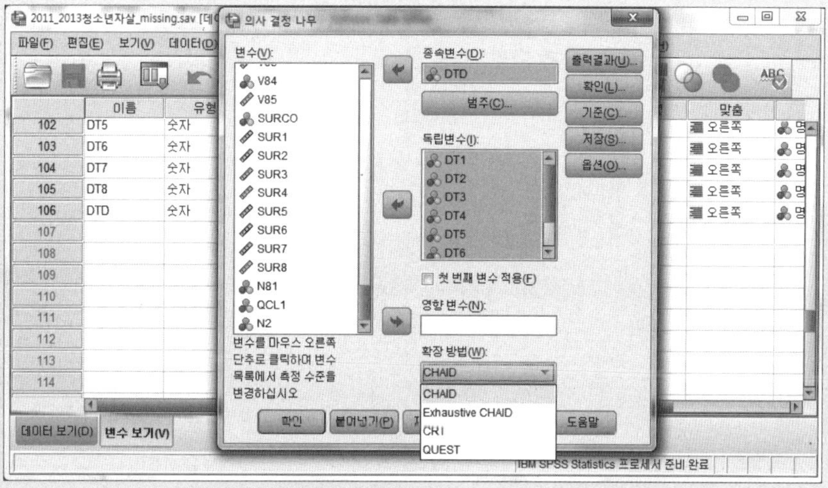

※ 의사결정나무 분석을 수행하기 위해 다양한 분리기준, 정지규칙, 가지치기방법 등이 제안되어 있으며, 이들을 어떻게 결합하느냐에 따라 서로 다른 의사결정나무 형성방법을 만들 수 있다. 또한 정확하고 빠르게 의사결정나무를 형성하기 위해 다양한 알고리즘이 제안되어 있는데 대표적인 것으로 CHAID, CRT, QUEST가 있으며 이러한 알고리즘은 SPSS와 같은 많은 소프트웨어에 적용되어 상용화되어 있다[자세한 내용은 《데이터마이닝 예측 및 활용》(최종후 외, 2006, pp. 97-116)을 참조하기 바란다].

6단계: 타당도(validation)를 지정한다[타당도의 자세한 설명은 《SPSS Statistics 분류분석》(허명회, 2007, pp. 116-117)을 참조하기 바란다].

- 타당도는 생성된 나무가 표본에 그치지 않고 분석표본의 출처인 모집단에 확대 적용될 수 있는가를 검토하는 작업을 의미한다.
- 즉 관측표본을 훈련용 표본(training data)과 검정 표본(test data)으로 분할하여 훈련용 표본으로 나무를 만들고 그 나무의 평가는 검정 표본으로 한다.
- [확인(L)]을 선택하여 [분할표본 타당성 검사(S)]를 선택한 후 [결과 표시-훈련 및 검정 표본]을 지정한다([계속버튼] 선택).

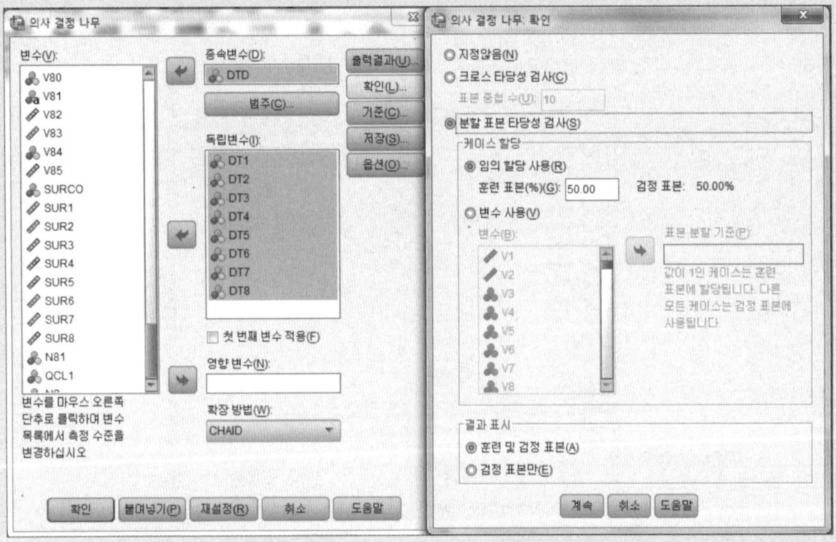


7단계: 기준(criteria)을 지정한다.

- 기준은 나무의 깊이, 분리기준 등을 지정한다.
- [기준(C)]을 선택한 후 [확장한계]를 선택한다. 본 연구의 확장한계는 나무의 최대 깊이는 4로 지정하였고, 최소 케이스 수는 [기본값]인 상위노드(부모마디)의 최소 케이스 수 100, 하위노드(자식마디)의 최소 케이스 수 50으로 지정하였다.
- [CHAID]를 선택한 후, 분리기준(유의성 수준, 카이제곱 통계량)을 선택한다. 노드분할에서는 유의성 수준이 적을수록 단순한 나무가 생성되며, 범주합치기에서는 유의성 수준이 클수록 병합이 억제된다. 카이제곱 통계량은 피어슨 또는 우도비 중 선택이 가능하다[자세한 내용은 《데이터마이닝 예측 및 활용》(최종후 외, 2002, pp. 99-101)을 참조하기 바란다].

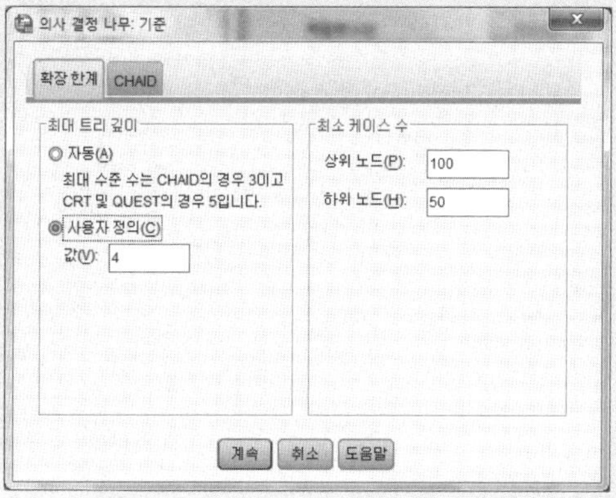


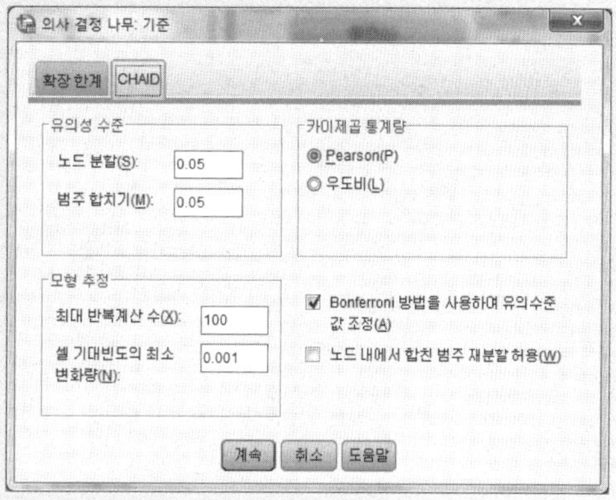


8단계: [출력결과(U)]를 지정한 후 [계속 버튼]을 선택한다.

- 출력결과에서는 트리표시, 통계량, 노드성능, 분류규칙을 지정할 수 있다.
- 이익도표를 산출하기 위해서는 [통계량]에서 [비용, 사전확률, 점수 및 이익값] 선택 후 [누적통계량]을 선택해야 한다.
- [도표]에서 [이득, 지수]를 선택하고 [규칙]에서 [분류 규칙 생성]을 선택한다.

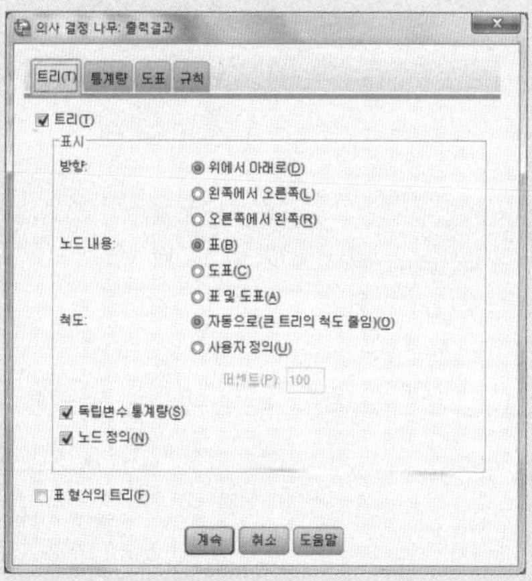


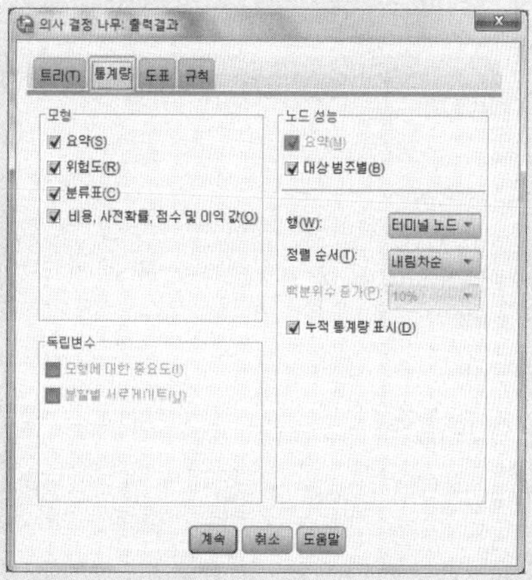


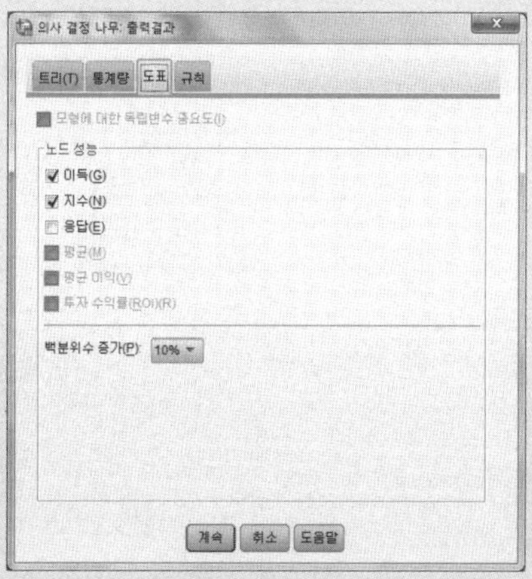


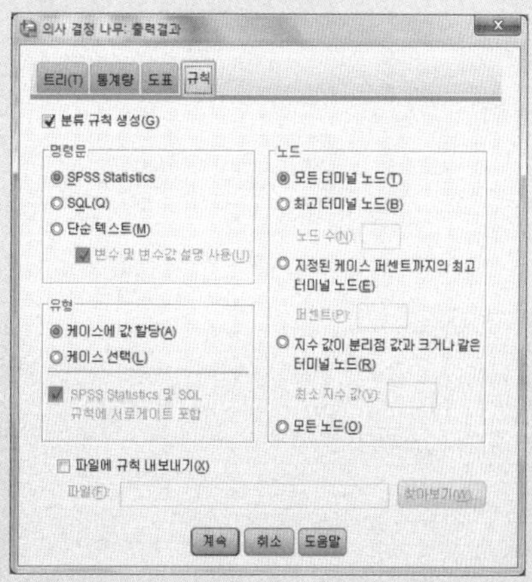

9단계: [저장(S)]을 지정한 후 [계속 버튼] → [(의사결정나무 메인메뉴에서) 확인 버튼]을 선택한다.

- 터미널 노드 수, 예측값 등을 저장한다(본 연구에서는 저장하지 않음).

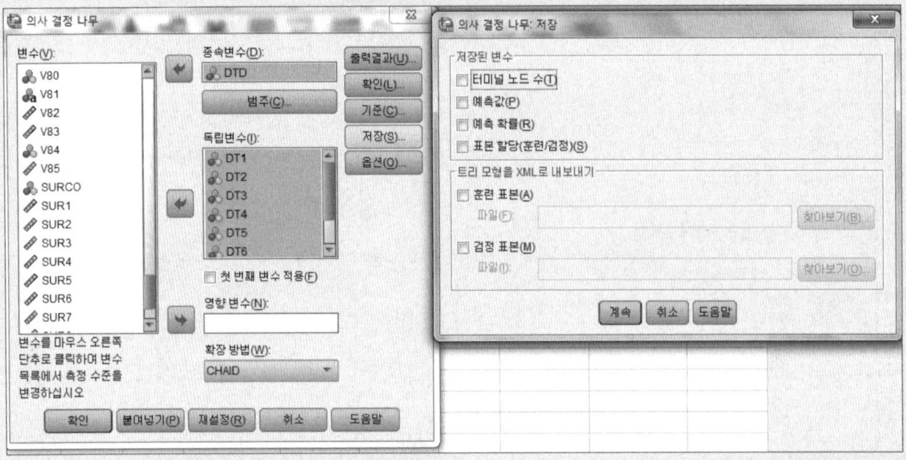


10단계: 결과를 확인한다.

- [의사결정나무] → [확인]

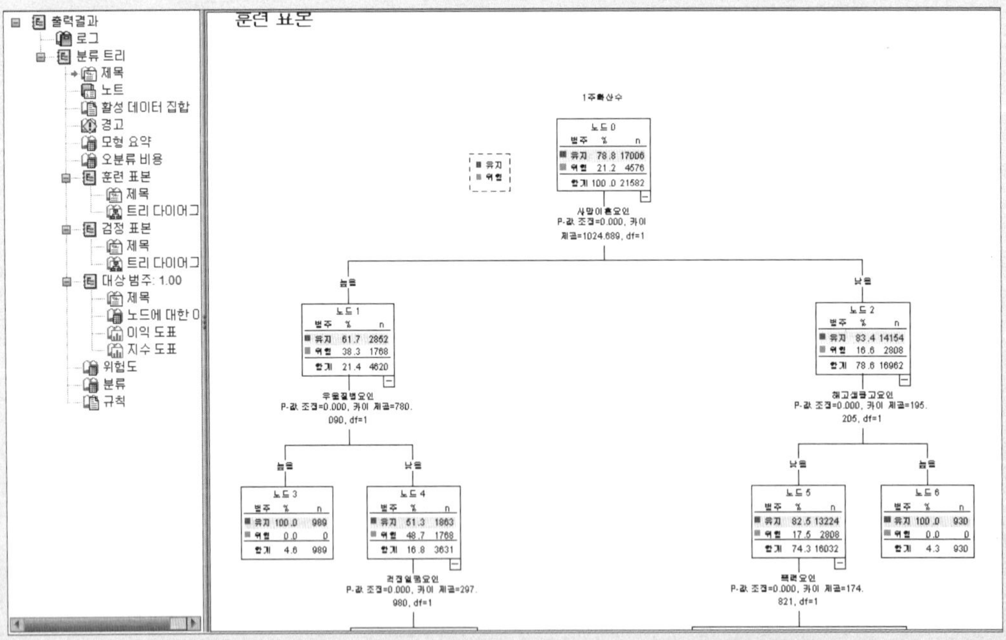

4. 분석결과

본 연구에서는 SPSS 20.0의 분류분석에서 트리를 사용하여 데이터마이닝의 의사결정나무(decision tree) 분석을 실시하였다. 데이터마이닝은 기존의 회귀분석이나 구조방정식과 달리 특별한 통계적 가정이 필요하지 않다는 장점이 있다(이주리, 2009, p. 235).

데이터마이닝의 의사결정나무 분석은 결정규칙에 따라 나무구조로 도표화하여 분류와 예측을 수행하는 방법으로 판별분석과 회귀분석을 조합한 마이닝 기법이다. 따라서 의사결정나무 분석은 측정자료를 몇 개의 유형으로 나누는 세분화(segmentation), 결과변인을 몇 개의 등급으로 구분하는 분류(classification), 여러 개의 예측변인 중 결과변인에 영향력이 높은 변인을 선별하는 차원축소 및 변수 선택(variable screening) 등의 목적으로 사용하기에 적합하다(임희진·유재민, 2007, pp. 619-620).

의사결정나무 분석 알고리즘은 가능한 모든 상호작용효과를 자동적으로 탐색하는 CHAID를 사용하였으며, 종속변수가 이산형으로 분리기준은 카이제곱($\chi^2$)-검정을 사용하였다. 상위노드(부모마디)의 최소 케이스 수는 100이며, 하위노드(자식마디)의 최소 케이스 수는 50으로 설정하고, 나무 깊이는 4수준으로 정하였다. 그리고 의사결정나무 분석의 훈련표본(training data)과 검정표본(testing data)은 50:50으로 설정하였다.

## 5. 청소년 자살버즈 확산 예측모형

청소년 자살버즈 확산 예측모형에 대한 의사결정나무 분석 결과는 다음 그림과 같다.

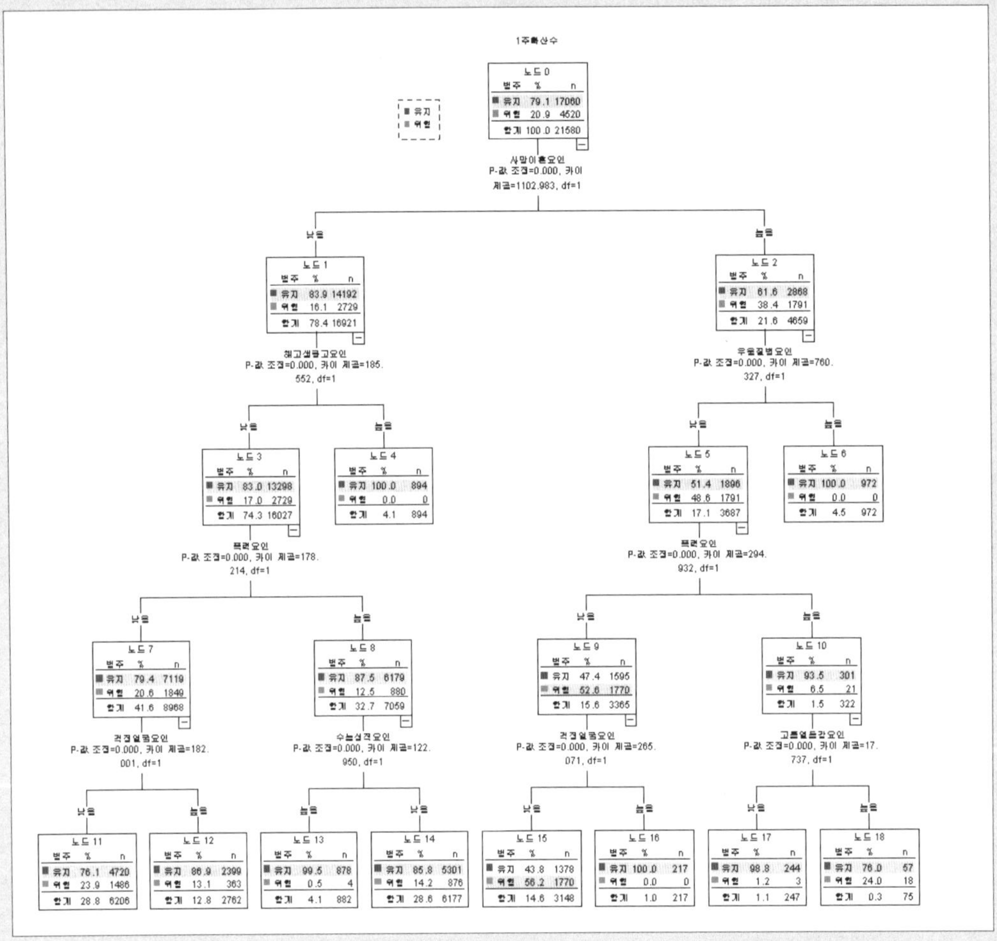


나무구조의 최상위에 있는 뿌리마디는 독립변수가 투입되지 않은 종속변수의 빈도를 나타낸다. 뿌리마디의 자살버즈 확산 위험은 20.9%로 나타났다. 뿌리마디 하단의 가장 상위에 위치하는 변수가 종속변수에 가장 영향력이 높은(관련성이 깊은) 변수로 본 분석에서는 사망이혼요인의 영향력이 가장 큰 것으로 나타났다. 즉 사망이혼요인이 높은 경우에는 자살버즈 확산의 위험이 38.4%로 증가한 반면, 사망이혼요인이 낮은 경우에는 자살버즈 확산의 위험이 16.1%로 감소하였다. 사망이혼요인이 높은 집단의 경우 자살버즈 확산의 위험에 우울질병요인, 폭력요인, 걱정얼굴요인, 고통열등감요인 순으로 영향을 주는 것으로 나타났다. 사망이혼요인의 검색이 낮은 집단의 경우 자살버즈 확산의 위험에 해고생활고요인, 폭력요인, 걱정얼굴요인, 수능성적요인 순으로 영향을 주는 것으로 나타났다.

## 6. 청소년 자살버즈 확산 예측모형에 대한 이익도표

다음 표와 같이 이익도표의 가장 상위의 노드가 청소년 자살버즈 확산이 가장 높은 집단으로 사망이혼요인이 높고, 우울질병요인이 낮고, 걱정얼굴요인이 낮고, 폭력요인이 낮은 15번째 노드의 지수(index)가 268.4%로 뿌리마디와 비교했을 때 15번 노드의 조건을 가진 청소년 자살버즈의 확산위험은 약 2.68배로 나타났다. 2번째로 청소년 자살버즈 확산이 높은 집단은 11번 노드로 뿌리마디와 비교했을 때 청소년 자살버즈의 확산위험은 1.66배로 나타났다.

**노드에 대한 이익**

| 표본 | 노드 | 노드별 | | | | | | 누적 | | | | | |
|---|---|---|---|---|---|---|---|---|---|---|---|---|---|
| | | 노드 | | 이득 | | 응답 (%) | 지수 (%) | 노드 | | 이득 | | 응답 (%) | 지수 (%) |
| | | N | 퍼센트 (%) | N | 퍼센트 (%) | | | N | 퍼센트 (%) | N | 퍼센트 (%) | | |
| 검정 | 15 | 3148 | 14.6 | 1770 | 39.2 | 56.2 | 268.4 | 3148 | 14.6 | 1770 | 39.2 | 56.2 | 268.4 |
| | 11 | 6206 | 28.8 | 1486 | 32.9 | 23.9 | 114.3 | 9354 | 43.3 | 3256 | 72.0 | 34.8 | 166.6 |
| | 14 | 6177 | 28.6 | 876 | 19.4 | 14.2 | 67.7 | 15531 | 72.0 | 4132 | 91.4 | 26.6 | 127.0 |
| | 18 | 75 | 0.3 | 18 | 0.4 | 24.0 | 114.6 | 15606 | 72.3 | 4150 | 91.8 | 26.6 | 127.0 |
| | 12 | 2762 | 12.8 | 363 | 8.0 | 13.1 | 62.7 | 18368 | 85.1 | 4513 | 99.8 | 24.6 | 117.3 |
| | 17 | 247 | 1.1 | 3 | 0.1 | 1.2 | 5.8 | 18615 | 86.3 | 4516 | 99.9 | 24.3 | 115.8 |
| | 13 | 882 | 4.1 | 4 | 0.1 | 0.5 | 2.2 | 19497 | 90.3 | 4520 | 100.0 | 23.2 | 110.7 |
| | 6 | 972 | 4.5 | 0 | 0.0 | 0.0 | 0.0 | 20469 | 94.9 | 4520 | 100.0 | 22.1 | 105.4 |
| | 4 | 894 | 4.1 | 00 | 0.0 | 0.0 | 0.0 | 21363 | 99.0 | 4520 | 100.0 | 21.2 | 101.0 |
| | 16 | 217 | 1.0 | 0 | 0.0 | 0.0 | 0.0 | 21580 | 100.0 | 4520 | 100.0 | 20.9 | 100.0 |

본 연구에서 데이터 분할에 의한 타당성 평가를 위해 훈련표본과 검정표본을 비교한 결과 훈련표본의 위험추정값은 0.191(표준오차 0.003), 검정표본의 위험추정값은 0.191(표준오차 0.003)로 본 청소년 자살버즈 확산 예측모형의 일반화에 무리가 없는 것으로 나타났다.

**위험도**

| 표본 | 추정값 | 표준오차 |
|---|---|---|
| 훈련 | 0.191 | 0.003 |
| 검정 | 0.191 | 0.003 |

성장방법: CHAID
종속변수: DTD

**분류**

| 표본 | 감시됨 | 예측 | | |
|---|---|---|---|---|
| | | 유지 | 위험 | 정확도(%) |
| 훈련 | 유지 | 15687 | 1327 | 92.2 |
| | 위험 | 2801 | 1778 | 38.8 |
| | 전체 퍼센트 | 85.6% | 14.4% | 80.9 |
| 검정 | 유지 | 15682 | 1378 | 91.9 |
| | 위험 | 2750 | 1770 | 39.2 |
| | 전체 퍼센트 | 85.4% | 14.6% | 80.9 |

성장방법: CHAID
종속변수: 1주확산수

## 4 결론

빅데이터는 신가치 창출의 엔진으로 보건복지 서비스에 새로운 패러다임을 제공할 수 있다. 국내 보건복지분야에서는 기존 레거시시스템(legacy system)을 안정적으로 구축하여 이미 수많은 빅데이터를 저장·관리하고 있다. 보건분야에서 국민건강보험공단은 2002년부터 데이터웨어하우스를 구축하여 본부와 지역본부에서 운영 중인 급여관리시스템, 요양급여비지급시스템, 건강검진시스템, 의료보호시스템, 자격, 보험료 급여 및 사후 시스템에서 생성되는 데이터를 저장·관리하고 있다. 국민건강보험공단의 데이터웨어하우스는 보험료 시뮬레이션, 보험료 및 보험급여비 상승 추계 등의 정보를 제공하고 있다. 건강보험 심사평가원에서는 2000년 의약분업 시행 이후 청구심사데이터가 비약적으로 증가하면서 2002년부터 데이터웨어하우스를 구축하여 기준정보, 요양기관정보, 지급정보에 대한 데이터를 저장·관리하고 있다. 건강보험 심사평가원 데이터웨어하우스는 적시에 정보를 분석할 수 있도록 각 주제영역에 대한 통계분석, 시계열분석, 다차원분석, 추이분석 등과 같은 다양한 분석기법을 적용하고 있다. 또한 데이터의 활용목적별로 심사분석 데이터마트, 평가분석 데이터마트, 통계분석 데이터마트 등을 운영하고 있다. 국립암센터에서는 암통계(발생률, 사망률, 생존율) 산출로 암부담 수준 파악과 암관리 정책 수립 근거를 마련하기 위한 추이분석 등을 위하여 2002년부터 암등록자료의 데이터웨어하우스를 구축하여 운영하고 있다.

복지분야에서는 사회복지통합관리망을 통해 대부분의 복지정보를 통합·관리하고 있다. 사회복지통합관리망에서는 사회복지통합관리망 채널, 희망복지, 복지행정, 복지급여통합, 새올행정, 외부영역의 6개 영역 44개 세부 업무별로 데이터를 저장·관리하고 있다. 그 외 식품의약품안전처에서는 수입식품현황이나 식품관련 데이터베이스를 운영하고 있으며, 통계청과 국책연구기관들은 보건복지 관련 각종 통계를 생산하기 위해 패널데이터를 구축하고 있다. 상기에 서술한 바와 같이 공공부분에서는 이미 수많은 정형화된 빅데이터를 저장·관리하고 있을 뿐만 아니라 각 기관의 홈페이지나 SNS 서비스를 통해서도 많은 비정형 데이터를 관리하고 있다.

한편, 개인건강기록(Personal Health Record, PHR)이 의료서비스 소비자에게 다양한 건강정보를 제공하고 그들의 건강을 스스로 통제·관리할 수 있는 수단을 제공함에 따라 공공과 민간 차원의 PHR 구축을 지속적으로 추진하고 있다. PHR은 혈압과 같은 객관적인 자료를 수집할 수 있고, 측정된 자료는 환자가 수동으로 입력하거나 u-Health 기기를 통해 직접 전송할 수도 있다. 즉, 24시간 원격 건강관리 모니터링을 위해 u-Health 기기를 통하여 전송된 PHR 정보는 건강생활습관(금연, 절주, 영양, 운동)의 확립과 자가건강관리 능력의 함양으로 국민 건강수명을 연장시키고 삶의 질을 향상시킨다. 그리고 만성질환에 대한 치료에서 예방 중심의 건강관리로의 변화를 통해 의료비 절감 효과를 기대할 수 있다(송태민 외, 2011).

앞에서 살펴본 바와 같이 보건복지영역과 빅데이터의 관계는 매우 밀접하다. 보건의료분야에서는 생애주기별로 맞춤형 보건의료서비스를 제공하기 위해 보건의료뿐만 아니라 사회현안이나 미래중요이슈를 중심으로 빅데이터를 활용한 미래전망 및 정책의사 결정모델을 도출할 필요가 있으며, 이를 위해서는 사회공동자산인 데이터의 부가가치를 높이기 위한 '위험분석센터'를 설립해야 한다. 위험분석센터에서 질병관리 및 예측, 다양한 사용자의 질병에 대한 통계데이터를 활용하여 주요 질병의 분포 및 추세를 예측함으로써 국가 차원의 조기대응이 가능할 것으로 본다(고숙자·정영호, 2011).

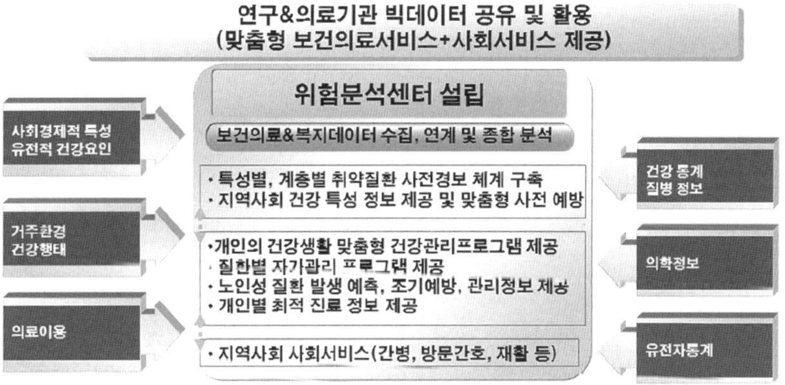


[그림 3-7] 위험분석센터 설립을 통한 빅데이터 활용방안
자료: 〈국민건강 미래예측 시스템 구축방안〉 (고숙자·정영호, 2012. 11, 보건복지포럼, 한국보건사회연구원)

복지분야에서는 보건복지부를 포함한 각 부처의 공공기관이 수행하는 복지사업과 수혜자 정보를 통합관리하는 사회복지통합관리망(행복e음)을 2010년 2월부터 가동하고 있다. 복지사각지대를 해소하고 생애주기별로 개인맞춤형 복지서비스를 제공하려면 현재의 사회복지통합망을 전 정부부처의 정보시스템과 통합연동하는 국가 빅데이터 인프라로 확장하여야 할 것이다(황승구 외, 2013).

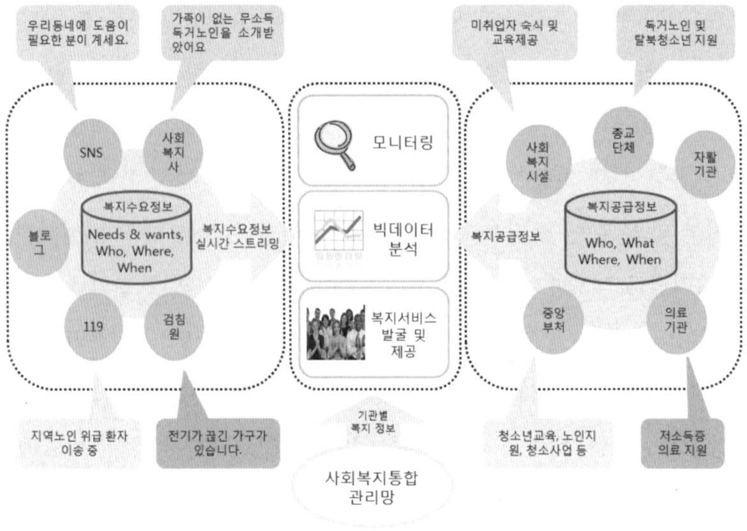


[그림 3-8] 복지분야의 빅데이터 활용방안
자료: 《빅데이터 플랫폼 전략》(황승구 외, 2013, 전자신문사, p. 201)

이러한 보건복지분야의 빅데이터를 효율적으로 활용하기 위해서는 다음과 같은 전략이 필요하다.

첫째, 보건복지분야의 빅데이터를 통합적으로 관리하기 위한 범부처 차원의 '보건복지 빅데이터 관리위원회(가칭)'를 운영해야 한다. 현재 보건복지 빅데이터는 보건복지부, 고용노동부, 지식경제부(현 미래창조과학부, 산업통상자원부), 식품의약품안전처, 통계청 등 많은 정부부처와 국민건강보험공단, 건강보험심사평가원, 국책연구기관 등 많은 공공기관에서 관리·운영하고 있어 각 기관에서 운영 중인 정보를 연계·공유하기 위해서는 범정부 차원의 조직이 필요하다.

둘째, 보건복지분야의 비정형화된 빅데이터를 관리하고 있는 민간기관과 협조체제를 확립해야 한다. 비정형화된 보건복지 빅데이터는 민간기관의 검색포털이나 SNS를 통해 생산·저장되고 있기 때문에 이러한 민간기관과 긴밀한 협조체계(가칭 '보건복지 빅데이터 포럼')를 구축하여야 한다.

셋째, 국가 차원의 오픈 API(Application Programming Interface)를 제공해야 한다. 보건복지분야의 대부분의 빅데이터는 공공부문에서 독점하고 있다. 정보를 수집·분석하고 수집과 동시에 실시간으로 웹상에 공개하는 것도 중요하지만 보건복지 빅데이터를 효과적이고 효율적으로 활용하기 위해서는 정부 차원의 API 공개를 적극적으로 검토해야 한다. 2013년 5월 기준으로 공유자원포털(www.data.go.kr)에 공개되어 있는 공공정보는 1,721종으로 이 중 보건의료 관련정보는 21종, 복지 관련정보는 29종에 불과하다. 국가정보화 전략위원회의에서는 폭증하는 데이터가 경제적 자산이 되는 시대이기 때문에 정부가 능동적으로 빅데이터를 활용하고 국가지식 플랫폼을 만들어야 한다고 제안한다.[7] 따라서 보건복지 빅데이터의 공개는 관련기관과 빅데이터 전문가의 참여로 정부와 국민이 필요로 하는 정보를 분류하고 공개대상 정보는 개인정보를 철저하게 보안하여 국가지식 플랫폼에 저장할 수 있을 것이다.

넷째, 보건복지 빅데이터를 분석·처리할 수 있는 관련기술을 개발해야 한다. 스마트 시대에는 비관계형, 비정형 데이터의 저장과 분석, 클라우드 서비스의 확산, 시멘틱 검색 서비스, 추론에 기반한 상황인식 서비스 등의 기술이 핵심이 될 것이다. 따라서 관련부처와 협력하여 보건복지분야 빅데이터를 '수집→저장→분석→추론'할 수 있는 기술개발은 물론 기술표준화를 우선적으로 추진해야 한다.

다섯째, 구조화되지 않은 대규모 데이터 속에서 숨겨진 정보를 찾아내는 데이터 사이언티스트(data scientist)와 같은 인재들을 양성해야 한다. 빅데이터 시대에는 데이터를 관리하고 분석할 수 있는 인력이 매우 중요하다. 이미 글로벌 IT업체에서는 데이터 사이언티스트에 대한 인재 확보와 역량 강화에 많은 노력을 경주하고 있다.[8] 따라서 교육부와 협력하여 보건복지분야 데이터 사이언티스트를 양성할 수 있는 전략을 마련해야 한다.

끝으로 보건복지 빅데이터의 개인정보와 기밀정보에 대한 보안정책을 마련해야 한다. 보건복지 빅데이터에는 개인에 대한 거의 모든 정보가 저장되어 있지만 아직 법·제도는 미비한 상황이며 논의조차 되지 못하고 있다. 빅데이터의 활용도 중요하지만 과다한 개인정보의 유출은 프라이버시 침해는 물론 사이버 인권침해나 범죄에 악용될 수 있다. 빅데이터로부터 개인을 보호하기 위해 가장 중요한 것은 특정 개인을 식별하지 못하도록 하는 익명화와 정보접근 및 정보처리에 대한 통제다. 그러나 정보접근 및 정보처리에 대한 통제를 강하게 하면 정보활용을 활성화할 수 없기 때문에 보건복지 빅데이터 '활용과 보호의 균형'에 대한 효과적인 정책을 먼저 마련하여야 한다.

---

7. 국가지식플랫폼은 1,068종의 공공지식정보 가운데 351종을 2013년까지 민간에 전면 공개하고 이를 통해 창출되는 경제적 부가가치는 10조 7,000억 원에 달할 것으로 예측하고 있다.

8. 이베이는 고객데이터를 분석하고 가공하는 일을 맡은 직원만 5,000명에 이르고, EMC는 경제학·통계학·심리학 등을 전공한 박사급 인재들인 데이터 사이언티스트로 구성된 '애널리틱스' 랩을 운영하고 있다. 또 미국 IBM은 사내 200명 이상의 수학자들이 '분석학'을 집중적으로 연구하고 있다. 미국에서는 2018년까지 14만~19만 명의 전문가와 150만 명 정도의 데이터 관리자와 분석 인력이 필요할 것으로 예측하고 있다(McKinsey, 2011).

◆ 참고문헌 ◆


1. Peter Warden. (2011). Big Data Glossary. O'Reilly Media.
2. IBM. (2013. 11. 19). 빅데이터, 경영의 트렌드를 바꾸다. BIGDATA Forum.
3. IDC. (2011). Digital Universe study.
4. 고숙자·정영호. (2012, 11). 국민건강 미래예측 시스템 구축방안. 보건복지포럼, 한국보건사회연구원.
5. 국가정보화전략위원회. (2011. 11. 7). 지식정보 개방과 협력으로 스마트 정부 구현. 국가정보화전략위원회.
6. 김근태. (2012). 빅데이터 분석을 위한 기업의 Big Analytics 환경변화. 정보처리학회지, 제19권, 제2호, 70-78.
7. 송태민·이상영·이기호·박대순·진달래·류시원·장상현. (2011). u-Health 현황과 정책과제. 한국보건사회연구원.
8. 송태민. (2012. 11). 보건복지 빅데이터의 효율적 활용방안. 보건복지포럼, 한국보건사회연구원.
9. 송태민. (2012. 12. 14). 빅데이터를 활용한 자살요인 다변량 분석: Google 검색트렌드 적용. 보건복지 ISSUE & FOCUS.
10. 이성훈·이동우. (2013. 2). 빅데이터의 국내·외 활용 고찰 및 시사점. 디지털정책연구, 제11권, 제2호, 229-233.
11. 이주리. (2009). 중학생의 자살사고 예측모형: 데이터마이닝을 적용한 위험요인과 보호요인의 탐색. 아동과 권리, 제13권, 제2호, 227-246.
12. 임희진·유재민. (2007). 청소년 진로상황의 불확실성에 대한 보호요인과 위험요인의 탐색. 제4회 한국청소년패널 학술대회 논문집, 613-638.
13. 윤미영·권정은. (2012). 빅데이터로 진화하는 세상-빅데이터 글로벌 선진사례. 한국정보화진흥원 빅데이터 전략연구센터.
14. 윤형중. (2012). 이제는 빅데이터 시대. 비즈북스.
15. 장상현. (2012). 빅데이터와 스마트교육. 한국정보과학회지, 제30권, 제6호, 통권 제277호, 59-64.
16. 전자통신기술연구소. (2013). 보건의료 Big Data R&D 사업 기획 연구계획서. ETRI.
17. 정지선. (2011). 신가치창출 엔진, 빅데이터의 새로운 가능성과 대응 전략. IT & Future Strategy, 제18호.
18. 정지선. (2012). 성공적인 빅데이터 활용을 위한 3대 요소: 자원, 기술, 인력. IT & Future Strategy, 제3호.
19. 최종후·한상태·강현철·김은석·김미경·이성건(2006). 데이터마이닝 예측 및 활용. 한나래아카데미.
20. 한국정보화진흥원. (2012. 10. 29). 대한민국 사회현안과 빅데이터 전략. 제3차 빅데이터 국가전략

포럼.

21. 함유근 · 채승병. (2012). 빅데이터 경영을 바꾸다. 삼성경제연구소.

22. 황승구 · 최완 · 허성진 · 장명길 · 이미영 · 박종열 · 원희선 · 김달. (2013). 빅데이터 플랫폼 전략. 전자신문사.

23. 허명회. (2007). SPSS Statistics 분류분석. 한나래아카데미.

24. DNA Link, http://dnalink.com

25. Pillbox service, http://pillbox.nlm.nih.gov

26. RAHS, http://hsc.gov.sg

27. 공유자원포털, www.data.go.kr

28. 구글독감예보, http://www.google.org/flutrends

29. 구글검색트렌드, http://www.google.org/trends

30. 샌프란시스코범죄예방, www.crimemapping.com

31. 유전자정보제공, http://www.1000genomes.org

32. 한국인체자원은행, http://kbn.cdc.go.kr

# 2부

# 빅데이터 분석방법론 실전

2부에서는 실제 빅데이터를 분석하여 논문을 작성하는 방법에 대해 서술하였다.

4장에는 구글 검색트랜드에서 제공하는 빅데이터를 이용하여 '한국의 자살검색에 영향을 미치는 요인에 대한 다차원 분석' 논문에 적용한 실제 사례를 기술하였다. 5장에는 국내의 SNS 채널에서 수집된 빅데이터를 이용하여 '소셜 빅데이터를 활용한 자살검색요인 다변량 분석' 논문에 적용한 실제 사례를 기술하였다. 6장에는 우리나라 전국 보건소의 금연클리닉 데이터를 이용하여 '다층모형을 통한 금연성공에 영향을 미치는 요인 분석' 논문에 적용한 실제 사례를 기술하였다. 7장에는 한국의료패널을 이용하여 '앤더슨 행동모형을 이용한 노년기 외래의료서비스 이용에 대한 스트레스 취약요인의 매개효과 분석' 논문에 적용한 실제 사례를 기술하였다. 8장에는 환자조사 데이터를 이용하여 '공공과 민간 의료기관의 외래의료서비스 이용에 대한 다변량 분석-잠재성장모형, 자기회귀교차지연모형, 다층모형을 중심으로' 논문에 적용한 실제 사례를 기술하였다.

4장

# 빅데이터 논문 실전 I

한국의 자살검색에 영향을 미치는 요인에 대한 다변량 분석: Google 검색트렌드를 적용한 빅데이터 분석

※ 주요 내용

1. 서론
2. 연구방법
3. 연구결과
4. 논의
5. 요약 및 결론

## 1 서론[1]

우리나라의 자살에 의한 사망률(자살률)은 2010년 인구 10만 명당 33.5명으로 OECD (Organization for Economic Cooperation and Development) 회원국 평균자살률 12.8명에 비해 높게 나타났으며(OECD Health Data 2012), 2000~2010년 기간 중에는 OECD 국가 중 가장 높은 증가율(101.8%)을 보였다. 특히 청소년과 노인의 자살사망률 증가폭은 다른 OECD 회원국에 비해 매우 큰 것으로 보고되었다(Chang, 2012). 자살원인을 조사한 결과 경제적 문제, 가정문제, 우울증, 미래에 대한 불안 등으로 보고되었으며, 일반 성인의 15.6%가 한 번 이상 진지하게 자살을 생각해 본 경험이 있는 것으로 나타났다(Ministry of Health and Welfare, 2011). 통계청에서 발표한 2007년 청소년 통계에 따르면 청소년의 56.5%가 과중한 학업으로 인해 고민하고 있고, 직장인의 95%가 스트레스에 시달리는 것으로 나타나(Stress.. Republic of Korea, 2007. 5. 2) 우리나라 사람들은 나이와 직업을 불문하고 스트레스를 많이 받고 있는 것으로 확인되었다.

국가통계포털(http://kosis.kr)에서는 자살을 '고의적 자해(intentional self-harm)'로 정의한다. 또한 '사고성 중독(accidental poisoning)'이나 '결정되지 않은 의도에 의한 중독(poisoning with undetermined intent)' 역시 자살의 범주에 포함될 수 있다(Bae & Woo, 2011). 자살은 '자살사고→자살계획→자살시도→자살행동'과 같은 일련의 과정을 거치므로(Harwood & Jacoby, 2000) 정부는 자살예방을 위해 적극적으로 개입(intervention)해야 한다(Bae & Woo, 2011; United Nations, 1996). 일례로, 미국은 의학연구소(Institute of Medicine)를 통해 국가적 차원의 자살예방 권고를 한 바 있으며, 국립정신건강연구소(National Institute of Mental Health)에서는 자살 환자의 생애 전 주기를 국가적 차원에서 추적 관찰할 수 있도록 네트워크를 구축해 자살연구에 대한 기반을 마련해야 한다고 언급하였다. 자살행동은 "질병 등으로 건강하지 않고 판단능력이 망실된 상태에서 이루어지는(p. 387), 예방 가능한 의학적인 상태(p. 390)"이다 (Bae & Woo, 2011).

그동안 자살에 대한 연구는 그 원인을 밝히기 위해 정신과적 요인, 생물학적·의학적 요인,

1. 본고는 〈빅데이터를 활용한 자살요인 다변량 분석: Google 검색트렌드 적용〉(송태민, 2012. 12, 보건복지 ISSUE&FOCUS)에 게재된 내용과 'Yonsei Medical Journal(YMJ), Volume 55 Number 1, January 2014'에 게재된 〈Psychological and Social Factors Affecting Internet Searches on Suicide in Korea: A Big Data Analysis of Google Search Trends〉(Tae Min Song PhD, Juyoung Song PhD, Ji-Young An PhD MPH RN, Laura L. Hayman PhD RN FAAN, Jong-Min Woo MD PhD MPH) 논문을 기초로 하였다.

사회적·환경적 요인 등에 초점이 맞추어졌다(Bae & Woo, 2011). 자살의 원인을 설명하기 위한 모델로는 사회학적 모델, 심리학적 모델, 유전학적·생물학적 모델, 스트레스-취약모형 등 여러 가지가 있으며, 본 연구는 그중 스트레스-취약모형을 바탕으로 하였다. 자살은 단편적으로 이루어지는 것이 아니라 사회적·심리적 자원과 스트레스 요인이 상호작용하여 우울증이나 알코올 중독 등의 질환이 발생하고(Alloy et al., 1988), 이들 질환이 시간을 두고 점차 진행되면서 자살에 이르는 일련의 과정을 거치게 된다(Izadinia, Amiri, Jahromi, & Hamidi, 2010; Park, Lim, & Yoon, 2010).

극심한 스트레스에 노출되는 것이 자살사고와 자살행동의 위험한 징조라고 많은 선행 연구들은 보고하고 있다(Izadinia, Amiri, Jahromi, & Hamidi, 2010; Jeong & Jeong, 2011; Park, 2009; Park, Lim, & Yoon, 2010; Wilbum & Smith, 2005; Woo, Park, & Jeong, 2010; Yoon & Lee, 2012). 스트레스는 개인의 능력 혹은 자원을 초과하여 안녕을 위협하는데(Lazarus & Folkman, 1984), 자살행동은 삶에 대한 욕구 및 기대치에 적절하게 대처하지 못한 결과 개인이 지각하는 현실에서의 스트레스 때문에 발생하는 것으로 볼 수 있다(Dixon et al., 1991; Park, Lim, & Yoon, 2010). 또한 동일한 강도의 스트레스를 경험하더라도 개인에 따라 자살행동에 미치는 그 영향 정도는 각기 다르기에 스트레스와 자살행동의 중재요인을 규명하기 위한 연구 또한 많이 진행되어 왔다. 선행 연구에서는 자아존중감과 같은 인지적 소질, 가족 지지와 사회적 지지(Park, Lim, & Yoon, 2010; Wilbum & Smith, 2005), 흡연·음주·운동·영양 등의 생활습관(Chung, 2011; Tapert et al., 2003; Yoon & Lee, 2012)을 중재요인으로 보고한다.

생활습관과 관련된 요인 가운데 특히 음주 행위는 다른 중독성 물질을 남용할 가능성이 높을 뿐만 아니라 자기통제가 힘든 상황에서 자살충동을 쉽게 유발하는 것으로 보고되었으며(Chung, 2011; Tapert et al., 2003; Yoon, 2011), 알코올 중독자들은 일반 성인에 비해 약 10배 정도 높은 자살시도율을 보이는 것으로 나타났다(Yoon, 2011). 이와 반대로 건강을 유지·증진하기 위한 생활습관 가운데 운동요인은 질병예방뿐 아니라 질병으로부터의 빠른 회복, 그리고 현재의 건강상태를 유지·증진시킴으로써 궁극적으로 삶의 질을 향상시켜 스트레스를 감소시킬 수 있다고 보고되었다(Chapman & Beaulet, 1983; Bae & Woo, 2011).

한편, 스트레스 및 우울증과 같은 심리적 요인들이 자살시도 및 자살행위에 직접적인 영향을 미치기도 하지만 신문과 방송, 그리고 인터넷을 통해 전달되는 자살 관련 뉴스 또한 자살을 유발하는 매개체가 되기도 한다(Kim, 2009). 특히 언론에서 집중적으로 자세하게 보도되는 유명인의 자살은 '베르테르 효과(Werther Effect)'를 유발할 우려가 있으며(Kim, 2009; Song, 2011; Tousignant et al., 2005), 이는 실제로 자살의 위험을 5배(Stack, 2005), 14.3배(Kim &

Yun, 2011)까지 높일 수 있다. 언론에서 구체적으로 자살 경위 및 방식을 묘사하는 경우, 이를 그대로 재현하는 모방 자살이 뒤따를 수 있다(Kim & Yun, 2011; Song, 2011; Stack, 2005; Tousignant et al., 2005).

우리나라의 경우 2005년 유명연예인이 자살한 후인 2005년 3월 전체 자살자 수는 1,309명으로 전월(2005년 2월) 736명에 비해 무려 2배 가까이 증가하였다(Korea National Statistical Office, 2006). 그리고 Song(2011)의 연구에서는 2008년 유명연예인의 자살 이후, 응급실에 내원한 자살시도 환자에서 유명연예인과 동일한 방법을 사용한 경우가 이전 기간과 비교했을 때 훨씬 증가한 것으로 나타났다. 따라서 사회적 파급효과 등을 고려한 거시적(시계열적, 공간적) 변수를 포함한 연구가 필요하다.

위에서도 언급한 바 있듯이, 자살방지를 위해서는 국가적 차원의 예방적 전략을 마련해야 한다. 자살과 같이 사회적·심리적 요인이 광범위하게 작용하여 그에 대한 대책을 세우기 어려운 복합적 현상에 효율적으로 대처하기 위해서는 빅데이터 활용 및 분석이 유용할 수 있다. 스마트기기, 센서 등의 급속한 보급과 모바일 및 인터넷, 그리고 이에 따른 사회네트워크서비스(social network service)의 확산으로 정보통신기기를 통해 전송되는 데이터의 양은 기하급수적으로 증가하였고, 이에 따라 데이터는 경제적 자산으로서의 가치를 인정받기 시작하였다(McKinsey Global Institute, 2011; National Information Society Agency, 2012). 빅데이터는 기존의 데이터베이스 관리시스템(database management system)으로는 수집·저장·관리·분석하기 어려운 정형 또는 비정형의 대용량 데이터로 '의미 있는 새로운 가치를 추출해낼 수 있는 데이터'라는 개념으로 이해할 수 있다(McKinsey Global Institute, 2011; National Information Society Agency, 2012).

빅데이터는 주로 공공부분에서 유전자와 생명연구자원 공유를 통한 질병 예방 및 예측, 치료, 그리고 환자 관리 등에 활용되고 있다. 또한 다국적 IT(Information Technology)기업들과 웹 검색 포털사이트들은 서버에 저장된 빅데이터를 분석함으로써 다양한 가치 정보를 생산해 내고 있다(Policy Exchange, 2012). 일례로, 미국 국립보건원(National Institutes of Health)은 제조사와 사용자 간의 쌍방향 상호작용을 통해 사용자가 요구하는 다양한 약에 대한 정보를 제공하는 필박스 서비스(pillbox.nlm.nih.gov)를 구축하여 연간 5,000만 달러의 비용을 절감하였고, 구글은 사용자가 입력한 검색어를 분석함으로써 전 세계의 독감확산 현상을 분석하여 실시간으로 독감예보서비스(www.google.org/flutrends)를 제공하고 있다(National Information Society Agency, 2012). 이와 같이 빅데이터 활용 및 분석 기술의 발전은 현대 사회의 다양한 측면을 더욱 정확하게 예측할 수 있게 할 뿐만 아니라 사회 구성원 개개인을 위한 맞춤형 정보의 제공·관리·분석을 가능하게 한다. 미국 오바마 정부를 비롯한 세계 각국의 정부와 기업들이 빅데이터를 향후 국가와 기업의 성패 및 존재 여부를 가늠할 새로운 경제적 가치의 원천으로 기대하는 것도 바로 이 때문이다(National Information Society Agency, 2012).

자살요인을 규명하기 위하여 기존에 실시하던 설문조사 및 자살시도자나 자살자 유가족 등을 대상으로 한 연구는 자살에 대한 개별적 변인을 보는 데에는 유용하나, 개별 대상자로부터 파악한 변수들이 실제 자살과 얼마나 어떻게 관련이 있는지를 밝히는 데는 불분명하다는 한계가 있다. 자살은 하나의 복합적인 사회적 현상이고, 또한 베르테르 효과에서도 시사하는 바와 같이 시계열적으로나 공간적으로 그 파급 효과가 거시적이므로, 자살요인 분석에 빅데이터를 활용함으로써 국가자살예방대책 수립에 크게 기여할 수 있을 것이다. 그러나 자살과 관련된 빅데이터 분석 결과를 보고한 연구는 현재까지 없는 실정이다. 따라서 본 연구의 목적은 구글 검색 통계를 통해 얻은 빅데이터를 활용하여 다변량 분석을 통해 한국의 자살검색량의 결정요인을 분석하고자 하는 것이다.

### 1 자살 관련 이론적 배경 정리하기

• 본 연구의 이론적 배경을 분석하기 위하여 우선 자살요인과 관련된 논문을 검색하였다. 많은 논문에서 자살과 관련된 가장 큰 원인으로 스트레스가 나타났고, 스트레스를 지속적으로 경험할 경우 우울증을 겪으며 궁극적으로 자살충동을 느낀다는 결과가 나왔다. 본 연구에서는 이 기본적인 이론과 함께 스트레스는 건강한 생활습관을 매개로 하여 우울과 자살생각에 이르게 한다는 스트레스-취약모형에 기반하여 관련논문을 정리하였다. RISS에 접속하여 관련 논문을 검색하였으며(국문검색어: 자살, 스트레스-취약모형 등, 영문검색어: suicide, stress-vulnerability model 등) RISS의 국문과 영문 검색 결과는 다음과 같다.

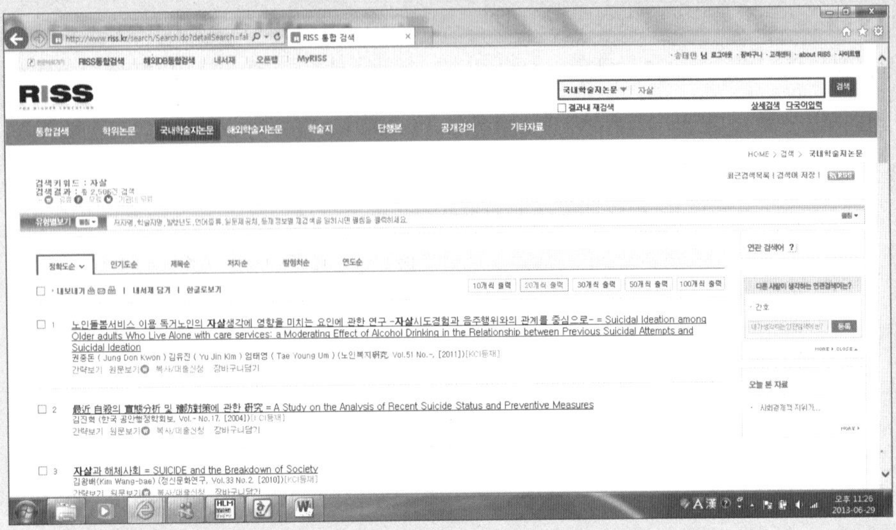

[그림 4-1] 자살(국내 학술논문 검색 결과)

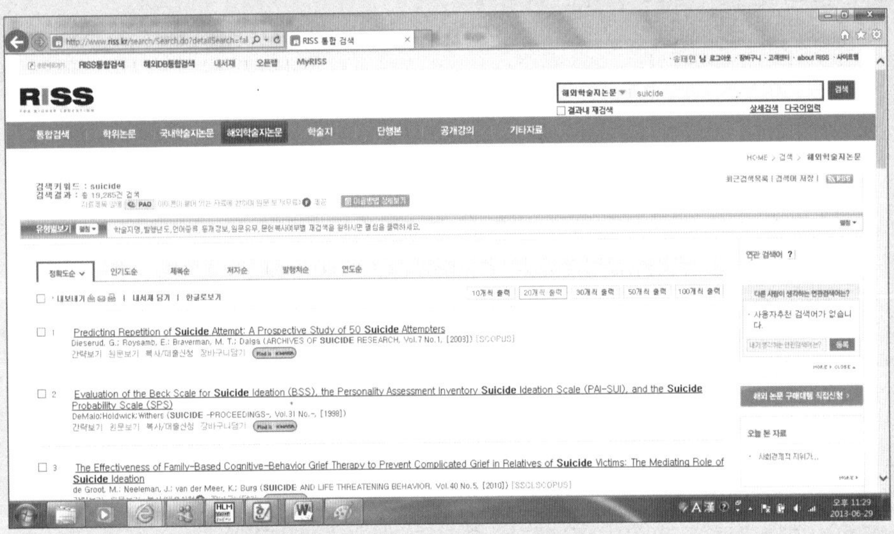

[그림 4-2] suicide(영문 학술논문 검색 결과)

• RISS에서 자살과 관련된 국문 논문을 검색하면 2013년 6월 29일 현재 2,506건의 논문이 검색된다. 연구자는 우선 제목을 보고 관련이 있다고 판단되는 논문을 50편 이상 고른 다음, 논문 요약을 보고 30편 정도를 다운로드 받아 국문 논문을 정리해야 한다. 그리고 suicide와 관련된 영문 논문을 검색하면 '2013년 6월 29일 현재' 1만 9,285건의 논문이 검색되는데, 현실적으로 필요한 논문을 찾기는 어렵다. 따라서 우선 국문 논문에서 인용된 주요 외국 논문을 찾아서 분석하는 방법도 고려할 수 있다.

## 2 빅데이터 분석하기

• 스마트기기, 센서 등의 급속한 보급과 모바일 인터넷, SNS의 확산으로 데이터량이 기하급수적으로 늘어나면서 데이터가 경제적 자산이 될 수 있는 빅데이터 시대가 도래하였다. 빅데이터는 엄청난 양의 데이터로, 양적인 의미를 넘어 데이터의 분석과 활용을 포괄하는 개념이다. 다시 말해 기존의 데이터베이스 시스템으로는 수집·저장·관리·분석하기 힘든 대량의 정형 또는 비정형의 데이터로부터 새로운 가치를 창출하는 기술이 곧 빅데이터다. 궁극적으로 빅데이터 분석은 기존의 데이터에 가치 있는 새로운 생명을 불어 넣는 것이라고 할 수 있다.

빅데이터의 주요 특성은 일반적으로 4V[Volume, Variety, Velocity, Value(혹은 Veracity)]와 1C(Complexity)로 설명한다. 빅데이터의 주요 기술로는 비구조적 데이터의 획득·조직화·분석을 위해 구글에서 개발한 맵리듀스(MapReduce)가 있다.

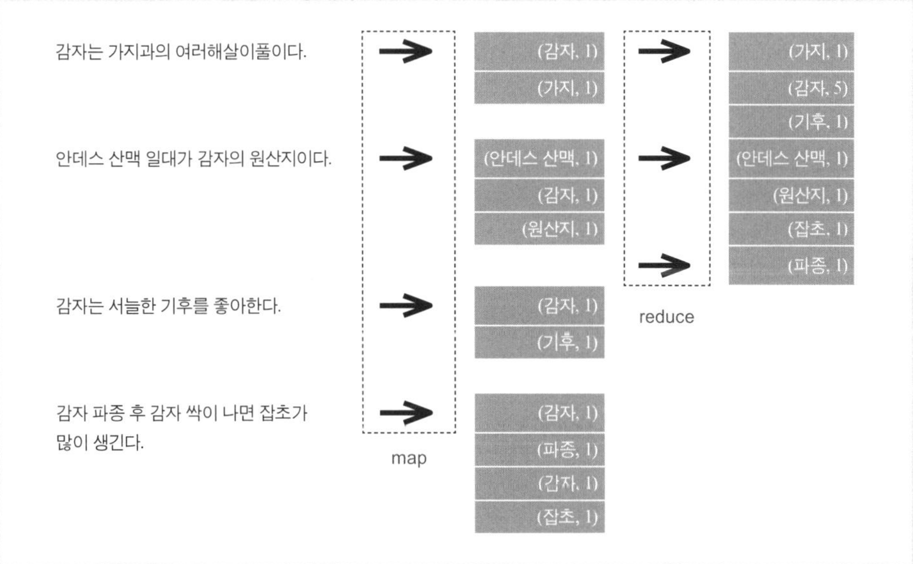


[그림 4-3] MapReduce
자료: 《빅데이터 경영을 바꾸다》(삼성경제연구소, 2012, p. 81)

• 정형화된 빅데이터(기존 정보시스템에 저장된 대용량의 데이터나 패널자료 등)를 분석하기 위해서 구조방정식과 다층분석 등의 다변량 통계분석을 사용한다.

• 비정형화된 빅데이터[검색포털 로그파일, 페이스북, 트위터, SNS의 입소문(buzz)]를 분석하기 위해서 텍스트마이닝(text mining: 자연어처리), 오피니언마이닝(opinion mining: 주제탐지, 감성분석), 네트워크분석(network analysis), 통계분석(statistics and descriptive analysis: 데이터마이닝, 다변량 분석)을 사용한다. 그러나 현실적으로는 대부분 비정형화된 빅데이터를 정형화한 후 통

계분석을 적용해야 한다.

• 빅데이터에는 4V와 1C의 개념이 모두 포함되어야 하지만 대부분의 빅데이터 분석사례에서는 일부만 충족되는 경우가 많다.

• 본 연구에서 사용한 구글의 검색트렌드에서 제공하는 검색어 분석자료는 전 세계 사용자가 구글에 입력한 특정 검색어(빅데이터)에 대한 검색량을 표준화해 제공하고 있다. 따라서 데이터량이 매우 적음에도 불구하고 빅데이터 분석대상으로 삼았다.

## 2 연구방법

### 2-1 연구모형 및 연구가설

본 연구의 목적은 빅데이터를 활용한 한국의 자살검색량의 결정요인에 대한 다변량 분석이다. 우리나라와 미국의 자살요인 비교분석은 다중집단 구조모형[2]으로 구성하였고(그림 4-4), 우리나라의 연도별 자살률과 월별 스트레스·음주·운동 검색량이 자살검색량의 결정요인에 미치는 영향을 분석하기 위하여 다층모형(multilevel model)으로 구성하였다(그림 4-5).

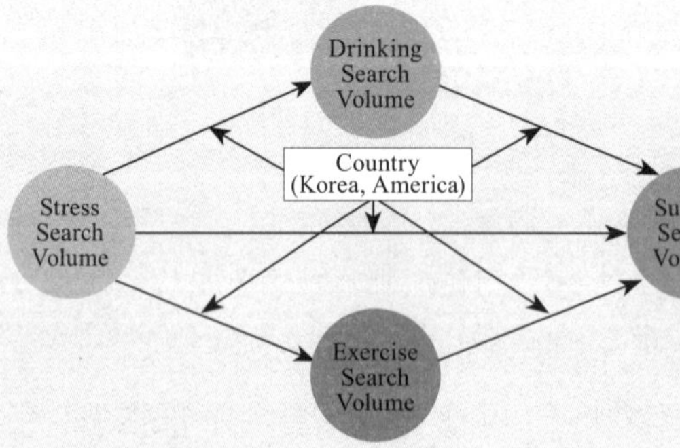


[그림 4-4] Research model 1(multiple group structural model)

2. 본 연구의 구조모형은 그동안의 연구에서 제안된 스트레스가 건강생활실천요인(음주, 운동)을 매개하여 자살에 영향을 미칠 것이라는 스트레스-취약모형을 적용하였다.

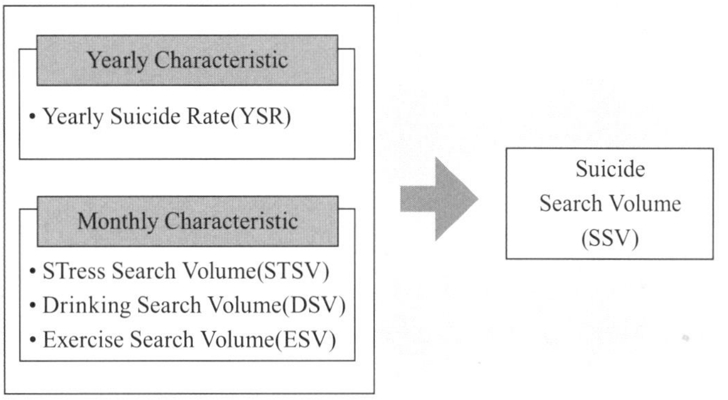


[그림4-5] Research model 2(multilevel model)

본 연구모형에 따른 구체적인 연구가설은 다음과 같다.

첫째, 한국인과 미국인의 자살요인 구조모형은 차이가 있는가?

둘째, 한국인의 스트레스와 자살검색량은 연도별 차이가 있는가?

셋째, 한국인의 스트레스·음주·운동 검색량이 자살검색량에 영향을 주는가?

넷째, 한국인의 월별요인(스트레스·음주·운동)과 연도별 요인(자살률)은 자살검색량에 영향을 주는가?

다섯째, 한국인의 자살검색량에 월별요인과 연도별 요인이 상호작용하는가?

여섯째, 한국인의 자살검색량은 스트레스검색량에 영향을 주는가?

## 2-2 연구대상 및 측정도구

본 연구는 구글의 검색트렌드(http://www.google.co.kr/trends/)를 이용하여 자살요인을 분석하였다. 구글의 검색트렌드는 전 세계 사용자가 입력한 검색어를 분석하여 특정 시간에 특정 지역에서 특정 검색어에 대한 검색량을 표준화하여 통계를 제공한다. 본 연구에 포함된 구글 검색어는 스트레스/stress, 음주/drinking, 운동/exercise, 자살/suicide로, 스트레스는 우울이나 자살과 밀접한 관련이 있으며 스트레스와 자살 간에는 음주 및 운동 등의 건강생활실천요인이 매개하여 영향을 미친다는 선행 연구결과에 따라 선정하였다. 본 연구를 분석하기 위해 2004년 1월 1일부터 2010년 12월 31일까지 대한민국에서 검색된 위의 4가지 검색어의 검색량을 이용하였다(그림 4-6[3]).

3. [그림 4-6]의 우측 최고점은 2010년 10월로, 유명인의 자살사건 이후 자살검색량이 최고점에 달한 것을 나타낸다.

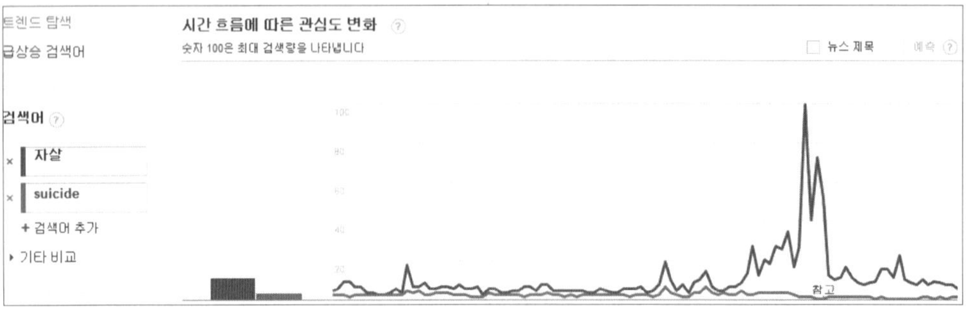


[그림 4-6] Suicide search result of Google Trends (http://www.google.co.kr/trends/) in Korea

## 3 연구자료 가져오기

• 본 연구의 검색어 빅데이터는 구글의 검색트렌드를 이용하였다(본 연구의 검색시점은 2012년 10월까지다).

- http://www.google.co.kr/trends/ 에서 자살과 suicide를 검색한다.
- 구글에 회원으로 가입하면 일주일 단위의 검색량을 엑셀 파일로 다운로드 받을 수 있다 (CSV로 다운로드한다).

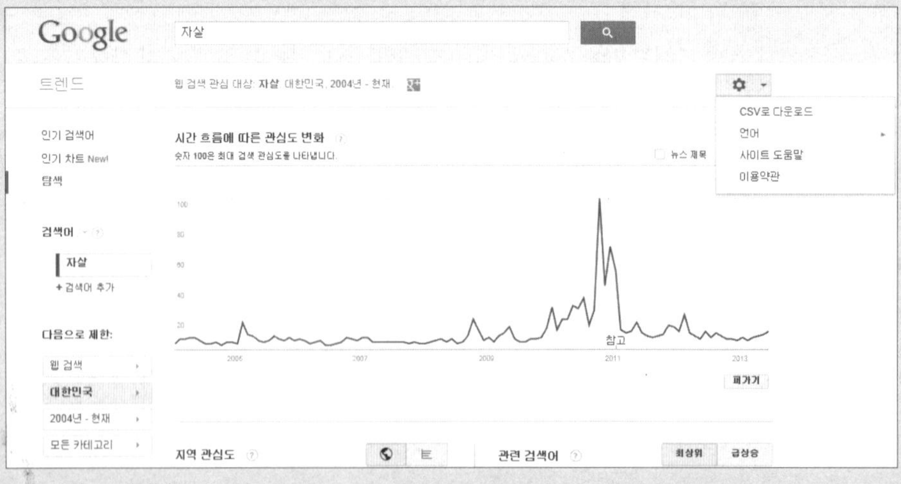


[그림 4-7] 자살 → 대한민국

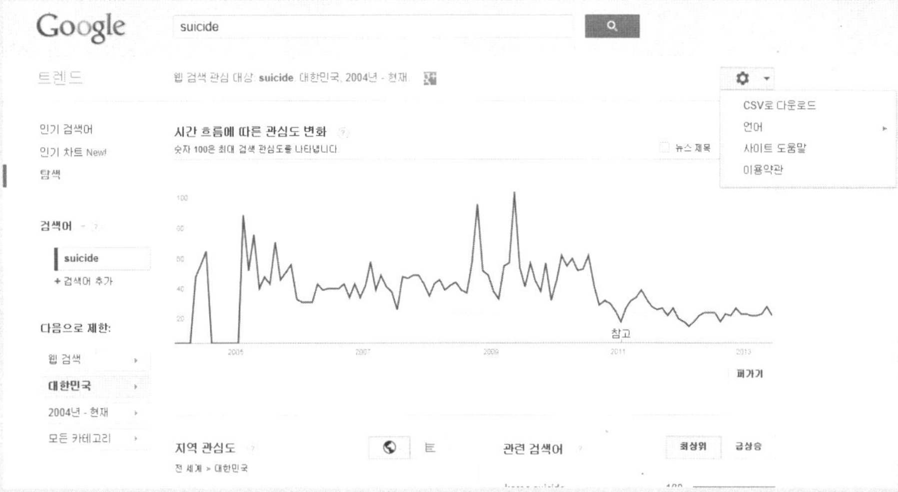


[그림 4-8] suicide → 대한민국

- 계속해서 스트레스/stress, 음주/drinking, 운동/exercise을 검색하여 저장한다.
- 미국과 한국의 다중집단 구조모형을 분석하기 위해 미국은 suicide, stress, drinking, exercise를 검색하여 저장한다.
- 주요 OECD 국가는 suicide를 검색하여 저장한다.

• 본 연구에서 모든 검색어의 검색량은 연도에 따라서는 주별(일주간) 검색량이 집계되지 않아서 월별로 집계된 검색량을 사용하였다.

- 자살의 경우 한국은 '자살+suicide' 검색량을 사용하였고 미국은 'suicide' 검색량을 사용하였다.
- 다중집단 구조모형에 사용된 파일은 한국(korea_2.sav)과 미국(america 2.sav)이다.
- 다층모형에 사용된 파일은 1수준인 월별요인은 한국의 2010년까지의 검색량(korea_2_hlm.sav)을 사용하였고, 2수준인 연별요인은 2010년까지의 연도별 자살률(korea_hlm_year.sav)을 사용하였다.

## 2-3 통계분석

본 연구는 2004년 1월 1일부터 2010년 12월 31일까지 1차 수준(월)에서 측정한 4개의 검색어에 대한 검색량과 2차 수준(연도)에서 조사한 자살률의 관계를 분석하기 위하여 다층모형을 구성하였다(표 4-1).

[표 4-1] Variable Definition

| 구분 | | Variable name | Variable definition |
|---|---|---|---|
| Dependent variable | | SSV | Monthly Suicide Search Volume |
| Independent variable | Level 1 | STSV | Monthly STress Search Volume |
| | | DSV | Monthly Dinking Search Volume |
| | | ESV | Monthly Exercise Search Volume |
| | Level 2 | YSR | Yearly Suicide Rate |

본 연구의 구조모형 적합도 비교에는 증분적합지수(incremental fit index)인 NFI(Normed Fit Index), CFI(Comparative Fit Index)와 절대적합지수(absolute fit index)인 RMSEA(Root Mean Squared Error of Approximation)를 사용하였다. 일반적으로 CFI를 비롯한 증분적합지수는 0.9보다 크면 모형 적합도가 양호하다고 해석한다(Hu LT et al., 1999). RMSEA는 대표본이나 다수의 관측변수들로 인해 발생하는 $\chi^2$ 통계량의 문제점을 보완하기 위해 개발된 적합지수이다. 일반적으로 RMSEA가 0.05 이하이면 적합도가 매우 좋고, 0.05와 0.08 사이의 값을 나타내면 양호하다고 해석하며, 0.10 이상이면 적합도가 좋지 않다고 해석한다(Bollen KA et al., 1993).

모형추정은 최대우도법(Maximum Likelihood, ML)을 사용하였으며, 결측치 문제는 관찰된 모든 변인 정보를 활용하여 결측자료의 특성을 고려하는 완전정보최대우도법(Full Information Maximum Likelihood, FIML)을 사용하여 해결하였다. 본 연구의 간접효과에 대한 유의성 검증은 모든 자료가 정규성 분포를 따른다는 가정하에 유의성을 검증하는 Sobel test(Preacher & Hayes, 2004)를 실시하였으며, 스트레스와 우울의 매개효과 검증은 Hair et al.(2006)이 제시한 방법을 사용하였다. 그리고 본 연구의 다층모형의 모수 추정방식은 무선효과(random effect)의 분산을 추정하는 과정에서 고정효과(fixed effect)의 자유도 감소를 고려하는 한정최대우도추정법(REstricted Maximum Likelihood, REML)을 사용하였다(Raudenbush & Bryk, 2002). 고정효과의 최종 추정은 종속변수의 분포를 정상분포로 가정하지 않는 표준오차(robust standard error)를 적용하였다. 1차 수준의 스트레스·운동·음주 검색량은 그룹평균

(group mean)으로, 그리고 2차 수준의 자살률은 전체평균(grand mean)으로 중심화(centering)하여 모형에 투입하였다.

본 연구의 기술분석은 SPSS 20.0을 사용하였고 한국과 미국의 자살검색에 대한 구조모형 분석은 Amos 20.0을 사용하였다. 그리고 자살검색량 결정요인의 다층모형 분석은 HLM 7.0을 사용하였다. 분석에 사용된 위계적 선형모형의 기본적인 형태는 다음과 같다.

1수준 모형(월수준)

$$Y_{ij} = \beta_{0j} + \beta_{1j}X_{ij} + r_{ij}$$

여기서, $Y_{ij}$ : $j$년도에 있는 $i$월의 자살검색량

$\beta_{0j}$ : $j$년도의 절편

$\beta_{1j}$ : $j$년도 $X$변인의 회귀계수(고정효과)

$X_{ij}$ : $j$년도에 있는 $i$월의 독립변수(스트레스·음주·운동 검색량)

$r_{ij}$ : 1수준, 즉 $j$년도에 있는 $i$월의 무선효과로 1수준의 예측변인들에 의해 설명되지 않은 1수준(월)의 잔차

2수준 모형(연수준)

$$\beta_{0j} = \gamma_{00} + \gamma_{01}W_j + u_{0j}$$
$$\beta_{1j} = \gamma_{10} + \gamma_{11}W_j + u_{1j}$$

여기서, $\gamma_{00}$ , $\gamma_{10}$ : 2수준, 즉 연도의 모형이 갖는 절편

$\gamma_{01}$ , $\gamma_{11}$ : 2수준의 회귀계수(고정효과)

$W_j$ : 2수준의 예측변수(자살률)

$u_{0j}$ , $u_{1j}$ : 2수준의 무선효과로 2수준(년) 특성을 설명하지 못한 각 연도별 잔차

# 3 연구결과

## 3-1 주요 변인들의 기술통계

변수의 정규성을 검증하기 위해 기술 분석을 실시하였으며, 모든 변수에서 왜도(skewness)는 절대값 3 미만, 첨도(kurtosis)는 절대값 10 미만으로 정규성 가정을 충족(Kline, 2010)하는 것으로 나타났다(표 4-2).

[표 4-2] Descriptive Statistics of Variables

| Year (Suicide Rate) | Suicide | | | Stress | | | Drinking | | | Exercise | | |
|---|---|---|---|---|---|---|---|---|---|---|---|---|
| | Mean±S.D. | K[a] | S[b] | Mean±S.D. | K[a] | S[b] | Mean±S.D. | K[a] | S[b] | Mean±S.D. | K[a] | S[b] |
| 2004 (29.5) | 45.2±8.3 | −1.86 | −0.22 | 116.8±32.9 | 0.0 | 0.50 | 74.6±23.0 | 2.04 | −1.11 | 135.6±24.2 | −0.92 | −0.55 |
| 2005 (29.9) | 58.9±18.5 | 3.38 | 1.37 | 139.2±15.8 | 0.39 | 1.28 | 78.8±20.5 | 0.76 | 1.11 | 143.8±27.5 | −1.44 | −0.41 |
| 2006 (26.2) | 42.2±7.2 | −1.03 | −0.55 | 124.5±24.9 | −0.32 | 0.58 | 74.3±16.9 | −1.40 | 0.25 | 128.4±17.2 | −0.64 | 0.03 |
| 2007 (28.7) | 47.3±7.9 | −0.62 | −0.14 | 99.5±14.4 | −0.35 | −0.53 | 64.0±9.4 | −0.40 | −0.01 | 96.8±14.4 | −0.18 | −0.21 |
| 2008 (29.9) | 55.8±22.3 | 6.93 | 2.52 | 99.9±15.2 | −1.76 | −0.19 | 74.3±8.4 | −0.98 | 0.02 | 104.2±16.8 | −0.41 | −0.68 |
| 2009 (33.8) | 58.8±19.1 | 4.54 | 1.96 | 109.0±25.0 | −0.43 | −0.55 | 85.8±18.4 | 0.43 | 0.87 | 115.3±21.0 | −1.12 | −0.38 |
| 2010 (33.5) | 78.3±20.1 | 2.34 | 1.16 | 106.8±19.9 | −1.37 | 0.22 | 92.5±21.7 | −0.57 | 0.09 | 116.3±22.4 | −0.86 | 0.60 |

[a] Kurtosis, [b] Skewness

한국의 자살률은 지속적인 증가 추세를 보이고 있으며 구글의 자살검색량도 실제 자살률과 비슷한 추세를 보이고 있다. 특히 2005년, 2008년, 그리고 2010년 유명 연예인의 자살과 함께 자살검색량이 증가한 사실을 확인할 수 있으며, 이로써 모방자살에 대한 위험이 높다고 판단할 수 있다(그림 4-9).

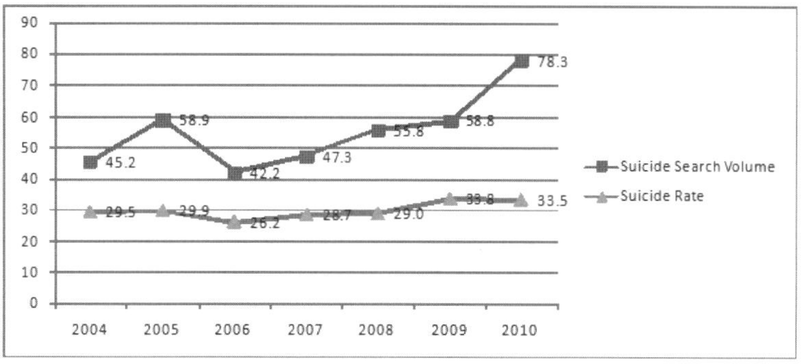


[그림 4-9] Suicide rate and suicide search volume in Korea
Source: Reproduced from Song (2012). Reprinted with permission from Korea Institute for Health and Social Affairs.

OECD 회원국의 자살에 의한 평균사망률은 인구 10만 명당 12.8명이고, 우리나라는 33.5명으로 회원국 중 가장 높다(OECD Health data 2012). 한국과 OECD 회원국의 자살률과 자살 검색량을 비교하기 위해 주요 OECD 국가의 자살에 대한 검색어로 suicide를 사용하였고, 한국은 suicide 및 자살을 함께 검색어로 사용해 합산하였다. 주요 OECD 국가의 자살률과 자살검색량은 대부분의 국가에서 안정적인 추세를 보였으나, 한국의 경우에는 증가 추세를 보였다(표 4-3).

[표 4-3] Suicide Rate and Suicide Search Volume in OECD Countries

| Country[4] | 2005 year | | 2006 year | | 2007 year | | 2008 year | | 2009 year | | 2010 year | |
|---|---|---|---|---|---|---|---|---|---|---|---|---|
| | Suicide[a)] | SSV[b)] | Suicide[a)] | SSV[b)] | Suicide[a)] | SSV[b)] | Suicide[a)] | SSV[b)] | Suicide[a)] | SSV[b)] | Suicide[a)] | SSV[b)] |
| United States | 11.2 | 74.2 | 11.3 | 64.2 | 11.7 | 59.7 | 12.0 | 61.0 | - | 57.5 | - | 57.4 |
| United Kingdom | 6.7 | 87.0 | 6.7 | 77.0 | 6.3 | 63.8 | 6.9 | 67.0 | 6.8 | 56.8 | 6.7 | 53.4 |
| Australia | 10.3 | 79.1 | 10.4 | 69.6 | 10.8 | 60.2 | 10.8 | 54.5 | 10.5 | 49.9 | 10.6 | 51.0 |
| South Korea | 29.9 | 58.9 | 26.2 | 42.2 | 28.7 | 47.3 | 29.0 | 55.8 | 33.8 | 58.8 | 33.5 | 78.3 |

a) Suicide rates per 100,000 (OECD Health Data, 2012).
b) The number of searches for suicide compared to the total number of searches done on Google (likelihood for search in a specific region at a specific time)
Source: Reproduced from Song (2012). Reprinted with permission from Korea Institute for Health and Social Affairs.

4. OECD 국가 중 한국을 제외한 영어를 모국어로 사용하는 국가 간 비교를 실시하였다.

## 4 다변량 정규성 검증

• 다변량 분석의 기본적인 가정은 정규분포이다. 정규성 분포에서 중요한 것은 왜도와 첨도이다. 모든 변수의 왜도가 절대값 3 미만, 첨도가 절대값 10 미만일 경우 변수들의 분포가 정규성이 있다고 판단한다. 왜도와 첨도는 SPSS의 기술통계를 통해서 분석한다(본 연구의 다변량 분석 대상 자료는 'korea_2_hlm.sav'를 사용하였다).

- [SPSS PROGRAM 시작]→[분석-집단별 평균분석]→[독립변수: 년ID, 종속변수: sui1, str1, dri1, exe1]→[옵션-첨도, 왜도 지정]→[계속 단추-확인 단추]

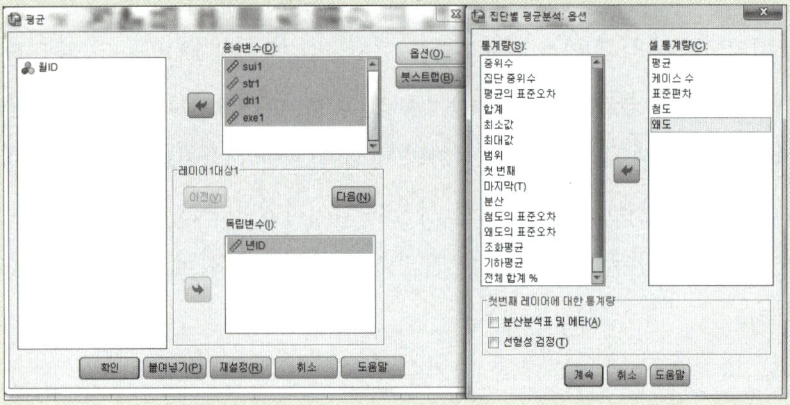


- 결과표를 해석한다.
- 연도별 모든 변수의 왜도는 3 미만, 첨도는 10 미만으로 나타나 정규성 분포 가정을 충족한다.

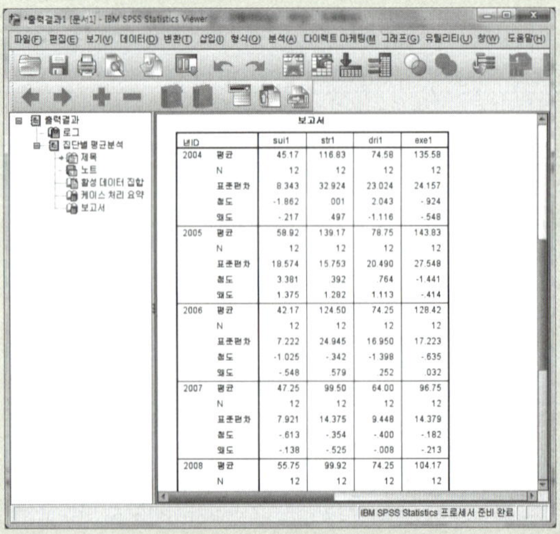

보고서

| 년ID | | sui1 | str1 | dri1 | exe1 |
|---|---|---|---|---|---|
| 2004 | 평균 | 45.17 | 116.83 | 74.58 | 135.58 |
| | N | 12 | 12 | 12 | 12 |
| | 표준편차 | 8.343 | 32.924 | 23.024 | 24.157 |
| | 첨도 | -1.862 | .001 | 2.043 | -.924 |
| | 왜도 | -.217 | .497 | -1.116 | -.548 |
| 2005 | 평균 | 58.92 | 139.17 | 78.75 | 143.83 |
| | N | 12 | 12 | 12 | 12 |
| | 표준편차 | 18.574 | 15.753 | 20.490 | 27.548 |
| | 첨도 | 3.381 | .392 | .764 | -1.441 |
| | 왜도 | 1.375 | 1.282 | 1.113 | -.414 |
| 2006 | 평균 | 42.17 | 124.50 | 74.25 | 128.42 |
| | N | 12 | 12 | 12 | 12 |
| | 표준편차 | 7.222 | 24.945 | 16.950 | 17.223 |
| | 첨도 | -1.025 | -.342 | -1.398 | -.635 |
| | 왜도 | -.548 | .579 | .252 | .032 |
| 2007 | 평균 | 47.25 | 99.50 | 64.00 | 96.75 |
| | N | 12 | 12 | 12 | 12 |
| | 표준편차 | 7.921 | 14.375 | 9.448 | 14.379 |
| | 첨도 | -.613 | -.354 | -.400 | -.182 |
| | 왜도 | -.138 | -.525 | -.008 | -.213 |
| 2008 | 평균 | 55.75 | 99.92 | 74.25 | 104.17 |
| | N | 12 | 12 | 12 | 12 |

## 3-2 다중집단 구조모형 분석

자살요인의 다중집단 구조모형 분석은 연구모형의 적합성을 검증한 후, 집단 간 등가제약 과정을 거쳐 경로계수 간의 유의미한 차이를 검증하였다. 다중집단 분석 연구모형의 적합도는 $\chi^2(df, p)$=2.061(2, 0.357), GFI=0.995, NFI=0.991, TLI=0.998, RMSEA=0.012로 모두 적합한 것으로 나타났다.

한국과 미국 두 집단 모두 스트레스에서 운동, 음주, 그리고 자살로 가는 경로에 정적(+)으로 유의한 영향을 미치는 것으로 나타났다.

[표 4-4] Parameters of Korea and America

| Path | Korea | | | America | | |
|---|---|---|---|---|---|---|
| | B(β) | C.R. | P | B(β) | C.R. | P |
| Stress→Drinking | 0.186(0.276) | 2.941 | *** | 0.172(0.158) | 1.644 | * |
| Stress→Exercise | 0.777(0.756) | 11.834 | *** | 0.337(0.391) | 4.357 | *** |
| Drinking→Suicide | 0.186(0.222) | 2.538 | ** | 0.013(0.014) | 0.211 | 0.833 |
| Exercise→Suicide | 0.099(0.179) | 1.395 | 0.163 | 0.099(0.084) | 1.179 | 0.239 |
| Stress→Suicide | 0.142(0.251) | 1.922 | * | 0.717(0.704) | 9.820 | *** |

*** p<0.01, ** p<0.05, * p<0.1

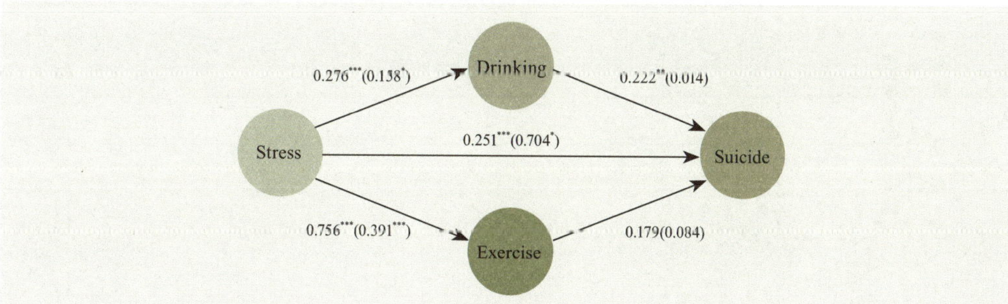


[그림 4-10] Multiple group structural model in Korea and America

## 5 다중집단 구조모형 적합성 검증 및 모수추정치

• 한국과 미국의 자살요인 구조모형 비교는 다중집단 구조모형 분석으로 검증한다. 다중집단 구조모형의 적합성 검증은 다중집단 구조모형을 설계한 후 실시해야 한다.

• 다중집단 구조모형을 설계하기 전에 자살요인(스트레스 취약요인) 구조모형을 설계해야 한다 (자세한 구조모형의 설계 및 분석방법은 《보건복지연구를 위한 구조방정식 모형》(송태민·김계수, 2012)을 참조하기 바란다).

1단계: Amos를 실행한다.

- [시작]→[프로그램]→[IBM SPSS Statistics]→[IBM SPSS Amos 20.0]→[Amos Graphics]
- Amos를 실행하면 다음과 같은 초기화면이 나타난다.

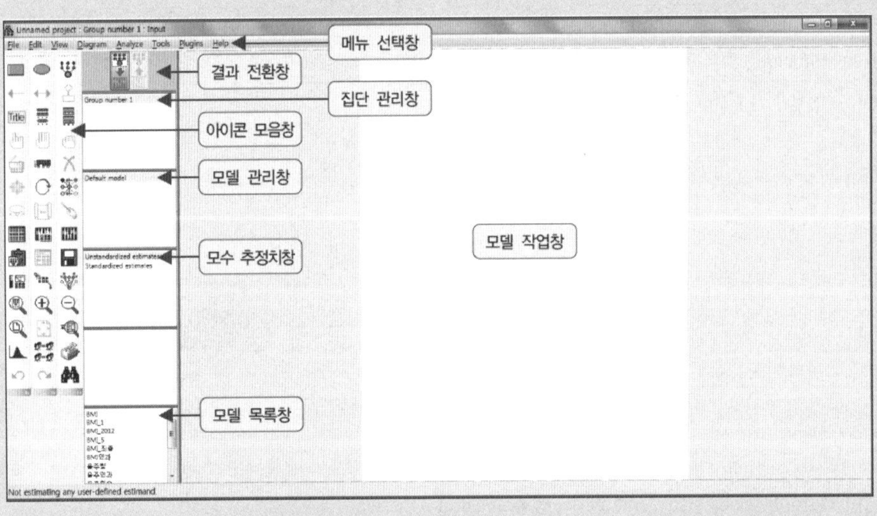


2단계: 구조모형을 그린다.

- 아이콘 모음창에서 (관측변수) 아이콘을 마우스로 클릭한 다음 모델 작업창에 마우스포인터를 위치시키고 왼쪽 마우스 버튼을 누른 상태에서 대각선 하단 방향으로 끌어당기면 사각형(관측변수)이 생성된다. (복사), (구조오차), ←(일방향화살표) 등을 이용하여 구조모형을 완성한다.

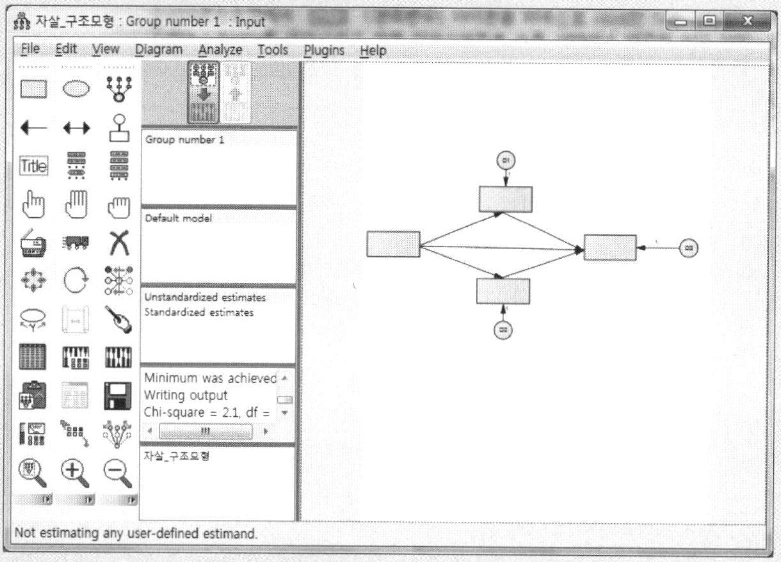


3단계: 관측변수의 변수명을 입력한다.

- [데이터 불러오기] 아이콘을 클릭하여 'korea_2.sav' 파일을 불러온 후 [변수목록] 아이콘을 클릭하여 [Variables in Dataset] 창에 나타난 변수들을 선택한 다음 원하는 관측변수 안으로 끌어당겨서 [Variable Label]에서 영문 변수명을 차례로 입력한다.

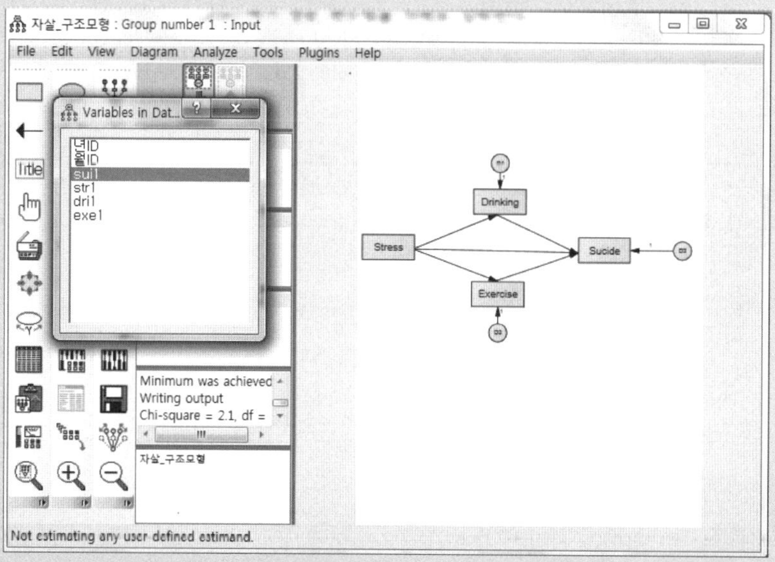

4단계: 다중집단 구조모형을 그린다.

- 집단관리창에 있는 [Group number 1]을 더블클릭한다.

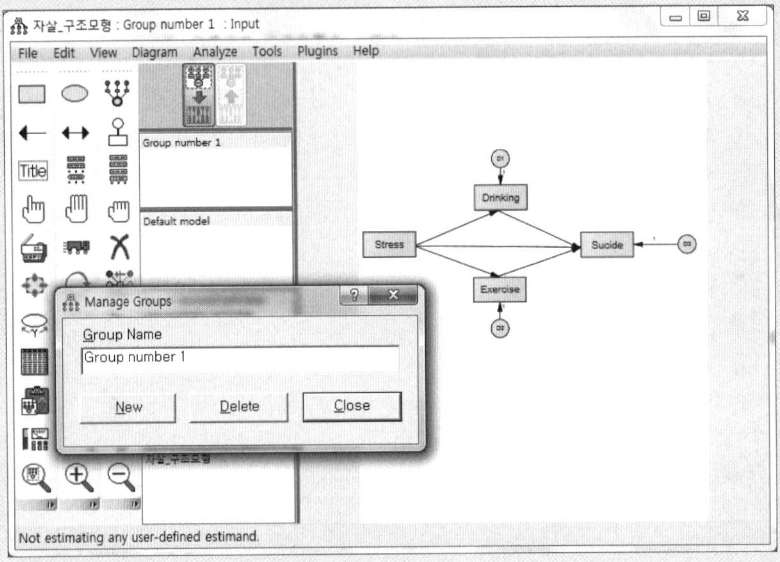

- 생성된 [Manage Groups] 창에서 [New] 버튼을 누르면 [Group number 2]가 생성된다.

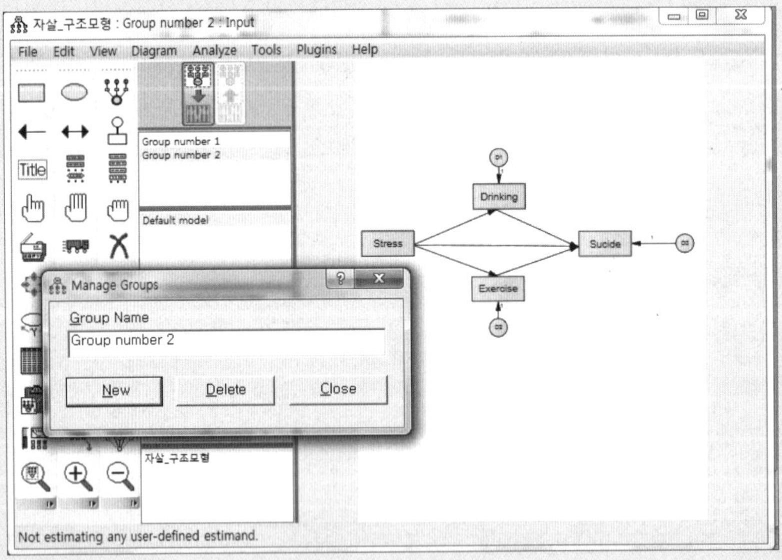

- 위의 상태는 두 집단을 연결할 수 있는 모델 2개가 생성된 것으로서 [Group number 1]에는 'KOREA'를, [Group number 2]에는 'AMERICA'를 입력한다.

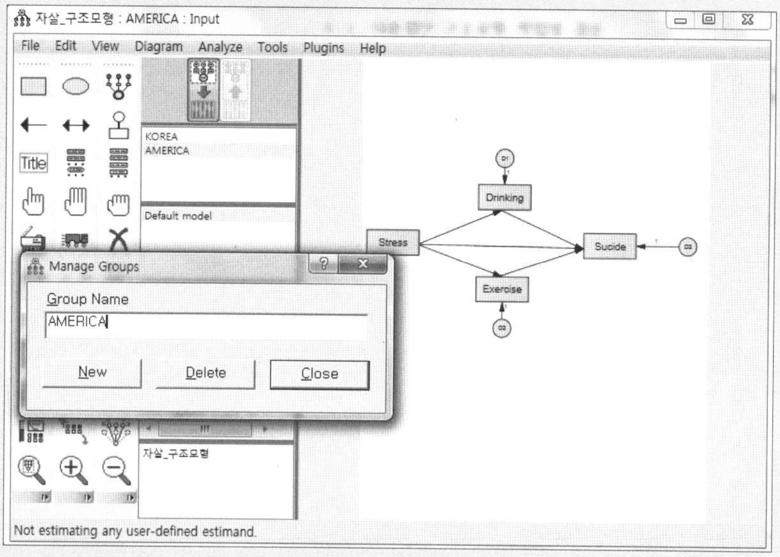


- [File-Data Files]에서 'KOREA', 'AMERICA'에 각각의 데이터를 연결한다(이때, KOREA와 AMERICA의 모든 변수는 동일하게 설정해야 한다).
  KOREA→korea_2.sav, AMERICA→america_2.sav

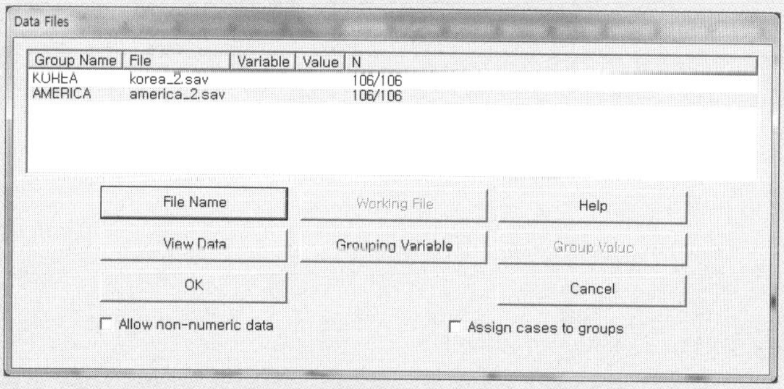


- 하나의 모델을 두 집단으로 나누었기 때문에 분석결과에 혼동이 올 수 있다. 그러므로 모델 작업창에 각 집단의 이름을 입력해야 한다. 모델관리창의 'KOREA'를 지정하여 [Title 아이콘] 클릭→[모델 작업창] 클릭→[Figure Caption] 창이 생성되면 [Caption]란에 'KOREA'라고 모델명을 입력한다. 같은 방법으로 'AMERICA' 집단의 이름도 입력한다. 이름의 위치를 수정할 때는 [이동아이콘]을 사용한다.

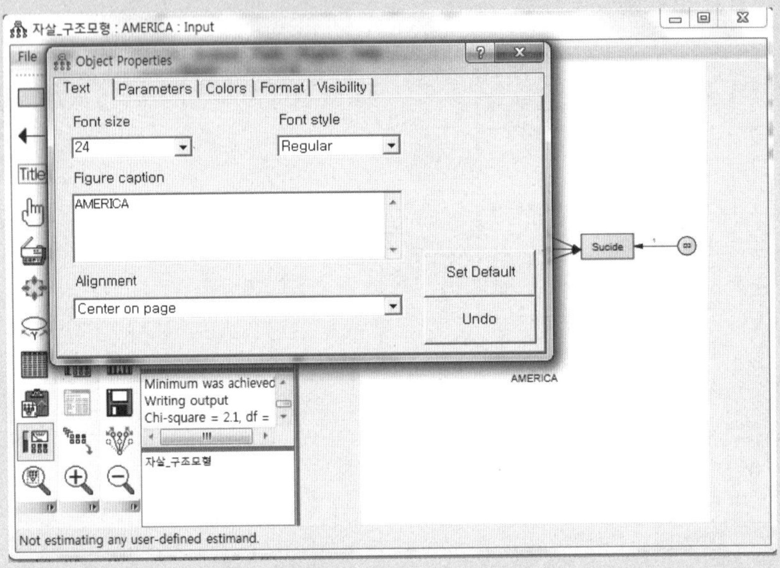


5단계: 다중집단 구조모형을 저장한다.

- [File]→[Save as]를 클릭하여 '자살_다중집단구조모형' 파일명으로 저장한다.

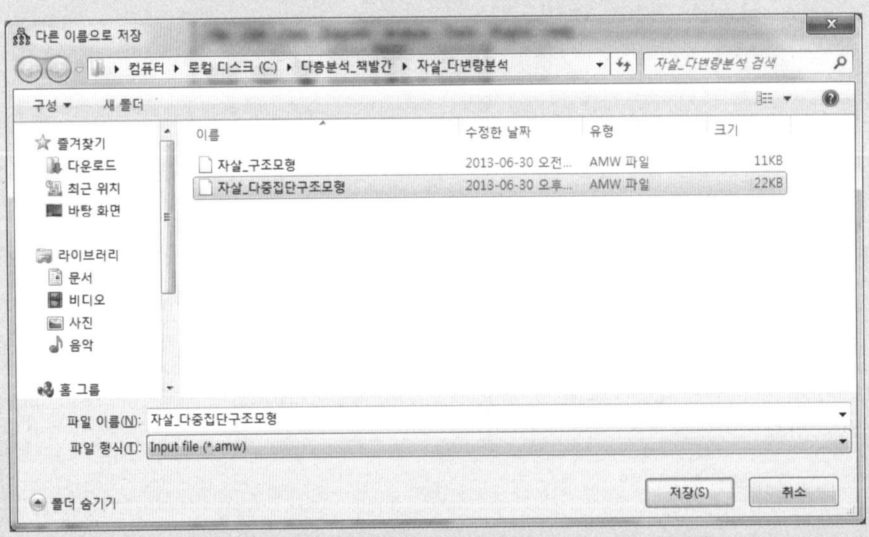


6단계: 실행한 후 결과를 확인한다.

- (실행) 아이콘을 클릭한 후 (결과보기) 아이콘으로 결과를 확인한다.

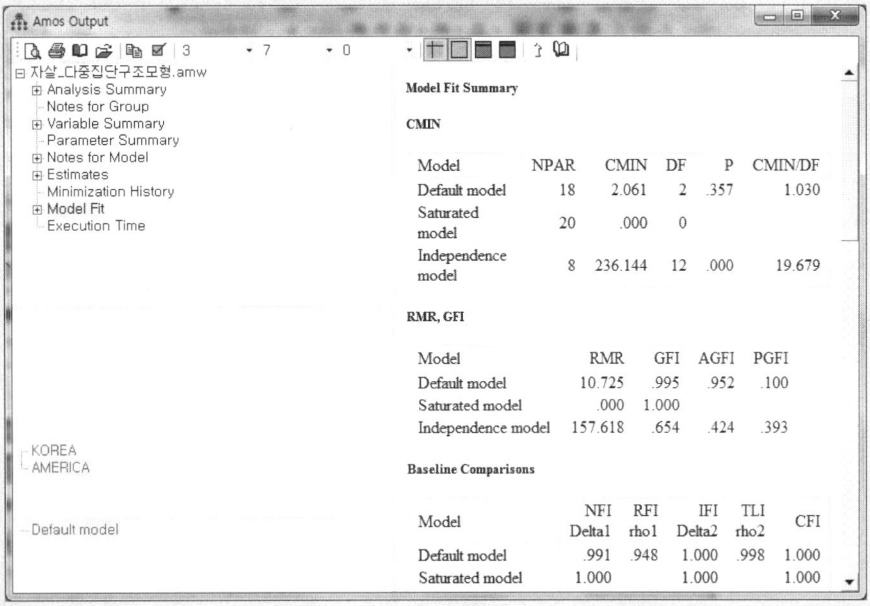


**Model Fit Summary**

**CMIN**

| Model | NPAR | CMIN | DF | P | CMIN/DF |
|---|---|---|---|---|---|
| Default model | 18 | 2.061 | 2 | .357 | 1.030 |
| Saturated model | 20 | .000 | 0 | | |
| Independence model | 8 | 236.144 | 12 | .000 | 19.679 |

**RMR, GFI**

| Model | RMR | GFI | AGFI | PGFI |
|---|---|---|---|---|
| Default model | 10.725 | .995 | .952 | .100 |
| Saturated model | .000 | 1.000 | | |
| Independence model | 157.618 | .654 | .424 | .393 |

**Baseline Comparisons**

| Model | NFI Delta1 | RFI rho1 | IFI Delta2 | TLI rho2 | CFI |
|---|---|---|---|---|---|
| Default model | .991 | .948 | 1.000 | .998 | 1.000 |
| Saturated model | 1.000 | | 1.000 | | 1.000 |

- 연구모형의 적합도는 CMIN($\chi^2$)($df$, p)=2.061(2, 0.357), GFI=0.995, NFI=0.991, TLI=0.998, RMSEA=0.012로 모두 적합한 것으로 나타났다.
- 자살요인 다중집단 경로분석의 결과는 다음과 같다.

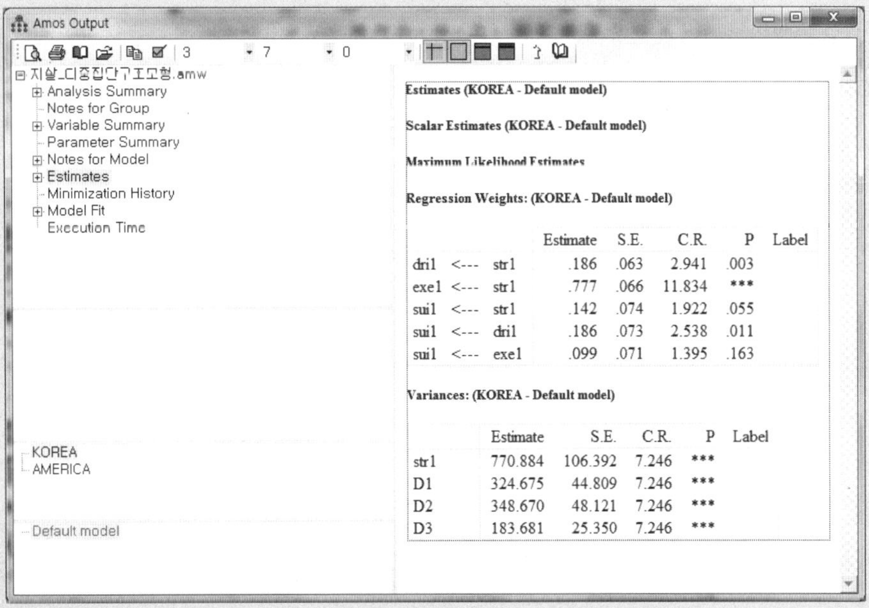


**Estimates (KOREA - Default model)**

**Scalar Estimates (KOREA - Default model)**

**Maximum Likelihood Estimates**

**Regression Weights: (KOREA - Default model)**

| | | | Estimate | S.E. | C.R. | P | Label |
|---|---|---|---|---|---|---|---|
| dri1 | <--- | str1 | .186 | .063 | 2.941 | .003 | |
| exe1 | <--- | str1 | .777 | .066 | 11.834 | *** | |
| sui1 | <--- | str1 | .142 | .074 | 1.922 | .055 | |
| sui1 | <--- | dri1 | .186 | .073 | 2.538 | .011 | |
| sui1 | <--- | exe1 | .099 | .071 | 1.395 | .163 | |

**Variances: (KOREA - Default model)**

| | Estimate | S.E. | C.R. | P | Label |
|---|---|---|---|---|---|
| str1 | 770.884 | 106.392 | 7.246 | *** | |
| D1 | 324.675 | 44.809 | 7.246 | *** | |
| D2 | 348.670 | 48.121 | 7.246 | *** | |
| D3 | 183.681 | 25.350 | 7.246 | *** | |

구조모형 내 자살요인 변수 간의 인과관계에 있어 두 집단(한국과 미국) 사이에 유의미한 차이가 존재할 수 있기 때문에 모형 내에 존재하는 모든 경로계수에 대해 각각 동일성 제약을 가한 모형을 기저모형과 비교하기 위해 집단 간 구조모형 분석을 실시하였다. 두 집단 사이의 경로에 동일성 제약을 가한 모형은 p2(Stress→Exercise), p3(Drinking→Suicide), p4(Exercise→Suicide) 경로의 모형에서 집단 간 유의미한 차이를 보였다. 또한 [Critical ratios for difference]에서 집단별 경로 간 C.R.값을 확인한 결과, 동일성 제약모형과 같이 [b2-bb2, b3-bb3, b4-bb4]에서 유의미한 차이를 보였다. 따라서 스트레스에서 운동으로 가는 경로와 음주와 운동에서 자살로 가는 경로에서 집단 간 유의미한 차이가 확인되었다. 한국이 미국보다 '스트레스→음주→자살'로 가는 경로(한국: 0.279→0.221, 미국: 0.158→0.014)와 '스트레스→운동→자살'로 가는 경로(한국: 0.756→0.179, 미국: 0.391→0.084)가 더 유의하게 강하게 나타났다.

[표 4-5] Comparison of the difference in Korea and America

| Path | $\chi^2$ | *df* | C.R.[1] | $\Delta\chi^2$ |
|---|---|---|---|---|
| Default model | 2.061 | 2 | | |
| Stress→Drinking | 2.074 | 3 | -0.116 | 0.013 |
| Stress→Exercise | 30.979 | 3 | 5.529** | 28.918 |
| Drinking→Suicide | 19.977 | 3 | -4.328** | 17.917 |
| Exercise→Suicide | 5.249 | 3 | -1.803* | 3.189 |
| Stress→Suicide | 2.061 | 3 | 0.000 | 0 |
| All constrains | 60.073 | 7 | | 58.012 |

[1] Critical ratios for differences
** $p<0.05$, * $p<0.1$

## 6 집단 간 구조모형 분석

• 집단 간 경로계수의 크기 비교는 다중집단 구조모형 분석에서 가능하다. 다중집단 구조모형 분석은 측정동일성 제약이 끝난 후, 집단 간 등가제약 과정을 거쳐 경로계수 간 유의미한 차이가 있는지 보아야 한다. 본 연구의 다중집단 구조모형은 경로모형으로, 각 요인에 대한 측정동일성은 검증할 필요가 없기 때문에 요인 사이의 경로계수로 집단 간 차이를 검증하였다.

1단계 : 집단 간 등가제약을 수행한다.

- KOREA의 경로를 (b1~b5)로 지정한다. 이때 [All groups]는 해제한다.

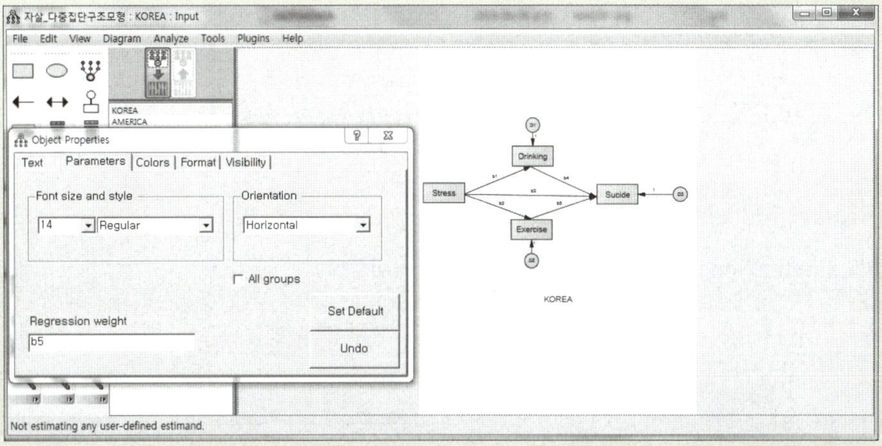


- AMERICA의 경로를 (bb1~bb5)로 지정한다.

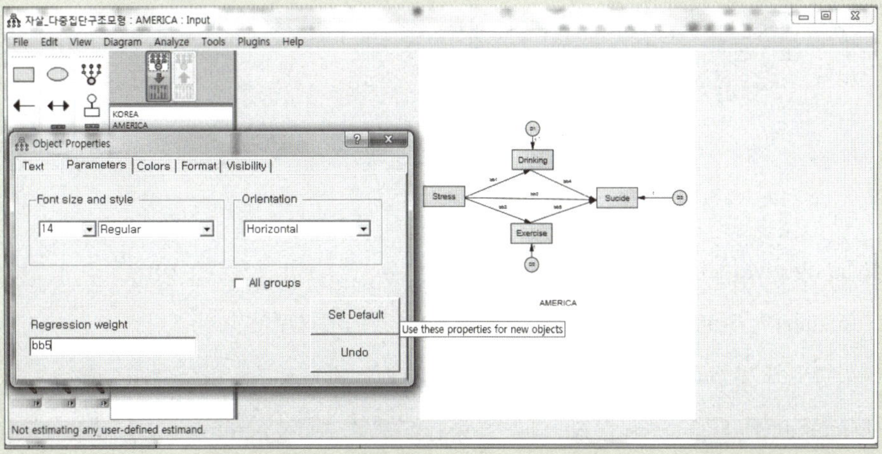

2단계: 집단 간 등가제약을 실시한다.

- model 창에서 [XX: Default model]을 더블클릭한다.
- [Manage Models] 창에서 [New]를 클릭한다.

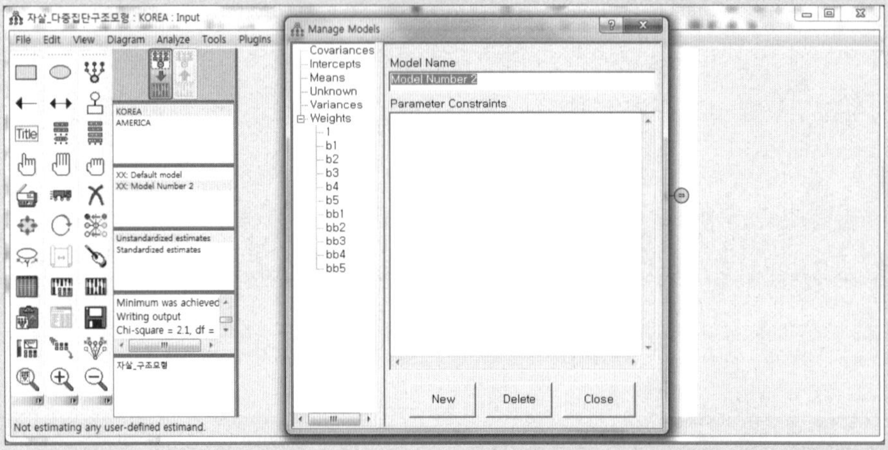

- [Manage Models] 창에서 [Model Name]을 p1으로 입력한다.
- [Parameter Constrains] 창에 'b1=bb1'을 입력한다.

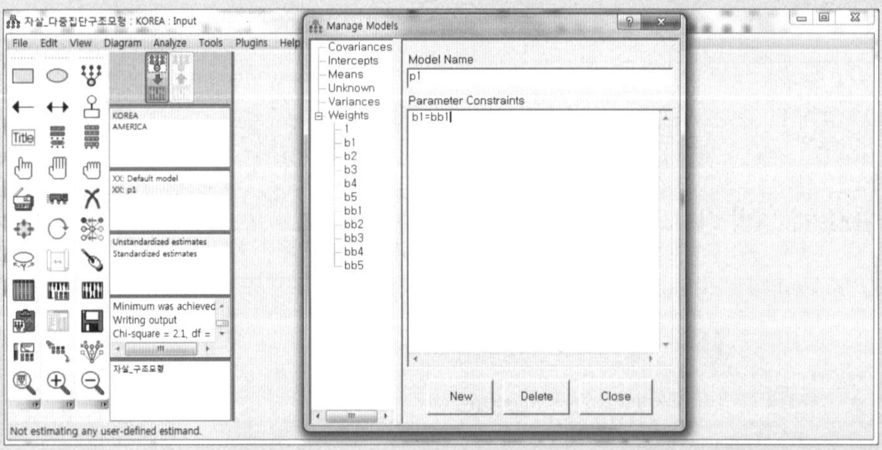

- [Manage Models] 창에서 [New]를 클릭한 후 같은 방식으로 p2(b2=bb2), p3(b3=bb3), p4(b4=bb4), p5(b5=bb5)로 집단별 비교경로에 대한 제약모형을 만든다.
- 개별경로에 대한 제약이 끝나면 모든 경로에 대한 제약모형을 만들어 준다.
- [Manage Models] 창에서 [New]를 클릭한 다음 [Model Name]에 [all constrains]을 입력하고, [Parameter Constrains]에 모든 경로를 입력한 후 [Close]를 클릭한다.

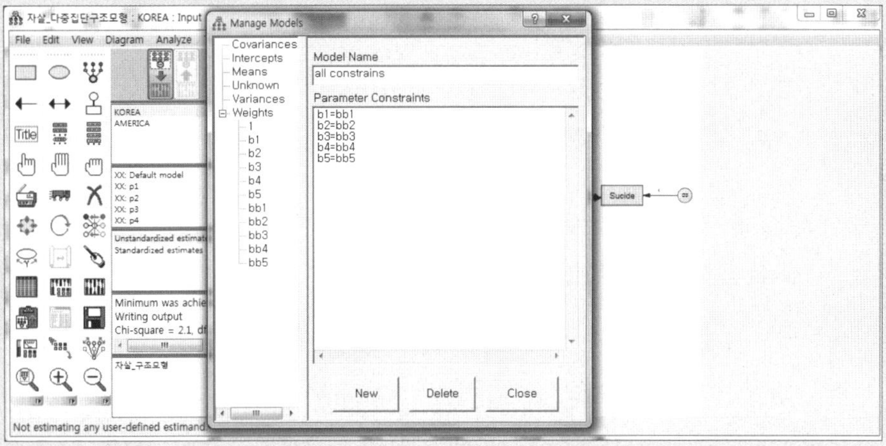


- 다중집단 구조모형을 저장한다.

[FIle]→[Save as]를 클릭하여 '자살_다중집단구조모형_등가제약.amw'로 저장한다.

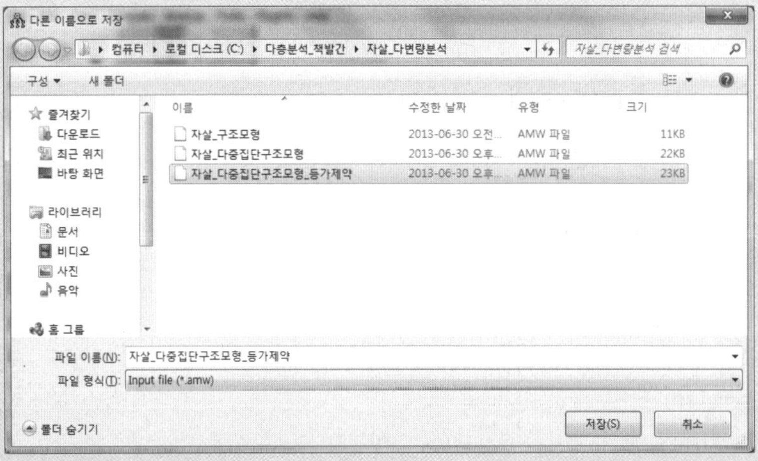


3단계: 집단 간 경로계수의 유의미한 차이는 Amos의 [Critical ratios for differences]에서 집단 간 C.R.값을 확인하여 검증할 수 있다.

- [View]→[Analysis Properties]→[Output]→[Critical ratios for differences]를 선택한다.

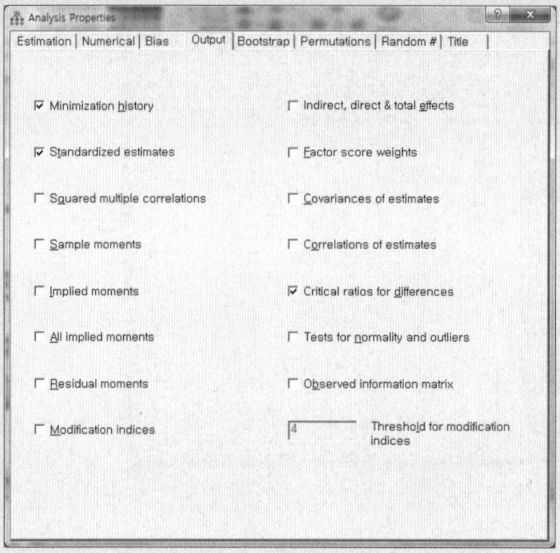


4단계: 집단 간 등가제약모형(자살_다중집단구조모형_등가제약.amw)을 실행한다.

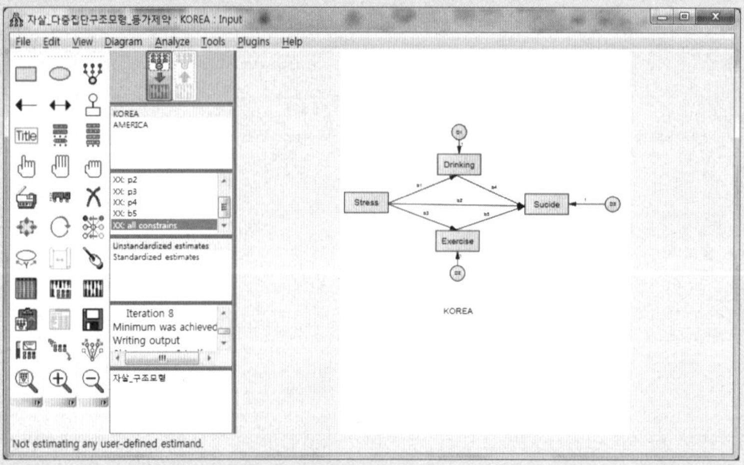


5단계: 결과를 확인한다.

- [View]→[Text Output]→[Model Fit]에서 모든 경로의 적합도를 확인한다.
- 두 집단 사이의 경로에 동일성 제약을 가한 모형은 [p2, p3, p4] 경로의 모형에서 집단 간 유의미한 차이를 보였다[각 모형에서 $\Delta\chi^2$은 자유도가 1일 때 $\chi^2$값은 3.84(유의수준: 0.05)보다 크기 때문에 3개의 모형에서 통계적으로 유의미한 차이를 보인다].

※ 모형의 비교는 Default model과 경로에 동일성 제약을 가한 모형 [P1, P2, P3, P4, P5]의 CMIN($\chi^2$) 차이로 검증한다. 모형의 CMIN 차이는 다음 그림의 [Model Comparison]에서 확인(P1=0.013, P2=28.918, P3=17.917, P4=3.189, P5=0.000)할 수 있다.

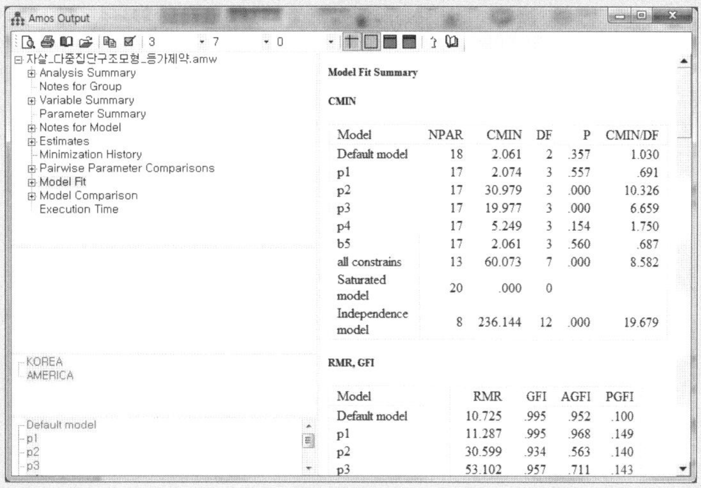



**Model Fit Summary**

**CMIN**

| Model | NPAR | CMIN | DF | P | CMIN/DF |
|---|---|---|---|---|---|
| Default model | 18 | 2.061 | 2 | .357 | 1.030 |
| p1 | 17 | 2.074 | 3 | .557 | .691 |
| p2 | 17 | 30.979 | 3 | .000 | 10.326 |
| p3 | 17 | 19.977 | 3 | .000 | 6.659 |
| p4 | 17 | 5.249 | 3 | .154 | 1.750 |
| b5 | 17 | 2.061 | 3 | .560 | .687 |
| all constrains | 13 | 60.073 | 7 | .000 | 8.582 |
| Saturated model | 20 | .000 | 0 | | |
| Independence model | 8 | 236.144 | 12 | .000 | 19.679 |

**RMR, GFI**

| Model | RMR | GFI | AGFI | PGFI |
|---|---|---|---|---|
| Default model | 10.725 | .995 | .952 | .100 |
| p1 | 11.287 | .995 | .968 | .149 |
| p2 | 30.599 | .934 | .563 | .140 |
| p3 | 53.102 | .957 | .711 | .143 |

- [Pairwise Parameter Comparisons]→[Critical ratios for difference]에서 [b1−bb1]의 차이를 나타내는 C.R.값(−0.116)을 확인한다.
- 계속해서 'b2−bb2, b3−bb3, b4−bb4, b5−bb5' 계수를 확인한다.

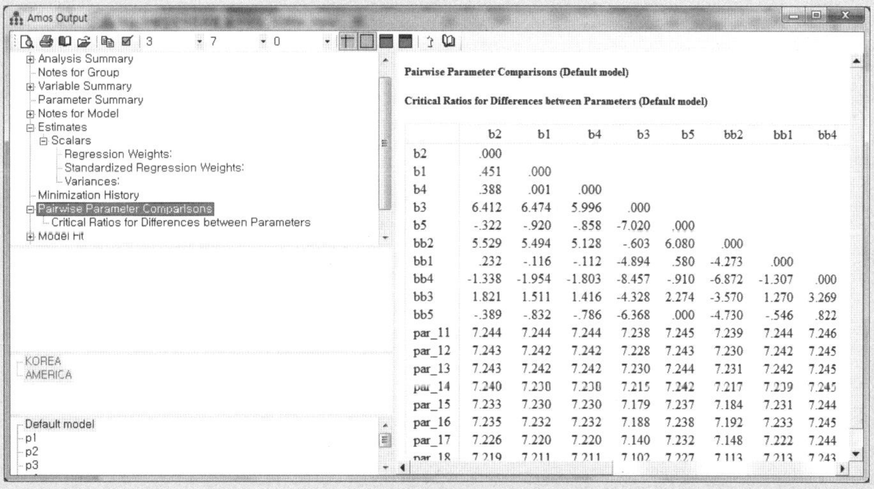



**Pairwise Parameter Comparisons (Default model)**

**Critical Ratios for Differences between Parameters (Default model)**

| | b2 | b1 | b4 | b3 | b5 | bb2 | bb1 | bb4 |
|---|---|---|---|---|---|---|---|---|
| b2 | .000 | | | | | | | |
| b1 | .451 | .000 | | | | | | |
| b4 | .388 | .001 | .000 | | | | | |
| b3 | 6.412 | 6.474 | 5.996 | .000 | | | | |
| b5 | -.322 | -.920 | -.858 | -7.020 | .000 | | | |
| bb2 | 5.529 | 5.494 | 5.128 | -.603 | 6.080 | .000 | | |
| bb1 | .232 | -.116 | -.112 | -4.894 | .580 | -4.273 | .000 | |
| bb4 | -1.338 | -1.954 | -1.803 | -8.457 | -.910 | -6.872 | -1.307 | .000 |
| bb3 | 1.821 | 1.511 | 1.416 | -4.328 | 2.274 | -3.570 | 1.270 | 3.269 |
| bb5 | -.389 | -.832 | -.786 | -6.368 | .000 | -4.730 | -.546 | .822 |
| par_11 | 7.244 | 7.244 | 7.244 | 7.238 | 7.245 | 7.239 | 7.244 | 7.246 |
| par_12 | 7.243 | 7.242 | 7.242 | 7.228 | 7.243 | 7.230 | 7.242 | 7.245 |
| par_13 | 7.243 | 7.242 | 7.242 | 7.230 | 7.244 | 7.231 | 7.242 | 7.245 |
| par_14 | 7.240 | 7.230 | 7.230 | 7.215 | 7.242 | 7.217 | 7.239 | 7.245 |
| par_15 | 7.233 | 7.230 | 7.230 | 7.179 | 7.237 | 7.184 | 7.231 | 7.244 |
| par_16 | 7.235 | 7.232 | 7.232 | 7.188 | 7.238 | 7.192 | 7.233 | 7.245 |
| par_17 | 7.226 | 7.220 | 7.220 | 7.140 | 7.232 | 7.148 | 7.222 | 7.244 |
| par_18 | 7.219 | 7.211 | 7.211 | 7.102 | 7.227 | 7.113 | 7.213 | 7.243 |

- [Critical ratios for difference]에서 집단별 경로 간 C.R.값을 확인하면 동일성 제약모형과 같이 p2(b2−bb2: 5.529), p3(b3−bb3: −4.328), p4(b4−bb4: −1.803)에서 유의미한 차이를 보인다(유의수준: 0.05에서의 C.R.값은 1.96이다).
- 이로써 모든 경로계수에 각각 동일성 제약을 가한 모형의 결과($\Delta\chi^2$)와 [Critical ratios for difference] 결과의 집단별 경로계수의 비교가 동일한 결과를 보이는 것을 알 수 있다.

스트레스와 자살의 경로에 운동과 음주의 매개효과를 살펴보기 위해 효과분해를 실시한 결과 한국은 매개효과가 있으나 미국은 없는 것으로 나타났으며, 한국의 스트레스는 운동과 음주를 부분매개(partial mediation)하여 자살에 영향을 미치는 것으로 나타났다. 따라서 구글 검색트렌드에서 한국인이 스트레스를 경험할 경우 건강생활실천요인(음주, 운동)을 많이 찾게 되고 이러한 요인이 자살검색에 영향을 미치는 것으로 나타났다.

[표 4-6] Mediation effect in Exercise and Drinking

| 경로 | 한국 | | | 미국 | | |
|---|---|---|---|---|---|---|
| | 총효과 | 직접효과 | 간접효과[1)] | 총효과 | 직접효과 | 간접효과[1)] |
| 운동매개효과<br>스트레스→자살 | 0.446 | 0.277 | 0.169* | 0.739 | 0.706 | 0.033 |
| 음주매개효과<br>스트레스→자살 | 0.446 | 0.380 | 0.066** | 0.739 | 0.737 | 0.002 |

[1)] Sobel test, ** p<0.05, * p<0.1

## 7 다중집단 구조모형의 효과분해

• 매개효과는 독립변수와 종속변수 사이에 제3의 변수인 매개변수가 개입될 때 발생한다. 본 연구의 다중집단 구조모형의 매개효과 모형은 음주와 운동의 2개 구조모형으로 구성할 수 있다.

- 매개모형을 설계하기 위해 기존의 '자살_다중집단구조모형.amw'의 다중집단모형을 불러와 삭제아이콘을 이용해 운동과 음주의 [관측변수]와 [구조오차]를 삭제한다.

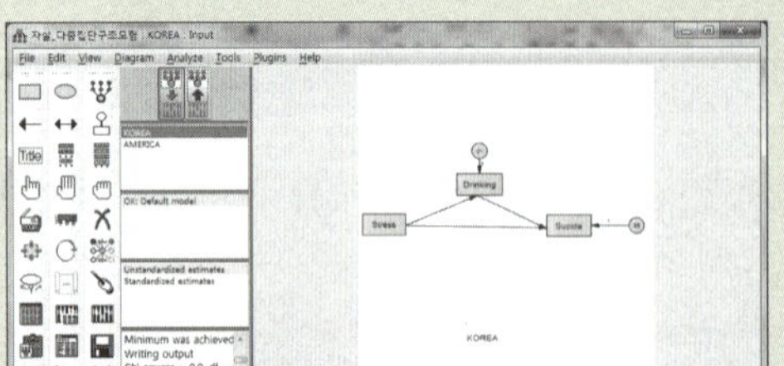

(가) 음주매개효과 모형

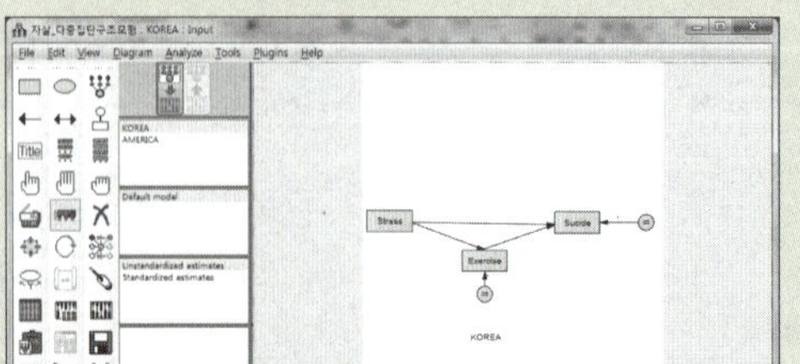

(나) 운동매개효과 모형

• 음주 매개효과의 분석 절차는 다음과 같다.

1단계: 위의 그림 (가)의 모형에서 [View]→[Analysis Properties]에서 표준화 회귀계수(Standardized estimates)와 효과(indirect, direct & total effects)를 선택한다.

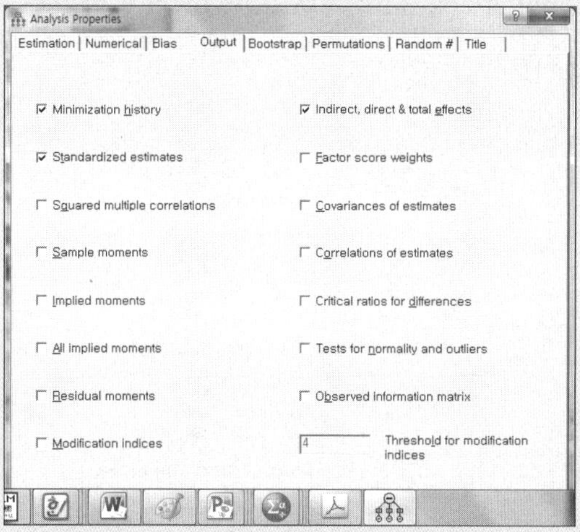


2단계: [실행]한 후 결과를 확인한다.

- [view]→[text Output]→[estimate]→[matrices]에서 '스트레스→자살' 간의 [standardized]→[total effect, direct effect, indirect effect]를 확인한다[(실행파일: 자살_다중집단구조모형_음주 매개효과.amw) 하단의 집단선택창에서 KOREA와 AMERICA를 선택하면 두 집단의 매개효과를 확인할 수 있다].

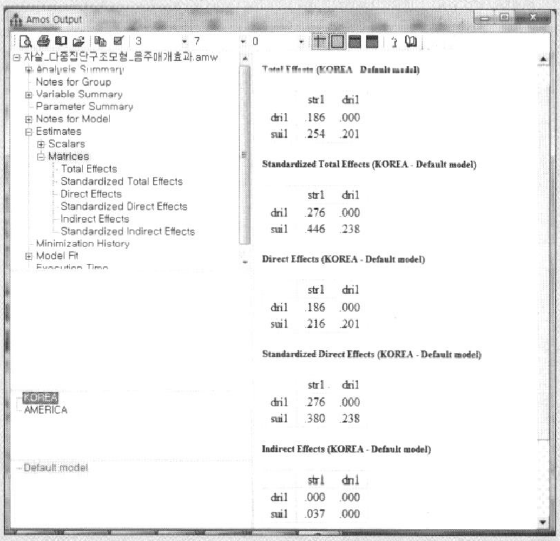

• 운동 매개효과를 분석한다.

1단계: 그림 (나)의 모형을 [실행]한 후 결과를 확인한다.

- [view]→[text Output]→[estimate]→[matrices]에서 '스트레스→자살' 간의 [standardized]→[total effect, direct effect, indirect effect]를 확인한다(실행파일: 자살_다중집단구조모형_운동매개효과.amw).

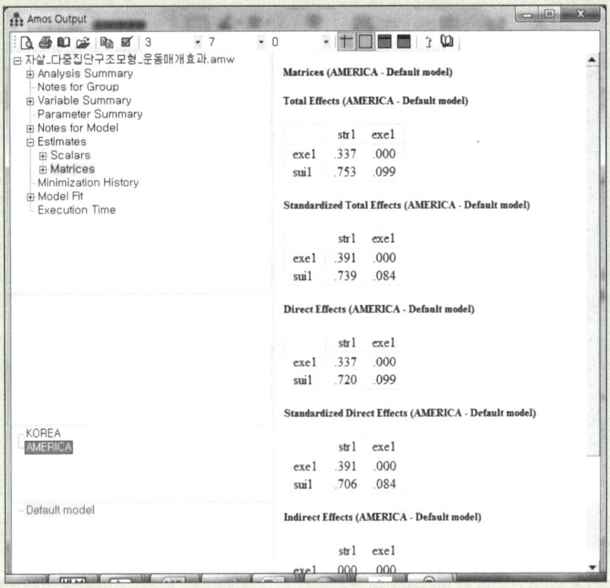


## 8 다중집단 구조모형의 매개효과

• 매개효과(mediator effect)는 독립변수($X$)와 종속변수($Y$) 사이에 제3의 변수인 매개변수($M$)가 개입될 때 발생한다. 본 연구에서 Hair et al.(2006)이 제안한 매개효과 검증을 위한 절차는 다음과 같다.

1단계: 다중집단 구조모형에서 '스트레스→자살' 간의 직접적인 상관관계(경로계수)를 분석한다[기존 다중집단 구조모형에서 삭제 아이콘을 이용해 관측변수와 구조오차를 삭제한 후 실행한다(자살_다중집단구조모형_직접효과.amw)].

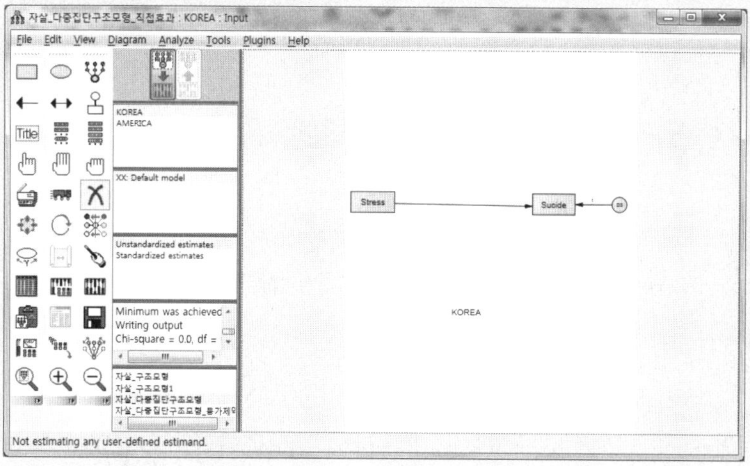


2단계: [실행]한 후 결과를 확인한다.

- [view]→[text Output]→[estimate]에서 '스트레스→자살' 간의 직접효과를 확인한다 ($\beta$=0.446, p<0.001).
- 한국의 경우 '스트레스→자살' 간에 '운동'은 부분매개(partial mediation)하여 자살에 대한 직접적인 영향이 조금 감소[$\beta$=0.446(p<0.001)→ $\beta$=0.277(p<0.05)]하였다. '스트레스→자살' 간에 '음주'도 부분매개하여 자살에 대한 직접적인 영향이 조금 감소[$\beta$=0.446(p<0.001)→ $\beta$=0.380(p<0.001)]한 것으로 나타났다[이때 $\beta$값은 음주매개효과 분석 결과에서 산출된 스트레스(str1)→자살(sui1)의 표준화 직접효과값(p. 129 하단그림 참조)을 나타낸다]

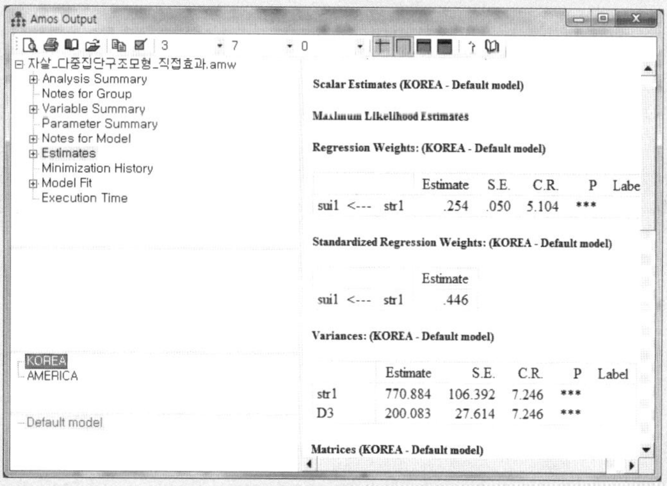

## 9 매개효과의 유의성 검증

• 매개효과(간접효과)의 유의성을 검증하는 Sobel test는 모든 자료가 정규분포를 따른다는 가정하에 통계적 유의성을 검증한다.

1단계: 한국과 미국에서의 '운동'의 간접효과 유의성을 검증한다.

- 한국과 미국의 '스트레스→운동' 간 C.R.(한국: 11.834, 미국: 4.357), '운동→자살' 간 C.R.(한국: 1.698, 미국: 1.179)을 크리스토퍼 프리처(Kristopher J. Preacher) 교수의 웹사이트 (http://quantpsy.org/sobel/sobel.htm)에 접속하여 분석한다. [Input]에 해당 수치를 입력한 후 [Calculate] 버튼을 누르면 [p-value]가 자동 계산된다[한국(p=0.0928), 미국(p=0.255)].

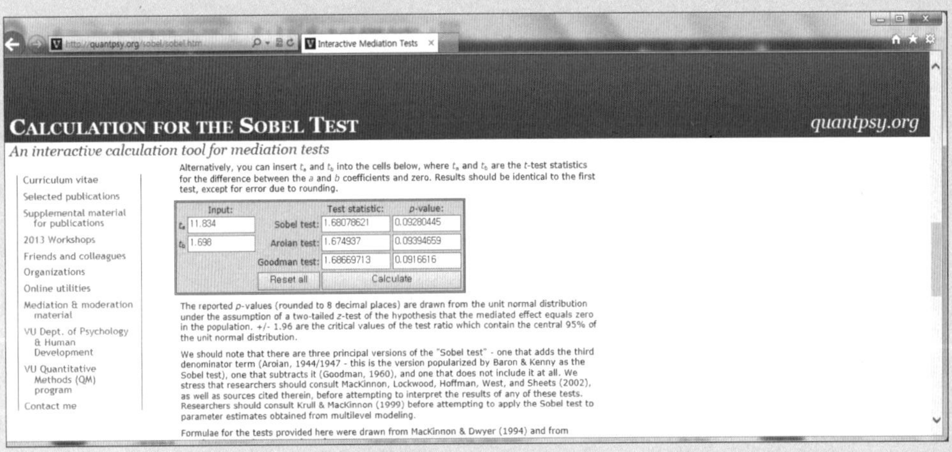


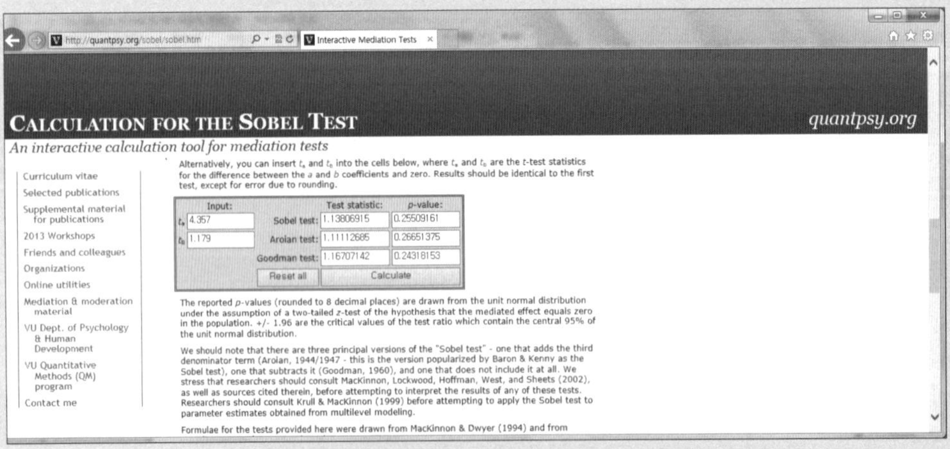

2단계: 한국과 미국에서의 '음주'의 간접효과 유의성을 검증한다.

- 한국과 미국의 '스트레스→음주' 간 C.R.(한국: 2.941, 미국: 1.644), '음주→자살' 간 C.R.(한국: 2.708, 미국: 0.212)을 프리처 교수의 웹사이트(http://quantpsy.org/sobel/sobel.htm)에 접속하여 분석한다. [Input]에 해당 수치를 입력한 후 [Calculate] 버튼을 누르면 [p-value]가 자동 계산된다[한국(p=0.046), 미국(p=0.833)].

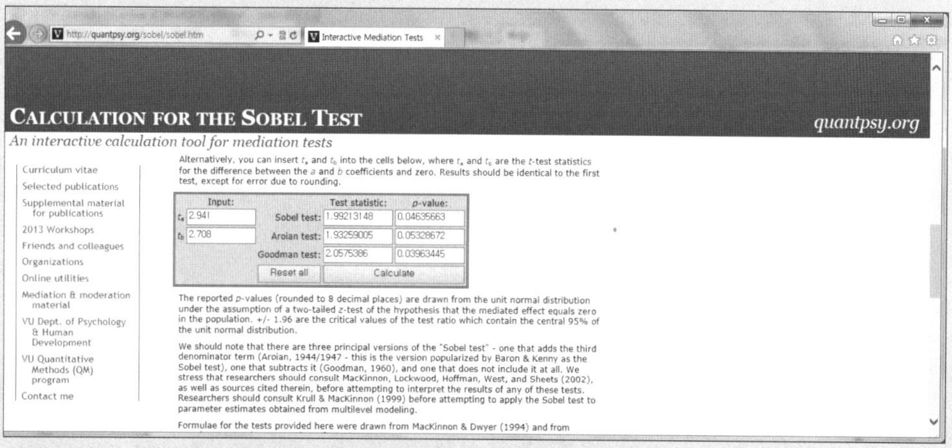


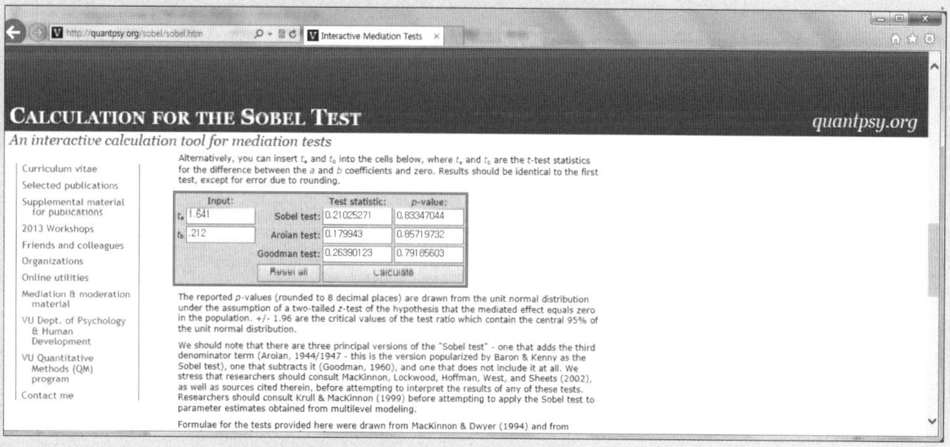

## 3-3 다층모형 분석

자살검색의 결정요인에 대한 다층분석을 위해 4개의 분석모형 함수를 검증하였으며, 그 결과를 [표 4-7]과 같이 정리하였다.

[표 4-7] Multilevel model in suicide search volume

| Model | Function |
|---|---|
| Model 1 | $SSV_{ij}=\gamma_{00}+u_{0j}+r_{ij}$ |
| Model 2 | $SSV_{ij}=\gamma_{00}$<br>$+\gamma_{10}*STSV_{ij}$<br>$+\gamma_{20}*DSV_{ij}$<br>$+\gamma_{30}*ESV_{ij}$<br>$+u_{0j}+u_{1j}*STSV_{ij}+u_{2j}*DSV_{ij}+u_{3j}*ESV_{ij}+r_{ij}$ |
| Model 3 | $SSV_{ij}=\gamma_{00}+\gamma_{01}*YSR_{j}$<br>$+\gamma_{10}*STSV_{ij}$<br>$+\gamma_{20}*DSV_{ij}$<br>$+\gamma_{30}*ESV_{ij}$<br>$+u_{0j}+u_{1j}*STSV_{ij}+r_{ij}$ |
| Model 4 | $SSV_{ij}=\gamma_{00}+\gamma_{01}*YSR_{j}$<br>$+\gamma_{10}*STSV_{ij}+\gamma_{11}*YSR_{j}*STSV_{ij}$<br>$+\gamma_{20}*DSV_{ij}$<br>$+\gamma_{30}*ESV_{ij}$<br>$+u_{0j}+u_{1j}*STSV_{ij}+r_{ij}$ |

## 10 자살검색 다층모형 MDM 파일 만들기

• HLM 7.0을 실행한다.

- [시작]→[프로그램]→[SSI, Inc]→[HLM7]

• MDM 파일을 만든다.

1단계: [File]→[Make new MDM file]→[Stat package input] 선택

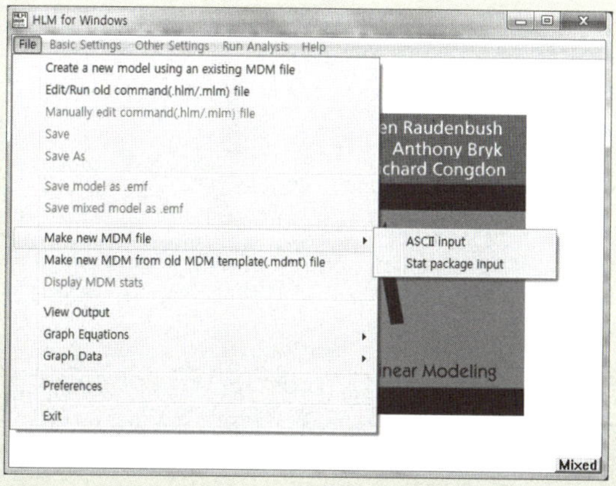


- [File] → [Make new MDM file] → [Stat package input]을 실행하면 다음과 같은 MDM 파일 형태의 선택화면이 나타난다. 본고의 자살검색 다층분석 데이터는 2수준이며 1수준의 월별요인이 2수준의 연별요인에 위계적으로 포섭(nested)되어 있기 때문에 Default Model(HLM2)을 선택 후 [OK]를 누른다.

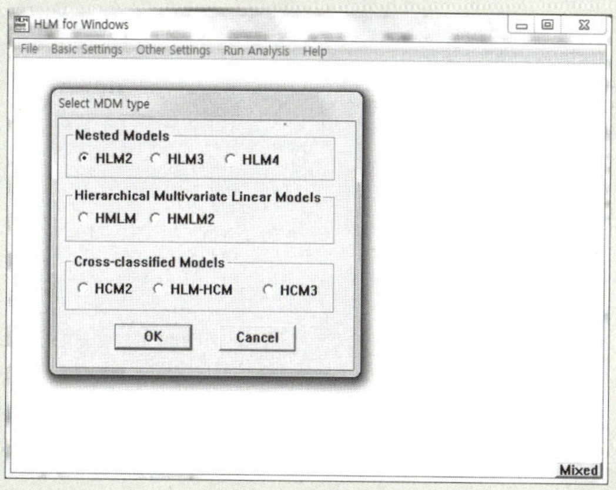

2단계: 아래 그림과 같이 MDM - HLM2 대화상자가 나타나면 다음 순서대로 MDM 파일을 작성한다.

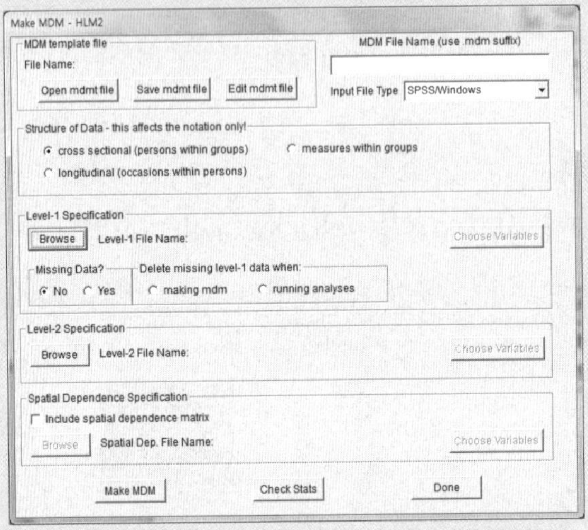


- pull-down 메뉴의 [Input File Type]에서 [SPSS/Windows]를 선택한다.
- Date structure(cross-sectional, longitudinal, measures within groups)를 정의한다. 본 실전 자료는 cross-sectional data이다.
- Level-1 명세서(specification)에서 [Browse]를 선택한 후, [Open Data File]에서 Level-1 SPSS 파일(korea_2_hlm.sav)을 선택[열기]한다. 이때, Level 1과 Level 2를 연결시킬 ID(년ID)는 오름차순으로 정렬한다.

  [데이터] → [케이스 정렬] → [년ID 지정] → [확인] → [파일 저장]

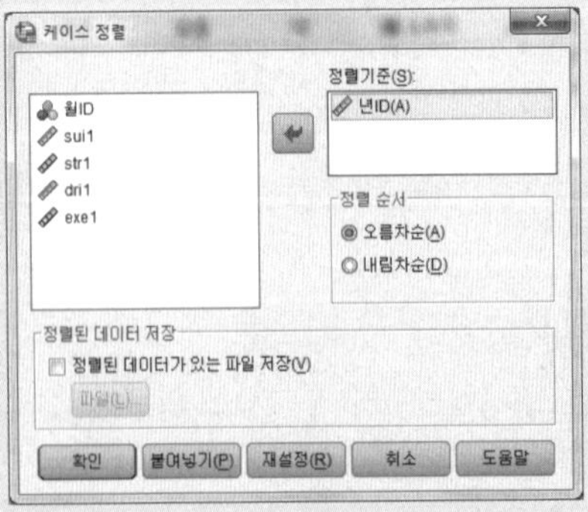

- [Choose Variables]를 선택한 후 [Choose Variables – HLM2] 대화상자에서 Level-2(연별요인)와 연결할 수 있는 ID를 선택하고(ID: 년ID), Level-1에서 사용될 변수를 선택한[종속변수(자살검색량): SUI1, 독립변수(스트레스검색량: STR1, 음주검색량: DRI1, 운동검색량: EXE1)] 후, [OK]를 누른다.

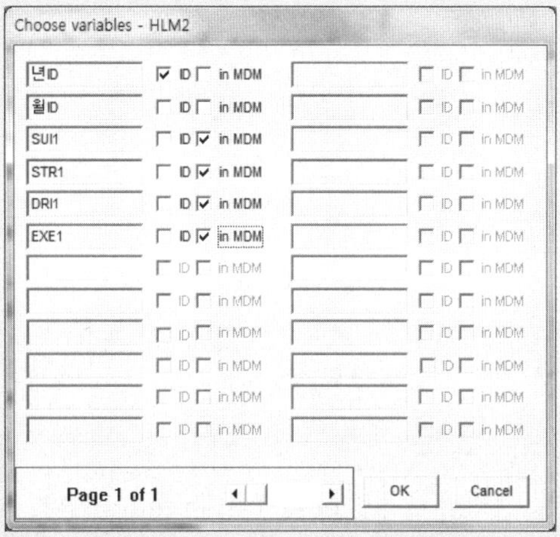


- Level-1 파일에 결측치(Missing Data)가 있는 경우 [yes]를 선택하고 결측치 데이터를 언제 제외시킬 것인지 선택[MDM 파일 작성 시 제외(making mdm), 분석실행 시 제외(running analyses)]한다. 본 연구 데이터는 결측치가 없으므로 [Missing Data]→[No]를 선택한다.

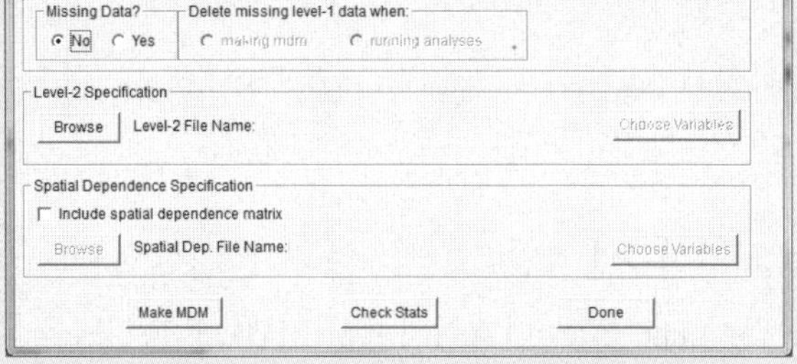

- Level-2 명세서에서 [Browse] 선택 후 [Open Data File]에서 Level-2 SPSS 파일(korea_hlm_year.sav)을 선택[열기]한다.

- [Choose Variables]를 선택한 후 [Choose Variables – HLM2] 대화상자에서 Level-1(월별요인)과 연결할 수 있는 ID를 선택하고(ID: 년ID), Level-2에서 사용될 변수(자살률)를 선택한 후 [OK]를 누른다.

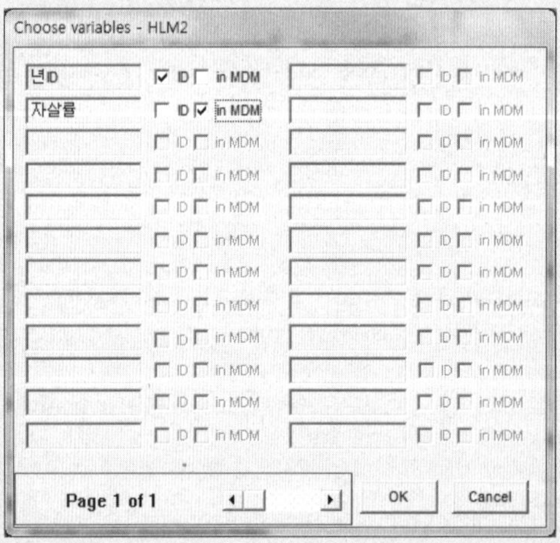

- [MDM File Name]에 MDM 파일명을 입력하고(자살_0625), [Save mdmt file]을 선택한 후 [Save MDM Template File] 대화상자에서 MDMT 파일명을 [저장]한다(자살_0625_SPSS).

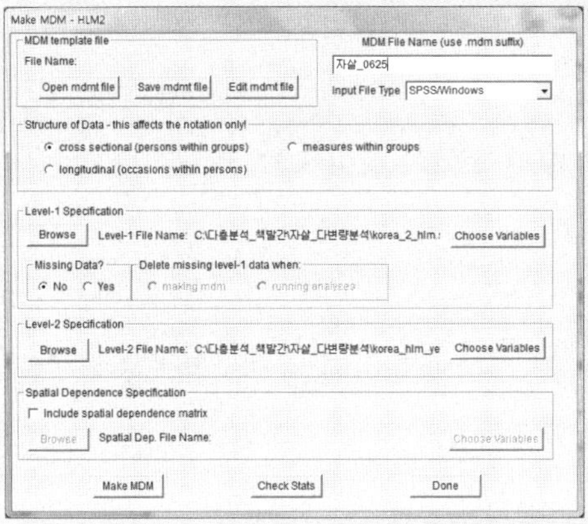


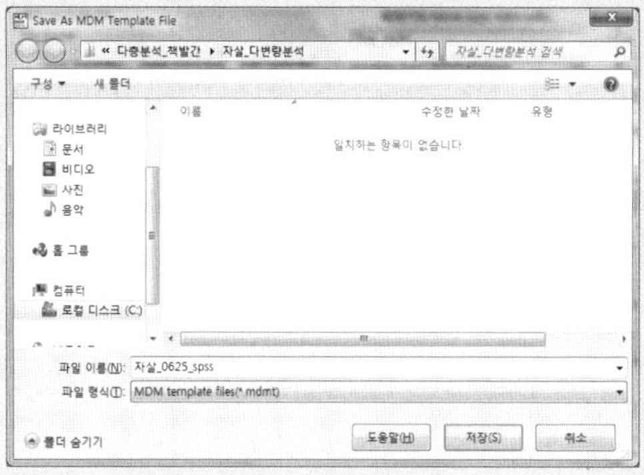


- [Make MDM] 버튼을 선택한 후 MDM 파일의 기술통계를 확인한다. 여기서 Level-1과 Level-2에 사용된 모든 변수의 기술통계를 확인할 수 있다.

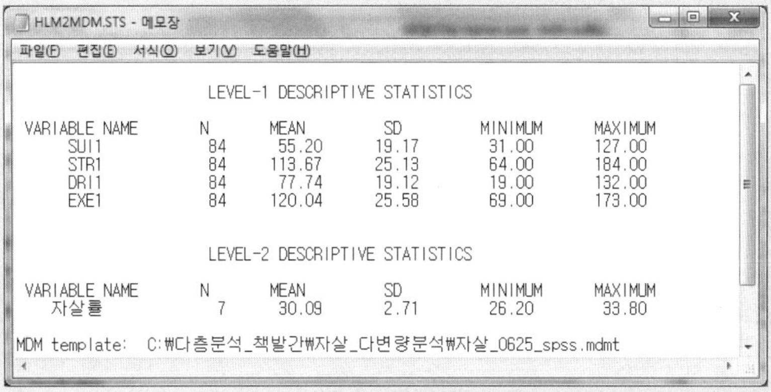


- [Done] 버튼을 선택하면 최종 작성된 MDM 파일(자살_0625.MDM)을 확인할 수 있다.

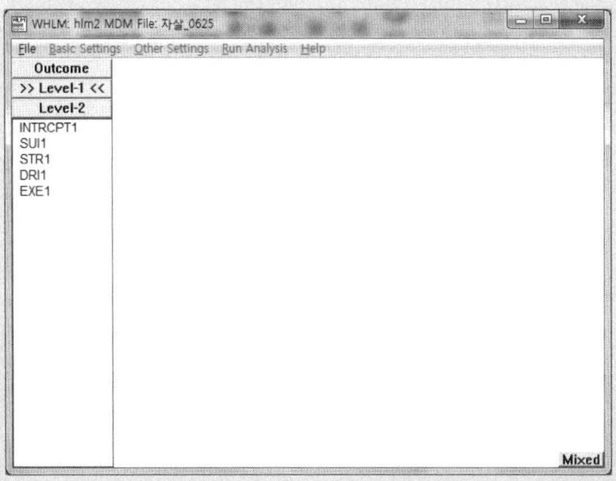

## 11 자살검색 다층모형 MDM 파일 분석하기

• MDM 파일이 구축되면 1장의 [표 1-1]의 다층모형 분석 절차와 같이 4단계로 모형을 검증한다.

1단계: 무조건 모형

- 기초모형으로 설명변수(독립변수)를 투입하지 않은 상태에서 월별 자살검색량에 대한 지역 간 분산을 분석한다(고정효과, 무선효과 확인).

가. 종속변수인 자살검색량(SUI1)을 선택한 후 [Outcome variable] 탭을 선택한다.

나. 기본값은 Level-1 모형의 종속변수가 연속형 변수로 설정되어 있다.
자살검색량은 연속형 변수이므로 기본값인 [Basic Settings]→[Distribution of Outcome Variable]→[Normal(continuous)]를 지정한다.

(가)

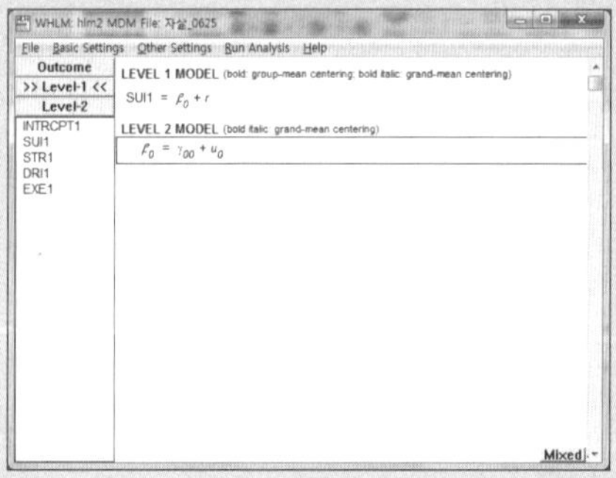


(나)

다. [Run Analysis]→[Run the model shown]을 선택한다.

라. 반복연산(iteration)이 실행되고 결과파일을 확인한다.

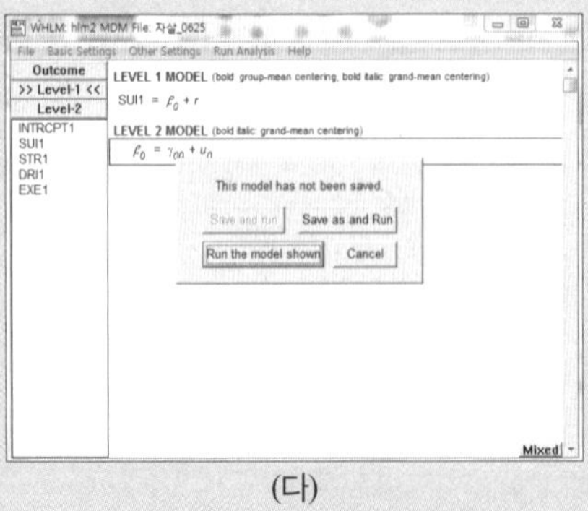


(다)

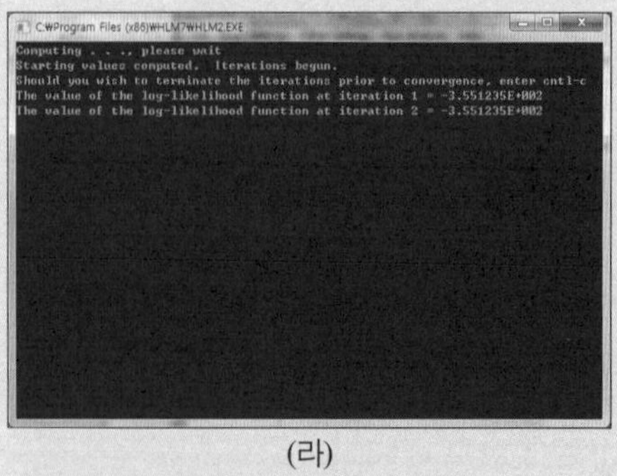

(라)

마. 기초모형 모델과 Mixed Model을 기술한다.

바. 무선효과(random effect)의 표준편차(SD), 분산($\sigma^2$), $\chi^2$, 유의확률(p-value)을 확인한다.

사. [Final estimation of fixed effects (with robust standard errors)]에서 고정효과의 회귀계수 (coefficient), 표준오차(standard error), 유의확률을 확인한다.

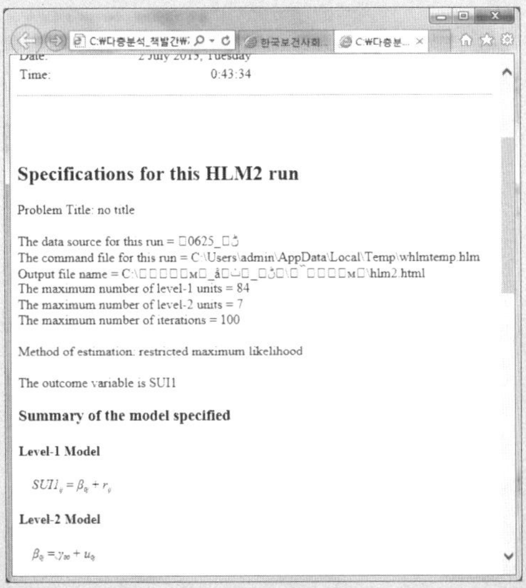

Date: 2 July 2015, Tuesday
Time: 0:43:34

**Specifications for this HLM2 run**

Problem Title: no title

The data source for this run = □0625_□□
The command file for this run = C:\Users\admin\AppData\Local\Temp\whlmtemp.hlm
Output file name = C:\□□□□□м□_â□□□_□□□\□ˆ□□□□м□\hlm2.html
The maximum number of level-1 units = 84
The maximum number of level-2 units = 7
The maximum number of iterations = 100

Method of estimation: restricted maximum likelihood

The outcome variable is SUI1

**Summary of the model specified**

**Level-1 Model**

$SUI1_{ij} = \beta_{0j} + r_{ij}$

**Level-2 Model**

$\beta_{0j} = \gamma_{00} + u_{0j}$

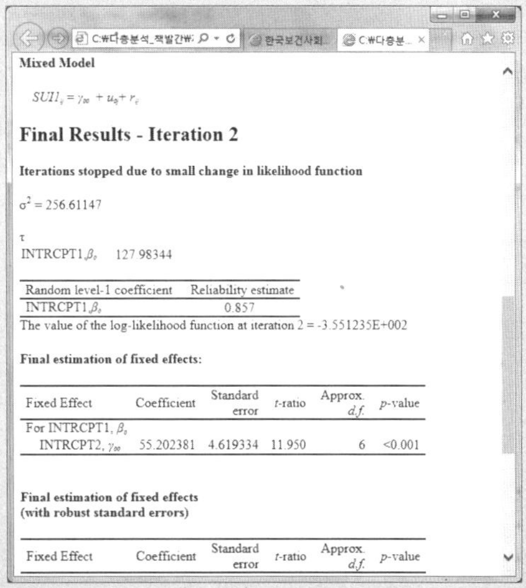

**Mixed Model**

$SUI1_{ij} = \gamma_{00} + u_{0j} + r_{ij}$

**Final Results - Iteration 2**

**Iterations stopped due to small change in likelihood function**

$\sigma^2$ = 256.61147

τ
INTRCPT1,$\beta_0$ 127.98344

| Random level-1 coefficient | Reliability estimate |
|---|---|
| INTRCPT1,$\beta_0$ | 0.857 |

The value of the log-likelihood function at iteration 2 = -3.551235E+002

**Final estimation of fixed effects:**

| Fixed Effect | Coefficient | Standard error | *t*-ratio | Approx. *d.f.* | *p*-value |
|---|---|---|---|---|---|
| For INTRCPT1, $\beta_0$ | | | | | |
| INTRCPT2, $\gamma_{00}$ | 55.202381 | 4.619334 | 11.950 | 6 | <0.001 |

**Final estimation of fixed effects (with robust standard errors)**

| Fixed Effect | Coefficient | Standard error | *t*-ratio | Approx. *d.f.* | *p*-value |
|---|---|---|---|---|---|

(마)

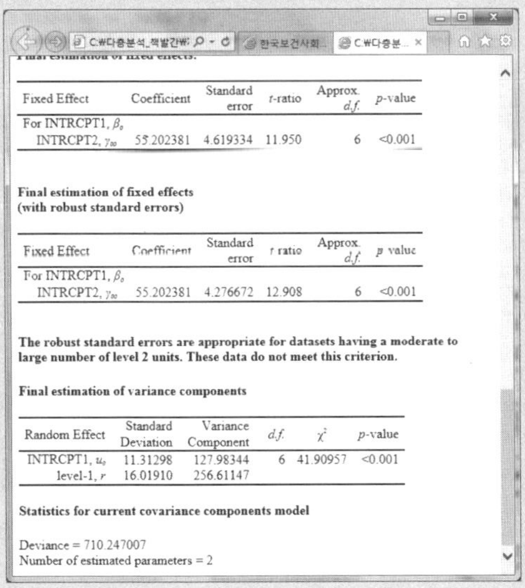

**Final estimation of fixed effects:**

| Fixed Effect | Coefficient | Standard error | *t*-ratio | Approx. *d.f.* | *p*-value |
|---|---|---|---|---|---|
| For INTRCPT1, $\beta_0$ | | | | | |
| INTRCPT2, $\gamma_{00}$ | 55.202381 | 4.619334 | 11.950 | 6 | <0.001 |

**Final estimation of fixed effects (with robust standard errors)**

| Fixed Effect | Coefficient | Standard error | *t*-ratio | Approx. *d.f.* | *p*-value |
|---|---|---|---|---|---|
| For INTRCPT1, $\beta_0$ | | | | | |
| INTRCPT2, $\gamma_{00}$ | 55.202381 | 4.276672 | 12.908 | 6 | <0.001 |

**The robust standard errors are appropriate for datasets having a moderate to large number of level 2 units. These data do not meet this criterion.**

**Final estimation of variance components**

| Random Effect | Standard Deviation | Variance Component | *d.f.* | $\chi^2$ | *p*-value |
|---|---|---|---|---|---|
| INTRCPT1, $u_0$ | 11.31298 | 127.98344 | 6 | 41.90957 | <0.001 |
| level-1, *r* | 16.01910 | 256.61147 | | | |

**Statistics for current covariance components model**

Deviance = 710.247007
Number of estimated parameters = 2

(바)

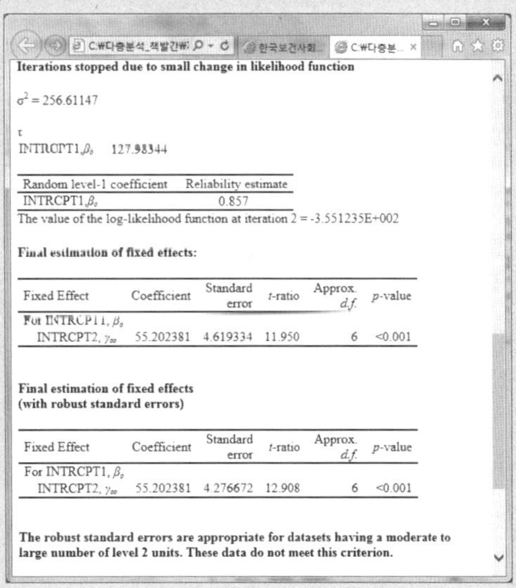

**Iterations stopped due to small change in likelihood function**

$\sigma^2$ = 256.61147

τ
INTRCPT1,$\beta_0$ 127.98344

| Random level-1 coefficient | Reliability estimate |
|---|---|
| INTRCPT1,$\beta_0$ | 0.857 |

The value of the log-likelihood function at iteration 2 = -3.551235E+002

**Final estimation of fixed effects:**

| Fixed Effect | Coefficient | Standard error | *t*-ratio | Approx. *d.f.* | *p*-value |
|---|---|---|---|---|---|
| For INTRCPT1, $\beta_0$ | | | | | |
| INTRCPT2, $\gamma_{00}$ | 55.202381 | 4.619334 | 11.950 | 6 | <0.001 |

**Final estimation of fixed effects (with robust standard errors)**

| Fixed Effect | Coefficient | Standard error | *t*-ratio | Approx. *d.f.* | *p*-value |
|---|---|---|---|---|---|
| For INTRCPT1, $\beta_0$ | | | | | |
| INTRCPT2, $\gamma_{00}$ | 55.202381 | 4.276672 | 12.908 | 6 | <0.001 |

**The robust standard errors are appropriate for datasets having a moderate to large number of level 2 units. These data do not meet this criterion.**

(사)

2단계: 무조건적 기울기 모형

- 월별요인들이 종속변수(월별 자살검색량)에 미치는 영향에서 연도별 차이가 있는지를 검증하는 것이다. 월별요인이 종속변수에 미치는 영향은 고정효과로 분석하고, 월별요인이 연도별 요인에 따라 차이가 있는지는 무선효과로 분석한다.

가. 독립변수(스트레스: STR1)를 선택한 후, 그룹평균(add variable group centered)으로 중심화한다.

나. Level-2의 무선효과($u_1$)는 더블클릭하여 미지수로 지정해야 한다.

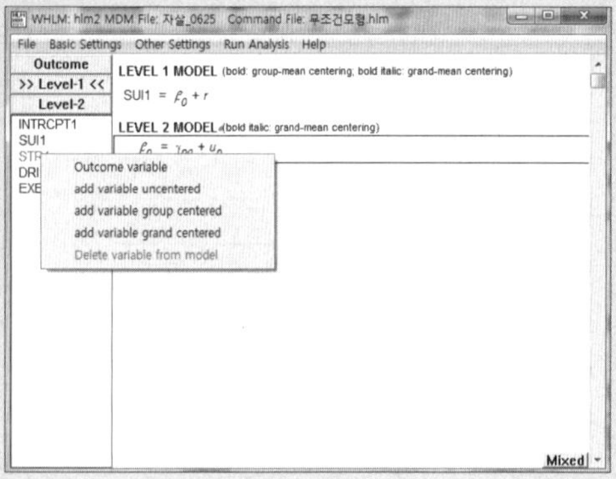


(가)

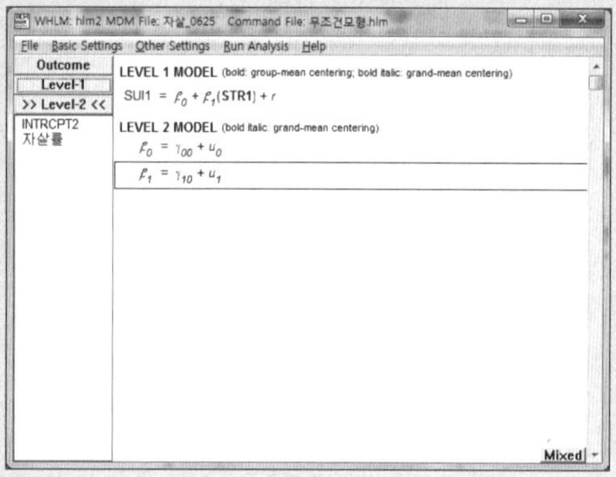


(나)

다. 독립변수(DRI1, EXE1)를 연속하여 선택한 후, 그룹평균으로 중심화한다.

라. Level-2의 무선효과($u_2$, $u_3$)는 더블클릭하여 미지수로 지정해야 한다.

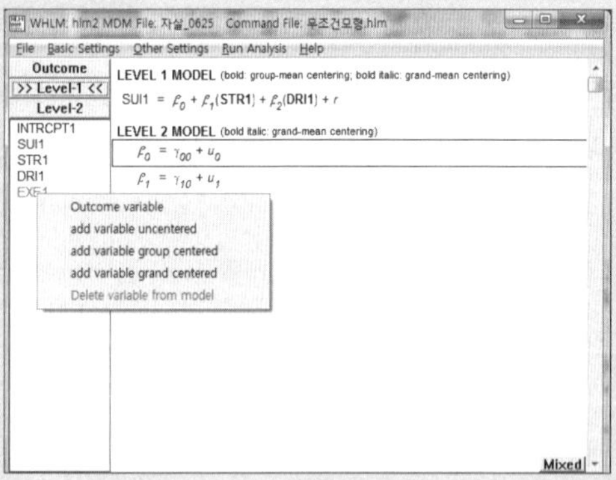


(다)

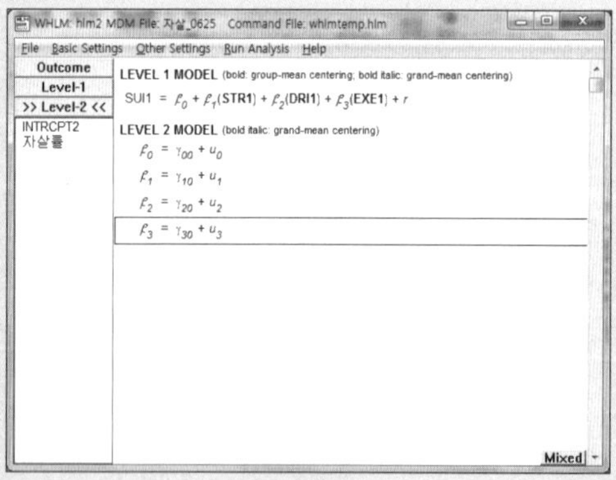


(라)

마. [Other Settings] → [Iteration Settings]에서 [Number of macro iterations]을 200으로 지정하고 iteration이 최대값(200)일 때 중단 지정[Stop Iterating] 후 [OK]를 선택한다. (본 연구자료는 사례는 적으나 모든 변수의 미지수 추정치의 수렴값을 0.000001로 하기 위해서는 100번 이상

의 iteration이 요구된다. 기본값인 100으로 실행할 경우에는 실행창에 'Do you want to continue until convergence?' 메시지가 나타나고 'y'를 선택해야 실행이 끝난다. 본 연구에서는 200회로 제한하였다.)

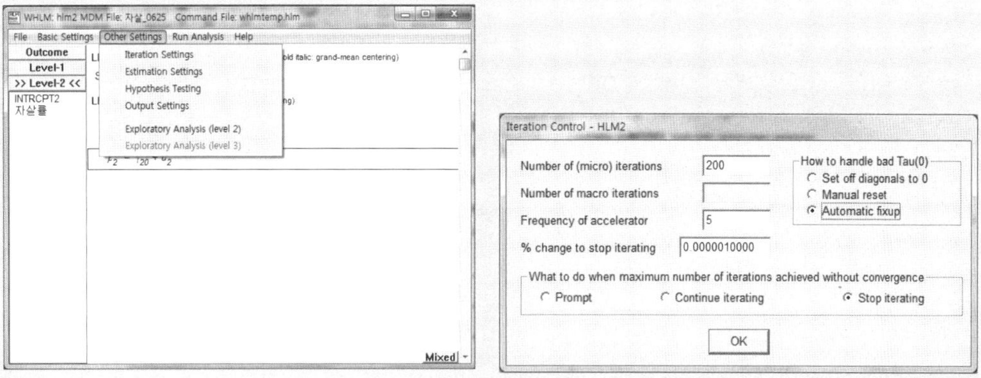


(마)

바. [Run Analysis]→[Run the model shown]을 선택한다.

사. 반복연산이 실행되고 결과파일을 확인한다.

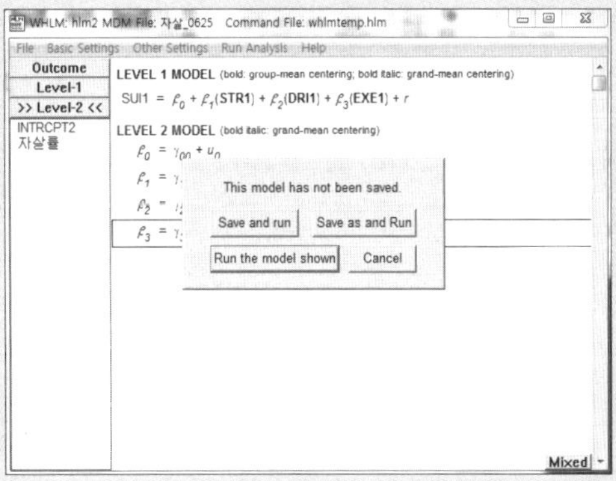


(바)

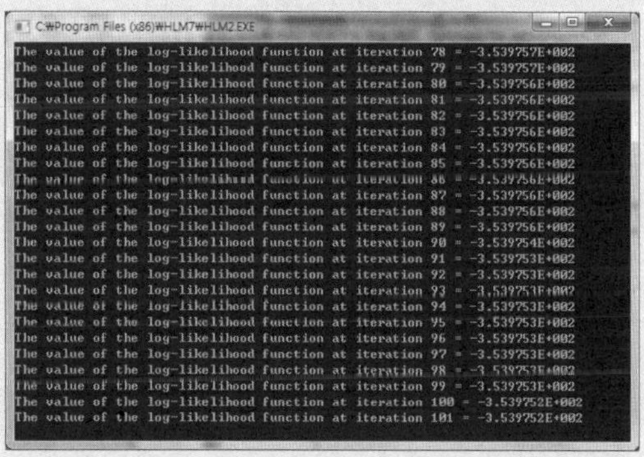


(사)

아. 무조건적 기울기 모형과 Mixed Model을 기술한다.

자. 독립변수들의 무선효과에 대한 표준편차(SD), 분산($\sigma^2$), $\chi^2$, 유의확률(p-value)을 확인한다.

차. [Final estimation of fixed effects (with robust standard errors)]에서 독립변수들의 고정효과의 회귀계수, 표준오차, 유의확률을 확인한다.

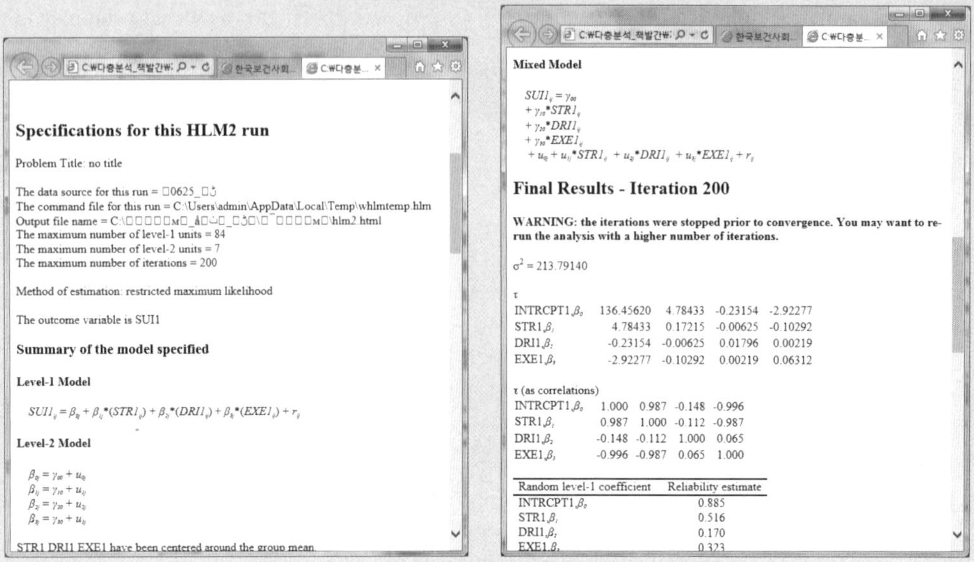

**Specifications for this HLM2 run**

Problem Title: no title

The data source for this run = □0625_□ʊ̃
The command file for this run = C:\Users\admin\AppData\Local\Temp\whlmtemp.hlm
Output file name = C:\□□□□□ᴍ□_â□ᵕ□_□ʊ̃□\□¯□□□□ᴍ□\hlm2.html
The maximum number of level-1 units = 84
The maximum number of level-2 units = 7
The maximum number of iterations = 200

Method of estimation: restricted maximum likelihood

The outcome variable is SUI1

**Summary of the model specified**

**Level-1 Model**

$SUI1_{ij} = \beta_{0j} + \beta_{1j}*(STR1_{ij}) + \beta_{2j}*(DRI1_{ij}) + \beta_{3j}*(EXE1_{ij}) + r_{ij}$

**Level-2 Model**

$\beta_{0j} = \gamma_{00} + u_{0j}$
$\beta_{1j} = \gamma_{10} + u_{1j}$
$\beta_{2j} = \gamma_{20} + u_{2j}$
$\beta_{3j} = \gamma_{30} + u_{3j}$

STR1 DRI1 EXE1 have been centered around the group mean.

**Mixed Model**

$SUI1_{ij} = \gamma_{00}$
$+ \gamma_{10}*STR1_{ij}$
$+ \gamma_{20}*DRI1_{ij}$
$+ \gamma_{30}*EXE1_{ij}$
$+ u_{0j} + u_{1j}*STR1_{ij} + u_{2j}*DRI1_{ij} + u_{3j}*EXE1_{ij} + r_{ij}$

**Final Results - Iteration 200**

**WARNING: the iterations were stopped prior to convergence. You may want to re-run the analysis with a higher number of iterations.**

$\sigma^2$ = 213.79140

τ

| | | | | |
|---|---|---|---|---|
| INTRCPT1,$\beta_0$ | 136.45620 | 4.78433 | -0.23154 | -2.92277 |
| STR1,$\beta_1$ | 4.78433 | 0.17215 | -0.00625 | -0.10292 |
| DRI1,$\beta_2$ | -0.23154 | -0.00625 | 0.01796 | 0.00219 |
| EXE1,$\beta_3$ | -2.92277 | -0.10292 | 0.00219 | 0.06312 |

τ (as correlations)

| | | | | |
|---|---|---|---|---|
| INTRCPT1,$\beta_0$ | 1.000 | 0.987 | -0.148 | -0.996 |
| STR1,$\beta_1$ | 0.987 | 1.000 | -0.112 | -0.987 |
| DRI1,$\beta_2$ | -0.148 | -0.112 | 1.000 | 0.065 |
| EXE1,$\beta_3$ | -0.996 | -0.987 | 0.065 | 1.000 |

| Random level-1 coefficient | Reliability estimate |
|---|---|
| INTRCPT1,$\beta_0$ | 0.885 |
| STR1,$\beta_1$ | 0.516 |
| DRI1,$\beta_2$ | 0.170 |
| EXE1,$\beta_3$ | 0.323 |

(아)

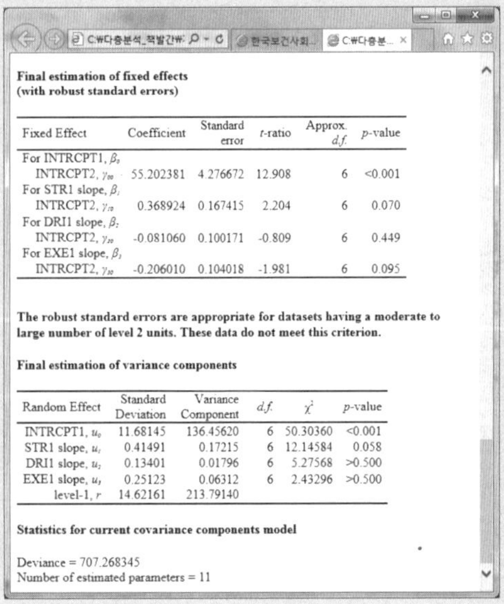

**Final estimation of fixed effects (with robust standard errors)**

| Fixed Effect | Coefficient | Standard error | t-ratio | Approx. d.f. | p-value |
|---|---|---|---|---|---|
| For INTRCPT1, $\beta_0$ | | | | | |
| INTRCPT2, $\gamma_{00}$ | 55.202381 | 4.276672 | 12.908 | 6 | <0.001 |
| For STR1 slope, $\beta_1$ | | | | | |
| INTRCPT2, $\gamma_{10}$ | 0.368924 | 0.167415 | 2.204 | 6 | 0.070 |
| For DRI1 slope, $\beta_2$ | | | | | |
| INTRCPT2, $\gamma_{20}$ | -0.081060 | 0.100171 | -0.809 | 6 | 0.449 |
| For EXE1 slope, $\beta_3$ | | | | | |
| INTRCPT2, $\gamma_{30}$ | -0.206010 | 0.104018 | -1.981 | 6 | 0.095 |

**The robust standard errors are appropriate for datasets having a moderate to large number of level 2 units. These data do not meet this criterion.**

**Final estimation of variance components**

| Random Effect | Standard Deviation | Variance Component | d.f. | $\chi^2$ | p-value |
|---|---|---|---|---|---|
| INTRCPT1, $u_0$ | 11.68145 | 136.45620 | 6 | 50.30360 | <0.001 |
| STR1 slope, $u_1$ | 0.41491 | 0.17215 | 6 | 12.14584 | 0.058 |
| DRI1 slope, $u_2$ | 0.13401 | 0.01796 | 6 | 5.27568 | >0.500 |
| EXE1 slope, $u_3$ | 0.25123 | 0.06312 | 6 | 2.43296 | >0.500 |
| level-1, $r$ | 14.62161 | 213.79140 | | | |

**Statistics for current covariance components model**

Deviance = 707.268345
Number of estimated parameters = 11

(자)

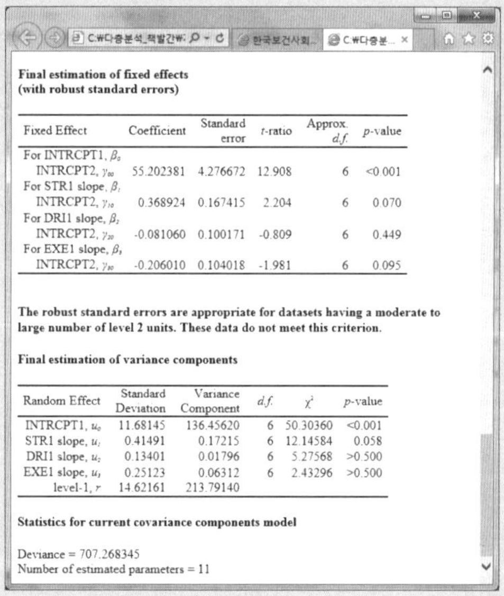

**Final estimation of fixed effects (with robust standard errors)**

| Fixed Effect | Coefficient | Standard error | t-ratio | Approx. d.f. | p-value |
|---|---|---|---|---|---|
| For INTRCPT1, $\beta_0$ | | | | | |
| INTRCPT2, $\gamma_{00}$ | 55.202381 | 4.276672 | 12.908 | 6 | <0.001 |
| For STR1 slope, $\beta_1$ | | | | | |
| INTRCPT2, $\gamma_{10}$ | 0.368924 | 0.167415 | 2.204 | 6 | 0.070 |
| For DRI1 slope, $\beta_2$ | | | | | |
| INTRCPT2, $\gamma_{20}$ | -0.081060 | 0.100171 | -0.809 | 6 | 0.449 |
| For EXE1 slope, $\beta_3$ | | | | | |
| INTRCPT2, $\gamma_{30}$ | -0.206010 | 0.104018 | -1.981 | 6 | 0.095 |

**The robust standard errors are appropriate for datasets having a moderate to large number of level 2 units. These data do not meet this criterion.**

**Final estimation of variance components**

| Random Effect | Standard Deviation | Variance Component | d.f. | $\chi^2$ | p-value |
|---|---|---|---|---|---|
| INTRCPT1, $u_0$ | 11.68145 | 136.45620 | 6 | 50.30360 | <0.001 |
| STR1 slope, $u_1$ | 0.41491 | 0.17215 | 6 | 12.14584 | 0.058 |
| DRI1 slope, $u_2$ | 0.13401 | 0.01796 | 6 | 5.27568 | >0.500 |
| EXE1 slope, $u_3$ | 0.25123 | 0.06312 | 6 | 2.43296 | >0.500 |
| level-1, $r$ | 14.62161 | 213.79140 | | | |

**Statistics for current covariance components model**

Deviance = 707.268345
Number of estimated parameters = 11

(차)

3단계: 조건적 모형

- 월별요인과 연별요인이 자살검색량에 미치는 영향을 검증하는 모형이다. 무조건적 기울기 모형의 무선효과 검증에서 유의성이 있는 스트레스(STR1)는 연별요인의 무선효과를 검증하고, 유의미하지 않은 월별요인[음주(DRI1), 운동(EXE1)]은 고정미지수로 투입하여 검증한다.

가. Level-2의 초기값($\mathcal{L}_0$)을 클릭하고 Level-2의 독립변수(자살률)를 선택한 후, 전체평균(add variable grand centered)으로 중심화한다.

나. 무조건적 기울기 모형의 무선효과 검증에서 유의성이 있는 월별요인(STR1)은 지역요인의 무선효과를 검증한다. 즉 Level-2의 무선효과($u_1$)는 클릭하여 미지수로 지정한다.

다. 유의미하지 않은 월별요인(DRI1, EXE1)은 고정미지수로 투입하여 검증한다. 즉 Level-2의 무선효과($u_2$, $u_3$)는 더블클릭하여 고정미지수로 지정한다.

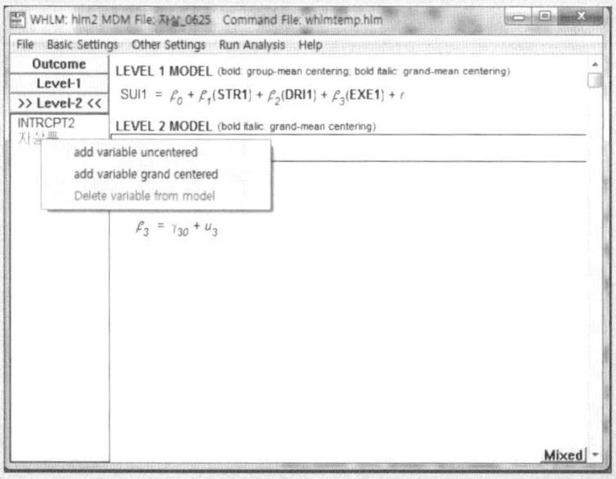


(가)

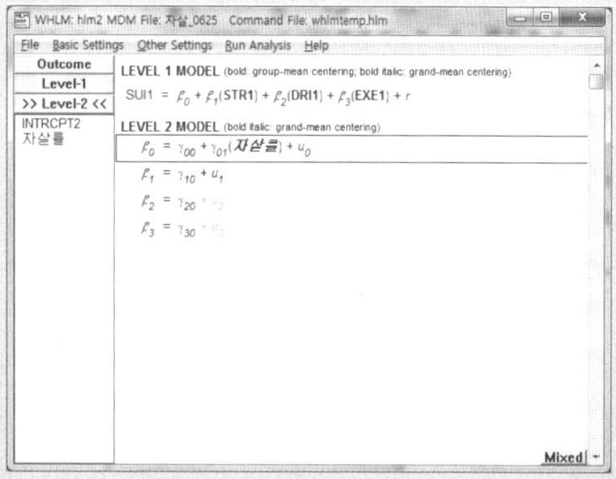


(나), (다)

라. [Run Analysis]→[Run the model shown]을 선택한다.

마. 반복연산이 실행되고 결과파일을 확인한다.

(라)

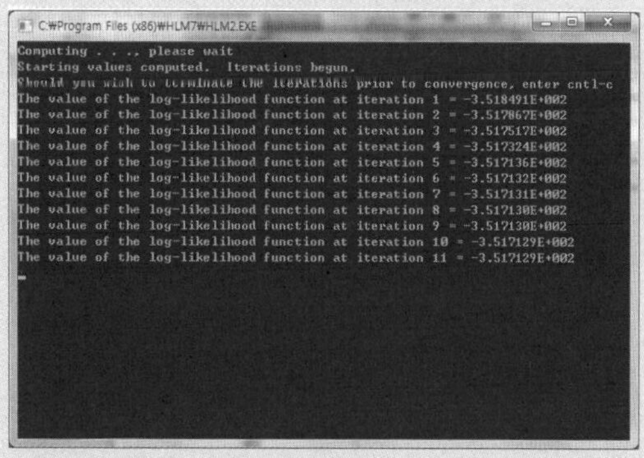


(마)

바. 조건적 모형과 Mixed Model을 기술한다.

사. 독립변수들의 무선효과에 대한 표준편차(SD), 분산($\sigma^2$), $\chi^2$, 유의확률(p-value)을 확인한다.

아. [Final estimation of fixed effects (with robust standard errors)]에서 독립변수들의 고정효과의 회귀계수, 표준오차, 유의확률을 확인한다.

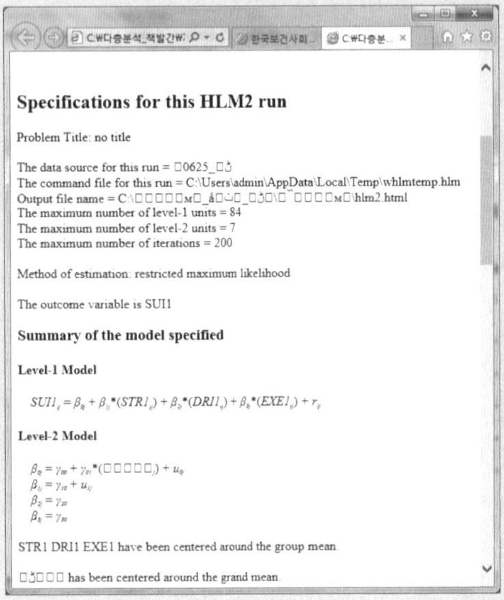

## Specifications for this HLM2 run

Problem Title: no title

The data source for this run = □0625_□□
The command file for this run = C:\Users\admin\AppData\Local\Temp\whlmtemp.hlm
Output file name = C:\□□□□□□M□_å□□□_□□□\□ □□□□M□\hlm2.html
The maximum number of level-1 units = 84
The maximum number of level-2 units = 7
The maximum number of iterations = 200

Method of estimation: restricted maximum likelihood

The outcome variable is SUI1

### Summary of the model specified

**Level-1 Model**

$SUI1_{ij} = \beta_{0j} + \beta_{1j}*(STR1_{ij}) + \beta_{2j}*(DRI1_{ij}) + \beta_{3j}*(EXE1_{ij}) + r_{ij}$

**Level-2 Model**

$\beta_{0j} = \gamma_{00} + \gamma_{01}*(□□□□□_j) + u_{0j}$
$\beta_{1j} = \gamma_{10} + u_{1j}$
$\beta_{2j} = \gamma_{20}$
$\beta_{3j} = \gamma_{30}$

STR1 DRI1 EXE1 have been centered around the group mean.

□□□□□ has been centered around the grand mean.

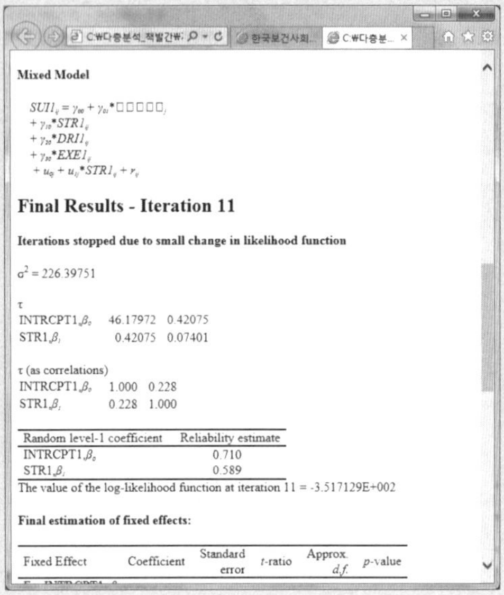

**Mixed Model**

$SUI1_{ij} = \gamma_{00} + \gamma_{01}*□□□□□_j$
$+ \gamma_{10}*STR1_{ij}$
$+ \gamma_{20}*DRI1_{ij}$
$+ \gamma_{30}*EXE1_{ij}$
$+ u_{0j} + u_{1j}*STR1_{ij} + r_{ij}$

## Final Results - Iteration 11

**Iterations stopped due to small change in likelihood function**

$\sigma^2$ = 226.39751

$\tau$

| | | |
|---|---|---|
| INTRCPT1,$\beta_0$ | 46.17972 | 0.42075 |
| STR1,$\beta_1$ | 0.42075 | 0.07401 |

$\tau$ (as correlations)

| | | |
|---|---|---|
| INTRCPT1,$\beta_0$ | 1.000 | 0.228 |
| STR1,$\beta_1$ | 0.228 | 1.000 |

| Random level-1 coefficient | Reliability estimate |
|---|---|
| INTRCPT1,$\beta_0$ | 0.710 |
| STR1,$\beta_1$ | 0.589 |

The value of the log-likelihood function at iteration 11 = -3.517129E+002

**Final estimation of fixed effects:**

| Fixed Effect | Coefficient | Standard error | $t$-ratio | Approx. $d.f.$ | $p$-value |
|---|---|---|---|---|---|

(바)

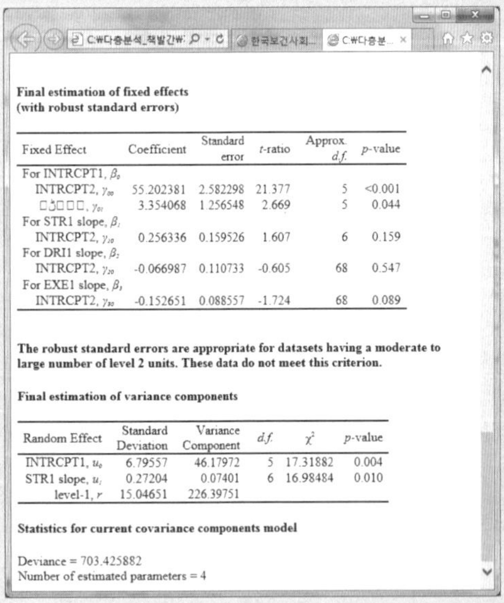

**Final estimation of fixed effects (with robust standard errors)**

| Fixed Effect | Coefficient | Standard error | $t$-ratio | Approx. $d.f.$ | $p$-value |
|---|---|---|---|---|---|
| For INTRCPT1, $\beta_0$ | | | | | |
| INTRCPT2, $\gamma_{00}$ | 55.202381 | 2.582298 | 21.377 | 5 | <0.001 |
| □□□□□, $\gamma_{01}$ | 3.354068 | 1.256548 | 2.669 | 5 | 0.044 |
| For STR1 slope, $\beta_1$ | | | | | |
| INTRCPT2, $\gamma_{10}$ | 0.256336 | 0.159526 | 1.607 | 6 | 0.159 |
| For DRI1 slope, $\beta_2$ | | | | | |
| INTRCPT2, $\gamma_{20}$ | -0.066987 | 0.110733 | -0.605 | 68 | 0.547 |
| For EXE1 slope, $\beta_3$ | | | | | |
| INTRCPT2, $\gamma_{30}$ | -0.152651 | 0.088557 | -1.724 | 68 | 0.089 |

**The robust standard errors are appropriate for datasets having a moderate to large number of level 2 units. These data do not meet this criterion.**

**Final estimation of variance components**

| Random Effect | Standard Deviation | Variance Component | $d.f.$ | $\chi^2$ | $p$-value |
|---|---|---|---|---|---|
| INTRCPT1, $u_0$ | 6.79557 | 46.17972 | 5 | 17.31882 | 0.004 |
| STR1 slope, $u_1$ | 0.27204 | 0.07401 | 6 | 16.98484 | 0.010 |
| level-1, $r$ | 15.04651 | 226.39751 | | | |

**Statistics for current covariance components model**

Deviance = 703.425882
Number of estimated parameters = 4

(사)

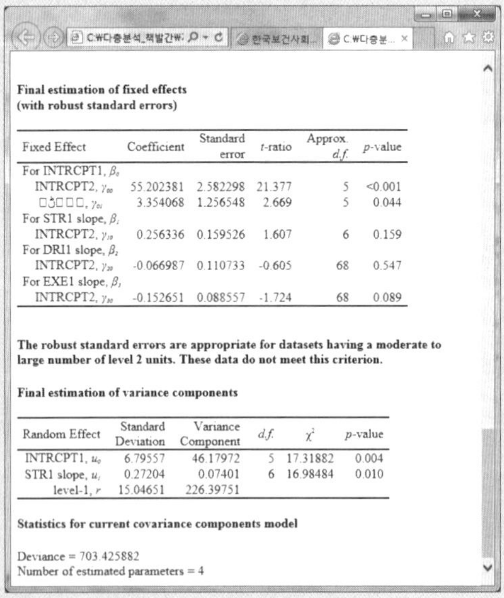


**Final estimation of fixed effects (with robust standard errors)**

| Fixed Effect | Coefficient | Standard error | $t$-ratio | Approx. $d.f.$ | $p$-value |
|---|---|---|---|---|---|
| For INTRCPT1, $\beta_0$ | | | | | |
| INTRCPT2, $\gamma_{00}$ | 55.202381 | 2.582298 | 21.377 | 5 | <0.001 |
| □□□□□, $\gamma_{01}$ | 3.354068 | 1.256548 | 2.669 | 5 | 0.044 |
| For STR1 slope, $\beta_1$ | | | | | |
| INTRCPT2, $\gamma_{10}$ | 0.256336 | 0.159526 | 1.607 | 6 | 0.159 |
| For DRI1 slope, $\beta_2$ | | | | | |
| INTRCPT2, $\gamma_{20}$ | -0.066987 | 0.110733 | -0.605 | 68 | 0.547 |
| For EXE1 slope, $\beta_3$ | | | | | |
| INTRCPT2, $\gamma_{30}$ | -0.152651 | 0.088557 | -1.724 | 68 | 0.089 |

**The robust standard errors are appropriate for datasets having a moderate to large number of level 2 units. These data do not meet this criterion.**

**Final estimation of variance components**

| Random Effect | Standard Deviation | Variance Component | $d.f.$ | $\chi^2$ | $p$-value |
|---|---|---|---|---|---|
| INTRCPT1, $u_0$ | 6.79557 | 46.17972 | 5 | 17.31882 | 0.004 |
| STR1 slope, $u_1$ | 0.27204 | 0.07401 | 6 | 16.98484 | 0.010 |
| level-1, $r$ | 15.04651 | 226.39751 | | | |

**Statistics for current covariance components model**

Deviance = 703.425882
Number of estimated parameters = 4


(아)

4단계: 상호작용효과 모형

- 무조건적 기울기 모형에서 무선효과의 유의성을 나타낸 월별요인 변수(STR1)와 조건모형에서 연별요인의 고정효과에서 유의성을 나타낸 변수(자살률)의 상호작용에 의해 종속변수에 미치는 영향을 검증하기 위해 상호작용효과를 분석한다.

가. Level-2의 초기값($\mathcal{L}_0$)을 클릭한 후 연도별 변수(자살률)를 삭제한다(delete variable from model).

나. Level-2의 초기값과 무조건적 기울기 모형의 무선효과의 유의성을 나타낸 월별요인(STR1) 변수의 무선효과($\mathcal{L}_1$)를 차례로 더블클릭한 후, 조건모형의 연도별 요인의 고정효과의 유의성을 나타낸 변수(자살률)를 전체평균으로 중심화하여 투입한다.

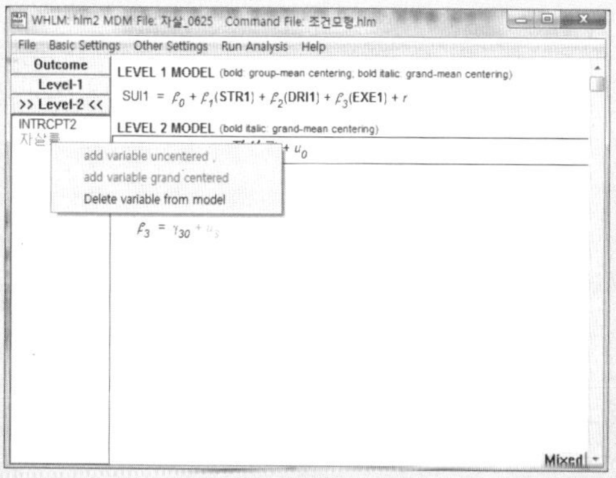


(가)

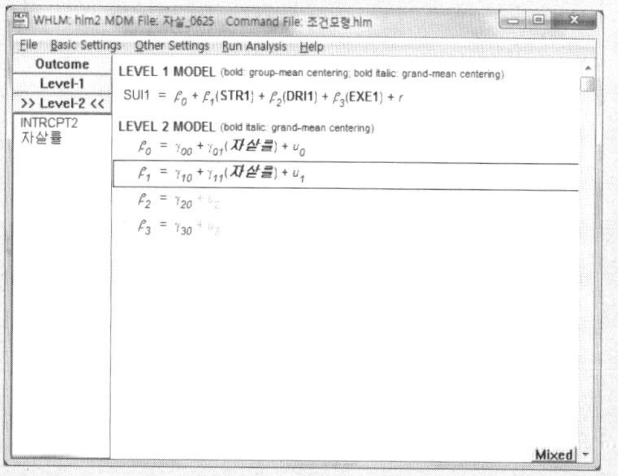


(나)

다. [Run Analysis] → [Run the model shown]을 선택한다.

라. 반복연산이 실행되고 결과파일을 확인한다.

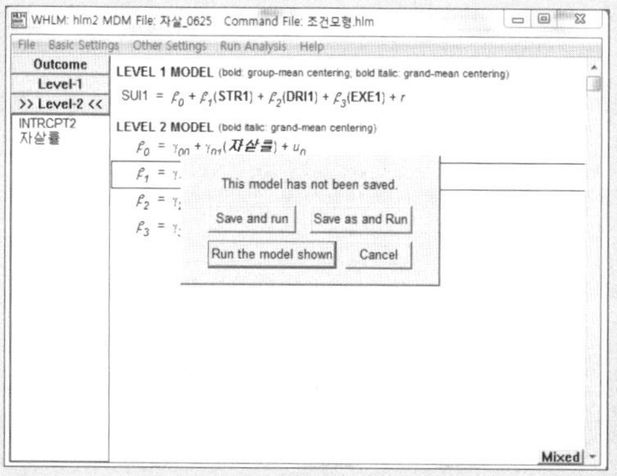


(다)

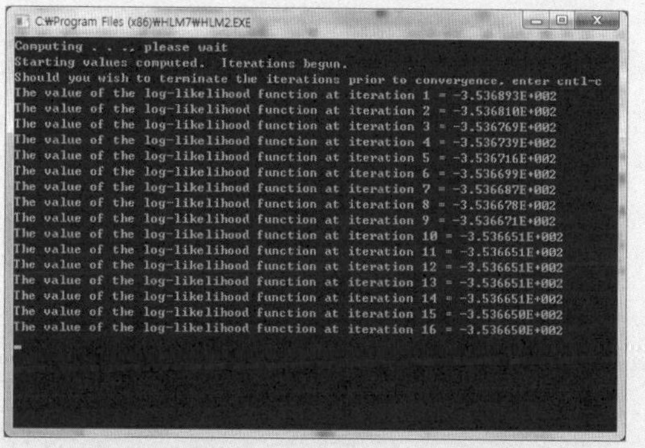


(라)

마. 상호작용효과 모델과 Mixed Model을 기술한다.

바. 상호작용 독립변수(STR1)의 무선효과에 대한 표준편차(SD), 분산($\sigma^2$), $\chi^2$, 유의확률 (p-value)을 확인한다.

사. [Final estimation of fixed effects (with robust standard errors)]에서 월별요인 독립변수와 연별요인 독립변수의 상호작용에 대한 고정효과의 회귀계수, 표준오차, 유의확률을 확인한다.

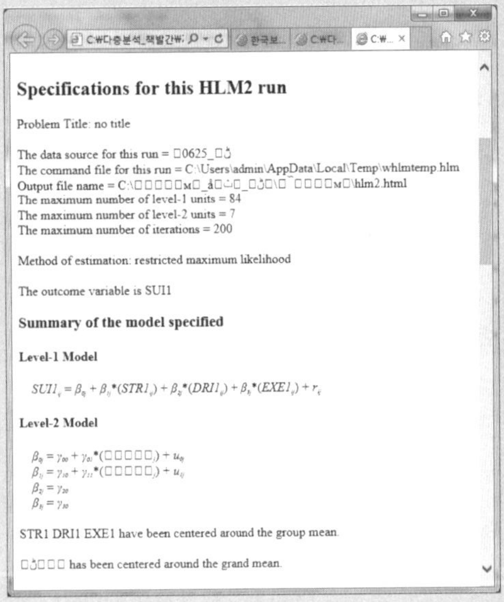


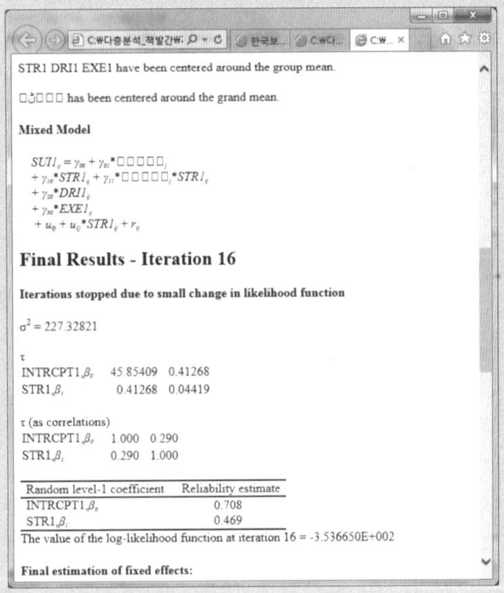


(마)

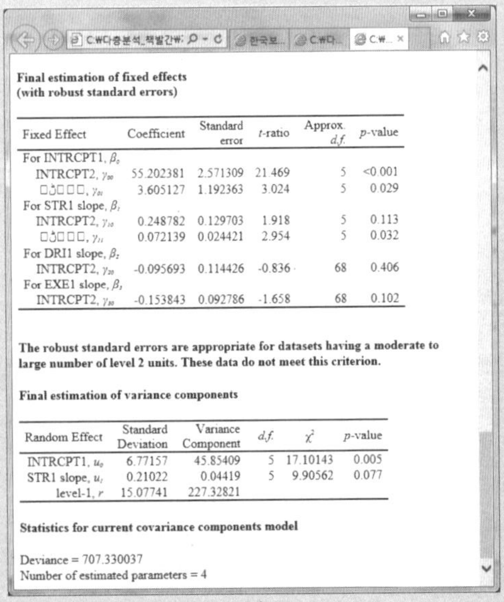


(바)

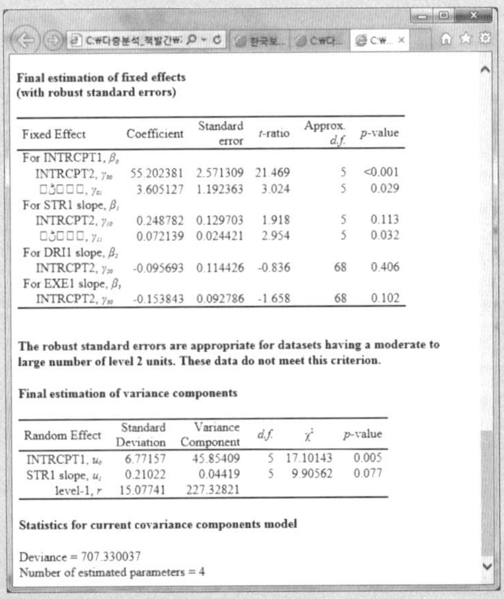


(사)

5단계: 역모형(무조건 모형)

- 순모형이 '스트레스검색→자살검색'이었다면, 역모형은 '자살검색→스트레스검색'을 검증하는 것이다.
- 역모형의 무조건 모형은 기초모형으로 설명변수(독립변수)를 투입하지 않은 상태에서 월별 스트레스검색량에 대한 지역 간 분산을 분석한다(고정효과, 무선효과 확인).

가. 종속변수인 스트레스검색량(STR1) 선택 후 [Outcome variable] 탭을 선택한다.

나. 기본값은 Level-1 모형의 종속변수가 연속형 변수로 설정되어 있다.

스트레스검색량은 연속형 변수이므로 기본값인 [Basic Settings]→[Distribution of Outcom Variable]→[Normal(continuous)]을 지정한다.

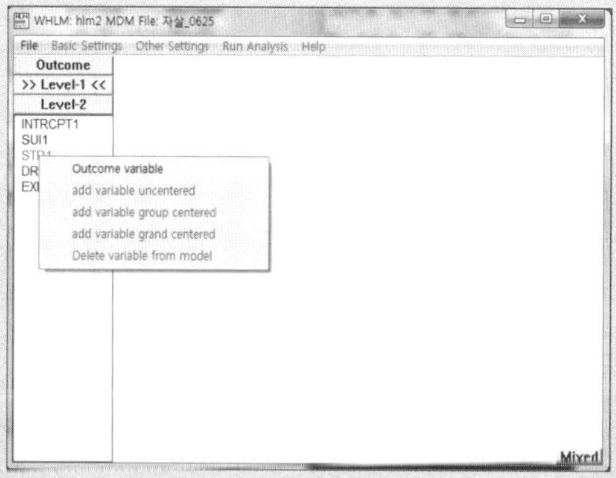


(가)

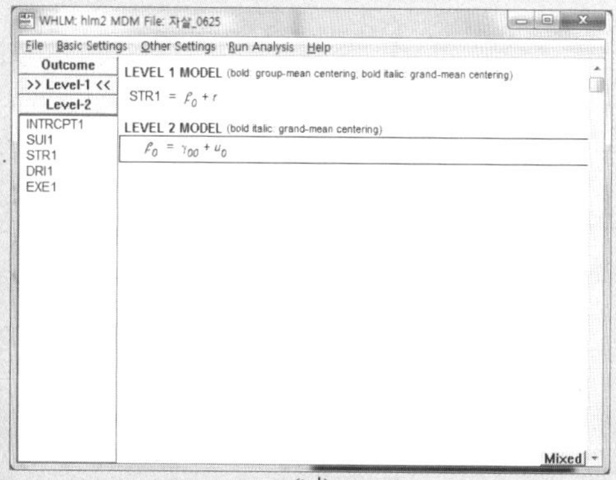


(나)

다. [Run Analysis]→[Run the model shown]을 선택한다.

라. 반복연산이 실행되고 결과파일을 확인한다.

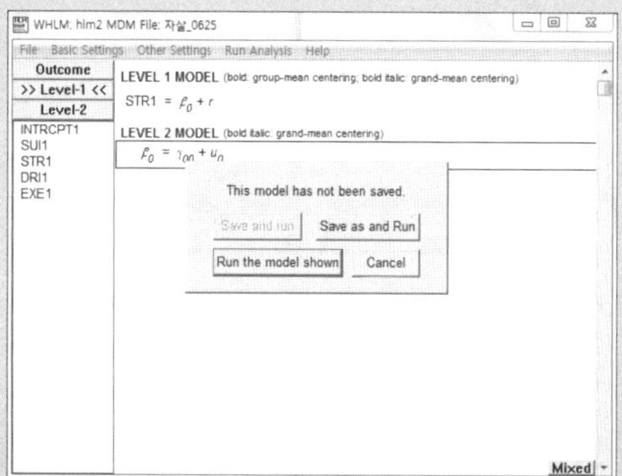


(다)

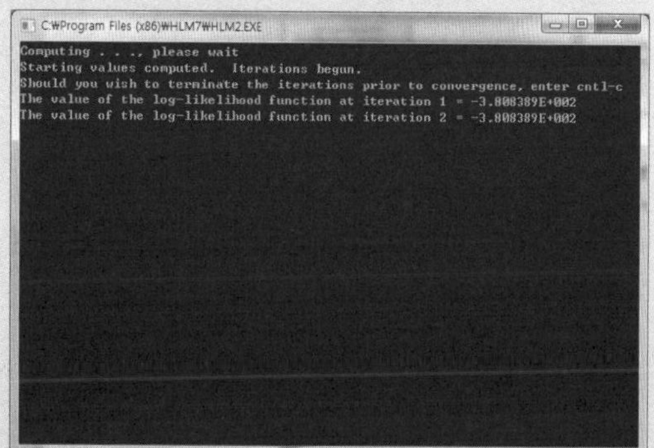


(라)

마. 기초모형 모델과 Mixed Model을 기술한다.

바. 무선효과의 표준편차(SD), 분산($\sigma^2$), $\chi^2$, 유의확률(p-value)을 확인한다.

사. [Final estimation of fixed effects (with robust standard errors)]에서 고정효과의 회귀계수, 표준오차, 유의확률을 확인한다.

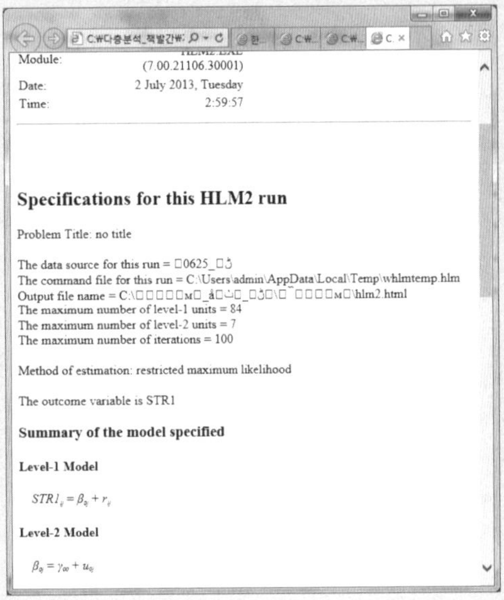

Module: (7.00.21106.30001)
Date: 2 July 2013, Tuesday
Time: 2:59:57

**Specifications for this HLM2 run**

Problem Title: no title

The data source for this run = 0625_
The command file for this run = C:\Users\admin\AppData\Local\Temp\whlmtemp.hlm
Output file name = C:\hlm2.html
The maximum number of level-1 units = 84
The maximum number of level-2 units = 7
The maximum number of iterations = 100

Method of estimation: restricted maximum likelihood

The outcome variable is STR1

**Summary of the model specified**

**Level-1 Model**

$STR1_{ij} = \beta_{0j} + r_{ij}$

**Level-2 Model**

$\beta_{0j} = \gamma_{00} + u_{0j}$

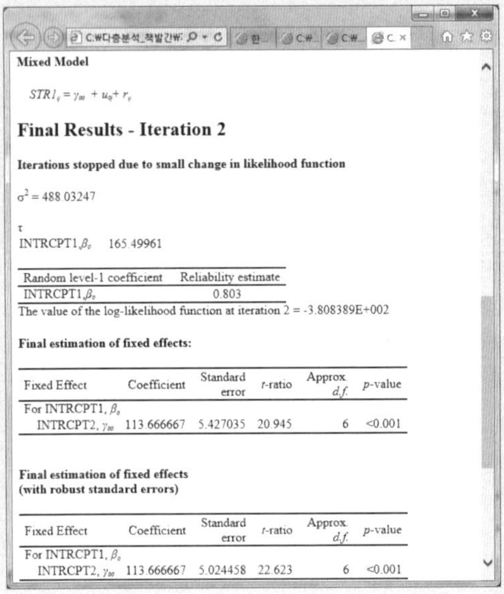

**Mixed Model**

$STR1_{ij} = \gamma_{00} + u_{0j} + r_{ij}$

**Final Results - Iteration 2**

**Iterations stopped due to small change in likelihood function**

$\sigma^2$ = 488.03247

τ
INTRCPT1,$\beta_0$ 165.49961

| Random level-1 coefficient | Reliability estimate |
|---|---|
| INTRCPT1,$\beta_0$ | 0.803 |

The value of the log-likelihood function at iteration 2 = -3.808389E+002

**Final estimation of fixed effects:**

| Fixed Effect | Coefficient | Standard error | t-ratio | Approx. d.f. | p-value |
|---|---|---|---|---|---|
| For INTRCPT1, $\beta_0$ | | | | | |
| INTRCPT2, $\gamma_{00}$ | 113.666667 | 5.427035 | 20.945 | 6 | <0.001 |

**Final estimation of fixed effects (with robust standard errors)**

| Fixed Effect | Coefficient | Standard error | t-ratio | Approx. d.f. | p-value |
|---|---|---|---|---|---|
| For INTRCPT1, $\beta_0$ | | | | | |
| INTRCPT2, $\gamma_{00}$ | 113.666667 | 5.024458 | 22.623 | 6 | <0.001 |

(마)

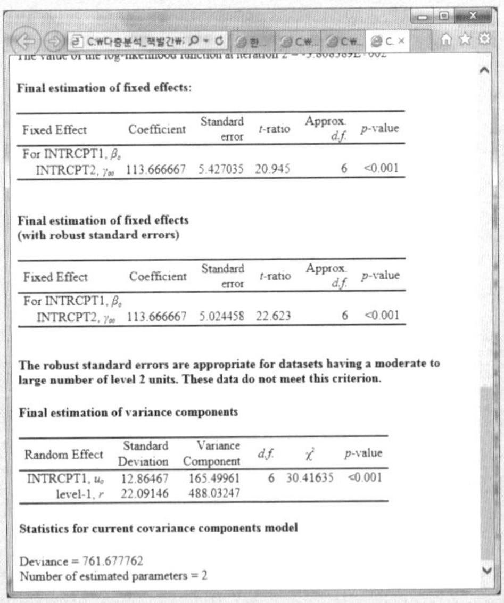

**Final estimation of fixed effects:**

| Fixed Effect | Coefficient | Standard error | t-ratio | Approx. d.f. | p-value |
|---|---|---|---|---|---|
| For INTRCPT1, $\beta_0$ | | | | | |
| INTRCPT2, $\gamma_{00}$ | 113.666667 | 5.427035 | 20.945 | 6 | <0.001 |

**Final estimation of fixed effects (with robust standard errors)**

| Fixed Effect | Coefficient | Standard error | t-ratio | Approx. d.f. | p-value |
|---|---|---|---|---|---|
| For INTRCPT1, $\beta_0$ | | | | | |
| INTRCPT2, $\gamma_{00}$ | 113.666667 | 5.024458 | 22.623 | 6 | <0.001 |

**The robust standard errors are appropriate for datasets having a moderate to large number of level 2 units. These data do not meet this criterion.**

**Final estimation of variance components**

| Random Effect | Standard Deviation | Variance Component | d.f. | $\chi^2$ | p-value |
|---|---|---|---|---|---|
| INTRCPT1, $u_0$ | 12.86467 | 165.49961 | 6 | 30.41635 | <0.001 |
| level-1, $r$ | 22.09146 | 488.03247 | | | |

**Statistics for current covariance components model**

Deviance = 761.677762
Number of estimated parameters = 2

(바)

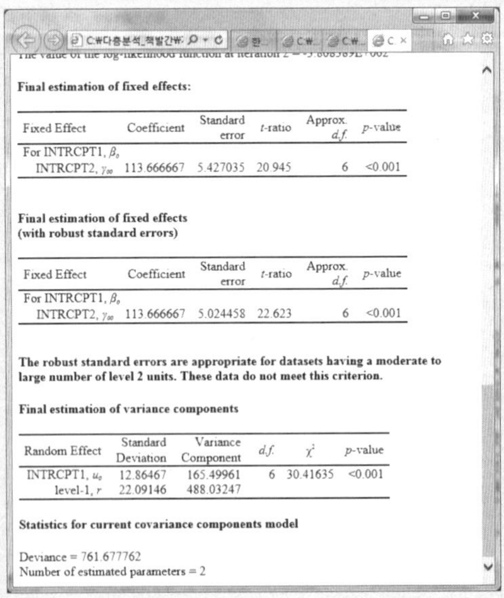

**Final estimation of fixed effects:**

| Fixed Effect | Coefficient | Standard error | t-ratio | Approx. d.f. | p-value |
|---|---|---|---|---|---|
| For INTRCPT1, $\beta_0$ | | | | | |
| INTRCPT2, $\gamma_{00}$ | 113.666667 | 5.427035 | 20.945 | 6 | <0.001 |

**Final estimation of fixed effects (with robust standard errors)**

| Fixed Effect | Coefficient | Standard error | t-ratio | Approx. d.f. | p-value |
|---|---|---|---|---|---|
| For INTRCPT1, $\beta_0$ | | | | | |
| INTRCPT2, $\gamma_{00}$ | 113.666667 | 5.024458 | 22.623 | 6 | <0.001 |

**The robust standard errors are appropriate for datasets having a moderate to large number of level 2 units. These data do not meet this criterion.**

**Final estimation of variance components**

| Random Effect | Standard Deviation | Variance Component | d.f. | $\chi^2$ | p-value |
|---|---|---|---|---|---|
| INTRCPT1, $u_0$ | 12.86467 | 165.49961 | 6 | 30.41635 | <0.001 |
| level-1, $r$ | 22.09146 | 488.03247 | | | |

**Statistics for current covariance components model**

Deviance = 761.677762
Number of estimated parameters = 2

(사)

6단계: 역모형(무조건적 기울기 모형)

- 월별요인(월별 자살검색량)이 종속변수(월별 스트레스검색량)에 대한 영향에 있어 연도별 차이가 있는지를 검증하는 것으로, 월별요인이 종속변수에 미치는 영향은 고정효과로 분석하고 연도별로 월별요인이 차이가 있는지는 무선효과로 분석한다.

가. 독립변수(자살검색: SUI1)를 선택한 후 그룹평균으로 중심화한다.

나. Level-2의 무선효과($u_1$)는 더블클릭하여 미지수로 지정해야 한다.

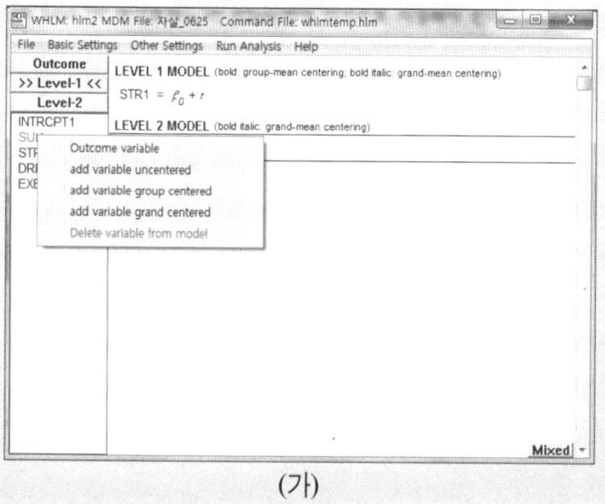

(가)

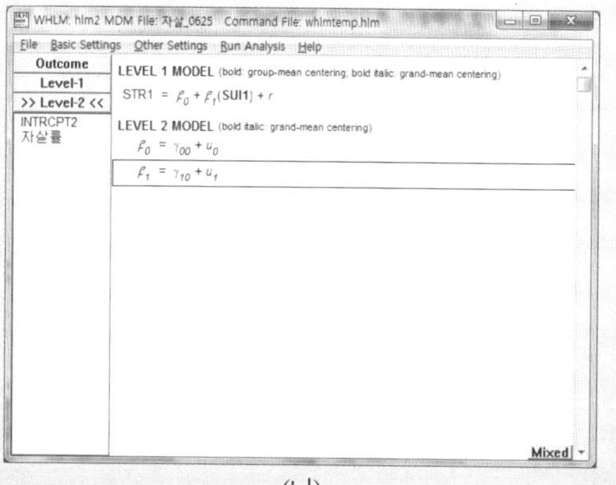

(나)

다. [Run Analysis]→[Run the model shown]을 선택한다.

라. 반복연산이 실행되고 결과파일을 확인한다.

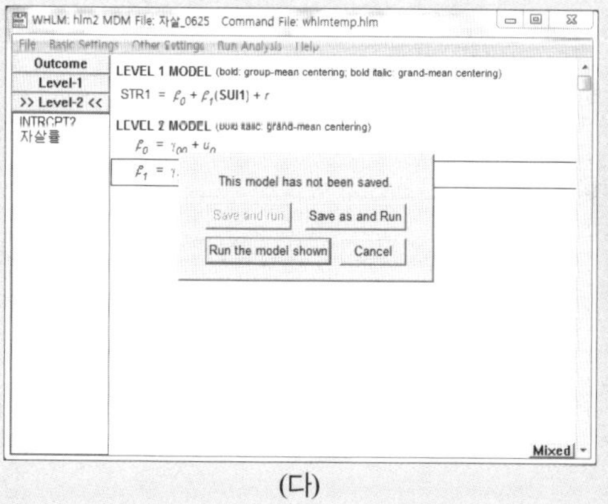

(다)

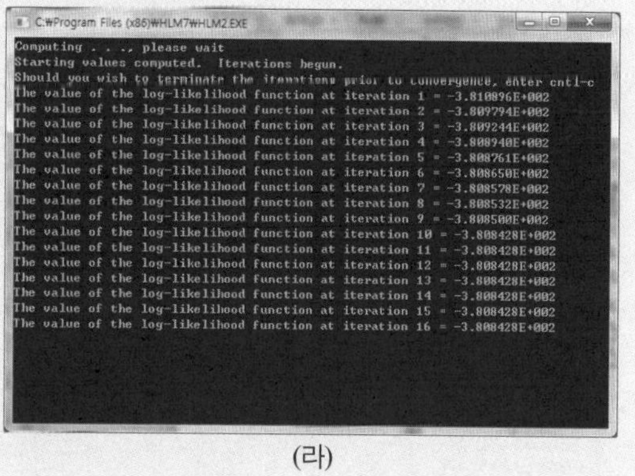

(라)

마. 무조건적 기울기 모형과 Mixed Model을 기술한다.

바. 독립변수들의 무선효과에 대한 표준편차(SD), 분산($\sigma^2$), $\chi^2$, 유의확률(p-value)을 확인한다.

사. [Final estimation of fixed effects (with robust standard errors)]에서 독립변수들의 고정효과의 회귀계수, 표준오차, 유의확률을 확인한다.

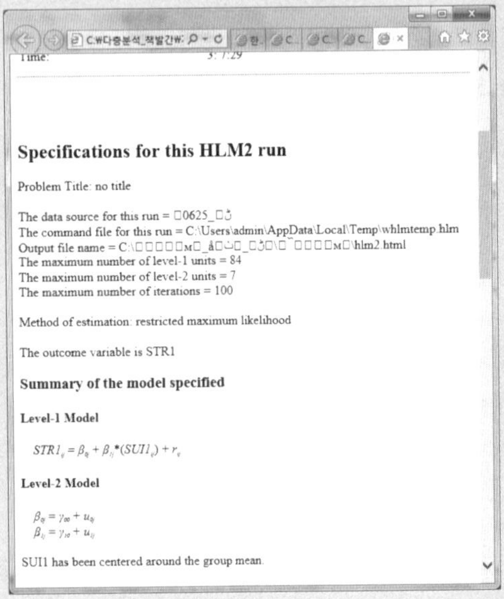

**Specifications for this HLM2 run**

Problem Title: no title

The data source for this run = □0625_□
The command file for this run = C:\Users\admin\AppData\Local\Temp\whlmtemp.hlm
Output file name = C:\□□□□□M□_□□□_□□\□□□□□M□\hlm2.html
The maximum number of level-1 units = 84
The maximum number of level-2 units = 7
The maximum number of iterations = 100

Method of estimation: restricted maximum likelihood

The outcome variable is STR1

**Summary of the model specified**

**Level-1 Model**

$STR1_{ij} = \beta_{0j} + \beta_{1j}*(SUI1_{ij}) + r_{ij}$

**Level-2 Model**

$\beta_{0j} = \gamma_{00} + u_{0j}$
$\beta_{1j} = \gamma_{10} + u_{1j}$

SUI1 has been centered around the group mean.

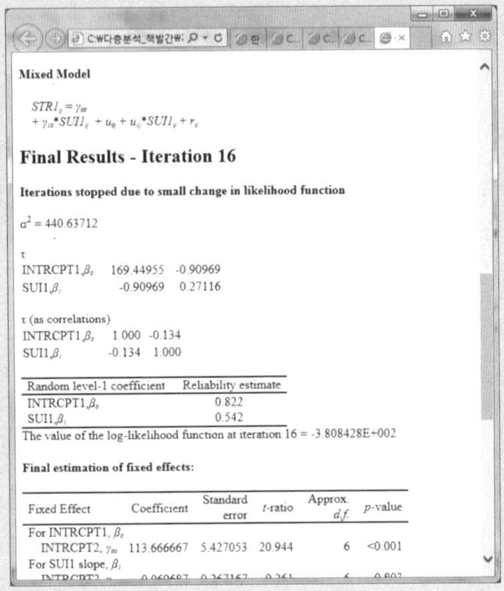

**Mixed Model**

$STR1_{ij} = \gamma_{00}$
$+ \gamma_{10}*SUI1_{ij} + u_{0j} + u_{1j}*SUI1_{ij} + r_{ij}$

**Final Results - Iteration 16**

**Iterations stopped due to small change in likelihood function**

$\sigma^2$ = 440.63712

$\tau$

| | | |
|---|---|---|
| INTRCPT1,$\beta_0$ | 169.44955 | -0.90969 |
| SUI1,$\beta_1$ | -0.90969 | 0.27116 |

$\tau$ (as correlations)

| | | |
|---|---|---|
| INTRCPT1,$\beta_0$ | 1.000 | -0.134 |
| SUI1,$\beta_1$ | -0.134 | 1.000 |

| Random level-1 coefficient | Reliability estimate |
|---|---|
| INTRCPT1,$\beta_0$ | 0.822 |
| SUI1,$\beta_1$ | 0.542 |

The value of the log-likelihood function at iteration 16 = -3.808428E+002

**Final estimation of fixed effects:**

| Fixed Effect | Coefficient | Standard error | t-ratio | Approx. d.f. | p-value |
|---|---|---|---|---|---|
| For INTRCPT1, $\beta_0$ | | | | | |
| INTRCPT2, $\gamma_{00}$ | 113.666667 | 5.427053 | 20.944 | 6 | <0.001 |
| For SUI1 slope, $\beta_1$ | | | | | |

(마)

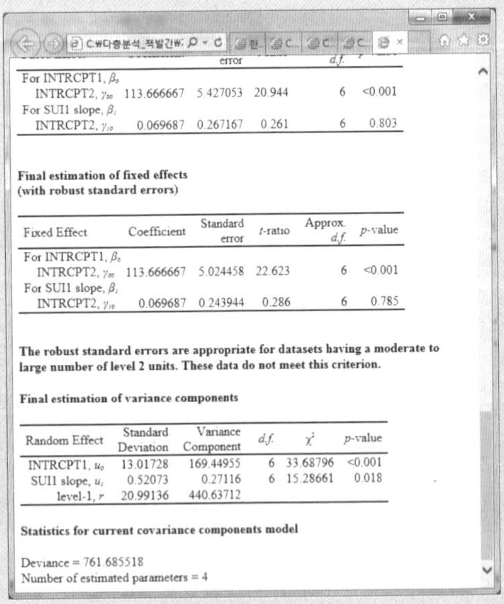

| Fixed Effect | Coefficient | Standard error | t-ratio | Approx. d.f. | p-value |
|---|---|---|---|---|---|
| For INTRCPT1, $\beta_0$ | | | | | |
| INTRCPT2, $\gamma_{00}$ | 113.666667 | 5.427053 | 20.944 | 6 | <0.001 |
| For SUI1 slope, $\beta_1$ | | | | | |
| INTRCPT2, $\gamma_{10}$ | 0.069687 | 0.267167 | 0.261 | 6 | 0.803 |

**Final estimation of fixed effects**
**(with robust standard errors)**

| Fixed Effect | Coefficient | Standard error | t-ratio | Approx. d.f. | p-value |
|---|---|---|---|---|---|
| For INTRCPT1, $\beta_0$ | | | | | |
| INTRCPT2, $\gamma_{00}$ | 113.666667 | 5.024458 | 22.623 | 6 | <0.001 |
| For SUI1 slope, $\beta_1$ | | | | | |
| INTRCPT2, $\gamma_{10}$ | 0.069687 | 0.243944 | 0.286 | 6 | 0.785 |

**The robust standard errors are appropriate for datasets having a moderate to large number of level 2 units. These data do not meet this criterion.**

**Final estimation of variance components**

| Random Effect | Standard Deviation | Variance Component | d.f. | $\chi^2$ | p-value |
|---|---|---|---|---|---|
| INTRCPT1, $u_0$ | 13.01728 | 169.44955 | 6 | 33.68796 | <0.001 |
| SUI1 slope, $u_1$ | 0.52073 | 0.27116 | 6 | 15.28661 | 0.018 |
| level-1, $r$ | 20.99136 | 440.63712 | | | |

**Statistics for current covariance components model**

Deviance = 761.685518
Number of estimated parameters = 4

(바)

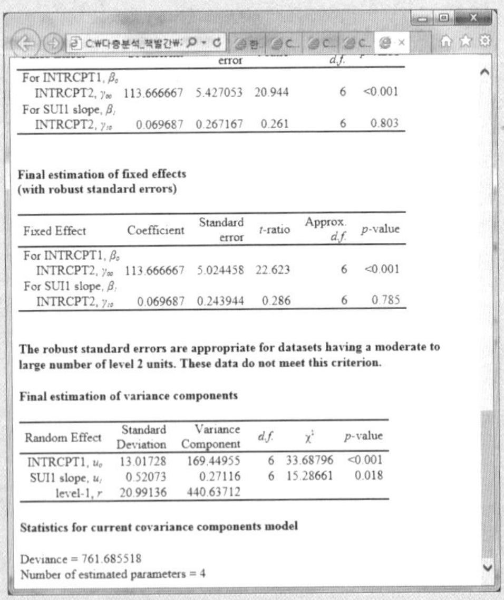

| Fixed Effect | Coefficient | Standard error | t-ratio | Approx. d.f. | p-value |
|---|---|---|---|---|---|
| For INTRCPT1, $\beta_0$ | | | | | |
| INTRCPT2, $\gamma_{00}$ | 113.666667 | 5.427053 | 20.944 | 6 | <0.001 |
| For SUI1 slope, $\beta_1$ | | | | | |
| INTRCPT2, $\gamma_{10}$ | 0.069687 | 0.267167 | 0.261 | 6 | 0.803 |

**Final estimation of fixed effects**
**(with robust standard errors)**

| Fixed Effect | Coefficient | Standard error | t-ratio | Approx. d.f. | p-value |
|---|---|---|---|---|---|
| For INTRCPT1, $\beta_0$ | | | | | |
| INTRCPT2, $\gamma_{00}$ | 113.666667 | 5.024458 | 22.623 | 6 | <0.001 |
| For SUI1 slope, $\beta_1$ | | | | | |
| INTRCPT2, $\gamma_{10}$ | 0.069687 | 0.243944 | 0.286 | 6 | 0.785 |

**The robust standard errors are appropriate for datasets having a moderate to large number of level 2 units. These data do not meet this criterion.**

**Final estimation of variance components**

| Random Effect | Standard Deviation | Variance Component | d.f. | $\chi^2$ | p-value |
|---|---|---|---|---|---|
| INTRCPT1, $u_0$ | 13.01728 | 169.44955 | 6 | 33.68796 | <0.001 |
| SUI1 slope, $u_1$ | 0.52073 | 0.27116 | 6 | 15.28661 | 0.018 |
| level-1, $r$ | 20.99136 | 440.63712 | | | |

**Statistics for current covariance components model**

Deviance = 761.685518
Number of estimated parameters = 4

(사)

기초모형(Model 1: Unconditional Model)은 연구가설 1을 검증하는 과정으로, 설명변수(독립변수)를 투입하지 않은 상태에서 월별 자살검색량에 대한 연도별 분산을 분석함으로써 이후 모형에서 투입된 다른 독립변수들의 설명력을 살펴볼 수 있다. 즉 기초모형은 월별 자살검색량이 연도별로 차이를 보이는지를 다층분석을 통해 검증하고자 하는 것이다.

Model 1에서 고정효과를 살펴보면, 월별 자살검색량의 전체평균은 55.202로 99% 신뢰구간에서 기초 통계치 자료에서 산출된 평균과 동일함을 알 수 있다. 이는 한국 사람의 구글 검색 월평균이 55.2회가 될 확률을 나타내는 것으로 통계적으로 유의하다($\beta$=55.2, $p<0.001$). 무선효과를 살펴보면, 월 수준의 자살검색량 분산은 256.61이고 연도별 수준의 분산은 127.98로 통계적으로 유의하게 나타난다($\chi^2$=41.91, $p<0.001$). 따라서 자살검색량은 연도별로 상당한 변량이 존재한다고 볼 수 있다.

동일한 수준에 속한 하위수준 간의 유사성을 보여 주는 집단 내 상관계수(Intraclass Correlation Coefficient, ICC)를 통해 연도별 자살검색량의 분산비율을 계산해 보면 0.332[127.98/(127.98+256.61)][5]로 이는 곧 월별 자살검색량에 대한 총분산 중 연도별 수준의 분산이 차지하는 비율이 약 33.2%임을 나타내는 것이다. 따라서 월별 수준의 분산이 차지하는 비율은 약 66.8%임을 알 수 있다. 이 결과는 모든 연도의 자살검색량이 같다는 $\chi^2$의 귀무가설(null hypothesis)을 기각함으로써 월별 자살검색량의 평균이 연도별로 통계적으로 유의한 차이가 있음을 보여 주는 것이다($p<0.001$). 일반적으로 ICC가 0.05 이상이면 집단 간 변이가 있다고 볼 수 있으며, ICC가 0.05보다 작더라도 집단 간 변이에 대한 경험적 연구결과가 있을 경우에는 다층분석을 실시할 수 있다(Heck & Thomas, 2009). 이는 자살검색량이 월별요인에 의해서도 영향을 받지만 연별요인에도 영향을 받으므로 월별, 연별 검색량의 차이를 분석하기 위해서는 월별변수 및 연별변수를 모두 투입하여 다층모형 분석을 실시하는 것이 타당하다는 사실을 입증해 주는 결과라 할 수 있다.

5. 종속변수가 연속형인 경우 ICC = $\tau_{00}$(2수준 분산)/[$\tau_{00}$(2수준 분산)+$\sigma^2$(1수준 분산)]으로 산출한다.

## 12 기초모형(무조건 모형) 검증

• 11 자살검색 다층모형 MDM 파일 분석하기의 기초모형을 실행한 결과는 아래와 같다.

- [표 4-8]의 Model 1의 [Intercept, $\gamma_{00}$]는 그림 (나)의 Fixed Effect(robust standard error)에서 Coefficient(55.20), Standard error(4.28), p-value(<0.001)를 참조하여 작성한다.
- [표 4-8]의 Model 1의 연도 수준의 분산인 [level 2, $u_0$]는 그림 (가) Random Effect의 [INTRCPT1, $u_0$]에서 Standard Deviation(11.31), Variance Component(127.98), $\chi^2$(41.91), p-value(<0.001)를 참조하여 작성한다. 월별 수준의 분산인 [level 1, $r$]는 그림 (가) Random Effect의 [level-1, $r$]에서 Standard Deviation(16.01), Variance Component(256.61)를 참조하여 작성한다.

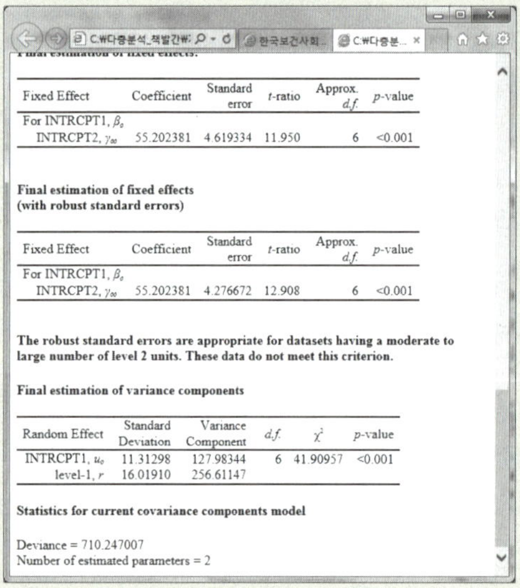

Final estimation of fixed effects:

| Fixed Effect | Coefficient | Standard error | $t$-ratio | Approx. $d.f.$ | $p$-value |
|---|---|---|---|---|---|
| For INTRCPT1, $\beta_0$ | | | | | |
| INTRCPT2, $\gamma_{00}$ | 55.202381 | 4.619334 | 11.950 | 6 | <0.001 |

Final estimation of fixed effects (with robust standard errors)

| Fixed Effect | Coefficient | Standard error | $t$-ratio | Approx. $d.f.$ | $p$-value |
|---|---|---|---|---|---|
| For INTRCPT1, $\beta_0$ | | | | | |
| INTRCPT2, $\gamma_{00}$ | 55.202381 | 4.276672 | 12.908 | 6 | <0.001 |

The robust standard errors are appropriate for datasets having a moderate to large number of level 2 units. These data do not meet this criterion.

Final estimation of variance components

| Random Effect | Standard Deviation | Variance Component | $d.f.$ | $\chi^2$ | $p$-value |
|---|---|---|---|---|---|
| INTRCPT1, $u_0$ | 11.31298 | 127.98344 | 6 | 41.90957 | <0.001 |
| level-1, $r$ | 16.01910 | 256.61147 | | | |

Statistics for current covariance components model

Deviance = 710.247007
Number of estimated parameters = 2

(가)

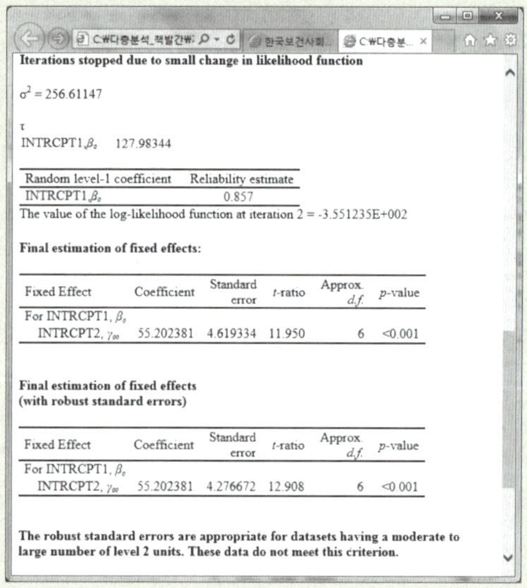

Iterations stopped due to small change in likelihood function

$\sigma^2$ = 256.61147

$\tau$
INTRCPT1,$\beta_0$ 127.98344

| Random level-1 coefficient | Reliability estimate |
|---|---|
| INTRCPT1,$\beta_0$ | 0.857 |

The value of the log-likelihood function at iteration 2 = -3.551235E+002

Final estimation of fixed effects:

| Fixed Effect | Coefficient | Standard error | $t$-ratio | Approx. $d.f.$ | $p$-value |
|---|---|---|---|---|---|
| For INTRCPT1, $\beta_0$ | | | | | |
| INTRCPT2, $\gamma_{00}$ | 55.202381 | 4.619334 | 11.950 | 6 | <0.001 |

Final estimation of fixed effects (with robust standard errors)

| Fixed Effect | Coefficient | Standard error | $t$-ratio | Approx. $d.f.$ | $p$-value |
|---|---|---|---|---|---|
| For INTRCPT1, $\beta_0$ | | | | | |
| INTRCPT2, $\gamma_{00}$ | 55.202381 | 4.276672 | 12.908 | 6 | <0.001 |

The robust standard errors are appropriate for datasets having a moderate to large number of level 2 units. These data do not meet this criterion.

(나)

• 기초모형에서 산출된 계수와 결과해석은 다음과 같다.

- 한국 사람의 구글 검색 월평균은 55.2회로 통계적으로 유의하였다($\beta$=55.2, p<0.001). 무선효과를 살펴보면 월 수준의 자살검색량(level 1, $r$)의 분산은 256.61이며, 연도별 수준(level 2, $u_0$)의 분산은 127.98로 통계적으로 유의하게 나타나($\chi^2$=41.91, p<0.001), 자살검색량은 연도별로 상당한 변량이 존재한다고 볼 수 있다.
- 집단 내 상관계수(ICC)는 종속변수가 연속형인 경우 ICC = $\tau_{00}$(2수준 분산)/$\tau_{00}$(2수준 분산)+$\sigma^2$(1수준 분산)으로 산출한다.
- ICC = 127.98/(127.98+256.61) = 0.332는 월별 자살검색량에 대한 총분산 중 연도별 수준

의 분산이 차지하는 비율이 약 33.2%임을 나타내는 것으로, 월별 수준의 분산이 차지하는 비율은 약 66.8%(100 − 33.2)임을 알 수 있다. 이는 자살검색량이 월별요인에 의해서도 영향을 받지만 연별요인에도 영향을 받으므로 월별, 연도별 검색량의 차이를 분석하기 위해서는 월별변수 및 연별변수를 모두 투입하여 다층모형 분석을 실시해야 한다는 것을 입증해 주는 결과다.

Model 2의 검증은 연구가설 2를 검증하는 것으로 월별요인들이 월별 자살검색량에 미치는 영향에서 연도별 차이가 발생하는가를 알아보고자 하는 것이다. 따라서 월별 스트레스·음주·운동 검색량이 자살검색량에 미치는 영향을 고정효과를 통해 파악하고 이들 개별 요인이 연도에 따라 차이를 보이는가에 대해 무선효과를 분석함으로써 살펴보았다(표 4-8).

[표 4-8] Multilevel Model Analysis in Suicide Research Factors

| Parameter \ Model | | Model 1 Unconditional model | | Model 2 Unconditional Slope model | | Model 3 Conditional model | | Model 4 Interaction model | |
|---|---|---|---|---|---|---|---|---|---|
| Fixed effect | | Coef. | S.E. | Coef. | S.E. | Coef. | S.E. | Coef. | S.E. |
| Level 1 | Intercept ($\gamma_{00}$) | 55.20 | $4.28^{***}$ | 55.20 | $4.28^{***}$ | 55.20 | $2.58^{***}$ | | |
| | STSV | | | 0.37 | $0.17^{\#}$ | 0.26 | 0.16 | | |
| | DSV | | | −0.08 | 0.10 | −0.07 | 0.11 | | |
| | ESV | | | −0.21 | $0.10^{\#}$ | −0.15 | $0.09^{\#}$ | | |
| Level 2 | YSR | | | | | 3.35 | $1.26^{*}$ | | |
| Interaction | STSV*YSR | | | | | | | 0.07 | $0.02^{*}$ |
| Random effect | | $\sigma^2$ | $\chi^2$ | $\sigma^2$ | $\chi^2$ | $\sigma^2$ | $\chi^2$ | $\sigma^2$ | $\chi^2$ |
| level 2, $u_0$ | | 127.98 | $41.91^{***}$ | 136.46 | $50.30^{***}$ | 46.18 | $17.32^{**}$ | 45.85 | $17.10^{**}$ |
| level 1, $r$ | | 256.61 | | 213.79 | | 226.40 | | 227.33 | |
| STSV | | | | 0.17 | $12.15^{\#}$ | 0.07 | $16.98^{**}$ | 0.04 | $9.91^{\#}$ |
| DSV | | | | 0.02 | 5.29 | | | | |
| ESV | | | | 0.08 | 2.52 | | | | |
| ICC | | 0.332 | | 0.390 | | 0.169 | | 0.168 | |
| Deviance | | 710.25 | | 707.27 | | 703.43 | | 707.33 | |

$^{***}$ $p<0.001$, $^{**}$ $p<0.01$, $^{*}$ $p<0.05$, $^{\#}$ $p<0.1$

월별(Level 1) 자살검색량에 대한 고정효과를 분석한 결과, 음주검색량은 자살검색량에 영향을 주지 않는 것으로 나타났고, 운동검색량과 스트레스검색량은 통계적으로 유의미하여 자살검색량에 일정 정도 영향을 주는 것으로(운동: $\beta=-0.21$, $p<0.1$, 스트레스: $\beta=0.37$, $p<0.1$) 나타났다. 확인된 월별 특성변수와 자살검색량의 관련성에 있어 각 변수에 연도별 차이가 나타나는지에 대해 무선효과 검증을 실시한 결과, 스트레스검색량의 적합도가 통계적으로 유의미하게 나타나($\chi^2=12.15$, $p<0.1$) 월별 수준의 변수들이 자살검색량에 미치는 영향에 연도 간 차이가 있음($\chi^2=50.30$, $p<0.001$)을 확인하였다. 따라서 이는 분석에 있어 연도 요인의 투입이 필요함을 입증하는 결과라 할 수 있겠다. 다시 말해, 이 결과는 월별 특성에서 스트레스검색량이 높아질수록 자살검색량이 높아지는 것으로 이러한 효과는 연도별에 따라서 차이가 있음을 보여 준다. 그리고 무선효과 검증에서 유의미하지 않았던 월별 특성 변수(음주·운동 검색량)는 조건적 모형 검증에서 고정미지수로 묶어서 분석할 필요가 있는 것으로 나타났다. 연도별 자살검색량의 ICC는 0.387로 산출되었고, 편향도(deviance)는 707.12로 나타났다.

## 13 무조건적 기울기 모형 검증

• 무조건적 기울기 모형에서 MDM 파일 만들기와 분석하기는 본 장의 10 자살검색 다층모형 MDM 파일 만들기와 11 자살검색 다층모형 MDM 파일 분석하기를 참고하기 바란다.

- [표 4-8]의 Model 2의 [Intercept, $\gamma_{00}$], 스트레스검색(STSV), 음주검색(DSV), 운동검색(ESV)의 고정효과는 그림 (나)의 Fixed Effect(robust standard error)에서, [Intercept, $\gamma_{00}$]의 경우 [For INTRCPT1, $\beta_0$ INTRCPT2, $\gamma_{00}$]에서 Coefficient(55.20), Standard error(4.28), p-value(<0.001)를 참조한다.
- STSV(STR1)의 경우 [For STR1 slope, $\beta_1$]에서 Coefficient(0.37), Standard error(0.17), p-value(0.070=p <0.1)를 참조하여 작성한다.
- [표 4-8]의 Model 2의 2수준 무선효과[level 2, $u_0$], 1수준 무선효과[level 1, $r$], SSTV(SRT1), DSV(DRI1), ESV(EXE1)는 그림 (가) Random Effect에서, [level 2, $u_0$]의

경우 [INTRCPT1, $u_0$]에서 Standard Deviation(11.68), Variance Component(136.46), $\chi^2$(50.30), p-value(<0.001)를 참조하여 작성한다. [level 1, $r$]의 경우 Standard Deviation(14.62), Variance Component(213.79)를 참조하여 작성한다(나머지 독립변수들을 차례로 작성한다).

- 계속해서 STSV(STR1)의 경우 [STR1 slope, $u_1$]에서 Standard Deviation0(0.42), Variance Component(0.17), $\chi^2$(12.15), p-value(0.058, p<0.1)를 참조하여 작성한다.

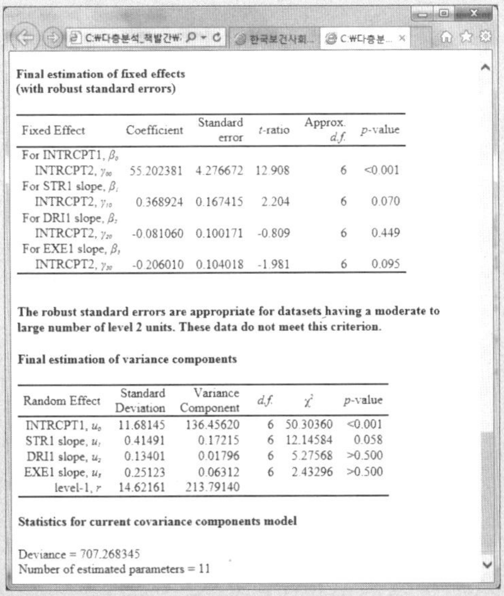

**Final estimation of fixed effects**
**(with robust standard errors)**

| Fixed Effect | Coefficient | Standard error | *t*-ratio | Approx. *d.f.* | *p*-value |
|---|---|---|---|---|---|
| For INTRCPT1, $\beta_0$ | | | | | |
| INTRCPT2, $\gamma_{00}$ | 55.202381 | 4.276672 | 12.908 | 6 | <0.001 |
| For STR1 slope, $\beta_1$ | | | | | |
| INTRCPT2, $\gamma_{10}$ | 0.368924 | 0.167415 | 2.204 | 6 | 0.070 |
| For DRI1 slope, $\beta_2$ | | | | | |
| INTRCPT2, $\gamma_{20}$ | -0.081060 | 0.100171 | -0.809 | 6 | 0.449 |
| For EXE1 slope, $\beta_3$ | | | | | |
| INTRCPT2, $\gamma_{30}$ | -0.206010 | 0.104018 | -1.981 | 6 | 0.095 |

**The robust standard errors are appropriate for datasets having a moderate to large number of level 2 units. These data do not meet this criterion.**

**Final estimation of variance components**

| Random Effect | Standard Deviation | Variance Component | *d.f.* | $\chi^2$ | *p*-value |
|---|---|---|---|---|---|
| INTRCPT1, $u_0$ | 11.68145 | 136.45620 | 6 | 50.30360 | <0.001 |
| STR1 slope, $u_1$ | 0.41491 | 0.17215 | 6 | 12.14584 | 0.058 |
| DRI1 slope, $u_2$ | 0.13401 | 0.01796 | 6 | 5.27568 | >0.500 |
| EXE1 slope, $u_3$ | 0.25123 | 0.06312 | 6 | 2.43296 | >0.500 |
| level-1, $r$ | 14.62161 | 213.79140 | | | |

**Statistics for current covariance components model**

Deviance = 707.268345
Number of estimated parameters = 11

(가)

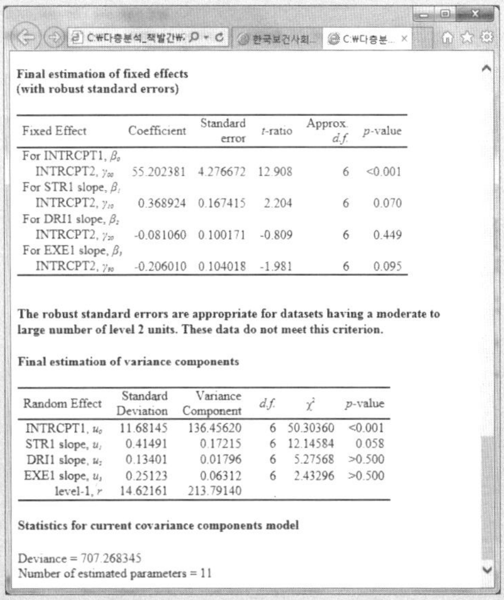


**Final estimation of fixed effects**
**(with robust standard errors)**

| Fixed Effect | Coefficient | Standard error | *t*-ratio | Approx. *d.f.* | *p*-value |
|---|---|---|---|---|---|
| For INTRCPT1, $\beta_0$ | | | | | |
| INTRCPT2, $\gamma_{00}$ | 55.202381 | 4.276672 | 12.908 | 6 | <0.001 |
| For STR1 slope, $\beta_1$ | | | | | |
| INTRCPT2, $\gamma_{10}$ | 0.368924 | 0.167415 | 2.204 | 6 | 0.070 |
| For DRI1 slope, $\beta_2$ | | | | | |
| INTRCPT2, $\gamma_{20}$ | -0.081060 | 0.100171 | -0.809 | 6 | 0.449 |
| For EXE1 slope, $\beta_3$ | | | | | |
| INTRCPT2, $\gamma_{30}$ | -0.206010 | 0.104018 | -1.981 | 6 | 0.095 |

**The robust standard errors are appropriate for datasets having a moderate to large number of level 2 units. These data do not meet this criterion.**

**Final estimation of variance components**

| Random Effect | Standard Deviation | Variance Component | *d.f.* | $\chi^2$ | *p*-value |
|---|---|---|---|---|---|
| INTRCPT1, $u_0$ | 11.68145 | 136.45620 | 6 | 50.30360 | <0.001 |
| STR1 slope, $u_1$ | 0.41491 | 0.17215 | 6 | 12.14584 | 0.058 |
| DRI1 slope, $u_2$ | 0.13401 | 0.01796 | 6 | 5.27568 | >0.500 |
| EXE1 slope, $u_3$ | 0.25123 | 0.06312 | 6 | 2.43296 | >0.500 |
| level-1, $r$ | 14.62161 | 213.79140 | | | |

**Statistics for current covariance components model**

Deviance = 707.268345
Number of estimated parameters = 11


(나)

- 무조건적 기울기 모형에서 산출된 계수와 결과해석은 다음과 같다.
  - 월별(Level 1) 자살검색량에 대한 고정효과를 분석한 결과, 음주검색량(DSV)은 자살검색량(SSV)에 영향을 주지 않는 것으로 나타났고($\beta$=−0.08, p=0.449), 운동검색량(ESV)과 스트레스검색량(STSV)은 자살검색량에 일정 정도 영향을 주는 것으로(운동: $\beta$=−0.21, p=0.095, 스트레스: $\beta$=0.37, p=0.070) 나타났다.
  - 무선효과 검증 결과, 스트레스검색량의 무선효과는 적합도가 통계적으로 유의미하였고($\chi^2$=12.15, p=0.058), 초기값의 무선효과가 유의미하여($\chi^2$=50.30, p<0.001) 월별 수준의 변수들이 자살검색량에 미치는 영향에 연도별 차이가 있음을 확인하였다. 이는 월별 특성에서 스트레스검색량이 많을수록 자살검색량이 많아지는 것으로 이러한 효과는 연도에 따라 차이가 있음을 보여 준다.
  - 무선효과 검증에서 유의미성이 있는 변수[Intercept(INTERCPT1), STSV(STR1)]는 월별

수준의 변수가 자살검색량(SSV)에 미치는 영향에 연도별 차이가 있음을 의미하는 것으로, 연도별 요인을 투입[조건적 모형(Model 3) 검증 시 미지수로 설정]해야 한다는 것을 알 수 있다. 그리고 무선효과 검증에서 유의미하지 않았던 월별 특성 변수[DSV(DRI1), ESV(EXE1)]는 조건적 모형 검증에서 고정미지수로 묶어서 분석할 필요가 있는 것으로 나타났다.

- 연도별 자살검색량의 ICC=136.46/(136.46+213.79)=0.390으로 나타났다. 월별요인이 투입된 자살검색량의 연도별 분산이 차지하는 비율이 39%인 것이다.

Model 3는 연구가설 3의 검증으로 한국인의 월별요인(스트레스·음주·운동 검색량)과 연도별 자살률이 자살검색량에 미치는 영향을 분석한 것이다. 즉, 앞서 Model 2에서 연도별 변수를 투입할 수 있는 월별요인 변수인 스트레스검색량과 고정미지수로 묶어야 하는 월별요인 변수(음주·운동 검색량)를 동시에 투입하는 연구모형을 검증한 것이다. 월별요인과 연도별 요인을 동시에 고려하였을 때 자살검색량에 영향을 미치는 요인의 영향력을 검증하기 위해 자살검색량에 대한 고정효과를 분석한 결과, 월별요인 중 운동검색량은 적은 유의미한 차이를 보이고($p<0.1$), 스트레스검색량과 음주검색량은 자살검색량에 통계적으로 유의하지 않았다. 이는 연도별 자살률의 통제를 통해 월별요인들이 영향을 받았음을 의미한다. 한편 연도별 자살률은 자살검색량에 정적 영향($\beta=3.35$, $p<0.05$)을 미치는 것으로 나타났다. 이는 연도별 자살률이 증가할수록 자살검색량 또한 증가한다는 것을 의미한다. 무선효과 검증 결과, 월별 스트레스검색량은 연도별 차이가 있는 것으로 나타났다($\chi^2=16.98$, $p<0.01$). 연도별 자살검색량의 ICC는 0.169로 산출되었고 편향도는 703.43으로 나타났다.

## 14 조건적 모형 검증

• 조건적 모형에서 MDM 파일 만들기와 분석하기는 본 장의 10 자살검색 다층모형 MDM 파일 만들기와 11 자살검색 다층모형 MDM 파일 분석하기를 참고하기 바란다.

- [표 4-8] Model 3의 Level 1의 [Intercept, $\gamma_{00}$], SSTV, DSV, ESV는 그림 (나)의 Fixed Effect(with robust standard error)에서, [Intercept, $\gamma_{00}$]의 경우 [For INTRCPT1, $\beta_0$ - INTRCPT2, $\gamma_0$]에서 Coefficient(55.20), Standard error(2.58), p-value(<0.001)를 참조하여 작성한다(나머지 독립변수들을 차례로 작성한다).
- SSTV(STR1)의 경우에는 [For STR1 slope, $\beta_1$ - INTRCPT2, $\gamma_{10}$]에서 Coefficient(0.26), Standard error(0.16), p-value(0.159)를 참조하여 작성한다.
- [표 4-8] Model 3의 Level 2의 자살률(YSR)은 그림 (나)의 Fixed Effect(with robust standard error)에서 [For INTRCPT1, $\beta_0$ □□□□□, $\gamma_{01}$(자살률은 한글로, 결과에서는 □□□□□로 출력)]에서 Coefficient(3.35), Standard error(1.26), p-value(0.044)를 참조하여 작성한다.
- [표 4-8] Model 3의 무선효과, 즉 [level 2, $u_0$], [level 1, $r$], STSV는 그림 (가) Random Effect에서, [level 2, $u_0$]의 경우 [INTRCPT1, $u_0$]에서 Standard Deviation(6.80), Variance Component(46.18), $\chi^2$(17.32), p-value(0.004)를 참조하여 작성한다. [level 1, $r$]의 경우 Standard Deviation(15.04), Variance Component(226.40)를 참조하여 작성한다.
- STSV(STR1)의 경우에는 [STR1 slope, $u_1$]에서 Standard Deviation(0.27), Variance Component(0.07), $\chi^2$(16.98), p-value(0.010)를 참조하여 작성한다.

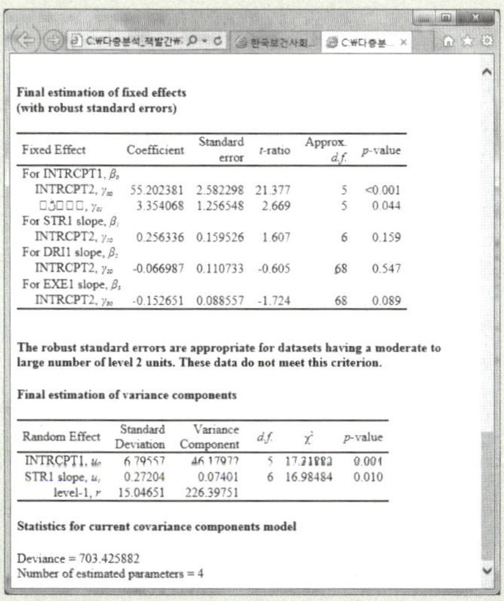

**Final estimation of fixed effects (with robust standard errors)**

| Fixed Effect | Coefficient | Standard error | t-ratio | Approx. d.f. | p-value |
|---|---|---|---|---|---|
| For INTRCPT1, $\beta_0$ | | | | | |
| INTRCPT2, $\gamma_{00}$ | 55.202381 | 2.582298 | 21.377 | 5 | <0.001 |
| □□□□□, $\gamma_{01}$ | 3.354068 | 1.256548 | 2.669 | 5 | 0.044 |
| For STR1 slope, $\beta_1$ | | | | | |
| INTRCPT2, $\gamma_{10}$ | 0.256336 | 0.159526 | 1.607 | 6 | 0.159 |
| For DRI1 slope, $\beta_2$ | | | | | |
| INTRCPT2, $\gamma_{20}$ | -0.066987 | 0.110733 | -0.605 | 68 | 0.547 |
| For EXE1 slope, $\beta_3$ | | | | | |
| INTRCPT2, $\gamma_{30}$ | -0.152651 | 0.088557 | -1.724 | 68 | 0.089 |

**The robust standard errors are appropriate for datasets having a moderate to large number of level 2 units. These data do not meet this criterion.**

**Final estimation of variance components**

| Random Effect | Standard Deviation | Variance Component | d.f. | $\chi^2$ | p-value |
|---|---|---|---|---|---|
| INTRCPT1, $u_0$ | 6.79557 | 46.17972 | 5 | 17.31882 | 0.004 |
| STR1 slope, $u_1$ | 0.27204 | 0.07401 | 6 | 16.98484 | 0.010 |
| level-1, $r$ | 15.04651 | 226.39751 | | | |

**Statistics for current covariance components model**

Deviance = 703.425882
Number of estimated parameters = 4

(가)

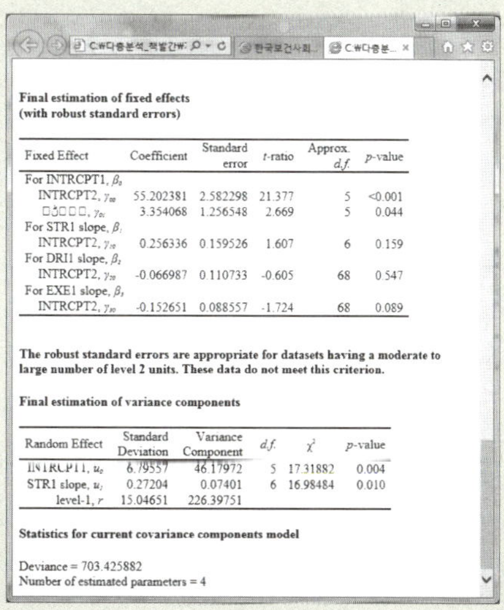

**Final estimation of fixed effects (with robust standard errors)**

| Fixed Effect | Coefficient | Standard error | t-ratio | Approx. d.f. | p-value |
|---|---|---|---|---|---|
| For INTRCPT1, $\beta_0$ | | | | | |
| INTRCPT2, $\gamma_{00}$ | 55.202381 | 2.582298 | 21.377 | 5 | <0.001 |
| □□□□□, $\gamma_{01}$ | 3.354068 | 1.256548 | 2.669 | 5 | 0.044 |
| For STR1 slope, $\beta_1$ | | | | | |
| INTRCPT2, $\gamma_{10}$ | 0.256336 | 0.159526 | 1.607 | 6 | 0.159 |
| For DRI1 slope, $\beta_2$ | | | | | |
| INTRCPT2, $\gamma_{20}$ | -0.066987 | 0.110733 | -0.605 | 68 | 0.547 |
| For EXE1 slope, $\beta_3$ | | | | | |
| INTRCPT2, $\gamma_{30}$ | -0.152651 | 0.088557 | -1.724 | 68 | 0.089 |

**The robust standard errors are appropriate for datasets having a moderate to large number of level 2 units. These data do not meet this criterion.**

**Final estimation of variance components**

| Random Effect | Standard Deviation | Variance Component | d.f. | $\chi^2$ | p-value |
|---|---|---|---|---|---|
| INTRCPT1, $u_0$ | 6.79557 | 46.17972 | 5 | 17.31882 | 0.004 |
| STR1 slope, $u_1$ | 0.27204 | 0.07401 | 6 | 16.98484 | 0.010 |
| level-1, $r$ | 15.04651 | 226.39751 | | | |

**Statistics for current covariance components model**

Deviance = 703.425882
Number of estimated parameters = 4

(나)

• 조건적 모형에서 산출된 계수와 결과해석은 다음과 같다.

- Model 3은 앞서 Model 2에서 연도별 변수를 투입할 수 있는 월별요인 변수인 SSTV와 고정미지수로 묶어야 하는 월별요인 변수(DSV, ESV)를 동시에 투입하는 연구모형을 검증한다. 월별요인과 연별 요인을 동시에 고려하였을 때 자살검색량에 대한 고정효과를 분석한 결과, 운동검색량(EXE1)은 작은 유의미한 차이($\beta$=−0.15, p=0.089)를 보이고 있으나 스트레스검색량[STR1(p=0.159)]과 음주검색량[DRI1(p=0.547)]은 자살검색량에 통계적으로 유의하지 않았다. 이는 연도별 자살률의 통제에 의해 월별요인들이 영향을 받았음을 의미한다.
- 연도별 자살률은 자살검색량에 정적 영향($\beta$=3.35, p=0.044)을 미치는 것으로 나타났다. 이는 연도별 자살률이 증가할수록 자살검색량 또한 증가한다는 것을 의미한다.
- 무선효과 검증 결과 월별 스트레스검색량의 무선효과는 연도별 차이가 있는 것으로 나타났다($\chi^2$=16.98, p=0.01).
- 연도별 자살검색량의 ICC=46.18/(46.18+226.40)=0.169로 산출되었다. 즉 월별 검색량과 연별 자살률 요인이 투입된 자살검색량의 연도별 분산이 차지하는 비율이 16.9%인 것으로 나타났다.

무조건적 기울기 모형(Model 2)의 무선효과 검증에서 스트레스검색량이 자살검색량에 통계적 유의성을 보였으나 조건모형(Model 3)에서는 연도별 자살률에 영향을 받아 통계적 유의성을 보이지 않았다. 따라서 Model 4에서는 스트레스검색량이 연도별 자살률과 상호작용에 의해 자살검색량에 미치는 영향력을 검증하고자 하였다. 월별요인인 스트레스검색량과 연별 요인인 자살률의 상호작용효과는 통계적으로 유의미하게 나타났다($\beta$=0.7, $p<0.05$). 이는 스트레스검색량이 많을수록 자살검색량이 많은 것이 일반적이지만 연도별 자살률에 따라서 차이가 있음을 입증해 주는 결과이다. 즉, 자살률이 높은 연도에 스트레스검색량이 많으면 자살검색량도 증가한다는 것이다. 자살률은 스트레스검색에 영향을 주고 스트레스검색은 자살에 영향을 주는 것으로 연도별 자살률이 자살검색량을 증가시키는 효과가 있음을 보여 준다. 연도별 자살검색량의 ICC는 0.168로 산출되었고, 편향도는 707.33으로 나타났다.

## 15 상호작용효과 모형 검증

• 상호작용효과 모형에서 MDM 파일 만들기와 분석하기는 본 장의 10 자살검색 다층모형 MDM 파일 만들기와 11 자살검색 다층모형 MDM 파일 분석하기를 참고하기 바란다.

- [표 4-8]의 [Interaction variable]은 그림 (나)의 Fixed Effect(with robust standard error)에서, [Interaction STSV*YSR]의 경우 [For STR1 slope, $\beta_1$ - □□□□□(자살률) $\gamma_{11}$]에서 Coefficient(0.07), Standard error(0.02), p-value(0.032)를 참조하여 작성한다.
- [표 4-8] Model 4의 무선효과(random effect), 즉 [level 2, $u_0$], [level 1, $r$], STSV는 그림 (가) Random Effect에서, [level 2, $u_0$]의 경우[INTRCPT1, $u_0$]에서 Standard Deviation(6.77), Variance Component(45.85), $\chi^2$(17.10), p-value(0.005)를 참조하여 작성한다. [level 1, $r$]의 경우에는 Standard Deviation(15.07), Variance Component(227.32)를 참조하여 작성한다.
- STSV(STR1)의 경우에는 [STR1 slope, $u_1$]에서 Standard Deviation(0.21), Variance Component(0.04), $\chi^2$(9.91), p-value(0.077)를 참조하여 작성한다.

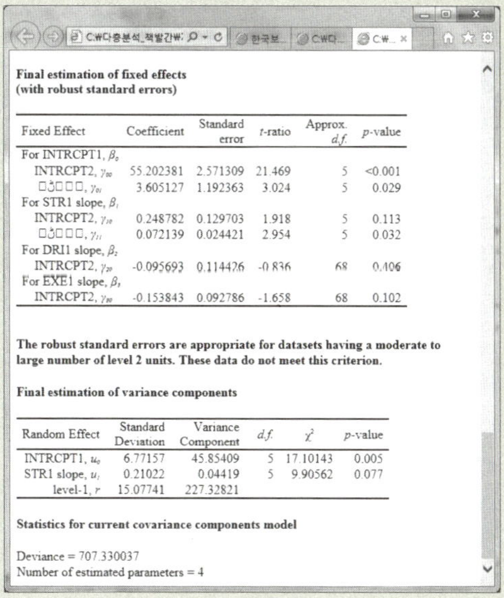

**Final estimation of fixed effects (with robust standard errors)**

| Fixed Effect | Coefficient | Standard error | $t$-ratio | Approx. $d.f.$ | $p$-value |
|---|---|---|---|---|---|
| For INTRCPT1, $\beta_0$ | | | | | |
| INTRCPT2, $\gamma_{00}$ | 55.202381 | 2.571309 | 21.469 | 5 | <0.001 |
| □□□□□, $\gamma_{01}$ | 3.605127 | 1.192363 | 3.024 | 5 | 0.029 |
| For STR1 slope, $\beta_1$ | | | | | |
| INTRCPT2, $\gamma_{10}$ | 0.248782 | 0.129703 | 1.918 | 5 | 0.113 |
| □□□□□, $\gamma_{11}$ | 0.072139 | 0.024421 | 2.954 | 5 | 0.032 |
| For DRI1 slope, $\beta_2$ | | | | | |
| INTRCPT2, $\gamma_{20}$ | -0.095693 | 0.114426 | -0.836 | 68 | 0.406 |
| For EXE1 slope, $\beta_3$ | | | | | |
| INTRCPT2, $\gamma_{30}$ | -0.153843 | 0.092786 | -1.658 | 68 | 0.102 |

**The robust standard errors are appropriate for datasets having a moderate to large number of level 2 units. These data do not meet this criterion.**

**Final estimation of variance components**

| Random Effect | Standard Deviation | Variance Component | $d.f.$ | $\chi^2$ | $p$-value |
|---|---|---|---|---|---|
| INTRCPT1, $u_0$ | 6.77157 | 45.85409 | 5 | 17.10143 | 0.005 |
| STR1 slope, $u_1$ | 0.21022 | 0.04419 | 5 | 9.90562 | 0.077 |
| level-1, $r$ | 15.07741 | 227.32821 | | | |

**Statistics for current covariance components model**

Deviance = 707.330037
Number of estimated parameters = 4

(가)

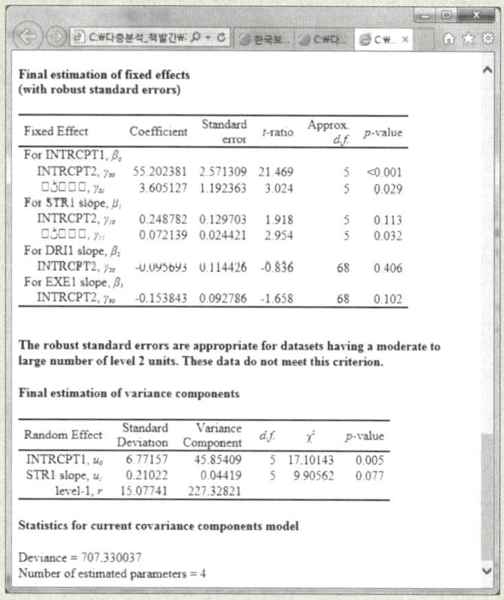

**Final estimation of fixed effects (with robust standard errors)**

| Fixed Effect | Coefficient | Standard error | $t$-ratio | Approx. $d.f.$ | $p$-value |
|---|---|---|---|---|---|
| For INTRCPT1, $\beta_0$ | | | | | |
| INTRCPT2, $\gamma_{00}$ | 55.202381 | 2.571309 | 21.469 | 5 | <0.001 |
| □□□□□, $\gamma_{01}$ | 3.605127 | 1.192363 | 3.024 | 5 | 0.029 |
| For STR1 slope, $\beta_1$ | | | | | |
| INTRCPT2, $\gamma_{10}$ | 0.248782 | 0.129703 | 1.918 | 5 | 0.113 |
| □□□□□, $\gamma_{11}$ | 0.072139 | 0.024421 | 2.954 | 5 | 0.032 |
| For DRI1 slope, $\beta_2$ | | | | | |
| INTRCPT2, $\gamma_{20}$ | -0.095693 | 0.114426 | -0.836 | 68 | 0.406 |
| For EXE1 slope, $\beta_3$ | | | | | |
| INTRCPT2, $\gamma_{30}$ | -0.153843 | 0.092786 | -1.658 | 68 | 0.102 |

**The robust standard errors are appropriate for datasets having a moderate to large number of level 2 units. These data do not meet this criterion.**

**Final estimation of variance components**

| Random Effect | Standard Deviation | Variance Component | $d.f.$ | $\chi^2$ | $p$-value |
|---|---|---|---|---|---|
| INTRCPT1, $u_0$ | 6.77157 | 45.85409 | 5 | 17.10143 | 0.005 |
| STR1 slope, $u_1$ | 0.21022 | 0.04419 | 5 | 9.90562 | 0.077 |
| level-1, $r$ | 15.07741 | 227.32821 | | | |

**Statistics for current covariance components model**

Deviance = 707.330037
Number of estimated parameters = 4

(나)

• 상호작용효과 모형에서 산출된 계수와 결과해석은 다음과 같다.

- Model 4에서는 무조건적 기울기 모형의 무선효과 검증에서 유의미한 변수(STSV)와 조건적 모형의 연도별 고정효과 검증에서 유의미한 변수(YSR)의 상호작용효과를 보는 것이다. 즉 스트레스검색량이 연도별 자살률과 상호작용에 의해 자살검색량에 미치는 영향력을 검증하는 것이다. 월별요인인 스트레스검색량(STSV)과 연별요인인 자살률(YSR)의 상호작용효과는 통계적으로 유의미하게 나타났다($\beta$=0.7, p=0.032). 이는 무조건적 기울기 모형에서와 같이 스트레스검색량이 많을수록 자살검색량이 많고, 자살률이 높은 연도에 스트레스검색량이 많으면 자살검색량도 증가한다는 것이다. 즉 자살률은 스트레스검색에 영향을 주고 스트레스검색은 자살검색에 영향을 주는 것으로, 연도별 자살률이 자살검색량을 증가시키는 효과가 있음을 보여 준다.
- 연도별 자살검색량의 ICC=45.85/(45.85+227.33)=0.168로 산출되었고, 편향도는 707.33으로 나타났다. 이는 월별 스트레스검색과 연도별 자살률의 상호작용이 자살검색량의 연도별 분산에서 차지하는 비율이 16.8%임을 나타낸다.

지금까지 다층분석으로 자살검색에 영향을 미치는 요인에 대해 검증을 실시하였다. 이를 통해 스트레스검색이 자살검색에 영향을 준다는 사실은 검증하였으나, 자살검색이 스트레스검색에 영향을 주고 스트레스검색이 자살검색에 영향을 주게 되는 선순환 모형에 대한 검증 역시 필요하다. 따라서 연구가설 6을 검증하기 위해서 월별 자살검색이 스트레스검색에 미치는 영향에 대해 연도별 차이가 발생하는가를 분석하였다(표 4-9).

[표 4-9] Multilevel Model Analysis in Stress Research Volume

| Model / Parameter | | Model 1 Unconditional model | | | Model 2 Unconditional Slope model | | |
|---|---|---|---|---|---|---|---|
| Fixed effect | | Coef. | S.E. | t-ratio | Coef. | S.E. | t-ratio |
| Level 1 | Intercept, $\gamma_{00}$ | 113.67 | 5.02 | 22.62*** | 113.67 | 5.02 | 22.62*** |
| | SSV | | | | 0.07 | 0.24 | 0.286 |
| Random effect | | S.D. | $\sigma^2$ | $\chi^2$ | S.D. | $\sigma^2$ | $\chi^2$ |
| Level 2, $u_0$ | | 12.86 | 165.49 | 30.42*** | 13.02 | 169.45 | 33.69*** |
| Level 1, $r$ | | 22.09 | 488.03 | | 20.99 | 440.64 | |
| SSV | | | | | 0.52 | 0.27 | 15.29* |
| ICC | | | 0.253 | | | 0.278 | |
| Deviance | | | 761.68 | | | 761.69 | |

*** p<0.001, ** p<0.01, * p<0.05

Model 1에서 고정효과를 살펴보면 스트레스검색량의 전체평균은 113.67로 나타났으며 월 수준과 연 수준의 분산이 유의하여 연도별로 상당한 변량이 존재함을 알 수 있다(t=22.62, p<0.001). ICC는 25.3%로 나타났으며, 연 수준에서 차지하는 분산이 상당하여 월별 스트레스검색량은 연도별로 차이가 있는 것으로 나타났다($\chi^2$=30.42, p<0.001).

Model 2에서 월별(Level 1) 스트레스검색량에 대한 고정효과 분석 결과 스트레스검색량은 연도별로 차이가 있는 것으로 나타났으나(t=22.62, p<0.001), 자살검색량은 스트레스검색량에 영향을 주지 않는 것으로 나타났다. 즉, 자살검색이 스트레스검색을 증가시키는 것이 아니라 스트레스검색이 자살검색을 증가시키는 일방향 모형이 타당함을 입증하는 결과이다. 그러나 무선효과 검증 결과에서는 월별 자살검색이 스트레스검색에 영향을 미치는 것으로 나타났고($\chi^2$=15.29, p<0.01), 월별 스트레스검색량은 연도별 차이가 있는 것으로 나타났다($\chi^2$=33.69, p<0.01). 연도별 스트레스검색량의 ICC는 0.278로 산출되었고 편향도는 761.69로 나타났다.

## 16 자살검색 다층모형의 역모형(무조건 모형) 검증

- 역모형(무조건 모형)에서 MDM 파일 만들기와 분석하기는 본 장의 10 자살검색 다층모형 MDM 파일 만들기와 11 자살검색 다층모형 MDM 파일 분석하기를 참고하기 바란다.
- 11 자살검색 다층모형 MDM 파일 분석하기의 역모형을 실행한 결과는 아래와 같다.
  - [표 4-9] Model 1의 [Intercept, $\gamma_{00}$]는 그림 (나)의 Fixed Effect(robust standard error)의 [For INTRCPT1, $\beta_0$ - INTRCPT2, $\gamma_{00}$]에서 Coefficient(113.67), Standard Error(5.02), t-ratio(22.62), p-value(<0.001)를 참조하여 작성한다.
  - [표 4-9] Model 1의 무선효과, 즉 [level 2, $u_0$], [level 1, $r$]는 그림 (가) Random Effect에서, [level 2, $u_0$]의 경우 [INTRCPT1, $u_0$]에서 Standard Deviation(12.86), Variance Component(165.49), $\chi^2$(30.42), p-value(<0.001)를 참조하여 작성한다. [level 1, $r$]의 경우 Standard Deviation(22.09), Variance Component(488.03)를 참조하여 작성한다.

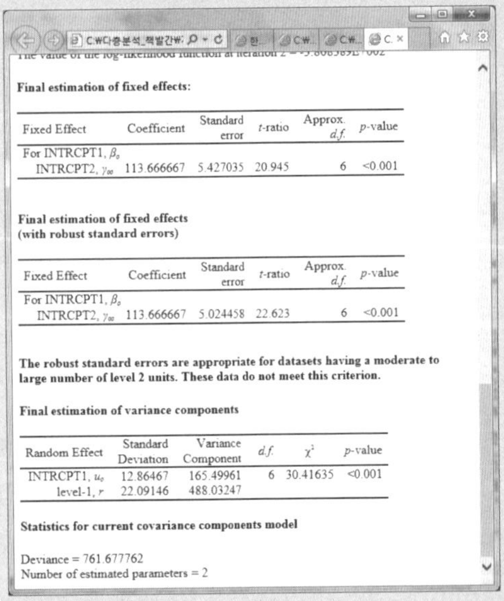

Final estimation of fixed effects:

| Fixed Effect | Coefficient | Standard error | t-ratio | Approx. d.f. | p-value |
|---|---|---|---|---|---|
| For INTRCPT1, $\beta_0$ INTRCPT2, $\gamma_{00}$ | 113.666667 | 5.427035 | 20.945 | 6 | <0.001 |

Final estimation of fixed effects (with robust standard errors)

| Fixed Effect | Coefficient | Standard error | t-ratio | Approx. d.f. | p-value |
|---|---|---|---|---|---|
| For INTRCPT1, $\beta_0$ INTRCPT2, $\gamma_{00}$ | 113.666667 | 5.024458 | 22.623 | 6 | <0.001 |

The robust standard errors are appropriate for datasets having a moderate to large number of level 2 units. These data do not meet this criterion.

Final estimation of variance components

| Random Effect | Standard Deviation | Variance Component | d.f. | $\chi^2$ | p-value |
|---|---|---|---|---|---|
| INTRCPT1, $u_0$ | 12.86467 | 165.49961 | 6 | 30.41635 | <0.001 |
| level-1, $r$ | 22.09146 | 488.03247 | | | |

Statistics for current covariance components model

Deviance = 761.677762
Number of estimated parameters = 2

(가)

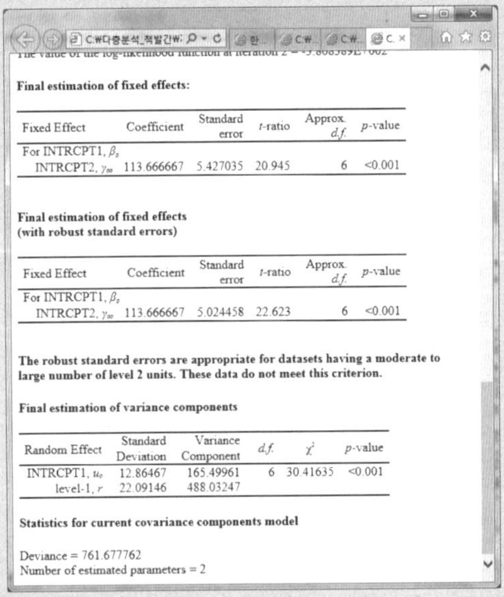

Final estimation of fixed effects:

| Fixed Effect | Coefficient | Standard error | t-ratio | Approx. d.f. | p-value |
|---|---|---|---|---|---|
| For INTRCPT1, $\beta_0$ INTRCPT2, $\gamma_{00}$ | 113.666667 | 5.427035 | 20.945 | 6 | <0.001 |

Final estimation of fixed effects (with robust standard errors)

| Fixed Effect | Coefficient | Standard error | t-ratio | Approx. d.f. | p-value |
|---|---|---|---|---|---|
| For INTRCPT1, $\beta_0$ INTRCPT2, $\gamma_{00}$ | 113.666667 | 5.024458 | 22.623 | 6 | <0.001 |

The robust standard errors are appropriate for datasets having a moderate to large number of level 2 units. These data do not meet this criterion.

Final estimation of variance components

| Random Effect | Standard Deviation | Variance Component | d.f. | $\chi^2$ | p-value |
|---|---|---|---|---|---|
| INTRCPT1, $u_0$ | 12.86467 | 165.49961 | 6 | 30.41635 | <0.001 |
| level-1, $r$ | 22.09146 | 488.03247 | | | |

Statistics for current covariance components model

Deviance = 761.677762
Number of estimated parameters = 2

(나)

- 역모형의 기초모형에서 산출된 계수와 결과해석은 다음과 같다.
  - Model 1에서 고정효과를 살펴보면 종속변수인 스트레스검색량(STR1)의 전체평균은 113.67로, 월 수준과 연 수준의 분산이 유의하여(p<0.001) 연도별로 상당한 변량이 존재함을 알 수 있다(t=22.62, p<0.001).
  - ICC=165.49/(165.49+488.02)=0.253으로 나타났으며, 연 수준에서 차지하는 분산이 상당하여 월별 스트레스검색량은 연도별로 차이가 있는 것으로 나타났다($\chi^2$=30.42, p<0.001).

## 17 자살검색 다층모형의 역모형(무조건적 기울기 모형) 검증

• 역모형(무조건적 기울기 모형)에서 MDM 파일 만들기와 분석하기는 본 장의 10 자살검색 다층모형 MDM 파일 만들기와 11 자살검색 다층모형 MDM 파일 분석하기를 참고하기 바란다.

- [표 4-9] Model 2의 [Intercept, $\gamma_{00}$], 자살검색량(SSV)의 고정효과는 그림 (나)의 Fixed Effect(robust standard error)에서, [Intercept, $\gamma_{00}$]의 경우 [For INTRCPT1, $\beta_0$ - INTRCPT2, $\gamma_{00}$]에서 Coefficient(113.67), Standard error(5.02), p-value(<0.001)를 참조한다.
- 자살검색량 SSV(SUI1)의 경우에는 [For SUI1 slope, $\beta_1$ - INTRCPT2, $\gamma_{10}$]에서 Coefficient(0.07), Standard error(0.24), p-value(0.785)를 참조하여 작성한다.
- [표 4-9] Model 2의 2수준 무선효과[level 2, $u_0$], 1수준 무선효과[level 1, $r$]는 그림 (가) Random Effect에서, [level 2, $u_0$]의 경우 [INTRCPT1, $u_0$]에서 Standard Deviation(13.02), Variance Component(169.45), $\chi^2$(33.69), p-value(<0.001)를 참조하여 작성한다. [level 1, $r$]의 경우 Standard Deviation(20.99), Variance Component(440.64)를 참조하여 작성한다(나머지 독립변수들을 차례로 작성한다).
- 자살검색량 SSV(SUI1)의 무선효과의 경우에는 [SUI1 slope, $u_1$]에서 Standard Deviation(0.52), Variance Component(0.27), $\chi^2$(15.29), p-value(0.018, $p<0.05$)를 참조하여 작성한다.

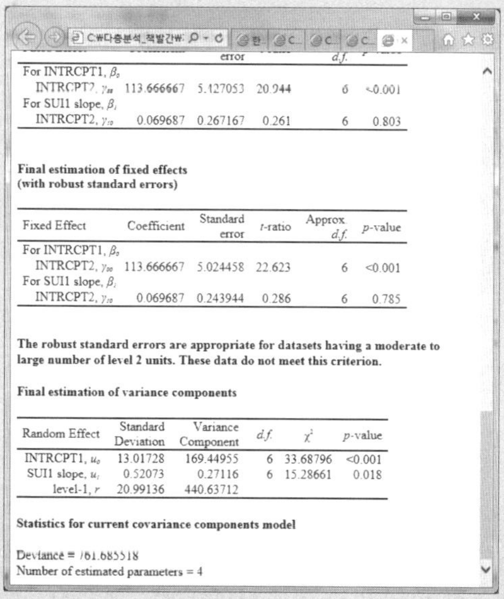

| Fixed Effect | Coefficient | Standard error | t-ratio | Approx. d.f. | p-value |
|---|---|---|---|---|---|
| For INTRCPT1, $\beta_0$ | | | | | |
| INTRCPT2, $\gamma_{00}$ | 113.666667 | 5.127053 | 20.944 | 6 | <0.001 |
| For SUI1 slope, $\beta_1$ | | | | | |
| INTRCPT2, $\gamma_{10}$ | 0.069687 | 0.267167 | 0.261 | 6 | 0.803 |

**Final estimation of fixed effects (with robust standard errors)**

| Fixed Effect | Coefficient | Standard error | t-ratio | Approx. d.f. | p-value |
|---|---|---|---|---|---|
| For INTRCPT1, $\beta_0$ | | | | | |
| INTRCPT2, $\gamma_{00}$ | 113.666667 | 5.024458 | 22.623 | 6 | <0.001 |
| For SUI1 slope, $\beta_1$ | | | | | |
| INTRCPT2, $\gamma_{10}$ | 0.069687 | 0.243944 | 0.286 | 6 | 0.785 |

**The robust standard errors are appropriate for datasets having a moderate to large number of level 2 units. These data do not meet this criterion.**

**Final estimation of variance components**

| Random Effect | Standard Deviation | Variance Component | d.f. | $\chi^2$ | p-value |
|---|---|---|---|---|---|
| INTRCPT1, $u_0$ | 13.01728 | 169.44955 | 6 | 33.68796 | <0.001 |
| SUI1 slope, $u_1$ | 0.52073 | 0.27116 | 6 | 15.28661 | 0.018 |
| level-1, $r$ | 20.99136 | 440.63712 | | | |

**Statistics for current covariance components model**

Deviance = 761.685518
Number of estimated parameters = 4

(가)

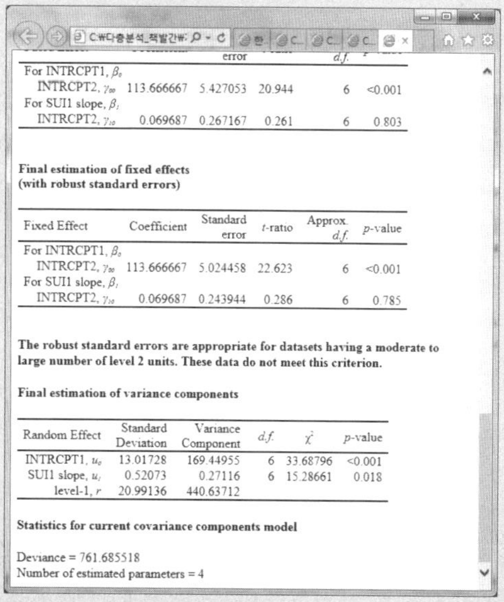

| Fixed Effect | Coefficient | Standard error | t-ratio | Approx. d.f. | p-value |
|---|---|---|---|---|---|
| For INTRCPT1, $\beta_0$ | | | | | |
| INTRCPT2, $\gamma_{00}$ | 113.666667 | 5.427053 | 20.944 | 6 | <0.001 |
| For SUI1 slope, $\beta_1$ | | | | | |
| INTRCPT2, $\gamma_{10}$ | 0.069687 | 0.267167 | 0.261 | 6 | 0.803 |

**Final estimation of fixed effects (with robust standard errors)**

| Fixed Effect | Coefficient | Standard error | t-ratio | Approx. d.f. | p-value |
|---|---|---|---|---|---|
| For INTRCPT1, $\beta_0$ | | | | | |
| INTRCPT2, $\gamma_{00}$ | 113.666667 | 5.024458 | 22.623 | 6 | <0.001 |
| For SUI1 slope, $\beta_1$ | | | | | |
| INTRCPT2, $\gamma_{10}$ | 0.069687 | 0.243944 | 0.286 | 6 | 0.785 |

**The robust standard errors are appropriate for datasets having a moderate to large number of level 2 units. These data do not meet this criterion.**

**Final estimation of variance components**

| Random Effect | Standard Deviation | Variance Component | d.f. | $\chi^2$ | p-value |
|---|---|---|---|---|---|
| INTRCPT1, $u_0$ | 13.01728 | 169.44955 | 6 | 33.68796 | <0.001 |
| SUI1 slope, $u_1$ | 0.52073 | 0.27116 | 6 | 15.28661 | 0.018 |
| level-1, $r$ | 20.99136 | 440.63712 | | | |

**Statistics for current covariance components model**

Deviance = 761.685518
Number of estimated parameters = 4

(나)

- 역모형에서 산출된 계수와 결과해석은 다음과 같다.
  - Model 2에서 월별(Level 1) 스트레스검색량에 대한 고정효과 분석 결과, 자살검색량(SSV)은 스트레스검색량(STSV)에 영향을 주지 않는 것으로 나타났다($\beta$=0.07, p=0.785). 즉 자살검색이 스트레스검색을 증가시키는 것이 아니라 스트레스검색이 자살검색을 증가시키는 일방향 모형이 타당함을 입증하는 결과이다. 무선효과 검증 결과에서는 월별 자살검색이 스트레스검색에 영향을 미치는 것으로 나타났다($\chi^2$=15.29, $p<0.05$). 그리고 월별 스트레스검색량은 연도별 차이가 있는 것으로 나타났다($\chi^2$=33.69, $p<0.01$).
  - 연도별 스트레스검색량의 ICC=169.45/(169.45+440.64)=0.278로 나타났다. 이는 월별요인(자살검색량)이 투입된 스트레스검색량의 연도별 분산이 차지하는 비율이 27.8%인 것을 나타낸다.

## 4 논의

본 연구는 전 세계적으로 문제가 되고 있는 자살 관련 요인 분석에 빅데이터 분석기술을 활용해 보고자 한 것이다. 이를 위해 그동안의 자살과 관련된 종단적 및 횡단적 연구에서 보고된 스트레스-취약모형을 적용하였다. 본 연구의 주요 분석결과는 다음과 같다.

한국의 자살률은 2005년에 증가하였다가 2006년에 감소하였으며, 2007년 이후 다시 증가 추세를 보였다. 구글의 자살검색량 역시 자살률과 비슷한 추세를 나타냈는데, 이는 2005년, 2008년, 그리고 2010년 유명연예인의 자살에 따른 '베르테르 효과'와 관련이 있으며, 자살과 관련된 언론보도의 심각성을 보여 주는 선행 연구결과들(Kim & Yun, 2011; Stack, 2005)을 지지한다고 볼 수 있다.

주요 OECD 국가의 자살률과 자살검색량 비교에서 대부분 국가의 자살률과 자살검색량은 안정적인 모습을 보이거나 감소하였으나, 한국의 경우에는 증가 추세를 보였다. 이는 OECD 회원국 평균 자살률의 3배에 가까운 한국의 자살률이 자살검색량과도 관련이 있다는 사실을 보여 주는 결과라고 할 수 있다. 한국인의 스트레스와 자살검색량이 연도별로 차이가 있는가를 검증하기 위한 기초모형 분석에서, 한국인은 구글에서 월평균 55.2회 정도 자살을 검색하는 것으로 유의하게 나타났다. 그리고 무선효과 분석 결과 자살검색량과 스트레스검색량이 연도별로 차이가 있는 것으로 나타났다.

한국인의 스트레스·음주·운동 검색량이 자살검색량에 미치는 영향을 검증하기 위한 무조건적 기울기 모형 분석에서 자살검색량에 스트레스검색량이 영향을 주는 것으로 나타나, 스트레스검색이 많을수록 자살검색이 증가함을 알 수 있었다. 이는 스트레스가 자살에 직접적인 영향을 준다는 선행연구들(Dixon, Heppne & Anderson, 1991; Izadinia, 2010; Jeong & Jeong, 2011; Park, 2009; Park, Lim, & Yoon, 2010; Willburn & Smith, 2005; Woo, Park, & Jeong, 2010; Yoon & Lee, 2012)을 지지하는 결과다. 따라서 민간 검색포털이나 사회네트워크 서비스에서 스트레스와 자살에 관련된 키워드 검색이나 버즈 발생 시, 이용자의 연령 및 그동안의 검색패턴 등을 포함한 빅데이터를 실시간으로 분석하여 자살과 관련된 징후를 예측함과 동시에 이용자에게 가장 적합한 맞춤형 개입 프로그램을 제공함으로써 자살충동을 예방하는 데 기여할 수 있을 것이다.

한국인의 월별 스트레스·음주·운동 검색량과 연도별 자살률이 자살검색량에 미치는 영향을 검증하기 위한 조건적 모형의 검증에서 월별(Level 1) 요인은 자살검색량에 영향을 주지 않았지만 연도별(Level 2) 요인인 자살률은 강한 영향을 미치는 것으로 나타났다. 이는 연도별 자살률의 통제를 통해 월별요인이 영향을 받은 것으로 판단되며, 연도별 자살 관련 요인이 자살검색에 직접적인 영향을 주는 것으로 해석할 수 있다. 스트레스검색과 자살률의 상호작용효과는 정적으로 유의하여 자살률이 높은 연도에 스트레스검색이 많으면 자살검색을 증가시키는 것으로 나타났으며, 궁극적으로 자살률은 스트레스검색에 영향을 주고 스트레스검색은 이어서 자살검색에 영향을 주는 것으로 나타났다.

본 연구는 현재 빅데이터를 이용한 자살요인 분석에 대한 연구가 거의 없는 상황에서 자살검색과 자살률이 서로 연관되어 있음을 입증한 것으로, 이는 빅데이터를 잘 활용할 경우 국가 차원에서 자살에 대해 체계적으로 대응할 수 있는 대책 마련에 기여할 수 있다는 가능성을 보여 준 것이라 하겠다. 핀란드의 경우 1,397건의 자살 관련 심리적 부검보고서(의료, 사회보장자료, 가족, 친구, 의사 면담자료 등의 분석 내용 포함)를 바탕으로 자살예방을 위해 범부처가 함께 노력하는 프로젝트(1986~1996년)를 추진한 바 있는데, 그 결과 1990년에 인구 10만 명당 30.3명에서 2004년 20.4명, 2010년 17.3명으로 자살률이 줄어들었다. 핀란드가 국가적 차원의 오프라인 보고서를 바탕으로 자살을 줄였다면, 한국은 세계 최고 수준의 정보통신기술 및 사회적 인프라를 바탕으로 한 빅데이터를 활용함으로써 국가적 자살예방대책 마련에 기여할 수 있을 것으로 본다.

마지막으로, 본 연구의 제한점은 다음과 같다. 첫째, 본 연구의 분석은 개개인의 특성을 가지고 분석한 것이 아니고 그 구성원이 속한 전체 집단의 자료를 대상으로 분석하였기 때문에 이를 개인에게 적용하였을 경우 생태학적 오류가 발생할 수 있다. 둘째, 본 연구는 구글에서 제공하는 검색통계에 국한된 분석이라는 점에서 대표성이 지적될 수 있다. 따라서 향후 한국인이 이용하는 검색포털, 블로그, 카페, 사회네트워크 서비스, 웹 게시판 등 다양한 채널에서 빅데이터를 수집하여 자살검색과 관련된 요인을 분석한다면 한층 예측력이 높은 국가 차원의 자살예방대책을 마련할 수 있을 것이다.

## 5 요약 및 결론

본 연구는 자살 관련 요인 분석을 위해 빅데이터를 활용한 것으로, 궁극적으로 향후 국내 공공기관 및 민간기관에서 관리하는 (사회 각 분야에 다양한 형태로 존재하는) 빅데이터를 효율적으로 활용할 수 있는 하나의 사례를 제시하고자 하였다. 또 스트레스검색이 많을수록 자살검색 또한 증가함을 입증함으로써 스트레스가 자살에 영향을 미친다는 기존 연구결과들과 그 맥을 같이 하였고, 연도별 자살 관련 요인이 자살검색에 영향을 준다는 사실을 입증하였다.

결과적으로 스트레스검색과 자살률이 서로 관련이 있으며, 연도별 자살률은 스트레스검색에 영향을 미치고, 스트레스검색은 다시 자살검색에 영향을 미치는 것으로 나타났다. 빅데이터를 활용하여 자살요인을 분석한 연구가 거의 없는 현 상황에서 본 연구는 빅데이터를 잘 활용할 경우 국가 차원의 자살예방대책을 수립하는 데 기여할 수 있음을 보여 준 연구라 할 수 있다. 앞으로 보건복지분야에서 빅데이터를 다양한 용도로 적극 활용할 수 있도록 인재 양성은 물론 제반 환경을 체계적으로 갖추어 나가야 할 것이다.

◆ 참고문헌 ◆


1. Alloy, L. B., Hartlage, S., & Abramson, L. Y. (1988). *Testing the cognitive diathesis-stress theories of depression: Issues of research design, conceptualization, and assesment.* In L. B. Alloy (Ed.), Cognitive Precesses in Depression. New York: The Guilford Press. 31-73.
2. Bae, S. B., & Woo, J. M. (2011). Suicide prevention strategies from medical perspective. *Journal of the Korean Medical Association*, 54(4), 386-391. http://dx.doi.org/10.5124/jkma.2011.54.4.386
3. Chang, Y. S. (2012). Actual conditions of suicide and policy challenges in Korea 2012. *Issue & Focus*, 165, 46.
4. Chapman, N. J., & Beaulet, M. (1983). Environmental predictor of well-being for at risk older adults in mid-sized city. *Journal of Gerontology*, 38(2), 237-244. http://dx.doi.org/10.1093/geronj/38.2.237
5. Chung, S. (2011). Influence of early onset of drinking and problem drinking on suicide ideation and attempt among Korean adolescents: Analysis of 2009 Korean Youth Risk Behavior Survey. *Journal of Korean Alcohol Science*, 12(1), 15-28.
6. Dixon, W. A., Heppner, P. P., & Anderson, W. P. (1991). Problem-solving appraisal, stress, hopelessness, and suicide ideation in a college population. *Journal of Counseling Psychology*, 38(1), 51-56. http://dx.doi.org/10.1037/0022-0167.38.1.51
7. Hardwood, D., & Jacoby, R. (2000). *Suicidal Behavior among the Elderly.* Join Wiley & Sons. Ltd.
8. Heck, R., & Thomas, S. (2009). *An Introduction to Multi-level Modeling Techniques* (2nd ed.). New York, NY: Routledge.
9. Izadinia, N., Amiri, M., Jahromi, R. G., & Hamidi, S. (2010). A study of relationship between suicidal ideas, depression, anxiety, resiliency, daily stresses and mental health among Teheran university students. *Procedia-Social and Behavioral Sciences*, 5, 1615-1619. http://dx.doi.org/10.1016/j.sbspro.2010.07.335
10. Jeong, D. H., & Jeong, M. H. (2011). Path Analysis in a study on youth' stress, delinquency and suicide ideals. *Korean Journal of Family Welfare*, 16(3). 171-187.
11. Kim, B. (2010). Effects of suicide reports on actual suicides in Korea. *Korean Journal of Journalism & Communication Studies*, 54(2), 346-362.
12. Kim, B. S., & Yun, D. H. (2011). Prevention of suicide infection on part of advance guard in media. *Newspapers and Broadcasting*, 7, 22-26.
13. Kim, I. S. (2009). Third-person effect of celebrity suicide news: Exploring the relationships among attitude toward celebrity suicide news, media use, the third-person effect and media

regulation. *Journal of Communication Science*, 9(3), 5-36.

14. Kline, R. B. (2010). *Principles and Practice of Structural Equation Modeling* (3rd ed.). New York, NY: Guilford Press, 63.
15. Korea National Statistical Office. (2006). 2005 Cause-of-Death Statistics Results.
16. Lazarus, R. S., & Folkman, S. (1984). Stress, *Appraisal and Coping*. New York; Springer Publishing Company.
17. Lee, J. B., & Jung, S. D. (1985). Study on anxiety and depression in the elderly. *Journal of Korean Neuropsychiatric Association*, 24(3), 431-444.
18. McKinsey Global Institute (2011). Big data: The next frontier for innovation, competition, and productivity.
19. Ministry of Health and Welfare (2011). Epidemiological Investigation of Psychiatric Disorder Reality. 2011. 12.
20. National Information Society Agency (2012). Evolved into the Big Data World (Case Study of Global for Big Data).
21. Park, B. K.(2009). An Analysis of the developmental path of Adolescent' depression and suicidal ideation. *Mental Health & Social Work*, 31(4), 207-235.
22. Park, J. Y., Lim, Y. O., & Yoon, H. S. (2010). Suicidal impulse caused by stress in Korea: Focusing on mediation effects of existent spirituality, family support, and depression. *Korean Journal of Social Welfare Studies*, 41(4). 81-105.
23. Policy Exchange (2012). The Big Data Opportunity: Making government faster, smarter and more personal.
24. Raudenbush, S. W., & Bryk, A. S. (2002). *Hirearchical Linear Models: Application and Data Analysis Methods* (2nd ed.). Thousand Oaks, CA: Sage.
25. Song, T. M. (2012). Multivariate analysis on factors affecting suicide utilizing big data: Applying Google search trend. *Issue & Focus*, 186(2012-49), 1-8.
26. Song, Y. J. (2011). The comparative study of change in characteristics of suicidal attempts before and after the celebrity suicide. Unpublished master's thesis, Graduate School of Yonsei University, Seoul, Korea.
27. Stack, S. (2005). Suicide in the media: A quantitative review of studies based on nonfictional stories. *Suicide and Life-Threatening Behavior*, 25, 121-133. http://dx.doi.org/10.1521/suli.35.2.121.62877
28. Stress.. Republic of Korea. (2007, May 2). The Korea Economic Daily. Retrieved January 11, 2013, from http://www.hankyung.com/news/app/newsview.php?aid=2007050274801&intype=1
29. Tapert, S., Colby, S., Barnett, N., Spirito, A., Rohsenow, D., Myers, M., & Monti, P. (2003). Depressed mood, gender, and problem drinking in youth. *Journal of Child & Adolescent*

*Substance Abuse*, 12(4), 55-68. http://dx.doi.org/10.1300/J029v12n04_04

30. Three issues of Korea. (2012, Oct. 29). *The Dong-A Daily*. Retrieved January 11, 2013, from http://news.donga.com/3/all/20121029/50456912/1
31. Tousignant, M., Mishara, B. L., Caillayd, A., Fortin, V., & St-Laurent, D. (2005). The impact of media coverage of the suicide of well-known Quebec reporter: The case of Gaetan Girouard. *Social Science & Medicine*, 60, 1919-1926. http://dx.doi.org/10.1016/j.socscimed.2004.08.054
32. United Nations. (1996). Prevention of Suicide: Guidelines for the formulation and implementation of national strategies. United Nations.
33. Wilbum, V. R., & Smith, D. E. (2005). Stress, self-esteem, and suicidal ideation in late adolescents. *Adolescence*, 40(157), 33-46.
34. Woo, C. Y., Park, A. C., & Jeong, H. H. (2010). The structural relationship among human relations, stress, depression and suicidal ideation of adolescents by genders and level of school. *Journal of Educational Psychology*, 24(1), 19-38.
35. Yoon, M. S. (2011). Suicidal ideation among alcoholics moderating effect of alcohol use. *Mental Health & Social Work*, 38, 113-140.
36. Yoon, M. S., & Lee, H. S. (2012). The relationship between depression, job preparing stress and suicidal ideation among college students: Moderating effect of problem drinking. *Korean Journal of Youth Studies*, 19(3), 109-137.

5장

# 빅데이터 논문 실전 II

소셜 빅데이터를 활용한 자살검색 요인 다변량 분석

※ 주요 내용

1. 서론
2. 연구방법
3. 연구결과
4. 논의
5. 결론

## 1 서론[1]

우리나라는 최근 스마트폰의 보급이 확산됨에 따라 모바일 인터넷과 SNS 이용이 급속히 증가하고 있다. 2011년 7월 현재 우리나라의 만 3세 이상 인구의 인터넷 이용률은 78.0%이며 이 중 만 6세 이상 인터넷 이용자의 66.5%가 1년 이내에 SNS를 이용하고 있으며, 만 6세~19세의 인터넷 이용자 중 78.9%(Korea Communacations Commission·Korea Internet & Security Agency, 2011)가 친구관계를 강화하거나 일상의 스트레스를 해소하기 위해 SNS를 이용(Lee Chang-Ho et al., 2012)한다고 한다.

소셜미디어[2]는 '개개인의 주관적인 생각 또는 경험을 바탕으로 한 정보를 공유하거나 재가공하는 참여·소통·공유 기반의 뉴미디어를 의미'하며, 대표적인 소셜미디어로는 페이스북과 트위터 같은 SNS(Social Network Service)가 있다(National Information Society Agency, 2011). SNS는 개인, 집단, 사회의 관계를 네트워크로 파악하는 사회관계망 서비스를 의미하며[3] 실시간성과 가속성이라는 특징을 지녔기 때문에 그 어떠한 매체보다 이슈에 대한 확산속도가 빠르다. 그래서 개개인의 단순한 생활 내용뿐만 아니라 정치·경제·사회·문화 등 사회전반의 문제에 대한 이슈가 SNS를 통해 확산된다(National Information Society Agency, 2011). 특히, SNS는 청소년들이 일상생활에서 느끼는 우울한 감정이나 스트레스, 고민을 듣고 그들의 행태를 이해할 수 있는 공간이다. 그러므로 SNS상에서 나타나는 자살에 대한 감정표현이나 심리적 위기 행태들을 분석함으로써 위험징후와 유의미한 패턴을 감지해 자살을 예방하는 데 긍정적 효과를 발휘할 수 있다(National Information Society Agency, 2012).

이러한 SNS를 통하여 전송되는 데이터의 양이 기하급수적으로 증가하고 데이터가 경제적 자산으로 그 가치를 인정받기 시작하면서, 빅데이터의 활용과 분석이 국가와 기업의 성패를 가름할 새로운 경제적 가치의 원천으로 꼽히고 있고 다양한 부문에서 빅데이터의 적극적

1. 본 논문은 〈소셜 빅데이터를 활용한 자살검색 요인 다변량 분석〉[송태민·송주영·안지영·진달래, 2013, 보건교육건강증진학회지, 30(3), pp. 59-73]에 게재된 내용과 〈소셜 빅데이터 분석을 통한 자살검색 예측모형 개발〉[송태민, 2013, 한국보건사회연구원 보건복지포럼(2013. 8)] 내용을 기초로 하였음을 밝힌다.

2. 소셜미디어 유형은 블로그(blog), 소셜네트워크서비스(SNS), 콘텐츠커뮤니티(contents communities), 위키(wiki), 마이크로블로그(micro blog) 등(National IT Industry Promotion Agency, 2006)이 있으나 본 연구에서는 SNS로 통일하였다.

3. http://ko.wikipedia.org/wiki/. 2013. 7. 14.

인 활용을 시도하고 있다.[4] 빅데이터는 기존의 데이터베이스 관리시스템(database management system)으로는 수집·저장·관리·분석하기 어려운 정형 또는 비정형의 대용량 데이터로 '의미 있는 새로운 가치를 추출해 낼 수 있는 데이터'라고 그 개념을 이해할 수 있다(McKinsey Global Institute, 2011; National Information Society Agency, 2012). 우리나라의 보건복지분야에서는 이미 수많은 빅데이터를 정부 및 공공기관에서 관리하고 있다. 그러나 정보 접근의 어려움 때문에 활용이 미흡한 반면, 민간기관의 검색포털이나 SNS에서 관리하는 빅데이터의 분석과 활용은 활발히 이루어지고 있는 편이다.

한편, 우리나라는 급격한 사회적·경제적 변화 속에서 자살에 의한 사망률(자살률)이 2010년 인구 10만 명당 33.5명으로 OECD 회원국 평균 자살률 12.8명에 비해 높게 나타나고 있다(OECD Health Data, 2012). 특히 2000~2010년 기간 중 우리나라 자살률은 OECD 국가 중 가장 높은 증가율인 101.8%로 나타났으며, 청소년과 노인의 자살사망률 증가폭은 다른 OECD 회원국에 비해 매우 큰 것으로 보고되었다(Chang, 2012). 우리나라의 자살 원인은 계층별로 다양하게 나타나고 있다. 청소년의 경우 학교폭력과 생활 스트레스가 그 주된 요인이며, 대학생의 경우에는 2007년 이후 학자금 대출로 인한 신용불량자 증가와 함께 생활고 및 경제문제, 취업난과 학업문제 등으로 자살률이 급속히 증가하고 있다.[5] 2012년 청소년 통계조사에서 청소년의 8.8%가 자살을 생각해 본 적이 있는 것으로 나타났다(Statistics Korea, 2012). 베이비붐 세대는 1998년 IMF 경제위기와 2008년 글로벌 금융위기를 겪으면서 제대로 된 노후준비도 없이 삶의 터전이 무너지고, 조기은퇴로 인한 어려움 때문에 자살률이 증가하고 있다. 또 노인의 경우에는 신체적 질병이나 경제상태의 악화, 사회와 가족으로부터의 고립 등으로 우울증이 증가하면서 자살을 선택하는 비율이 증가하고 있다(Song, 2012). 2010년 통계청 조사(Statistics Korea, 2010)에서 베이비붐 세대의 7.1%가 자살을 생각해 본 적이 있다고 답했다. 이와 같이 우리나라는 모든 계층에서 자살률이 증가하고 있는 것으로 나타남에 따라 온라인·오프라인 빅데이터의 분석을 통해 자살의 원인과 위험징후를 파악하여 자살을 예방할 수 있는 정부 차원의 대책이 시급한 실정이다.

그동안 자살에 대한 연구는 자살원인을 밝히기 위하여 정신과적 요인, 생물학적·의학적 요인, 그리고 사회적·환경적 요인 등에 초점이 맞추어져 왔다(Bae & Woo, 2011). 자살의 원인

4. 공공부문에서 유전자와 생명연구자원 공유를 통한 질병 예방 및 예측, 치료, 그리고 환자관리 등에 활용되고 있다. 또한, 다국적 IT기업들과 웹 검색 포털사이트들은 서버에 저장된 빅데이터를 분석함으로써 다양한 가치 정보를 생산해 내고 있다(Policy Exchange, 2012).

5. http://ask.nate.com/qna/view.html?n=8975979, http://wbkn.tv/?bid=news&m=bbs&uid=2436

을 설명하기 위한 모델로는 사회학적 모델, 심리학적 모델, 유전학적·생물학적 모델, 스트레스-취약모형 등 여러 가지가 있다. 그중 스트레스-취약모형은 자살은 단편적으로 이루어지는 것이 아니라 사회적·심리적 자원과 스트레스 요인이 상호작용하여 우울증이나 알코올 중독 등의 질환이 발생하고(Alloy et al., 1988) 이들 질환이 시간을 두고 점차 진행되면서 자살에 이르는 일련의 과정을 거치게 된다는 것이다(Izadinia et al., 2010; Park et al., 2010).

스트레스는 개인의 능력 혹은 자원을 초과하여 안녕을 위협할 수 있다(Lazarus & Folkman, 1984). 자살행동은 개인의 삶에 대한 요구 및 기대치에 적절하게 대처하지 못한 결과로 개인이 지각하는 현실에서의 스트레스 때문에 유발된다고 볼 수 있다(Dixon et al., 1991). 동일한 강도의 스트레스를 경험하더라도 개인에 따라 자살행동에 미치는 영향 정도는 각기 다르기에 스트레스와 자살행동의 중재요인을 규명하기 위한 연구 또한 많이 진행되어 왔다. 선행 연구에서는 자아존중감과 같은 인지적 소질이나 가족 지지와 사회적 지지(Wilbum, & Smith, 2005), 그리고 흡연·음주·운동·영양 등의 생활습관을 중재요인으로 보고하고 있다. 생활습관과 관련된 요인 가운데 특히 문제음주 행위는 다른 중독성 물질을 남용할 가능성이 높을 뿐만 아니라 자기통제가 힘든 상황에서 자살충동을 쉽게 유발하는 것으로 나타났다(Chung, 2011; Tapert et al., 2003; Yoon, 2011). 이와는 반대로 건강을 유지·증진하기 위한 생활습관 행위 가운데 운동요인은 질병 예방과 질병으로부터의 빠른 회복을 유도하고 현재의 건강상태를 유지·증진시킴으로써 궁극적으로 삶의 질을 향상시켜 스트레스를 감소시킬 수 있다고 보고되었다(Chapman & Beaulet, 1983; Bae & Woo, 2011). 이혼이나 사별한 경우 정상적인 가정보다 자살률이 높고(Stack, 1981; Smith, 1988), 경제적 어려움을 겪는 노인과 실업노인일수록 새로운 생활에 대한 적응능력이 부족한 상황에서 자살요인이 증가하고 있다(McIntosh, 1995). 이혼율, 출생률, 여성의 경제활동 참가율, 인구이동, 소득, 교육수준 등의 사회적 변수를 사용하여 분석을 시도한 결과, 도시화 수준이 자살과 강한 연관관계가 있으며(Kowalski et al., 1987) 높은 도시화 수준이 자살률을 낮춘다는 연구결과(Stack, 2000)가 나왔다. 또한 오존과 일산화탄소와 같은 대기오염인자가 증가할수록(Biermann et al., 2009), 미세먼지가 증가할수록(Kim et al., 2010), 기온이 높을수록(Durkhim, 2008; Yang et al., 2011) 자살이 증가한다는 연구결과도 나왔다.

이와 같이 그동안 자살에 대한 연구는 통계자료와 조사데이터의 분석을 통해 국가 간에 자살률 비교나 자살요인 추적 등에 초점을 맞춘 연구가 진행되어 왔다. 그러나 이러한 연구는 자살에 대한 개별적 변인을 파악하는 데는 이점이 있는 반면, 개별 대상자에게서 파악한 변수들이 지역변수나 사회적·환경적인 변수와 얼마나 어떻게 관련되는지는 불분명하며 실시간으로 원인을 분석하는 데 한계가 있다. 따라서 본 연구는 소셜 빅데이터를 활용하여 자살 검색의 개인별 요인과 지역적·환경적 요인을 검증함으로써 자살과 관련된 실질적인 행동을 예측하고 정부 차원의 온라인 자살예방 대응체계를 마련하고자 한다.

## 1 소셜 빅데이터와 자살 관련 이론적 배경 정리하기

• 본 연구논문의 이론적 배경을 분석하기 위하여 우선 빅데이터, 소셜, 자살과 관련된 3개의 키워드를 가지고 관련 논문을 검색해야 한다. 우선 빅데이터와 소셜 관련 논문은 한국정보화진흥원 홈페이지(http://www.nia.or.kr/)와 RISS에서 다운로드할 수 있다.

[그림 5-1] 빅데이터 관련 논문 검색 결과(정보화자료실)

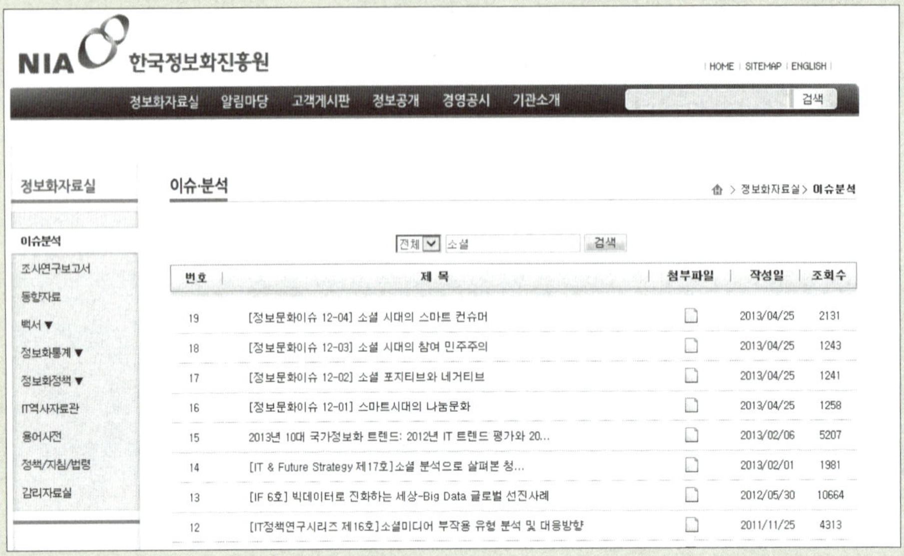


[그림 5-2] 소셜 관련 논문 검색 결과(정보화자료실)

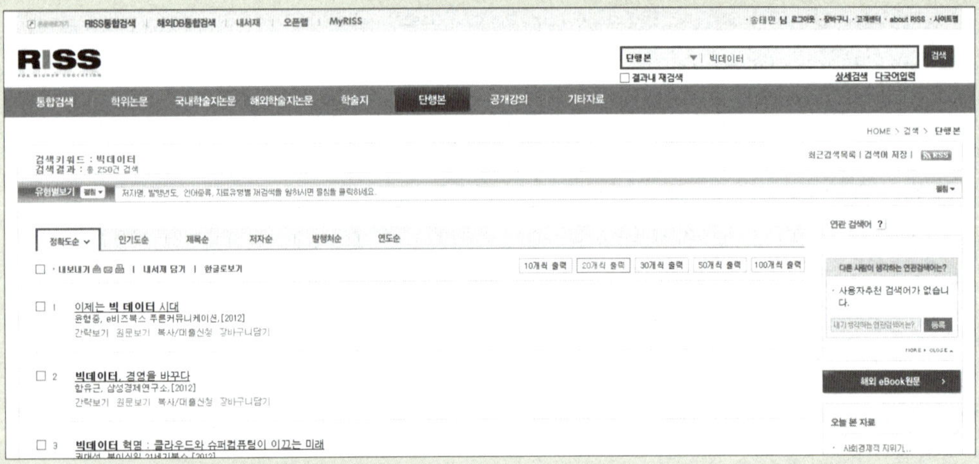


[그림 5-3] RISS 빅데이터 관련 단행본 검색 결과

• 자살과 관련된 검색은 4장의 **1** 자살 관련 이론적 배경 정리하기를 참조하기 바란다.

## 2 연구방법

### 2-1 연구모형 및 연구가설

본 연구의 목적은 소셜 빅데이터를 활용하여 우리나라의 자살검색 요인을 분석하고 자살검색 예측모형을 개발하기 위한 다변량 분석에 있다. 성인과 청소년 집단의 자살요인 비교분석은 다중집단 구조모형[6]으로 구성하였고(그림 5-4), 월별 청소년 자살률, 기후, 경제활동과 일별 스트레스·음주·운동 검색량이 청소년 자살검색의 결정요인에 미치는 영향을 분석하기 위하여 다층모형(multilevel model)으로 구성하였다(그림 5-5). 본 연구의 다층모형의 월별요인은 이혼율, 출생률, 경제활동참가율 등이 자살과 연관이 있다는 연구(Kowalski et al., 1987; Stack, 1981)에 근거하였다.

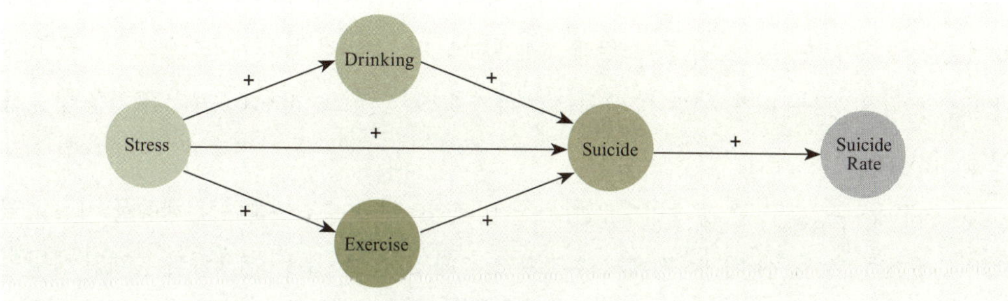


[그림 5-4] research model 1(multiple group structural model)

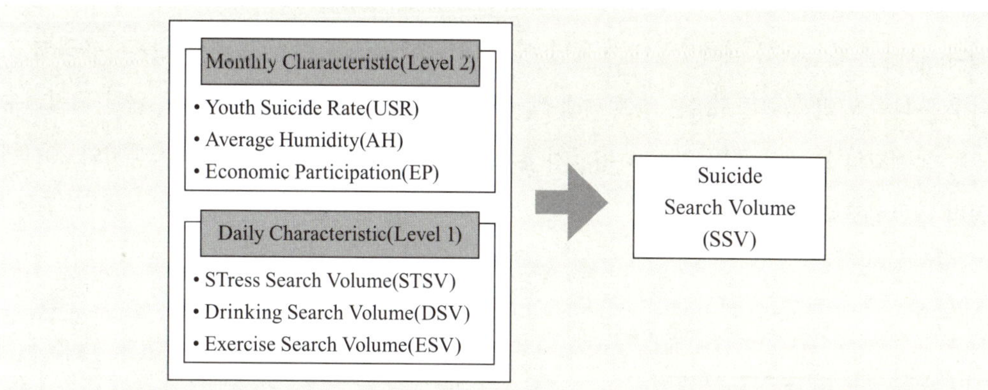


[그림 5-5] research model 2(multilevel model)

6. 본 연구의 구조모형은 그동안의 연구에서 제안된 스트레스가 건강생활실천요인(음주, 운동)을 매개하여 자살에 영향을 미칠 것이라는 스트레스-취약모형을 적용하였다.

본 연구모형에 따른 구체적인 연구가설은 다음과 같다.

첫째, 성인과 청소년의 자살검색 예측요인은 무엇인가?

둘째, 성인과 청소년의 자살검색 구조모형은 차이가 있는가?

셋째, 성인과 청소년의 자살검색 구조모형에서 건강생활실천요인(음주, 운동)의 매개효과가 있는가?

넷째, 청소년의 자살검색에 영향을 주는 일별요인과 월별요인은 무엇인가?

### 2-2 연구대상 및 측정도구

본 연구는 국내의 온라인 뉴스 사이트, 블로그, 카페, 소셜 네트워크 서비스, 게시판 등 인터넷을 통해 수집된 소셜 빅데이터[7]를 대상으로 하였다. 2011년 1월 1일부터 2011년 12월 31일까지 해당 채널에서 자살 관련 토픽[성인(추정) 버즈: 32만 1,506건, 청소년(추정) 버즈: 6만 7,742건]을 수집하였으며, 수집된 토픽 중 스트레스(성인 버즈: 1만 4,504건, 청소년 버즈: 9,232건), 음주(성인 버즈: 2,241건, 청소년 버즈: 2,818건), 운동(성인 버즈: 6,256건, 청소년 버즈: 6,629건) 토픽을 추출하여 분석하였다.[8]

본 연구의 측정도구 중 종속변수로는 소셜 빅데이터에서 수집된 자살검색량을 사용하였으며 독립변수로는 소셜 빅데이터에서 수집된 스트레스·음주·운동 검색량과 통계청 사망원인 통계자료의 2011년 일별 전체 자살자 수(본 연구의 성인 자살검색의 예측에는 일별 전체 자살자 수를 사용함)와 청소년(19세 이하) 자살자 수, 기상청의 일별 평균습도와 미세먼지량을 사용하였다. 그리고 자살검색 예측모형에는 월별 이혼자 수와 출산아 수의 통계자료를 사용하였고, 다층분석의 일별 독립변수로는 스트레스·운동·음주 검색량을 사용하였으며, 월별 독립변수로는 통계청의 2011년 월별 청소년 평균자살자 수, 월별 경제활동 참가율과 기상청의 2011년 월별 평균습도를 사용하였다.

---

7. 본 분석에서는 214개의 온라인 뉴스사이트, 4개의 블로그(네이버, 네이트, 다음, 티스토리), 2개의 카페(네이버, 다음), 2개의 SNS(트위터, 미투데이), 6개의 게시판(네이버지식인, 네이트지식, 다음지식, 네이트톡, 네이트판, 뽐뿌) 등 총 229개의 온라인 채널을 통해 수집 가능한 텍스트 기반의 웹문서를 소셜 빅데이터로 정의하였다.

8. 본 연구를 위한 소셜 빅데이터의 수집 및 토픽 분류는 '(주) SK텔레콤 스마트 인사이트'에서 수행하였다. 자료 수집에는 크롤러를 사용하였고, 토픽 분류에는 텍스트마이닝 기법을 사용하였다.

## 2 연구자료 가져오기

• 본 연구의 연구자료로는 자살 관련 소셜 빅데이터, 사망원인 통계자료, 기상청 자료 등이 사용되었다. 우선적으로 통계청의 사망원인 통계자료는 통계청의 마이크로 데이터서비스(http://mdss.kostat.go.kr/mdssext/)에서 해당 연도의 자료를 유료로 다운로드할 수 있다.

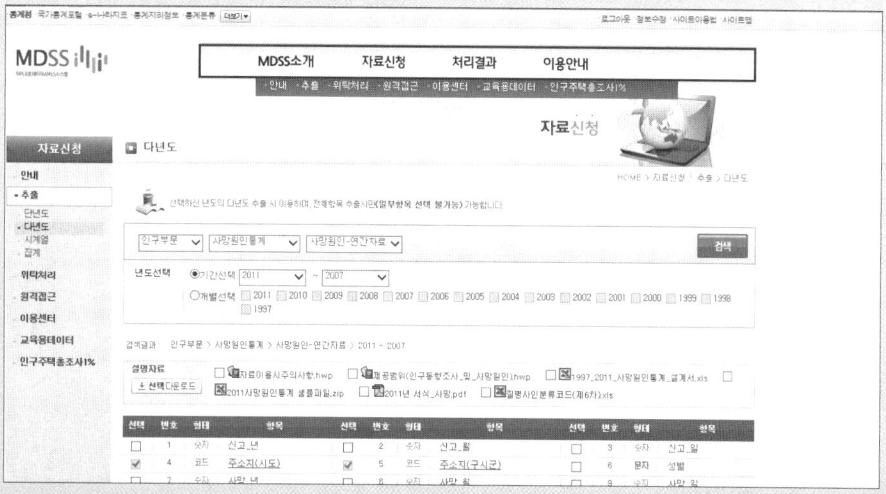

[그림 5-6] 마이크로데이터 서비스(다년도→인구부문→사망원인통계 연간자료)

• 기상청의 자료는 기상청 홈페이지(http://www.kma.go.kr/)에서 연구에 필요한 일별 기상자료에 대한 정보를 신청하면 유료로 받을 수 있다.

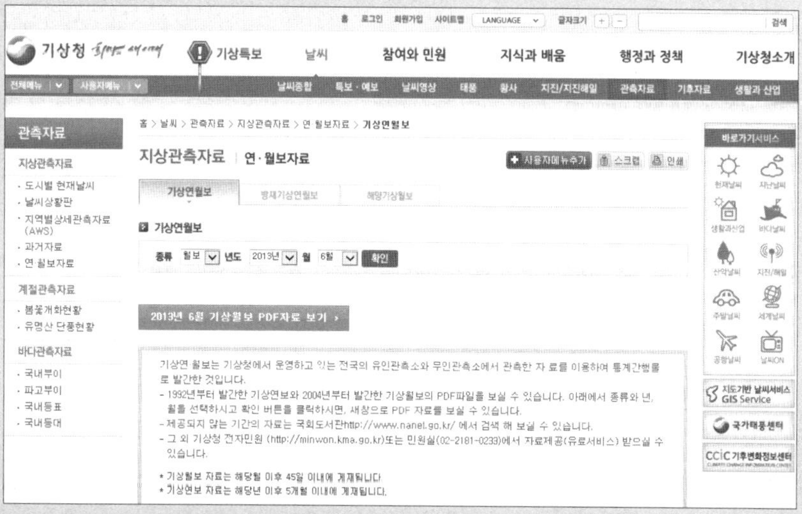

[그림 5-7] 기상청(기상특보→관측자료→연·월자료→전자민원신청)

• 본 연구에 사용된 자살 관련 소셜 빅데이터를 연구자가 직접 수집하기는 어렵다. 본 연구의 자료는 'SK텔레콤 스마트 인사이트'와 협력하여 수집된 빅데이터를 사용하였다.

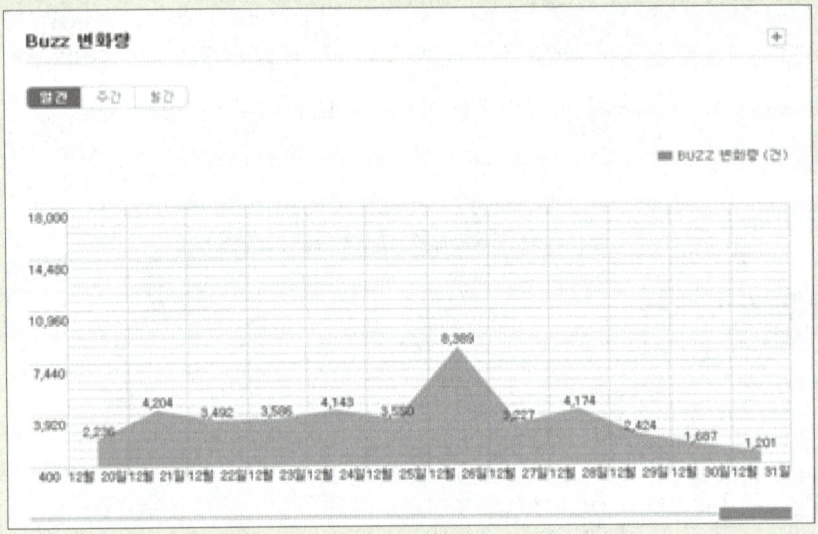


[그림 5-8] 'SK텔레콤 스마트 인사이트' 자살 버즈 대시보드(월별 변화량)

## 3 연구데이터 변환하기

• 본 연구의 연구데이터는 '사망원인 통계자료 + 소셜 빅데이터 + 일별 통계자료(기상청 자료) + 월별 통계자료(이혼자 수, 출산아 수, 경제활동비율 등)'가 연결(merge)되어야 한다.

1단계: 사망원인 통계자료에서 고의적 자해(자살)인 경우만 선택(select)한다.

- 다운로드한 사망원인 통계자료에서 사망원인 항목 중 고의적 자해코드(X60~X84)를 선택해야 한다.
- 자살사망자만 선택하기 위해서는 SPSS syntax를 사용한다.
- SPSS syntax를 작성하여 자살사망인 자료(case)만 우선적으로 선택한다.

  recode 사망원인2('X60'=1)('X600'=1) ~ ('X849'=1)(else=999) into 자살사망.
- 일일 자살자 수를 연령별, 사망원인별, 혼인상태별, 직업별 등으로 합산한다.

  이 과정은 수차례의 SPSS 분석을 통하여 파일을 재생성하거나 C++나 FORTRAN 언어를 이용하여 만들어야 한다[빅데이터 분석을 위해서는 다양한 데이터를 연결해야 한다. 이때 연구자는 프로그램언어(C++, FORTRAN 등)를 사용하면 편리하다].

예) in FORTRAN syntax

```
    ......
    open(1, file='wk_suicide_2011')
    read(1,1, end=90)a, id, mw, ia, v15, v16, v18, v12
1   format(a22, t1, a13, t14, i1, i3, 2i1, i1, i2)
    ......
    do 71 I=1,4
    if(v16a(i).eq.v16)then
    v16b(i)=v16b(i)+1
    endif
71  continue
    ......
    write(2, 21)b(1:6), b(5:13) ... (v16b(i), I=1,9) ..
2   format(a6, a9, 3i3, 9i3, 5i3, 9i3, 4i3, 10i3)
    stop
    end
```

- 새로 생성된 '2011년 일별 자살사망원인 통계자료'는 아래 파일의 내용과 같다.

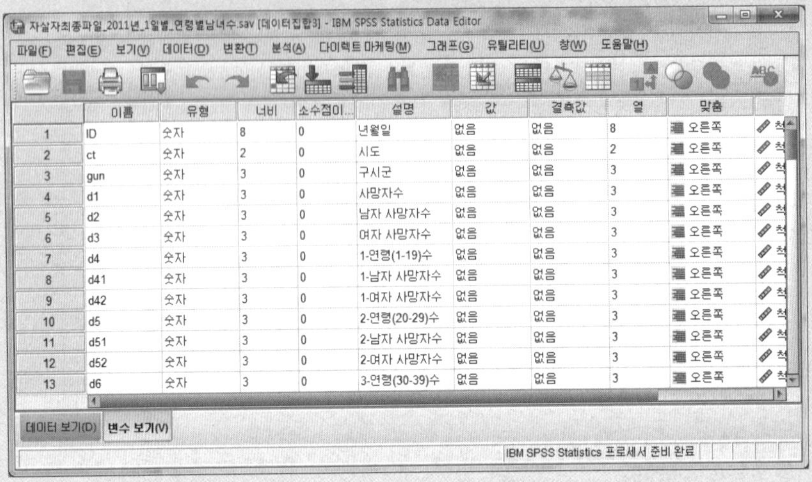


2단계: 일일 단위로 수집 분류된 '소셜 빅데이터 자료'와 '2011년 일별 자살사망원인 통계자료'를 연결(merge)한다.

- 소셜 빅데이터는 시간 단위로 수집되기 때문에 자살과 관련된 속성키워드의 정의에 따른 분류는 물론 일별 합산하는 복잡한 과정이 필요하다.
- 일별 자살사망원인 자료와 일별 소셜자살 자료를 연결[파일 합치기→변수 추가]한다.

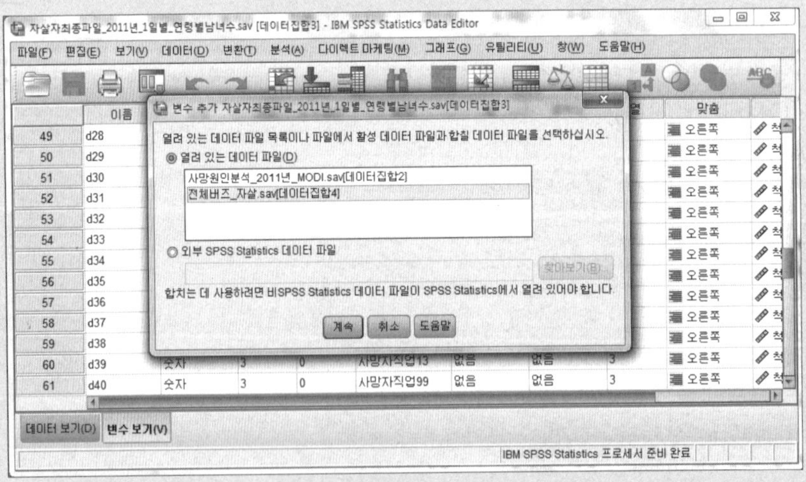

3단계: 기상청 일일 기후 등에 대한 자료를 연결(merge)한다.

- 모든 자료가 연결된 최종 파일은 다음과 같다(자살_버즈_출산_이혼.sav).

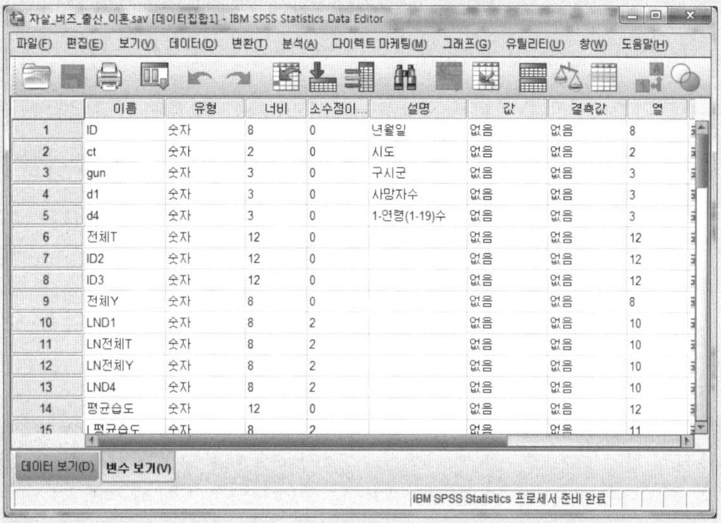


## 2-3 통계분석

본 연구의 구조모형 적합도 비교에는 증분적합지수(incremental fit index)인 NFI(Normed Fit Index), CFI(Comparative Fit Index)와 절대적합지수(absolute fit index)인 RMSEA(Root Mean Squared Error of Approximation)를 사용하였다. 일반적으로 CFI를 비롯한 증분적합지수들은 0.9보다 크면 모형 적합도가 양호하다고 해석한다(Hu & Bentler, 1999). RMSEA는 대표본이나 다수의 관측변수로 인해 발생하는 $\chi^2$ 통계량의 문제점을 보완하기 위해 개발된 적합지수이다. 일반적으로 RMSEA가 0.05 이하이면 적합도가 매우 좋고, 0.05~0.08 사이의 값을 나타내면 양호하다고 해석하며, 0.10 이상이면 적합도가 좋지 않다고 해석한다(Bollen & Long, 1993). 모형추정은 최대우도법(Maximum Likelihood, ML)을 사용하였으며, 결측치 문제의 해결은 관찰된 모든 변인의 모든 정보를 활용하여 결측자료의 특성을 고려하는 완전정보최대우도법(Full Information Maximum Likelihood, FIML)을 사용하였다.

본 연구의 간접효과에 대한 유의성 검증은 모든 자료가 정규성 분포를 따른다는 가정하에 유의성을 검증하는 Sobel test(Preacher & Hayes, 2004)를 실시하였다. 그리고 본 연구의 다층모형의 모수 추정방식은 무선효과(random effect)의 분산을 추정하는 과정에서 고정효과(fixed effect)의 자유도 감소를 고려하는 한정최대우도추정법(REstricted Maximum Likelihood, REML)을 사용하였다(Raudenbush & Bryk, 2002). 고정효과의 최종 추정은 종속변수의 분포를 정상분포로 가정하지 않는 표준오차(robust standard error)를 적용하였다. 본 연구의 기술분석과 자살검색 예측모형 개발은 SPSS 20.0을 사용하였고, 구조모형과 다중집단 분석은 Amos 20.0을 사용하였다. 그리고 청소년 자살검색 결정요인의 다층모형 분석은 HLM 7.0을 사용하였다.

## 3 연구결과

### 3-1 주요 변인들의 기술통계

본 연구의 주요 변인들의 다변량 정규성을 확인한 결과, 소셜 빅데이터에서 수집된 모든 변인(자살, 스트레스, 음주, 운동)의 첨도가 10 이상인 것으로 나타나 상용로그($\log_{10}$)로 치환하여 사용하였다. 그리고 모든 독립변수(전체 자살자 수, 청소년 자살자 수, 평균습도, 미세먼지량, 경제활동 참가율, 월별 이혼율, 월별 출산아 수)도 상용로그로 치환하여 사용하였다(표 5-1).

[표 5-1] Descriptive Statistics of Variables

| | Suicide | | | Stress | | | Drinking | | | Exercise | | |
|---|---|---|---|---|---|---|---|---|---|---|---|---|
| | Mean±S.D. | K[a] | S[b] | Mean±S.D. | K[a] | S[b] | Mean±S.D. | K[a] | S[b] | Mean±S.D. | K[a] | S[b] |
| Adult | 909.7±981.9 | 11.55 | 2.90 | 39.7±63.4 | 38.01 | 5.47 | 6.1±9.3 | 74.86 | 6.92 | 17.1±37.2 | 59.26 | 6.98 |
| Youth | 185.6±445.8 | 38.05 | 5.96 | 25.3±22.1 | 46.31 | 5.69 | 7.7±5.7 | 57.71 | 5.44 | 18.2±14.4 | 44.75 | 5.60 |
| | Total Suicide Rate | | | Youth Suicide Rate | | | Humidity | | | Dust | | |
| | Mean±S.D. | K[a] | S[b] | Mean±S.D. | K[a] | S[b] | Mean±S.D. | K[a] | S[b] | Mean±S.D. | K[a] | S[b] |
| | 43.58±10.64 | 0.31 | 0.32 | 1.02±1.03 | 1.87 | 1.18 | 67.4±13.37 | −0.92 | −0.11 | 47.83±28.6 | 33.82 | 4.31 |

[a] Kurtosis, [b] Skewness

## 4 다변량 정규성 검증

• 다변량 분석의 기본적인 가정은 정규분포이다. 모든 변수의 왜도가 절대값 3 미만, 첨도가 절대값 10 미만일 경우 변수들의 분포가 정규성이 있다고 본다. 왜도와 첨도는 SPSS의 기술통계에서 분석한다(본 연구의 다변량 분석 대상자료는 '자살_버즈_출산_이혼.sav'자료를 사용하였다).

• 본 연구에 사용할 변수목록은 다음과 같다.

| 구분 | 자살 검색 | 스트레스 검색 | 음주 검색 | 운동 검색 | 자살자 수 | 평균 습도 | 미세 먼지량 | 이혼자 수 | 출생아 수 | 경제 활동 |
|---|---|---|---|---|---|---|---|---|---|---|
| 성인 | 전체T | STR_T | DRI_T | EXE_T | d1 | 평균 습도 | DUST | NDIV | NBIR | NECOR |
| 로그치환 | LN전체T | LSTR_T | LDRI_T | LEXE_T | LND1 | | | | | |
| 청소년 | 전체Y | STR_Y | DRI_Y | EXE_Y | d4 | L평균 습도* | LDUST* | LDIV* | LBIR* | LECOR* |
| 로그치환 | LN전체Y | LSTR_Y | LDRI_Y | LEXE_Y | LND4 | | | | | |

* 로그치환

- ID: 일련번호(년/월/일: 20110101)
- ID2: 월 일련번호
- ID3: 일 일련번호

1단계: [SPSS PROGRAM 시작]→[분석-기술통계량-기술통계]→[변수 선택: d1, d4, 전체 T, 전체 Y, STR_T, STR_Y, DRI_T, DRI_Y, EXE_T, EXE_Y, 평균습도, DUST]→[옵션-첨도, 왜도 지정]→[계속 단추-확인 단추]를 선택한다.

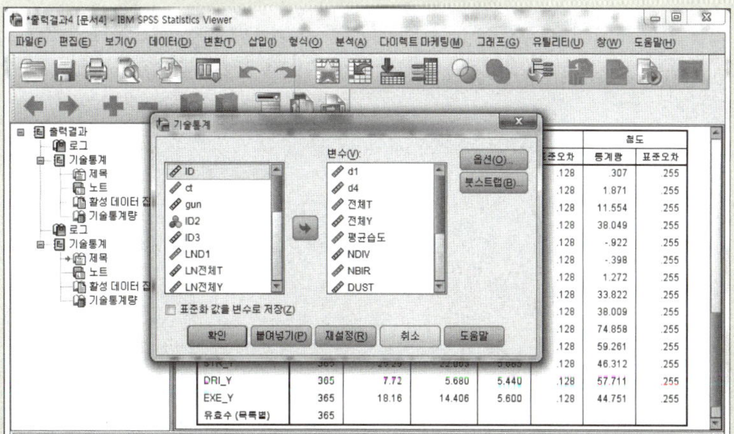

2단계: 결과표를 해석한다.

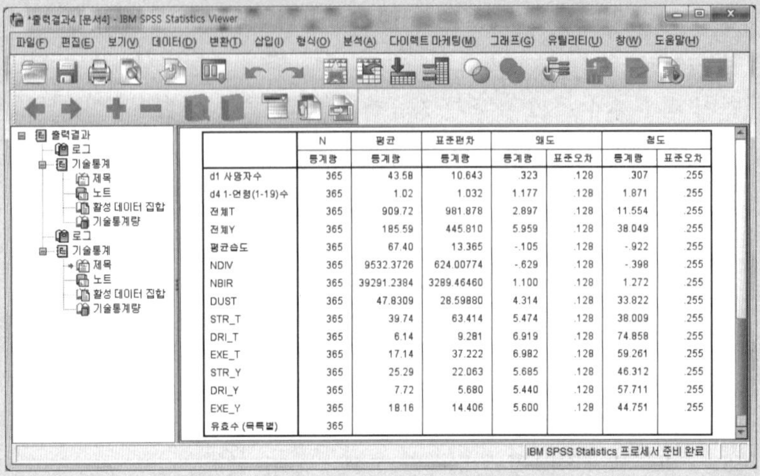

| | N | 평균 | 표준편차 | 왜도 | | 첨도 | |
|---|---|---|---|---|---|---|---|
| | 통계량 | 통계량 | 통계량 | 통계량 | 표준오차 | 통계량 | 표준오차 |
| d1 사망자수 | 365 | 43.58 | 10.643 | .323 | .128 | .307 | .255 |
| d4 1-연령(1-19)수 | 365 | 1.02 | 1.032 | 1.177 | .128 | 1.871 | .255 |
| 전체T | 365 | 909.72 | 981.878 | 2.897 | .128 | 11.554 | .255 |
| 전체Y | 365 | 185.59 | 445.810 | 5.959 | .128 | 38.049 | .255 |
| 평균습도 | 365 | 67.40 | 13.365 | -.105 | .128 | -.922 | .255 |
| NDIV | 365 | 9532.3726 | 624.00774 | -.629 | .128 | -.398 | .255 |
| NBIR | 365 | 39291.2384 | 3289.46460 | 1.100 | .128 | 1.272 | .255 |
| DUST | 365 | 47.8309 | 28.59880 | 4.314 | .128 | 33.822 | .255 |
| STR_T | 365 | 39.74 | 63.414 | 5.474 | .128 | 38.009 | .255 |
| DRI_T | 365 | 6.14 | 9.281 | 6.919 | .128 | 74.858 | .255 |
| EXE_T | 365 | 17.14 | 37.222 | 6.982 | .128 | 59.261 | .255 |
| STR_Y | 365 | 25.29 | 22.063 | 5.685 | .128 | 46.312 | .255 |
| DRI_Y | 365 | 7.72 | 5.680 | 5.440 | .128 | 57.711 | .255 |
| EXE_Y | 365 | 18.16 | 14.406 | 5.600 | .128 | 44.751 | .255 |
| 유효수 (목록별) | 365 | | | | | | |

- 소셜 빅데이터(스트레스, 자살, 음주, 운동)의 왜도는 3 이상, 첨도는 10 이상으로 정규성의 가정을 벗어났기 때문에 모든 독립변수를 상용로그($log_{10}$)로 치환하여 사용하였다.
- 성인 자살검색량 로그변환 syntax : compute LN전체T=$log_{10}$(전체T).

## 3-2 자살검색량 예측모형

본 연구에서는 성인 자살검색량을 예측하기 위하여 전체 자살률, 음주검색량, 이혼율, 출산율, 평균습도를 사용하였으며[9], 청소년 자살검색량을 예측하기 위하여 청소년 자살률(19세 이하 자살자 수), 스트레스검색량, 음주검색량, 미세먼지량을 사용하였다.[10] 성인 자살검색의 예측모형은 [표 5-2]와 같다.

모형 1은 2011년 일별 전체 자살률이 성인 자살검색에 미치는 영향을 예측한 것으로, 전체 자살자 수가 많을수록(자살률이 높을수록) 자살검색이 증가하는 것으로 나타났다. 모형 2는 일별 전체 자살률과 음주검색이 자살검색에 미치는 영향을 예측한 것으로, 전체 자살자 수가 많을수록, 음주검색이 많을수록 성인의 자살검색이 증가하는 것으로 나타났다. 모형 3은 일별 전체 자살률, 음주검색, 이혼율이 자살검색에 미치는 영향을 예측한 것으로, 전체 자살자 수가 많을수록, 음주검색이 많을수록, 이혼율이 높을수록 자살검색이 증가하는 것으로 나타났다. 모형 4는 일별 전체 자살률, 음주검색, 이혼율, 출산율이 자살검색에 미치는 영향을 예측한 것으로, 전체 자살자 수가 많을수록, 음주검색이 많을수록, 이혼율이 높을수록, 출산율이 낮을수록 성인의 자살검색이 증가하는 것으로 나타났다. 모형 5는 일별 전체 자살률, 음주검색, 이혼율, 출산율, 평균습도가 자살검색에 미치는 영향을 예측한 것으로, 전체 자살자 수가 많을수록, 음주검색이 많을수록, 이혼율이 높을수록, 출산율이 낮을수록, 평균습도가 높을수록 성인의 자살검색이 증가하는 것으로 나타났다.

[표 5-2] Prediction Model of Suicide Search Volume in Adult

| Independent Variable | Model 1 | | Model 2 | | Model 3 | | Model 4 | | Model 5 | |
|---|---|---|---|---|---|---|---|---|---|---|
| | $\beta$ | $t$ | $\beta$ | $t$ | $\beta$ | $t$ | $\beta$ | $t$ | $\beta$ | $t$ |
| (Constant) | 1.409 | 4.21*** | 1.736 | 5.91*** | −25.351 | −9.91*** | 4.421 | 1.01 | 2.574 | 0.59 |
| Suicide rate | 0.827 | 4.03*** | 0.448 | 2.47** | 0.503 | 3.20*** | 0.329 | 2.26** | 0.249 | 1.70* |
| Drinking | | | 0.526 | 10.34*** | 0.407 | 8.98*** | 0.373 | 8.96*** | 0.347 | 8.18*** |
| Divorce | | | | | 6.802 | 10.64*** | 4.436 | 6.78*** | 4.346 | 6.70*** |
| Fertility | | | | | | | −4.368 | −8.06*** | −4.063 | −7.41*** |
| Humidity | | | | | | | | | 0.522 | 2.73*** |
| Adjusted $R^2$ | 0.040 | | 0.270 | | 0.457 | | 0.546 | | 0.555 | |
| F | 16.212*** | | 61.901*** | | 93.121*** | | 99.787*** | | 82.916*** | |

*** p<0.01, ** p<0.05, * p<0.1

9. 본고의 자살검색 예측모형에 사용된 독립변수 중 자살률은 일일 자살자 수를 의미하며, 이혼율과 출산율은 각각 월별 이혼자 수와 출산아 수를 일별 단위로 공동으로 적용하였다.

10. 본 연구의 자살예측 모형을 개발하기 위하여 사용하는 변인들은 모델링 과정을 거쳐 유의미한 변인들만 모형에 적용하며, 성인과 청소년의 예측변수는 다르다는 것을 밝힌다.

## 5 성인 자살검색 예측모형

• [표 5-2]의 성인 자살검색 예측모형을 분석하기 위해서는 다중회귀분석을 실시해야 한다. 본 연구에서의 종속변수는 자살검색량(LN전체T)이며 독립변수는 전체 자살률(LND1), 음주검색량(LDRI_T), 이혼율(LDIV), 출산율(LBIR), 평균습도(L평균습도)이다.

• [Model 1 분석] 독립변수 1개: 자살률(LND1)

1단계: 데이터를 불러온다.

- IBM SPSS Statistics 실행→[파일]→[열기]→[데이터 열기(자살_버즈_출산_이혼.sav)]

2단계: 단순회귀분석을 실행한다.

- [분석]→[회귀분석]→[선형]→[종속변수(LN전체T), 독립변수(LND1)]→[통계량(R 제곱 변화량 등) 선택]→[계속]→[확인]

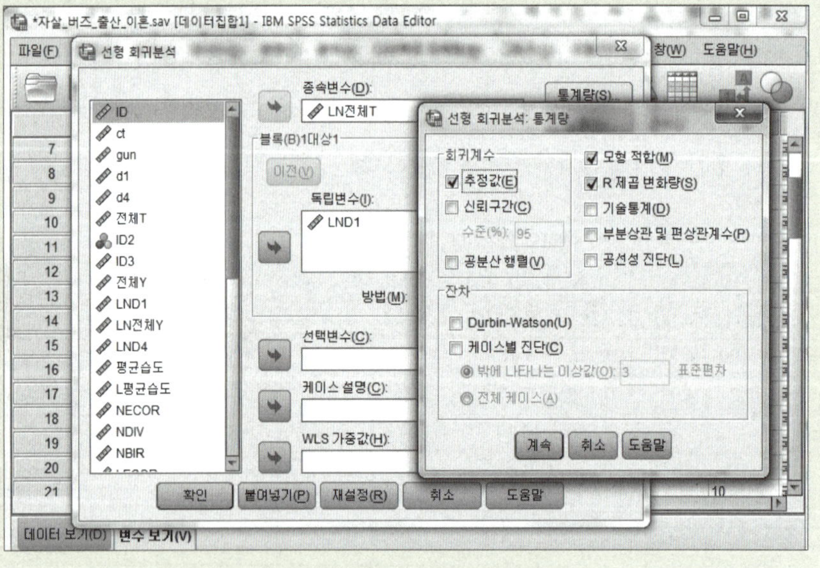

3단계: 결과표를 분석한다.

- 회귀방정식: Y(자살검색량 예측치)=1.409+.827*LND1(자살률)
- 수정된 '$R^2$=0.040'이며 모형의 설명력은 4%로 매우 낮다.
- F=16.212($p<0.001$)로 회귀방정식이 모형에 적합한 것으로 나타났다.

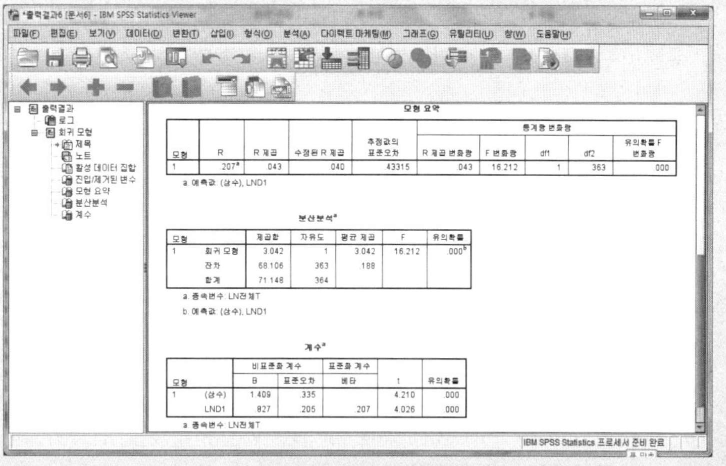


- [Model 3 분석] 독립변수 3개: 자살률(LND1), 음주검색량(LDRI_T), 이혼율(LDIV)

1단계: 데이터를 불러온다.

- IBM SPSS Statistics 실행→[파일]→[열기]→[데이터 열기(자살_버즈_출산_이혼.sav)]

2단계: 다중회귀분석을 실행한다.

- [분석]→[회귀분석]→[선형]→[종속변수(LN전체T), 독립변수(LND1, LDIR_T, LDIV)]→[통계량(R 제곱변화량 등) 선택]→[계속]→[확인]

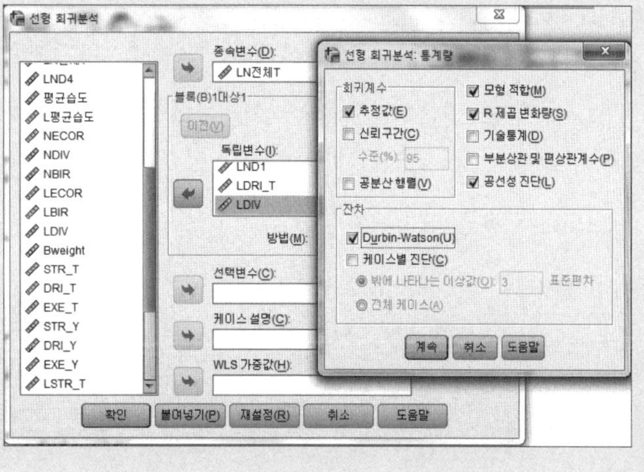

3단계: 결과표를 분석한다.

- 회귀방정식: Y=−25.351+0.503*LND1+0.407*LDIR_T+6.802*LDIV
- 수정된 '$R^2$=0.457'이며 모형의 설명력은 45.7%이다.
- F=93.121($p<0.001$)로 회귀방정식이 모형에 적합한 것으로 나타났다.
- 공차한계(tolerance)는 0.9 이상으로 매우 높게 나타났으며, VIF(분산확대지수)가 10보다 현저히 작아 독립변수 간 다중공선성의 문제는 없는 것으로 나타났다.

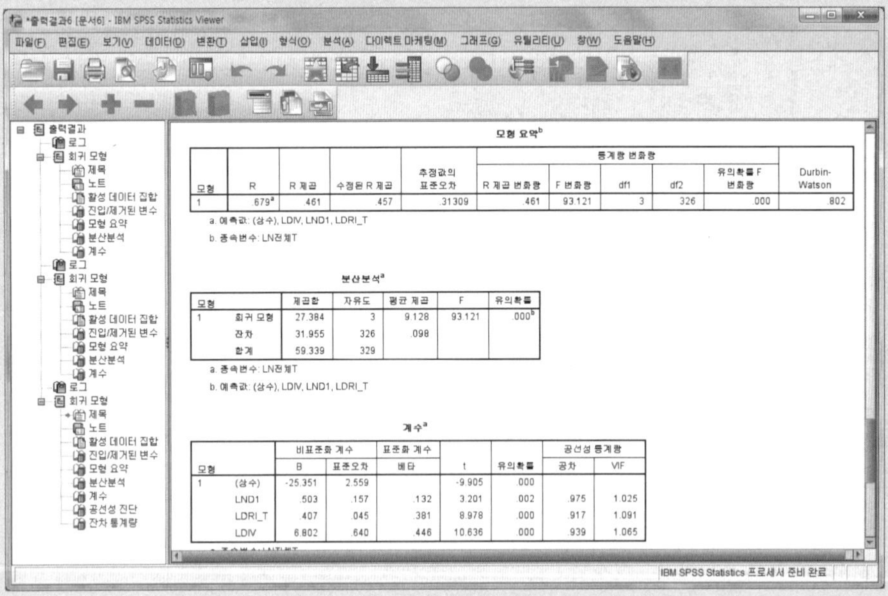


모형 요약[b]

| 모형 | R | R 제곱 | 수정된 R 제곱 | 추정값의 표준오차 | 통계량 변화량 | | | | | Durbin-Watson |
|---|---|---|---|---|---|---|---|---|---|---|
| | | | | | R 제곱 변화량 | F 변화량 | df1 | df2 | 유의확률 F 변화량 | |
| 1 | .679[a] | .461 | .457 | .31309 | .461 | 93.121 | 3 | 326 | .000 | .802 |

a. 예측값: (상수), LDIV, LND1, LDRI_T

b. 종속변수: LN전체T

분산분석[a]

| 모형 | | 제곱합 | 자유도 | 평균 제곱 | F | 유의확률 |
|---|---|---|---|---|---|---|
| 1 | 회귀 모형 | 27.384 | 3 | 9.128 | 93.121 | .000[b] |
| | 잔차 | 31.955 | 326 | .098 | | |
| | 합계 | 59.339 | 329 | | | |

a. 종속변수: LN전체T

b. 예측값: (상수), LDIV, LND1, LDRI_T

계수[a]

| 모형 | | 비표준화 계수 | | 표준화 계수 | t | 유의확률 | 공선성 통계량 | |
|---|---|---|---|---|---|---|---|---|
| | | B | 표준오차 | 베타 | | | 공차 | VIF |
| 1 | (상수) | -25.351 | 2.559 | | -9.905 | .000 | | |
| | LND1 | .503 | .157 | .132 | 3.201 | .002 | .975 | 1.025 |
| | LDRI_T | .407 | .045 | .381 | 8.978 | .000 | .917 | 1.091 |
| | LDIV | 6.802 | .640 | .446 | 10.636 | .000 | .939 | 1.065 |

## 6 성인 자살검색 예측모형

- [그림 5-9의 Model 1 작성]

1단계: 데이터를 불러온다.

- IBM SPSS Statistics 실행→[파일]→[열기]→[데이터 열기(자살_버즈_출산_이혼.sav)]

2단계: Model 1의 회귀방정식으로 자살검색 예측치를 산출한다.

- 회귀방정식의 Syntax를 작성한 후 실행(▶)한다.
- 새로운 변수(Bweight)가 생성된 것을 알 수 있다.

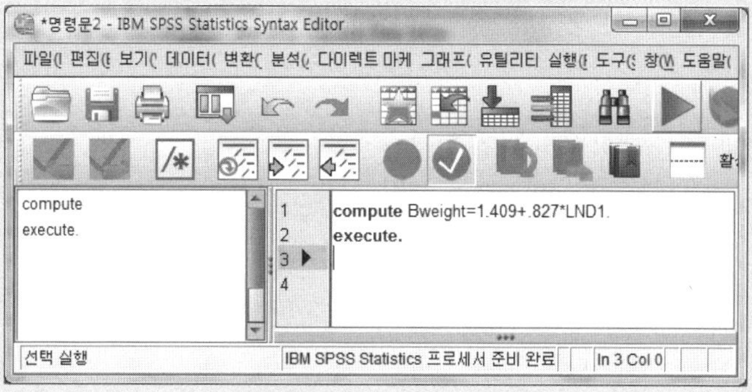


3단계: [EXCEL]에 변수를 복사하여 붙힌다.

- BUZZ(자살검색량: LN전체T)와 PREDICT(Bweight)를 복사하여 붙인다.
- 꺾은선 그래프를 그린다.

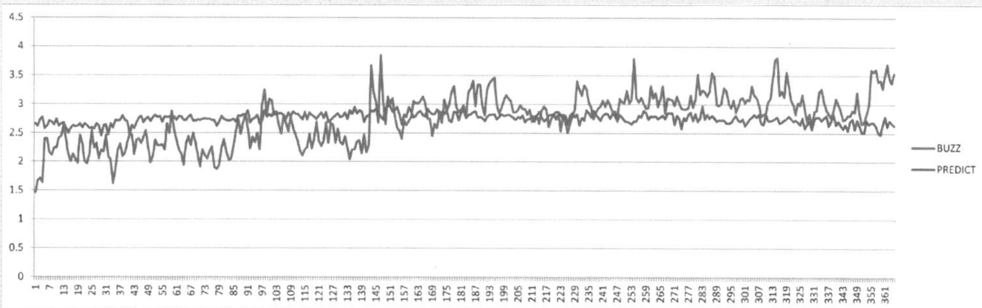


- [그림 5-9의 Model 3 작성]

1단계: 데이터를 불러온다.

- IBM SPSS Statistics 실행→[파일]→[열기]→[데이터 읽기(자살_버즈_출산_이혼.sav)]

2단계: Model 2의 회귀방정식으로 자살검색 예측치를 산출한다.

- 회귀방정식의 Syntax를 작성한 후 실행(▶)한다.

- 새로운 변수(Bweight)가 생성된 것을 알 수 있다.

3단계: [EXCEL]에 변수를 복사하여 붙인다.

- BUZZ(자살검색량: LN전체T)와 PREDICT(Bweight)를 복사하여 붙인다.
- 꺾은선 그래프를 그린다.

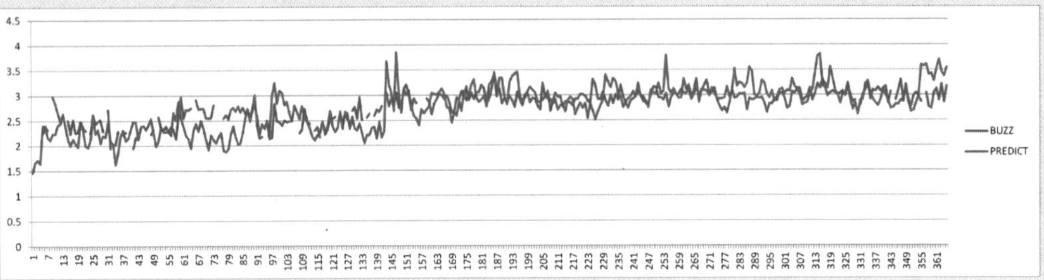


[표 5-3]에서 자살 관련 버즈가 급속히 전파되는 1주간의 시차(time lag)를 적용하여[11] 자살률[Independent Variable: Suicide rate(1 week time lag)]에 미치는 영향을 살펴본 결과 예측도가 조금 향상된 것으로 나타났다.[12] 성인의 자살검색을 예측하는 모형 그래프는 [그림 5-9], [그림 5-10]과 같다.

[표 5-3] Prediction Model of Suicide Search Volume in Adult(1 week time lag)

| Independent Variable | Model 1 | | Model 2 | | Model 3 | | Model 4 | | Model 5 | |
|---|---|---|---|---|---|---|---|---|---|---|
| | $\beta$ | $t$ | $\beta$ | $t$ | $\beta$ | $t$ | $\beta$ | $t$ | $\beta$ | $t$ |
| (Constant) | 1.326 | 3.98*** | 1.423 | 4.80*** | −24.590 | −9.68*** | 1.716 | 0.393 | −0.699 | −0.16 |
| Suicide rate | 0.869 | 4.26*** | 0.626 | 3.50*** | 0.744 | 4.75*** | 0.559 | 3.78*** | 0.475 | 3.21*** |
| Drinking | | | 0.531 | 10.81*** | 0.416 | 9.45*** | 0.382 | 9.28*** | 0.351 | 8.39*** |
| Divorce | | | | | 6.508 | 10.30*** | 4.513 | 6.94*** | 4.358 | 6.78*** |
| Fertility | | | | | | | −3.929 | −7.16*** | −3.481 | −6.23*** |
| Humidity | | | | | | | | | 0.619 | 3.19*** |
| Adjusted $R^2$ | 0.046 | | 0.297 | | 0.470 | | 0.543 | | 0.555 | |
| F | 18.153*** | | 68.897*** | | 96.334*** | | 96.479*** | | 81.442*** | |

*** $p<0.01$, ** $p<0.05$, * $p<0.1$

11. URL을 통해 확산되는 자살 관련 버즈는 약 3주 정도의 생명주기를 가지며, 발행 후 첫 주에 급속히 전파되는 경향을 보인다(National Information Society Agency, 2012).
12. [표 5-2]와 [표 5-3]에서 모형 5의 경우, 예측도는 89.59%에서 89.64%로 조금 증가한 것으로 나타났다.

## 7 성인 자살검색 예측모형 1주간의 time lag

• 자살률의 1주간 time lag를 주기 위해서는(즉 자살검색이 1주일 후 자살률에 영향을 준다고 가정하려면) 1주일 전의 자살률(LND1)을 1주일 앞으로 가져와서 새로운 변수(LND1_W1)를 생성해야 한다.

• [표 5-3]의 성인 자살검색 예측모형[자살률(LND1)에 1주일 time lag 적용]을 분석하기 위해서는 다중회귀분석을 실시해야 한다. 본 연구에서 종속변수는 자살검색량(LN전체T)이며 독립변수는 자살률(LND1_W1), 음주검색량(LDRI_T), 이혼율(LDIV), 출산율(LBIR), 평균습도(L평균습도)이다.

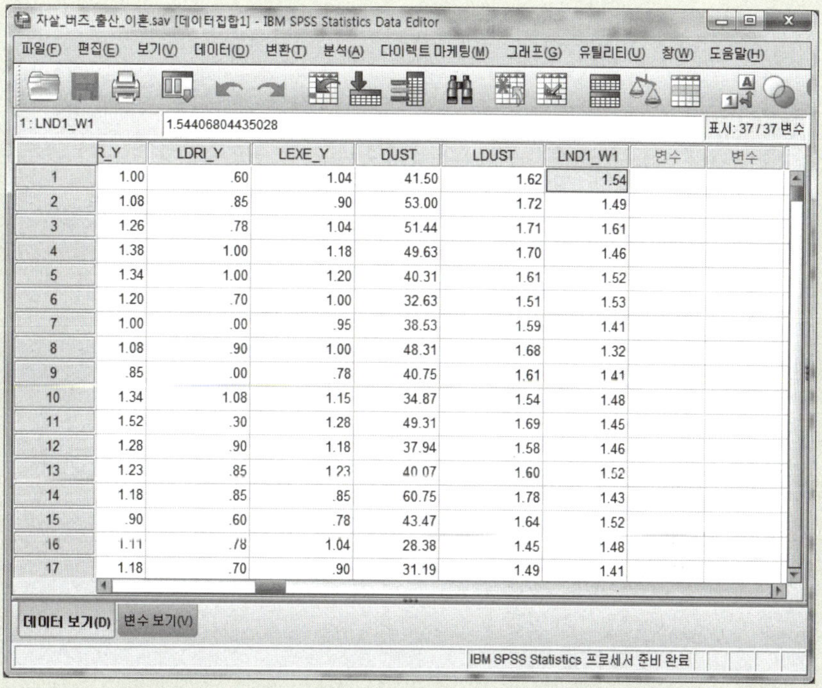


| | R_Y | LDRI_Y | LEXE_Y | DUST | LDUST | LND1_W1 | 변수 | 변수 |
|---|---|---|---|---|---|---|---|---|
| 1 | 1.00 | .60 | 1.04 | 41.50 | 1.62 | 1.54 | | |
| 2 | 1.08 | .85 | .90 | 53.00 | 1.72 | 1.49 | | |
| 3 | 1.26 | .78 | 1.04 | 51.44 | 1.71 | 1.61 | | |
| 4 | 1.38 | 1.00 | 1.18 | 49.63 | 1.70 | 1.46 | | |
| 5 | 1.34 | 1.00 | 1.20 | 40.31 | 1.61 | 1.52 | | |
| 6 | 1.20 | .70 | 1.00 | 32.63 | 1.51 | 1.53 | | |
| 7 | 1.00 | .00 | .95 | 38.53 | 1.59 | 1.41 | | |
| 8 | 1.08 | .90 | 1.00 | 48.31 | 1.68 | 1.32 | | |
| 9 | .85 | .00 | .78 | 40.75 | 1.61 | 1.41 | | |
| 10 | 1.34 | 1.08 | 1.15 | 34.87 | 1.54 | 1.48 | | |
| 11 | 1.52 | .30 | 1.28 | 49.31 | 1.69 | 1.45 | | |
| 12 | 1.28 | .90 | 1.18 | 37.94 | 1.58 | 1.46 | | |
| 13 | 1.23 | .85 | 1.23 | 40.07 | 1.60 | 1.52 | | |
| 14 | 1.18 | .85 | .85 | 60.75 | 1.78 | 1.43 | | |
| 15 | .90 | .60 | .78 | 43.47 | 1.64 | 1.52 | | |
| 16 | 1.11 | .78 | 1.04 | 28.38 | 1.45 | 1.48 | | |
| 17 | 1.18 | .70 | .90 | 31.19 | 1.49 | 1.41 | | |

• [Model 1 분석] 독립변수 1개: 자살률(LND1_W1)

1단계: 데이터를 불러온다.

- IBM SPSS Statistics 실행→[파일]→[열기]→[데이터 열기(자살_버즈_출산_이혼.sav)]

2단계: 단순회귀분석을 실행한다.

- [분석]→[회귀분석]→[선형]→[종속변수(LN전체T), 독립변수(LND1_W1)]→[통계량(R 제곱변화량 등) 선택]→[계속]→[확인]

3단계: 결과표를 분석한다.

- 회귀방정식: Y(자살검색량 예측치) = 1.326+0.869*LND1_W1(자살률)
- 수정된 '$R^2$=0.046'이며 모형의 설명력은 4.6%로 매우 낮다.
- F=18.153($p<0.001$)로 회귀방정식이 모형에 적합한 것으로 나타났다.

- [Model 3 분석] 독립변수 3개: 자살률(LND1_W1), 음주검색량(LDRI_T), 이혼율(LDIV)

1단계: 데이터를 불러온다.

- IBM SPSS Statistics 실행→[파일]→[열기]→[데이터 열기(자살_버즈_출산_이혼.sav)]

2단계: 다중회귀분석을 실행한다.

- [분석]→[회귀분석]→[선형]→[종속변수(LN전체T), 독립변수(LND1_W1, LDIR_T, LDIV)]→[통계량(R 제곱변화량 등) 선택]→[계속]→[확인]

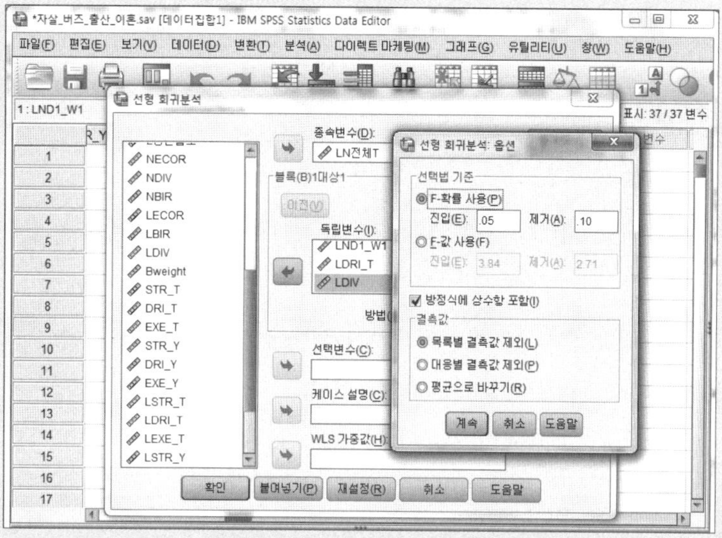

3단계: 결과표를 분석한다.

- 회귀방정식: Y=−24.590+0.744*LND1_W1+0.416*LDIR_T+6.508*LDIV
- 수정된 '$R^2$=0.470'이며 모형의 설명력은 47.0%이다.
- F=96.334($p<0.001$)로 회귀방정식이 모형에 적합한 것으로 나타났다.
- 공차한계(tolerance)는 0.9 이상으로 매우 높게 나타났으며, VIF(분산확대지수)가 10보다 현저히 작아 독립변수 간 다중공선성의 문제는 없는 것으로 나타났다.

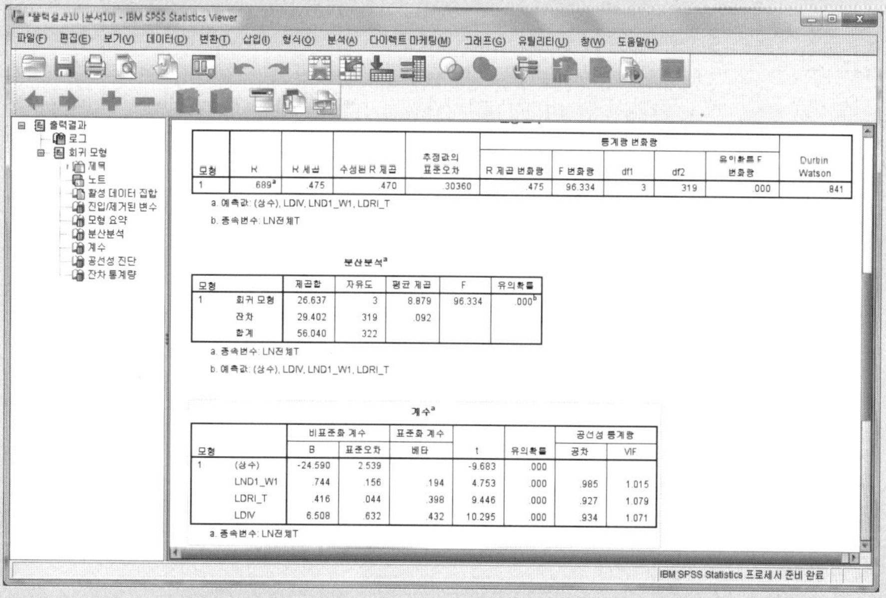

| 모형 | R | R 제곱 | 수정된 R 제곱 | 추정값의 표준오차 | 통계량 변화량: R 제곱 변화량 | F 변화량 | df1 | df2 | 유의확률 F 변화량 | Durbin Watson |
|---|---|---|---|---|---|---|---|---|---|---|
| 1 | .689[a] | .475 | .470 | .30360 | .475 | 96.334 | 3 | 319 | .000 | .841 |

a. 예측값: (상수), LDIV, LND1_W1, LDRI_T

b. 종속변수: LN전체T

분산분석[a]

| 모형 | | 제곱합 | 자유도 | 평균 제곱 | F | 유의확률 |
|---|---|---|---|---|---|---|
| 1 | 회귀 모형 | 26.637 | 3 | 8.879 | 96.334 | .000[b] |
| | 잔차 | 29.402 | 319 | .092 | | |
| | 합계 | 56.040 | 322 | | | |

a. 종속변수: LN전체T

b. 예측값: (상수), LDIV, LND1_W1, LDRI_T

계수[a]

| 모형 | | 비표준화 계수: B | 표준오차 | 표준화 계수: 베타 | t | 유의확률 | 공선성 통계량: 공차 | VIF |
|---|---|---|---|---|---|---|---|---|
| 1 | (상수) | -24.590 | 2.539 | | -9.683 | .000 | | |
| | LND1_W1 | .744 | .156 | .194 | 4.753 | .000 | .985 | 1.015 |
| | LDRI_T | .416 | .044 | .398 | 9.446 | .000 | .927 | 1.079 |
| | LDIV | 6.508 | .632 | .432 | 10.295 | .000 | .934 | 1.071 |

a. 종속변수: LN전체T

## 8 성인 자살검색 예측모형 1주간의 time lag

• [그림 5-10의 Model 1 작성]

1단계: 데이터를 불러온다.

- IBM SPSS Statistics 실행→[파일]→[열기]→[데이터 열기(자살_버즈_출산_이혼.sav)]

2단계: Model 1의 회귀방정식으로 자살검색 예측치를 산출한다.

- 회귀방정식의 Syntax를 작성한 후 실행(▶)한다.
- 새로운 변수(Bweight)가 생성된 것을 알 수 있다.

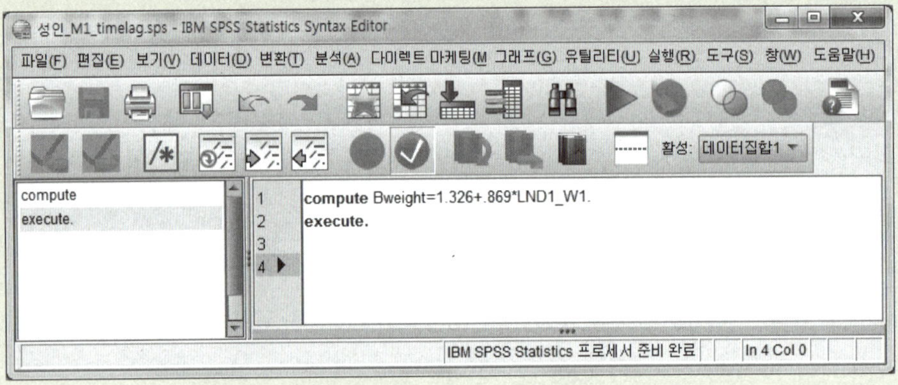


3단계: [EXCEL]에 변수를 복사하여 붙힌다.

- BUZZ(자살검색량: LN전체T)와 PREDICT(Bweight)를 복사하여 붙인다.
- 꺾은선 그래프를 그린다.

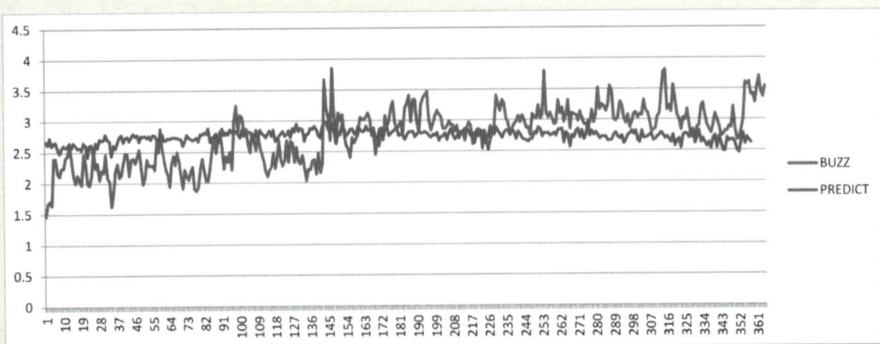

- [그림 5-10의 Model 3 작성]

1단계: 데이터를 불러온다.

- IBM SPSS Statistics 실행→[파일]→[열기]→[데이터 열기(자살_버즈_출산_이혼.sav)]

2단계: Model 3의 회귀방정식으로 자살검색 예측치를 산출한다.

- 회귀방정식의 Syntax를 작성한 후 실행(▶)한다.
- 새로운 변수(Bweight)가 생성된 것을 알 수 있다.

3단계: [EXCEL]에 변수를 복사하여 붙인다.

- BUZZ(자살검색량: LN전체T)와 PREDICT(Bweight)를 복사하여 붙인다.
- 꺾은선 그래프를 그린다.

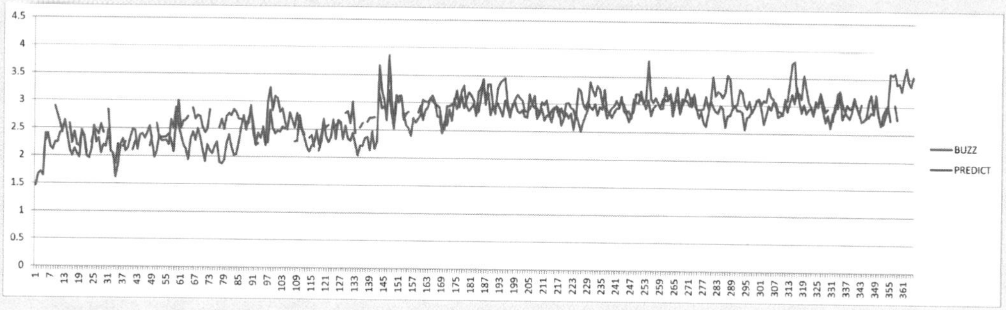

청소년 자살검색의 예측모형은 [표 5-4]와 같다.

모형 1은 2011년 일별 청소년(19세 이하) 자살률이 청소년 자살검색에 미치는 영향을 예측한 것으로, 청소년 자살자 수가 많을수록(자살률이 높을수록) 자살검색이 증가하는 것으로 나타났다. 모형 2는 일별 청소년 자살률과 스트레스검색이 자살검색에 미치는 영향을 예측한 것으로, 청소년 자살자 수가 많을수록, 스트레스검색이 많을수록 청소년의 자살검색이 증가하는 것으로 나타났다. 모형 3은 일별 청소년 자살률, 스트레스검색, 음주검색이 청소년 자살검색에 미치는 영향을 예측한 것으로, 자살자 수가 많을수록, 스트레스검색이 많을수록, 음주검색이 많을수록 청소년 자살검색이 증가하는 것으로 나타났다. 모형 4는 일별 청소년 자살률, 스트레스검색, 음주검색, 미세먼지량이 청소년 자살검색에 미치는 영향을 예측한 것으로, 청소년 자살자 수가 많을수록, 스트레스검색이 많을수록, 음주검색이 많을수록, 미세먼지량이 적을수록 청소년 자살검색이 증가하는 것으로 나타났다.

청소년의 자살검색을 예측하는 모형의 그래프는 [그림 5-11]과 같다.

[표 5-4] Prediction Model of Suicide Search Volume in Youth

| Independent Variable | Model 1 | | Model 2 | | Model 3 | | Model 4 | |
|---|---|---|---|---|---|---|---|---|
| | $\beta$ | $t$ | $\beta$ | $t$ | $\beta$ | $t$ | $\beta$ | $t$ |
| (Constant) | 1.957 | 68.86*** | 0.648 | 6.48*** | 0.624 | 6.22*** | 0.939 | 5.75*** |
| Suicide rate | 0.290 | 2.53** | 0.187 | 2.17** | 0.173 | 2.01** | 0.192 | 2.24** |
| Stress | | | 1.003 | 13.40*** | 0.913 | 10.94*** | 0.935 | 11.25*** |
| Drinking | | | | | 0.178 | 2.34** | 0.176 | 2.34** |
| Dust | | | | | | | −0.214 | −2.43** |
| Adjusted $R^2$ | 0.023 | | 0.448 | | 0.456 | | 0.467 | |
| F | 6.421*** | | 95.430*** | | 65.464*** | | 51.629*** | |

*** p<0.01, ** p<0.05, * p<0.1

## 9 청소년 자살검색 예측모형

• [표 5-4]의 청소년 자살검색 예측모형을 분석하기 위해서는 다중회귀분석을 실시해야 한다. 본 연구에서의 종속변수는 청소년 자살검색량(LN전체Y)이고, 독립변수는 청소년자살률(LND4), 청소년 스트레스검색량(LSTR_Y), 청소년 음주검색량(LDRI_Y), 미세먼지량(LDUST)이 된다.

• [Model 1 분석] 독립변수 1개: 자살률(LND4)

1단계: 데이터를 불러온다.

- IBM SPSS Statistics 실행→[파일]→[열기]→[데이터 열기(자살_버즈_출산_이혼.sav)]

2단계: 단순회귀분석을 실행한다.

- [분석]→[회귀분석]→[선형]→[종속변수(LN전체Y), 독립변수(LND4)]→[통계량(R 제곱 변화량 등) 선택]→[계속]→[확인]

3단계: 결과표를 분석한다.

- 회귀방정식: Y(자살검색량 예측치)=1.957+0.290*LND4(청소년자살률)
- 수정된 '$R^2$=0.023'이며 모형의 설명력은 2.3%로 매우 낮다.
- F=6.421(p<0.001)로 회귀방정식이 모형에 적합한 것으로 나타났다.

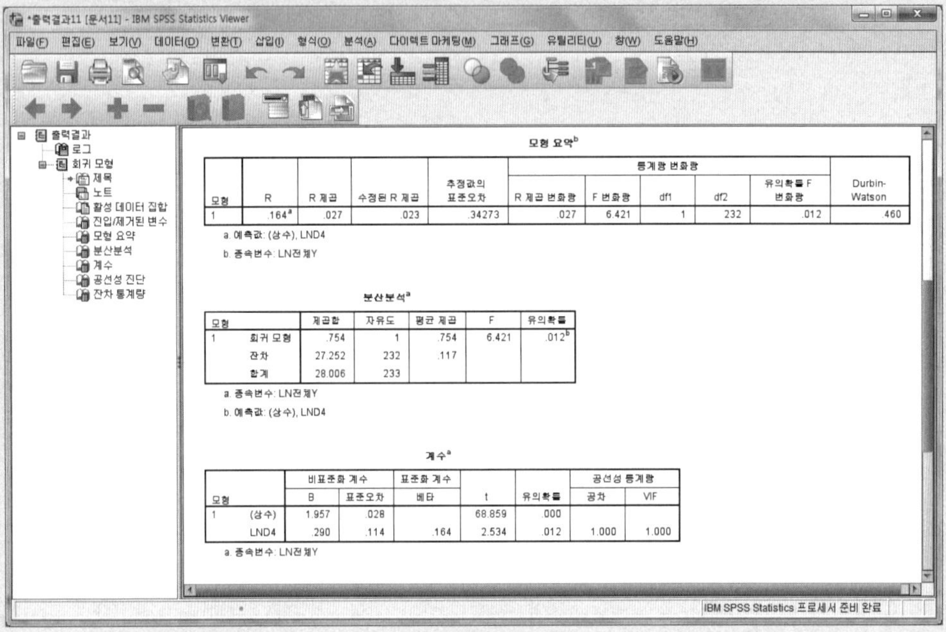

모형 요약[b]

| 모형 | R | R 제곱 | 수정된 R 제곱 | 추정값의 표준오차 | 통계량 변화량: R 제곱 변화량 | F 변화량 | df1 | df2 | 유의확률 F 변화량 | Durbin-Watson |
|---|---|---|---|---|---|---|---|---|---|---|
| 1 | .164[a] | .027 | .023 | .34273 | .027 | 6.421 | 1 | 232 | .012 | .460 |

a. 예측값: (상수), LND4

b. 종속변수: LN전체Y

분산분석[a]

| 모형 | | 제곱합 | 자유도 | 평균 제곱 | F | 유의확률 |
|---|---|---|---|---|---|---|
| 1 | 회귀 모형 | .754 | 1 | .754 | 6.421 | .012[b] |
| | 잔차 | 27.252 | 232 | .117 | | |
| | 합계 | 28.006 | 233 | | | |

a. 종속변수: LN전체Y

b. 예측값: (상수), LND4

계수[a]

| 모형 | | 비표준화 계수 | | 표준화 계수 | t | 유의확률 | 공선성 통계량 | |
|---|---|---|---|---|---|---|---|---|
| | | B | 표준오차 | 베타 | | | 공차 | VIF |
| 1 | (상수) | 1.957 | .028 | | 68.859 | .000 | | |
| | LND4 | .290 | .114 | .164 | 2.534 | .012 | 1.000 | 1.000 |

a. 종속변수: LN전체Y

- [Model 4 분석] 독립변수 4개: 자살률(LND4), 스트레스검색량(LSTR_Y), 음주검색량(LDRI_Y), 미세먼지량(LDUST)

1단계: 데이터를 불러온다.

- IBM SPSS Statistics 실행→[파일]→[열기]→[데이터 열기(자살_버즈_출산_이혼.sav)]

2단계: 다중회귀분석을 실행한다.

- [분석]→[회귀분석]→[선형]→[종속변수(LN전체Y), 독립변수(LND4, LSTR_Y, LDIR_Y, LDUST)]→[통계량(R 제곱변화량 등) 선택]→[계속]→[확인]

3단계: 결과표를 분석한다.

- 회귀방정식: Y=0.939+0.192*LND4+0.935*LSTR_Y+0.176*LDRI_Y−0.214*LDUST
- 수정된 '$R^2$=0.467'이며 모형의 설명력은 46.7%이다.
- F=51.629($p<0.001$)로 회귀방정식이 모형에 적합한 것으로 나타났다.
- 공차한계(tolerance)는 0.7 이상으로 높게 나타났으며, VIF(분산확대지수)가 10보다 현저히 작아 독립변수 간 다중공선성의 문제는 없는 것으로 나타났다.

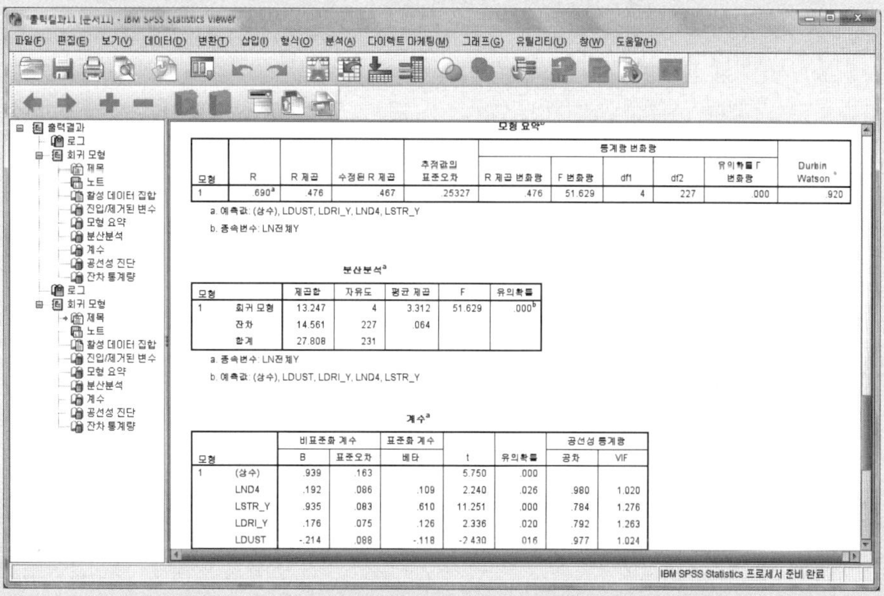

모형 요약[b]

| 모형 | R | R 제곱 | 수정된 R 제곱 | 추정값의 표준오차 | 통계량 변화량: R 제곱 변화량 | F 변화량 | df1 | df2 | 유의확률 F 변화량 | Durbin-Watson |
|---|---|---|---|---|---|---|---|---|---|---|
| 1 | .690[a] | .476 | .467 | .25327 | .476 | 51.629 | 4 | 227 | .000 | .920 |

a. 예측값: (상수), LDUST, LDRI_Y, LND4, LSTR_Y

b. 종속변수: LN전체Y

분산분석[a]

| 모형 | | 제곱합 | 자유도 | 평균 제곱 | F | 유의확률 |
|---|---|---|---|---|---|---|
| 1 | 회귀 모형 | 13.247 | 4 | 3.312 | 51.629 | .000[b] |
| | 잔차 | 14.561 | 227 | .064 | | |
| | 합계 | 27.808 | 231 | | | |

a. 종속변수: LN전체Y

b. 예측값: (상수), LDUST, LDRI_Y, LND4, LSTR_Y

계수[a]

| 모형 | | 비표준화 계수 B | 비표준화 계수 표준오차 | 표준화 계수 베타 | t | 유의확률 | 공선성 통계량 공차 | 공선성 통계량 VIF |
|---|---|---|---|---|---|---|---|---|
| 1 | (상수) | .939 | .163 | | 5.750 | .000 | | |
| | LND4 | .192 | .086 | .109 | 2.240 | .026 | .980 | 1.020 |
| | LSTR_Y | .935 | .083 | .610 | 11.251 | .000 | .784 | 1.276 |
| | LDRI_Y | .176 | .075 | .126 | 2.336 | .020 | .792 | 1.263 |
| | LDUST | -.214 | .088 | -.118 | -2.430 | .016 | .977 | 1.024 |

## 10 청소년 자살검색 예측모형

• [그림 5-11]의 Model 1 작성

1단계: 데이터를 불러온다.

- IBM SPSS Statistics 실행→[파일]→[열기]→[데이터 열기(자살_버즈_출산_이혼.sav)]

2단계: Model 1의 회귀방정식으로 자살검색 예측치를 산출한다.

- 회귀방정식의 Syntax를 작성한 후 실행(▶)한다.
- 새로운 변수(Bweight)가 생성된 것을 알 수 있다.

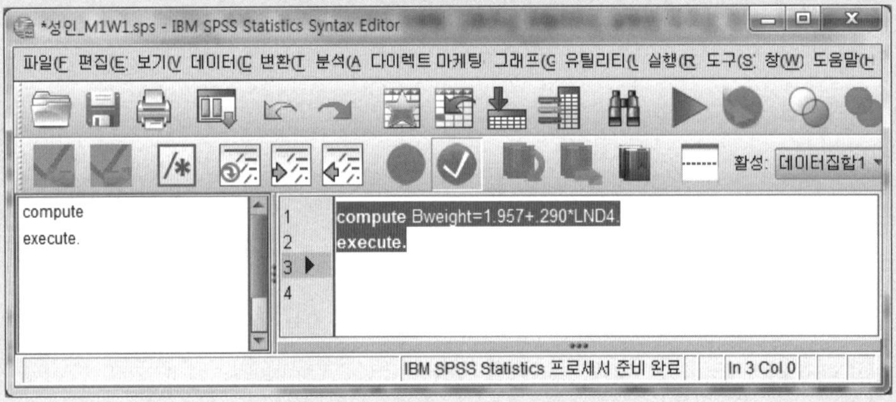


3단계: [EXCEL]에 변수를 복사하여 붙인다.

- BUZZ(자살검색량: LN전체Y)와 PREDICT(Bweight)를 복사하여 붙인다.
- 꺾은선 그래프를 그린다.

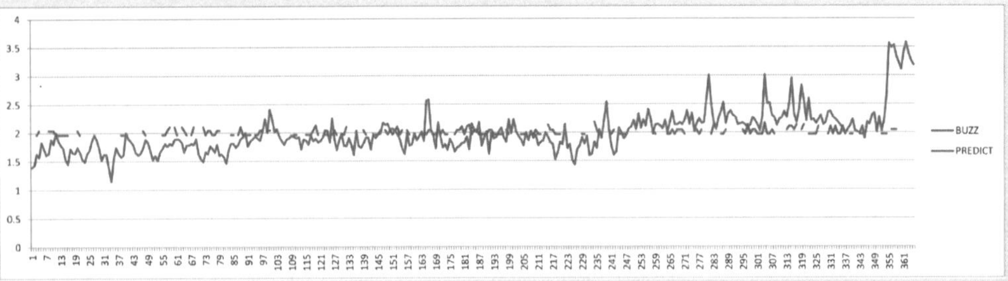

• [그림 5-11]의 Model 4 작성

1단계: 데이터를 불러온다.

- IBM SPSS Statistics 실행→[파일]→[열기]→[데이터 열기(자살_버즈_출산_이혼.sav)]

2단계: Model 2의 회귀방정식으로 자살검색 예측치를 산출한다.

- 회귀방정식의 Syntax를 작성한 후 실행(▶)한다.
- 새로운 변수(Bweight)가 생성된 것을 알 수 있다.

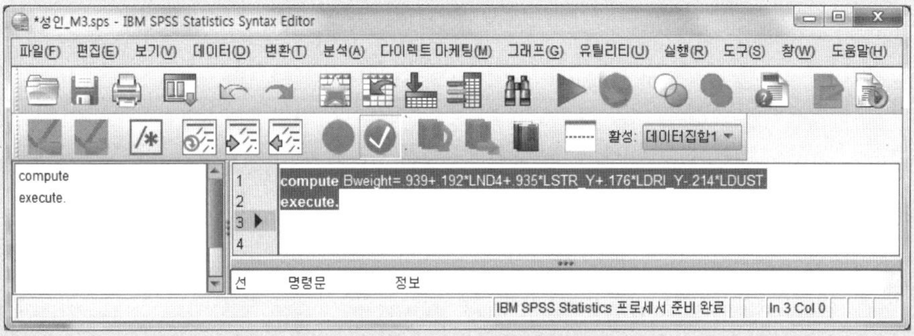


3단계: [EXCEL]에 변수를 복사하여 붙인다.

- BUZZ(자살검색량: LN전체T)와 PREDICT(Bweight)를 복사하여 붙인다.
- 꺾은선 그래프를 그린다.

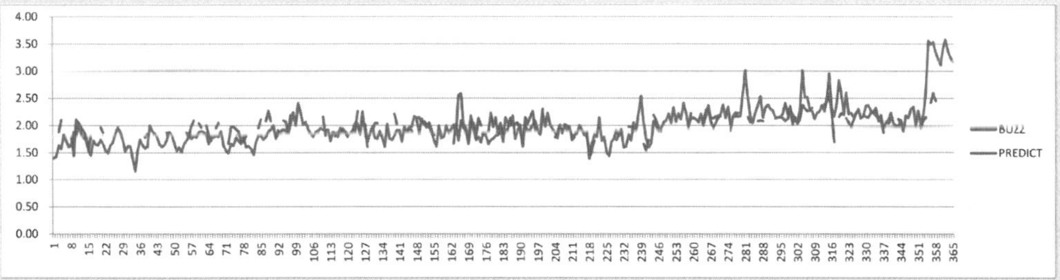

| | |
|---|---|
| Model 1 | 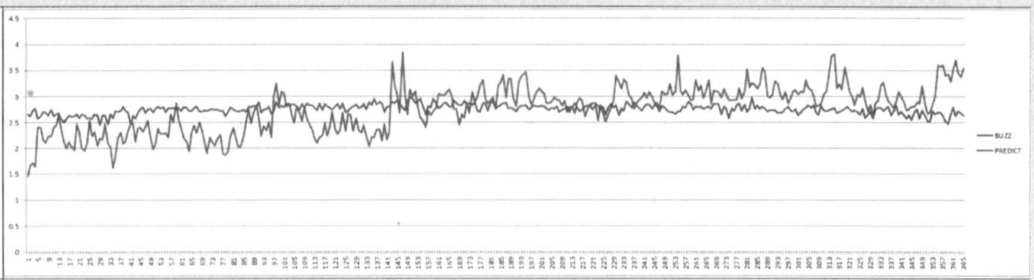 |
| Model 2 | 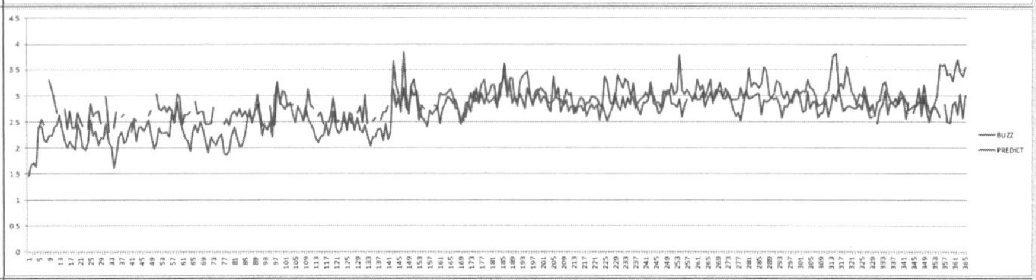 |
| Model 3 | 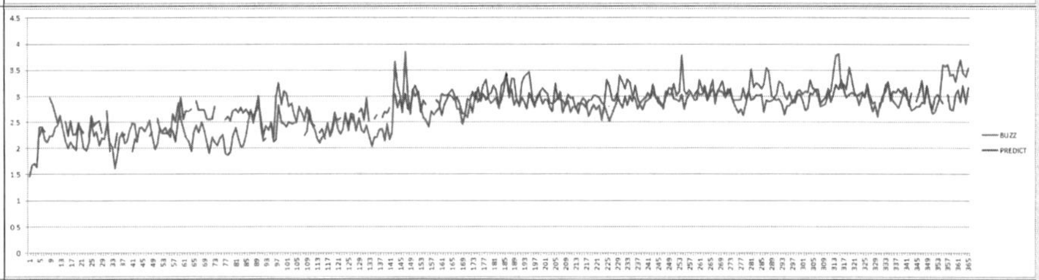 |
| Model 4 | 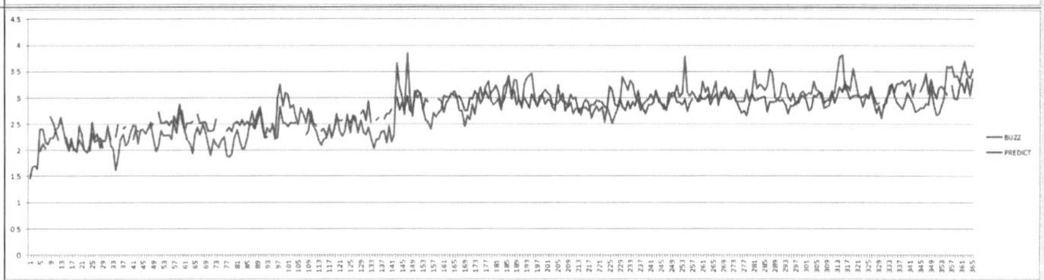 |
| Model 5 | 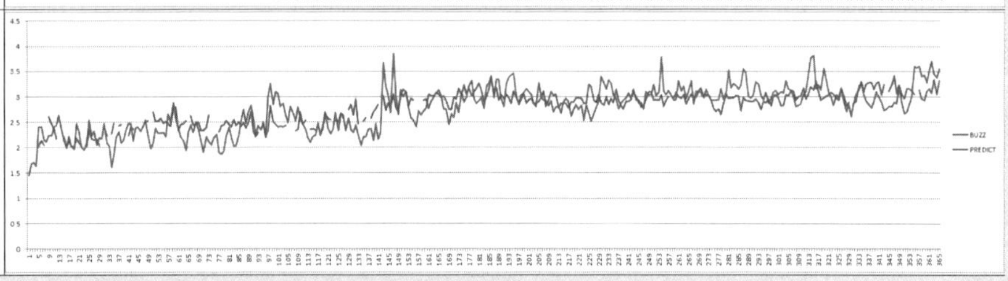 |

[그림 5-9] Prediction Model of Suicide Search Volume in Adult

Model 1

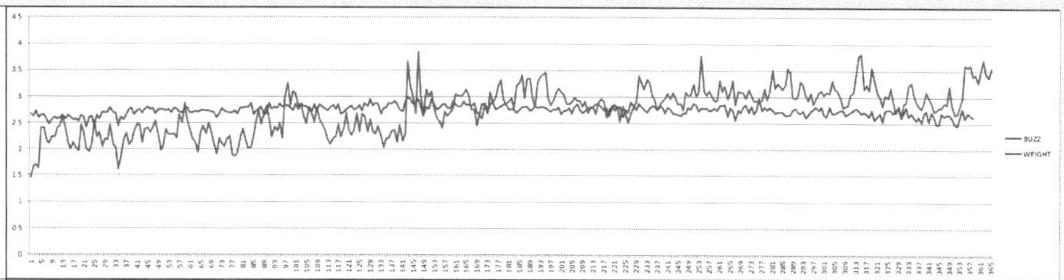


Model 2

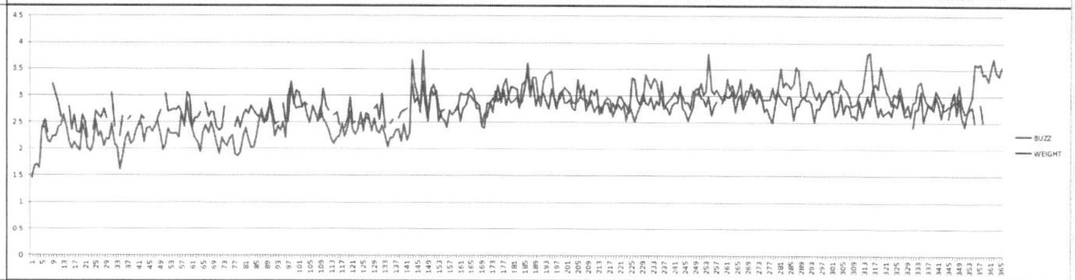


Model 3

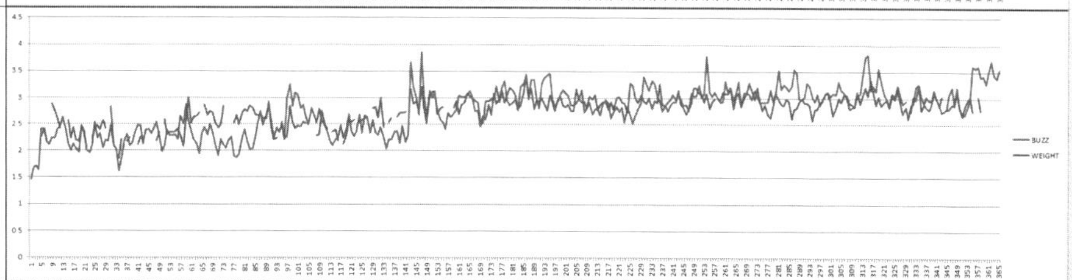


Model 4

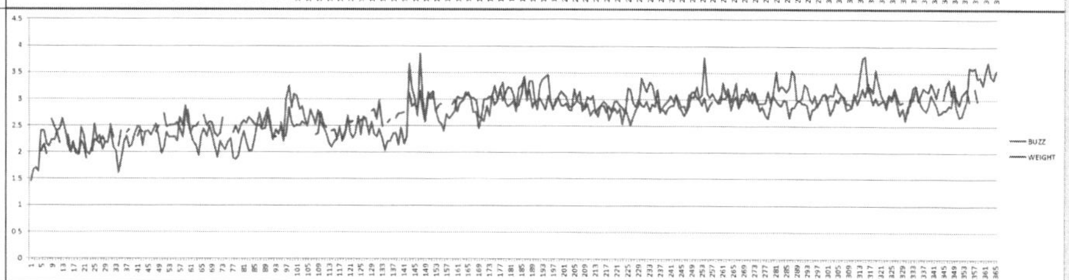


Model 5

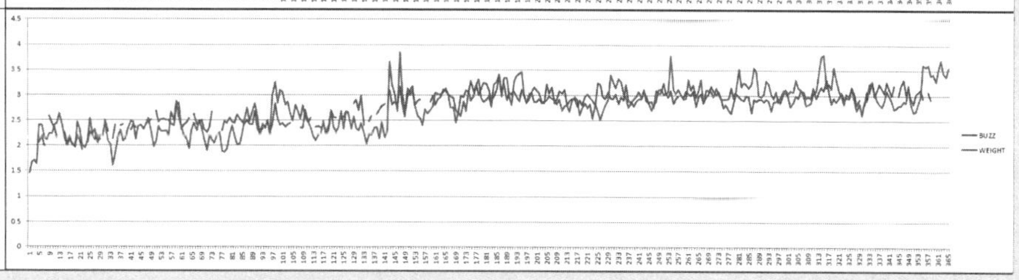


[그림 5-10] Prediction Model of Suicide Search Volume in Adult(1 week time lag)

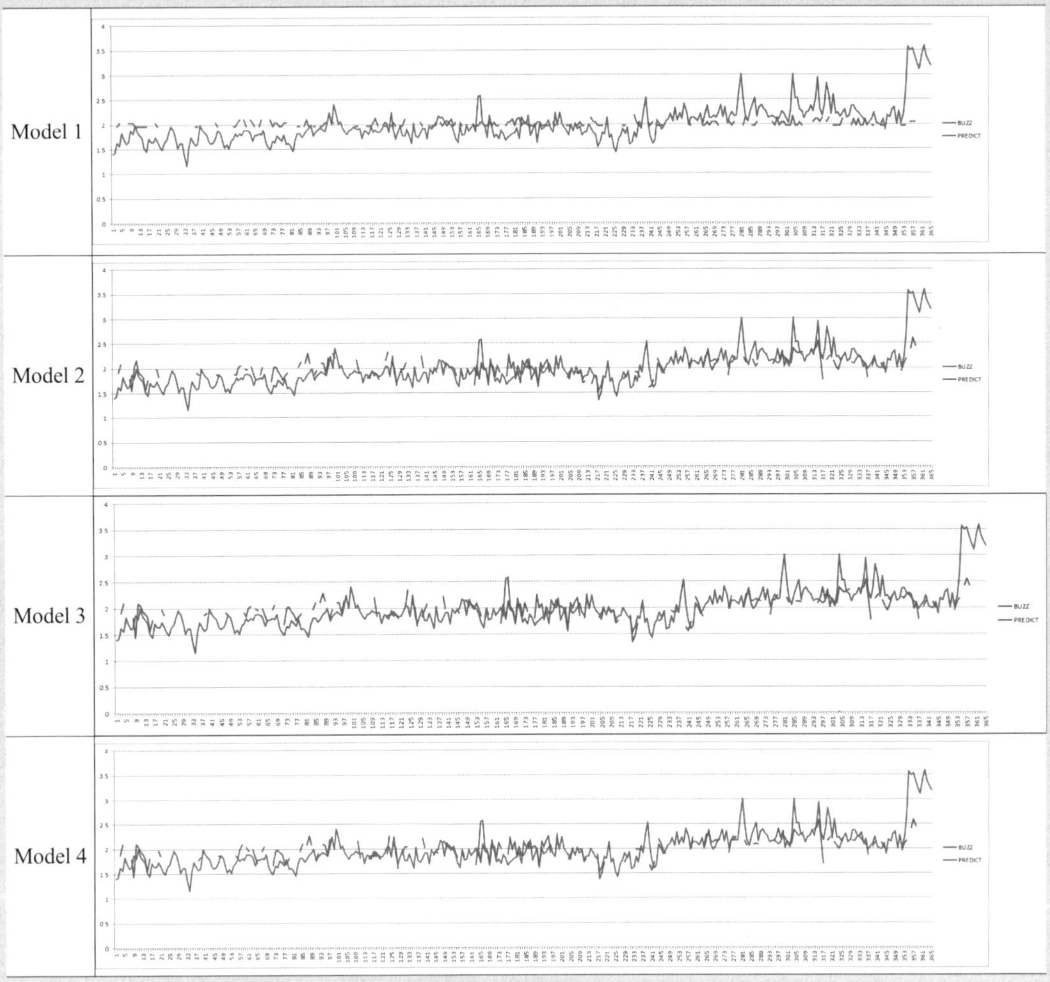


[그림 5-11] Prediction Model of Suicide Search Volume in Youth

### 3-3 다중집단 구조모형 분석

자살요인의 다중집단 구조모형 분석은 연구모형의 적합성을 검증한 후, 집단 간 등가제약 과정을 거쳐 경로계수 간 유의미한 차이를 검증하였다. 다중집단 구조모형 분석을 위한 연구모형의 적합도는 $\chi^2(df, p)$=59.411(8, p<0.000), NFI=0.954(양호), TLI=0.847(보통), CFI=0.959(양호), RMSEA=0.094(보통)로 대부분의 적합도에서 적합한 것으로 나타났다. 성인과 청소년 두 집단 모두 스트레스검색에서 운동·음주·자살 검색으로 가는 경로와 자살검색에서 자살률로 가는 경로가 정적(+)으로 유의한 영향을 미치는 것으로 나타났다. 청소년의 경우 음주검색에서 자살검색으로 가는 경로를 제외하고 모든 경로에서 정적(+)으로 유의한 영향을 미치는 것으로 나타났다.

[표 5-5] Parameters of Adult and Youth

| Path | Adult | | | Youth | | |
|---|---|---|---|---|---|---|
| | B($\beta$) | C.R. | P | B($\beta$) | C.R. | P |
| Stress→Drinking | 0.335(0.385) | 7.610 | ** | 0.572(0.513) | 11.347 | ** |
| Stress→Suicide | 0.432(0.457) | 10.986 | ** | 0.808(0.525) | 8.749 | ** |
| Stress→Exercise | 0.599(0.555) | 12.468 | ** | 0.721(0.761) | 22.379 | ** |
| Drinking→Suicide | 0.247(0.228) | 6.257 | ** | 0.051(0.037) | 0.868 | 0.385 |
| Exercise→Suicide | 0.271(0.310) | 7.830 | ** | 0.348(0.214) | 3.827 | ** |
| Suicide→Suicide Rate | 0.052(0.204) | 3.980 | ** | 0.093(0.172) | 2.671 | ** |

** $p<0.01$, * $p<0.05$

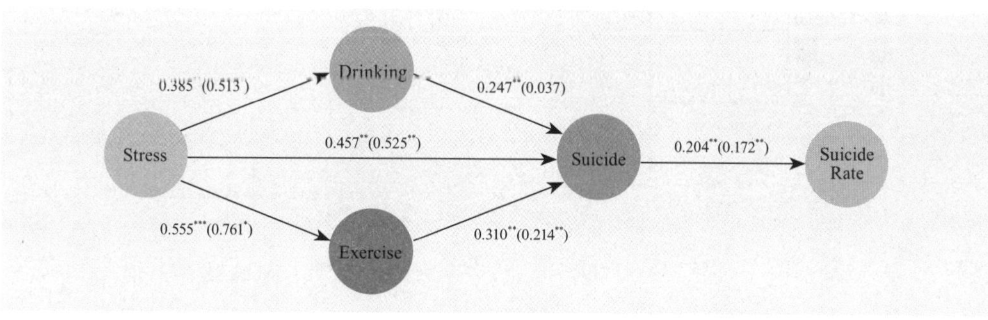


[그림 5-12] Multiple group structural model in Adult(Youth)

## 11 다중집단 구조모형의 적합성 검증 및 모수추정치

• 성인과 청소년의 자살검색요인 구조모형의 비교는 다중집단 구조모형 분석으로 검증한다. 다중집단 구조모형의 적합성 검증은 다중집단 구조모형을 설계한 후 적합성 검증을 실시해야 한다.

• 다중집단 구조모형을 설계하기 전에 자살요인(스트레스-취약모형) 구조모형을 설계해야 한다.

1단계: Amos를 실행한 후 구조모형을 그린다.

- 아이콘모음창에서 ▭(관측변수) 아이콘을 마우스로 클릭한 다음, 모델작업창에 마우스 포인터를 위치시키고 왼쪽 마우스버튼을 누른 상태에서 대각선 하단 방향으로 끌어당기면 사각형(관측변수)이 생성된다. 그러면 (복사), 오(구조오차), ←(일방향 화살표) 등을 이용하여 구조모형을 완성한다.

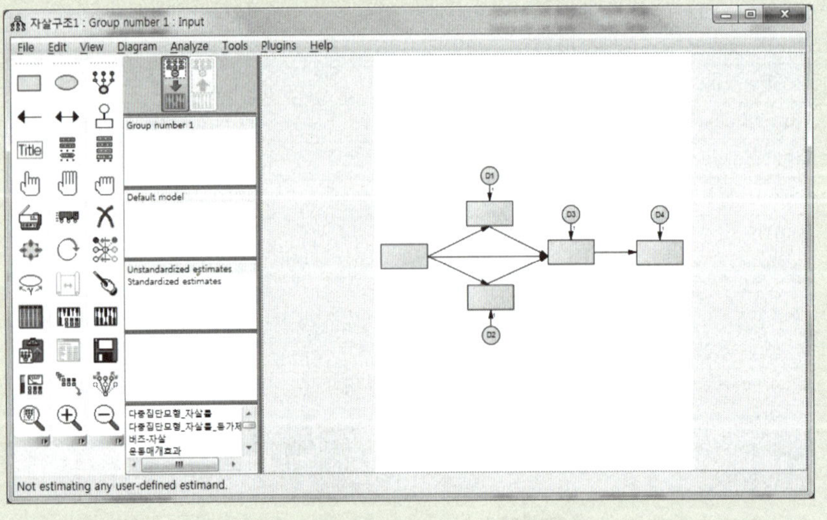

2단계: [데이터 불러오기] 아이콘을 클릭하여 '성인_구조모형.sav' 파일을 불러온다.

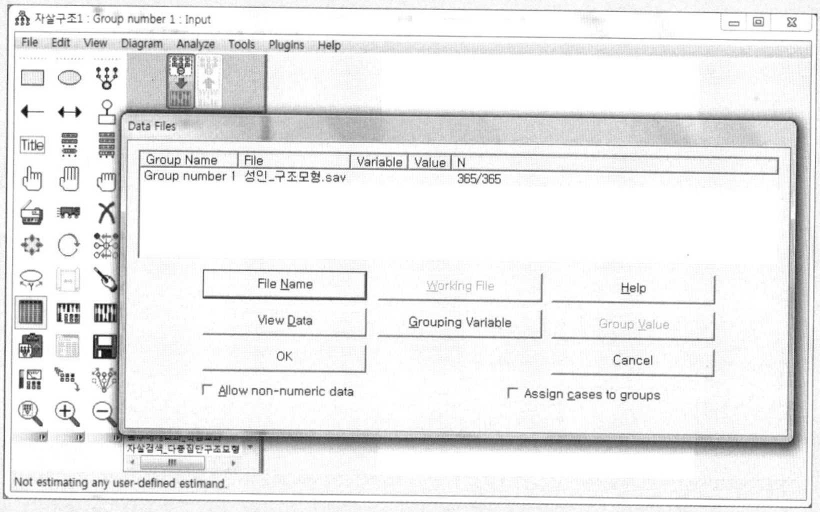


3단계: 관측변수의 변수명을 입력한다.

- [변수목록] 아이콘을 클릭하여 [Variables in Dataset] 창에 나타난 변수들을 선택하여 원하는 관측변수 안으로 끌어당긴다.

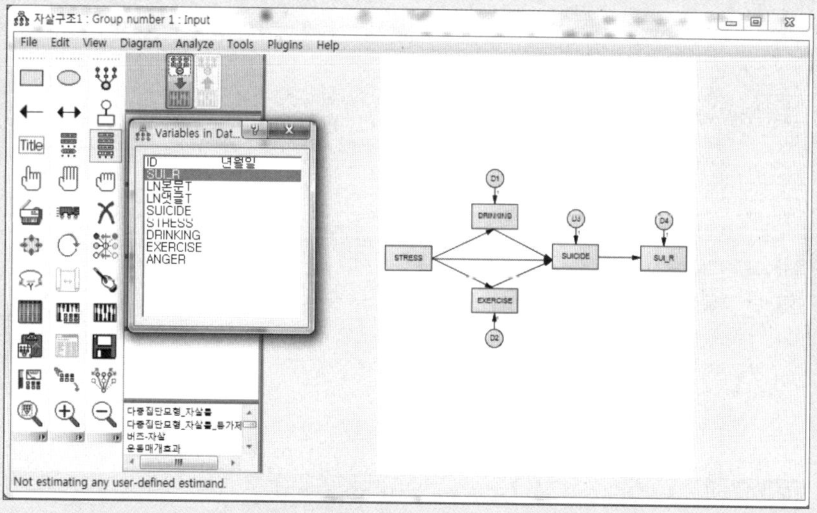

4단계: 다중집단 구조모형을 그린다.

- 집단관리창에 있는 [group number 1]을 더블클릭한다.

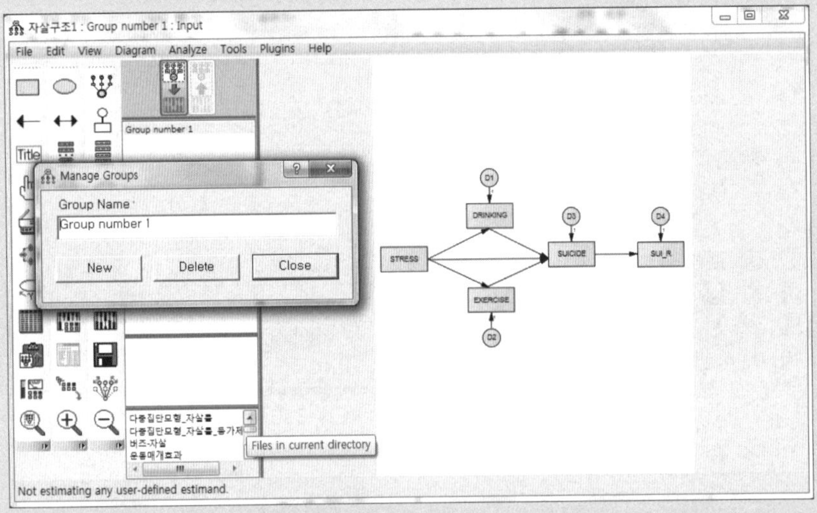

- 생성된 [Manage Groups] 창에서 [New] 버튼을 누르면 [group number 2]가 생성된다.

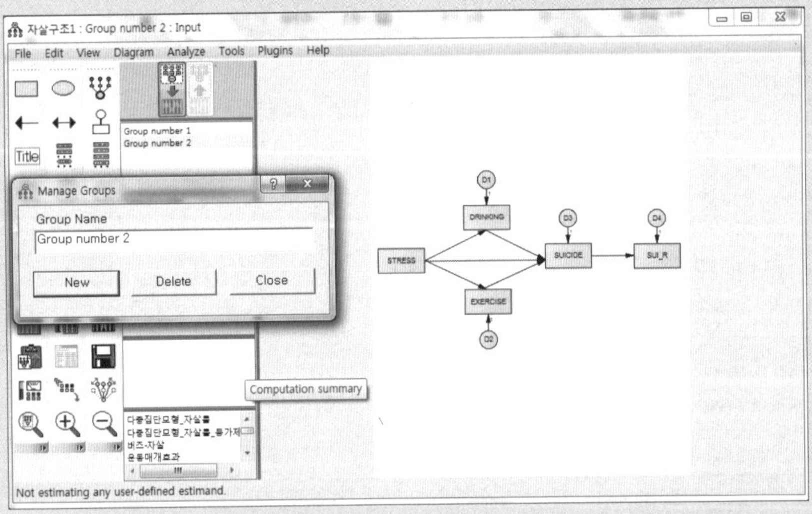

- 위의 상태는 두 집단을 연결할 수 있는 모델 2개가 생성된 것으로 [group number 1]에는 '성인집단'을 입력하고, [group number 2]에는 '청소년집단'이라고 입력한다.

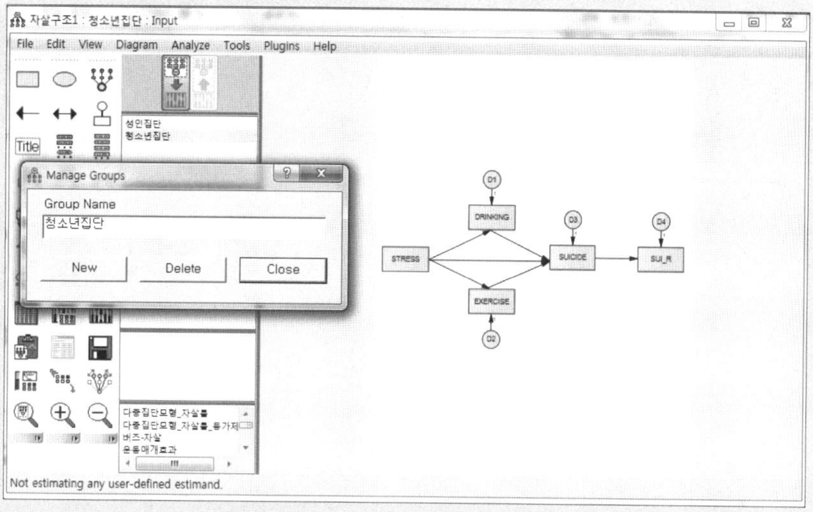


- [File-Data Files]에서 '성인집단', '청소년집단'에 각각의 데이터를 연결한다(이때, 성인집단과 청소년집단의 모든 변수는 동일하게 설정해야 한다).

  성인집단 → 성인_구조모형.sav, 청소년집단 → 청소년_구조모형.sav

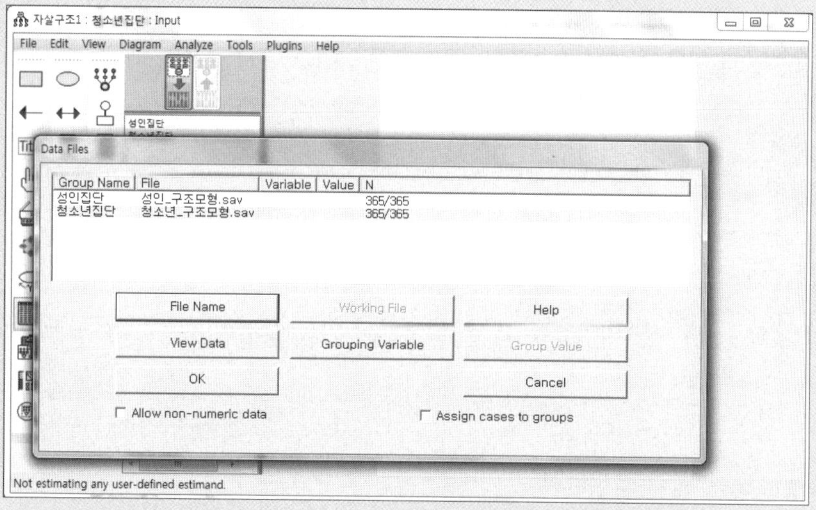


- 하나의 모델을 두 집단으로 나누었기 때문에 분석결과에 혼동이 올 수 있다. 그러므로 모델작업창에 각 집단의 이름을 입력해야 한다. 모델관리창의 '성인집단'을 지정하여 → [Title 아이콘] 클릭 → [모델작업창] 클릭 → [Figure Caption] 창이 생성되면 [Caption]란에 '성인집단'이라고 모델명을 입력한다. 같은 방법으로 '청소년집단'이라고 이름을 입력한다. 이름의 위치를 수정할 때는 [이동아이콘]을 사용한다.

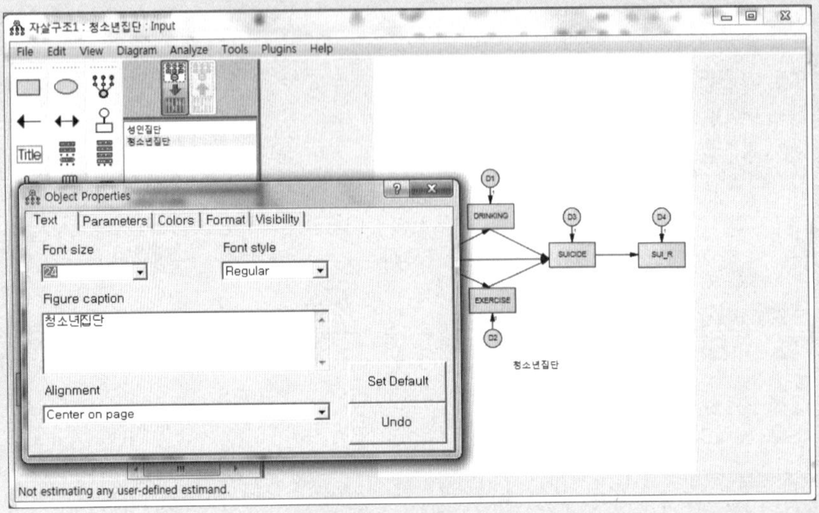


4단계: 다중집단 구조모형을 저장한다.

- [File] → [Save as]를 클릭하여 '자살검색_다중집단구조모형'으로 저장한다.

5단계: 실행한 후 결과를 확인한다.

- 본 연구 데이터에는 결측치가 있으므로 [view]→[analysis properties]→[estimation] →[estimate means and intercepts]를 선택해야 한다.
- (실행) 아이콘을 클릭한 후 (결과보기) 아이콘으로 결과를 확인한다.

- 연구모형의 적합도는 $\chi^2(df,\ p)$=59.411(8, 0.000), CFI=0.959, NFI=0.954, TLI=0.847, RMSEA=0.094로 대부분의 적합도에서 적합한 것으로 나타났다.

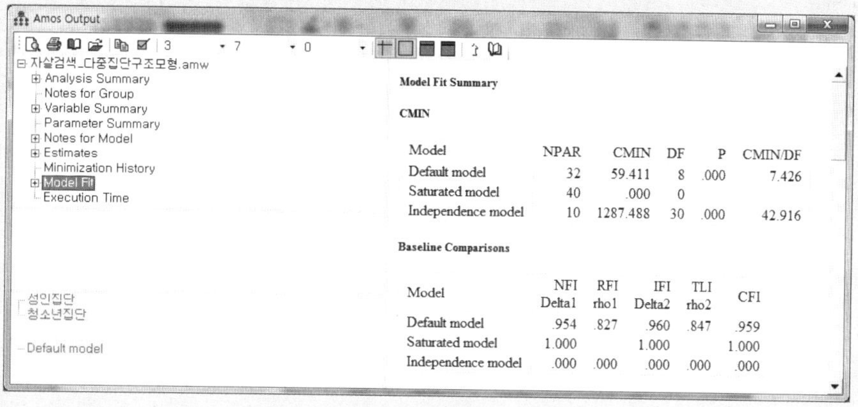

Model Fit Summary

CMIN

| Model | NPAR | CMIN | DF | P | CMIN/DF |
|---|---|---|---|---|---|
| Default model | 32 | 59.411 | 8 | .000 | 7.426 |
| Saturated model | 40 | .000 | 0 | | |
| Independence model | 10 | 1287.488 | 30 | .000 | 42.916 |

Baseline Comparisons

| Model | NFI Delta1 | RFI rho1 | IFI Delta2 | TLI rho2 | CFI |
|---|---|---|---|---|---|
| Default model | .954 | .827 | .960 | .847 | .959 |
| Saturated model | 1.000 | | 1.000 | | 1.000 |
| Independence model | .000 | .000 | .000 | .000 | .000 |

- 자살검색요인의 다중집단 경로분석의 결과는 다음과 같다.

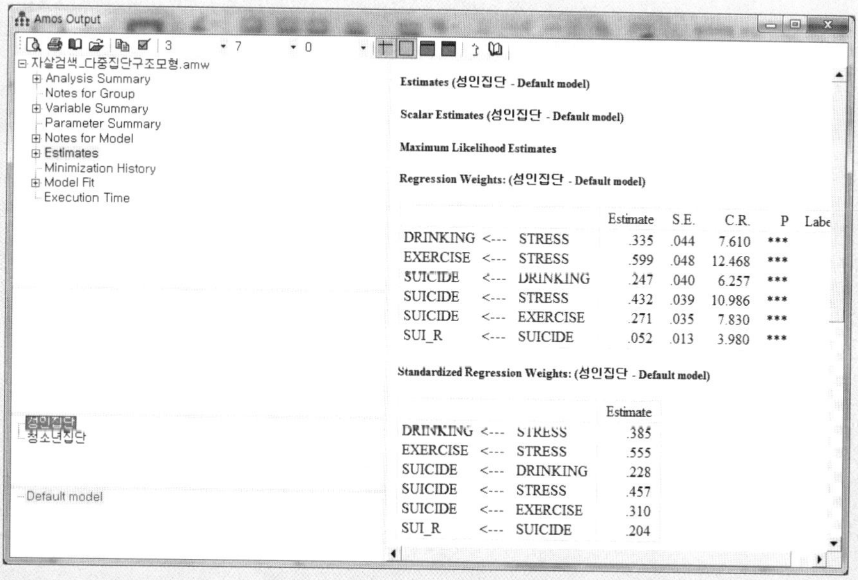

Estimates (성인집단 - Default model)

Scalar Estimates (성인집단 - Default model)

Maximum Likelihood Estimates

Regression Weights: (성인집단 - Default model)

| | | | Estimate | S.E. | C.R. | P | Label |
|---|---|---|---|---|---|---|---|
| DRINKING | <--- | STRESS | .335 | .044 | 7.610 | *** | |
| EXERCISE | <--- | STRESS | .599 | .048 | 12.468 | *** | |
| SUICIDE | <--- | DRINKING | .247 | .040 | 6.257 | *** | |
| SUICIDE | <--- | STRESS | .432 | .039 | 10.986 | *** | |
| SUICIDE | <--- | EXERCISE | .271 | .035 | 7.830 | *** | |
| SUI_R | <--- | SUICIDE | .052 | .013 | 3.980 | *** | |

Standardized Regression Weights: (성인집단 - Default model)

| | | | Estimate |
|---|---|---|---|
| DRINKING | <--- | STRESS | .385 |
| EXERCISE | <--- | STRESS | .555 |
| SUICIDE | <--- | DRINKING | .228 |
| SUICIDE | <--- | STRESS | .457 |
| SUICIDE | <--- | EXERCISE | .310 |
| SUI_R | <--- | SUICIDE | .204 |

구조모형 내 자살요인 변수 간의 인과관계에 있어 두 집단(성인과 청소년) 사이에 유의미한 차이가 존재할 수 있기 때문에 모형 내 존재하는 모든 경로계수에 대해 각각 동일성 제약을 가한 모형을 기저모형과 비교하기 위해 집단 간 구조모형 분석을 실시하였다. 두 집단 사이의 경로에 동일성 제약을 가한 모형은 Stress→Drinking, Stress→Suicide, Stress→Exercise, Drinking→Suicide 경로의 모형에서 집단 간 유의미한 차이를 보였다. 따라서 스트레스검색에서 운동·음주·자살 검색으로 가는 경로에 청소년이 더 강하게 영향을 받고 있으며, 음주검색에서 자살검색으로 가는 경로는 성인만 유의한 영향을 미치는 것으로 나타났다. 그리고 운동검색에서 자살검색으로 가는 경로와 자살검색이 자살률에 미치는 영향은 두 집단 모두 비슷하게 영향을 주는 것으로 나타났다(표 5-6).

[표 5-6] Comparison of the difference in Adult and Youth

| Path(model) | $\chi^2$ | *df* | $\Delta\chi^2$ | C.R.[1] |
|---|---|---|---|---|
| Default model | 59.411 | 8 | | |
| Stress→Drinking(P1) | 71.338 | 9 | 11.927 | 3.540** |
| Stress→Suicide(P2) | 74.449 | 9 | 15.038 | 3.746** |
| Stress→Exercise(P3) | 63.622 | 9 | 4.211 | 2.113** |
| Drinking→Suicide(P4) | 66.600 | 9 | 7.189 | −2.781** |
| Exercise→Suicide(P5) | 59.997 | 9 | 0.586 | 0.788 |
| Suicide→Suicide Rate(P6) | 60.545 | 9 | 1.134 | 1.112 |
| All constrains | 110.579 | 14 | 51.168 | |

[1] Critical ratios for differences

** $p<0.05$, * $p<0.1$

## 12 집단 간 구조모형 분석

- 집단 간 경로계수 크기 비교는 다중집단 구조모형 분석에서 가능하다. 다중집단 구조모형 분석은 측정동일성 제약이 끝난 후, 집단 간 등가제약과정을 거쳐 경로계수 간 유의미한 차이가 있는지 살펴봐야 한다. 본 연구의 다중집단 구조모형은 경로모형으로, 각 요인에 대한 측정동일성은 검증할 필요가 없기 때문에 요인 사이의 경로계수로 집단 간 차이를 검증하였다.

1단계: 집단 간 등가제약을 수행한다.

- 성인집단 경로를 (b1~b5)로 지정한다. 이때 [All group]은 해제해야 한다.

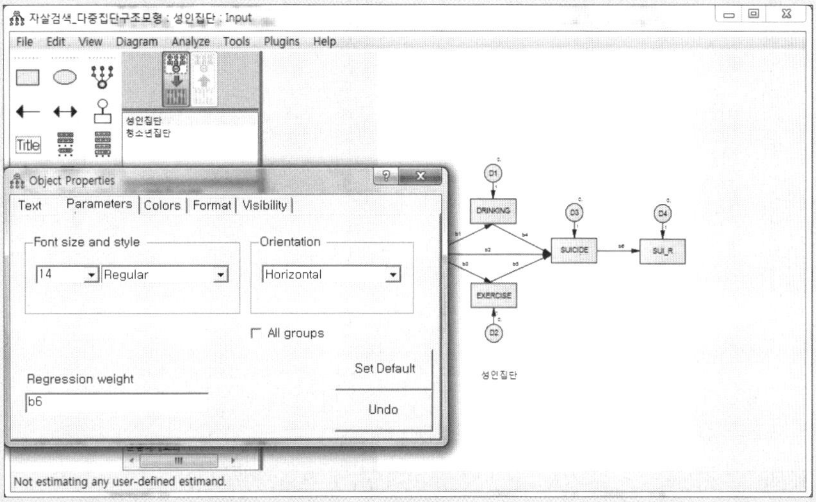

- 청소년집단의 경로를 (bb1~bb5)로 지정한다.

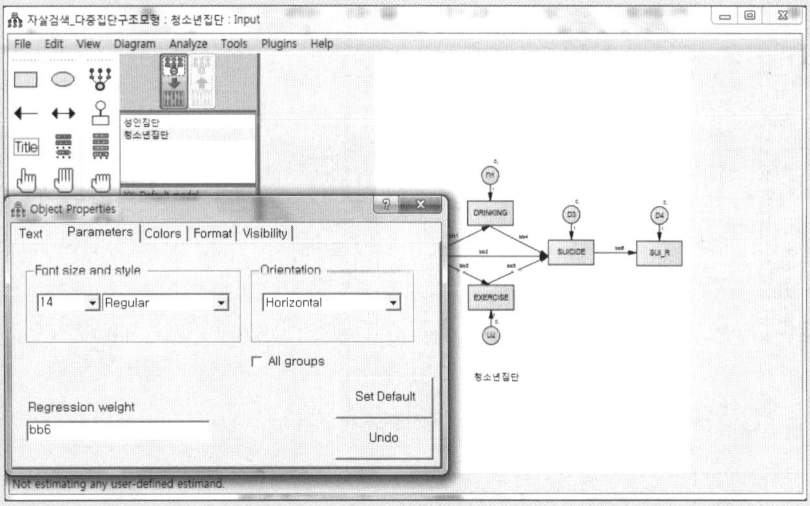

2단계: 집단 간 등가제약을 실시한다.

- model 창에서 [XX: Default model]을 더블클릭한다.
- [Manage Models] 창에서 [New]를 클릭한다.

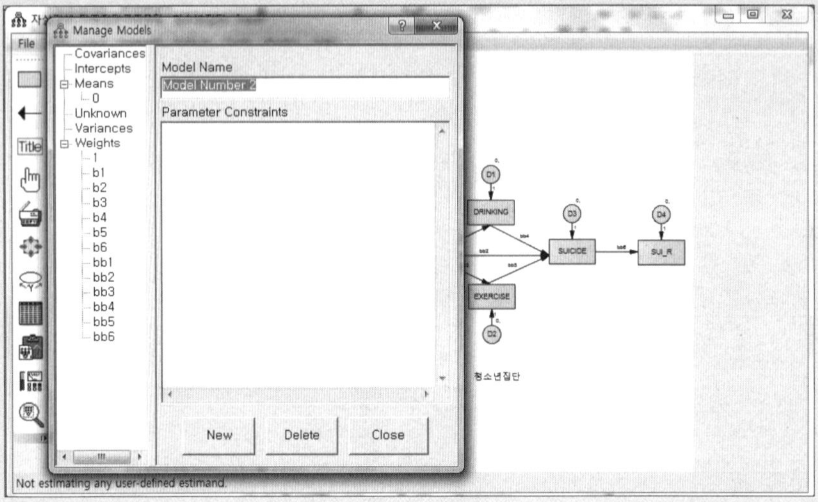

- [Manage Models] 창에서 [Model Name]을 p1으로 입력한다.
- [Parameter Constrains] 창에 'b1=bb1'을 입력한다.

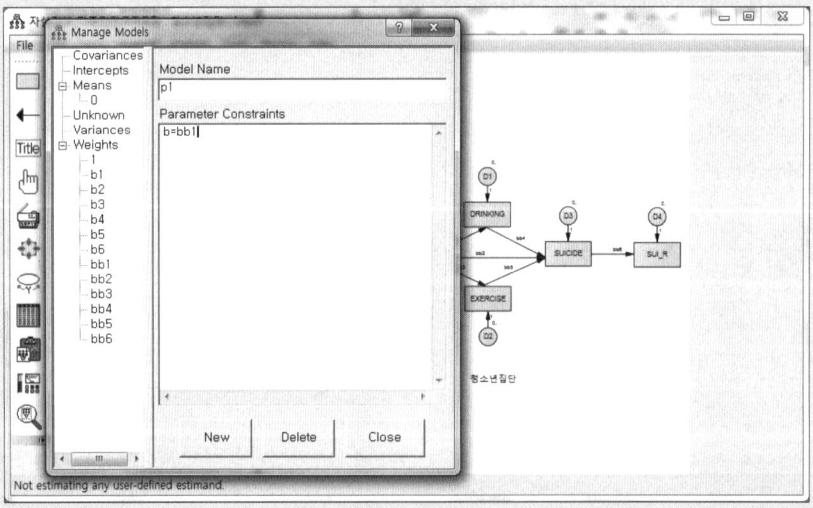

- [Manage Models] 창에서 [New]를 클릭한 후, 같은 방식으로 p2(b2=bb2), p3(b3=bb3), p4(b4=bb4), p5(b5=bb5), p6(b6=bb6)로 집단별 비교경로에 대한 제약모형을 만든다.
- 개별경로에 대한 제약이 끝나면 모든 경로에 대한 제약모형을 만들어 준다.
- [Manage Models] 창에서 [New]를 클릭한 후, [Model Name]을 [all constrains]에 모든 경로를 입력한 다음 [Close]를 클릭한다.

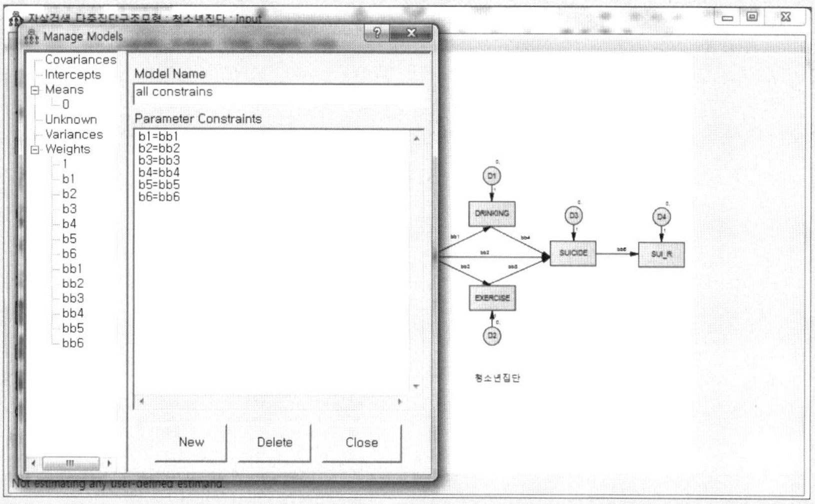


- 다중집단 구조모형을 저장한다.

[File]→[Save as]를 클릭하여 '자살검색_다중집단구조모형_등가제약.amw'로 저장한다.

3단계: 집단 간 경로계수의 유의미한 차이는 Amos에서 [Critical ratios for differences]에서 집단 간 C.R.값을 확인하여 검증할 수 있다.

- [View]→[Analysis Properties]→[Output]→[Critical ratios for differences]를 선택한다.

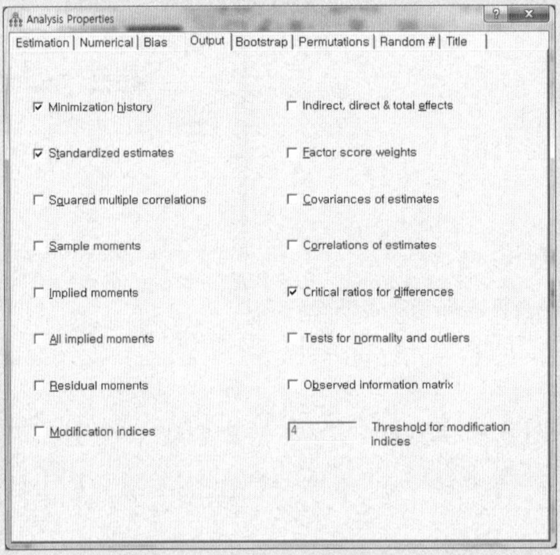


4단계: 집단 간 등가제약모형(자살검색_다중집단구조모형_등가제약.amw)을 실행한다.

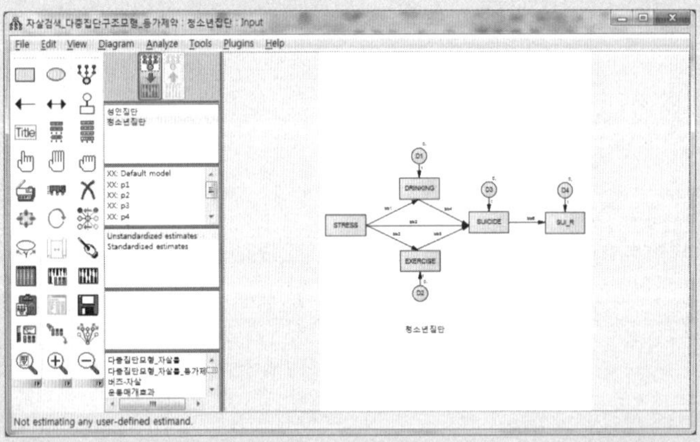


5단계: 결과를 확인한다.

- [View]→[Text Output]→[Model Fit]에서 모든 경로의 적합도를 확인한다.
- 두 집단 사이의 경로에 동일성 제약을 가한 모형은 [p1, p2, p3, p4] 경로의 모형에서 집단 간 유의미한 차이를 보였다[각 모형에서 $\Delta\chi^2$은 자유도가 1일 때 $\chi^2$값 3.84(유의수준: 0.05)보다 크기 때문에 4개의 모형에서 통계적으로 유의미한 차이를 보인다].

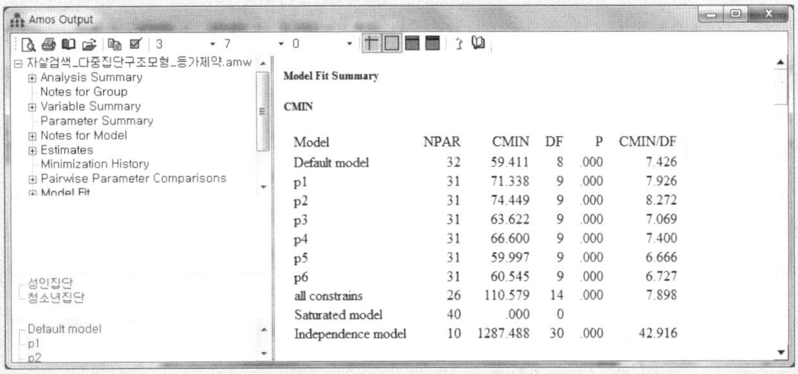

Model Fit Summary

CMIN

| Model | NPAR | CMIN | DF | P | CMIN/DF |
|---|---|---|---|---|---|
| Default model | 32 | 59.411 | 8 | .000 | 7.426 |
| p1 | 31 | 71.338 | 9 | .000 | 7.926 |
| p2 | 31 | 74.449 | 9 | .000 | 8.272 |
| p3 | 31 | 63.622 | 9 | .000 | 7.069 |
| p4 | 31 | 66.600 | 9 | .000 | 7.400 |
| p5 | 31 | 59.997 | 9 | .000 | 6.666 |
| p6 | 31 | 60.545 | 9 | .000 | 6.727 |
| all constrains | 26 | 110.579 | 14 | .000 | 7.898 |
| Saturated model | 40 | .000 | 0 | | |
| Independence model | 10 | 1287.488 | 30 | .000 | 42.916 |

- 모형의 비교는 Default model과 경로에 동일성제약을 가한 모델 [p1~p6]의 CMIN($\chi^2$) 차이로 검증한다. 모형의 CMIN 차이는 상기 그림의 [Model Comparison]에서 확인할 수 있다(p1=11.927, p2=15.038, p3=4.211, p4=7.189, p5=0.586, p6=1.134).
- [Pairwise Parameter Comparisons]→[Critical ratios for difference]에서 [b1-bb1]의 차이를 나타내는 C.R.값(3.540)을 확인한다.
- 그런 다음 'b2-bb2, b3-bb3, b4-bb4, b5-bb5, b6-bb6' 계수를 계속 확인한다.

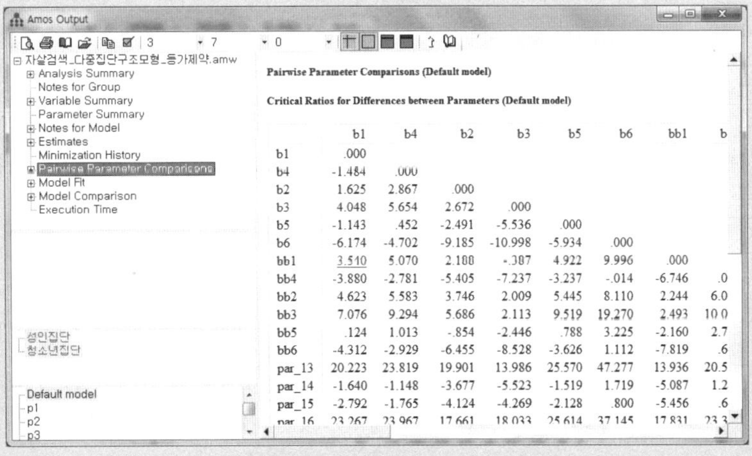

Pairwise Parameter Comparisons (Default model)

Critical Ratios for Differences between Parameters (Default model)

| | b1 | b4 | b2 | b3 | b5 | b6 | bb1 | b |
|---|---|---|---|---|---|---|---|---|
| b1 | .000 | | | | | | | |
| b4 | -1.484 | .000 | | | | | | |
| b2 | 1.625 | 2.867 | .000 | | | | | |
| b3 | 4.048 | 5.654 | 2.672 | .000 | | | | |
| b5 | -1.143 | .452 | -2.491 | -5.536 | .000 | | | |
| b6 | -6.174 | -4.702 | -9.185 | -10.998 | -5.934 | .000 | | |
| bb1 | 3.510 | 5.070 | 2.100 | -.307 | 4.922 | 9.996 | .000 | |
| bb4 | -3.880 | -2.781 | -5.405 | -7.237 | -3.237 | -.014 | -6.746 | .0 |
| bb2 | 4.623 | 5.583 | 3.746 | 2.009 | 5.445 | 8.110 | 2.244 | 6.0 |
| bb3 | 7.076 | 9.294 | 5.686 | 2.113 | 9.519 | 19.270 | 2.493 | 10.0 |
| bb5 | .124 | 1.013 | -.854 | -2.446 | .788 | 3.225 | -2.160 | 2.7 |
| bb6 | -4.312 | -2.929 | -6.455 | -8.528 | -3.626 | 1.112 | -7.819 | .6 |
| par_13 | 20.223 | 23.819 | 19.901 | 13.986 | 25.570 | 47.277 | 13.936 | 20.5 |
| par_14 | -1.640 | -1.148 | -3.677 | -5.523 | -1.519 | 1.719 | -5.087 | 1.2 |
| par_15 | -2.792 | -1.765 | -4.124 | -4.269 | -2.128 | .800 | -5.456 | .6 |
| par_16 | 23.267 | 23.967 | 17.661 | 18.033 | 25.614 | 37.145 | 17.831 | 23.3 |

- [Critical ratios for difference]에서 집단별 경로 간 C.R.값을 확인하면 동일성 제약모형과 같이 p1(b1-bb1: 3.540), p2(b2-bb2: 3.746), p3(b3-bb3: 2.113), p4(b4-bb4: -2.781)에서 유의미한 차이를 보인다(유의수준: 0.05에서의 C.R.값은 1.96이다).
- 이로써 모든 경로계수에 각각 동일성 제약을 가한 모형의 결과와 [Critical ratios for difference]의 집단별 경로계수의 결과가 동일하다는 것을 알 수 있다.

스트레스검색과 자살검색의 경로에 음주검색과 운동검색의 매개효과를 살펴보기 위해 효과분해를 실시한 결과, 성인과 청소년 모두에서 부분 매개효과가 있는 것으로 나타났다(표 5-7). 따라서 우리나라의 성인과 청소년 모두 스트레스를 경험할 경우 건강생활실천요인(음주, 운동)을 많이 찾고, 이러한 건강생활실천요인이 자살검색에 영향을 미치며 궁극적으로는 자살률에 영향을 주는 것으로 나타났다.

[표 5-7] Mediation Effect in Drinking and Exercise

| Path | Adult | | | Youth | | |
|---|---|---|---|---|---|---|
| | Total Effect | Direct Effect | Indirect Effect[1] | Total Effect | Direct Effect | Indirect Effect[1] |
| Drinking Mediator Stress → Suicide | 0.708 | 0.593 | $0.115^{***}$ | 0.706 | 0.669 | $0.038^{*}$ |
| DP→MP[2] | $0.708^{***}$→$0.593^{***}$ | | | $0.706^{***}$→$0.669^{***}$ | | |
| Exercise Mediator Stress → Suicide | 0.708 | 0.503 | $0.204^{***}$ | 0.706 | 0.535 | $0.171^{***}$ |
| DP→MP[2] | $0.708^{***}$→$0.503^{***}$ | | | $0.708^{***}$→$0.535^{***}$ | | |

[1] Sobel test, $^{***}$ p<0.01, $^{**}$ p<0.05, $^{*}$ p<0.1

[2] Mediator Effect: DP(Direct Path coefficient), MP(Mediator Path coefficient)

## 13 다중집단 구조모형의 효과분해

• 매개효과는 독립변수와 종속변수 사이에 제3의 변수인 매개변수가 개입될 때 발생한다. 본 연구의 다중집단 구조모형의 매개효과 모형은 음주와 운동의 2개의 구조모형으로 구성할 수 있다.

- 매개효과 모형을 설계하기 위해서는 기존의 '자살검색_다중집단구조모형.amw'의 다중집단모형을 불러와 삭제아이콘을 이용하여 운동과 음주의 [관측변수]와 [구조오차]를 삭제해야 한다.

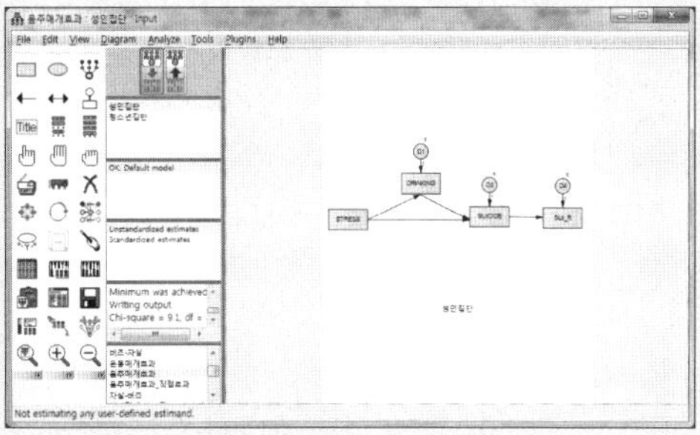

(가) 음주 매개효과 모형

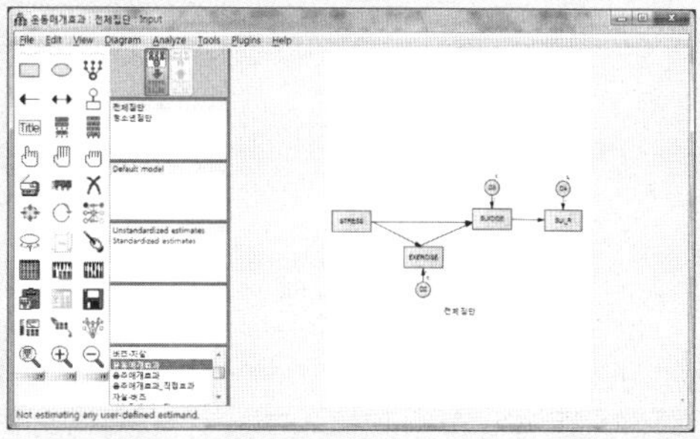

(나) 운동 매개효과 모형

• 음주 매개효과 분석

1단계: 위의 그림 (가)의 모형에서 [View]→[Analysis Properties]에서 표준화 회귀계수(standardized estimates)와 효과(indirect, direct & total effects)를 선택한다.

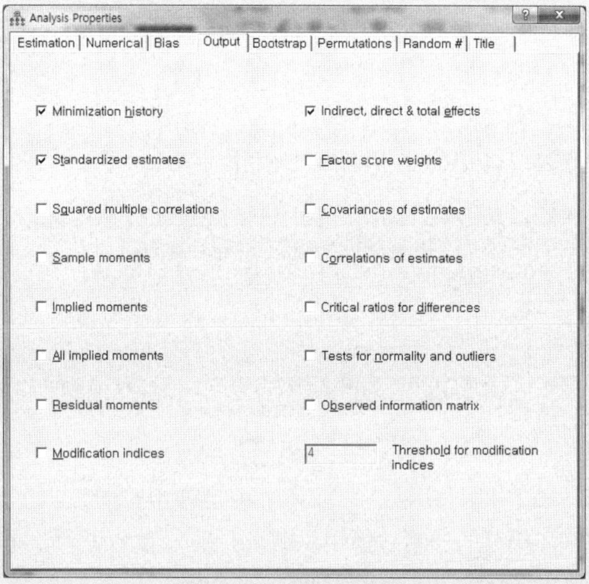


2단계: [실행]한 후 결과를 확인한다.

- [view]→[text Output]→[estimate]→[matrices]에서 '스트레스→자살' 간의 [standardized]→[total effect, direct effect, indirect effect]를 확인한다(실행파일: 음주매개효과.amw).
- 하단의 집단선택창에서 성인집단과 청소년집단을 선택하면 두 집단의 매개효과를 확인할 수 있다.

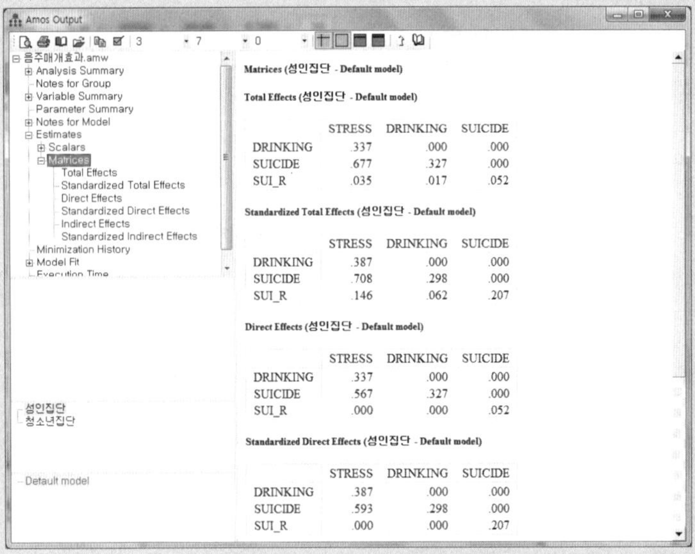


• 운동 매개효과 분석

1단계: 그림 (나)의 모형을 [실행]한 후 결과를 확인한다.

- [view] → [text Output] → [estimate] → [matrices]에서 '스트레스→자살' 간의 [standardized] → [total effect, direct effect, indirect effect]를 확인한다(실행파일: 운동매개효과.amw).

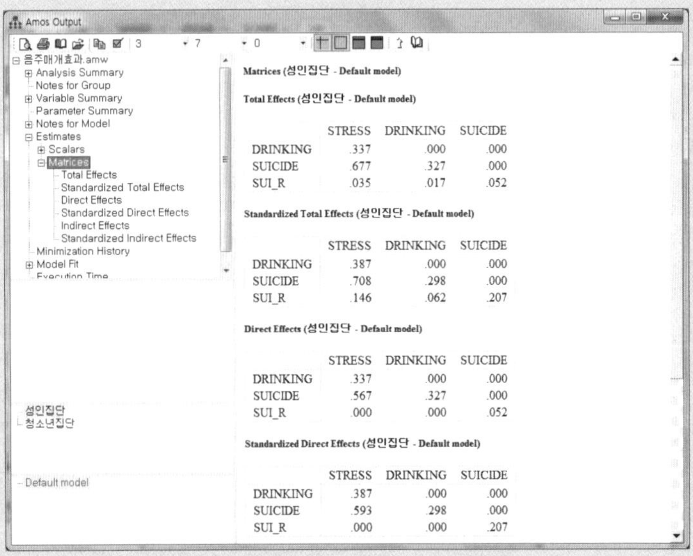

## 14 다중집단 구조모형의 매개효과

• 매개효과(mediator effect)는 독립변수(X)와 종속변수(Y) 사이에 제3의 변수인 매개변수(M)가 개입될 때 발생한다. 본 연구에서 Hair et al.(2006)이 제안한 매개효과 검증을 위한 절차는 다음과 같다.

1단계: 다중집단 구조모형에서 '스트레스→자살' 간의 직접적인 상관관계(경로계수)를 분석한다. 기존 다중집단 구조모형에서 삭제 아이콘을 이용하여 관측변수와 구조오차를 삭제한 후 실행한다(음주매개효과_직접효과.amw).

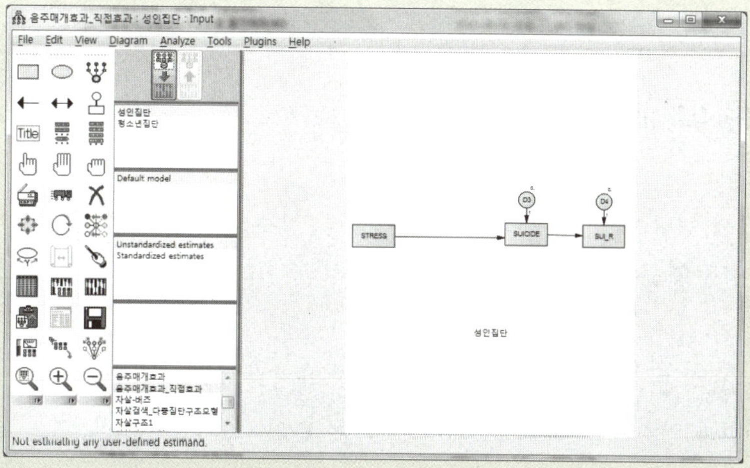


2단계: [실행]한 후 결과를 확인한다.

- [view]→[text Output]→[estimate]에서 '스트레스→자살' 간의 직접효과를 확인한다 ($\beta$=0.708, p<0.001).
- 성인의 경우 '스트레스→자살' 간에 '운동'이 부분매개(partial mediation)하여 자살에 대한 직접적인 영향이 조금 감소[$\beta$=0.708(p<0.001) → $\beta$=0.593(p<0.001)]하였으며, '스트레스→자살' 간에 '음주'도 부분매개하여 자살에 대한 직접적인 영향이 조금 감소[$\beta$=0.708(p<0.001) → $\beta$=0.503(p<0.001)]한 것으로 나타났다.

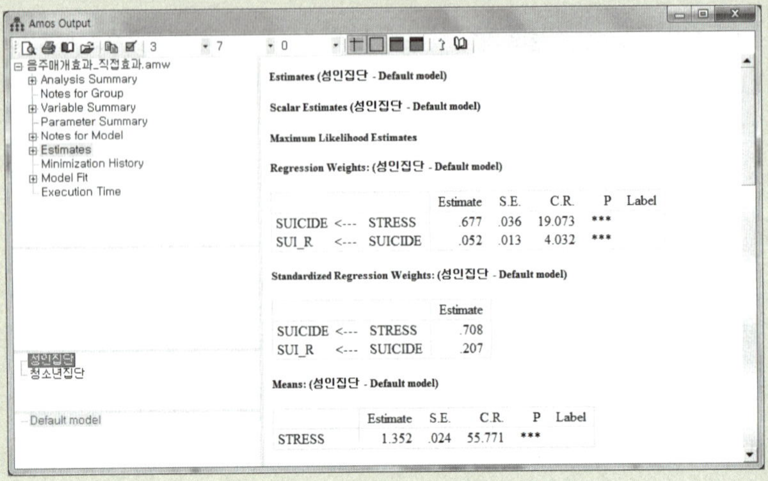


## 15 매개효과(간접효과)의 유의성 검증

• 간접효과의 유의성을 평가하는 Sobel test는 모든 자료가 정규분포를 따른다는 가정하에 통계적 유의성을 검증한다.

1단계: 성인집단과 청소년집단의 '음주'의 간접효과 유의성 검증

- 성인집단과 청소년집단의 '스트레스→음주' 간의 C.R.(성인: 7.669, 청소년: 11.350), '음주→자살' 간 C.R.(성인: 7.734, 청소년: 1.695)을 프리처 교수의 웹사이트(http://quantpsy.org/sobel/sobel.htm)에 접속하여 분석한다.
- [Input]에 해당 수치를 입력한 후 [Calculate] 버튼을 누르면 [p-value]가 자동계산된다 [성인집단(p=0.001), 청소년집단(p=0.093)].

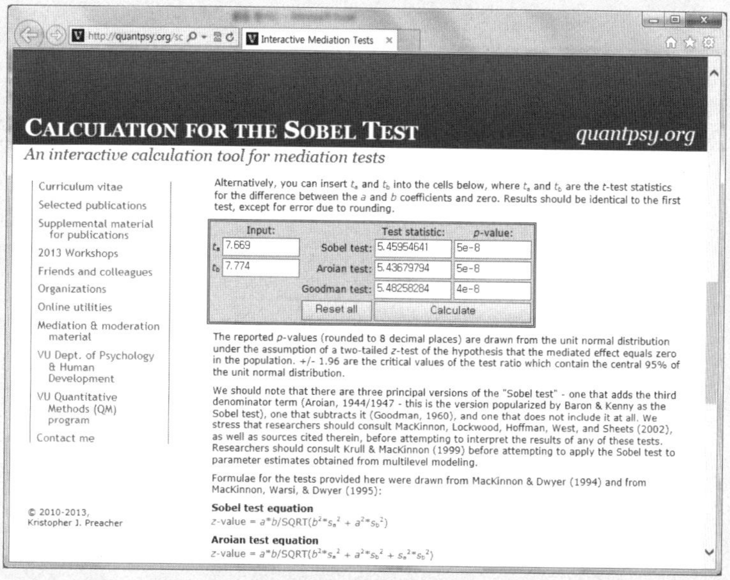


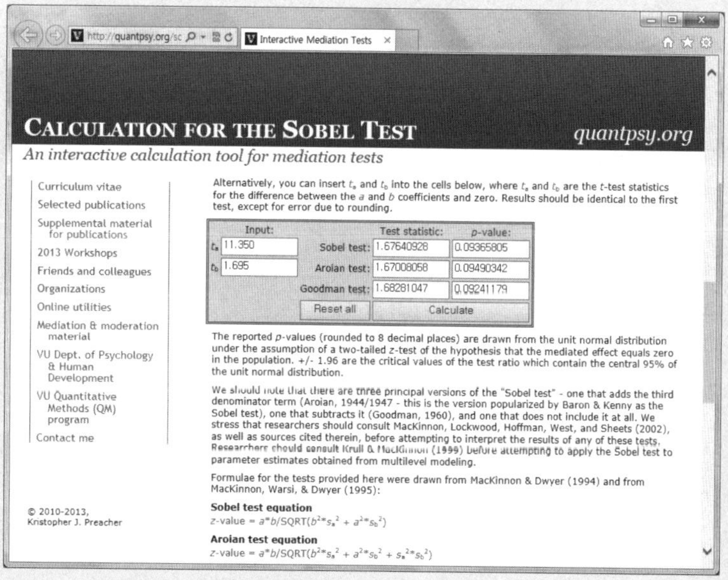


2단계: 성인집단과 청소년집단의 '운동'의 간접효과 유의성 검증

- 성인과 청소년의 '스트레스→운동' 간의 C.R.(성인: 12.461, 청소년: 22.379), '운동→자살' 간 C.R.(성인: 9.028, 청소년: 4.019)을 프리처 교수의 웹사이트(http://quantpsy.org/sobel/sobel.htm)에 접속하여 분석한다.
- [Input]에 해당 수치를 입력한 후 [Calculate] 버튼을 누르면 [p-value]가 자동계산된다 [성인집단(p<0.001), 청소년집단(p<0.001)].

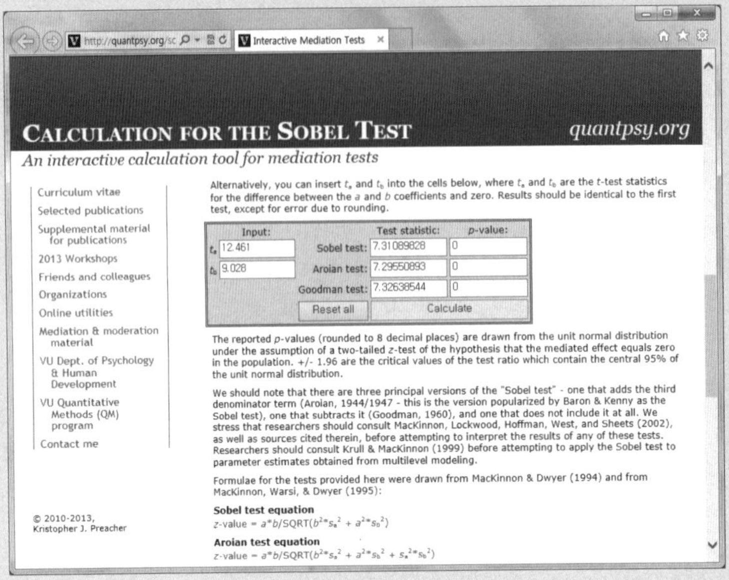
http://quantpsy.org/sc
Interactive Mediation Tests
CALCULATION FOR THE SOBEL TEST
quantpsy.org
An interactive calculation tool for mediation tests
Curriculum vitae
Selected publications
Supplemental material for publications
2013 Workshops
Friends and colleagues
Organizations
Online utilities
Mediation & moderation material
VU Dept. of Psychology & Human Development
VU Quantitative Methods (QM) program
Contact me
© 2010-2013, Kristopher J. Preacher
Alternatively, you can insert $t_a$ and $t_b$ into the cells below, where $t_a$ and $t_b$ are the t-test statistics for the difference between the a and b coefficients and zero. Results should be identical to the first test, except for error due to rounding.
Input:
Test statistic:
p-value:
$t_a$ 12.461
$t_b$ 9.028
Sobel test: 7.31089828 0
Aroian test: 7.29550893 0
Goodman test: 7.32638544 0
Reset all
Calculate
The reported p-values (rounded to 8 decimal places) are drawn from the unit normal distribution under the assumption of a two-tailed z-test of the hypothesis that the mediated effect equals zero in the population. +/- 1.96 are the critical values of the test ratio which contain the central 95% of the unit normal distribution.
We should note that there are three principal versions of the "Sobel test" - one that adds the third denominator term (Aroian, 1944/1947 - this is the version popularized by Baron & Kenny as the Sobel test), one that subtracts it (Goodman, 1960), and one that does not include it at all. We stress that researchers should consult MacKinnon, Lockwood, Hoffman, West, and Sheets (2002), as well as sources cited therein, before attempting to interpret the results of any of these tests. Researchers should consult Krull & MacKinnon (1999) before attempting to apply the Sobel test to parameter estimates obtained from multilevel modeling.
Formulae for the tests provided here were drawn from MacKinnon & Dwyer (1994) and from MacKinnon, Warsi, & Dwyer (1995):
Sobel test equation
z-value = a*b/SQRT(b²*sa² + a²*sb²)
Aroian test equation
z-value = a*b/SQRT(b²*sa² + a²*sb² + sa²*sb²)

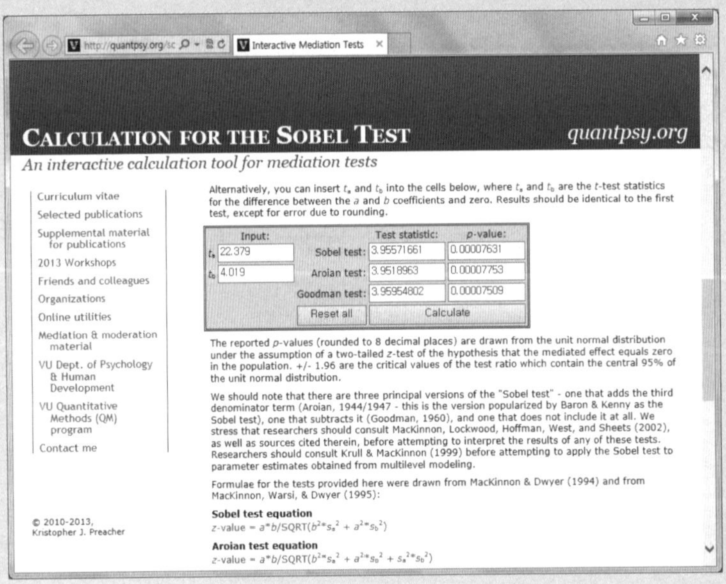
http://quantpsy.org/sc
Interactive Mediation Tests
CALCULATION FOR THE SOBEL TEST
quantpsy.org
An interactive calculation tool for mediation tests
Curriculum vitae
Selected publications
Supplemental material for publications
2013 Workshops
Friends and colleagues
Organizations
Online utilities
Mediation & moderation material
VU Dept. of Psychology & Human Development
VU Quantitative Methods (QM) program
Contact me
© 2010-2013, Kristopher J. Preacher
Alternatively, you can insert $t_a$ and $t_b$ into the cells below, where $t_a$ and $t_b$ are the t-test statistics for the difference between the a and b coefficients and zero. Results should be identical to the first test, except for error due to rounding.
Input:
Test statistic:
p-value:
$t_a$ 22.379
$t_b$ 4.019
Sobel test: 3.95571661 0.00007631
Aroian test: 3.9518963 0.00007753
Goodman test: 3.95954802 0.00007509
Reset all
Calculate
The reported p-values (rounded to 8 decimal places) are drawn from the unit normal distribution under the assumption of a two-tailed z-test of the hypothesis that the mediated effect equals zero in the population. +/- 1.96 are the critical values of the test ratio which contain the central 95% of the unit normal distribution.
We should note that there are three principal versions of the "Sobel test" - one that adds the third denominator term (Aroian, 1944/1947 - this is the version popularized by Baron & Kenny as the Sobel test), one that subtracts it (Goodman, 1960), and one that does not include it at all. We stress that researchers should consult MacKinnon, Lockwood, Hoffman, West, and Sheets (2002), as well as sources cited therein, before attempting to interpret the results of any of these tests. Researchers should consult Krull & MacKinnon (1999) before attempting to apply the Sobel test to parameter estimates obtained from multilevel modeling.
Formulae for the tests provided here were drawn from MacKinnon & Dwyer (1994) and from MacKinnon, Warsi, & Dwyer (1995):
Sobel test equation
z-value = a*b/SQRT(b²*sa² + a²*sb²)
Aroian test equation
z-value = a*b/SQRT(b²*sa² + a²*sb² + sa²*sb²)

## 3-4 다층모형 분석

청소년 자살검색의 결정요인에 대한 다층분석을 하기 위해 3개의 분석모형함수를 검증하였으며, 그 결과는 [표 5-8]과 같다.

[표 5-8] Multilevel model in suicide search volume

| Model | Function |
|---|---|
| Model 1 | $LN$ 전체 $Y_{ij}=\gamma_{00}+u_{0j}+r_{ij}$ |
| Model 2 | $LN$ 전체 $Y_{ij}=\gamma_{00}$<br>$+\gamma_{10}*LSTR\_Y_{ij}$<br>$+\gamma_{20}*LDRI\_Y_{ij}$<br>$+\gamma_{30}*LEXE\_Y_{ij}$<br>$+u_{0i}+u_{1j}*LSTR\_Y_{ij}+u_{2j}*LDRI\_Y_{ij}+u_{3j}*LEXE\_Y_{ij}+r_{ij}$ |
| Model 3 | $LN_i$ 전체 $Y_{ij}=\gamma_{00}+\gamma_{01}*TSR_j+\gamma_{02}*AH_j+\gamma_{03}*EP_j$<br>$+\gamma_{10}*LSTR\_Y_{ij}$<br>$+\gamma_{20}*LDRI\_Y_{ij}$<br>$+\gamma_{30}*LEXE\_Y_{ij}$<br>$+u_{0j}+u_{1j}*LSTR\_Y_{ij}+r_{ij}$ |

### 16 청소년 자살검색 다층모형 MDM 파일 만들기

• HLM 7.0을 실행한다.

[시작] → [프로그램] → [SSI, Inc] → [HLM7]

• MDM 파일을 만든다.

1단계 : [File] → [Make new MDM file] → [Stat package input]을 선택한다.

- [Stat package input]을 실행하면 다음과 같은 MDM 파일 형태의 선택화면이 나타난다. 본고의 청소년 자살검색 다층분석 데이터는 2수준이며 1수준의 일별요인이 2수준의 월별요인에 위계적으로 포섭(nested)되어 있기 때문에 Default Model(HLM2)을 선택한 후 [OK]를 선택한다.

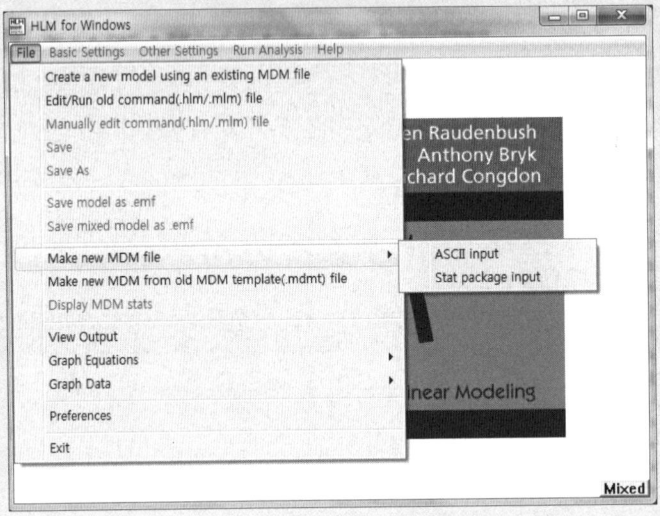
HLM for Windows
File
Basic Settings
Other Settings
Run Analysis
Help
Create a new model using an existing MDM file
Edit/Run old command(.hlm/.mlm) file
Manually edit command(.hlm/.mlm) file
Save
Save As
Save model as .emf
Save mixed model as .emf
Make new MDM file
Make new MDM from old MDM template(.mdmt) file
Display MDM stats
View Output
Graph Equations
Graph Data
Preferences
Exit
ASCII input
Stat package input
Mixed

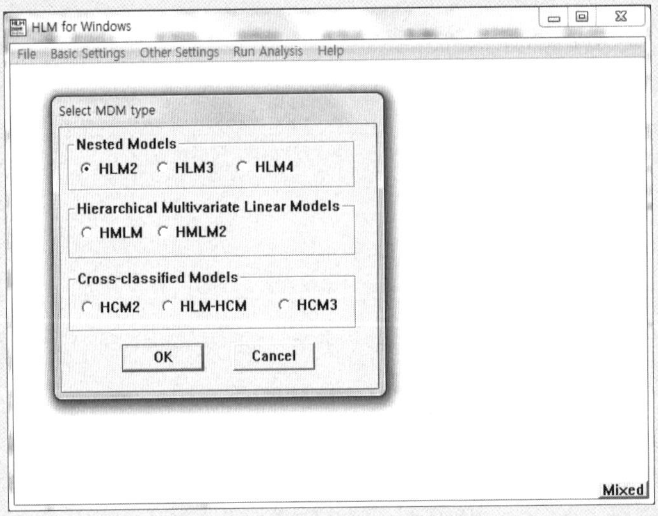
HLM for Windows
File
Basic Settings
Other Settings
Run Analysis
Help
Select MDM type
Nested Models
HLM2
HLM3
HLM4
Hierarchical Multivariate Linear Models
HMLM
HMLM2
Cross-classified Models
HCM2
HLM-HCM
HCM3
OK
Cancel
Mixed

2단계: 다음 그림과 같이 MDM - HLM2 대화상자가 나타나면 아래의 순서대로 MDM 파일을 작성한다.

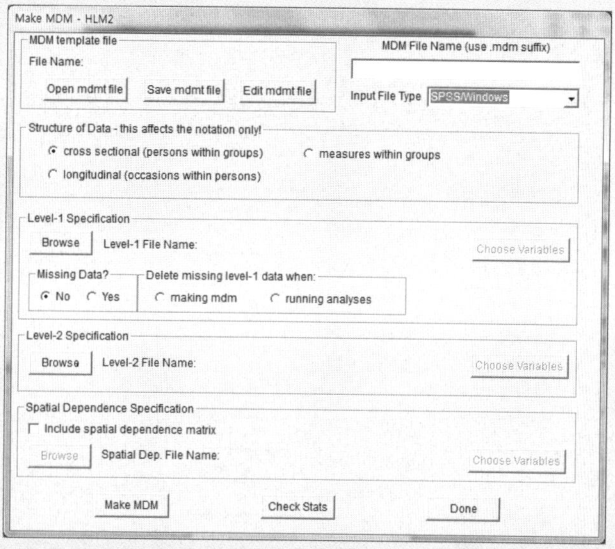


- pull-down menu의 [Input File Type]에서 [SPSS/Windows]를 선택한다.
- Date structure(cross-sectional, longitudinal, measures within groups)를 정의한다. 본 실전 자료는 cross-sectional data이다.
- Level-1 명세서(Specification)에서 [Browse] 선택 후, [Open Data File]에서 Level-1 SPSS 파일(청소년자살_일변수.sav)을 선택[열기]한다.
- 이때 Level 1과 Level 2를 연결시킬 ID(ID2)는 오름차순으로 정렬한다.
  [데이터] → [케이스 정렬] → [ID2 지정] → [확인] → [파일 지정]

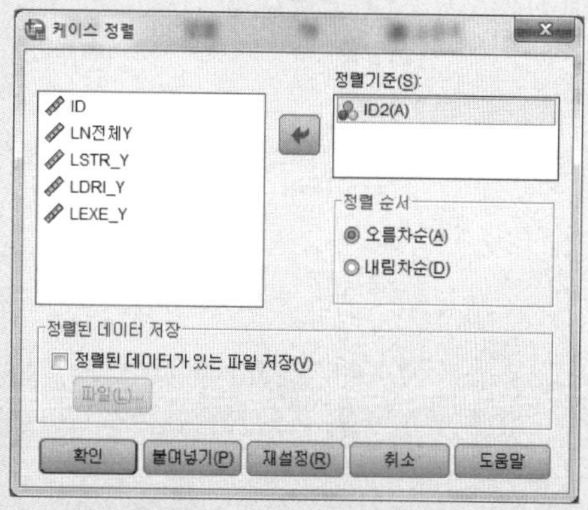

- [Choose Variables] 선택 후 [Choose Variables – HLM2] 대화상자에서 Level-2(월별요인)와 연결할 수 있는 ID를 선택하고(ID: ID2), Level-1에서 사용할 변수들을 선택한 후 [종속변수(청소년 자살검색량: LN전체Y), 독립변수(스트레스검색량: LSTR_Y, 음주검색량: LDRI_Y, 운동검색량: LEXE_Y)], [OK]를 선택한다.

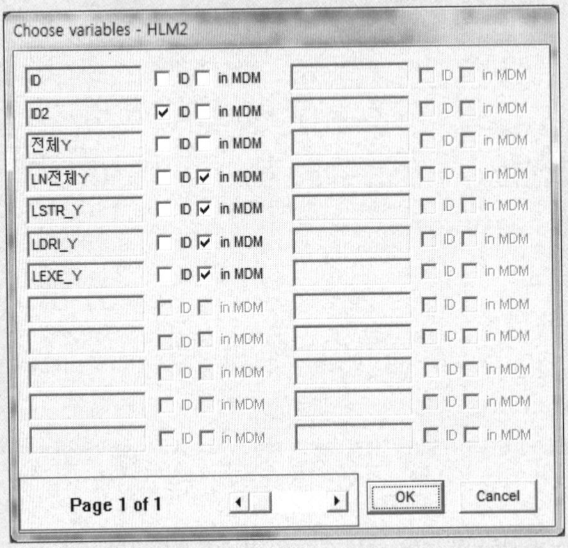


- Level-1 파일에 결측치(Missing Data)가 있는 경우 [yes]를 선택하고 결측치 데이터를 언제 제외시킬 것인지 선택[MDM 파일 작성 시 제외(making mdm), 분석실행 시 제외(running analyses)]한다. 본 연구 데이터는 결측치가 있으므로 [Missing Data]→[Yes]를 선택한다.

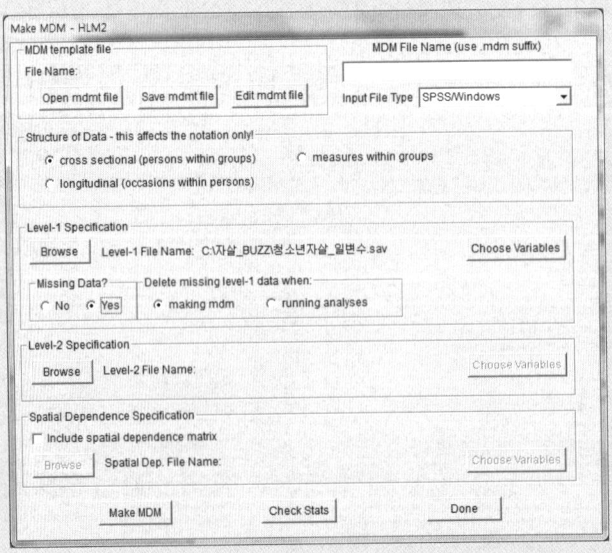

- Level-2 명세서에서 [Browse] 선택 후 [Open Data File]에서 Level-2 SPSS 파일(청소년자살_월변수.sav)을 선택[열기]한다.

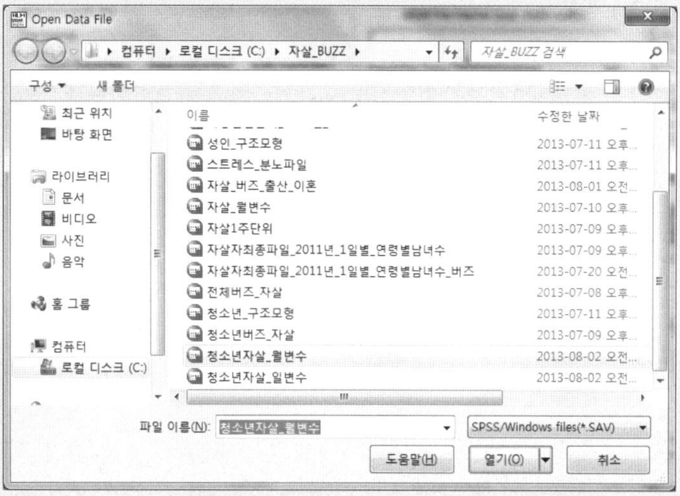


- [Choose Variables] 선택 후 [Choose Variables – HLM2] 대화상자에서 Level-1(일별요인)과 연결할 수 있는 ID를 선택하고(ID: ID2), Level-2에서 사용할 변수를 선택한 후(청소년 자살자 수: LSUI_Y, 평균습도: LCLIMATE, 경제활동참가율: ECOR) [OK]를 선택한다.

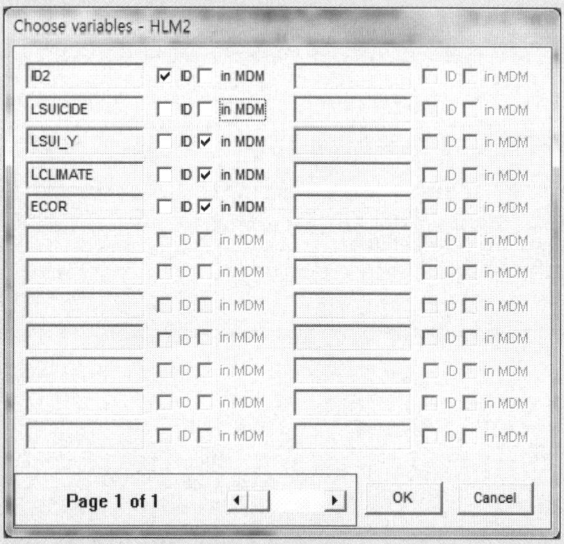

- [MDM File Name]에 MDM 파일명을 입력한 후[청소년자살검색_0801], [Save mdmt file] 선택 후 [Save MDM Template File] 대화상자에서 MDMT 파일명을 입력한 후, 저장한 다[청소년자살검색_0801.mdmt].

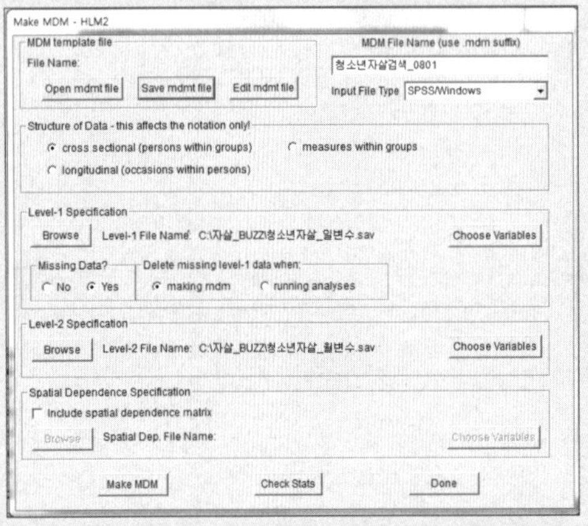


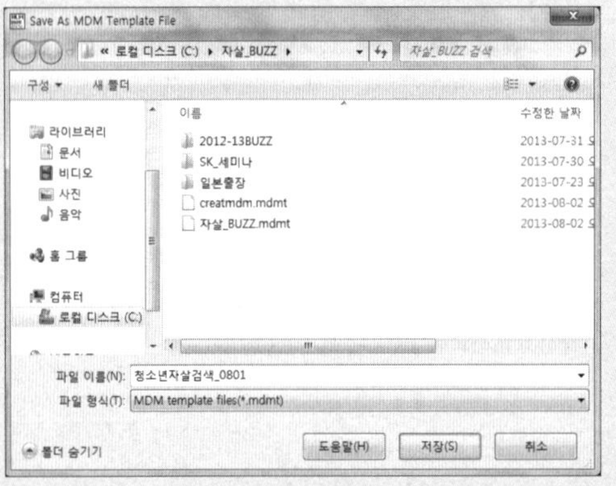


- [Make MDM] 버튼을 선택한 후 MDM 파일의 기술통계를 확인한다. Level-1과 Level-2에 사용된 모든 변수의 기술통계를 확인할 수 있다.

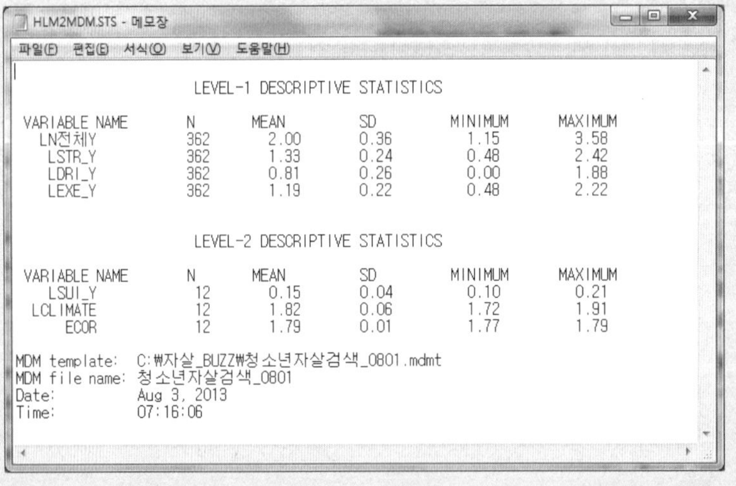

HLM2MDM.STS - 메모장

파일(F) 편집(E) 서식(O) 보기(V) 도움말(H)

LEVEL-1 DESCRIPTIVE STATISTICS

| VARIABLE NAME | N | MEAN | SD | MINIMUM | MAXIMUM |
|---|---|---|---|---|---|
| LN전체Y | 362 | 2.00 | 0.36 | 1.15 | 3.58 |
| LSTR_Y | 362 | 1.33 | 0.24 | 0.48 | 2.42 |
| LDRI_Y | 362 | 0.81 | 0.26 | 0.00 | 1.88 |
| LEXE_Y | 362 | 1.19 | 0.22 | 0.48 | 2.22 |

LEVEL-2 DESCRIPTIVE STATISTICS

| VARIABLE NAME | N | MEAN | SD | MINIMUM | MAXIMUM |
|---|---|---|---|---|---|
| LSUI_Y | 12 | 0.15 | 0.04 | 0.10 | 0.21 |
| LCLIMATE | 12 | 1.82 | 0.06 | 1.72 | 1.91 |
| ECOR | 12 | 1.79 | 0.01 | 1.77 | 1.79 |

MDM template: C:₩자살_BUZZ₩청소년자살검색_0801.mdmt
MDM file name: 청소년자살검색_0801
Date: Aug 3, 2013
Time: 07:16:06

- [Done] 버튼을 선택하면 최종 작성된 MDM 파일(자살_0625.MDM)을 확인할 수 있다.

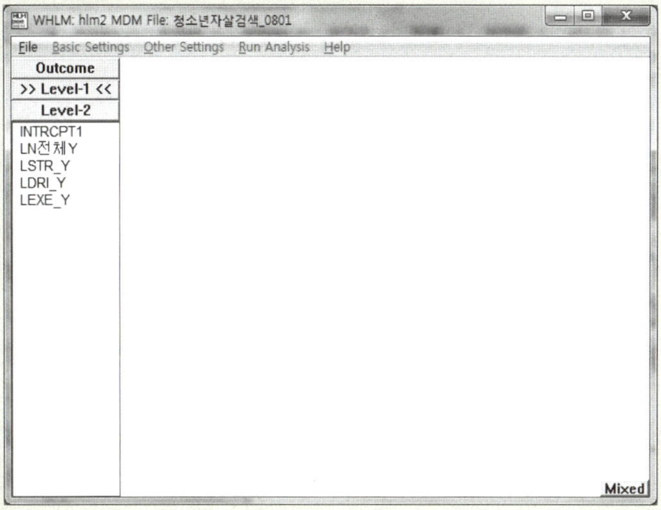


## 17 청소년 자살검색 다층모형 MDM 파일 분석하기

• MDM 파일이 구축되고 나면 1장의 [표1-1]의 다층모형 분석 절차와 같이 4단계로 모형을 검증한다. 본 연구에서는 상호작용효과 모형을 제외한 3개의 모형으로 분석하였다.

1단계: 무조건 모형

- 기초모형으로 설명변수(독립변수)를 투입하지 않은 상태에서 일별 청소년 자살검색량에 대한 지역 간 분산을 분석한다(고정효과, 무선효과를 확인한다).

가. 종속변수(LN전체Y) 선택 후 [Outcome variable] 탭을 선택한다.

나. 기본값은 Level-1 모형의 종속변수가 연속형 변수로 설정되어 있다.

청소년 자살검색량은 연속형 변수이므로 기본값인 [Basic Settings]→[Distribution of Outcom Variable]→[Normal(continuous)]을 지정한다.

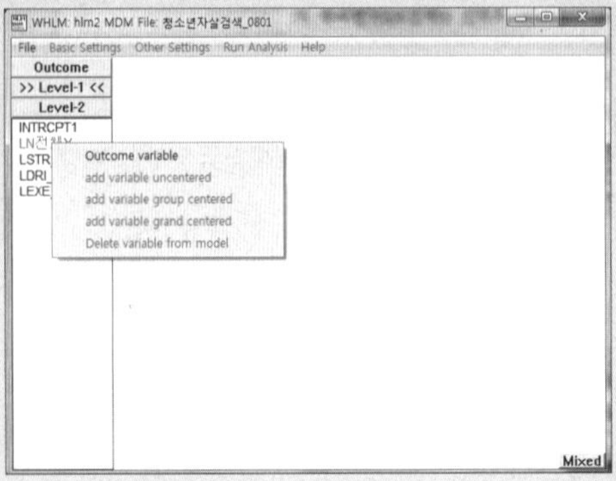


(가)

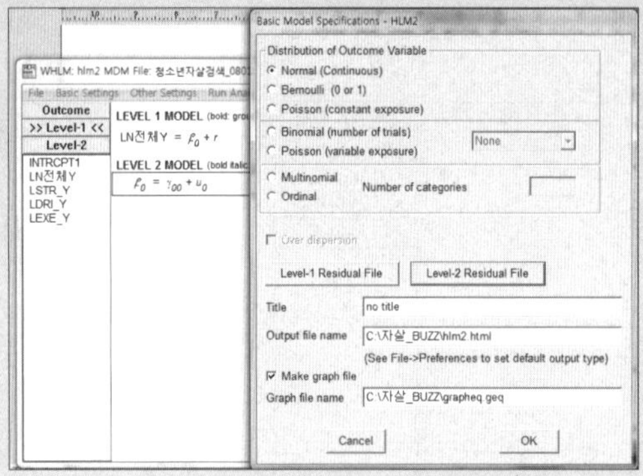


(나)

다. [Run Analysis]→[Run the model shown]을 선택한다.

라. 반복연산(iteration)이 실행된다. 결과파일을 확인한다.

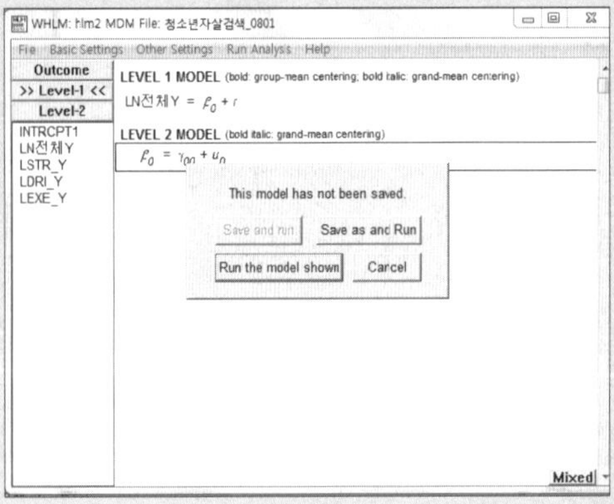


(다)

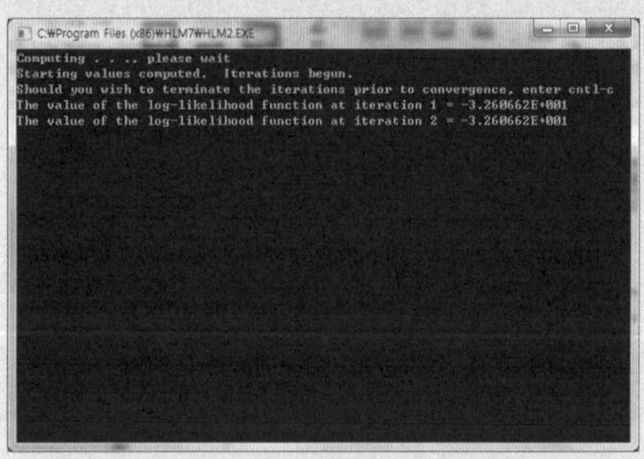


(라)

마. 기초모형 모델과 Mixed Model을 기술한다.

바. 무선효과(random effect)의 표준편차(SD), 분산($\sigma^2$), $\chi^2$, 유의확률(p-value)을 확인한다.

사. [Final estimation of fixed effects (with robust standard errors)]에서 고정효과(fixed effect)의 회귀계수(coefficient), 표준오차(standard error), 유의확률을 확인한다.

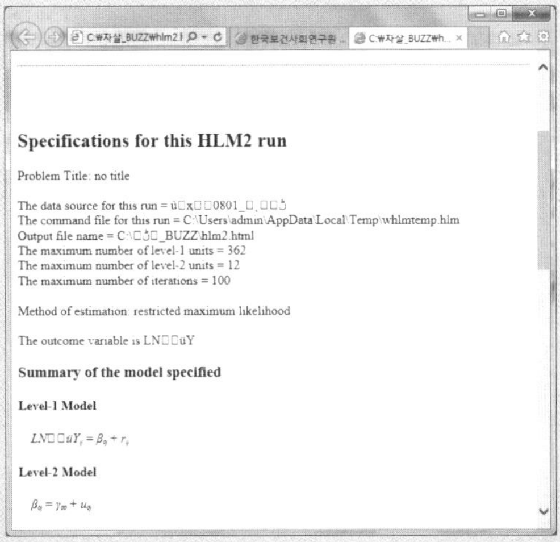

## Specifications for this HLM2 run

Problem Title: no title

The data source for this run = ù□x□□0801_□.□□ů
The command file for this run = C:\Users\admin\AppData\Local\Temp\whlmtemp.hlm
Output file name = C:\□ů□_BUZZ\hlm2.html
The maximum number of level-1 units = 362
The maximum number of level-2 units = 12
The maximum number of iterations = 100

Method of estimation: restricted maximum likelihood

The outcome variable is LN□□üY

### Summary of the model specified

**Level-1 Model**

$LN□□üY_{ij} = \beta_{0j} + r_{ij}$

**Level-2 Model**

$\beta_{0j} = \gamma_{00} + u_{0j}$

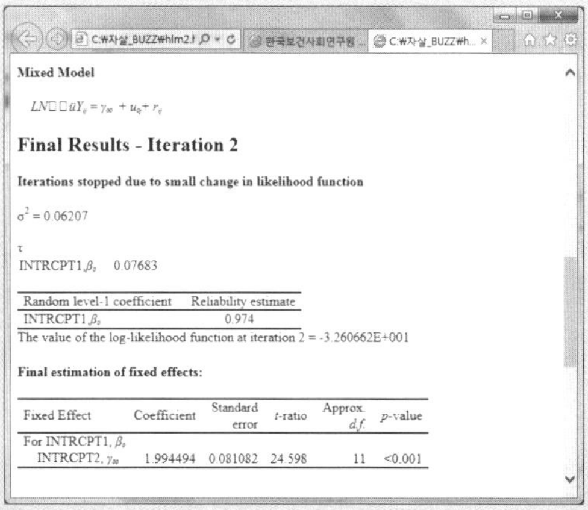

**Mixed Model**

$LN□□üY_{ij} = \gamma_{00} + u_{0j} + r_{ij}$

## Final Results - Iteration 2

**Iterations stopped due to small change in likelihood function**

$\sigma^2 = 0.06207$

τ
INTRCPT1, $\beta_0$ 0.07683

| Random level-1 coefficient | Reliability estimate |
|---|---|
| INTRCPT1, $\beta_0$ | 0.974 |

The value of the log-likelihood function at iteration 2 = -3.260662E+001

**Final estimation of fixed effects:**

| Fixed Effect | Coefficient | Standard error | $t$-ratio | Approx. $d.f.$ | $p$-value |
|---|---|---|---|---|---|
| For INTRCPT1, $\beta_0$ | | | | | |
| INTRCPT2, $\gamma_{00}$ | 1.994494 | 0.081082 | 24.598 | 11 | <0.001 |

(마)

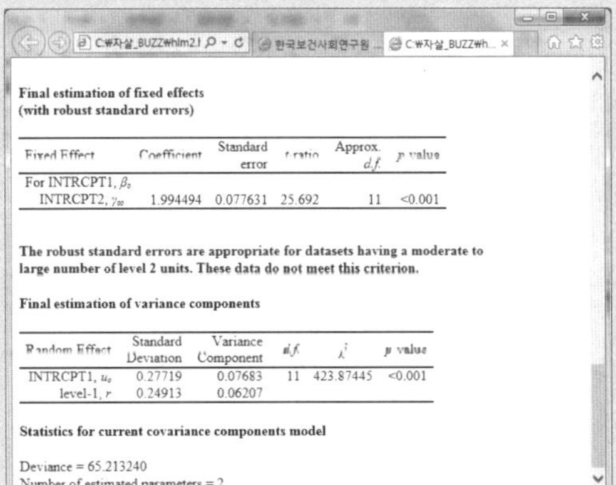

**Final estimation of fixed effects (with robust standard errors)**

| Fixed Effect | Coefficient | Standard error | $t$-ratio | Approx. $d.f.$ | $p$-value |
|---|---|---|---|---|---|
| For INTRCPT1, $\beta_0$ | | | | | |
| INTRCPT2, $\gamma_{00}$ | 1.994494 | 0.077631 | 25.692 | 11 | <0.001 |

**The robust standard errors are appropriate for datasets having a moderate to large number of level 2 units. These data do not meet this criterion.**

**Final estimation of variance components**

| Random Effect | Standard Deviation | Variance Component | $d.f.$ | $\chi^2$ | $p$-value |
|---|---|---|---|---|---|
| INTRCPT1, $u_0$ | 0.27719 | 0.07683 | 11 | 423.87445 | <0.001 |
| level-1, $r$ | 0.24913 | 0.06207 | | | |

**Statistics for current covariance components model**

Deviance = 65.213240
Number of estimated parameters = 2

(바)

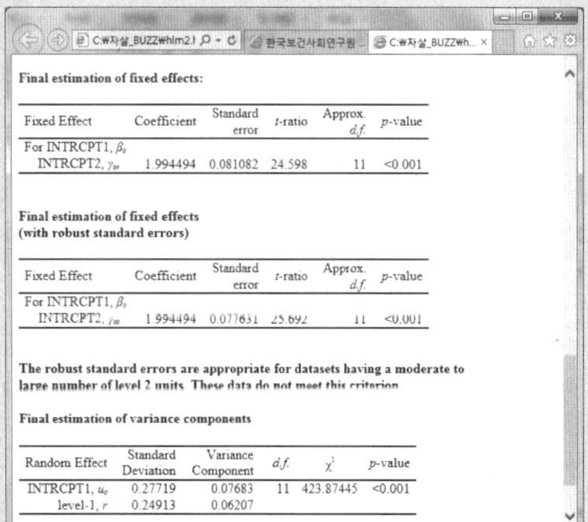

**Final estimation of fixed effects:**

| Fixed Effect | Coefficient | Standard error | $t$-ratio | Approx. $d.f.$ | $p$-value |
|---|---|---|---|---|---|
| For INTRCPT1, $\beta_0$ | | | | | |
| INTRCPT2, $\gamma_{00}$ | 1.994494 | 0.081082 | 24.598 | 11 | <0.001 |

**Final estimation of fixed effects (with robust standard errors)**

| Fixed Effect | Coefficient | Standard error | $t$-ratio | Approx. $d.f.$ | $p$-value |
|---|---|---|---|---|---|
| For INTRCPT1, $\beta_0$ | | | | | |
| INTRCPT2, $\gamma_{00}$ | 1.994494 | 0.077631 | 25.692 | 11 | <0.001 |

**The robust standard errors are appropriate for datasets having a moderate to large number of level 2 units. These data do not meet this criterion.**

**Final estimation of variance components**

| Random Effect | Standard Deviation | Variance Component | $d.f.$ | $\chi^2$ | $p$-value |
|---|---|---|---|---|---|
| INTRCPT1, $u_0$ | 0.27719 | 0.07683 | 11 | 423.87445 | <0.001 |
| level-1, $r$ | 0.24913 | 0.06207 | | | |

(사)

2단계: 무조건적 기울기 모형

- 일별요인들이 종속변수(일별 청소년 자살검색량)에 미치는 영향에 월별 차이가 있는지 검증하는 것이다. 일별요인이 종속변수에 미치는 영향은 고정효과로 분석하고, 일별요인이 월별에 따라 차이를 보이는지는 무선효과로 분석한다.

가. 독립변수(스트레스검색량: LSTR_Y)를 선택한 후 중심화하지 않고(add variable uncentered) 지정한다.

나. Level-2의 무선효과($u_1$)는 더블클릭(double click)해서 미지수로 지정해야 한다.

(가)

(나)

다. 독립변수(LDRI_Y, LEXE_Y)를 연속해서 선택한 후 중심화하지 않고 지정한다.

라. Level-2의 무선효과($u_2$, $u_3$)는 더블클릭해서 미지수로 지정해야 한다.

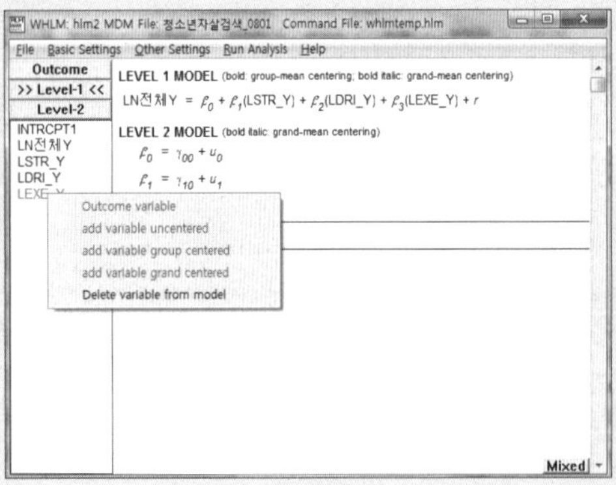

(다)

(라)

마. [Other Settings]→[Iteration Settings]에서 [Number of macro iterations]을 100으로 지정한다. Iteration의 최대값(100)일 때 중단 지정[Stop Iterating]을 한 후 [OK]를 선택한다 (HLM에서는 기본값인 100으로 지정되어 있다).

무조건적 기울기 모형에서 기본값인 100으로 반복분석을 실행할 경우, 실행창에 'Do you want to continue until convergence?' 메시지가 나타나고 'y'를 선택해야 실행이 끝난다.

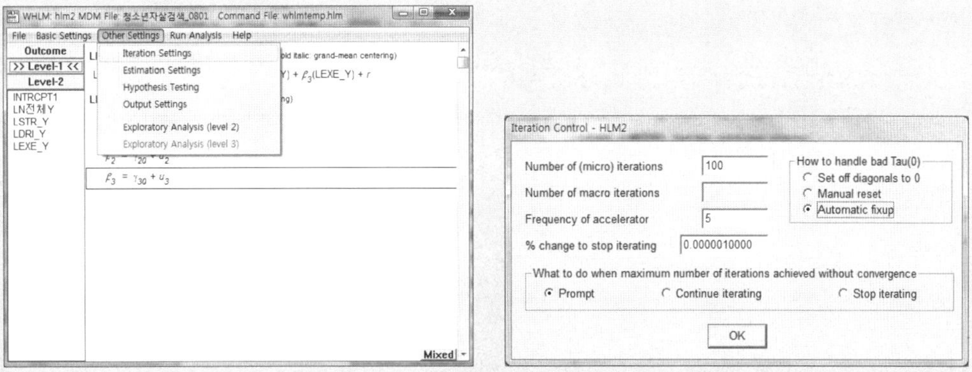


(마)

바. [Run Analysis]→[Run the model shown]을 선택한다.

사. 반복연산(iteration)이 실행된다. 결과파일을 확인한다.

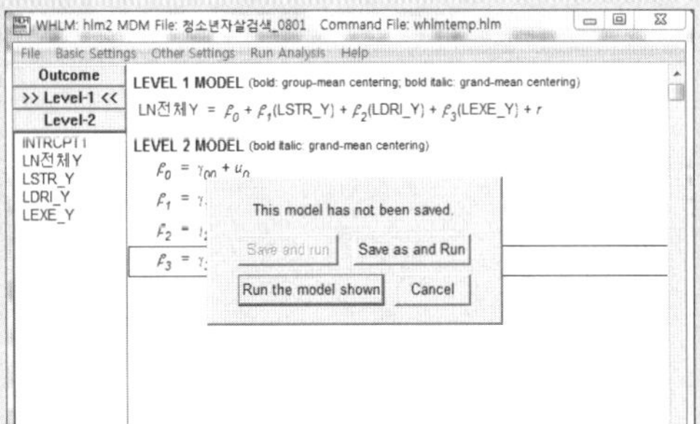


(바)

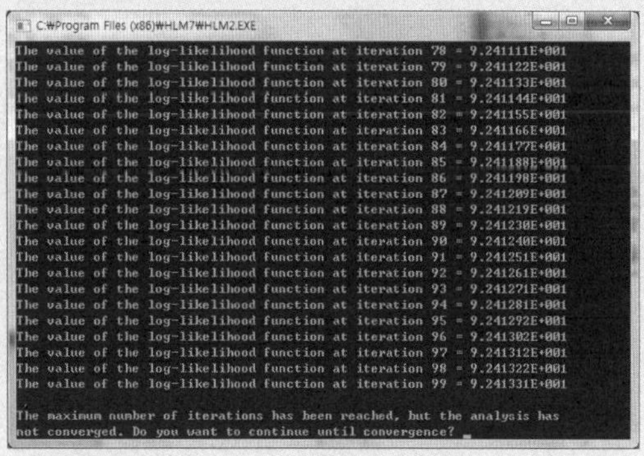


(사)

아. 무조건적 기울기 모형과 Mixed Model을 기술한다.

자. 독립변수들의 무선효과에 대한 표준편차(SD), 분산($\sigma^2$), $\chi^2$, 유의확률(p-value)을 확인한다.

차. [Final estimation of fixed effects (with robust standard errors)]에서 독립변수들의 고정효과의 회귀계수, 표준오차, 유의확률을 확인한다.

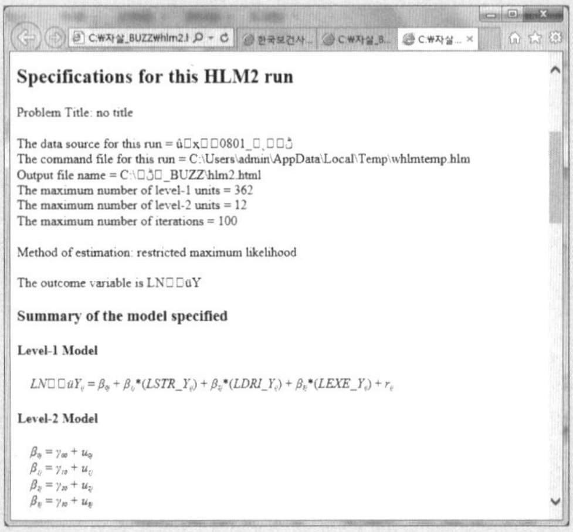

**Specifications for this HLM2 run**

Problem Title: no title

The data source for this run = û□x□□0801_□¸□□ⓐ
The command file for this run = C:\Users\admin\AppData\Local\Temp\whlmtemp.hlm
Output file name = C:\□ⓐ□_BUZZ\hlm2.html
The maximum number of level-1 units = 362
The maximum number of level-2 units = 12
The maximum number of iterations = 100

Method of estimation: restricted maximum likelihood

The outcome variable is LN□□üY

**Summary of the model specified**

**Level-1 Model**

$LN□□üY_{ij} = \beta_{0j} + \beta_{1j}*(LSTR\_Y_{ij}) + \beta_{2j}*(LDRI\_Y_{ij}) + \beta_{3j}*(LEXE\_Y_{ij}) + r_{ij}$

**Level-2 Model**

$\beta_{0j} = \gamma_{00} + u_{0j}$
$\beta_{1j} = \gamma_{10} + u_{1j}$
$\beta_{2j} = \gamma_{20} + u_{2j}$
$\beta_{3j} = \gamma_{30} + u_{3j}$

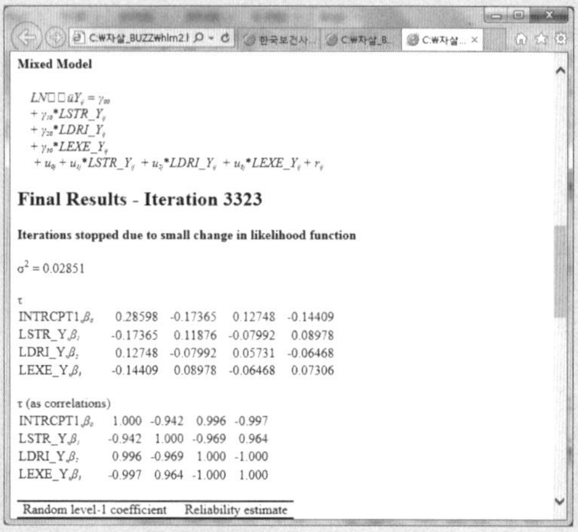

**Mixed Model**

$LN□□üY_{ij} = \gamma_{00}$
$+ \gamma_{10}*LSTR\_Y_{ij}$
$+ \gamma_{20}*LDRI\_Y_{ij}$
$+ \gamma_{30}*LEXE\_Y_{ij}$
$+ u_{0j} + u_{1j}*LSTR\_Y_{ij} + u_{2j}*LDRI\_Y_{ij} + u_{3j}*LEXE\_Y_{ij} + r_{ij}$

**Final Results - Iteration 3323**

**Iterations stopped due to small change in likelihood function**

$\sigma^2 = 0.02851$

τ

| | | | | |
|---|---|---|---|---|
| INTRCPT1,$\beta_0$ | 0.28598 | -0.17365 | 0.12748 | -0.14409 |
| LSTR_Y,$\beta_1$ | -0.17365 | 0.11876 | -0.07992 | 0.08978 |
| LDRI_Y,$\beta_2$ | 0.12748 | -0.07992 | 0.05731 | -0.06468 |
| LEXE_Y,$\beta_3$ | -0.14409 | 0.08978 | -0.06468 | 0.07306 |

τ (as correlations)

| | | | | |
|---|---|---|---|---|
| INTRCPT1,$\beta_0$ | 1.000 | -0.942 | 0.996 | -0.997 |
| LSTR_Y,$\beta_1$ | -0.942 | 1.000 | -0.969 | 0.964 |
| LDRI_Y,$\beta_2$ | 0.996 | -0.969 | 1.000 | -1.000 |
| LEXE_Y,$\beta_3$ | -0.997 | 0.964 | -1.000 | 1.000 |

Random level-1 coefficient    Reliability estimate

(아)

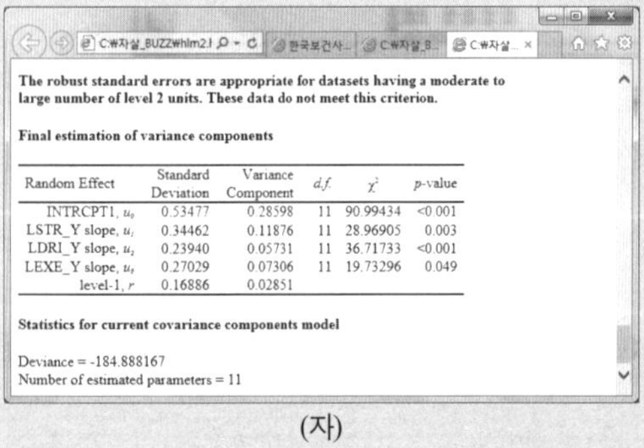

**The robust standard errors are appropriate for datasets having a moderate to large number of level 2 units. These data do not meet this criterion.**

**Final estimation of variance components**

| Random Effect | Standard Deviation | Variance Component | d.f. | $\chi^2$ | p-value |
|---|---|---|---|---|---|
| INTRCPT1, $u_0$ | 0.53477 | 0.28598 | 11 | 90.99434 | <0.001 |
| LSTR_Y slope, $u_1$ | 0.34462 | 0.11876 | 11 | 28.96905 | 0.003 |
| LDRI_Y slope, $u_2$ | 0.23940 | 0.05731 | 11 | 36.71733 | <0.001 |
| LEXE_Y slope, $u_3$ | 0.27029 | 0.07306 | 11 | 19.73296 | 0.049 |
| level-1, $r$ | 0.16886 | 0.02851 | | | |

**Statistics for current covariance components model**

Deviance = -184.888167
Number of estimated parameters = 11

(자)

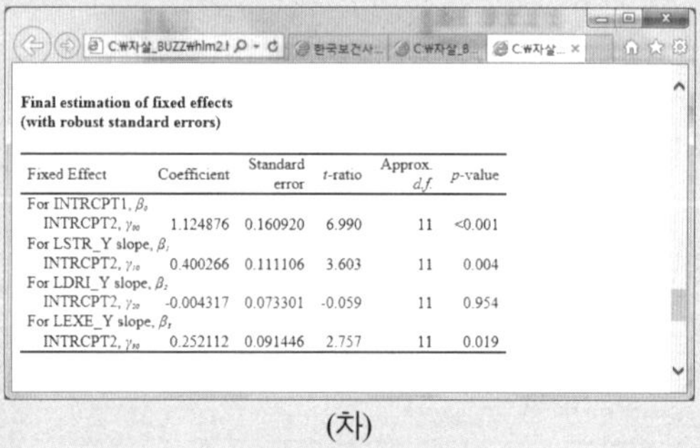

**Final estimation of fixed effects (with robust standard errors)**

| Fixed Effect | Coefficient | Standard error | t-ratio | Approx. d.f. | p-value |
|---|---|---|---|---|---|
| For INTRCPT1, $\beta_0$ | | | | | |
| INTRCPT2, $\gamma_{00}$ | 1.124876 | 0.160920 | 6.990 | 11 | <0.001 |
| For LSTR_Y slope, $\beta_1$ | | | | | |
| INTRCPT2, $\gamma_{10}$ | 0.400266 | 0.111106 | 3.603 | 11 | 0.004 |
| For LDRI_Y slope, $\beta_2$ | | | | | |
| INTRCPT2, $\gamma_{20}$ | -0.004317 | 0.073301 | -0.059 | 11 | 0.954 |
| For LEXE_Y slope, $\beta_3$ | | | | | |
| INTRCPT2, $\gamma_{30}$ | 0.252112 | 0.091446 | 2.757 | 11 | 0.019 |

(차)

3단계: 조건적 모형

- 일별요인과 월별요인이 청소년 자살검색량에 미치는 영향을 검증하는 것이다. 무조건적 기울기 모형의 무선효과 검증에서 유의성이 있는 일별 모든 요인[스트레스(LSTR_Y), 음주(LDRI_Y), 운동(LEXE_Y) 검색량]은 월별요인의 무선효과를 검증하기 위해 모두 미지수로 투입하여 검증한다.

가. Level-2의 초기값($\mathcal{L}_0$)을 클릭하여 Level-2의 독립변수(청소년 자살자수: LSUI_Y)를 선택한 후 중심화하지 않고(add variable uncentered) 지정한다.

- 계속해서 평균습도(LCLIMATE), 경제활동참가율(ECOR)을 선택한 후, 중심화하지 않고 지정한다.

나. 무조건적 기울기 모형의 무선효과 검증에서 유의성이 있는 일별요인(LSTR_Y, LDRI_Y, LEXE_Y)은 미지수로 투입하여 검증한다[즉, Level-2의 무선효과($u_1$, $u_2$, $u_3$)는 더블클릭해서 미지수로 지정한다].

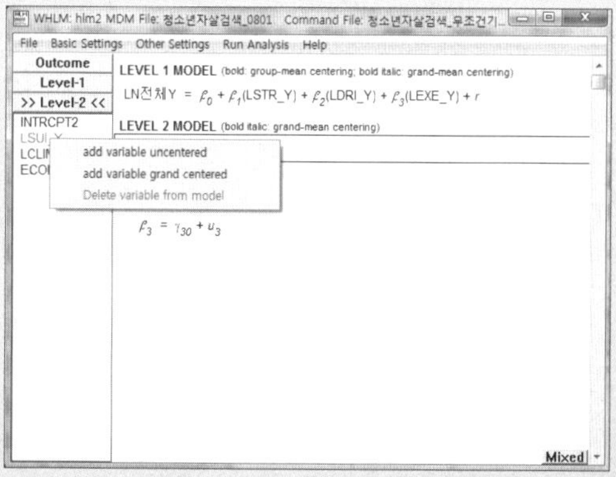

(가)

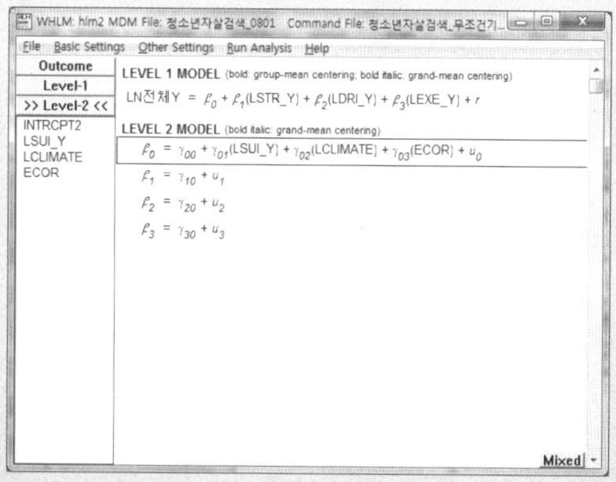

(나)

다. [Run Analysis]→[Run the model shown]을 선택한다.

라. 반복연산이 실행된다. 결과파일을 확인한다.

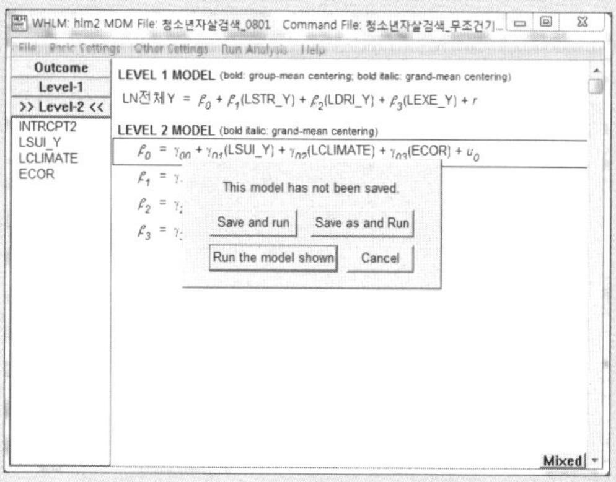

(다)

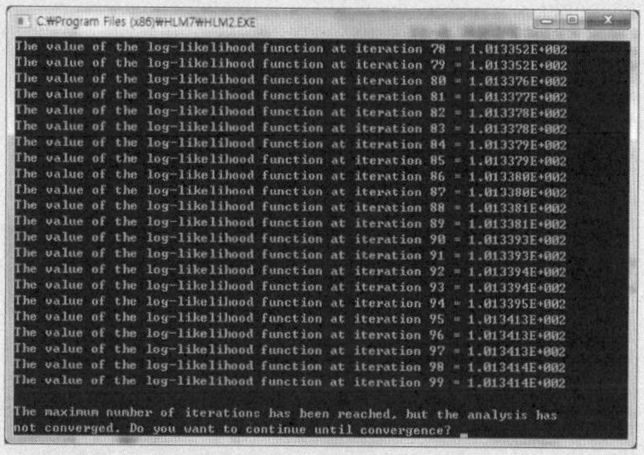

(라)

마. 조건적 모형과 Mixed Model을 기술한다.

바. 독립변수들의 무선효과에 대한 표준편차(SD), 분산($\sigma^2$), $\chi^2$, 유의확률(p-value)을 확인한다.

사. [Final estimation of fixed effects (with robust standard errors)]에서 독립변수들의 고정효과의 회귀계수, 표준오차, 유의확률을 확인한다.

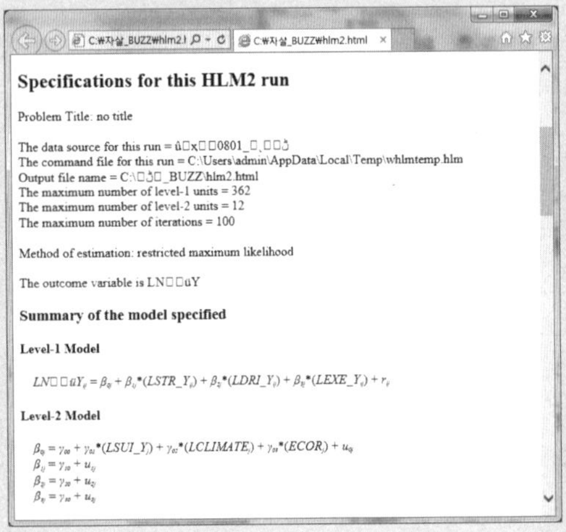


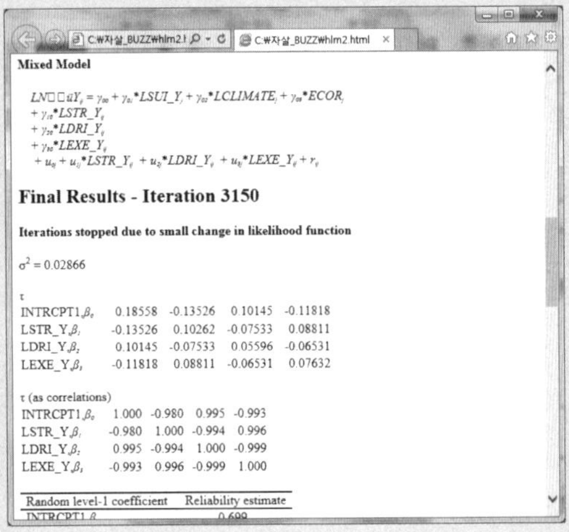


(마)

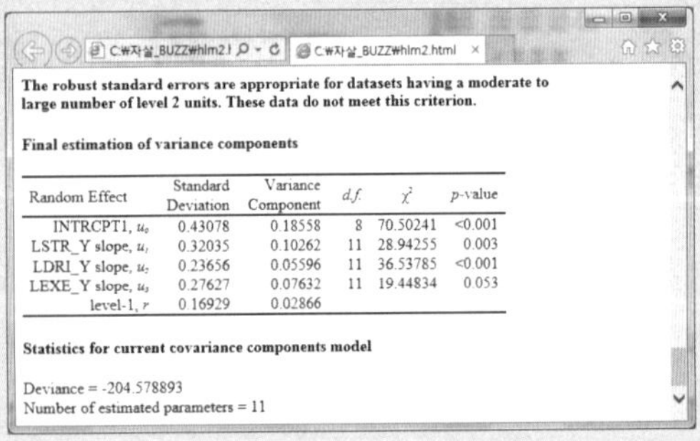


(바)

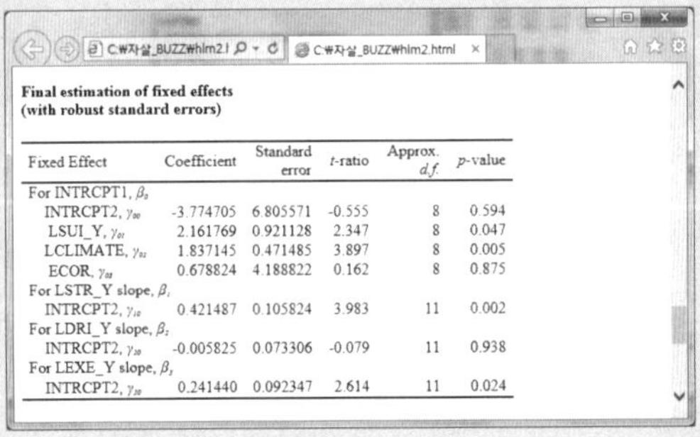


(사)

기초모형(Model 1: Unconditional Model)은 설명변수(독립변수)를 투입하지 않은 상태에서 청소년의 일별 자살검색량에 대한 월별 분산을 분석함으로써 이후 모형에서 투입된 다른 독립변수들의 설명력을 살펴볼 수 있다. 즉, 기초모형은 다층분석을 통해 일별 자살검색량이 월별로 차이를 보이는지를 검증하고자 하는 것이다.

Model 1에서 고정효과를 살펴보면, 일별 자살검색량의 전체평균은 184.18건으로 95% 신뢰구간(p=0.026)에서[13] 기초 통계치 자료에서 산출된 평균(185.59)과 동일함을 알 수 있다. 이는 한국 청소년의 월평균 자살검색량이 184.18건이 될 확률을 나타내는 것으로 통계적으로 유의하다[14]($\beta$=1.99, p<0.001). 무선효과를 살펴보면 일 수준의 자살검색량 분산은 0.06이며, 월 수준의 분산은 0.08로 통계적으로 유의하게 나타난다($\chi^2$=423.87, p<0.001). 따라서 자살검색량은 월별로 상당한 변량이 존재한다고 볼 수 있다.

동일한 수준에 속한 하위수준 간의 유사성을 보여 주는 집단 내 상관계수(Intraclass Correlation Coefficient, ICC)를 통해 월별 자살검색량의 분산비율을 계산해 보면 0.571[0.08/(0.08+0.06)][15]이다. 이는 곧 일별 자살검색량에 대한 총분산 중 월별수준의 분산이 차지하는 비율이 57.1%임을 나타내는 것이며, 따라서 일별수준의 분산이 차지하는 비율은 약 42.9%임을 알 수 있다. 이 결과는 모든 월의 자살검색량이 같다는 $\chi^2$의 귀무가설(null hypothesis)을 기각함으로써 일별 자살검색량의 평균이 월별로 통계적으로 유의한 차이가 있음을 보여 주는 것이다(p<0.001). 이는 자살검색량이 일별요인에 의해서도 영향을 받지만, 월별요인에도 영향을 받는다는 점을 나타냄으로써 일별 검색량과 월별 검색량의 차이를 분석하려면 일별 변수와 월별 변수를 모두 투입해서 다층모형 분석을 실시하는 것이 타당함을 입증해 주는 결과다.

13. 일일 자살검색량의 전체평균은 실제 자살검색량(상용로그로 치환하기 전의 자살검색량)의 무조건 모형 분석 결과 회귀계수는 184.18(표준오차: 71.58, t-ratio: 2.57, p=0.026)로 유의하게 나타났다.

14. [표 5-9]의 상용로그로 치환한 자살검색량의 회귀계수와 유의수준을 참조하였다.

15. 종속변수가 연속형인 경우 ICC = $\tau_{00}$(2수준 분산)/[$\tau_{00}$(2수준 분산)+$\sigma^2$(1수준 분산)]으로 산출한다.

## 18 기초모형(무조건 모형) 검증

• 17 청소년 자살검색 다층모형 MDM 파일 분석하기의 기초모형을 실행한 결과는 아래와 같다.

- [표 5-9] Model 1의 [Intercept, $\gamma_{00}$]는 그림 (나)의 Fixed Effect(robust standard error)에서 Coefficient(1.99), Standard error(0.07), p-value(<0.001)를 참조하여 작성한다.
- [표 5-9] Model 1의 월별 수준의 분산인 [level 2, $u_0$]는 그림 (가) Random Effect의 [INTRCPT1, $u_0$]에서 Standard Deviation(0.27), Variance Component(0.08), $\chi^2$(423.87), p-value(<0.001)를 참조하여 작성한다.
  일별 수준의 분산인 [level 1, $r$]는 그림 [가] Random Effect의 [level-1, $r$]에서 Standard Deviation(0.24), Variance Component(0.06)를 참조하여 작성한다.

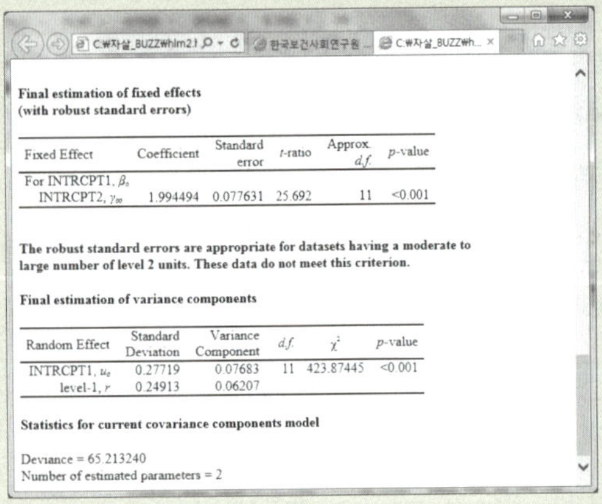

**Final estimation of fixed effects**
**(with robust standard errors)**

| Fixed Effect | Coefficient | Standard error | $t$-ratio | Approx. $d.f.$ | $p$-value |
|---|---|---|---|---|---|
| For INTRCPT1, $\beta_0$ | | | | | |
| INTRCPT2, $\gamma_{00}$ | 1.994494 | 0.077631 | 25.692 | 11 | <0.001 |

**The robust standard errors are appropriate for datasets having a moderate to large number of level 2 units. These data do not meet this criterion.**

**Final estimation of variance components**

| Random Effect | Standard Deviation | Variance Component | $d.f.$ | $\chi^2$ | $p$-value |
|---|---|---|---|---|---|
| INTRCPT1, $u_0$ | 0.27719 | 0.07683 | 11 | 423.87445 | <0.001 |
| level-1, $r$ | 0.24913 | 0.06207 | | | |

**Statistics for current covariance components model**

Deviance = 65.213240
Number of estimated parameters = 2

(가)

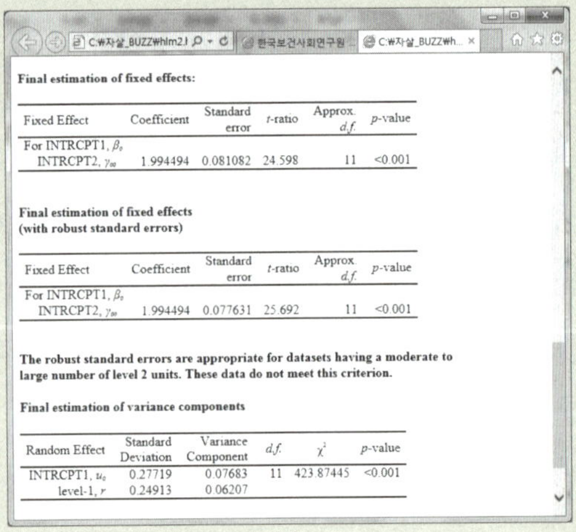

**Final estimation of fixed effects:**

| Fixed Effect | Coefficient | Standard error | $t$-ratio | Approx. $d.f.$ | $p$-value |
|---|---|---|---|---|---|
| For INTRCPT1, $\beta_0$ | | | | | |
| INTRCPT2, $\gamma_{00}$ | 1.994494 | 0.081082 | 24.598 | 11 | <0.001 |

**Final estimation of fixed effects**
**(with robust standard errors)**

| Fixed Effect | Coefficient | Standard error | $t$-ratio | Approx. $d.f.$ | $p$-value |
|---|---|---|---|---|---|
| For INTRCPT1, $\beta_0$ | | | | | |
| INTRCPT2, $\gamma_{00}$ | 1.994494 | 0.077631 | 25.692 | 11 | <0.001 |

**The robust standard errors are appropriate for datasets having a moderate to large number of level 2 units. These data do not meet this criterion.**

**Final estimation of variance components**

| Random Effect | Standard Deviation | Variance Component | $d.f.$ | $\chi^2$ | $p$-value |
|---|---|---|---|---|---|
| INTRCPT1, $u_0$ | 0.27719 | 0.07683 | 11 | 423.87445 | <0.001 |
| level-1, $r$ | 0.24913 | 0.06207 | | | |

(나)

• 기초모형에서 산출된 계수와 결과해석은 다음과 같다.

- 청소년의 일별 자살검색량은 통계적으로 유의하였다($\beta$=1.99, p<0.001). 무선효과를 살펴보면 일 수준의 자살검색량(level 1, $r$) 분산은 0.06이며, 월별 수준(level 2, $u_0$)의 분산은 0.08로 통계적으로 유의하게 나타나($\chi^2$=423.87, p<0.001), 청소년의 자살검색량은 월별로 상당한 변량이 존재한다고 볼 수 있다.
- 집단 내 상관계수(ICC)는 종속변수가 연속형인 경우 ICC = $\tau_{00}$(2수준 분산)/[$\tau_{00}$(2수준 분산)+$\sigma^2$(1수준 분산)]으로 산출된다.

ICC = 0.08/(0.08+0.06) = 0.571은 일별 청소년의 자살검색량에 대한 총분산 중 월별 수준의 분산이 차지하는 비율이 약 57.1%임을 나타내는 것으로, 일별 수준의 분산이 차지하는 비율은 약 42.9%(100－57.1)임을 알 수 있다. 이는 자살검색량이 일별요인에 의해서도 영향을 받지만 월별요인에도 영향을 받으며, 일별 검색량과 월별 검색량의 차이를 분석하기 위해서는 일별 변수와 월별 변수를 모두 투입해 다층모형 분석을 실시하는 것이 타당함을 입증해 주는 결과라 볼 수 있다.

## 19 일별 자살검색량 전체평균 산출

• 일별 청소년 자살검색량의 전체평균을 구하기 위해서는 청소년 자살검색량에 대해 로그 치환하기 전의 원 변수(전체_Y)를 사용하여 무조건 모형을 검증해야 한다.

가. MDM 파일을 작성한다.

나. 종속변수(전체 Y)를 선택한 후 [Outcome variable] 탭을 선택한다.

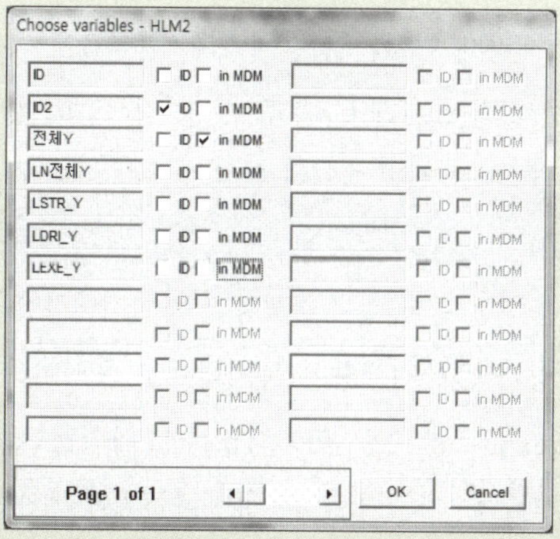


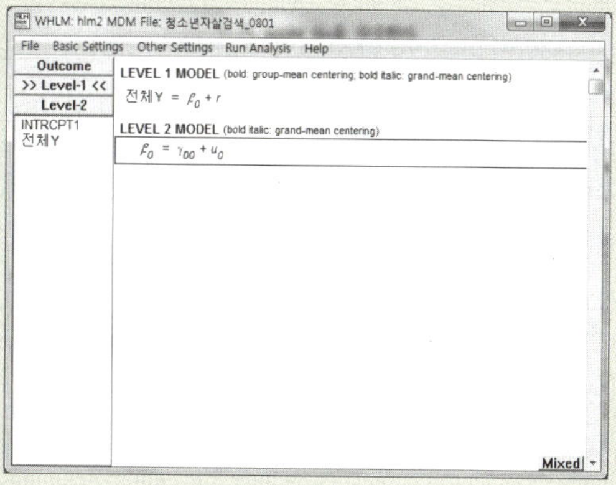


다. [Run Analysis]→[Run the model shown]을 선택한 후 결과파일을 확인한다.

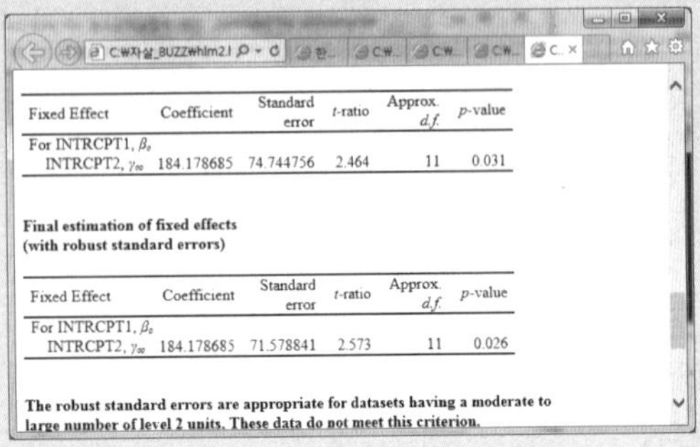

| Fixed Effect | Coefficient | Standard error | *t*-ratio | Approx. *d.f.* | *p*-value |
|---|---|---|---|---|---|
| For INTRCPT1, $\beta_0$ | | | | | |
| INTRCPT2, $\gamma_{00}$ | 184.178685 | 74.744756 | 2.464 | 11 | 0.031 |

**Final estimation of fixed effects**
**(with robust standard errors)**

| Fixed Effect | Coefficient | Standard error | *t*-ratio | Approx. *d.f.* | *p*-value |
|---|---|---|---|---|---|
| For INTRCPT1, $\beta_0$ | | | | | |
| INTRCPT2, $\gamma_{00}$ | 184.178685 | 71.578841 | 2.573 | 11 | 0.026 |

**The robust standard errors are appropriate for datasets having a moderate to large number of level 2 units. These data do not meet this criterion.**

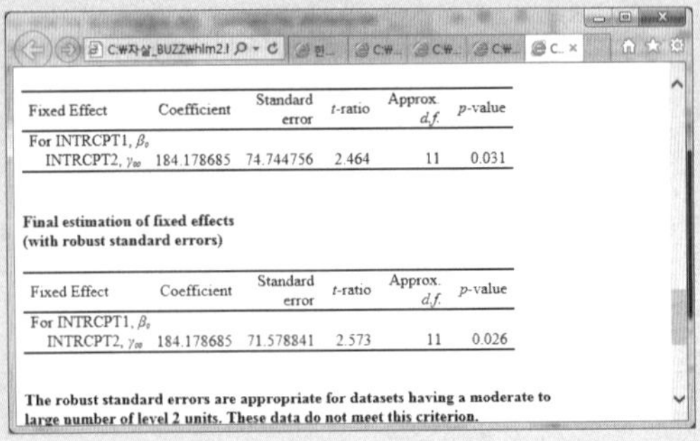


| Fixed Effect | Coefficient | Standard error | *t*-ratio | Approx. *d.f.* | *p*-value |
|---|---|---|---|---|---|
| For INTRCPT1, $\beta_0$ | | | | | |
| INTRCPT2, $\gamma_{00}$ | 184.178685 | 74.744756 | 2.464 | 11 | 0.031 |

**Final estimation of fixed effects**
**(with robust standard errors)**

| Fixed Effect | Coefficient | Standard error | *t*-ratio | Approx. *d.f.* | *p*-value |
|---|---|---|---|---|---|
| For INTRCPT1, $\beta_0$ | | | | | |
| INTRCPT2, $\gamma_{00}$ | 184.178685 | 71.578841 | 2.573 | 11 | 0.026 |

**The robust standard errors are appropriate for datasets having a moderate to large number of level 2 units. These data do not meet this criterion.**


- 일별 자살검색량의 전체평균은 184.18건으로 신뢰구간 95%에서 유의한 차이(표준오차: 74.74, t-ratio: 2.464, p=0.031)가 있는 것으로 나타났다.

Model 2의 검증은 일별요인들이 일별 자살검색량에 미치는 영향에 있어 월별로도 차이가 발생하는가를 알아보고자 하는 것이다. 따라서 일별 스트레스·음주·운동 검색량이 자살검색량에 미치는 영향을 고정효과를 통해 파악하고 이들 개별 요인이 월별에 따라 차이를 보이는가에 대해 무선효과를 통해 살펴보았다(표 5-9).

일별(Level 1) 자살검색량에 대한 고정효과를 분석한 결과, 음주검색량은 자살검색량에 영향을 주지 않는 것으로 나타났고 스트레스검색량과 운동검색량은 통계적으로 유의미하여 자살검색량에 영향을 주는 것으로(스트레스: $\beta$=0.40, $p<0.05$, 운동: $\beta$=0.25, $p<0.05$) 나타났다. 확인된 일별 특성변수와 자살검색량의 관련성에서 각 변수가 월별로 차이가 나는지에 대해 무선효과 검증을 실시한 결과, 스트레스검색량의 적합도($\chi^2$=28.97, $p<0.01$), 음주검색량의 적합도($\chi^2$=36.72, $p<0.001$), 운동검색량의 적합도($\chi^2$=19.13, $p<0.05$)가 통계적으로 유의미하게 나타나 일별 수준의 변수들이 자살검색량에 미치는 영향에 월별 간 차이가 있음($\chi^2$=90.99, $p<0.001$)을 확인하였다. 이는 분석할 때 월별요인의 투입이 필요함을 입증하는 결과라 할 수 있다. 일별 특성에서 스트레스검색량이 높아질수록 자살검색량이 높아지는 것으로 이러한 효과는 월별에 따라서 차이가 있음을 보여 준다. 그리고 무선효과 검증에서 유의미한 일별 특성 변수(스트레스·음주·운동 검색량)는 조건적 모형 검증에서 미지수로 묶어서 분석할 필요가 있는 것으로 나타났다. 연도별 자살검색량의 ICC는 0.903으로 산출되었다.

## 20 무조건적 기울기 모형 검증

- 무조건적 기울기 모형에서 MDM 파일 만들기와 분석하기는 본 장의 16 자살검색 다층모형 MDM 파일 만들기와 17 자살검색 다층모형 MDM 파일 분석하기를 참고한다.
  - [표 5-9]의 Model 2의 [Intercept, $\gamma_{00}$], STSR(LSTR_Y), DSV(LDRI_Y), ESV(LEXE_Y)의 고정효과는 그림 (나)의 Fixed Effect(robust standard error)에서, [Intercept, $\gamma_{00}$]의 경우 [For INTRCPT1, $\beta_0$]에서 Coefficient(1.12), Standard error(0.16), p-value(<0.001)를 참조한다.
  - STSV(LSTR_Y)의 경우 [For LSTR_Y slope, $\beta_1$]에서 Coefficient(0.40), Standard error(0.11), p-value(0.004=p<0.01)를 참조하여 작성한다.
  - [표 5-9]의 Model 2의 2수준 무선효과[level 2, $u_0$], 1수준 무선효과[level 1, $r$], STSV(LSTR_Y), DSV(LDRI_Y), ESV(LEXE_Y)는 그림 (가) Random Effect에서, [level 2, $u_0$]의 경우 [INTRCPT1, $u_0$]에서 Standard Deviation(0.53), Variance Component(0.29), $\chi^2$(90.99), p-value(<0.001)를 참조하여 작성한다.

    [level 1, $r$]의 경우 Standard Deviation(0.16), Variance Component(0.03)를 참조하여 작성한다(나머지 독립변수들을 차례로 작성한다).
  - STSV(LSTR_Y)의 경우 [LSTR_Y slope, $u_1$]에서 Standard Deviation(0.34), Variance Component(0.11), $\chi^2$(28.97), p-value(0.003= p<0.01)를 참조하여 작성한다.

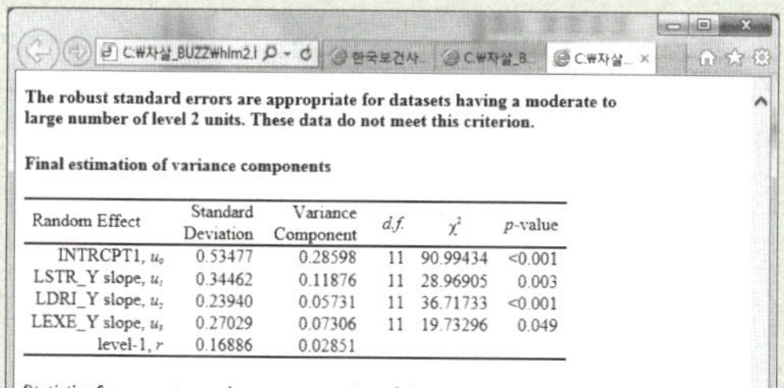

The robust standard errors are appropriate for datasets having a moderate to large number of level 2 units. These data do not meet this criterion.

Final estimation of variance components

| Random Effect | Standard Deviation | Variance Component | *d.f.* | $\chi^2$ | *p*-value |
|---|---|---|---|---|---|
| INTRCPT1, $u_0$ | 0.53477 | 0.28598 | 11 | 90.99434 | <0.001 |
| LSTR_Y slope, $u_1$ | 0.34462 | 0.11876 | 11 | 28.96905 | 0.003 |
| LDRI_Y slope, $u_2$ | 0.23940 | 0.05731 | 11 | 36.71733 | <0.001 |
| LEXE_Y slope, $u_3$ | 0.27029 | 0.07306 | 11 | 19.73296 | 0.049 |
| level-1, $r$ | 0.16886 | 0.02851 | | | |

Statistics for current covariance components model

Deviance = -184.888167
Number of estimated parameters = 11

(가)

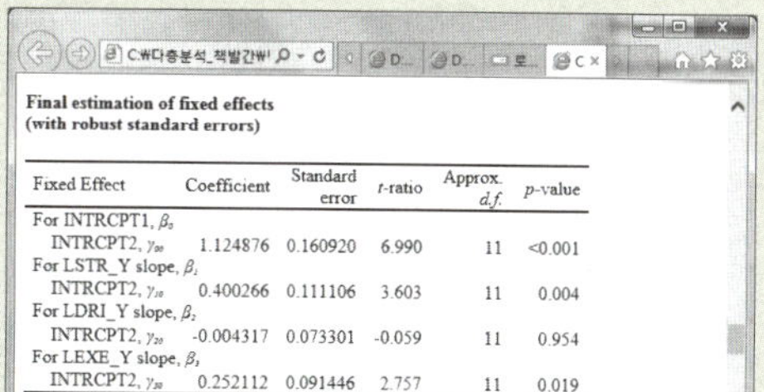

Final estimation of fixed effects
(with robust standard errors)

| Fixed Effect | Coefficient | Standard error | *t*-ratio | Approx. *d.f.* | *p*-value |
|---|---|---|---|---|---|
| For INTRCPT1, $\beta_0$ | | | | | |
| INTRCPT2, $\gamma_{00}$ | 1.124876 | 0.160920 | 6.990 | 11 | <0.001 |
| For LSTR_Y slope, $\beta_1$ | | | | | |
| INTRCPT2, $\gamma_{10}$ | 0.400266 | 0.111106 | 3.603 | 11 | 0.004 |
| For LDRI_Y slope, $\beta_2$ | | | | | |
| INTRCPT2, $\gamma_{20}$ | -0.004317 | 0.073301 | -0.059 | 11 | 0.954 |
| For LEXE_Y slope, $\beta_3$ | | | | | |
| INTRCPT2, $\gamma_{30}$ | 0.252112 | 0.091446 | 2.757 | 11 | 0.019 |

(나)

- 무조건적 기울기 모형에서 산출된 계수와 결과해석은 다음과 같다.
  - 일별(Level 1) 자살검색량에 대한 고정효과를 분석한 결과, 음주검색량(DRI_Y)은 자살검색량(LN전체Y)에 영향을 주지 않는 것으로 나타났고($\beta$=−0.00, p=0.954), 스트레스검색

량(LSTR_Y)과 운동검색량(LEXE_Y)은 일정 정도 영향을 주는 것으로(스트레스: $\beta$=0.40, p=0.004, 운동: $\beta$=0.25, p=0.019) 나타났다.

무선효과 검증 결과, 스트레스검색량의 적합도($\chi^2$=28.97, p=0.003), 음주검색량의 적합도($\chi^2$=36.11, p<0.001), 운동검색량의 적합도($\chi^2$=19.73, p=0.049)가 통계적으로 유의미하였고, 초기값의 무선효과가 유의미하여($\chi^2$=90.99, p<0.001) 일별 수준의 변수들이 자살검색량에 미치는 영향에 월별 수준 간 차이가 있음을 확인하였다. 이는 일별 특성에서 스트레스검색량이 높아질수록 자살검색량이 높아지는 것으로 이러한 효과는 월별에 따라서 차이가 있음을 보여 준다.

- 무선효과 검증에서 유의성이 있는 변수(intercept, LSTR_Y, LDRI_Y, LEXE_Y)는 일별 수준의 변수가 자살검색량(LN전체Y)에 미치는 영향에 월별 간 차이가 있음을 의미하는 것으로, 월별요인을 투입[조건적 모형(Model 3)의 검증 시 미지수로 설정]해야 한다는 것을 알 수 있다.
- 연도별 자살검색량의 ICC=[0.29/(0.29+0.03)]=0.903으로 나타났다. 이는 일별요인이 투입된 자살검색량의 월별 분산이 차지하는 비율이 90.3%임을 나타낸다.

Model 3은 청소년의 일별요인(스트레스·음주·운동 검색량)과 월별 청소년 자살률, 평균습도, 경제활동참가율이 자살검색량에 미치는 영향을 분석한 것이다. 즉, 앞서 Model 2에서 월별 변수를 투입할 수 있는 일별요인 변수인 스트레스·음주·운동 검색량을 동시에 투입하는 연구모형을 검증한 것이다.

일별요인과 월별요인을 동시에 고려하였을 때 자살검색량에 영향을 미치는 요인의 영향력을 검증하기 위해 자살검색량에 대한 고정효과를 분석한 결과, 수준 1인 일별요인 변수는 무조건적 기울기 모형(Model 2)의 검증과 비슷한 결과를 보였다. 수준 2인 월별 청소년 자살률은 자살검색량에 정적(+) 영향(ß=2.16, $p<0.05$)을 미치는 것으로 나타났다. 이는 월별 청소년 자살률이 증가하면 자살검색량도 증가한다는 사실을 의미한다. 그리고 평균습도 역시 자살검색량에 정적 영향($\beta$=1.83, $p<0.01$)을 미치는 것으로 나타났다. 이는 월별 평균습도가 증가하면 자살검색량이 증가한다는 것을 의미한다. 월별 경제활동참가율은 자살검색량에 영향을 미치지 않는 것으로 나타났다.

무선효과 검증 결과, 일별 스트레스검색량($\chi^2$=28.94, $p<0.01$)과 운동검색량($\chi^2$=19.44, $p<0.05$)은 월별 차이가 있는 것으로 나타났다. 조건적 모형에서 연도별 자살검색량의 ICC는 0.857로 산출되었다.

[표 5-9] Multilevel Model Analysis of Suicide Research Factors

| Parameter \ Model | | Model 1 Unconditional model | | Model 2 Unconditional Slope model | | Model 3 Conditional model | |
|---|---|---|---|---|---|---|---|
| Fixed effect | | Coef. | S.E. | Coef. | S.E. | Coef. | S.E. |
| | Intercept ($\gamma_{00}$) | 1.99 | 0.08$^{***}$ | 1.12 | 0.16$^{***}$ | −3.77 | 6.81 |
| Level 1 | STSV | | | 0.40 | 0.11$^{*}$ | 0.42 | 0.11$^{**}$ |
| | DSV | | | −0.00 | 0.07 | −0.01 | 0.07 |
| | ESV | | | 0.25 | 0.09$^{*}$ | 0.24 | 0.09$^{*}$ |
| | YSR | | | | | 2.16 | 0.92$^{*}$ |
| Level 2 | AH | | | | | 1.83 | 0.47$^{**}$ |
| | EP | | | | | 0.68 | 4.19 |
| Random effect | | $\sigma^2$ | $\chi^2$ | $\sigma^2$ | $\chi^2$ | $\sigma^2$ | $\chi^2$ |
| level 2, $u_0$ | | 0.08 | 423.87$^{***}$ | 0.29 | 90.99$^{***}$ | 0.18 | 70.50$^{***}$ |
| level 1, $r$ | | 0.06 | | 0.03 | | 0.03 | |
| STSV | | | | 0.11 | 28.97$^{**}$ | 0.10 | 28.94$^{**}$ |
| DSV | | | | 0.06 | 36.72$^{***}$ | 0.06 | 36.54$^{***}$ |
| ESV | | | | 0.07 | 19.73$^{*}$ | 0.08 | 19.44$^{*}$ |
| ICC | | 0.571 | | 0.903 | | 0.857 | |
| Deviance | | 65.21 | | −184.89 | | −204.58 | |

$^{***}$ $p<0.001$, $^{**}$ $p<0.01$, $^{*}$ $p<0.05$, $^{\#}$ $p<0.1$

## 21 조건적 모형 검증

• 조건적 모형에서 MDM 파일 만들기와 분석하기는 본 장의 16 자살검색 다층모형 MDM 파일 만들기와 17 자살검색 다층모형 MDM 파일 분석하기를 참고하기 바란다.

- [표 5-9] Model 2의 [Intercept, $\gamma_{00}$], STSV(LSTR_Y), DSV(LDRI_Y), ESV(LEXE_Y)의 고정효과는 그림 (나)의 Fixed Effect(with robust standard error)에서, [Intercept, $\gamma_{00}$]의 경우 [For INTRCPT1, $\beta_0$−INTRCPT2, $\gamma_0$]에서 Coefficient(−3.77), Standard error(6.81), p-value(=0.594)를 참조하여 작성한다(나머지 일별 독립변수들도 차례로 작성한다).
- STSV(LSTR_Y)의 경우 [For LSTR_Y slope, $\beta_1$−INTRCPT2, $\gamma_{10}$]에서 Coefficient(0.42), Standard error(0.11), p-value(0.002)를 참조하여 작성한다.
- [표 5-9] Model 3의 Level 2의 YSR(LSUI_Y)은 그림 (나)의 Fixed Effect(with robust standard error)에서, [For INTRCPT1, $\beta_0$−LSUI_Y, $\gamma_{01}$]에서 Coefficient(2.16), Standard error(0.92), p-value(0.047)를 참조하여 작성한다(나머지 월별 독립변수들을 차례로 작성한다).
- [표 5-9] Model 3의 무선효과(random effect), 즉 [level 2, $u_0$], [level 1, $r$], STSV는 그림 (가) Random Effect에서, [level 2, $u_0$]의 경우 [INTRCPT1, $u_0$]에서 Standard Deviation(0.43), Variance Component(0.18), $\chi^2$(70.50), p-value(<0.001)를 참조하여 작성한다.
- [level 1, $r$]의 경우 Standard Deviation(0.16), Variance Component(0.03)를 참조하여 작성한다.
- STSV(LSTR_Y)의 경우 [LSTR_Y slope, $u_1$]에서 Standard Deviation(0.32), Variance Component(0.10), $\chi^2$(28.94), p-value(0.003)를 참조하여 작성한다[DSV(LDRI_Y), ESV(LEXE_Y)도 차례로 작성한다].

**The robust standard errors are appropriate for datasets having a moderate to large number of level 2 units. These data do not meet this criterion.**

**Final estimation of variance components**

| Random Effect | Standard Deviation | Variance Component | *d.f.* | $\chi^2$ | *p*-value |
|---|---|---|---|---|---|
| INTRCPT1, $u_0$ | 0.43078 | 0.18558 | 8 | 70.50241 | <0.001 |
| LSTR_Y slope, $u_1$ | 0.32035 | 0.10262 | 11 | 28.94255 | 0.003 |
| LDRI_Y slope, $u_2$ | 0.23656 | 0.05596 | 11 | 36.53785 | <0.001 |
| LEXE_Y slope, $u_3$ | 0.27627 | 0.07632 | 11 | 19.44834 | 0.053 |
| level-1, $r$ | 0.16929 | 0.02866 | | | |

**Statistics for current covariance components model**

Deviance = -204.578893
Number of estimated parameters = 11

(가)

**Final estimation of fixed effects (with robust standard errors)**

| Fixed Effect | Coefficient | Standard error | *t*-ratio | Approx. *d.f.* | *p*-value |
|---|---|---|---|---|---|
| For INTRCPT1, $\beta_0$ | | | | | |
| INTRCPT2, $\gamma_{00}$ | -3.774705 | 6.805571 | -0.555 | 8 | 0.594 |
| LSUI_Y, $\gamma_{01}$ | 2.161769 | 0.921128 | 2.347 | 8 | 0.047 |
| LCLIMATE, $\gamma_{02}$ | 1.837145 | 0.471485 | 3.897 | 8 | 0.005 |
| ECOR, $\gamma_{03}$ | 0.678824 | 4.188822 | 0.162 | 8 | 0.875 |
| For LSTR_Y slope, $\beta_1$ | | | | | |
| INTRCPT2, $\gamma_{10}$ | 0.421487 | 0.105824 | 3.983 | 11 | 0.002 |
| For LDRI_Y slope, $\beta_2$ | | | | | |
| INTRCPT2, $\gamma_{20}$ | -0.005825 | 0.073306 | -0.079 | 11 | 0.938 |
| For LEXE_Y slope, $\beta_3$ | | | | | |
| INTRCPT2, $\gamma_{30}$ | 0.241440 | 0.092347 | 2.614 | 11 | 0.024 |

(나)

• 조건적 모형에서 산출된 계수와 결과해석은 다음과 같다.

- Model 3에서 청소년의 자살검색의 고정효과를 분석한 결과, 수준 1인 일별요인은 무조건적 기울기 모형(Model 2)에서 영향을 미쳤던 요인(스트레스·음주 검색량)과 비슷한 통계적 유의성을 보였다.
- 수준 2인 월별 청소년 자살률과 평균습도는 청소년 자살검색에 정적으로 유의한 영향을 미치는 것으로 나타나 청소년 자살률이 높을수록, 평균습도가 높을수록 청소년의 자살검색은 증가하였다.
- 연도별 자살검색량의 ICC=[0.18/(0.18+0.03)=0.857]로 산출되었고, 편향도는 –204.58로 나타났다.

## 4 논의

본 연구는 소셜 빅데이터를 활용하여 우리나라의 자살검색 요인과 자살검색 예측모형을 개발하기 위해 다변량 분석을 실시하였다. 자살검색 예측모형의 개발은 다중 회귀분석을 적용하였으며, 성인과 청소년 집단의 자살검색이 실제 자살률에 미치는 영향은 다중집단 구조모형으로 검증하였다. 그리고 자살검색에 미치는 일별 요인과 월별 요인은 다층모형으로 검증하였다. 본 연구의 구체적인 결과와 해석은 다음과 같다.

첫째, 성인의 자살검색 예측모형에서 음주검색이 많을수록 자살검색이 높은 것은 스트레스로 인해 우울증이나 알코올 중독이 발생하고 자살에 이른다는 기존의 연구(Izadinia et al., 2010; Park et al., 2010)를 지지하는 것이다. 또 이혼율이 높을수록 자살검색이 증가하는 것은 이혼하거나 사별한 경우 자살률이 높다는 기존의 연구(Stack, 1981; Smith, 1988)를 지지하는 것이다. 출산율이 낮을수록 자살검색이 증가하는 것은 핵가족화와 도시화로 인해 가족구성원의 지지가 부족한 점을 원인으로 들 수 있다. 평균습도가 높을수록 자살검색이 증가하는 것은 습도가 높으면 실내 공기 중의 농도가 증가하여 궁극적으로 대기오염이 증가하기 때문에 대기오염이 높으면 자살률이 높다는 기존의 연구(Biermann et al., 2009)를 지지하는 결과다.

둘째, 청소년의 자살검색 예측모형에서 스트레스검색량이 많은 경우 자살검색이 증가하는 것은 스트레스가 자살의 원인이 된다는 기존의 연구(Lazarus, 1984; Dixon et al., 1991)를 지지하는 것이다. 음주검색량이 많을수록 자살검색이 증가하는 것은 문제음주는 다른 중독성 물질을 남용할 수 있고 자기통제가 어려워 쉽게 자살충동을 유발할 수 있다는 기존의 연구(Chung, 2011; Tapert et al., 2003; Yoon, 2011)를 지지하는 결과다. 미세먼지가 적을수록 자살률이 증가하는 것은 미세먼지가 증가할수록 자살이 증가한다는 기존의 연구(Kim et al., 2010)를 지지하지는 않았으나, 우리나라 청소년의 경우 성인과 달리 과중한 학업 등으로 인해 대부분 실내에서 활동하므로 이에 따른 결과로 보인다.

셋째, 구조모형 분석 결과 스트레스검색에서 자살검색으로 가는 경로에 스트레스 취약요인이 매개하여 기존의 스트레스 취약요인의 연구(Izadinia et al., 2010; Chapman & Beaulet, 1983)를 지지하는 것으로 나타났다. 특히 스트레스검색에서 음주·운동·자살 검색으로 가는 경로가 청소년에게 더 강하게 영향을 미친다는 것은 청소년은 학업문제, 학교폭력, 취업, 경제문제 등의 다양한 문제로 인해 성인보다 생활 스트레스가 더욱 심각하다는 점을 보여 준다.

넷째, 다층모형 분석에서 청소년의 일별 자살검색은 자살검색 예측모형과 같이 일별요인(스트레스·운동 검색량)과 월별요인(청소년 자살률, 평균습도)에 영향을 받는 것으로 나타났다. 경제활동참가율이 청소년 자살검색에 영향을 미치지 않는 것은 인간관계가 빈번하고 사회생활이 집중될 때 자살이 많이 발생한다는 기존의 연구(Durkhim, 2008)나 노인의 경제활동이 줄어들 때 자살이 증가한다는 연구(Kim, 2004)와는 반대의 결과로, 향후 다른 경제변수와의 분석을 통한 추가 연구가 있어야 할 것으로 본다.

본 연구는 소셜 빅데이터에서 수집된 스트레스·음주·운동 검색량과 오프라인 조사 데이터(자살률, 이혼율, 출산율, 기후 등)를 적용하여 성인과 청소년의 자살검색에 대한 예측모형을 개발하였고, 스트레스검색은 스트레스 취약요인(음주, 운동)을 매개하여 자살검색에 영향을 미치고 궁극적으로 실제 자살률에 영향을 준다는 것을 구조모형을 통하여 검증하였으며, 청소년의 일일 자살검색은 일일 스트레스·음주·운동 검색량뿐만 아니라 월별요인인 청소년 자살률과 평균습도에도 영향을 받는다는 것을 다층모형을 통하여 검증하였다는 점에서 분석 방법론적이나 정책적으로 의미를 가진다고 할 수 있다. 그리고 실제적인 내용을 빠르게 효과적으로 파악하여 사회통계가 지닌 한계를 보완할 수 있는 새로운 조사방법으로서의 빅데이터의 가치를 확인하였다는 점에서(National Information Society Agency, 2012) 조사방법론적 의의를 가진다고 할 수 있다. 또한 소셜 빅데이터와 조사 데이터와의 연계를 통한 자살검색의 이론적 모형을 제시하였다는 점에서 학술적 의의가 있으며, 향후 데이터마이닝 분석과 네트워크 분석을 통한 자살위험 예측모형의 정교화를 위한 연구를 꾸준히 추진하여야 할 것으로 본다. 그럼에도 불구하고 본 연구는 다음과 같은 제한점을 지닌다.

첫째, 일 단위로 생산되는 조사통계의 부족으로 인해 월 단위 변수를 일 단위로 적용(본 연구에서의 출산율, 이혼율, 경제활동참가율 등)함에 따른 생태학적 오류(ecological fallacy)가 발생할 수 있다.

둘째, 본 연구에서 자살검색이 자살률에 미치는 영향은 구조모형으로 밝혔으나, 2012년 자살률에 대한 데이터의 미 공표로 자살검색 예측모형에 대한 예측을 제시하지 못하였으며 연예인 자살이나 동반자살, 물가지수, 지역특성 등의 다양한 요인을 반영하지 못하였다. 이는 2010년부터 연차별 소셜 빅데이터의 분석과 통계청 사망원인 통계 등 조사 통계와의 연계를 통하여 다양한 요인을 반영한 예측분석이 가능할 것으로 본다.

셋째, 본 연구의 구조모형에서 제시된 소셜 빅데이터 변수들의 인과관계를 횡단조사나 종단조사에서 연구된 이론적 모형을 적용하는 데 대한 이론적 근거를 제시하지 못하였다. 이는 본 연구에서 사용된 변수가 일일 검색량에 기인하였기 때문으로, 향후 개인별 버즈에 대한 심청연구를 수행한다면 연구에 사용된 소셜 빅데이터의 변수 간 인과관계를 밝힐 수 있을 것으로 본다.

넷째, 본 연구의 다중회귀 모형에서는 자살률과 다른 환경변수를 예측모형으로 사용하여 소셜 빅데이터의 자살검색에 영향을 미칠 것이라는 가정을 하여 구조모형과의 연관관계를 충분히 설명하지 못하였다. 이는 본 연구에서의 다중회귀분석은 소셜 빅데이터의 자살검색에 미치는 예측요인을 살펴보기 위해 본 연구의 연구모형과 연구가설과는 별도로 분석한 것으로, 향후 소셜 빅데이터 자살검색이 자살률에 미치는 영향에 대한 연구를 수행하여야 할 것으로 본다.

## 5 결론

본 연구는 소셜 빅데이터의 담론에서 자살과 관련된 빅데이터와 오프라인 통계데이터의 연계를 통하여 우리나라 자살검색의 예측요인을 다변량 분석으로 살펴보았다. 이를 위해 소셜 빅데이터에서 2011년 1월 1일부터 2011년 12월 31일까지 언급된 자살 관련 토픽(스트레스, 음주, 운동, 자살)을 추출하여 분석하였다. 다변량 분석 결과를 요약하면 다음과 같다.

첫째, 일일 자살자 수가 많을수록, 음주검색이 많을수록, 이혼율이 높을수록, 출산율이 낮을수록, 평균습도가 높을수록 성인의 자살검색이 증가하였다. 그리고 자살 관련 담론이 급속히 확산되는 1주간의 시차(time lag)를 실제 자살률에 적용한 예측도는 조금 향상(89.59%→89.64%)된 것으로 나타났다.

둘째, 일일 청소년의 자살자 수가 많을수록, 스트레스검색이 많을수록, 음주검색이 많을수록, 미세먼지량이 적을수록 청소년의 자살검색이 증가하는 것으로 나타났다.

셋째, 성인과 청소년의 자살검색 구조모형 분석 결과, 두 집단 모두 스트레스검색에서 운동·음주·자살 검색으로 가는 경로와 자살검색에서 자살률로 가는 대분분의 경로가 정적(+)으로 유의한 영향을 미치는 것으로 나타났다. 스트레스검색에서 운동·음주·자살 검색으로 가는 경로에 청소년이 더 강하게 영향을 받았으며, 음주검색에서 자살검색으로 가는 경로는 성인의 경우에만 유의한 영향을 미쳤다.

넷째, 스트레스 취약요인(음주, 운동)의 매개효과를 분석한 결과 성인과 청소년 모두 스트레스-취약요인의 부분 매개효과가 있는 것으로 나타났다.

다섯째, 청소년 자살검색의 결정요인에 대한 다층모형 분석 결과 일별요인(스트레스·운동 검색량)에 유의미한 차이가 있는 것으로 나타났다. 월별 청소년 자살률과 평균습도는 자살검색량에 정적인 영향을 미쳤다.

본 연구에서는 소셜 빅데이터와 오프라인 빅데이터의 연계를 통해 성인과 청소년의 자살검색에 대한 요인을 검증하고 예측모형을 개발하였다. 본 연구를 근거로 우리나라의 자살예방과 관련하여 다음과 같은 정책적 함의를 도출할 수 있다.

첫째, 본 연구결과를 통해 성인과 청소년 모두 다양한 스트레스를 경험하면서 자살을 검색한다는 사실을 알 수 있다. 따라서 청소년의 스트레스를 해소할 수 있는 학교차원의 다양한 프로그램을 마련하고, 경제활동으로 인한 성인의 스트레스를 해소시킬 수 있는 직장차원의 프로그램도 개발하여야 한다.

둘째, 성인과 청소년은 온라인상에서 자살과 관련한 담론을 주고받고 있으며, 이러한 언급이 실제적인 자살과 관련된 심리적·행동적 특성으로 노출될 수 있기 때문에 자살 예측모형에 따른 위험징후가 예측되면 실시간으로 개입할 수 있는 애플리케이션(가칭: 생명존중 온라인 게이트키퍼)을 개발하여야 한다. '생명존중 온라인 게이트키퍼'는 자살에 대한 위험징후가 예측되면 소셜 담론의 분석에서 추측된 위험요인을 줄일 수 있는 맞춤형 프로그램을 실시간으로 제공할 수 있도록 개발하여야 할 것이다.

셋째, 지역별 소셜 빅데이터와 지역요인의 연계를 통한 지역별 자살 예측모형을 개발하여 실시간으로 자살을 사전에 방지할 수 있는 시스템(가칭: 지역 생명존중 예보시스템)을 구축하여야 한다. '지역 생명존중 예보시스템'은 지역별 생명존중 관련기관에 지역별 자살예보를 1주 또는 월단위로 제공하여 지역별 자살행동의 원인에 대한 적극적 대응을 위한 대국민 홍보활동을 지속적으로 실시함으로써 지역 주민의 생명존중 인식을 강화할 수 있을 것이다.

넷째, SNS에서 주고받는 자살 관련 소셜 담론은 개인이 일상생활에서 갖는 우울한 감정이나 고민을 기록하는 일종의 '온라인 심리적 부검보고서'다. 핀란드가 '오프라인 심리적 부검보고서'를 바탕으로 국가 차원의 자살예방대책을 마련하여 자살률을 줄였듯이 우리나라도 세계 최고수준의 IT 기술과 소셜 빅데이터 분석을 통해 국가 차원의 자살예방대책을 마련할 수 있을 것이다.

본 연구는 우리나라의 가장 심각한 사회문제인 자살문제를 해결하는 데 빅데이터를 적용하였다. 빅데이터 분석은 수집된 빅데이터를 정형화된 데이터로 부호화한 후, 오프라인 빅데이터와 연계할 때 사회문제를 실시간으로 예측할 수 있는 가치 있는 새로운 정보로서의 역할을 할 수 있다. 이와 같은 새로운 정보 원천인 빅데이터를 우리나라의 보건복지분야에 활용하기 위해서는 다음과 같은 전략이 필요하다.[16]

첫째, 보건복지 빅데이터를 관리하기 위한 범 부처차원의 보건복지 빅데이터 관리위원회(가칭) 조직이 필요하다.

둘째, 보건복지분야의 비정형화된 빅데이터를 관리하고 있는 민간기관(검색포털이나 SNS 등)과의 긴밀한 협조체계(가칭: 보건복지 빅데이터 포럼)를 구축하여야 한다.

셋째, 국가 차원의 오픈 API(Application Programming Interface)를 제공해야 한다. 공공분야의 보건복지 빅데이터에 대한 공개는 관련 기관과 빅데이터 전문가가 참여하여 정부와 국민이 필요로 하는 정보를 분류하고, 공개대상 정보는 개인의 프라이버시 보안을 철저하게 하여 국가지식 플랫폼에 저장해야 한다.

넷째, 보건복지 빅데이터를 분석할 수 있는 관련 기술을 개발해야 한다. 스마트 시대에는 비관계형·비정형 데이터의 저장과 분석, 클라우드 서비스, 시멘틱 검색서비스, 인공지능, 통계분석기술 등에 대한 표준화를 시도하고 적용사례 발굴을 위한 시범사업을 우선적으로 추진해야 한다.

다섯째, 구조화되지 않은 대규모 데이터 속에서 숨겨진 정보를 찾아내는 데이터 사이언티스트(data scientist) 같은 인재를 양성해야 한다. 빅데이터 시대에는 데이터를 관리하고 분석할

16. 본 연구에서 제안한 전략은 〈보건복지 빅데이터 효율적 활용방안〉[송태민, 보건복지포럼(2012. 11)]의 내용을 수정·보완한 것임을 밝힌다.

수 있는 데이터 사이언티스트의 역할이 매우 중요하다. 따라서 우리나라의 보건복지 통계를 생산하는 전문 연구인력을 보유하고 있는 공공기관이나 민간기관과 대학이 연계하여 데이터 사이언티스트를 양성할 수 있는 교육협력체계를 우선적으로 구축해야 할 것이다.

여섯째, 빅데이터의 소유권에 대한 법적인 논의가 있어야 한다. SNS의 등장으로 개인이 빅데이터를 생산하는 스마트 프로슈머로 변화하기 때문에 개인에게 필요한 정보를 생산하여 개인에게 돌려주는 법적인 책임이 강화되어야 할 것이다.

끝으로 보건복지 빅데이터의 프라이버시 보호를 위한 정책을 강화하여야 한다. 빅데이터의 활용도 중요하지만 개인정보의 유출은 개인에게 심각한 프라이버시 침해는 물론 범죄 악용의 우려가 있기 때문에 공개된 빅데이터에서 개인을 식별하지 못하도록 하는 익명화 기술을 개발하고 정보접근 및 정보처리에 대한 통제를 해야 한다. 그러나 지나친 익명화와 정보접근 및 정보처리에 대한 통제 강화는 정보활용의 활성화를 저해할 수 있기 때문에 보건복지 빅데이터의 '활용과 보호의 균형'에 대한 가장 효과적인 프라이버시 보호정책을 마련하여야 할 것이다.

◆ 참고문헌 ◆


1. Alloy, L. B., Hartlage, S., & Abramson, L. Y. (1988). Testing the cognitive diathesis-stress theories of depression: Issues of research design, conceptualization, and assesment. In L. B.
2. Alloy (Ed.). *Cognitive precesses in depression.* New York, NY: The Guilford Press. pp. 31-73.
3. Bae, S. B., & Woo, J. M. (2011). Suicide prevention strategies from medical perspective. *Journal of the Korean Medical Association*, 54(4), 386-391.
4. Biermann, T., Nikolaos, S., Stefan, B., Norbert, T., Johannes, K., & Udo, R. (2009). The hypothesis of an impact of ozone on the occurrence of completed and attempted suicides. *Medical Hypotheses*, 72, 338-341.
5. Bollen, K. A., & Long, J. S. (1993). *Testing Structural Equation Models.* Newbury Park, CA: Sage.
6. Chang, Y. S. (2012). Actual conditions of suicide and policy challenges in Korea 2012. *Issue & Focus*, 165, 46.
7. Chapman, N. J., & Beaulet, M. (1983). Environmental predictor of well-being for at risk older adults in mid-sized city. *Journal of Gerontology*, 38(2), 237-244.
8. Chung, S. (2011). Influence of early onset of drinking and problem drinking on suicide ideation and attempt among Korean adolescents: Analysis of 2009 Korean youth risk behavior Survey. *Journal of Korean Alcohol Science*, 12(1), 15-28.
9. Dixon, W. A., Heppner, P. P., & Anderson, W. P. (1991). Problem-solving appraisal, stress, hopelessness, and suicide ideation in a college population. *Journal of Counseling Psychology*, 38(1), 51-56.
10. Durkhim, E. (2008). *Suicide. A study in sociology*, Paju, Korea: Chungabook.
11. Hair, J. F. Jr., Black, W. C., Babin, B. J., Anderson, R, E., & Tatham, R. L. (Eds). (2006) *Multivariate Data Analysis*(6th ed). Upper Saddle River, NJ: Prentice-Hall International.
12. Izadinia, N., Amiri, M., Jahromi, R. G., & Hamidi, S. (2010). A study of relationship between suicidal ideas, depression, anxiety, resiliency, daily stresses and mental health among Teheran university students. *Procedia-Social and Behavioral Sciences*, 5, 1615-1619.
13. Kim, C., Jung S. H., Kang, D. R., Kim, H. C., Moon, K. T., Hur N. W., . . . Suh, I. (2010). Abbient particulate matter as a risk factor for suicide, *The American Journal of Psychiatry*, 167(9), 1100-1107.
14. Kim, S. Y. (2004). Trends in elderly suicide rates and social factors in Korea. *Social Welfare Policy*, 19, 181-205
15. Korea Communications Commission·Korea Internet & Security Agency (2012). *2011 Survey*

*on the Internet Usage*, Seoul, Korea: Author.

16. Kowalski, G. S., Charles, E. F., & Paul, D. S. (1987). Urbanism and suicide: A study of American Counties. *Social Forces*, 66(1), 85-101.
17. Lazarus, R. S., & Folkman, S. (1984). Stress, *Appraisal and Coping.* New York, NY; Springer Publishing Company.
18. Lee, C. H., Sung, Y. S. (2012). *A Study on the SNS Use of Young People.* Seoul, Korea: National Youth Policy Institute.
19. McIntosh, J. L. (1995). Suicide prevention in the elderly. *Suicide and Life Threatening Behavior*, 25(1), 180-192.
20. McKinsey Global Institute (2011). *Big data: The next frontier for innovation, competition, and productivity.* San Francisco, CA: McKinsey & Company.
21. National Information Society Agency (2011). Public symp*athy policy measure based on social media analysis for the advancement of the national administration.* Seoul, Korea: Author.
22. National Information Society Agency (2012). *Implications for Suicide Prevention Policy of Youth Described in the Social Analysis.* Seoul, Korea: Author.
23. National Information Society Agency (2012). *Evolved into the Big Data World (Case Study of Global for Big Data).* Seoul, Korea: Author.
24. National IT Industry Promotion Agency (2006). What is Social Media?. Seoul, Korea: Author.
25. Park, J. Y., Lim, Y. O., & Yoon, H. S. (2010). Suicidal impulse caused by stress in Korea: Focusing on mediation effects of existent spirituality, family support, and depression. *Korean Journal of Social Welfare Studies*, 41(4), 81-105.
26. Policy Exchange (2012). The big data opportunity: Making government faster, smarter and more personal. London, England: Policy Exchange.
27. Preacher, K. J., & Hayes, A. F. (2004). SPSS and SAS procedures for estimating indirect effects in simple mediation models. *Behavior Research Methods, Instruments, & Computers*, 36, 717-731.
28. Raudenbush, S. W., & Bryk, A. S. (2002). *Hirearchical Linear Models: Application and data analysis methods* (2nd ed). Thousand Oaks, CA: Sage.
29. Smith, J. C. (1988). Marital status and the risk of suicide. *American journal of public Health*, 78, 78-80.
30. Song, T. M. (2012). *Study on the baby boomer and echo generation suicide characteristics.* Seoul, Korea: Korea Institute for Health and Social Affairs.
31. Stack, S. (1981). Divorce and suicide. *Journal of family Issues*, 2, 77-90.
32. Stack, S. (2000). Suicide: A 15-year review of the sociological literature part II: Modernization and social integration perspectives. *Suicide & Life - Threatening Behavior*, 30(2), 163-176.

33. Statistics Korea. (2010). *Characteristics of baby boomer generation using social survey 2010.* Seoul, Korea: Author.

34. Statistics Korea. (2012). *Youth Statistics.* Seoul, Korea: Author.

35. Tapert, S., Colby, S., Barnett, N., Spirito, A., Rohsenow, D., Myers, M., & Monti, P. (2003). Depressed mood, gender, and problem drinking in youth. *Journal of Child & Adolescent Substance Abuse*, 12(4), 55-68.

36. Yang, A. C., Tsai, S. J., & Huang, N. E. (2011). Decomposing the associstion of completed suicide with air polution, weather, and unemployment data at different time scales. *Journal of Affective Disorders*, 129, 275-281.

37. Yoon, M. S. (2011). Suicidal ideation among alcoholics moderating effect of alcohol use. *Mental Health & Social Work*, 38, 113-140.

38. Wilbum, V. R., & Smith, D. E. (2005). Stress, self-esteem, and suicidal ideation in late adolescents. *Adolescence*, 40(157), 33-46.

6장

# 빅데이터 논문 실전 III

다층모형을 통한 금연성공에 영향을 미치는 요인 분석

※ 주요 내용

1. 서론
2. 연구대상 및 방법
3. 연구결과
4. 논의
5. 요약 및 결론

## 1 서론[1]

1980년 79.3%로 최고점에 달하던 우리나라의 성인남성 흡연율은 2010년 현재 40.8%로 많이 감소하였으나 여전히 OECD 회원국(평균 26.0%) 중 최고를 기록하고 있다(OECD Health Data, 2012). 그동안 우리나라는 흡연율 감소를 위해 2004년 12월 담배가격인상과 더불어 금연구역 확대, 금연클리닉, 금연상담전화, 금연홍보 및 교육 등 다양한 흡연예방 및 금연 정책을 실시하였다. 세계보건기구(WHO)는 담배규제기본협약(FCTC)을 체결하여 많은 국가들이 담배중독 치료 및 금연을 위한 다양한 활동을 이행하도록 촉진하고 있다. 보건복지부에서는 2004년 시범사업을 실시한 후 2005년 3월부터 전국의 모든 보건소에 금연클리닉을 설치하여 흡연자를 대상으로 금연서비스를 제공하고 있다. 우리나라의 금연클리닉은 이용자에게 6개월간 서비스를 제공하는 것을 원칙으로 하여 등록된 흡연자의 상태에 따라 금연상담(행동요법)과 니코틴대체요법(약물요법)을 제공하고 있다. 금연클리닉은 2008년 12월까지 총 46개월간 전국적으로 105만 8,430명의 흡연자에게 금연서비스를 지원하여 금연클리닉 성공률은 6개월 평균 43.3%를 나타내고 있다(Song & Lee, 2009).

그동안 금연클리닉의 효과와 금연성공에 영향을 미치는 요인에 대한 많은 연구가 있었다. 연령은 금연성공에 유의한 영향을 미치며 연령이 높을수록 금연성공률이 높다고 보고되었다(Norman et al., 1991). 니코틴의존도와 금연성공과 관련된 연구로는 니코틴의존도가 높은 사람은 금연을 시도할 때 금단증상이 심해 실패할 가능성이 높기 때문에 니코틴의존도가 금연성공에 영향을 미치는 중요한 요인이라고 설명되었다(Rosenbaum & O'Shea, 1992; Song et al., 2012). 흡연기간이 짧을수록(Kaprio & Koskenvuo, 1988), 그리고 하루흡연량이 적을수록(Farkas et al., 1996) 금연성공률이 높게 나타났다.

스트레스와 금연성공과의 관계는 의견이 다양하다. 스트레스는 금연성공에 유의한 영향요인이 아니라는 연구(Yang et al., 2005; Seok, 2007)가 있는 반면, 스트레스 증가는 흡연율 상승(Conway et al., 1981)과 관계가 있으며 흡연재발의 가장 위험한 요인이라는 보고도 있다. 상담횟수가 많을수록, 그리고 행동요법을 사용한 경우에 금연성공률이 높은 것으로 나타났다(Sim et al., 2002). 사회경제적 위치가 낮을수록 금연성공률이 낮다는 연구결과도 나왔다(Fiore et al., 2000).

1. 본 논문은 〈다층모형을 통한 금연성공에 영향을 미치는 요인 분석〉(송태민·이주열, 2013, 보건교육건강증진학회지 30(1), pp. 53-64)에 게재된 내용을 기초로 하였다.

심리적 요인인 우울은 흡연의 주요 예측인자(Kick & Cooley, 1997)로 흡연자의 우울성향이 비흡연자에 비해 높으며, 우울성향을 가진 흡연자의 금연성공률은 낮다고 보고되었다(Oh et al., 1993). 또한 음주문제가 없을수록 금연성공률은 높다는 보고(Zimmerman et al., 1990)도 있으며, 체중이 증가하면 금연에 성공할 가능성이 높다는 연구결과도 있다(Chapman et al., 1993; Suh & You, 2003). 그리고 신문매체 및 대중매체의 금연을 지지하는 여론이 금연시도 및 성공에 영향을 미치고(Jamrozik, 2004), 금연광고를 통한 금연캠페인에 의해 흡연을 중단한다는 보고도 있다(Hu et al., 1995).

이와 같이 기존의 연구들은 개인특성이 금연성공에 미치는 영향 중심으로 진행되었다. 그러나 금연시도나 금연성공과 같은 금연행동을 설명하려고 할 때는 흡연자 개인의 특성뿐만 아니라 흡연자가 속한 환경적 맥락을 함께 고려하는 것이 필요하다(Biener et al., 2010). 이런 관점에서 이 연구는 금연성공에 영향을 미치는 개인 및 지역의 특성을 동시에 고려하기 위해 다층모형으로 분석하였다.

### 1 금연성공 관련 이론적 배경 정리하기

• 논문을 작성하려면 이론적 배경을 검토한 후에 연구모형을 설계해야 한다. 본 논문을 작성하기 위해서는 우선적으로 금연성공과 관련된 여러 요인에 대한 이론적 배경을 살펴볼 수 있는 논문을 수집해야 한다. 이론적 배경을 검토하기 위한 기존 연구논문은 국내외 학술논문, 학위논문, 단행본 등을 무료 또는 유료로 제공하는 기관에 접속하여 쉽게 수집할 수 있다. 또한 논문작성에 필요한 대부분의 통계는 국가통계포털(http://kosis.kr/)이나 검색포털(구글, 네이버, 다음 등)에 접속하여 수집할 수 있다. 국내외 연구논문을 제공하는 대표적인 기관으로 한국교육학술정보원(http://www.riss.kr/), 한국학술정보(http://kiss.kstudy.com/), 디비피아(http://www.dbpia.co.kr/)를 이용하면 된다. 본 연구에서는 RISS에 접속하여 관련 논문을 검색하였다(국문검색어: 금연성공 등, 영문검색어: smoking cessation 등). RISS의 국문과 영문 검색결과는 다음과 같다.

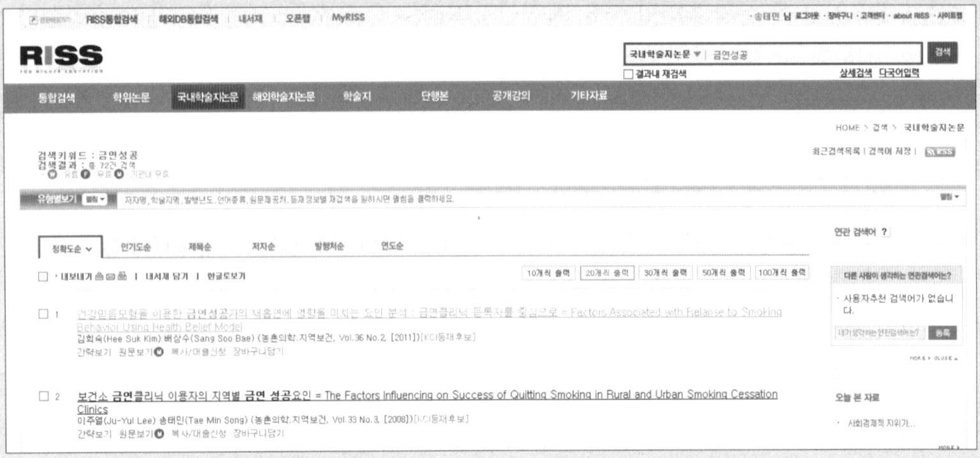

[그림 6-1] 금연성공(국내 학술논문 검색결과)

[그림 6-2] smoking cessation(영문 학술논문 검색결과)

• 이론적 배경을 작성하고 연구모형을 설계하기 위해서는 많은 연구논문을 수집해 정리해야 한다. 상기 RISS에서 검색된 논문은 우선적으로 제목과 요약을 보고 관련 논문인지를 확인한 후에 30편에서 40편 정도의 논문을 다운로드 받아 본다. 그런 다음 논문에서 사용할 개인요인(종속변수, 독립변수)과 지역요인(독립변수)과 관련된 내용을 자세히 정리하고, 해당 논문에서 참고한 주요 논문들도 수집해 정리한다.

## 2 연구대상 및 방법

### 2-1 연구모형 및 연구가설

개인특성의 변수와 지역특성의 변수들이 금연성공에 미치는 영향을 알아보기 위하여 이 연구에서 설정한 다층모형은 [그림 6-3]과 같다.

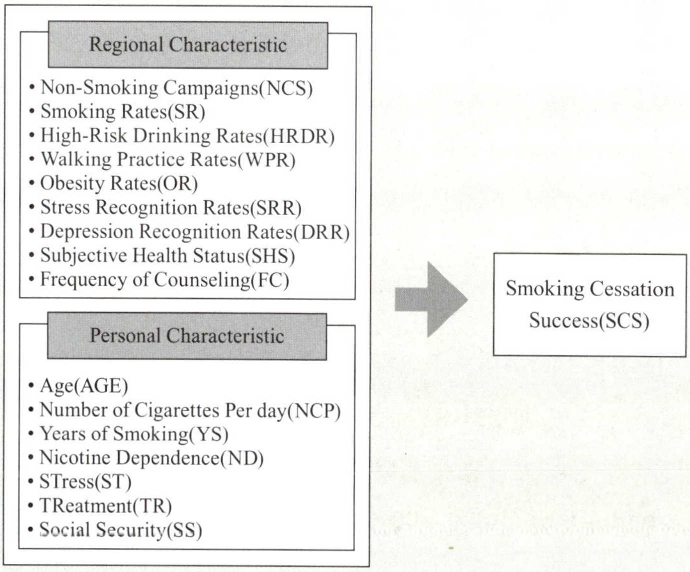


[그림 6-3] Research model(multilevel model)

종속변수는 금연성공이 되고, 독립변수는 개인특성과 지역특성으로 구분하였다. 이 연구모형에 따른 구체적인 연구가설은 다음과 같다.

첫째, 금연성공 여부는 지역 간 차이가 있을 것이다.

둘째, 개인요인이 금연성공 여부에 미치는 영향은 지역 간 차이가 있을 것이다.

셋째, 개인요인과 지역요인은 금연성공 여부에 영향을 미칠 것이다.

넷째, 개인요인과 지역요인의 상호작용효과는 금연성공 여부에 영향을 미칠 것이다.

### 2-2 분석자료 및 측정도구

연구에서 분석한 자료는 우리나라 전국 보건소의 금연클리닉에 2007년 7월 16일부터 2008년 7월 15일까지 6개월 이상 등록하여 서비스를 받은 남성 흡연자 25만 3,136명을 대상으로 하였다.

종속변수인 금연성공 여부(0: 금연실패, 1: 금연성공)에 영향을 주는 개인수준의 독립변수는 연령, 평균흡연량, 총흡연기간, 니코틴의존도, 스트레스 여부, 서비스종류(0: 행동요법, 1: 보조제), 사회보장형태(0: 의료급여, 1: 건강보험)를 사용하였다. 여기서 금연성공은 6개월간 지속적으로 흡연하지 않은 상태를 의미하며 금연성공률은 6개월 이후 조사시점까지 한 모금의 담배도 피우지 않은 비율이다. 니코틴의존도는 수정한 FTND(Fagerstrom Test for Nicotine Dependence)(Fagerstrom & Schneider, 1989)를 사용하였다.

우리나라는 지역 간 건강수준이나 금연성공률에 차이가 있는 것으로 나타나기 때문에 이 연구에 사용된 지역수준의 변수는 금연시도나 금연성공과 관련된 지역건강수준 요인을 사용하였다. 많은 다층모형 설계에서 지역수준의 요인으로 정책적 요인과 환경적 요인을 고려해 왔다. 정책적 요인으로는 예측하려는 요인에 영향을 줄 수 있는 정책과 제도에 대한 실시율(또는 유무)이 포함될 수 있으며, 환경적 요인에는 개인이 거주하는 지역의 물리적 시설, 인구학적 특성, 지역의 건강수준 등이 포함될 수 있다. 특히, 우리나라는 사회경제적 수준, 복지예산 비중, 인구 1인당 공원면적 등이 지역 간 건강수준의 차이가 있는 것으로 나타나고 있다.

본 연구에 사용된 지역수준의 변수는 2008년 당시 금연과 관련된 정책적 요인이나 환경적 요인의 측정이 어려워 지역의 건강수준 변인을 측정한 지역건강통계(KCDC, 2012)의 2008년 시도별 자료에서 금연 정책과 관련된 요인인 금연캠페인 경험률과 흡연율을 사용하였고, 지역의 건강수준 요인으로는 고위험음주율, 걷기실천율, 비만율, 스트레스인지율, 우울인지율, 주관적 건강수준을 선정하였다. 여기서 고위험음주율은 최근 1년 동안 음주한 사람 중 한 번의 술자리에서 7잔 이상을 주 2회 이상 마신 사람의 비율을 나타낸다. 걷기실천율은 조사대상 응답자 중 최근 1주일 동안 걷기를 1일 30분 이상 실천한 사람의 비율을 나타낸다. 비만율은 조사대상 응답자 중 체질량지수(kg/m$^2$)가 25 이상인 사람의 비율을 나타낸다. 또한 개인수준의 상담횟수는 개인의 금연성공에 영향을 미치고 있어 지역별 평균 상담횟수가 지역별 금연성공에 미치는 영향을 살펴보기 위해 개인수준의 변수의 상담횟수를 지역단위로 평균한 값을 사용하였다.

### 2-3 분석방법

이 연구는 보건소 금연클리닉 이용자의 개인특성과 개인이 거주하고 있는 지역특성이 금연 성공 여부에 미치는 영향을 분석하기 위하여 다층모형(multilevel model)을 활용하였다. 분산분석이나 회귀분석은 그룹 간 자료의 위계적 구조를 고려하지 않은 상태에서 변인 간의 인과관계에 초점을 두기 때문에 분석단위를 개인 또는 지역으로 선정함으로써 발생할 수 있는 오류를 범할 수 있다. 반면에 다층모형은 분석단위에서 생길 수 있는 오류를 피할 수 있다는 장점이 있다. 따라서 다층모형은 위계적 선형모형(Hierarchical Linear Model, HLM)이라고 흔히 부르며, 1차 수준의 예측변인뿐만 아니라 1차 수준의 상위에 있는 그룹의 변인을 가지고 종속변인을 예측하는 분석방법에 적절하고, 자료가 속한 모든 상하위 단위의 다양성과 특성을 반영할 수 있는 통계적 분석기법이다(Raudenbush & Bryk, 2002).

이 연구의 모수 추정방식은 무선효과(Yu, 2006)의 분산추정을 계산하는 과정에서 고정효과의 자유도 감소를 고려하는 한정최대우도추정법(REstricted Maximum Likelihood, REML)을 사용하였다(Raudenbush & Bryk, 2002). 고정효과의 최종추정은 종속변수의 분포를 정상분포로 가정하지 않는 표준오차(robust standard error)를 적용하였다. 이 연구의 종속변수인 금연성공 여부는 이항변수(dichotomous variable)로 베르누이 분포(Bernoulli distribution)를 따르므로 명목변수의 성격을 갖는 종속변수의 영향력을 검증하기 위해 확률을 로짓(logit)으로 변환하여 분석을 실시하였다. 그리고 1차수준인 개인요인의 변수 중 연령, 평균흡연량, 총흡연기간, 니코틴의존도는 그룹평균(group mean)으로 2차수준인 지역요인의 변수는 모두 전체평균(grand mean)으로 중심화(centering)하여 투입하였다.

이 연구의 기술분석은 SPSS Version 20.0을 사용하였고, 금연성공 결정요인의 다층모형 분석은 HLM Version 7.0을 사용하였다. 이 연구의 분석에 사용된 2수준 위계적 선형모형의 기본적인 형태는 다음과 같다.

1수준 모형(개인수준)

$$\log[\phi_{ij} / (1-\phi_{ij})] = \eta_{ij} = \beta_{0j} + \sum_{q=1}^{Q} \beta_{qj} X_{qij}$$

$\eta_{ij}$ : 지역사회 $j$에 거주하는 금연클리닉 이용자 $i$가 금연에 성공할 승산로그(log of the odds) 값

$\phi_{ij}$ : 지역사회 $j$에 거주하는 금연클리닉 이용자 $i$의 금연성공확률

$\beta_{0j}$ : $j$번째 지역의 절편

$\beta_{qj}$ : $j$번째 지역의 $X$변인의 회귀계수

$X_{qij}$ : $j$번째 지역의 금연클리닉 이용자 $i$의 독립변수

2수준 모형(지역수준)

$$\beta_{0j} = \gamma_{00} + \sum_{s=1}^{S} \gamma_{os}\omega_{sj} + \mu_{oj},\ \mu_{oj} \sim N(0, \tau_{00})$$

$\beta_{qj} = \gamma_{q0},\ q = 1, 2, \cdots, Q$

$\tau_{00}$ : 금연클리닉 이용자의 평균 금연성공 승산 로그값에 대한 지역 간 변량(분산)

$\gamma_{00}$ : 2수준(지역)의 모형이 갖는 절편

$\gamma_{os}$ : 2수준의 회귀계수

$\omega_{sj}$ : 2수준의 예측(독립)변수

$\mu_{oj}$ : 2수준의 무선효과로 2 수준의 특성을 설명하지 못하는 각 지역별 잔차[2]

2. 로짓 모형에서는 1수준의 무선효과($\gamma_{ij}$)가 모형에 포함되지 않기 때문에 1수준의 분산은 산출되지 않는다. 따라서 본 연구의 로짓모형에서 ICC(Intraclass Correlation Coefficient)의 계산은 Snijders와 Bosker(1999)가 제시한 $ICC=\tau_{00}/(\tau_{00}+\pi^2/3)$으로 산출하였다.

## 2 연구 분석자료 작성하기

• 본 연구의 개인요인으로 사용된 자료는 2007년 7월 16일부터 2008년 7월 15일까지 전국 보건소 금연클리닉에 6개월 이상 등록하여 흡연자의 상태에 따라 행동요법과 약물요법 서비스를 받은 남성 흡연자 25만 3,136명의 금연 상담서비스 내용이다. 총 86개의 항목으로 관리되고 있으나 본 논문에서는 이론적 배경하에 설계된 연구모형에 따라 1개의 종속변수(6개월 금연성공 여부: V83_1)와 7개의 독립변수(연령: V7, 평균하루흡연량: V9, 총흡연기간: V20, 니코틴의존도: V21, 스트레스 유무: V44, 서비스내용: 보조제, 사회보장형태: LO_13)를 사용하였다[파일명: 2008_개인(L1)_20130625.sav].

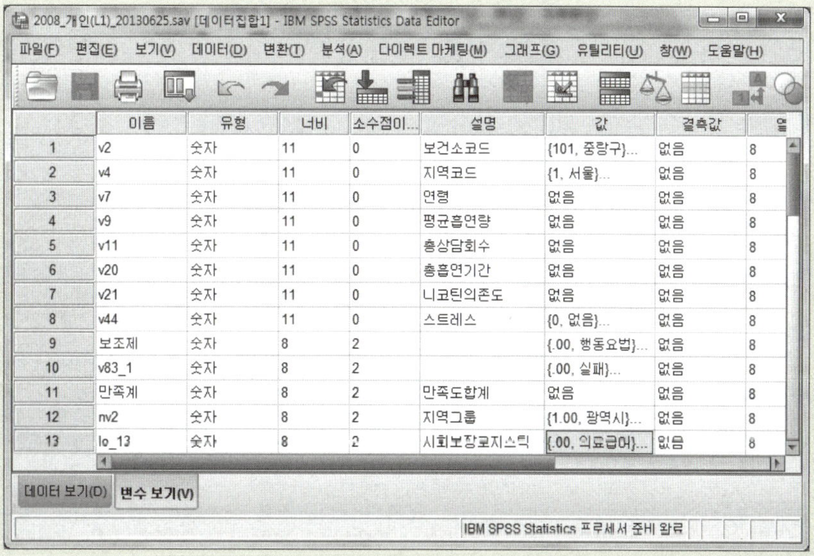

• 본 연구의 지역요인으로 사용된 자료는 지역의 건강수준 변인을 측정한 지역건강통계의 2008년 시도별 자료(2008년-2011년_지역건강통계_한눈에_보기.pdf)에서 금연정책과 건강수준에 관련된 변수를 사용하였다. 그리고 지역수준의 평균상담횟수는 개인수준 변수의 상담횟수(V11)를 지역단위로 평균한 값을 사용하였다[SPSS→평균비교→집단 간 평균분석(독립변수: V4, 종속변수: V11), (파일명: 2008_지역(L2)_20130625.sav)].

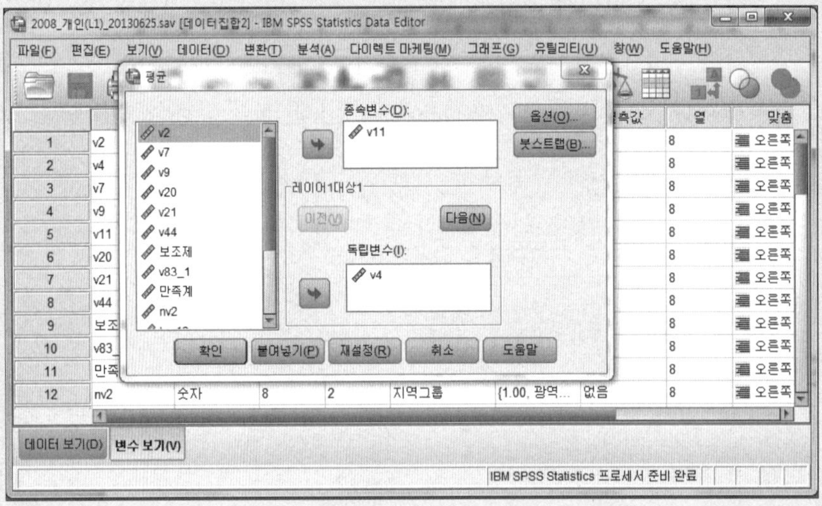

## 3 연구결과

### 3-1 대상자의 개인특성과 지역특성

연구대상의 일반적인 특성은 [표 6-1]과 같다. 전체 지역의 금연성공률은 47.5%, 금연실패율은 52.5%이었다. 연구대상의 평균연령은 44세, 평균상담횟수는 9.96회, 평균하루흡연량은 20.5개비, 평균흡연기간은 25.72년, 평균니코틴의존도는 4.76이었다. 2008년 금연클리닉 이용자의 지역특성은 금연캠페인 경험률 80.48%, 흡연율 48.26%, 고위험음주율 27.75%, 걷기실천율 50.44%, 비만율 26.42%, 스트레스인지율 28.83%, 우울인지율 5.52%, 주관적 건강수준 53.25%, 월평균상담횟수 10.02회였다.

[표 6-1] Characteristics of subjects

N(%)

| variable | | | success | failure | $\chi^2$ |
|---|---|---|---|---|---|
| demographic & social characteristics | age (Mean: 44.04) | <40 | 43,164(41.2) | 61,600(58.8) | 3525.16* |
| | | 40–64 | 60,848(50.4) | 59,848(49.6) | |
| | | ≥65 | 16,307(58.9) | 11,369(41.1) | |
| | social security | medicaid | 6,135(41.2) | 8,754(58.8) | 259.64* |
| | | health insurance | 112,788(48.0) | 122,169(52.0) | |
| service characteristics | treatment | counseling | 31,386(50.3) | 31,055(49.7) | 248.37* |
| | | NRT[1] | 88,933(46.6) | 101,762(53.4) | |
| | frequency of counseling (Mean: 9.96) | 1–8 | 10,581(10.3) | 92,239(89.7) | 8907.8* |
| | | 9–15 | 81,571(69.5) | 35,778(30.5) | |
| | | ≥16 | 28,167(85.4) | 4,800(14.6) | |
| smoking related characteristics | number of cigarettes per day (Mean: 20.50) | <20 | 43,988(50.7) | 42,776(49.3) | 729.12* |
| | | 20 | 46,716(47.3) | 52,037(52.7) | |
| | | ≥20 | 29,615(43.8) | 38,004(56.2) | |
| | years of smoking (Mean: 25.72) | ≤9 | 12,245(39.5) | 18,781(60.5) | 879.74* |
| | | 10–19 | 26,417(42.3) | 35,964(57.7) | |
| | | 20–29 | 29,553(45.6) | 25,193(54.4) | |
| | | 30–39 | 25,824(52.3) | 23,524(47.7) | |
| | | ≥40 | 26,280(57.6) | 19,355(42.4) | |
| | nicotine dependence (Mean: 4.76) | 0–3 | 43,508(52.5) | 39,306(47.5) | 1348.76* |
| | | 4–6 | 46,388(46.2) | 54,093(53.8) | |
| | | ≥7 | 30,423(43.6) | 39,418(56.4) | |
| | stress | no | 104,713(47.4) | 116,381(52.6) | 20.26* |
| | | yes | 15,606(48.7) | 16,436(51.3) | |

[1] NRT: nicotine replacement therapy, * p<0.01

## 3 변인 간의 독립성 검정($\chi^2$분석)

• 카이제곱분석은 변수들 간의 관련성(독립성과 연관성)을 분석하는 데 이용된다. [표 6-1]은 '종속변수(금연성공 여부)와 독립변수들(연령, 사회보장형태, 서비스내용, 상담횟수, 일일평균흡연량, 총흡연기간, 니코틴의존도, 스트레스 유무) 간에는 유의적인 관련성이 있을 것이다'라는 가설을 설정한 후 $\chi^2$분석을 실시한 결과다. $\chi^2$분석은 변수들을 명목척도 및 서열척도로 측정하여야 한다. 따라서 본 연구의 $\chi^2$분석을 위해서는 연속형 변수를 명목형 변수로 변환하여야 한다.

1단계: SPSS 명령문을 사용하여 연속형 변수를 명목형 변수로 변환한다.

- [SPSS 실행] → [연구데이터 불러오기](2008_개인(L1)_20130625.sav)

2단계: SPSS [명령문 입력 및 실행]

- 변환대상 변수의 변환을 위해서는 변수변환 SPSS syntax(교차분석_syntax.sps)를 실행한다(변수변환은 SPSS syntax를 이용하면 편리하다).

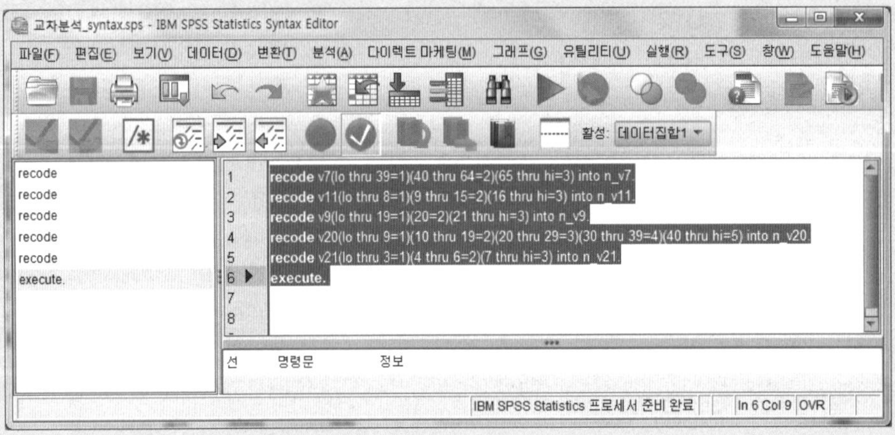


3단계: [SPSS 데이터편집기] → [분석] → [기술통계량] → [교차분석] → [행, 열 변수지정, 통계량(카이제곱) 선택] → [확인] → 결과값을 확인한다.

## 3-2 다층모형 분석

다층모형을 분석하기 전에 종속변수인 금연성공에 영향을 미치는 개인요인을 살펴보기 위해 금연성공 여부(실패 0, 성공 1)를 종속변수로 하고 연령(AGE), 평균흡연량(NCP), 총흡연기간(YS), 니코틴의존도(ND), 스트레스 여부(ST), 서비스종류(TR), 사회보장형태(SS)를 독립변수로 하여 이분형 로지스틱 회귀분석을 실시하였다. [표 6-2]와 같이 모든 독립변수가 금연성공에 유의한 영향을 미치는 것으로 나타났다.[3] 특히 스트레스 여부, 서비스종류, 사회보장형태는 이분형 변수로 종속변수와 교차분석을 실시한 결과 스트레스가 있을 경우 금연성공(스트레스 무: 47.4%, 스트레스 유: 48.7%)이 유의미하게 높게 나타났으며, 행동요법의 금연성공(행동요법: 50.3%, 보조제: 46.6%)이 유의미하게 높게 나타났다. 그리고 건강보험 가입자의 금연성공(의료급여: 41.2%, 건강보험: 48.0%)이 유의미하게 높게 나타났다. 따라서 본 연구의 다층모형 분석에는 이분형 독립변수를 연속형 변수로 투입하였다.

---

3. 서비스내용(TR)에서 보조제(1)의 금연성공 승산비는 0.833으로 행동요법(0)의 금연성공확률은 [1/{1+exp(−0.183)}] ≃ 54.6%이며, 사회보장형태(SS)에서 건강보험가입자(1)의 금연성공 승산비는 1.793으로 의료급여가입자(0)의 금연성공확률은 [1/{1+exp(0.584)}] ≃ 35.8%이다.

[표 6-2] Logistic regression analysis in smoking cessation success factors

| Variable | b | S.E. | OR(95%CI)[1)] |
|---|---|---|---|
| AGE | 0.031 | 0.001* | 1.031(1.029~1.033) |
| NCP | −0.004 | 0.001* | 0.996(0.995~0.997) |
| YS | −0.008 | 0.001* | 0.992(0.990~0.994) |
| ND | −0.063 | 0.002* | 0.939(0.935~0.943) |
| ST | 0.064 | 0.012* | 1.066(1.041~1.092) |
| TR | −0.183 | 0.010* | 0.833(0.817~0.849) |
| SS | 0.584 | 0.018* | 1.793(1.730~1.857) |

[1)] Adjusted odds ratio(95% Confidence interval), * p<0.01

## 4 변인 간의 로지스틱 회귀분석

- 로지스틱 회귀분석은 종속변수가 이변량(0, 1)을 가지며 독립변수는 연속형 또는 이변량 변수를 가지는 비선형 회귀분석을 말한다. 로지스틱 회귀분석은 독립변수(공변량)가 종속변수에 미치는 영향을 승산의 확률 비율인 오즈비(Odds ratio)로 검증한다.

- '로지스틱 회귀분석' 실행을 위해 다음과 같은 순서에 따라 진행하면 아래의 그림과 같은 화면을 얻는다.

1단계: 데이터를 불러온다.

- IBM SPSS Statistics 실행 →[파일] → [열기] → [데이터 열기(2008_개인(L1)_20130625.sav)]

2단계: [분석] → [회귀분석] → [이분형로지스틱] → [분석변수지정] → [옵션(exp에 대한 신뢰구간 선택), 계속] → [확인]

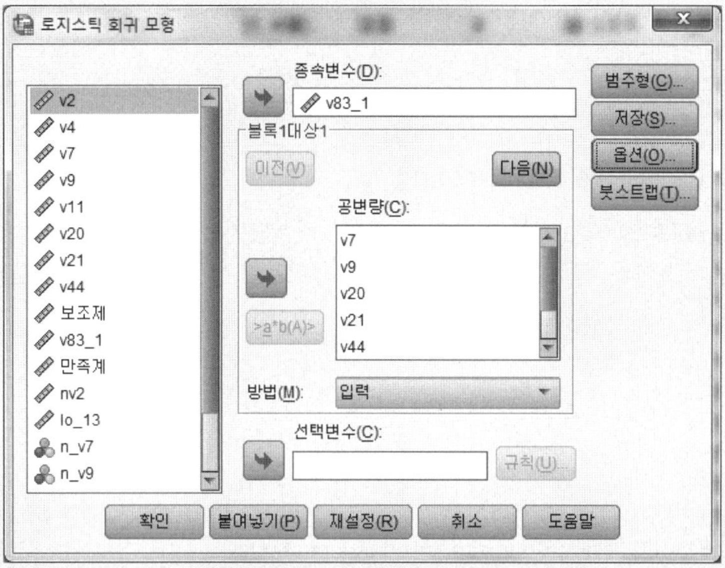


3단계: 결과표를 분석한다.

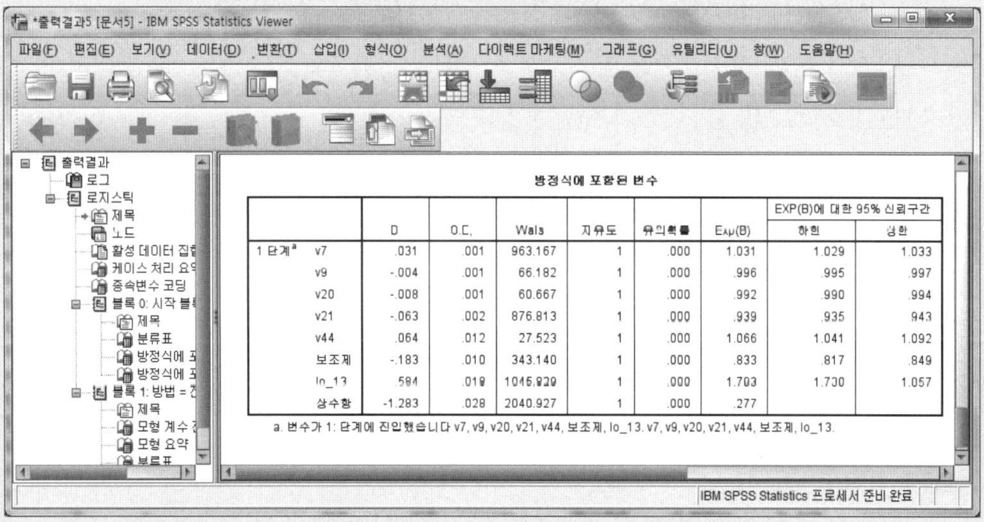


방정식에 포함된 변수

| | | B | S.E. | Wals | 자유도 | 유의확률 | Exp(B) | EXP(B)에 대한 95% 신뢰구간 | |
|---|---|---|---|---|---|---|---|---|---|
| | | | | | | | | 하한 | 상한 |
| 1 단계[a] | v7 | .031 | .001 | 963.167 | 1 | .000 | 1.031 | 1.029 | 1.033 |
| | v9 | -.004 | .001 | 66.182 | 1 | .000 | .996 | .995 | .997 |
| | v20 | -.008 | .001 | 60.667 | 1 | .000 | .992 | .990 | .994 |
| | v21 | -.063 | .002 | 876.813 | 1 | .000 | .939 | .935 | .943 |
| | v44 | .064 | .012 | 27.523 | 1 | .000 | 1.066 | 1.041 | 1.092 |
| | 보조제 | -.183 | .010 | 343.140 | 1 | .000 | .833 | .817 | .849 |
| | lo_13 | .584 | .019 | 1045.929 | 1 | .000 | 1.793 | 1.730 | 1.857 |
| | 상수항 | -1.283 | .028 | 2040.927 | 1 | .000 | .277 | | |

a. 변수가 1: 단계에 진입했습니다 v7, v9, v20, v21, v44, 보조제, lo_13. v7, v9, v20, v21, v44, 보조제, lo_13.

- 모든 독립변수가 종속변수(금연성공 여부)에 유의한 영향을 미치는 것으로 나타났다. 특히 서비스내용(보조제)의 경우 행동요법을 사용하는 경우의 금연성공확률이 54.6%[1/{1+exp(−0.183)}]로 나타났으며, 사회보장형태(LO_13)의 경우 의료급여가입자의 금연성공확률은 35.8%[1/{1+exp(0.584)}]로 나타났다.
- 그리고 니코틴대체요법을 사용하는 경우의 금연성공확률은 45.4%[1/{1+exp(0.183)}]로 나타났으며, 건강보험가입자의 금연성공확률은 64.2%[1/{1+exp(−0.584)}]로 나타났다.

금연성공 여부의 결정요인에 대한 다층분석을 위해 다음과 같이 3개의 분석모형 함수를 검증하였다.

Model 1 : 기초모형(unconditional model)

Level 1: $Prob(SCS_{ij}=1/\beta_{ij}) = \phi_{ij}$

$\log[\phi_{ij}/(1-\phi_{ij})]=\eta_{ij}$

$\eta_{ij}=\beta_{0j}$

Level 2: $\beta_{0j}=\gamma_{00}+\mu_{0j}$

Model 2 : 무조건적 기울기 모형(unconditional slope model)

Level 1: $Prob(SCS_{ij}=1/\beta_{ij}) = \phi_{ij}$

$\log[\phi_{ij}/(1-\phi_{ij})] = \eta_{ij}$

$\eta_{ij}=\beta_{0j}+\beta_{1j}AGE_{ij}+\beta_{2j}NCP_{ij}+\beta_{3j}YS_{ij}+\beta_{4j}ND_{ij}+\beta_{5j}ST_{ij}+\beta_{6j}TR_{ij}+\beta_{7j}SS_{ij}$

Level 2: $\beta_{0j}=\gamma_{00}+\mu_{0j}$ , $\beta_{1j}=\gamma_{10}+\mu_{1j}$ ,

$\beta_{2j}=\gamma_{20}+\mu_{2j}$ , $\beta_{3j}=\gamma_{30}+\mu_{3j}$ ,

$\beta_{4j}=\gamma_{40}+\mu_{4j}$ , $\beta_{5j}=\gamma_{50}+\mu_{5j}$ ,

$\beta_{6j}=\gamma_{60}+\mu_{6j}$ , $\beta_{7j}=\gamma_{70}+\mu_{7j}$

Model 3 : 조건적 모형(conditional model)

Level 1: $Prob(SCS_{ij}= 1/\beta_{ij}) = \phi_{ij}$

$\log[\phi_{ij}/(1-\phi_{ij})] = \eta_{ij}$

$\eta_{ij}=\beta_{0j}+\beta_{1j}AGE_{ij}+\beta_{2j}NCP_{ij}+\beta_{3j}YS_{ij}+\beta_{4j}ND_{ij}+\beta_{5j}ST_{ij}+\beta_{6j}TR_{ij}+\beta_{7j}SS_{ij}$

Level 2 : $\beta_{0j}=\gamma_{00}+\gamma_{01}NCS_j+\gamma_{02}SR_j+\gamma_{03}HRDR_j+\gamma_{04}WPR_j+\gamma_{05}OR_j+\gamma_{06}SRR_j+\gamma_{07}DRR_j$
$+\gamma_{08}SHS_j+\gamma_{09}FC_j+\mu_{0j}$

$\beta_{1j}=\gamma_{10}+\mu_{1j}$ , $\beta_{2j}=\gamma_{20}$ , $\beta_{3j}=\gamma_{30}$

$\beta_{4j}=\gamma_{40}+\mu_{4j}$ , $\beta_{5j}=\gamma_{50}+\mu_{5j}$ , $\beta_{6j}=\gamma_{60}+\mu_{6j}$ ,

$\beta_{7j}=\gamma_{70}+\mu_{7j}$

기초모형(무조건 모형)은 연구가설 1을 검증하는 과정으로 실명변수(독립변수)를 투입하지 않은 상태에서 보건소 금연클리닉 이용자의 금연성공 여부에 대한 지역 간 분산을 분석함으로써 이후 모형에서 다른 독립변수들의 설명력을 살펴보게 된다. 즉, 기초모형은 다층분석을 통해 개인별 금연성공 여부가 지역 간 차이가 있는지를 검증하는 것이다.

[표 6-3]의 Model 1에서 고정효과(fixed effect)를 살펴보면 전체 지역의 금연클리닉 이용자의 금연성공 로그승산의 평균값에 대한 추정치는 –0.11이고 이는 한 지역의 금연클리닉 이용자의 금연성공 확률이 1/[1+exp(0.11)] ≃ 0.473임을 의미하여 통계적으로 유의하였다 ($p<0.001$). 기초모형의 무선효과(random effect)를 살펴보면 지역별 금연클리닉 이용자의 금연성공 여부의 차이를 나타내는 2수준 분산($\mu_0$)이 통계적으로 유의하였으며($\chi^2=454.74$, $p<0.001$), 금연성공의 로그승산에 있어서 지역별로 변량이 존재하고 있음을 알 수 있다. 동일한 수준에 속한 하위수준 간의 유사성을 보여 주는 집단 내 상관계수(Intraclass Correlation Coefficient, ICC)를 통해 금연성공 여부의 지역별 분산비율을 계산해 보면 0.003[0.01/(0.01+3.29)]으로 개인의 금연성공 여부에 대한 총분산 중 지역 수준의 분산이 차지하는 비율이 약 0.3%로 적었다. ICC는 0.05 이상이면 지역 간 변이가 있다고 보며, ICC가 0.05보다 작더라도 지역 간 변이에 대한 경험적 연구결과[4]들이 있을 경우 다수준 분석을 실시할 수 있다(Heck & Thomas, 2009; Kim et al., 2012 in re-quoted). 기초모형 분석 결과 금연클리닉 이용자의 금연성공 여부는 지역 간 차이가 유의미하게 발생하고 있으므로 지역변수를 투입하여 다층모형 분석을 실시하는 것이 타당함이 입증되었다.

4. 본 연구의 이론적 배경인 〈보건소 금연클리닉 이용자의 지역별 금연 성공요인〉(이주열·송태민, 2008, 농촌의학·지역보건학회지, 33(3), pp. 292-302)에서 6개월 금연성공률은 도시지역이 46.1%, 농촌이 45.4%로 도시지역의 금연성공률이 유의하게 높게 나타났다.

[표 6-3] Multilevel model analysis in smoking cessation success factors

| Model<br>Parameter | | Model 1<br>Unconditional model | | | Model 2<br>Unconditional Slope model | | | Model 3<br>Conditional model | | |
|---|---|---|---|---|---|---|---|---|---|---|
| Fixed effect | | Coef. | S.E. | Odds ratio | Coef. | S.E. | Odds ratio | Coef. | S.E. | Odds ratio |
| Level 1 | Intercept, $\gamma_{00}$ | −0.11 | 0.03$^{***}$ | 0.89 | −0.42 | 0.09$^{***}$ | 0.66 | −0.41 | 0.09$^{**}$ | 0.66 |
| | AGE | | | | 0.03 | 0.002$^{***}$ | 1.03 | 0.03 | 0.00$^{***}$ | 1.03 |
| | NCP | | | | −0.004 | 0.001$^{***}$ | 0.99 | −0.004 | 0.00$^{***}$ | 0.99 |
| | YS | | | | −0.01 | 0.001$^{***}$ | 0.99 | −0.008 | 0.00$^{***}$ | 0.99 |
| | ND | | | | −0.06 | 0.005$^{***}$ | 0.94 | −0.06 | 0.00$^{***}$ | 0.94 |
| | ST | | | | 0.05 | 0.02$^{*}$ | 1.06 | 0.06 | 0.02$^{*}$ | 1.05 |
| | TR | | | | −0.22 | 0.06$^{**}$ | 0.80 | −0.22 | 0.06$^{**}$ | 0.80 |
| | SS | | | | 0.50 | 0.08$^{***}$ | 1.66 | 0.50 | 0.08$^{***}$ | 1.65 |
| Level 2 | NSC | | | | | | | 0.02 | 0.01$^{*}$ | 1.02 |
| | SR | | | | | | | −0.00 | 0.01 | 0.99 |
| | HRDR | | | | | | | −0.02 | 0.00$^{*}$ | 0.98 |
| | WPR | | | | | | | 0.00 | 0.00 | 1.00 |
| | OR | | | | | | | −0.01 | 0.01 | 0.99 |
| | SRR | | | | | | | 0.00 | 0.00 | 1.00 |
| | DRR | | | | | | | −0.02 | 0.02 | 0.97 |
| | SHS | | | | | | | −0.03 | 0.00$^{**}$ | 0.97 |
| | FC | | | | | | | 0.08 | 0.03$^{*}$ | 1.08 |
| Random effect[1) ] | | SD | $\sigma^2$ | $\chi^2$ | SD | $\sigma^2$ | $\chi^2$ | SD | $\sigma^2$ | $\chi^2$ |
| level 2, $u_0$ | | 0.11 | 0.01 | 454.74$^{***}$ | 0.36 | 0.13 | 324.97$^{***}$ | 0.37 | 0.13 | 358.32$^{***}$ |
| AGE | | | | | 0.006 | 0.00 | 35.95$^{**}$ | 0.004 | 0.00 | 132.79$^{**}$ |
| NCP | | | | | 0.002 | 0.00 | 16.32 | | | |
| YS | | | | | 0.004 | 0.00 | 20.61 | | | |
| ND | | | | | 0.02 | 0.00 | 59.52$^{***}$ | 0.01 | 0.00 | 87.78$^{***}$ |
| ST | | | | | 0.07 | 0.00 | 32.64$^{**}$ | 0.06 | 0.00 | 31.45$^{**}$ |
| TR | | | | | 0.23 | 0.06 | 335.06$^{***}$ | 0.23 | 0.05 | 334.71$^{***}$ |
| SS | | | | | 0.32 | 0.11 | 316.28$^{***}$ | 0.32 | 0.10 | 311.65$^{***}$ |
| ICC | | 0.003 | | | 0.038 | | | 0.04 | | |

$^{***}$ $p<0.001$, $^{**}$ $p<0.01$, $^{*}$ $p<0.05$

[1)] Estimation of variance components(SD: Standard Deviation, $\sigma^2$: Variance Component)

## 5 기초모형(무조건 모형) 검증

- 기초모형에서 MDM 파일 만들기와 분석하기는 1부 1장을 참고하기 바란다.

- 1부 1장의 기초모형을 실행한 결과는 아래와 같다.
  - [표 6-3] Model 1의 [Intercept, $\gamma_{00}$]는 그림 [나]의 Fixed Effect(robust standard error)에서 Coefficient(–0.11), Standard Error(0.03), Odds Ratio(0.89), p-value(<0.001)를 참조하여 작성한다.
  - [표 6-3] Model 1의 [level 2, $u_0$]는 그림 [가] Random Effect의 Standard Deviation(0.109), Variance Component(0.012), $\chi^2$(454.74), p-value(<0.001)를 참조하여 작성한다.

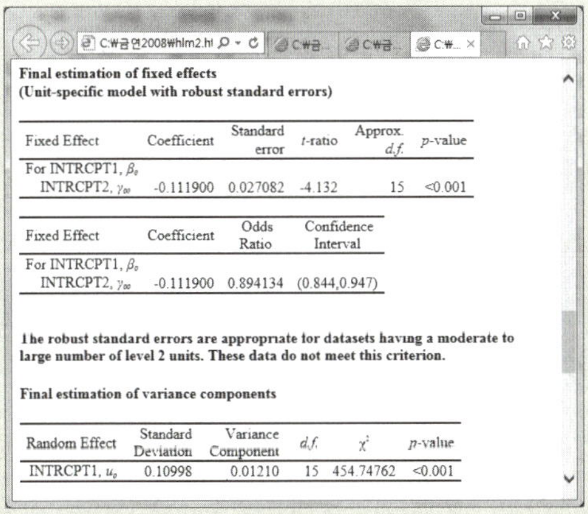

**Final estimation of fixed effects**
**(Unit-specific model with robust standard errors)**

| Fixed Effect | Coefficient | Standard error | *t*-ratio | Approx. *d.f.* | *p*-value |
|---|---|---|---|---|---|
| For INTRCPT1, $\beta_0$ | | | | | |
| INTRCPT2, $\gamma_{00}$ | -0.111900 | 0.027082 | -4.132 | 15 | <0.001 |

| Fixed Effect | Coefficient | Odds Ratio | Confidence Interval |
|---|---|---|---|
| For INTRCPT1, $\beta_0$ | | | |
| INTRCPT2, $\gamma_{00}$ | -0.111900 | 0.894134 | (0.844,0.947) |

**The robust standard errors are appropriate for datasets having a moderate to large number of level 2 units. These data do not meet this criterion.**

**Final estimation of variance components**

| Random Effect | Standard Deviation | Variance Component | *d.f.* | $\chi^2$ | *p*-value |
|---|---|---|---|---|---|
| INTRCPT1, $u_0$ | 0.10998 | 0.01210 | 15 | 454.74762 | <0.001 |

(가)

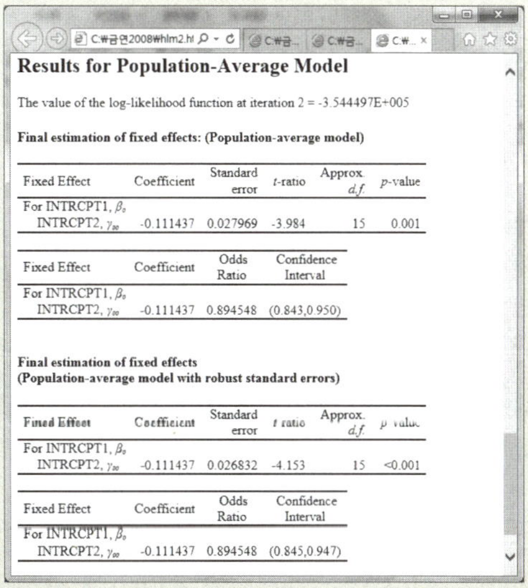

**Results for Population-Average Model**

The value of the log-likelihood function at iteration 2 = -3.544497E+005

**Final estimation of fixed effects: (Population-average model)**

| Fixed Effect | Coefficient | Standard error | *t*-ratio | Approx. *d.f.* | *p*-value |
|---|---|---|---|---|---|
| For INTRCPT1, $\beta_0$ | | | | | |
| INTRCPT2, $\gamma_{00}$ | -0.111437 | 0.027969 | -3.984 | 15 | 0.001 |

| Fixed Effect | Coefficient | Odds Ratio | Confidence Interval |
|---|---|---|---|
| For INTRCPT1, $\beta_0$ | | | |
| INTRCPT2, $\gamma_{00}$ | -0.111437 | 0.894548 | (0.843,0.950) |

**Final estimation of fixed effects**
**(Population-average model with robust standard errors)**

| Fixed Effect | Coefficient | Standard error | *t*-ratio | Approx. *d.f.* | *p*-value |
|---|---|---|---|---|---|
| For INTRCPT1, $\beta_0$ | | | | | |
| INTRCPT2, $\gamma_{00}$ | -0.111437 | 0.026832 | -4.153 | 15 | <0.001 |

| Fixed Effect | Coefficient | Odds Ratio | Confidence Interval |
|---|---|---|---|
| For INTRCPT1, $\beta_0$ | | | |
| INTRCPT2, $\gamma_{00}$ | -0.111437 | 0.894548 | (0.845,0.947) |

(나)

- 기초모형에서 산출된 계수와 결과해석은 다음과 같다.
  - 금연클리닉 이용자의 금연성공 로그승산의 추정치는 –0.11이고 금연성공확률은 1/[1+exp(0.11)] ≃ 0.473으로 나타났다. → 'exp(0.11) = 1.1162'이므로 금연성공확률은 1/(1+1.1162) ≃ 0.473으로 산출되며, 반대로 금연실패확률은 exp(–0.11) = 0.8958로 1/(1+0.8958) ≃ 0.527이 된다. 즉 [표 6-3]의 Odds Ratio는 금연성공에 대한 승산비를 나타내는 것이다.
  - 금연성공의 지역별 차이는 무선효과(2수준 분산의 차이)로 알 수 있다. 본고에서 무선효과는 통계적으로 유의($\chi^2$=454.74, p<0.001)하여 지역별 변량이 존재하고 있음을 알 수 있다.

- 집단 내 상관계수(ICC)의 산출은 종속변수가 이분형인 경우 1수준 분산값이 산출되지 않기 때문에 1수준 분산값으로 '$\pi^2/3=3.29$'를 사용한다. 따라서 기초모형의 ICC=[0.01/(0.01+3.29)]=0.003으로 산출된다. ICC는 0.05 이상이 지역 간 변이가 있다고 보나 ICC가 0.05보다 작더라도 지역 간 변이에 대한 경험적 연구결과들이 있을 경우 다수준 분석을 실시할 수 있다.

무조건적 기울기 모형의 검증은 연구가설 2의 검증으로, 개인별 금연성공 여부에 대한 영향에 있어 개인별 요인들에 지역 간 차이가 있는가를 검증하는 것이다. 첫 번째 단계로 이 연구의 개인요인으로 설정된 변수인 연령, 평균흡연량, 총흡연 기간, 니코틴의존도, 스트레스 유무, 서비스종류, 사회보장형태가 금연성공 여부에 미치는 영향을 고정효과를 통해 파악하였다.

그다음 단계로 각 개인요인이 지역에 따라 차이가 있는가는 무선효과를 통해 분석하였다. 무조건적 기울기 모형의 검증 결과는 [표 6-3]의 Model 2와 같이 개인(Level 1)의 금연성공 여부에 대한 고정효과를 분석한 결과 모든 개인요인이 금연성공 여부에 영향을 주었다. 평균흡연량($\beta$=−0.004, $p<0.001$), 총흡연기간($\beta$=−0.01, $p<0.001$), 니코틴의존도($\beta$=−0.06, $p<0.001$), 서비스내용(보조제)($\beta$=−0.22, $p<0.01$)은 금연성공 여부의 로그승산에 부적(−)효과를 보였다. 연령($\beta$=0.03, $p<0.001$), 스트레스 있음($\beta$=0.05, $p<0.05$), 사회보장형태[건강보험($\beta$=0.5, $p<0.001$)]는 금연성공 여부의 로그승산에 정적(+)효과를 보였다. 각 변수가 지역별 차이가 나는지에 대해 무선효과 검증을 실시한 결과 연령, 니코틴의존도, 스트레스 여부, 서비스내용, 사회보장형태의 적합도가 통계적으로 유의미한 것으로 확인되었다.

무선효과 검증 결과 유의미성이 있다는 것은 개인수준의 변수들이 금연성공 여부에 미치는 영향에 지역 간 차이가 존재한다는 사실을 의미하는 것으로, 지역요인의 투입을 필요로 함을 알 수 있다. 그리고 무선효과 검증에서 유의미하지 않았던 개인특성 변수(평균흡연량, 총흡연기간)는 조건적 모형 검증에서 고정미지수로 묶어서 분석할 필요가 있는 것으로 나타났다. 무조건적 기울기 모형에서의 금연성공 여부의 지역 간 차이(ICC)는 0.038[0.13/(0.13+3.29)]이었다.

## 6 무조건적 기울기 모형 검증

• 무조건적 기울기 모형의 MDM 파일 만들기와 분석은 1부 1장을 참고하기 바란다.

• 1부 1장의 무조건적 기울기 모형을 실행한 결과는 아래와 같다.

- [표 6-3] Model 2의 [Intercept, $\gamma_{00}$], AGE(V7), NCP(V9), YS(V20), ND(V21), ST(V44), TR(보조제), SS(LO_13)는 그림 [나]의 Fixed Effect(robust standard error)에서, [Intercept, $\gamma_{00}$]의 경우 Coefficient(–0.42), Standard Error(0.09), Odds Ratio(0.66), p-value(<0.001)를 참조하여 작성한다(나머지 독립변수들을 차례로 작성한다).
- 계속해서 AGE(V7)의 경우 Coefficient(0.03), Standard Error(0.002), Odds Ratio(1.03), p-value(<0.001)를 참조하여 작성한다.
- [표 6-3] Model 2의 [level 2, $u_0$], AGE(V7), NCP(V9), YS(V20), ND(V21), ST(V44), TR(보조제), SS(LO_13)는 그림 [가] Random Effect에서, [level 2, $u_0$]의 경우 Standard Deviation(0.36), Variance Component(0.13), $\chi^2$(324.97), p-value(<0.001)를 참조하여 작성한다(나머지 독립변수들을 차례로 작성한다).
- 계속해서 AGE(V7)의 경우 Standard Deviation(0.006), Variance Component(0.00), $\chi^2$(35.95), p-value(0.002)를 참조하여 작성한다.

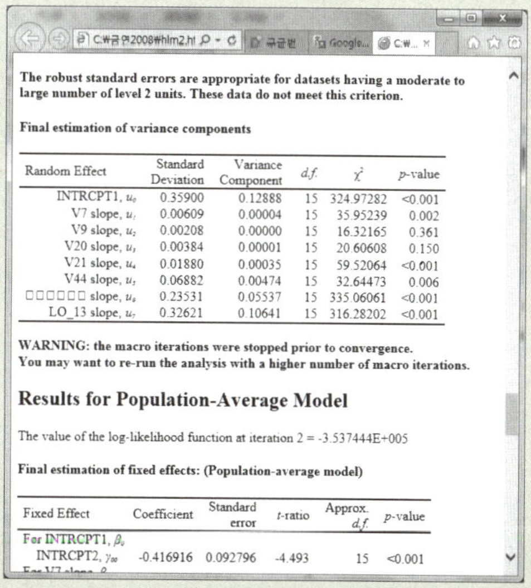

The robust standard errors are appropriate for datasets having a moderate to large number of level 2 units. These data do not meet this criterion.

**Final estimation of variance components**

| Random Effect | Standard Deviation | Variance Component | d.f. | $\chi^2$ | p-value |
|---|---|---|---|---|---|
| INTRCPT1, $u_0$ | 0.35900 | 0.12888 | 15 | 324.97282 | <0.001 |
| V7 slope, $u_1$ | 0.00609 | 0.00004 | 15 | 35.95239 | 0.002 |
| V9 slope, $u_2$ | 0.00208 | 0.00000 | 15 | 16.32165 | 0.361 |
| V20 slope, $u_3$ | 0.00384 | 0.00001 | 15 | 20.60608 | 0.150 |
| V21 slope, $u_4$ | 0.01880 | 0.00035 | 15 | 59.52064 | <0.001 |
| V44 slope, $u_5$ | 0.06882 | 0.00474 | 15 | 32.64473 | 0.006 |
| □□□□□□ slope, $u_6$ | 0.23531 | 0.05537 | 15 | 335.06061 | <0.001 |
| LO_13 slope, $u_7$ | 0.32621 | 0.10641 | 15 | 316.28202 | <0.001 |

**WARNING: the macro iterations were stopped prior to convergence. You may want to re-run the analysis with a higher number of macro iterations.**

**Results for Population-Average Model**

The value of the log-likelihood function at iteration 2 = -3.537444E+005

**Final estimation of fixed effects: (Population-average model)**

| Fixed Effect | Coefficient | Standard error | t-ratio | Approx. d.f. | p-value |
|---|---|---|---|---|---|
| For INTRCPT1, $\beta_0$ | | | | | |
| INTRCPT2, $\gamma_{00}$ | -0.416916 | 0.092796 | -4.493 | 15 | <0.001 |

(가)

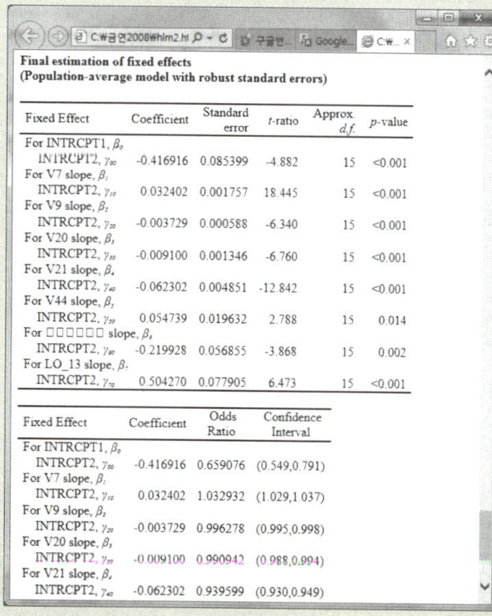

**Final estimation of fixed effects**
**(Population-average model with robust standard errors)**

| Fixed Effect | Coefficient | Standard error | t-ratio | Approx. d.f. | p-value |
|---|---|---|---|---|---|
| For INTRCPT1, $\beta_0$ | | | | | |
| INTRCPT2, $\gamma_{00}$ | -0.416916 | 0.085399 | -4.882 | 15 | <0.001 |
| For V7 slope, $\beta_1$ | | | | | |
| INTRCPT2, $\gamma_{10}$ | 0.032402 | 0.001757 | 18.445 | 15 | <0.001 |
| For V9 slope, $\beta_2$ | | | | | |
| INTRCPT2, $\gamma_{20}$ | -0.003729 | 0.000588 | -6.340 | 15 | <0.001 |
| For V20 slope, $\beta_3$ | | | | | |
| INTRCPT2, $\gamma_{30}$ | -0.009100 | 0.001346 | -6.760 | 15 | <0.001 |
| For V21 slope, $\beta_4$ | | | | | |
| INTRCPT2, $\gamma_{40}$ | -0.062302 | 0.004851 | -12.842 | 15 | <0.001 |
| For V44 slope, $\beta_5$ | | | | | |
| INTRCPT2, $\gamma_{50}$ | 0.054739 | 0.019632 | 2.788 | 15 | 0.014 |
| For □□□□□□ slope, $\beta_6$ | | | | | |
| INTRCPT2, $\gamma_{60}$ | -0.219928 | 0.056855 | -3.868 | 15 | 0.002 |
| For LO_13 slope, $\beta_7$ | | | | | |
| INTRCPT2, $\gamma_{70}$ | 0.504270 | 0.077905 | 6.473 | 15 | <0.001 |

| Fixed Effect | Coefficient | Odds Ratio | Confidence Interval |
|---|---|---|---|
| For INTRCPT1, $\beta_0$ | | | |
| INTRCPT2, $\gamma_{00}$ | -0.416916 | 0.659076 | (0.549,0.791) |
| For V7 slope, $\beta_1$ | | | |
| INTRCPT2, $\gamma_{10}$ | 0.032402 | 1.032932 | (1.029,1.037) |
| For V9 slope, $\beta_2$ | | | |
| INTRCPT2, $\gamma_{20}$ | -0.003729 | 0.996278 | (0.995,0.998) |
| For V20 slope, $\beta_3$ | | | |
| INTRCPT2, $\gamma_{30}$ | -0.009100 | 0.990942 | (0.988,0.994) |
| For V21 slope, $\beta_4$ | | | |
| INTRCPT2, $\gamma_{40}$ | -0.062302 | 0.939599 | (0.930,0.949) |

(나)

• 무조건적 기울기 모형에서 산출된 계수와 결과해석은 다음과 같다.

- V9($\beta$=–0.004, p<0.001), V20($\beta$=–0.01, p<0.001), V21($\beta$=–0.06, p<0.001), 보조제($\beta$=–0.22, p<0.01)는 금연성공 여부의 로그승산에 부적(–)효과를 보였다. V7($\beta$=0.03, p<0.001), V44(유)($\beta$=0.005, p<0.05), LO_13($\beta$=0.5, p<0.001)은 금연성공 여부의 로그승산에 정적(+)효과를 보였다.
- 이는 평균흡연량과 총흡연기간이 많을수록, 니코틴의존도가 높을수록 금연성공의 승산비가 감소하며, 약물요법 등 보조제를 서비스하는 것이 행동요법 서비스보다 금연성공의 승산비가 낮은 것을 알 수 있다. 또한 연령이 많을수록 금연성공 승산비가 증가하며, 스트레스가 있는 경우와 건강보험가입자의 금연성공 승산비가 높게 나타났다.
- 각 변수가 지역별 차이가 나는지에 대해 무선효과 검증을 실시한 결과 연령(V7, p=0.002), 니코틴의존도(V21, p<0.001), 스트레스 여부(V44, p=0.006), 서비스내용(보조제, p<0.001), 사회보장형태(LO_13, p<0.001)의 적합도가 통계적으로 유의미한 것으로 확인되었다. 그리고 평균흡연량(V9, p=0.361), 총흡연기간(V20, p=0.150)은 통계적으로 유의미하지 않았다.
- 무선효과 검증 결과 유의미성이 있는 변수(intercept, 연령, 니코틴의존도, 스트레스 여부, 서비스내용, 사회보장형태)는 개인 수준의 변수들이 금연성공 여부에 미치는 영향에 지역 간 차이가 있음을 의미하는 것으로, 지역요인의 투입[조건적 모형(Model 3) 검증 시 미지수로 설정]을 필요로 함을 알 수 있다. 그리고 무선효과 검증에서 유의미하지 않았던 개인특성 변수(평균흡연량, 총흡연기간)는 조건적 모형(Model 3) 검증에서 고정미지수로 묶어서 분석할 필요가 있는 것으로 나타났다.
- 집단 내 상관계수(ICC)의 산출은 종속변수가 이분형인 경우 1수준 분산값이 산출되지 않기 때문에 1수준 분산값으로 '$\pi^2/3=3.29$'를 사용한다. 따라서 무조건적 기울기 모형의 ICC=[0.13/(0.13+3.29)]=0.038로 산출된다.

조건적 모형의 검증은 연구가설 3의 개인요인과 지역요인이 금연성공 여부에 미치는 영향을 검증하는 것이다. 즉, 앞서 무조건적 기울기 모형에서 지역별 변수를 투입할 수 있는 개인요인 변수(연령, 니코틴의존도, 스트레스 유무, 서비스내용, 사회보장형태)와 고정미지수로 묶어야 하는 개인요인 변수(평균흡연량, 흡연기간)를 동시에 투입하는 연구모형을 검증한다. 금연성공 여부에 영향을 미치는 요인에 대해 개인요인과 지역요인을 동시에 고려하였을 때의 영향력 검증 결과는 [표 6-3]의 Model 3과 같다. 조건적 모형에서 금연성공 여부에 대한 고정효과를 분석한 결과 수준 1인 개인요인 변수는 무조건적 기울기 모형의 검증과 비슷한 결과를 보였다. 수준 2의 지역요인 변수인 금연캠페인($\beta$=0.01, $p<0.05$)과 상담횟수($\beta$=0.08 $p<0.05$)는 금연성공 여부의 로그승산에 정적(+)효과를 보였다. 고위험음주율($\beta$=–0.02 $p<0.05$)과 건강수준($\beta$=–0.03 $p<0.05$)은 부적(–)효과를 보였다. 조건적 모형에서의 금연성공 여부의 지역 간 차이(ICC)는 0.04[0.14/(0.14+3.29)]였다.

## 7 조건적 모형 검증

- 조건적 모형에서 MDM 파일 만들기와 분석은 1부 1장을 참고하기 바란다.

- 1부 1장의 조건적 모형을 실행한 결과는 아래와 같다.
  - [표 6-3] Model 3의 Level 1의 [Intercept, $\gamma_{00}$], AGE(V7), NCP(V9), YS(V20), ND(V21), ST(V44), TR(보조제), SS(LO_13)는 그림 [나]의 Fixed Effect(Results for Population-Average Model: 본 연구의 조건적 모형에서는 robust standard error는 산출되지 않는다)에서, [Intercept, $\gamma_{00}$]의 경우 Coefficient(–0.41), Standard Error(0.09), Odds Ratio(0.66), p-value(0.005)를 참조하여 작성한다(나머지 독립변수들을 차례로 작성한다).
  - 계속해서 AGE(V7)의 경우 Coefficient(0.03), Standard Error(0.00), Odds Ratio(1.03), p-value(<0.001)를 참조하여 작성한다.
  - [표 6-3]의 Model 3의 Level 2의 NSC(R1), SR(R2), HRDR(R3), WPR(R4), OR(R5), SRR(R6), DRR(R7), SHS(R10), FC(R11)는 그림 [나]의 Fixed Effect(Results for

Population-Average Model)에서, 그리고 NSC(R1)의 경우 [For INTRCPT1, $\beta_0$] 하단의 [R1, $\gamma_{01}$]에서 Coefficient(0.02), Standard error(0.01), Odds Ratio(1.01), p-value(0.027)를 참조하여 작성한다(나머지 독립변수들을 차례로 작성한다).

- 계속해서 SR(R2)의 경우 Coefficient(–0.00), Standard Error(0.01), Odds Ratio(0.99), p-value(0.787)를 참조하여 작성한다.
- [표 6-3] Model 3의 [level 2, $u_0$], AGE(V7), ND(V21), ST(V44), TR(보조제), SS(LO_13)는 그림 [가] Random Effect에서, [level 2, $u_0$]의 경우 Standard Deviation(0.37), Variance Component(0.13), $\chi^2$(358.32), p-value(<0.001)를 참조하여 작성한다(나머지 독립변수들을 차례로 작성한다).
- 계속해서 AGE(V7)의 경우 Standard Deviation(0.004), Variance Component(0.00), $\chi^2$(132.79), p-value(<0.001)를 참조하여 작성한다.

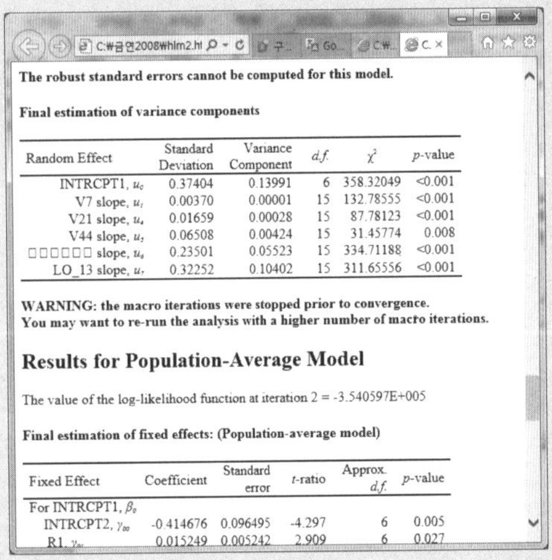

**The robust standard errors cannot be computed for this model.**

**Final estimation of variance components**

| Random Effect | Standard Deviation | Variance Component | *d.f.* | $\chi^2$ | *p*-value |
|---|---|---|---|---|---|
| INTRCPT1, $u_0$ | 0.37404 | 0.13991 | 6 | 358.32049 | <0.001 |
| V7 slope, $u_1$ | 0.00370 | 0.00001 | 15 | 132.78555 | <0.001 |
| V21 slope, $u_4$ | 0.01659 | 0.00028 | 15 | 87.78123 | <0.001 |
| V44 slope, $u_5$ | 0.06508 | 0.00424 | 15 | 31.45774 | 0.008 |
| □□□□□□ slope, $u_6$ | 0.23501 | 0.05523 | 15 | 334.71188 | <0.001 |
| LO_13 slope, $u_7$ | 0.32252 | 0.10402 | 15 | 311.65556 | <0.001 |

**WARNING: the macro iterations were stopped prior to convergence.**
**You may want to re-run the analysis with a higher number of macro iterations.**

**Results for Population-Average Model**

The value of the log-likelihood function at iteration 2 = -3.540597E+005

**Final estimation of fixed effects: (Population-average model)**

| Fixed Effect | Coefficient | Standard error | *t*-ratio | Approx. *d.f.* | *p*-value |
|---|---|---|---|---|---|
| For INTRCPT1, $\beta_0$ | | | | | |
| INTRCPT2, $\gamma_{00}$ | -0.414676 | 0.096495 | -4.297 | 6 | 0.005 |
| R1, $\gamma_{01}$ | 0.015249 | 0.005242 | 2.909 | 6 | 0.027 |

(가)

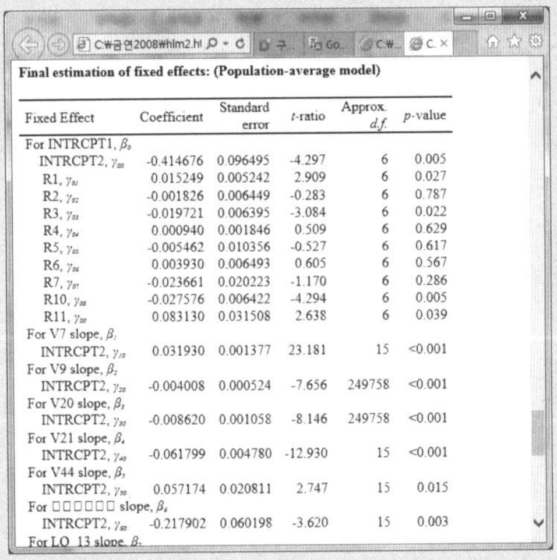

**Final estimation of fixed effects: (Population-average model)**

| Fixed Effect | Coefficient | Standard error | *t*-ratio | Approx. *d.f.* | *p*-value |
|---|---|---|---|---|---|
| For INTRCPT1, $\beta_0$ | | | | | |
| INTRCPT2, $\gamma_{00}$ | -0.414676 | 0.096495 | -4.297 | 6 | 0.005 |
| R1, $\gamma_{01}$ | 0.015249 | 0.005242 | 2.909 | 6 | 0.027 |
| R2, $\gamma_{02}$ | -0.001826 | 0.006449 | -0.283 | 6 | 0.787 |
| R3, $\gamma_{03}$ | -0.019721 | 0.006395 | -3.084 | 6 | 0.022 |
| R4, $\gamma_{04}$ | 0.000940 | 0.001846 | 0.509 | 6 | 0.629 |
| R5, $\gamma_{05}$ | -0.005462 | 0.010356 | -0.527 | 6 | 0.617 |
| R6, $\gamma_{06}$ | 0.003930 | 0.006493 | 0.605 | 6 | 0.567 |
| R7, $\gamma_{07}$ | -0.023661 | 0.020223 | -1.170 | 6 | 0.286 |
| R10, $\gamma_{08}$ | -0.027576 | 0.006422 | -4.294 | 6 | 0.005 |
| R11, $\gamma_{09}$ | 0.083130 | 0.031508 | 2.638 | 6 | 0.039 |
| For V7 slope, $\beta_1$ | | | | | |
| INTRCPT2, $\gamma_{10}$ | 0.031930 | 0.001377 | 23.181 | 15 | <0.001 |
| For V9 slope, $\beta_2$ | | | | | |
| INTRCPT2, $\gamma_{20}$ | -0.004008 | 0.000524 | -7.656 | 249758 | <0.001 |
| For V20 slope, $\beta_3$ | | | | | |
| INTRCPT2, $\gamma_{30}$ | -0.008620 | 0.001058 | -8.146 | 249758 | <0.001 |
| For V21 slope, $\beta_4$ | | | | | |
| INTRCPT2, $\gamma_{40}$ | -0.061799 | 0.004780 | -12.930 | 15 | <0.001 |
| For V44 slope, $\beta_5$ | | | | | |
| INTRCPT2, $\gamma_{50}$ | 0.057174 | 0.020811 | 2.747 | 15 | 0.015 |
| For □□□□□□ slope, $\beta_6$ | | | | | |
| INTRCPT2, $\gamma_{60}$ | -0.217902 | 0.060198 | -3.620 | 15 | 0.003 |
| For LO_13 slope, $\beta_7$ | | | | | |

(나)

- 조건적 모형에서 산출된 계수와 결과해석은 다음과 같다.
  - 조건적 모형에서 금연성공 여부에 대한 고정효과를 분석한 결과 Model 2의 수준 1과 비교하면 개인요인 변수는 무조건적 기울기 모형의 검증과 비슷한 결과를 보였다. 이로써 지역별 요인을 투입하여도 개인요인의 지역별 차이는 무조건적 기울기 모형과 차이가 없다는 것을 알 수 있다.
- 수준 2의 지역요인 변수인 금연캠페인[NSC(R1), $\beta$=0.01, p=0.027]과 상담횟수[FC(R11), $\beta$=0.08 p=0.039]는 금연성공 여부의 로그승산에 정적(+) 효과를 보였다. 고위험음주율[HRDR(R3), $\beta$=–0.01 p=0.022]과 주관적 건강수준[SHS(R10), $\beta$=–0.02, p=0.005]은 부적(–) 효과

를 보였다.

- 금연캠페인과 상담횟수가 금연성공 여부의 로그승산에 정적(+) 효과를 준다는 것은 지역의 금연캠페인 인지율이 높고 상담횟수가 많을수록 금연성공 승산비가 높은 것을 나타낸다. 이는 지역사회의 신문매체 및 대중매체를 통한 금연캠페인이 금연시도 및 금연성공에 영향을 미친다는 기존의 연구결과를 지지하는 것이다.
- 고위험음주율이 높을수록, 그리고 주관적 건강수준이 높을수록 금연성공 승산비가 낮게 나타났다. 이는 음주문제가 없을수록 금연성공률은 높다는 기존의 연구결과를 지지하는 것이다.
- 집단 내 상관계수(ICC)의 산출은 종속변수가 이분형인 경우 1수준 분산값이 산출되지 않기 때문에 1수준 분산값으로 '$\pi^2/3=3.29$'를 사용한다. 따라서 조건적 모형의 ICC=[0.14/(0.14+3.29)]=0.04로 산출된다.

무조건적 기울기 모형을 분석한 결과 개인요인 변수가 금연성공 여부에 미치는 영향에 지역 간 차이가 발생함을 검증하였다. 따라서 이 모형에서는 무조건적 기울기 모형에서 무선효과의 유의미성을 나타내는 개인요인 변수가 지역요인과 상호작용에 의해 금연성공 여부의 승산에 미치는 영향을 검증하고자 한다. 이 연구에서 상호작용효과의 분석모형은 나음과 같다.

Level 1

$$\mathrm{P}rob(SCS_{ij}=1/\beta_{ij}) = \phi_{ij}$$

$$\log[\phi_{ij}/(1-\phi_{ij})] = \eta_{ij}$$

$$\eta_{ij} = \beta_{0j}+\beta_{1j}AGE_{ij}+\beta_{2j}NCP_{ij}+\beta_{3j}YS_{ij}+\beta_{4j}ND_{ij}+\beta_{5j}ST_{ij}+\beta_{6j}TR_{ij}+\beta_{7j}SS_{ij}$$

Level 2

$$\beta_{0j} = \gamma_{00}+\gamma_{01}NSC_j+\gamma_{02}HRDR_j+\gamma_{03}SHS_j+\gamma_{04}FC_j+\mu_{0j}$$

$$\beta_{1j} = \gamma_{10}+\gamma_{11}NSC_j+\gamma_{12}HRDR_j+\gamma_{13}SHS_j+\gamma_{04}FC_j+\mu_{1j}$$

$$\beta_{21} = \gamma_{20}, \beta_{31} = \gamma_{30}$$

$$\beta_{4j}=\gamma_{40}+\gamma_{41}NSC_j+\gamma_{42}HRDR_j+\gamma_{43}SHS_j+\gamma_{44}FC_j+\mu_{4j}$$
$$\beta_{5j}=\gamma_{50}+\gamma_{51}NSC_j+\gamma_{52}HRDR_j+\gamma_{53}SHS_j+\gamma_{54}FC_j+\mu_{5j}$$
$$\beta_{6j}=\gamma_{60}+\gamma_{61}NSC_j+\gamma_{62}HRDR_j+\gamma_{63}SHS_j+\gamma_{64}FC_j+\mu_{6j}$$
$$\beta_{7j}=\gamma_{70}+\gamma_{71}NSC_j+\gamma_{72}HRDR_j+\gamma_{73}SHS_j+\gamma_{74}FC_j+\mu_{7j}$$

상호작용효과 분석 결과 [표 6-4]와 같이 개인요인인 스트레스 유무와 지역요인인 금연캠페인($\beta$=0.01 $p<0.1$)은 정적(+)의, 고위험음주율($\beta$=–0.02 $p<0.1$)은 부적(–)의 상호작용효과가 유의미하게 나타났다($p<0.1$). 스트레스가 있는 경우 지역에서 실시하는 금연캠페인을 많이 인지하는 경우에 금연성공 로그승산비가 높았고, 고위험음주율이 높은 지역에서는 금연성공 로그승산비가 낮았다.

[표 6-4] Interaction effect analysis in smoking cessation success factors

| Interaction variable | Coef. | S.E. | Odd ratio | SD[1)] | $\sigma^2$ | $\chi^2$ |
|---|---|---|---|---|---|---|
| AGE×NSC | –0.00 | 0.00 | 0.99 | 0.00 | 0.00 | 95.78*** |
| AGE×HRDR | 0.00 | 0.00# | 1.00 | | | |
| AGE×SHS | 0.00 | 0.00 | 1.00 | | | |
| AGE×FC | 0.00 | 0.00 | 1.00 | | | |
| ND×NSC | –0.00 | 0.00 | 0.99 | 0.01 | 0.00 | 61.12*** |
| ND×HRDR | –0.00 | 0.00 | 0.99 | | | |
| ND×SHS | 0.00 | 0.00 | 1.00 | | | |
| ND×FC | –0.00 | 0.00 | 0.99 | | | |
| ST×NSC | 0.01 | 0.00# | 1.01 | 0.06 | 0.00 | 17.33# |
| ST×HRDR | –0.02 | 0.00# | 0.98 | | | |
| ST×SHS | –0.00 | 0.00 | 0.99 | | | |
| ST×FC | 0.02 | 0.02 | 1.02 | | | |
| TR×NSC | 0.02 | 0.01 | 1.01 | 0.25 | 0.06 | 357.29*** |
| TR×HRDR | –0.02 | 0.02 | 0.98 | | | |
| TR×SHS | –0.02 | 0.02 | 0.99 | | | |
| TR×FC | 0.02 | 0.08 | 1.02 | | | |
| SS×NSC | 0.00 | 0.02 | 1.00 | 0.31 | 0.10 | 206.22*** |
| SS×HRDR | 0.04 | 0.03 | 1.04 | | | |
| SS×SHS | 0.00 | 0.03 | 1.00 | | | |
| SS×FC | 0.01 | 0.09 | 1.01 | | | |
| Intercept, $\gamma_{00}$ | –0.41 | 0.09*** | 0.66 | 0.38 | 0.14 | 279.43*** |

*** $p<0.001$, ** $p<0.01$, * $p<0.05$, # $p<0.1$

1) Standard Deviation

## 8 상호작용효과 모형 검증

• 상호작용효과 모형에서 MDM 파일 만들기와 분석은 1부 1장을 참고하기 바란다.

• 1부 1장의 상호작용효과 모형을 실행한 결과는 아래와 같다.

- [표 6-4]의 [Iteraction variable]은 그림 (나)의 Fixed Effect(Results for Population-Average Model: 본 연구의 상호작용효과 모형에서는 robust standard error는 산출되지 않는다)에서, AGE(V7)×NSC(R1)의 경우 [For V7 slope, $\beta_1$]에서 [R1, $\gamma_{11}$]의 Coefficient(−0.00), Standard Error(0.00), Odds Ratio(1.03), p-value(0.157)를 참조하여 작성한다(나머지 독립변수들을 차례로 작성한다).
- AGE(V7)×HRDR(R3)의 경우 [For V7 slope, $\beta_1$]에서 [R3, $\gamma_{12}$]의 Coefficient(0.00), Standard Error(0.00), Odds Ratio(1.00), p-value(0.076)를 참조하여 작성한다.
- ND(V21)×NSC(R1)의 경우 [For V21 slope, $\beta_4$]에서 [R1, $\gamma_{41}$]의 Coefficient(−0.00), Standard Error(0.00), Odds Ratio(1.00), p-value(0.745)를 참조하여 작성한다.
- [Intercept, $\gamma_{00}$]의 경우 [For INTRCPT1, $\beta_0$]에서 [INTRCPT2, $\gamma_{00}$]의 Coefficient(−0.41), Standard Error(0.09), Odds Ratio(0.66), p-value(0.001)를 참조하여 작성한다.
- AGE×(NSC, HRDR, SHS, FC)의 무선오차의 경우, 그림 (가)의 Random Effect에서 [V7 slope, $u_1$]의 Standard Deviation(0.00), Variance Component(0.00), $\chi^2$(95.78), p-value(<0.001)를 참조하여 작성한다(나머지 상호작용 변수들을 차례로 작성한다).
- 계속해서 ND×(NSC, HRDR, SHS, FC)의 무선오차의 경우, 그림 (가)의 Random Effect에서 [V21 slope, $u_4$]의 Standard Deviation(0.02), Variance Component(0.00), $\chi^2$(61.12), p-value(<0.001)를 참조하여 작성한다.
- [Intercept, $\gamma_{00}$]의 무선오차의 경우, 그림 (가)의 Random Effect에서 [INTRCPT1, $u_0$]의 Standard Deviation(0.38), Variance Component(0.14), $\chi^2$(279.43), p-value(<0.001)를 참조하여 작성한다.

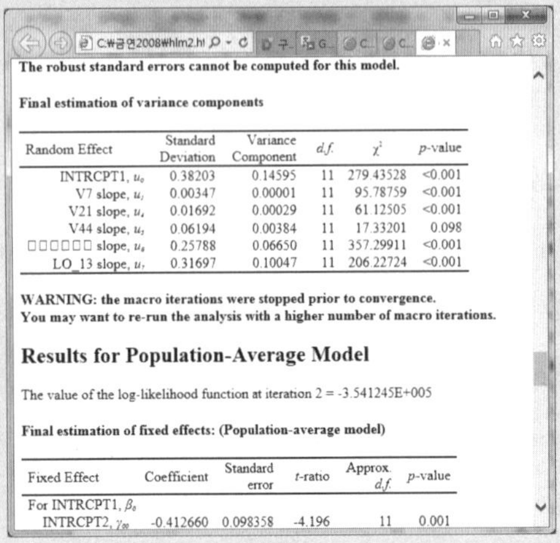

The robust standard errors cannot be computed for this model.

**Final estimation of variance components**

| Random Effect | Standard Deviation | Variance Component | d.f. | $\chi^2$ | p-value |
|---|---|---|---|---|---|
| INTRCPT1, $u_0$ | 0.38203 | 0.14595 | 11 | 279.43528 | <0.001 |
| V7 slope, $u_1$ | 0.00347 | 0.00001 | 11 | 95.78759 | <0.001 |
| V21 slope, $u_4$ | 0.01692 | 0.00029 | 11 | 61.12505 | <0.001 |
| V44 slope, $u_5$ | 0.06194 | 0.00384 | 11 | 17.33201 | 0.098 |
| □□□□□□ slope, $u_6$ | 0.25788 | 0.06650 | 11 | 357.29911 | <0.001 |
| LO_13 slope, $u_7$ | 0.31697 | 0.10047 | 11 | 206.22724 | <0.001 |

**WARNING: the macro iterations were stopped prior to convergence.**
**You may want to re-run the analysis with a higher number of macro iterations.**

**Results for Population-Average Model**

The value of the log-likelihood function at iteration 2 = -3.541245E+005

**Final estimation of fixed effects: (Population-average model)**

| Fixed Effect | Coefficient | Standard error | t-ratio | Approx. d.f. | p-value |
|---|---|---|---|---|---|
| For INTRCPT1, $\beta_0$ | | | | | |
| INTRCPT2, $\gamma_{00}$ | -0.412660 | 0.098358 | -4.196 | 11 | 0.001 |

(가)

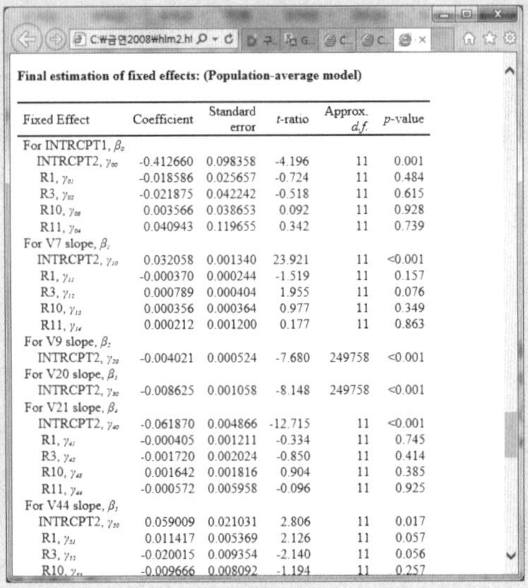

**Final estimation of fixed effects: (Population-average model)**

| Fixed Effect | Coefficient | Standard error | t-ratio | Approx. d.f. | p-value |
|---|---|---|---|---|---|
| For INTRCPT1, $\beta_0$ | | | | | |
| INTRCPT2, $\gamma_{00}$ | -0.412660 | 0.098358 | -4.196 | 11 | 0.001 |
| R1, $\gamma_{01}$ | -0.018586 | 0.025657 | -0.724 | 11 | 0.484 |
| R3, $\gamma_{02}$ | -0.021875 | 0.042242 | -0.518 | 11 | 0.615 |
| R10, $\gamma_{03}$ | 0.003566 | 0.038653 | 0.092 | 11 | 0.928 |
| R11, $\gamma_{04}$ | 0.040943 | 0.119655 | 0.342 | 11 | 0.739 |
| For V7 slope, $\beta_1$ | | | | | |
| INTRCPT2, $\gamma_{10}$ | 0.032058 | 0.001340 | 23.921 | 11 | <0.001 |
| R1, $\gamma_{11}$ | -0.000370 | 0.000244 | -1.519 | 11 | 0.157 |
| R3, $\gamma_{12}$ | 0.000789 | 0.000404 | 1.955 | 11 | 0.076 |
| R10, $\gamma_{13}$ | 0.000356 | 0.000364 | 0.977 | 11 | 0.349 |
| R11, $\gamma_{14}$ | 0.000212 | 0.001200 | 0.177 | 11 | 0.863 |
| For V9 slope, $\beta_2$ | | | | | |
| INTRCPT2, $\gamma_{20}$ | -0.004021 | 0.000524 | -7.680 | 249758 | <0.001 |
| For V20 slope, $\beta_3$ | | | | | |
| INTRCPT2, $\gamma_{30}$ | -0.008625 | 0.001058 | -8.148 | 249758 | <0.001 |
| For V21 slope, $\beta_4$ | | | | | |
| INTRCPT2, $\gamma_{40}$ | -0.061870 | 0.004866 | -12.715 | 11 | <0.001 |
| R1, $\gamma_{41}$ | -0.000405 | 0.001211 | -0.334 | 11 | 0.745 |
| R3, $\gamma_{42}$ | -0.001720 | 0.002024 | -0.850 | 11 | 0.414 |
| R10, $\gamma_{43}$ | 0.001642 | 0.001816 | 0.904 | 11 | 0.385 |
| R11, $\gamma_{44}$ | -0.000572 | 0.005958 | -0.096 | 11 | 0.925 |
| For V44 slope, $\beta_5$ | | | | | |
| INTRCPT2, $\gamma_{50}$ | 0.059009 | 0.021031 | 2.806 | 11 | 0.017 |
| R1, $\gamma_{51}$ | 0.011417 | 0.005369 | 2.126 | 11 | 0.057 |
| R3, $\gamma_{52}$ | -0.020015 | 0.009354 | -2.140 | 11 | 0.056 |
| R10, $\gamma_{53}$ | -0.009666 | 0.008092 | -1.194 | 11 | 0.257 |

(나)

- 상호작용효과 모형에서 산출된 계수와 결과해석은 다음과 같다.
  - 개인요인인 스트레스 유무(ST)와 지역요인인 금연캠페인(NSC, $\beta$=0.01, p=0.057)은 정적(+)의, 고위험음주율(HRDR, $\beta$=–0.02 p=0.056)은 부적(–)의 상호작용효과가 유의미하게 있었다($p<0.1$). 스트레스가 있는 경우 지역에서 실시하는 금연캠페인을 많이 인지하는 경우에 금연성공 로그승산비가 높았고, 고위험음주율이 높은 지역에서는 금연성공 로그승산비가 낮았다.
  - 집단 내 상관계수(ICC)의 산출은 종속변수가 이분형인 경우 1수준 분산값이 산출되지 않기 때문에 1수준 분산값으로 '$\pi^2/3=3.29$'를 사용한다. 따라서 상호작용효과 모형의 ICC=0.14/(0.14+3.29)=0.04로 산출된다.

## 4 논의

개인수준의 변수와 지역수준의 변수들이 금연행동과 같은 건강행동에 어떤 영향을 미치는지 설명하는 데 있어 다층분석은 일반회귀분석에 비해 더 정확하고 설득력이 있는 방법으로 평가받고 있다(Bickel, 2007; Yoo, 2010 in re-quoted). 이 연구에서는 보건소 금연클리닉 이용자의 금연성공과 관련된 개인특성과 지역특성이 미치는 영향을 동시에 고려하기 위해 다층분석을 시도하였다. 대부분의 기존 연구들이 금연성공 요인을 개인특성 중심으로 분석한 것과 달리 이 연구에서는 금연성공 결정에 개인적 요인뿐만 아니라 흡연자가 속한 지역의 건강수준과 금연정책 요인을 함께 분석하였다.

다층모형의 기초모형(unconditional model) 분석에서 한 지역의 금연클리닉 이용자의 금연성공 확률이 47.3%로 나타나 99% 신뢰구간의 기초통계치 자료에서 산출된 평균(47.5%)과 비슷한 수준이었다. 지역변수를 투입한 무조건적 기울기 모형의 검증에서 모든 개인요인이 금연성공 여부에 영향을 주었다. 평균흡연량, 총흡연기간, 니코틴의존도, 서비스내용은 금연성공 여부의 로그승산에 부적(-) 효과를 주었다. 즉, 평균흡연량과 총흡연 기간은 많을수록, 니코틴의존도는 높을수록 금연성공 승산비가 감소하며, 보조제를 서비스하는 것이 행동요법 서비스보다 금연성공 승산비가 낮았다. 이는 하루흡연량이 적을수록(Farkas et al., 1996; Kim & Seo, 2001; Raw et al., 2005; Song et al., 2008), 흡연기간이 짧을수록(Kaprio & Koskenvuo, 1988; Mothersill et al., 1988) 금연성공율이 높다는 기존의 연구와 같은 결과다. 그리고 니코틴의존도가 높은 사람은 금연에 실패할 가능성이 높다는 연구(Rosenbaum et al., 1992; Richmond et al., 1993; Rohren et al., 1994; Carlson et al., 2000; Levshin et al., 2006; Lee ES et al., 2007; Song et al., 2010; Song et al., 2012) 및 상담횟수가 많을수록 그리고 행동요법을 사용한 경우에 금연성공률이 높다는 연구(Sim et al., 2002; Lee KJ et al., 2006; Cho et al., 2006; Song et al., 2008; Song et al., 2010)와도 같은 결과를 보여 준다.

연령, 스트레스, 사회보장형태는 금연성공 여부의 로그승산에 정적(+) 효과를 주어 연령이 많을수록 금연성공 승산비가 증가하며, 스트레스가 있는 경우와 건강보험가입자의 경우가 금연성공 승산비가 높았다. 이는 연령이 많을수록 금연성공률이 높다는 연구(Norman et al., 1991; Fiore et al., 2000; Ockene et al., 2000; Levy et al., 2005; Raherison et al., 2005; Jun, 2006) 및 사회경제적 위치가 낮을수록 금연성공률이 낮다는 연구(Fiore et al., 2000; Raw et al., 2005; Cho et al., 2006; Song et al., 2008; Song et al., 2010)와 같은 결과다. 그러나 스트레스의 증가는 흡연율을 상승한다는 연구(Conway et al., 1981; Cohen et al., 1983)와는 다른 결과를 보여 준다.

무조건적 기울기 모형의 무선효과 검증을 실시한 결과 개인요인 변수의 적합도가 통계적으로 유의미하여 개인수준 변수들이 금연성공 여부에 미치는 영향에 지역 간 차이가 있었다. 따라서 조건적 모형의 검증에서 지역별 변수를 투입할 수 있는 개인요인 변수(연령, 니코틴의존도, 스트레스 유무, 서비스내용, 사회보장형태)와 고정미지수로 묶어야 하는 개인요인 변수(평균흡연량, 흡연기간)를 동시에 투입한 결과, 수준 2의 지역요인 변수인 금연캠페인과 상담횟수는 금연성공 여부의 로그승산에 정적(+) 효과를 주어 지역의 금연캠페인 인지율이 높고 상담횟수가 많을수록 금연성공 승산비가 높았다. 이는 지역사회의 신문매체 및 대중매체를 통한 금연캠페인이 금연시도 및 금연성공에 영향을 미친다는 연구결과(Hu et al., 1995; Jamrozik, 2004)와 같았다. 고위험음주율과 건강수준은 부적(-) 효과를 주었다. 고위험음주율이 높을수록 주관적 건강수준이 높을수록 금연성공 승산비가 낮았다. 이는 음주문제가 없을수록 금연성공률은 높다는 연구(Zimmerman et al., 1990; Lee CJ, 2007)와 같은 결과를 보여 준다. 이 연구의 개인요인 변수와 지역요인의 상호작용에 의해 금연성공 여부의 승산에 미치는 영향을 검증한 결과, 개인요인인 스트레스 유무가 지역요인인 금연캠페인의 상호작용에 정적인 영향을 주었고 고위험음주율은 부적 영향을 주었다. 스트레스가 있는 경우 지역에서 실시하는 금연캠페인을 많이 인지하는 경우에 금연성공 로그승산비가 높았고, 스트레스가 있는 경우 고위험음주율이 높은 지역에서는 금연성공 로그승산비가 낮았다.

이 연구는 보건소 금연클리닉 이용자의 금연성공 결정이 개인의 흡연특성과 서비스특성에 영향을 받으며, 지역의 건강수준이나 금연정책에 따라 달라진다는 것을 다층모형을 통해 검증하였다는 점에서 방법론적 및 정책적으로 의미를 가진다고 볼 수 있다. 이와 같은 결과는 금연시도나 금연성공과 같은 금연행동을 설명할 경우 개인의 특성뿐만 아니라 흡연자가 속한 지역의 환경적 특성을 함께 고려해야 한다는 연구(Biener et al., 2010; Yoo, 2010)를 경험적으로 확인한 것이다.

그러나 이 연구에는 몇 가지 제한점이 따른다. 첫째, 다층분석에서 동일수준에 속한 하위수준 간의 유사성을 보여 주는 집단 내 상관계수(ICC)가 충분히 크지 않다는 한계가 있다. 이는 보건소가 속한 시군구별 환경요인을 반영하지 않고 시도별 환경요인을 반영함으로써 기인된 것으로 보인다. 둘째, 본 연구의 다층모형 분석에 사용된 지역변수는 개개인이 속한 집단의 자료를 분석하였기 때문에 이를 개인에게 적용하였을 경우 생태학적 오류가 발생할 수 있다.

## 5 요약 및 결론

이 연구는 보건소 금연클리닉 이용자의 금연성공 결정에 있어 개인적 요인뿐만 아니라 흡연자가 속한 지역의 건강수준과 금연활동 등에 의해서도 영향을 받는다는 것을 규명하고자 하였다. 이를 위해 2007년 7월 16일부터 2008년 7월 15일까지 전국 보건소 금연클리닉에 6개월 이상 등록하여 서비스를 받은 남성 흡연자 25만 3,136명을 대상으로 다층모형을 분석하여 다음과 같은 결과를 확인하였다.

첫째, 개인특성 중에서 평균흡연량, 총흡연기간, 니코틴의존도, 서비스내용은 금연성공 여부의 로그승산에 부적(–) 영향을 주었다.

둘째, 개인특성 중에서 연령, 스트레스, 사회보장형태는 금연성공 여부의 로그승산에 정적(+) 영향을 주었다.

셋째, 지역특성 중에서 금연캠페인과 상담횟수는 금연성공 여부의 로그승산에 정적 영향을 주었다.

넷째, 지역특성 중에서 고위험음주율과 주관적 건강수준은 금연성공 여부의 로그승산에 부적 영향을 주었다.

다섯째, 개인특성 중에서 스트레스 유무가 지역특성인 금연캠페인의 상호작용에 정적인 영향을 주었으며, 고위험음주율은 부적 영향을 주었다.

이러한 연구결과를 근거로 볼 때, 향후 보건소 금연클리닉 이용자의 금연성공률을 높이기 위해서는 흡연자에 대한 개인별 접근도 중요하지만, 흡연자가 속한 지역사회의 건강환경을 향상시키는 것을 함께 고려해야 할 것이다. 흡연자 중심의 금연사업 범위를 지역사회 전체를 대상으로 하는 금연사업으로 확대해야 할 필요성이 제기된다. 금연캠페인, 금연구역 확대, 건강생활실천 분위기 조성 등의 다양한 사업을 고려해야 할 것이다.

◆ 참고문헌 ◆

1. Bickel, R. (2007). *Multilevel Analysis for Applied Research.* NY: Guilford Press.

2. Biener, L., Hamilton, WL., Siegel, M., & Sullivan, E. (2010). Individual, Social-Normative, and Policy Predictors of smoking cessation: A Multi-level Longitudinal Analysis. *America Journal of Public Health*, 100(3), 547-554.

3. Carlson, LE., Taenzer, P., Koopmans, J., & Bultz, BD. (2000). Eight-year follow-up of a community-based large group behavioral smoking cseeation intervention. *Addictive Behaviors*, 25(5), 725-741.

4. Chapman, S., Wong, W. L., & Smith, W. (1993). Self-exempting belief about smoking and health: Differences between smokers and non-smokers. *American Journal of Public Health*, 83, 215-219.

5. Cho, K. S., Song, T. M., Lee, C. M., Kim, H. C., Lee, J. Y., & Lee, J. K. (2006). Evaluation of Smoking Cessation Program at Public Health Center in 2004 - Analysis on Key Factors and Rates in Smoking Cessation-. *Journal of the Korean Society of Health Information and Health Statistics*, 31(1), 35-48.

6. Cohen, S., Kamarck, T. & Mermelstein, R. (1983). A global measure of perceived stress. *Journal of Health and Social Behavior*, 24(4), 385-396.

7. Conway, T. L., Vicker, R. R., Ward H. W., & Rahe, R. H. (1981). Occupational stress and variation in cigarette, coffee and alcohol consumption. *Journal Health social behavior*, 22, 115-165.

8. Fagerstrom, K. O., & Schneider, N. G. (1989). Measuring nicotine dependence: A riview the Fagerstrom Tolerance questionaire. *J Behav Med*, 12(2), 159-182.

9. Farkas, A., Pierce, J., Zhu, S., Rosbrook, B., Gilpin, E., Berry, C., & Kaplan, R. (1996). Addiction versus stages of change models in predicting smoking cessation. *Addiction*, 91, 1281-1292.

10. Fiore, MC., Bailey, WC., & Cohen, SJ. (2000). Treating tobacco use and dependence, Clinical Practice Guideline. U.S. Department of Health and Human Services, Public Health Service.

11. Heck, R., & Thomas, S. (2009). *An introduction to multilevel modeling techniques*(2nd ed). New York, NY: Routledge.

12. Hu, T. W., Sung, H. Y., & Keeler, T. E. (1995). The State Anti-Smoking Campaign and the Industry Response: The Effects of Advertising on Cigarette Consumption in California. *American Economic Review*, 5(2), 85-90.

13. Jamrozik K. (2004). ABC of smoking cessation, Population strategies to prevent smoking. *British Medicine Journal*, 328(27), 759-762.

14. Jun, Y. W. (2006). Factors associated with success of smoking cessation at smoking-cessation clinic of a urban public health center. Doctoral Dissertation.. Graduate School of Chung-Ang University.

15. Kaprio, J., & Koskenvuo, M. (1988). A prospective study of psychological and socioeconomic characteristics, health behavior and morbidity in cigarette smokers prior to quitting compared to persistent smokers and non-smoker. *Journal of clinical Epidemiology*, 41, 139-150.

16. Kick, S. D., & Cooley, D. D. (1997). Depressive, not anxiety, symptoms are associated with current cigarette smoking university internal medical patients. *Psychosomatics*. 38(2), 132-139.

17. Kim, C. H., & Seo, H. G. (2001). The factors associated with success of smoking cessation at smoking-cessation clinic. *The Journal of the Korean Academy of Family Medicine*, 22(11), 1603-1611.

18. Kim, K. K., Jekarl, J., & Park, J, E. (2012). Effects of Policy and Environmental Characteristics of University on Drinking Problems among University Students. *Korean Journal of Health Education and Promotion*, 29(2), 83-91.

19. KCDC(Korea Centers for Disease Control and Prevention). (2012). At a glance of local health statistics.

20. Lee, C. J. (2007). Success Factors of Participants in No-smoking Clinics of Community Health Center. Graduate School of Medicine, Gachon University of Medicine and Science.

21. Lee, E. S., & Seo, H. G. (2007). The factors associated with successful smoking cessation in Korea. *Journal of the Korean Academy of Family Medicine*, 28, 39-44.

22. Lee, K. J., Chang, C. J., Kim, M. S., Lee, M. H., & Cho, Y. H. (2006). Factors Associated with Success of Smoking Cessation during 6 Months. *Korean Society of Nursing Science*, 36(5), 742-749.

23. Levshin, V., Radkevich, N., Slepchenko, N., & Droggachih, V. (2006) Implementation and Evaluation of a smoking cessation group session program. *Prev Cont*, 2, 39-47.

24. Levy, DT., Romano, E., & Mumford, E. (2005). The relationship of smoking cessation to sociodemographic characteristics, smoking intensity, and tobacco control policies. *Nicotine & Tobacco Research*, 7, 387-396.

25. Mothersill, K. J., McDowell, I., & Rosser, W. (1988), Subject characteristics and longterm post programme smoking cessation. *Addictive Behavior*, 13, 29-36.

26. NHS. (2008). Statistics on Smoking: England, 2008 The Information Center.

27. Norman, H., Mary, S., Judlith, O., & Geregory, G. (1991). Base-Line Factors associated with smoking cessation and relapse. *Preventive Medicine*, 20, 590-601.

28. Ockene, JK., Emmons, KM., Mermelstein, RJ., Perkins, KA., Bonollo, DS., Voorhees CC., &

Hollis JF. (2000). Relapse and maintenance issues for smoking cessation. *Health Psychol*, 19, 17-31.

29. Oh, S. Y., Kim, S. I., & Yoon, B. B. (1993). The Relationship Between Nicotine Dependency and Depession in Smokers. *The Journal of the Korean Academy of Family Medicine*, 14(2), 79-87.
30. Raherison C., Marjary A., Valpromy B., Prevot S., Fossoux H., & Taytard A. (2005). Evaluation of smoking cessation success in adults. *Respiratory Medicine*, 99, 1303-1310.
31. Raudenbush, S. W., & Bryk, A. S. (2002). *Hirearchical Linear Models : Application and Data Analysis Methods*(2nd ed.). Thousand Oaks, CA: Sage.
32. Raw, M., McNeill, A., & Coleman, T. (2005). Lessons from the English smoking treatment services. *Addiction Suppl*(2), 84-91.
33. Richmond, R., Kehoe, L., & Webster, I. (1993). Multivariate models for predicting abstention following intervention to stop smoking by general practitioners. *Addiction*, 88, 1127-1135.
34. Rohren, C., Croghan, I., Hurt, R., Offord, K., Marusic, Z., & McClain, F. (1994). Predicting smoking cessation outcome in medical center from readiness: contemplation versus action. *Preventive Medicine*, 23, 335-344.
35. Rosenbaum, P. & O'Shea, R. (1992). Large-scale Study of Freedom from smoking clinics-factors in quitting, *PHR*, 107, 150-155.
36. Seok, S. H. (2007). An Analytic Study on Influencing Factors for the Number of Smoking Cigarette Per Day in Adult Men. *The Korean Academy of Psychiatric and Mental Health Nursing*, 16(2), 113-120.
37. Sim, J. Y., Han, N. Y., Cheong, Y. S., Yoo, S. M., & Park, E. W. (2002). Factors associated with success of smoking cessation at smoking-cessation clinic. *Journal of the Korean Academy of Family Medicine*, 23(3), 325-333.
38. Snijders, T., & Bosker, R. (1999). Multilevel Models: An Introduction to basic and Advanced Multilevel Modeling, London: Sage Publications.
39. Song, T. M. (2011). Changes in smoking rates of male adults in Korea and smoking cessation policy: Focus on smoking cessation clinics. *Health & Welfare Forum*, 173, 55-63.
40. Song, T. M., & Lee, J. Y. (2009). Longitudinal Analysis on Success Factors of Smoking Cessation Using Panel Data. *Journal of the Korean Society of Health Education and Promotion*, 26(3), 25-34.
41. Song, T. M., An, J. Y., Hayman, L. L., Kim, G. S., Lee, J. Y., & Jang, H. L. (2012). A Three-Year Autoregressive Cross-Lagged Panel Analysis on Nicotine Dependence and Average Smoking. *Health Inform Res.*, 18(2), 115-124.
42. Song, T. M., Lee, J. Y., & An, J. Y. (2010). Changes in Smoking Practices and the Process of

Nicotine Dependence. *Journal of the Korean Society of Health Education and Promotion*, 27(4), 123-129.

43. Song, T. M., Lee, J. Y., & Cho, K. S. (2008). The Factors Influencing on success of Quitting Smoking in new enrollees and re-enrollees in Smoking Cessation Clinics. *Journal of the Korean Society of Health Education and Promotion*, 25(2), 19-30.
44. Suh, K. H., & You, J. M. (2003). Predictors of Abstention Following Hospitalized Smoking Cessation Program. *The Korean Journal of Health Psychology*, 8(2), 243-259.
45. Yang. J. H., Ha. H. S., Shin, G., In, J. S., Kang, Y. S., & Cheon, B. Y. (2005). Factors Affecting Re-smoking in Male Workers. *Journal of Preventive Medicine and Public Health*, 38(2), 208-214.
46. Yoo, G. H. (2010). The Effects of Anti-smoking Policy in Workplace on Successful Smoking Cessation. Doctoral Dissertation.. Graduate School of Inje University.
47. Yu, J. J. (2006). Understanding and Application of Hierarchical Linear Model. *The Korean Journal of Child Studies*, 27(3), 169-187.
48. Zimmerman, R. S., Warheit, G. J., Ulbirch, P. M., & Auth, J. B. (1990). The relationship between alcohol use and attempts and success at smoking cessation. *Addictive Behaviors*, 15(3), 197-207.

7장

# 빅데이터 분석 실전IV

앤더슨 행동모형을 이용한
노년기 외래의료서비스 이용에 대한
스트레스 취약요인의 매개효과 분석

※ 주요 내용

1. 서론
2. 이론적 배경과 연구모형
3. 연구방법
4. 연구결과
5. 논의 및 결론

## 1 서론[1]

저출산과 빠른 고령화로 우리나라의 65세 이상 노인인구는 2005년 전체인구의 9.3%를 차지하였으나 2020년에 15.6%, 2050년에 38.2%로 세계 최고 수준에 이를 것으로 전망하고 있다(통계청, 2006). 우리나라 국민의 외래의료서비스 이용은 1994년 인구 1,000명당 1일 외래수진율이 28.8명이었으나 2008년에는 53.1명으로 나타나 1994년 대비 개인당 외래의료서비스 이용이 1.8배 증가한 것으로 본다. 특히, 65세 이상 노인연령층의 1일 외래수진율은 인구 1,000명당 120.7명으로 나타나 8.3명당 1명이 매일 의료기관에서 외래진료를 받는 것으로 나타났다(도세록, 2009). 노인은 주로 고혈압, 관절증, 당뇨, 급성상기도 감염 등 다양한 신체적 질병의 증가로 외래의료서비스의 이용이 증가하는 양상을 보이고 있다. 노인 의료이용의 증가에도 불구하고, 노인의 특성상 퇴직으로 인한 경제력 감소와 같은 요인 때문에 의료이용 접근성의 격차가 발생할 가능성이 높을 것으로 본다(김동진, 2010). 이와 같은 빠른 고령화 현상과 노년기 의료서비스 이용의 증가 경향을 고려할 때, 노년기 의료서비스 이용의 예측요인을 이해하는 것은 의료서비스 이용패턴에 대한 이해를 증가시킬 뿐만 아니라 건강불평등이나 의료서비스 이용과 불평등 현상을 해소하는 데 중요한 정책적 함의나 실천적 방향성을 제시할 수 있다(강상경, 2010).

그동안 노인의 의료서비스 이용에 관한 연구는 노인의 전반적인 의료이용 현황(도세록, 2009; 정영호, 2011)에 대한 조사연구와 함께 저소득층과 의료급여 수급자에 노인을 포함하여 소득계층(이익섭·김서원, 2004; 김진구, 2007; 서남규, 2011)의 의료서비스 이용에 대한 연구가 진행되었다. 그리고 보건의료 접근성이 취약한 계층에 대한 의료이용 형평성 관점(김동진, 2010; 김진구, 2011)에서 노인을 포함한 분석과 노인의 의료서비스 이용에 영향을 미치는 요인분석에 관한 연구(Wolinsky & Johnson, 1991; Zimmer & Kwong, 2004; 강상경, 2010; 전보영 외, 2011; 전해숙·강상경, 2012)가 주로 있어 왔다. 그리고 우리나라에서 65세 이상의 우울증 환자가 급속히 증가함에 따라 외래의료서비스 이용이 증가하는 것으로 나타났으며(정영호 외, 2010), 이러한 노인의 우울정도는 연령이 높아질수록 더욱 증가하는 것으로 나타났다(Jeoung et al., 2002; Ryu & Kang, 2009).

한편 노인의 의료서비스 이용의 결정요인에 대한 모델로는 의료서비스를 소비재나 투자

1. 본 논문은 〈앤더슨 행동모형을 이용한 노년기 외래의료서비스 이용에 대한 스트레스 취약요인의 매개효과 분석〉(송태민, 2013, 보건사회연구, 33(1), pp. 547-576)에 게재된 내용을 기초로 하였다.

재로 보는 경제학적 모델(Grossman, 1972)과 의료서비스를 사회문화적 복합구조의 일부분으로 보는 사회행태학적 모델(Andersen, 1968)이 제안되어 왔다. 특히, 앤더슨의 사회행태학적 모델은 노인의료서비스 이용을 분석하는 데 많이 사용되어 왔다. 그동안 앤더슨 모형을 이용한 연구는 개인적 요인에 대한 연구는 많이 실시되었으나 지역적 요인을 고려하는 연구는 적절하게 이루어지지 못하고 있는 실정이다. 본 연구는 개인적 요인과 지역적 요인이 노년기 외래 의료서비스 이용행태에 미치는 영향에 대해 스트레스–취약모형의 매개효과를 분석하고자 하며, 이를 위해 앤더슨 모형을 이용하여 개인적 요인의 의료서비스 결정에 대한 구조모형과 개인적 요인과 지역적 요인을 동시에 고려하는 다층모형 분석방법을 적용하고자 한다.

## 2 이론적 배경과 연구모형

### 2-1 이론적 배경

의료서비스 이용에 있어 사회심리적 요인, 개인적 요인, 환경적 요인, 제도적 요인 등 다양한 요인을 고려하는 사회행태학적 모형은 의료서비스를 예측하고 의료서비스 이용과 관련된 예측요인을 파악하는 데 유용하다. 대표적인 사회행태학적 모형이 앤더슨(1968)의 행동모형(Anderson Model or Behavior Model of Service Utilization)이다. 앤더슨의 행동모형(이하 앤더슨 모형)은 기존의 많은 연구에서 요인분류의 타당성이 입증되었을 뿐만 아니라 개인 내적 및 외적 요인을 통합적으로 관리하고 있어 행위예측의 분석틀로 적합하다(이동영·박종두, 2011).

앤더슨 모형은 의료서비스 이용의 선행요인, 가능요인, 욕구요인이 의료서비스 이용을 가져온다는 데 초점을 맞춘 전기모형과 이러한 의료서비스의 이용이 소비자 만족과 건강상태를 예측(health outcome)한다는 후기(확장)모형으로 발전되었다. 앤더슨 모형에 따르면 선행요인(predisposing factors)은 의료욕구 발생 이전에 개인의 의지와 상관없이 이미 가지고 있는 특성으로, 연령이나 성별과 같은 인구사회학적 특성이나 교육이나 계층과 같은 사회경제적 요인을 포함한다(Andersen & Newman, 1973; 강상경, 2010; 백옥미, 2011). 가능요인(enabling factors)은 의료서비스를 이용할 수 있도록 하는 수단과 능력에 관한 요인으로, 소득수준이나 가족자원 등 경제사회학적 요인을 포함한다(Andersen & Newman, 1973; 강상경, 2010; 백옥미, 2011). 욕구요인(need factors)은 개인의 장애나 질병의 수준과 관련된 생리학적 및 심리적인 요인으로, 의료서비스를 이용하는 데 직접적인 원인이 되는 것이다(Andersen & Newman, 1973; 강상경, 2010; 백옥미, 2011). 이러한 앤더슨 모형은 노인 의료서비스 이용이나 노년기 건강을 예측하는 유용한 틀을 제공함으로써 국내 연구는 대부분 앤더슨 모형을 이용한 연구와 앤더슨 모형을 변형한 연구가 진행되어 왔다. 본고에서는 앤더슨 모형에 기초하여 노인의 외래의료서비스 이용에 영향을 미치는 요인을 개인적 요인(선행요인, 가능요인, 욕구요인)과 지역적 요인으로 분류하여 고찰하고자 한다.

### 1) 노인의 외래의료서비스 이용에 영향을 미치는 개인적 요인

앤더슨 모형에서 노인의 외래의료서비스 이용에 영향을 미치는 개인적 요인으로는 성별, 교육수준, 소득수준, 혼인상태(가족자원), 만성질환 등이 포함된다. Connie Evashwick 외(1982)의 연구에서는 노인의 치과의료 이용에 나이를 포함한 선행요인의 어떤 요인도 유의한 요인으로 나타나지 않았으나, 교육은 직간접적으로 긍정적인 상관관계를 보였다. 그리고 소득과 건강보험은 강력한 요인으로 작용하지 않았으나, 욕구요인(보철이 있거나 치과문제가 있는 경우)이 치과이용의 가장 강한 결정요인으로 나타났다(이병란 2007에서 재인용). 김봉재와 김응익(1996)의 연구에서는 남자보다 여자의 의료이용이 높고, 70세 이상에서 의료이용률이 감소하는 것으로 나타났다. 그리고 교육수준이 높을수록 의료이용이 많고, 사별한 경우에 의료이용이 높게 나타났다. 이병란(2007)의 연구에서는 남성에 비해 여성의 내원일수가 적고, 나이가 많을수록 내원일수가 증가하였다. 또 혼자 사는 노인에 비해 부부 또는 자녀동거 노인의 내원일수가 많았다. 그리고 저소득층 노인의 외래의료서비스 이용이 상대적으로 많으며, 노인성 질환인 고혈압과 근골격계 질환에 대한 외래의료서비스 이용이 높게 나타났다.

강상경(2010)의 연구에서는 선행요인에서 여성과 고연령층의 외래의료서비스 이용이 증가하였다. 가능요인에서 소득은 외래의료서비스 이용에 영향을 주지 않았으나 의료급여 수급자의 외래의료서비스 이용이 많은 것으로 나타났다. 욕구요인에 있어서 만성질환이 있는 노인은 전기에 상대적으로 높은 외래진료 횟수를 나타냈지만 시간이 지남에 따라 그 증가속도가 둔화되었다. 그리고 장애는 외래의료서비스 이용에 영향을 주지 않는 것으로 나타났다. 전해숙과 강상경(2012)의 연구에서는 65세 이상 연령이 증가할수록 외래의료서비스 이용이 줄어드는 현상이 보였고, 여성노인의 외래의료서비스 이용이 많은 것으로 나타났다. 그리고 전기노인(65~74세)에서 만성질환 수가 외래의료서비스 이용에 미치는 영향이 후기노인(75세 이상)에서 만성질환 수가 외래의료서비스 이용에 미치는 영향보다 상대적으로 크게 나타났다.

한편, 2009년 우울증으로 병원을 찾은 65세 이상 환자 가운데 여성은 10만 4000명, 남성은 4만 3000명으로 여성이 남성보다 2.4배 더 많은 것으로 나타나 우울증을 보유한 경우 외래의료서비스 이용횟수가 높은 것으로 나타났다(고숙자, 2011). 노년기 전반에 걸쳐 증가하는 우울은 노령에 따른 스트레스에서 비롯된다. 구체적으로는 신체적 질병, 배우자의 죽음, 경제상태의 악화, 사회와 가족으로부터의 고립, 일상생활에 대한 자기통제 불가능 등으로 우울경향이 증가한다(Jarvik, 1981; Shin & Kim, 2003에서 재인용). 그리고 스트레스가 우울을 설명하는 변량이 4~15% 정도라는 연구결과(Hammen, 1988; Cohen & Edwads, 1989)가 보고되면서 스트레스와 우울 사이의 관계에 대해 다른 변인들을 고려하는 시도로 스트레스-취약모형(stress-vulnerability model)이 제시되었다. 스트레스-취약모형은 개인이 지니고 있는 심리적, 사회적 자원과 상황적인 스트레스 요인이 상호작용하여 우울이 발생되거나 지속된다는 것이다(Alloy et al., 1988; Simons et al., 1993). 이와 같이 우울요인이 의료서비스 이용의 중요한 원인으로 대두됨에 따라, 앤더슨 모형의 의료서비스 이용의 주요 결정요인을 매개하는 요인으로서 이에 대한 고려가 필요하게 되었다. 그동안 우울요인에 대한 연구로는 사회적 지지요인과 우울요인의 인과관계에 관한 모형(스트레스-취약모형)이 연구되어 왔으나, 스트레스 취약요인(우울, 스트레스, 문제음주)이 앤더슨 모형을 매개하는 것에 관한 연구는 아직 진행된 바 없다.

### 2) 노인의 외래의료서비스 이용에 영향을 미치는 지역적 요인

많은 다층모형 설계에서 지역수준의 요인으로 정책적 요인과 환경적 요인을 고려해 왔다. 이윤경(2009)의 연구에서 지역(기관)수준의 요인으로 지역, 서비스량, 서비스 종류, 요양병원 수를 고려하였고, 고정은과 이선혜(2012)의 연구에서는 지역수준의 요인으로 노인 1인당 도시면적, 범죄율, 시역사회 만족도 등을 사용하였다. 그리고 김광기 외(2012)의 연구에서는 대학의 교육홍보 활동, 주류이용 가능성, 대안시설 접근용이성을 지역수준의 요인으로 사용하였다. 이와 같이 지역수준의 변수로는 정책과 제도에 대한 실시율(또는 유무)과 개인이 거주하는 지역의 물리적 시설, 인구학적 특성, 지역의 건강수준 등을 포함할 수 있다. 따라서 본 연구에서의 지역변수로는 2009년의 지역별 의료인력 수, 병의원 수, 노인장기요양시설 수, 당뇨경험률, 고혈압경험률을 사용하였다.

이익섭 등(2004)의 연구에서는 지역사회의 의료자원이 많다고 의료서비스를 많이 이용하는 것은 아니라는 결과가 나타났다. 그리고 2008년부터 노인장기요양보험제도가 도입된 이후 노인장기요양시설은 급속히 증가하여 2010년 현재 2만 3,698개소(시설: 3,751개소, 재가: 1만 9,947개소)에 달한다(보건복지통계연보, 2011). 많은 연구에서 노인의 연령이 높아질수록 신체적·정신적으로 허약해짐에 따라 시설서비스 이용이 증가하고 장기요양시설을 이용하는 수가 증가하는 것을 보여 준다(Coward et al., 1996; Van Houtven & Norton, 2004; 이윤경, 2009에서 재인용). 박경돈(2012)의 연구에서는 고혈압 환자가 증가할수록 관외의료이용이 증가하고 기초자치단체의 노인인구비율이 1% 증가할 때 관외이용자 수가 1만 2,500명이 증가하는 것으로 나타났다. 도세록(2009)의 연구에서는 당뇨(인구 10만 명당 475명)와 고혈압(인구 10만 명당 1,266명) 등 만성질환에 대한 노인의 의료이용이 많은 것으로 나타났다.

### 2-2 연구모형 및 연구문제

본 연구의 목적은 앤더슨 모형을 이용하여 노년기 외래의료서비스 이용의 예측요인을 살펴보는 것이다. 이를 위해 앤더슨 모형의 주요 결정요인인 선행요인, 가능요인, 욕구요인이 스트레스 취약요인을 매개하여 외래의료서비스 이용에 영향을 미치는 요인에 대해 구조모형을 통하여 검증하였다. 그리고 개인요인과 지역요인이 노년기 외래의료서비스 이용의 결정요인에 미치는 영향을 다층모형을 통하여 검증하였다. 따라서 다음과 같이 2개의 연구모형을 설계하였다.

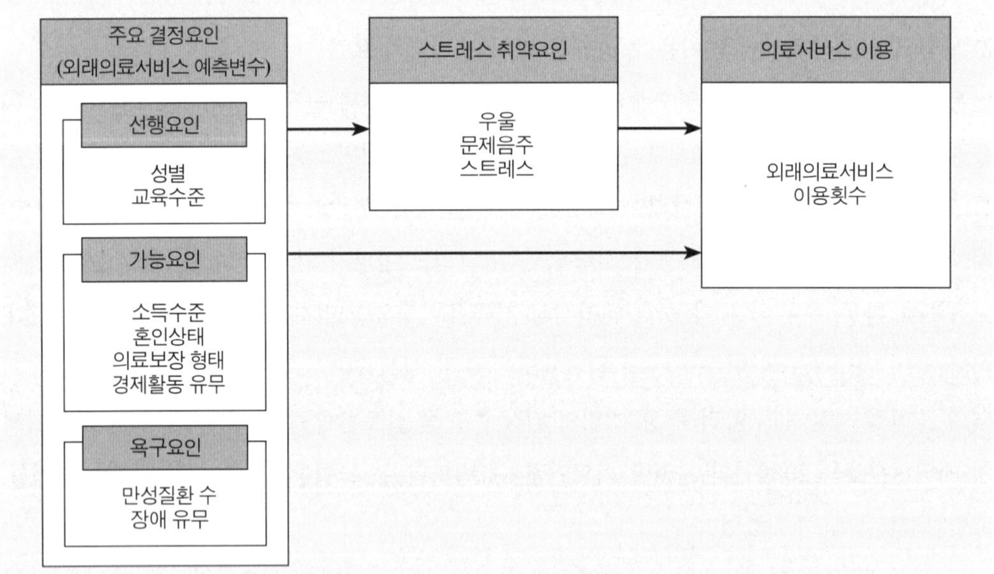


[그림 7-1] 연구모형 1(구조모형)

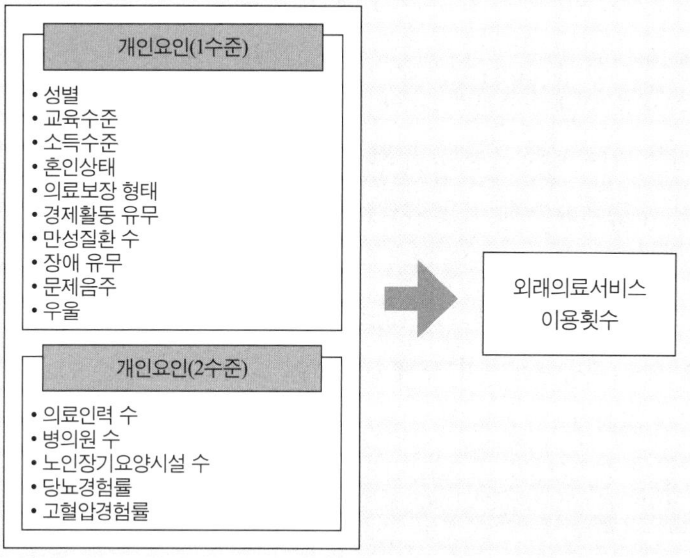


[그림 7-2] 연구모형 2(다층모형)

본 연구의 목적을 달성하기 위하여 다음과 같은 연구문제를 도출하였다.

첫째, 연구모형의 구조방정식모형은 적합한가?

둘째, 노년기 외래의료서비스 이용의 예측요인은 무엇인가?

셋째, 외래의료서비스 이용에 있어서 전기노인과 후기노인 간에 차이가 있는가?

넷째, 노년기 외래의료서비스 이용에 있어서 구조모형에서 스트레스 취약요인의 매개효과가 있는가?

다섯째, 노년기 외래의료서비스 이용 결정에 영향을 미치는 개인요인과 지역요인은 무엇인가?

## 1 앤더슨 모형 등 관련 이론적 배경 정리하기

• 본 연구논문의 이론적 배경을 분석하기 위하여 우선적으로 앤더슨 행동모형, 외래의료서비스, 스트레스 취약요인에 대해 논문을 검색하였다. 많은 논문에서 앤더슨 모형은 의료서비스 이용의 결정요인을 검증하는 데 적용되어 왔다. 그러나 스트레스 취약요인을 매개하여 의료서비스 이용에 영향을 미치는 요인을 살핀 논문은 부재하였다. 따라서 본 논문의 제목은 '앤더슨 모형을 이용하여 노년기 외래의료서비스 이용에 있어 스트레스 취약요인이 매개하는 효과에 대한 검증'으로 결정하였다. RISS에 접속하여 관련 논문(앤더슨 모형, 외래의료이용)을 검색한 결과는 다음과 같다.

[그림 7-3] 앤더슨 관련 국내 학술논문 검색결과

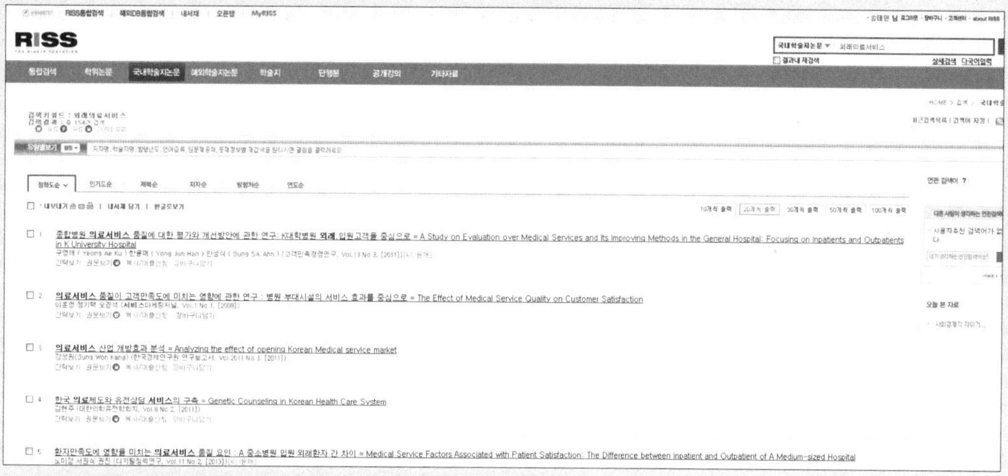


[그림 7-4] 외래의료이용 관련 국내 학술논문 검색결과

• 많은 논문을 검색하여 비슷한 주제의 논문을 작성하다 보면, 선행의 이론적 모형을 다양한 논문에 적용할 수 있다는 것을 알 수 있다. 본고의 저술에 사용된 몇 개의 논문들을 보면, 앤더슨 모형과 스트레스-취약모형이 공동으로 사용되었다는 점을 알 수 있다. 이와 같이 선행의 이론모형은 다양한 논문의 작성에 적용될 수 있으므로, 연구자는 논문을 검색하여 정리할 때에 선행으로 연구된 이론모형에서 사용된 변수 등을 자세히 기술해 두는 습관이 필요하다.

## 3 연구방법

### 3-1 연구대상 및 측정도구

한국의료패널 자료는 전국을 확률비례 2단계 층화집락추출 방법으로 표본추출하여 2008년 1차년도 조사는 총 7,866가구와 2만 4,616명의 가구원을 대상으로 상반기와 하반기를 나누어 실시하였다. 2012년 현재 2011년 조사가 완료되어 데이터를 구축 중에 있다. 본 연구의 자료는 2009년에 한국의료패널 본 조사와 부가 조사에 응답한 2만 1,787명 중 60세 이상인 노인[2] 3,696명을 분석대상으로 하였다. 노년전기와 노년후기의 외래의료서비스 이용 예측요인의 차이를 분석하기 위하여 노인대상자를 전기노인(60~74세) 2,972명과 후기노인(75세 이상) 724명으로 나누어 다중집단 분석을 실시하였다. 그리고 개인요인과 지역요인이 노년기 외래의료서비스 이용에 미치는 영향을 알아보기 위해 다층모형 분석을 실시하였다.

측정도구는 앤더슨 모형과 스트레스-취약모형을 근거로 크게 선행요인, 가능요인, 욕구요인, 스트레스 취약요인으로 구분하였다. 선행요인에서 성별은 남(0), 여(1)로 구분하고, 교육수준은 무학(1), 초졸(2), 중졸(3), 고졸(4) 대졸(5), 대학원 이상(6)으로 구분하여 변수에 포함하였다. 가능요인에서 소득수준은 정규분포에서 벗어나 상용로그(log10)로 치환하여 사용하였고, 혼인상태는 비동거(별거, 사별 또는 실종, 이혼: 0)와 동거(혼인 중: 1)로 그룹화하였으며 의료보장형태는 직장, 지역 건강보험, 특례자는 건강보험으로 그룹화(0)하고 의료급여는 1종과 2종으로 그룹화(1)하였다. 그리고 경제활동 유무는 미활동(0), 활동(1)으로 구분하여 변수에 포함하였다. 욕구요인은 만성질환 수는 개인이 가지고 있는 만성질환 수이며, 장애 유무는 장애 없음(0), 장애 있음(1)으로 구분하여 사용하였다.

앤더슨 모형의 매개요인인 스트레스 취약요인으로는 스트레스의 측정도구 5문항(경제적 어려움, 본인 및 가족질병, 자녀교육, 가족갈등, 예상치 못한 사건)을 역코딩(1: 전혀 없음, 2: 약간 있음, 3: 보통, 4: 많음, 5: 아주 많음)하여 항목합산한 값을 사용하였고 우울의 측정도구 3문항(우울감, 자살충동, 약물복용)은 이분형 변수(0: 없음, 1: 있음)로 항목합산한 값을 사용하였다. 본 연구의 종속변수에 사용된 외래의료서비스 이용횟수는 정규분포에서 벗어나 상용로그(log10)로 치환하여 사용하였다.

2. 우리나라 생활보호법과 노인복지법에 노인을 65세 이상으로 규정하고 있으나, 본고에서는 퇴직 연령층인 60세 이상을 노인으로 정의하였다.

다층분석을 위한 지역특성 변수로는 '2010 보건복지 통계연보'에서 2009년 16개 시도별 '의료인력 수', '병의원 수', '노인장기요양시설 수'를 사용하였으며, '2008~2011년 지역건강통계'에서 2009년 16개 시도의 '당뇨경험률'과 '고혈압경험률'을 사용하였다.

### 3-2 통계분석

본 연구의 구조모형 적합도 비교에는 증분적합지수(incremental fit index)인 NFI(Normed Fit Index), CFI(Comparative Fit Index)와 절대적합지수(absolute fit index)인 RMSEA(Root Mean Squared Error of Approximation), 그리고 간명적합지수(parsimonious fit index)인 PNFI(Parsimonious Normed Fit Index)를 사용하였다. 일반적으로 CFI를 비롯한 증분적합지수들은 0.9보다 크면 모형 적합도가 양호하다고 해석한다(Hu LT et al., 1999). RMSEA는 대표본이나 다수의 관측변수들로 인해 발생하는 $\chi^2$통계량의 문제점을 보완하기 위해 개발된 적합지수이다. 일반적으로 RMSEA가 0.05 이하이면 적합도가 매우 좋고, 0.05와 0.08 사이의 값을 나타내면 양호하며, 0.10 이상이면 좋지 않다고 해석한다(Bollen KA et al., 1993). PNFI는 모형의 간명성을 나타내며 값이 높을수록 적합도가 양호하다(James et al., 1982). 모형추정은 최대우도법(Maximum Likelihood, ML)을 사용하였으며, 결측치 문제의 해결은 관찰된 모든 변인의 모든 정보를 활용하여 결측자료의 특성을 고려하는 완전정보최대우도법(Full Information Maximum Likelihood, FIML)을 사용하였다.

본 연구의 간접효과에 대한 유의성 검증은 모든 자료가 정규성 분포를 따른다는 가정하에 유의성을 검증하는 Sobel test(Preacher & Hayes, 2004)를 실시하였으며, 스트레스와 우울의 매개효과 검증은 Hair et al.(2006)가 제시한 검증방법을 사용하였다. 그리고 본 연구의 다층모형의 모수 추정방식은 무선효과의 분산추정을 계산하는 과정에서 고정효과의 자유도 감소를 고려하는 한정최대우도추정법(REstricted Maximum Likelihood, REML)을 사용하였다(Raudenbush & Bryk, 2002). 고정효과의 최종추정은 종속변수의 분포를 정상분포로 가정하지 않는 표준오차(robust standard error)를 적용하였다. 본 연구의 분석을 위해 기술통계분석과 분산분석은 SPSS 20.0을 사용하였고 구조모형 분석과 다중집단 분석은 Amos 20.0을 사용하였다. 그리고 다층모형 분석은 HLM 7.0을 사용하였다.

## 2 연구자료 가져오기

• 『한국의료패널』 조사는 보건의료비용과 의료비지출 수준의 변화를 파악하고 보건의료정책 및 건강보험정책 수립의 기초자료로 활용하기 위하여 한국보건사회연구원과 국민건강보험공단에서 공동으로 수행하는 조사다. 『한국의료패널』 조사는 의료이용행태와 의료비지출 규모에 관한 정보뿐만 아니라 의료이용 및 의료비지출에 영향을 미치는 요인들을 포괄하여 심층적으로 분석할 수 있는 패널데이터를 구축하는 데 주요 목적을 둔다.

• 『한국의료패널』 표본가구 선정은 1단계로 표본조사구(집락)를 추출하고, 2단계에서는 표본조사구 내 표본가구를 추출하는 방식으로 2단계 확률비례 층화집락추출 방법으로 추출하며, 전체 약 350개 조사구에서 전국 약 8,000가구와 그 가구에 속해 있는 가구원을 대상으로 조사하고 있다. 본 연구에서는 2009년 의료패널 본 조사와 부가조사에 응답한 2만 1,787명을 대상으로 분석하였다.

• 2008년, 2009년 『한국의료패널』 조사자료, 설문지, 코드북은 한국의료패널 데이터 아카이브(http://www.khp.re.kr/)를 이용한다.
  - [그림 7-5]에서 다운로드한 파일(2009_beta2.0.zip)의 압축을 풀어 해당 폴더에 저장한다.

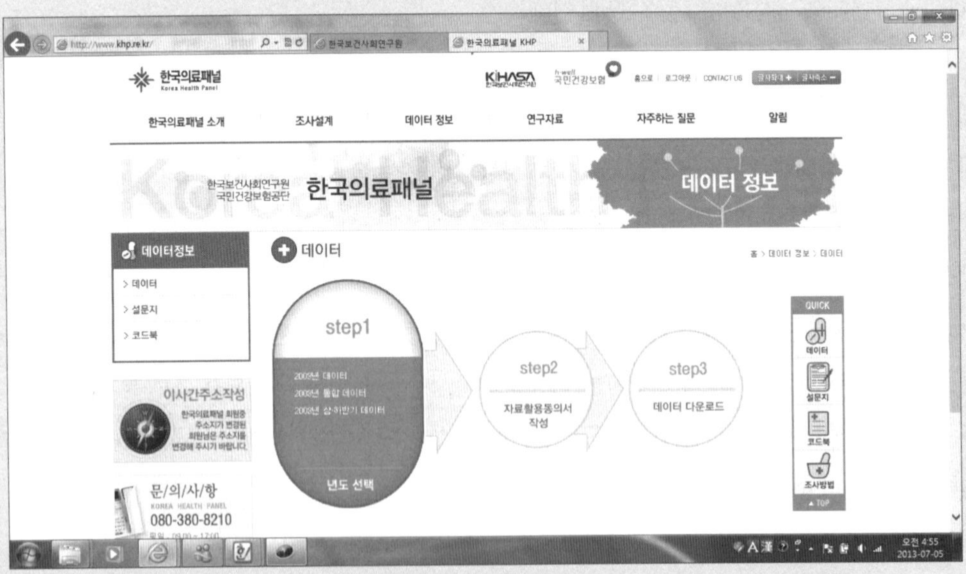


[그림 7-5] 한국의료패널 데이터 아카이브

## 3 공공부문 패널데이터 현황

• 패널자료를 활용한 연구의 중요성이 강조되면서 2010년 5월 현재 공공부문의 패널조사는 19종에 달한다. 공공부문 패널조사는 노동부, 보건복지부, 교육과학기술부 등 관련 부처가 위탁하는 방식으로 정부출연 연구기관과 공단 및 재단 등의 13개 기관에서 교육, 노동, 여성, 아동, 의료복지 등 주로 사회문제의 원인규명 및 정책방향을 제시하는 목적으로 실시한다.

• 패널의 조사대상은 개인 10종, 가구 7종, 사업체 2종으로 14개 패널은 1년 주기, 여성가족패널과 인적자본기업패널 등 5개 패널은 2년 주기로 작성한다. 그리고 16개 패널은 민간조사업체에 위탁하여 조사하고 교육종단연구, 의료패널, 복지패널은 자체 조사를 실시한다(표 7-1). 공공부문의 대부분 패널은 운영기관의 홈페이지를 통해 무료로 제공된다.

[표 7-1] 공공부문 패널조사 현황

| 패널조사명 | 운영기관/관련 정부부처 | 조사시작 시기 | 표본 규모 |
|---|---|---|---|
| 서울시복지 패널조사 | 서울복지재단/서울특별시 | 2009 | 서울시 3,000가구 |
| 여성관리자 패널조사 | 한국여성정책연구원/여성가족부 | 2008 | 전국 여자 2,361명, 남자 1,000명 |
| 재정패널 | 한국조세연구원/국세청 | 2008 | 전국 5,000가구 |
| 청년패널조사 | 한국고용정보원/노동부 | 2001 | 전국 1만 명(만15~29세) |
| 한국의료패널 조사 | 한국보건사회연구원/<br>국민건강보험공단/보건복지부 | 2007 | 전국 8,000가구 |
| 여성가족 패널조사 | 한국여성정책연구원/여성가족부 | 2007 | 전국 8,500가구 |
| 장애인고용 패널조사 | 한국장애인고용촉진공단/노동부 | 2008 | 전국 5,000가구 |
| 한국교육 종단조사 | 한국교육개발원/교육과학기술부 | 2005 | 전국(중학생) 6,908명 |
| 대졸자직업이동경로 조사 | 한국고용정보원/노동부 | 2006 | 전국 2만 5,000명(대학졸업) |
| 한국복지 패널조사 | 한국보건사회연구원/보건복지부 | 2006 | 전국 7,000가구 |
| 사업체 패널조사 | 한국노동연구원/노동부 | 2002 | 전국 1,500개 사업체 |
| 고령화연구 패널조사 | 한국노동연구원/노동부 | 2006 | 전국 1만 명 (45세 이상) |
| 국민노후보장 패널조사 | 국민연금관리공단/보건복지부 | 2005 | 전국 5,000가구(50세 이상) |
| 인적자본기업 패널조사 | 한국직업능력개발원/노동부 | 2005 | 전국 500개 기업 |
| 한국교육고용 패널조사 | 한국직업능력개발원/교육과학기술부 | 2004 | 전국 7,600명 |
| 한국노동 패널조사 | 한국노동연구원/노동부 | 1998 | 전국 6,500가구 |
| 한국아동·청소년 패널조사 | 한국청소년정책연구원/보건복지부 | 중2:2003<br>초4:2004 | 중2 3,449명<br>초4 3,000명(학생, 학부모) |
| 한국아동 패널 | 육아정책개발센터/보건복지부 | 2008 | 전국 1,800가구 |
| 미디어 이용시간 패널 | 정보통신정책연구원/방송통신위원회 | 2010 | 전국 5,000가구 |

자료: 보건복지 통계 발전방안 연구(한국보건사회연구원, 2010)

## 4 의료패널 변수변환

• 연구대상 자료를 구조방정식모형과 다층모형 자료로 변환하기 위해서는 다운로드 받은 2009년 의료패널 자료를 다음과 같이 변수변환을 실시해야 한다. 변수변환은 SPSS syntax를 이용하면 편리하다.

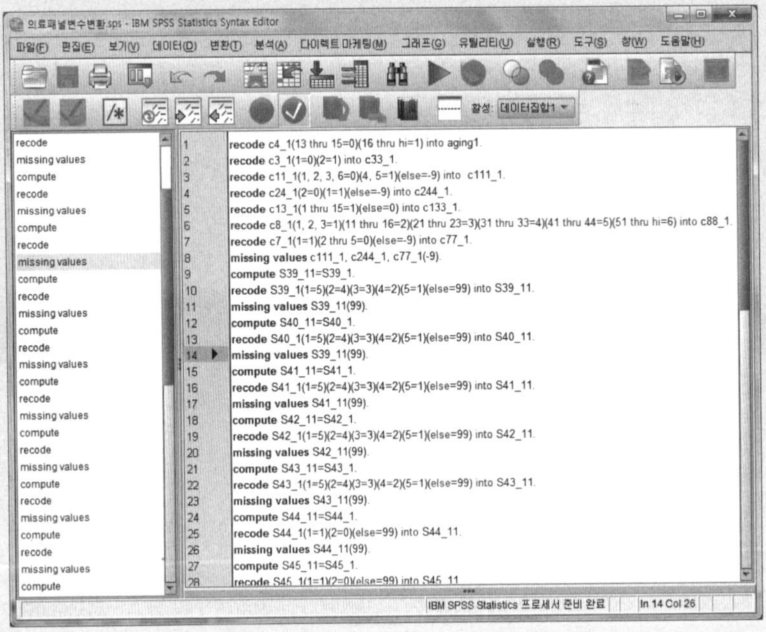

[그림 7-6] SPSS 명령문(의료패널변수변환.sps)

• 본 연구의 구조방정식모형과 다층모형에 사용된 변수는 다음과 같다.

- 연령(C4_1)은 우선적으로 60세 이상(code 13 이상)을 선택해 사용해야 한다.
- 종속변수: 외래의료서비스 이용횟수(구조방정식모형에서는 로그치환한 변수인 OUCOUNT_111을 사용하였고 다층모형에서는 원변수인 OUCOUNT1을 사용하였다.)
- 선행요인: 성별(C33_1), 교육수준(C88_1)
- 가능요인: 소득수준(TOTAL_111), 혼인상태(C77_1), 의료보장형태(C111_1), 경제활동 유무(C244_1)
- 욕구요인: 만성질환 수(CDCOUNT_1), 장애 유무(C133_1)
- 스트레스 취약요인: 우울(S4446_11), 문제음주(S24_1), 스트레스(S3943_11)

## 4 연구 결과

### 4-1 주요 변인들의 기술통계와 분산분석

본 연구의 대상인 노인전체의 응답자 특성을 살펴보면, 성별로는 남자가 1,658명(44.9%), 여자가 2,038명(55.1%), 연령별로는 전기노인(60~74세)이 2,972명(80.4%), 후기노인(75세 이상)이 724명(19.6%)으로 나타났다.

혼인상태는 비동거가 1,076명(29.2%), 동거가 2,617명(70.8%), 경제활동은 없음이 2,095명(56.7%), 있음이 1,601명(43.3%)으로 나타났다. 교육수준은 초졸이 1,593명(43.1%), 고졸이 621명(16.8%), 중졸이 600명(16.2%) 순이며, 의료보장형태는 건강보험이 3,430명(92.9%), 의료급여가 263명(7.1%), 장애 유무는 없음이 3,237명(87.6%), 있음이 459명(12.4%)으로 나타났다. 후기노인은 전기노인보다 여자의 비율이 높았고, 비동거와 장애가 더 많은 것으로 나타났다. 전기노인의 경제활동은 후기노인보다 높은 것으로 나타났다.

[표 7-2] 연구 대상자의 인구사회학적 특성(2009년)

| 구분 | 특성(변수) | 변수설명(값) | 응답수(%) | 특성(변수) | 변수설명(값) | 응답수(%) |
|---|---|---|---|---|---|---|
| 노인 전체 | 성별 | 남(0) | 1,658(44.9) | 경제활동 | 무(0) | 2,095(56.7) |
| | | 여(1) | 2,038(55.1) | | 유(1) | 1,601(43.3) |
| | 연령<br>전기노인<br>(2,972명:80.4)<br>후기노인<br>(724명:19.6) | 60-64세(1) | 1,049(28.4) | 교육수준 | 미취학(1) | 594(16.1) |
| | | 65-69세(2) | 1,114(30.1) | | 초졸(2) | 1,593(43.1) |
| | | 70-74세(3) | 809(21.9) | | 중졸(3) | 600(16.2) |
| | | 75-79세(4) | 452(12.2) | | 고졸(4) | 621(16.8) |
| | | 80-84세(5) | 164(4.4) | | 대졸(5) | 243(6.6) |
| | | 85-89세(6) | 82(2.2) | | 대학원 이상(6) | 45(1.2) |
| | | 90세 이상(7) | 26(.7) | | | |
| | 혼인상태 | 비동거(0) | 1,076(29.2) | 장애 유무 | 무(0) | 3,237(87.6) |
| | | 동거(1) | 2,617(70.8) | | 유(1) | 459(12.4) |
| 전기 노인 | 성별 | 남(0) | 1,381(46.5) | 경제활동 | 무(0) | 1,499(50.4) |
| | | 여(1) | 1,591(53.3) | | 유(1) | 1,473(49.6) |
| | 연령 | 60-64세(1) | 1,049(35.3) | 교육수준 | 미취학(1) | 321(10.8) |
| | | | | | 초졸(2) | 1,297(43.6) |
| | | 65-69세(2) | 1,114(37.5) | | 중졸(3) | 545(18.3) |
| | | | | | 고졸(4) | 565(19.0) |
| | | 70-74세(3) | 809(27.2) | | 대졸(5) | 204(6.9) |
| | | | | | 대학원 이상(6) | 40(1.3) |
| | 혼인상태 | 비동거(0) | 677(22.8) | 장애 유무 | 무(0) | 2,616(88.0) |
| | | 동거(1) | 2,295(77.2) | | 유(1) | 356(12.0) |
| 후기 노인 | 성별 | 남(0) | 277(38.3) | 경제활동 | 무(0) | 596(82.3) |
| | | 여(1) | 447(61.7) | | 유(1) | 128(17.7) |
| | 연령 | 75-79세(4) | 452(62.4) | 교육수준 | 미취학(1) | 273(37.7) |
| | | 80-84세(5) | 164(22.7) | | 초졸(2) | 296(40.9) |
| | | | | | 중졸(3) | 55(7.6) |
| | | 85-89세(6) | 82(11.3) | | 고졸(4) | 56(7.7) |
| | | 90세 이상(7) | 26(3.6) | | 대졸(5) | 39(5.4) |
| | | | | | 대학원 이상(6) | 5(.7) |
| | 혼인상태 | 비동거(0) | 402(55.5) | 장애 유무 | 무(0) | 621(85.8) |
| | | 동거(1) | .322(44.5) | | 유(1) | 103(14.2) |

주요 변인들의 다변량 정규성을 확인한 결과 외래의료서비스 이용횟수와 소득수준은 비정규성을 나타내는 분포인 왜도가 3 이상, 첨도가 10 이상인 것으로 나타나 상용로그로 치환하여 사용하였다. 외래의료서비스 이용횟수, 만성질환, 우울은 전기노인보다 후기노인이 유의미하게 높게 나타났다. 그리고 소득수준, 문제음주, 스트레스는 전기노인보다 후기노인이 유의미하게 낮게 나타났다. 외래의료서비스를 이용한 환자들의 이용횟수를 보면 60세 이상 환자들의 평균이용횟수는 25.54회로 60세 미만 환자들의 평균이용횟수의 10.67회에 비해 약 2.4배 정도 많은 것으로 나타났다. 또한 후기노인의 외래의료서비스 이용횟수는 평균 28.57회로 전기노인의 평균 24.81회보다 유의하게 많은 것으로 나타났다.

외래의료서비스 이용횟수에 대한 노인구분(전기노인, 후기노인)과 주요 변수(성별, 혼인상태, 경제활동 유무, 장애 유무)에 대한 효과를 분석하였다(표 7-3). 외래의료서비스 이용횟수에 대한 노인구분과 성별 효과는 모두 유의한 것으로 나타났다. 노인구분과 성별 간의 상호작용효과가 유의하게 나타나($p<0.05$), 전기노인에서 남자보다 여자의 외래의료서비스 이용횟수가 후기노인보다 더 많았다. 외래의료서비스 이용횟수에 대한 노인구분과 혼인상태의 효과 또한 모두 유의한 것으로 나타났다. 노인구분과 혼인상태 간의 상호작용효과가 유의하게 나타나($p<0.01$), 전기노인에서 비동거노인의 외래의료서비스 이용횟수가 동거노인보다 더 많았다. 그리고 후기노인에서는 비동거노인과 동거노인의 외래의료서비스 이용횟수가 비슷한 것으로 나타났다.

외래의료서비스 이용횟수에 대한 노인구분과 경제활동 유무의 효과는 경제활동 유무에서만 유의하게 나타났다($p<0.01$). 노인구분과 경제활동 유무 간의 상호작용효과는 없는 것으로 나타나, 전기노인과 후기노인 모두 경제활동이 없는 노인이 경제활동이 있는 노인보다 외래의료서비스 이용횟수가 많았다. 외래의료서비스 이용횟수에 대한 노인구분과 장애 유무의 효과는 장애 유무에서만 유의하게 나타났으며($p<0.01$), 노인구분과 장애 유무 간의 상호작용효과는 없는 것으로 나타났다. 전기노인과 후기노인 모두 장애가 있는 노인이 장애가 없는 노인보다 외래의료서비스 이용횟수가 많았다.

[표 7-3] 주요 변수와 노인구분에 따른 외래의료서비스 이용횟수에 대한 분산분석 결과

| 노인구분 | 성별 | | 혼인상태 | | 경제활동 유무 | | 장애 유무 | |
|---|---|---|---|---|---|---|---|---|
| | 남 | 여 | 비동거 | 동거 | 무 | 유 | 무 | 유 |
| | M(SD)* | M(SD) | M(SD) | M(SD) | M(SD) | M(SD) | M(SD) | M(SD) |
| 전기노인 | 1.10(0.47) | 1.25(0.43) | 1.27(0.43) | 1.16(0.46) | 1.22(0.45) | 1.14(0.45) | 1.17(0.45) | 1.30(0.44) |
| 후기노인 | 1.21(0.44) | 1.27(0.47) | 1.25(0.45) | 1.25(0.47) | 1.28(0.44) | 1.14(0.50) | 1.24(0.45) | 1.31(0.48) |

| 노인구분 상호작용변수 | 분산원 | 제곱합 | 자유도 | 평균제곱 | F | 유의확률 |
|---|---|---|---|---|---|---|
| 성별 | 노인구분 | 2.512 | 1 | 2.51 | 12.16 | 0.000[a] |
| | 성별 | 5.941 | 1 | 5.94 | 28.78 | 0.000[a] |
| | 노인구분×성별 | 1.228 | 1 | 1.22 | 5.95 | 0.015[b] |
| | 오차 | 714.77 | 3463 | 0.206 | | |
| | 합계 | 5727.57 | 3467 | | | |
| 혼인 상태 | 노인구분 | 0.719 | 1 | 0.719 | 3.428 | 0.064[c] |
| | 혼인상태 | 1.345 | 1 | 1.345 | 6.418 | 0.011[b] |
| | 노인구분×혼인상태 | 1.708 | 1 | 1.708 | 8.148 | 0.004[a] |
| | 오차 | 725.88 | 3463 | 0.210 | | |
| | 합계 | 5727.57 | 3467 | | | |
| 경제활동 유무 | 노인구분 | 0.209 | 1 | 0.209 | 0.999 | 0.318 |
| | 경제활동 유무 | 4.586 | 1 | 4.58 | 21.915 | 0.000[a] |
| | 노인구분×경제활동 유무 | 0.245 | 1 | 0.245 | 1.171 | 0.279 |
| | 오차 | 724.61 | 3463 | 0.209 | | |
| | 합계 | 5727.57 | 3467 | | | |
| 장애 유무 | 노인구분 | 0.488 | 1 | 0.488 | 2.326 | 0.127 |
| | 장애 유무 | 2.904 | 1 | 2.904 | 13.850 | 0.000[a] |
| | 노인구분×장애 유무 | 0.228 | 1 | 0.228 | 1.089 | 0.297 |
| | 오차 | 726.19 | 3463 | 0.210 | | |
| | 합계 | 5727.57 | 3467 | | | |

[a] $p<0.01$, [b] $p<0.05$, [c] $p<0.1$

* M(Mean), SD(Standard Deviation)

## 5 인구사회학적 특성분석

[사용데이터: 의료패널(전체_2009)_노인.sav, 의료패널(전체_2009_초기노인), 의료패널(전체_2009_후기노인)]

1단계: 연구데이터를 불러온다.

- [SPSS 실행] → [열기] [의료패널(전체_2009)_노인.sav]

2단계: [SPSS 데이터 편집기] → [분석] → [기술통계량] → [빈도분석(변수 지정)] → [확인]

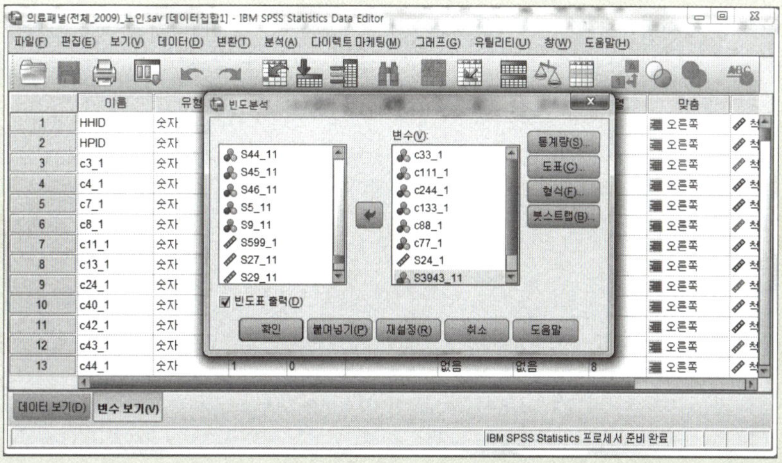


3단계: 외래의료서비스 이용횟수(oucount_1)와 소득(TOTAL_1)의 정규성을 확인한다.

- [SPSS 데이터 편집기] → [분석] → [기술통계량] → [기술통계(변수지정)] → [옵션(첨도, 왜도 지정)] → [확인]

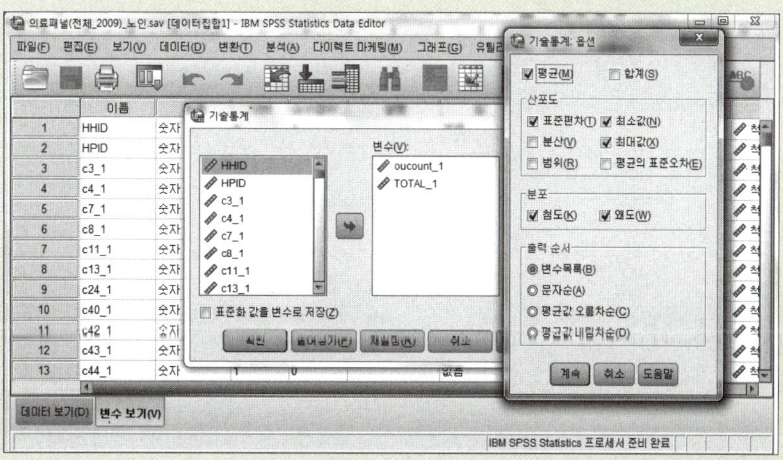

| | N | 최소값 | 최대값 | 평균 | 표준편차 | 왜도 | | 첨도 | |
|---|---|---|---|---|---|---|---|---|---|
| | 통계량 | 통계량 | 통계량 | 통계량 | 통계량 | 통계량 | 표준오차 | 통계량 | 표준오차 |
| oucount_1 | 3467 | 1 | 312 | 25.54 | 28.616 | 3.846 | 0.042 | 23.223 | 0.083 |
| TOTAL_1 | 3695 | 12.00 | 38000.00 | 2131.8963 | 2348.88098 | 4.805 | 0.040 | 45.359 | 0.081 |
| 유효수(목록별) | 3466 | | | | | | | | |

- 외래의료서비스 이용횟수와 소득의 분포가 비정규성인 것을 알 수 있다.

## 6 이원분산분석

분산분석(ANalysis Of VAriance, ANOVA)은 세 집단 이상의 평균을 비교하는 분석방법으로 독립변수가 1개일 경우 일원분산분석(one-way ANOVA), 독립변수가 2개인 경우 이원분산분석(two-way ANOVA)이라고 부른다. 본 연구의 분산분석은 2개의 독립변수에 대해 집단 간 외래의료서비스 이용횟수의 평균을 비교하기 위한 것으로 이원분산분석을 사용해야 한다.

1단계: 연구데이터를 불러온다.

- [SPSS 실행] → [열기] [의료패널(전체_2009)_노인.sav]

2단계: 이원분산분석을 실행한다[노인구분(aging1)*성별(c33_1)].

- [SPSS 데이터 편집기] → [분석] → [일반선형모형] → [일변량]

3단계: 종속변수(oucount_111)와 모수요인(독립변수: aging1, c33_1)을 선택한 후, [옵션]을 지정(기술통계량, 동질성검정)한다.

4단계: 결과를 해석한다.

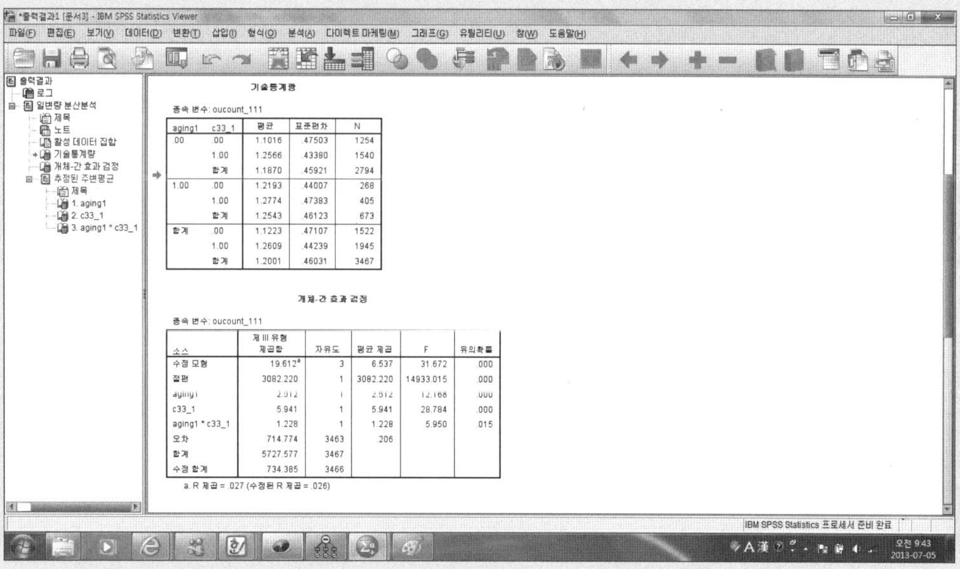


- 노인구분(초기, 후기)과 성별에 대한 이원분산분석의 결과표를 보면, 노인구분(aging1)×성별(c33_1)의 상호작용이 유의하여(p=0.015) 전기노인에서 남자보다 여자의 외래의료서비스 이용횟수가 후기노인보다 더 많은 것으로 나타났다. 즉 '전기노인에서 남자보다 여자의 외래의료서비스 이용횟수'가 '후기노인에서 남자보다 여자의 외래의료서비스 이용횟수'보다 더 많은 것으로 나타났다.

5단계: 계속하여 종속변수(oucount_111)와 모수요인[aging1×(혼인상태(c77_1), 경제활동 유무(c244_1), 장애 유무(c133_1)]의 이원분산분석을 실시한다.

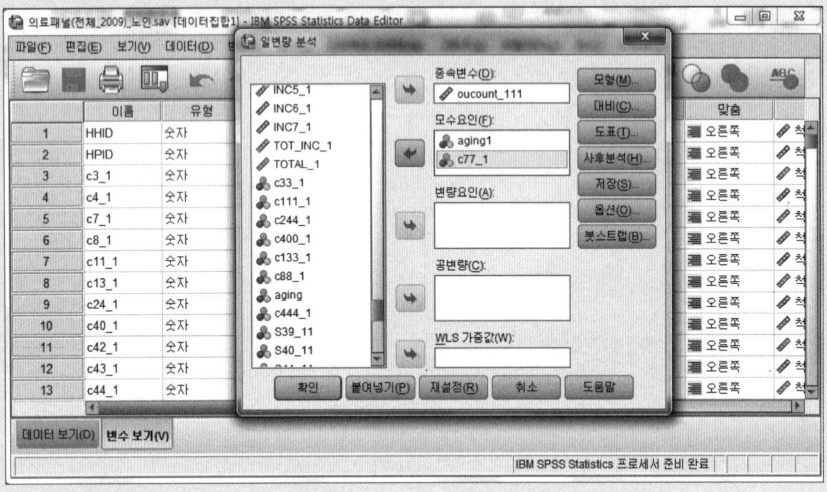


## 4-2 다중집단 구조모형 분석

### 1) 연구모형의 적합성 검증

연구모형(그림 7-1)에서 제시한 앤더슨 모형의 선행·가능·욕구 요인이 스트레스 취약요인을 매개하여 외래의료서비스 이용에 어떠한 구조적 관계를 가지는지 노인전체, 전기노인, 후기노인을 대상으로 구조방정식모형을 통해 검증하였다. 노인전체와 전기노인, 후기노인 모두 연구모형과 실제 자료와의 적합도가 $\chi^2$와 PNFI를 제외하고 모든 적합도에서 높게 나타났다(표 7-4).

[표 7-4] 연구모형의 적합도 검증

| 노인구분 | $\chi^2$ | df | NFI | CFI | RMSEA | PNFI |
|---|---|---|---|---|---|---|
| 전체 | 84.100 | 6 | 0.980[a] | 0.981[a] | 0.059[b] | 0.038 |
| 전기노인 | 71.346 | 3 | 0.978[a] | 0.978[a] | 0.088[b] | 0.038 |
| 후기노인 | 12.758 | 3 | 0.988[a] | 0.990[a] | 0.067[b] | 0.038 |

[a] Good, [b] Normal

### 2) 전기노인과 후기노인의 다중집단 구조모형 분석

다중집단 구조모형 분석은 집단 간 경로계수를 가지고 서로 통계적인 차이 여부를 검증하는 것이다. 다중집단 구조모형 분석은 측정동일성 제약이 끝난 후, 집단 간 등가제약 과정을 거쳐 경로계수 간 유의미한 차이를 검증할 수 있다. 본 연구에서 구조모형은 경로모형으로, 각 요인에 대한 측정동일성을 검증할 필요가 없기 때문에 요인 사이의 경로계수로 집단 간(전기노인, 후기노인) 차이를 검증하였다(그림 7-6).

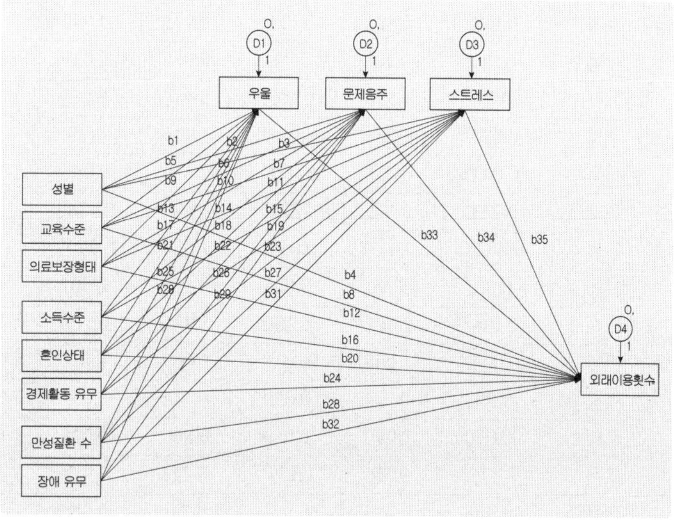


[그림 7-6] 다중집단(전기노인, 후기노인) 구조모형

[표 7-5]와 같이 전체 노인에 대해 외래의료서비스 예측요인과 스트레스 취약요인의 변수들이 외래의료서비스 이용에 미치는 영향을 살펴보았다. 성별에 따라서는 유의한 차이가 있는 것으로 나타나(b=0.046, $p<0.05$), 여성노인이 남성노인보다 외래의료서비스 이용횟수가 많았다. 만성질환의 경우 유의한 차이가 있는 것으로 나타나(b=0.452, $p<0.01$) 만성질환 수가 많은 노인의 외래의료서비스 이용횟수가 많았다. 우울의 경우에도 유의한 차이가 있는 것으로 나타나(b=0.044, $p<0.01$), 우울이 높은 노인의 외래의료서비스 이용횟수가 많았다.

연구문제 3의 노년기 외래의료서비스 이용의 전기노인과 후기노인의 차이를 살펴보기 위하여 다중집단 구조모형 분석을 실시하였다. 전체 구조모형이 전기노인 집단과 후기노인 집단 간에 차이가 있는지를 확인한 다음, 각각의 경로에서 노인 연령집단 간에 차이가 있는지를 검증한 결과 전기노인과 후기노인 간에 유의미한 차이가 있었다[$\chi^2(6)=84.10$, $p<0.000$].

[표 7-5] 전기노인과 후기노인 집단 간의 다중집단 구조모형 분석 결과

| 구분 | Path | 전체(2009) | | 전기노인 | | 후기노인 | | C.R.[2] |
|---|---|---|---|---|---|---|---|---|
| | | $\beta$[1] | C.R. | $\beta$ | C.R. | $\beta$ | C.R. | |
| 예측 변수 | 성별 → 우울 | 0.059[a] | 3.072 | 0.042[b] | 2.033 | 0.211[a] | 3.828 | 2.969[a] |
| | 성별 → 문제음주 | – 0.243[a] | –8.994 | –0.242[a] | –8.446 | –0.336[a] | –3.988 | –1.222 |
| | 성별 → 스트레스 | 0.111 | 1.562 | 0.092 | 1.241 | 0.075 | 0.423 | –0.210 |
| | 교육수준 → 우울 | –0.048[b] | –2.513 | –0.053[a] | –2.565 | –0.006 | –0.138 | 0.864 |
| | 교육수준 → 문제음주 | 0.031 | –1.152 | –0.016 | –0.552 | –0.115[c] | –1.655 | –1.337 |
| | 교육수준 → 스트레스 | –0.099 | –1.421 | –0.139[c] | –1.874 | 0.139 | 0.955 | 1.827[c] |
| | 의료보장 → 우울 | 0.112[a] | 6.427 | 0.135[a] | 7.045 | 0.042 | 1.018 | –2.556[a] |
| | 의료보장 → 문제음주 | –0.002 | –0.101 | 0.001 | 0.035 | –0.030 | –0.483 | –0.444 |
| | 의료보장 → 스트레스 | 0.101 | 1.573 | 0.115[c] | 1.674 | 0.018 | 0.140 | –1.000 |
| | 소득수준 → 우울 | –0.075[a] | –4.281 | –0.057[a] | –2.909 | –0.128[a] | –3.182 | –1.486 |
| | 소득수준 → 문제음주 | 0.043[c] | –1.751 | –0.071[a] | –2.637 | 0.056 | 0.907 | 1.972[b] |
| | 소득수준 → 스트레스 | –0.233[a] | –3.635 | –0.225[a] | –3.231 | –0.276[b] | –2.152 | 0.367 |
| | 혼인상태 → 우울 | –0.024 | –1.286 | –0.032[c] | –1.654 | 0.090[c] | 1.725 | 2.223[b] |
| | 혼인상태 → 문제음주 | –0.031 | –1.201 | –0.023 | –0.852 | –0.101 | –1.267 | –0.876 |
| | 혼인상태 → 스트레스 | 0.136[b] | 2.002 | 0.104 | 1.487 | 0.205 | 1.230 | 0.232 |
| | 경제활동 → 우울 | –0.034[b] | –1.948 | –0.040[b] | –2.069 | 0.014 | 0.330 | 0.961 |
| | 경제활동 → 문제음주 | 0.022 | –0.914 | –0.020 | –0.744 | –0.052 | –0.838 | –0.579 |
| | 경제활동 → 스트레스 | 0.070 | 1.090 | 0.059 | 0.860 | –0.028 | –0.211 | –0.582 |
| | 만성질환 → 우울 | 0.176[a] | 9.555 | 0.179[a] | 8.747 | 0.162[a] | 3.791 | 0.157 |
| | 만성질환 → 문제음주 | –0.006 | 0.224 | 0.021 | 0.741 | –0.087 | –1.314 | –1.493 |
| | 만성질환 → 스트레스 | 0.118[c] | 1.722 | 0.118 | 1.613 | 0.025 | 0.185 | –0.734 |
| | 장애 유무 → 우울 | 0.023 | 1.372 | 0.023 | 1.219 | 0.016 | 0.415 | –0.137 |
| | 장애 유무 → 문제음주 | –0.024 | –1.028 | –0.022 | –0.863 | –0.058 | –0.962 | –0.536 |
| | 장애 유무 → 스트레스 | –0.018 | –0.298 | –0.020 | –0.309 | –0.459[a] | –3.611 | –2.738[a] |
| 매개 변수 | 우울 → 외래진료 | 0.044[a] | 2.680 | 0.047[a] | 2.621 | 0.036 | 0.976 | –0.349 |
| | 문제음주 → 외래진료 | –0.008 | 0.697 | 0.030 | 1.282 | –0.087 | –1.527 | –1.908[c] |
| | 스트레스 → 외래진료 | 0.071 | 1.121 | 0.024 | 0.342 | 0.572[a] | 4.449 | 3.983[a] |
| 선행 요인 | 성별 → 외래진료 | 0.046[b] | 2.276 | 0.063[a] | 2.989 | –0.019 | –0.179 | –0.732 |
| | 교육수준 → 외래진료 | –0.024 | –1.263 | –0.041[c] | –1.908 | –0.036 | –0.408 | 0.046 |
| 가능 요인 | 소득수준 → 외래진료 | –0.013 | 1.337 | –0.024 | –0.987 | 0.159[c] | 1.869 | 2.082[b] |
| | 혼인상태 → 외래진료 | 0.003 | –0.571 | 0.011 | 0.576 | –0.097 | –0.938 | –1.041 |
| | 의료보장 → 외래진료 | 0.024 | 0.150 | –0.037[c] | 1.866 | –0.009 | –0.113 | –0.679 |
| | 경제활동 → 외래진료 | –0.004 | –0.258 | 0.013 | 0.717 | –0.026 | –0.328 | –0.447 |
| 욕구 요인 | 만성질환 → 외래진료 | 0.452[a] | 24.397 | 0.448[a] | 22.115 | 0.458[a] | 5.623 | 0.454 |
| | 장애 유무 → 외래진료 | 0.025 | 1.565 | 0.030[c] | 1.728 | 0.260[a] | 2.696 | 2.322[b] |

[a] $p<0.01$, [b] $p<0.05$, [c] $p<0.1$

[1] Standardized estimates

[2] Critical ratios for differences

문제음주가 외래의료서비스 이용횟수에 미치는 영향은 두 집단 간의 차이가 p<0.1에서 유의하게 나타나, 전기노인은 문제음주가 많을수록 외래의료서비스 이용횟수가 많았으나 통계적으로 유의하지 않았으며(b=0.030, p>0.1), 후기노인은 문제음주가 많을수록 외래의료서비스 이용횟수가 적었으나 통계적으로 유의하지 않게 나타났다(b=−0.087, p>0.1). 스트레스가 외래의료서비스 이용횟수에 미치는 영향은 두 집단 간의 차이가 p<0.01에서 유의하게 나타나, 전기노인은 스트레스가 많을수록 외래의료서비스 이용횟수가 많았으나 통계적으로 유의하지 않았으며(b=0.024, p>0.1), 후기노인은 스트레스가 많을수록 외래의료서비스 이용횟수가 많은 것으로 나타났다(b=0.572, p<0.01). 소득수준이 외래의료서비스 이용횟수에 미치는 영향은 두 집단 간의 차이가 p<0.05에서 유의하게 나타나, 전기노인은 소득수준이 높을수록 외래의료서비스 이용횟수가 적었으나 통계적으로 유의하지 않았으며(b=−0.024, p>0.1), 후기노인은 소득수준이 높을수록 외래의료서비스 이용횟수가 많은 것으로 나타났다(b=0.159, p<0.1). 장애 유무가 외래의료서비스 이용횟수에 미치는 영향은 두 집단 간의 차이가 p<0.05에서 유의하게 나타나, 전기노인(b=0.03, p<0.1)과 후기노인(b=0.260, p<0.05) 모두 장애가 있는 경우 외래의료서비스 이용횟수가 많은 것으로 나타났다. 특히, 후기노인의 장애가 전기노인의 장애보다 외래의료서비스 이용횟수를 더 많이 증가시키는 것으로 나타났다.

[표 7-5]에서 전기노인은 외래의료서비스에 우울의 매개효과가 유의한 것으로 나타났으며(b=0.47, p<0.01), 후기노인은 외래의료서비스에 스트레스의 매개효과가 유의한 것으로 나타났다(b=0.572, p<0.01). 즉, 전기노인은 만성질환(b=0.448, p<0.001), 장애 유무(b=0.030, p<0.1), 성별(b=0.063, p<0.01), 교육수준(b=−0.041, p<0.1), 의료보장(b=−0.037, p<0.1)에서 외래의료서비스 이용횟수로 가는 경로에 우울이 매개하는 것으로 나타났다. 후기노인은 만성질환(b=0.0458, p<0.01), 장애 유무(b=0.260, p<0.01), 소득수준(b=0.159, p<0.1)에서 외래의료서비스 이용횟수로 가는 경로에 스트레스가 매개하는 것으로 나타났다.

따라서 외래의료서비스 이용에 대한 스트레스 취약요인의 매개효과를 살펴보기 위하여 [표 7-6]과 같이 효과분해와 매개효과를 검증하였다. 간접효과의 유의성 검증을 위한 Sobel test 결과 전기노인은 외래의료서비스 이용횟수로 가는 모든 경로에서 간접효과가 유의한 것으로 나타났으며(p<0.01), 후기노인은 장애 유무에서 외래의료서비스 이용횟수로 가는 경로만 유의하게 나타났다(p<0.05). Hair 외(2006)가 제시한 매개효과를 검증한 결과 전기노인은 외래의료서비스 이용횟수로 가는 모든 경로에서 우울이 부분매개(partial mediation)하는 것으로 나타났으며, 후기노인은 만성질환에서 외래의료서비스 이용횟수로 가는 경로는 스트레스가 부분매개를 보여 주고 있으나, 장애 유무에서 외래의료서비스 이용횟수로 가는 경로에 스

트레스가 완전매개(full mediation)하는 것으로 나타났다.

[표 7-6] 스트레스 취약요인(우울, 스트레스)의 효과분해와 매개효과 검증

| 우울매개(전기노인) | | | | 스트레스매개(후기노인) | | | |
|---|---|---|---|---|---|---|---|
| Path[*] | TE | DE | IE[1] | Path | TE | DE | IE[1] |
| 만성질환→외래의료서비스 이용 | 0.484 | 0.468 | 0.016[a] | 만성질환→외래의료서비스 이용 | 0.498 | 0.467 | 0.031 |
| DP→MP[2] | 0.486[a]→0.468[a] | | | DP→MP[2] | 0.498[a]→0.467[a] | | |
| 장애 유무→외래의료서비스 이용 | 0.095 | 0.081 | 0.013[a] | 장애 유무→외래의료서비스 이용 | 0.057 | 0.248 | –0.191[b] |
| DP→MP[2] | 0.094[a]→0.081[a] | | | DP→MP[2] | 0.057→0.248[a] | | |
| 성별→외래의료서비스 이용 | 0.169 | 0.148 | 0.022[a] | 소득수준→외래의료서비스 이용 | –0.031 | 0.052 | –0.083 |
| DP→MP[2] | 0.168[a]→0.148[a] | | | DP→MP[2] | –0.031→0.052 | | |
| 교육수준→외래의료서비스 이용 | –0.135 | –0.114 | –0.022[a] | | | | |
| DP→MP[2] | –0.135[a]→–0.114[a] | | | | | | |
| 의료보장→외래의료서비스 이용 | 0.153 | 0.121 | 0.032[a] | | | | |
| DP→MP[2] | 0.153[a]→0.121[a] | | | | | | |

[1] Sobel test: [a] $p<0.01$, [b] $p<0.05$

[2] Mediator Effect: DP(Direct Path coefficient), MP(Mediator Path coefficient)

[*] TE: Total Effect, DE: Direct Effect, IE: Indirect Effect

## 7 연구모형의 적합도 검증

1단계: '앤더슨_연구모형(노인전체).amw'를 그린다.

- 경로도형은 측정오차를 가정하고 있지 않기 때문에 경로분석에서는 구조오차(외생변수가 내생변수에 영향을 미치고 난 나머지 부분에 대한 오차)만 존재한다.

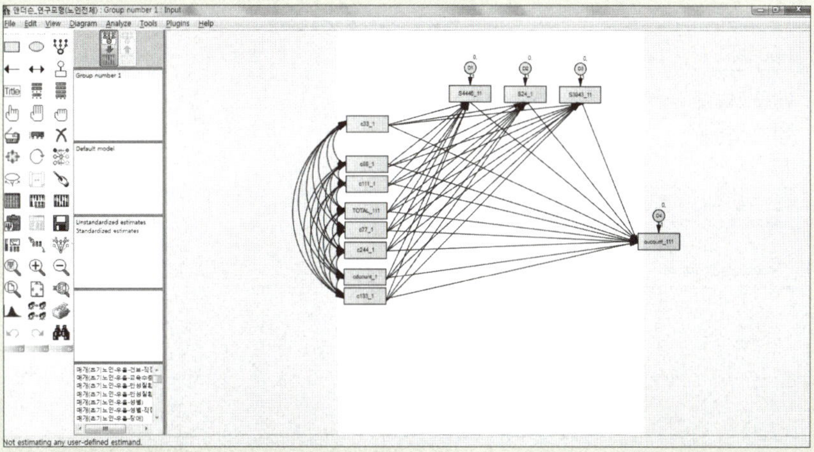


2단계: 다중집단 구조모형을 그린다.

- 집단관리창에 있는 [Group number 1]을 더블클릭한다.

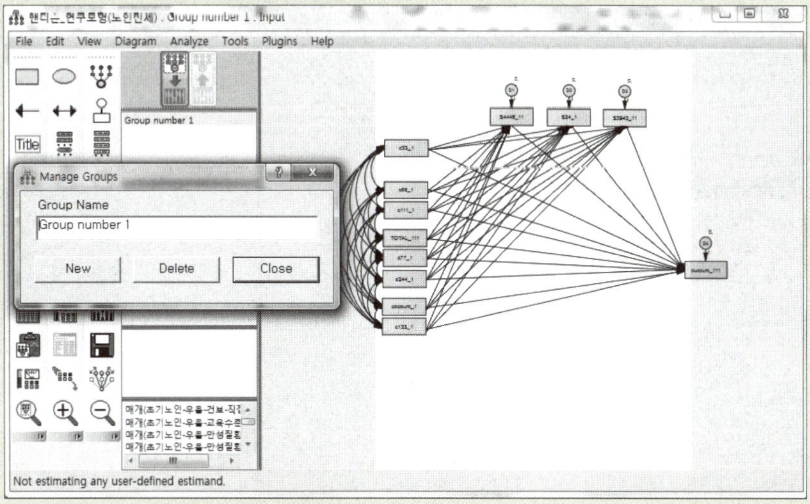

- 생성된 [Manage Groups] 창에서 [New] 버튼을 누르면 [Group number 2]가 생성된다.

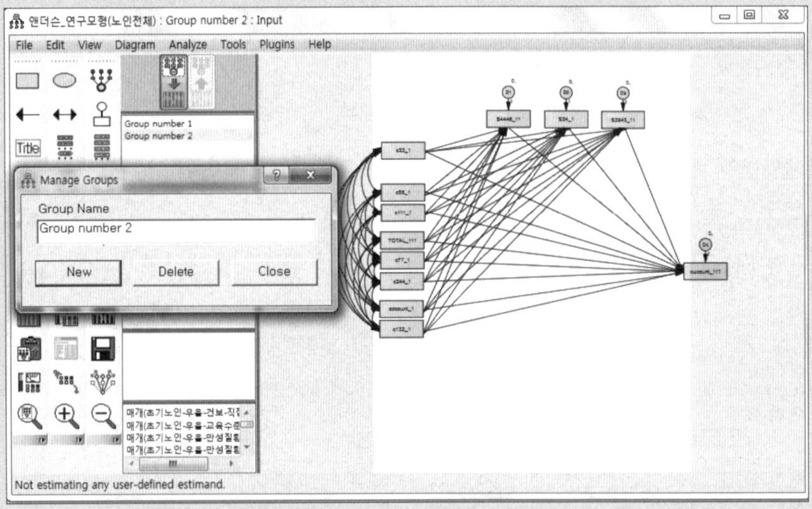


- 위 상태는 두 집단을 연결할 수 있는 모델 2개가 생성된 것으로 [Group number 1]에는 '전기노인'을 입력하고, [Group number 2]에는 '후기노인'이라고 입력한다.

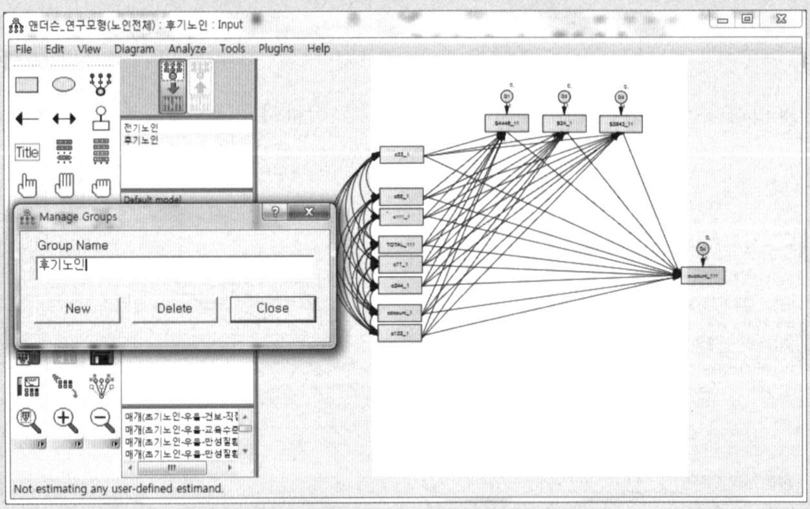

- [File-Data Files]에서 '전기노인', '후기노인'에 각각의 데이터를 연결한다(이때 전기노인과 후기노인의 모든 변수는 동일하게 설정해야 한다).

  전기노인 → 의료패널(전체_2009_초기노인).sav

  후기노인 → 의료패널(전체_2009_후기노인).sav

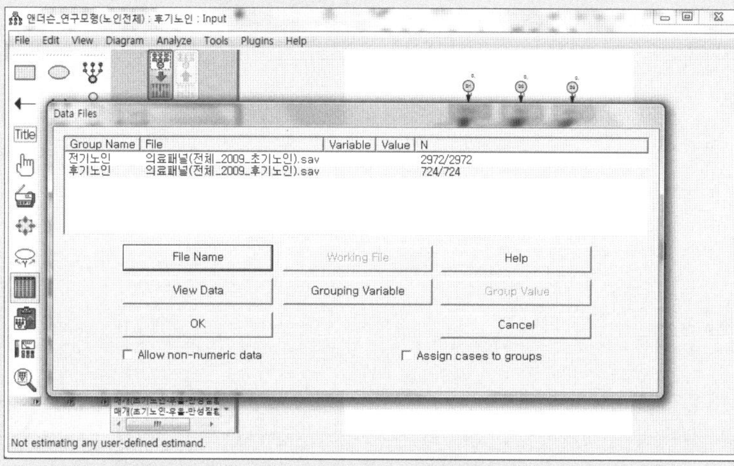


- 하나의 모델을 2개의 집단으로 나누었기 때문에 분석결과에 혼돈이 올 수 있다. 그러므로 모델 작업창에 각 집단의 이름을 입력해 줘야 한다. 모델관리창의 '전기노인'을 지정하여 → [Title 아이콘] 클릭 → [모델 작업창] 클릭 → [Figure Caption] 창이 생성되면 [Caption]란에 '전기노인'이라고 모델명을 입력한다. 같은 방법으로 '후기노인'이라는 집단의 이름도 입력한다. 이름의 위치를 수정할 때는 [이동아이콘]을 사용한다.

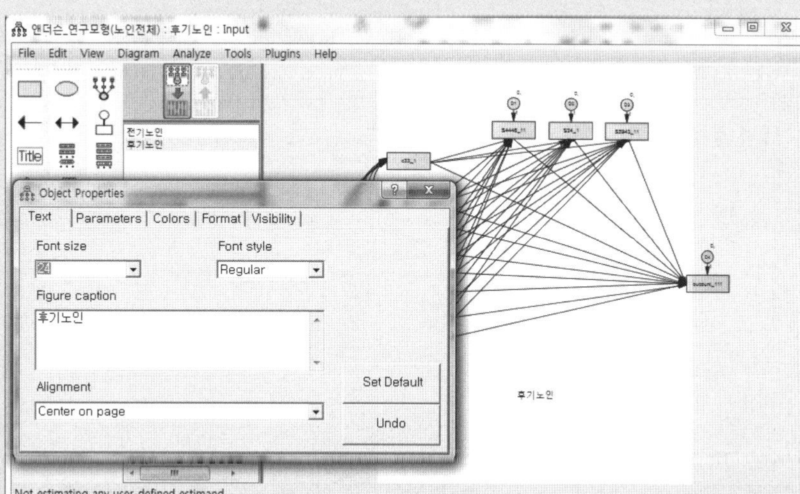

- 다중집단 구조모형을 저장한다. [File] → [Save as]를 클릭하여 '앤더슨_다중집단(전기후기노인).amw'로 저장한다.

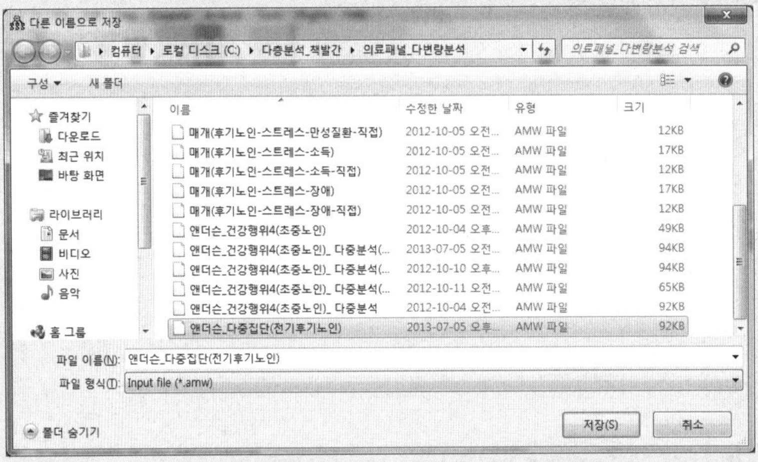


- 실행한 후 결과를 확인한다. (실행) 아이콘을 클릭한 후 (결과보기) 아이콘으로 결과를 확인한다.
- 연구모형 전체의 적합도는 $\chi^2$=84.100(df=6), NFI=0.980, CFI=0.981, RMSEA=0.059, PNFI=0.038로 $\chi^2$와 PNFI를 제외하고 모든 적합도에서 높게 나타난다.

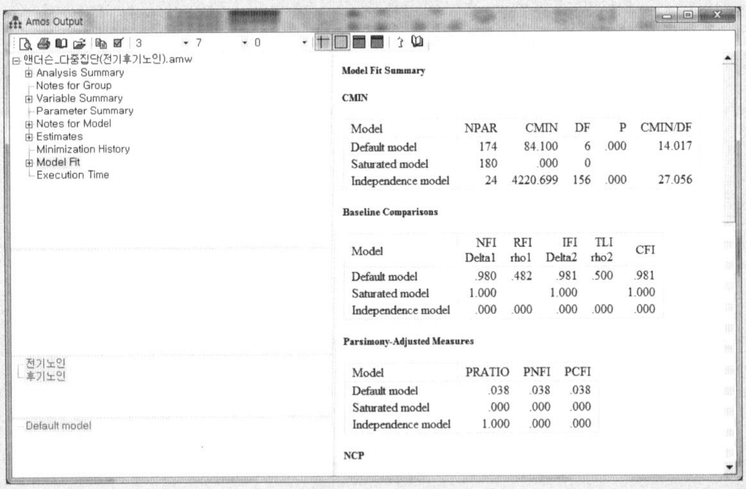

3단계: 전기노인의 적합도 검증

- [Manage Groups] 창에서 [Delete] 버튼을 눌러 [후기노인]을 삭제한 후 [Close]한다.

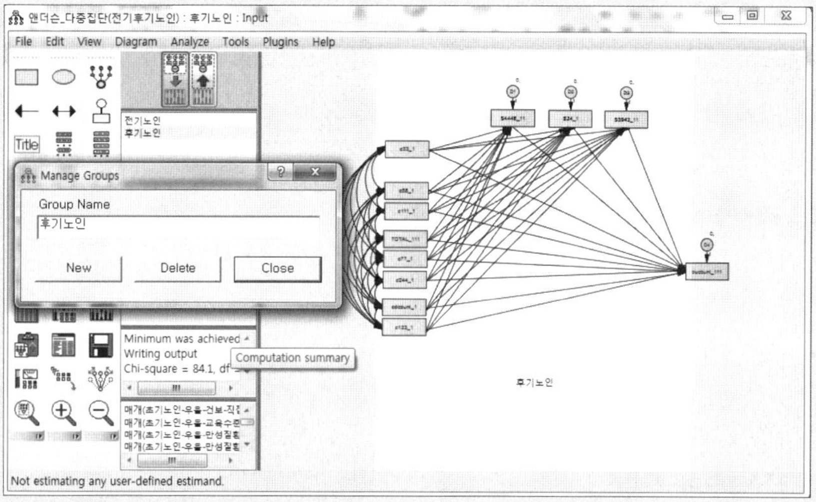


- 실행한 후 결과를 확인한다.

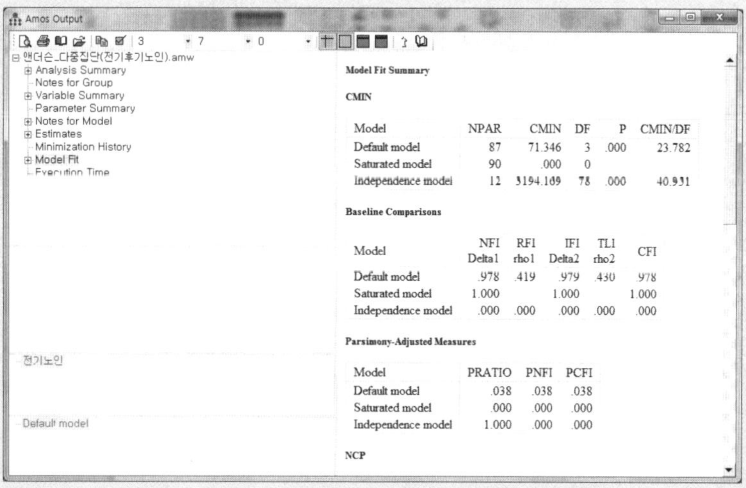


4단계: 후기노인의 적합도 검증

- [Manage Groups] 창에서 [Delete] 버튼을 눌러 [전기노인]을 삭제한 후 [Close]한다.
- 실행한 후 결과를 확인한다.

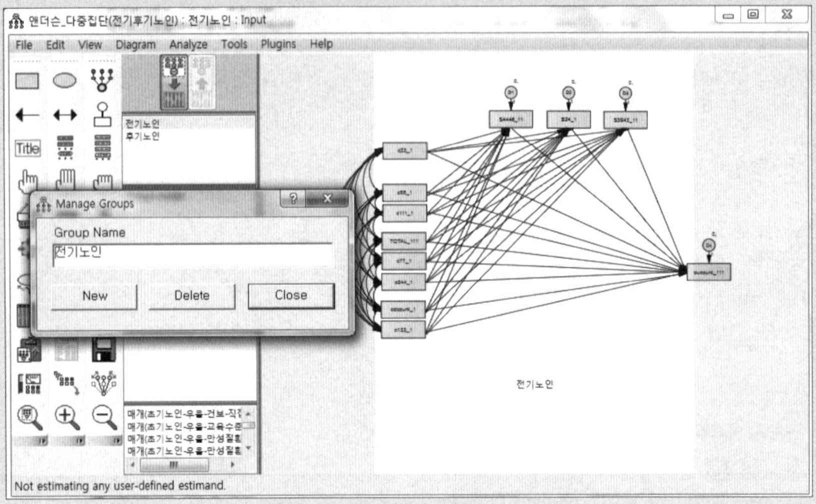


## 8 전체집단 구조모형 분석

• [표 7-5]의 전체 집단 구조모형의 분석 절차는 다음과 같다.

1단계: 연구모형[앤더슨_연구모형(노인전체).amw]을 불러와서 전체 노인의 데이터[의료패널(전체_2009)_노인.sav]를 연결시킨다.

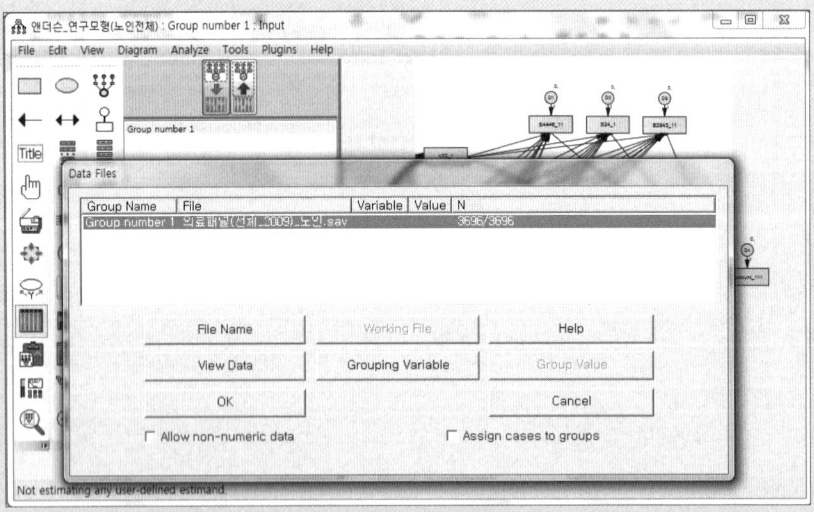

2단계: 실행한 후 결과를 확인한다. (실행) 아이콘을 클릭한 후 (결과보기) 아이콘으로 결과를 확인한다.

- 각각의 경로에서 Standardized Regression Weights($\beta$) 값과 Regression Weights에서 C.R. 값을 확인한다.

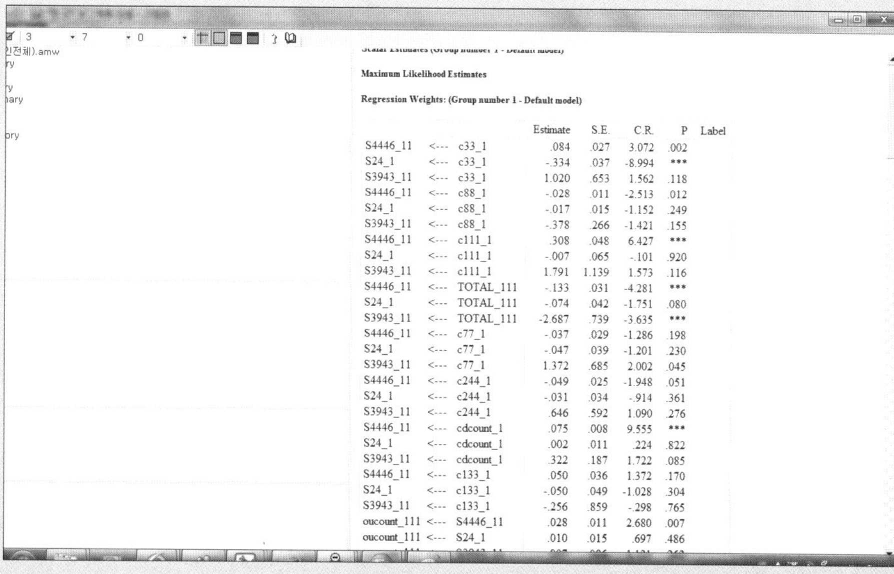

Maximum Likelihood Estimates

Regression Weights: (Group number 1 - Default model)

| | | | Estimate | S.E. | C.R. | P | Label |
|---|---|---|---|---|---|---|---|
| S4446_11 | <--- | c33_1 | .084 | .027 | 3.072 | .002 | |
| S24_1 | <--- | c33_1 | -.334 | .037 | -8.994 | *** | |
| S3943_11 | <--- | c33_1 | 1.020 | .653 | 1.562 | .118 | |
| S4446_11 | <--- | c88_1 | -.028 | .011 | -2.513 | .012 | |
| S24_1 | <--- | c88_1 | -.017 | .015 | -1.152 | .249 | |
| S3943_11 | <--- | c88_1 | -.378 | .266 | -1.421 | .155 | |
| S4446_11 | <--- | c111_1 | .308 | .048 | 6.427 | *** | |
| S24_1 | <--- | c111_1 | -.007 | .065 | -.101 | .920 | |
| S3943_11 | <--- | c111_1 | 1.791 | 1.139 | 1.573 | .116 | |
| S4446_11 | <--- | TOTAL_111 | -.133 | .031 | -4.281 | *** | |
| S24_1 | <--- | TOTAL_111 | -.074 | .042 | -1.751 | .080 | |
| S3943_11 | <--- | TOTAL_111 | -2.687 | .739 | -3.635 | *** | |
| S4446_11 | <--- | c77_1 | -.037 | .029 | -1.286 | .198 | |
| S24_1 | <--- | c77_1 | -.047 | .039 | -1.201 | .230 | |
| S3943_11 | <--- | c77_1 | 1.372 | .685 | 2.002 | .045 | |
| S4446_11 | <--- | c244_1 | -.049 | .025 | -1.948 | .051 | |
| S24_1 | <--- | c244_1 | -.031 | .034 | -.914 | .361 | |
| S3943_11 | <--- | c244_1 | .646 | .592 | 1.090 | .276 | |
| S4446_11 | <--- | cdcount_1 | .075 | .008 | 9.555 | *** | |
| S24_1 | <--- | cdcount_1 | .002 | .011 | .224 | .822 | |
| S3943_11 | <--- | cdcount_1 | .322 | .187 | 1.722 | .085 | |
| S4446_11 | <--- | c133_1 | .050 | .036 | 1.372 | .170 | |
| S24_1 | <--- | c133_1 | -.050 | .049 | -1.028 | .304 | |
| S3943_11 | <--- | c133_1 | -.256 | .859 | -.298 | .765 | |
| oucount_111 | <--- | S4446_11 | .028 | .011 | 2.680 | .007 | |
| oucount_111 | <--- | S24_1 | .010 | .015 | .697 | .486 | |

## 9 다중집단 구조모형 분석

• 집단 간 경로계수의 크기 비교는 다중집단 구조모형 분석에서 가능하다. 다중집단 구조모형 분석은 측정동일성 제약이 끝난 후, 집단 간 등가제약 과정을 거쳐 경로계수 간 유의미한 차이가 있는지 보아야 한다. 본 연구의 다중집단 구조모형은 경로모형으로, 각 요인에 대한 측정동일성을 검증할 필요가 없기 때문에 요인 사이의 경로계수로 집단 간 차이를 검증하였다(표 7-5의 전기노인, 후기노인, C.R. 작성).

1단계: 집단 간 등가제약을 수행한다.

- 전기노인의 경로를 (b1~b35)로 지정한다. 이때 [All group]은 해제해야 한다.

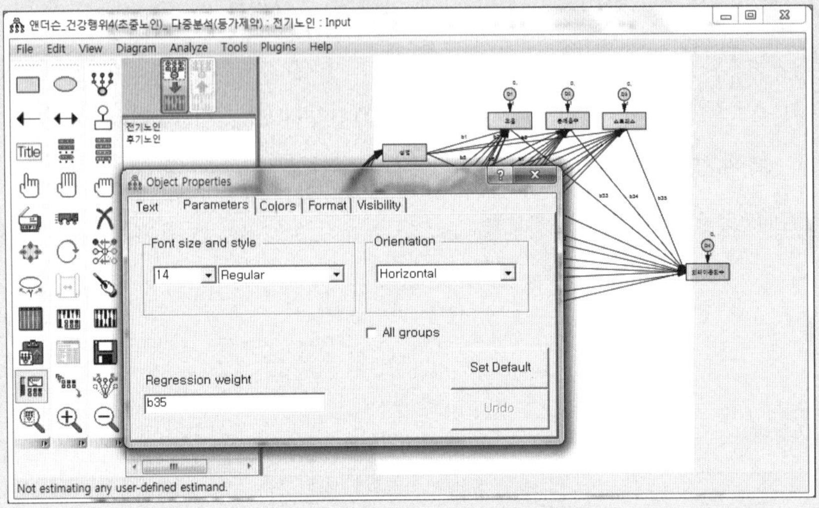


- 후기노인의 경로를 (bb1~bb35)로 지정한다.

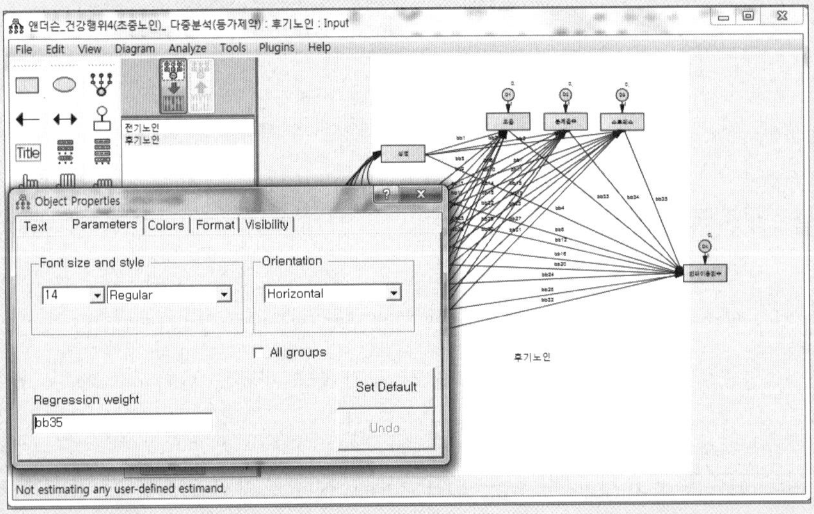


2단계: 집단 간 등가제약을 실시한다.

- model 창에서 [XX: Default model]을 더블클릭한다.
- [Manage Models] 창에서 [New]를 클릭한다.

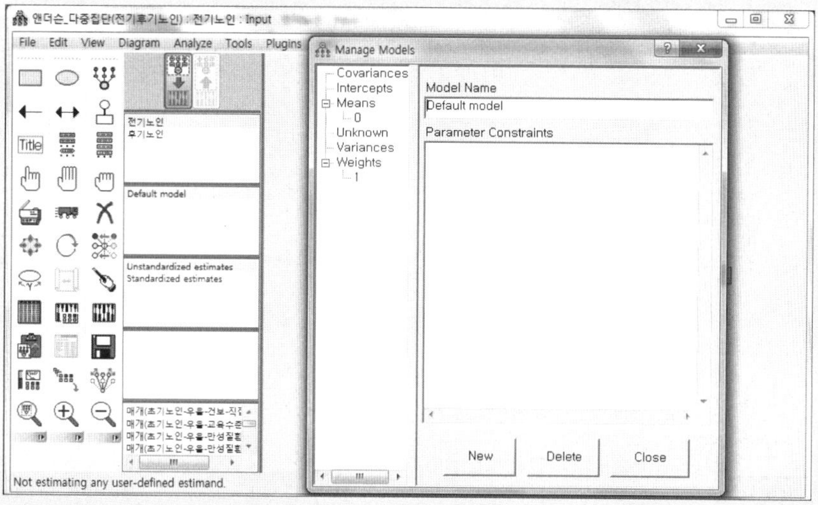


- [Manage Models] 창에서 [Model Name]을 p1으로 입력한다.
- [Parameter Constrains] 창에 'b1=bb1'을 입력한다.

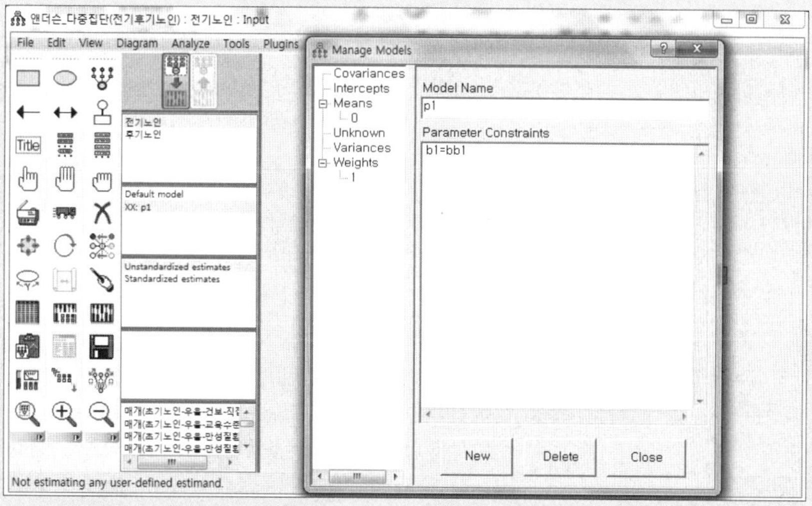


- [Manage Models] 창에서 [New]를 클릭한 후 같은 방식으로 p2(b2=bb2), p3(b3=bb3), p4(b4=bb4) ~ p35(b35=bb35)로 집단별 비교경로에 대한 제약모형을 만든다.
- 다중집단 구조모형을 저장한다. [FIle]→[Save as]를 클릭하여 '앤더슨_다중집단(전기후기노인)_등가제약.amw'로 저장한다.

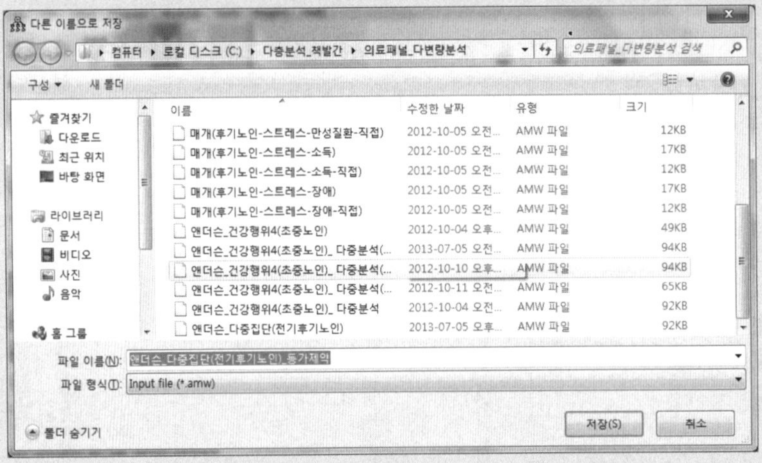

3단계: 집단 간 경로계수의 유의미한 차이는 Amos의 [Critical ratios for differences]에서 집단 간 C.R.값을 확인하여 검증할 수 있다.

- [View]→[Analysis Properties]→[Output]→[Critical ratios for differences]를 선택한다.

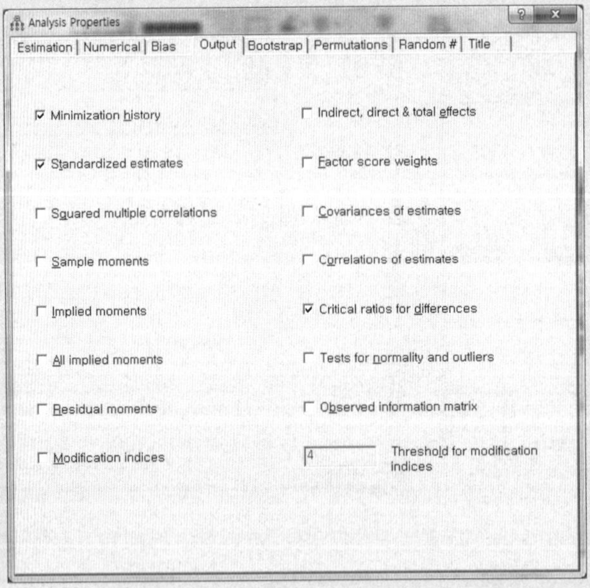

4단계: 집단 간 등가제약모형[앤더슨_다중집단(전기후기노인)_등가제약.amw]을 실행한다.

5단계: 결과를 확인한다.

- [View]→[Text Output]→[Estimate]에서 모든 경로계수를 확인한다.

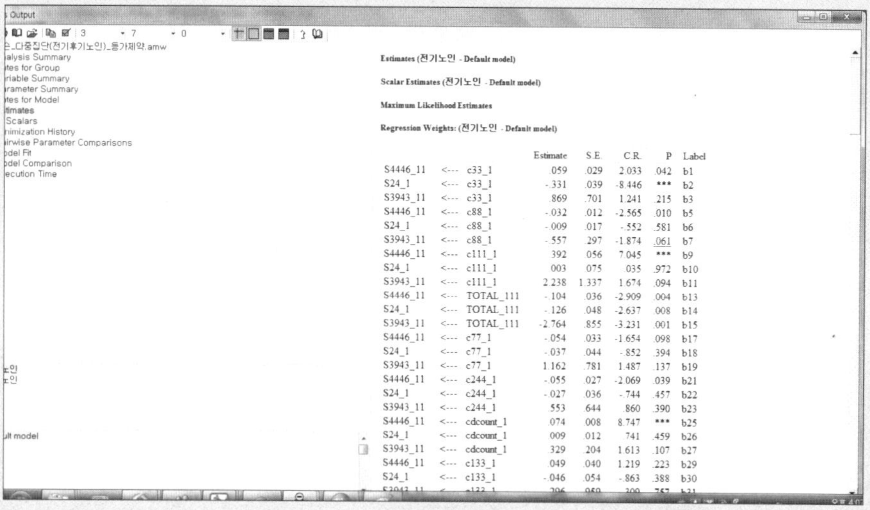

Estimates (전기노인 - Default model)

Scalar Estimates (전기노인 - Default model)

Maximum Likelihood Estimates

Regression Weights: (전기노인 - Default model)

| | | | Estimate | S.E. | C.R. | P | Label |
|---|---|---|---|---|---|---|---|
| S4446_11 | <--- | c33_1 | .059 | .029 | 2.033 | .042 | b1 |
| S24_1 | <--- | c33_1 | -.331 | .039 | -8.446 | *** | b2 |
| S3943_11 | <--- | c33_1 | .869 | .701 | 1.241 | .215 | b3 |
| S4446_11 | <--- | c88_1 | -.032 | .012 | -2.565 | .010 | b5 |
| S24_1 | <--- | c88_1 | -.009 | .017 | -.552 | .581 | b6 |
| S3943_11 | <--- | c88_1 | -.557 | .297 | -1.874 | .061 | b7 |
| S4446_11 | <--- | c111_1 | .392 | .056 | 7.045 | *** | b9 |
| S24_1 | <--- | c111_1 | .003 | .075 | .035 | .972 | b10 |
| S3943_11 | <--- | c111_1 | 2.238 | 1.337 | 1.674 | .094 | b11 |
| S4446_11 | <--- | TOTAL_111 | -.104 | .036 | -2.909 | .004 | b13 |
| S24_1 | <--- | TOTAL_111 | -.126 | .048 | -2.637 | .008 | b14 |
| S3943_11 | <--- | TOTAL_111 | -2.764 | .855 | -3.231 | .001 | b15 |
| S4446_11 | <--- | c77_1 | -.054 | .033 | -1.654 | .098 | b17 |
| S24_1 | <--- | c77_1 | -.037 | .044 | -.852 | .394 | b18 |
| S3943_11 | <--- | c77_1 | 1.162 | .781 | 1.487 | .137 | b19 |
| S4446_11 | <--- | c244_1 | -.055 | .027 | -2.069 | .039 | b21 |
| S24_1 | <--- | c244_1 | -.027 | .036 | -.744 | .457 | b22 |
| S3943_11 | <--- | c244_1 | .553 | .644 | .860 | .390 | b23 |
| S4446_11 | <--- | cdcount_1 | .074 | .008 | 8.747 | *** | b25 |
| S24_1 | <--- | cdcount_1 | .009 | .012 | .741 | .459 | b26 |
| S3943_11 | <--- | cdcount_1 | .329 | .204 | 1.613 | .107 | b27 |
| S4446_11 | <--- | c133_1 | .049 | .040 | 1.219 | .223 | b29 |
| S24_1 | <--- | c133_1 | -.046 | .054 | -.863 | .388 | b30 |

- [Pairwise Parameter Comparisons]→[Critical ratios for difference]에서 [b1–bb1]의 차이를 나타내는 C.R.값(2.969)을 확인한다.
- 계속해서 'b2－bb2, b3－bb3～b35－bb35' 계수를 확인한다.

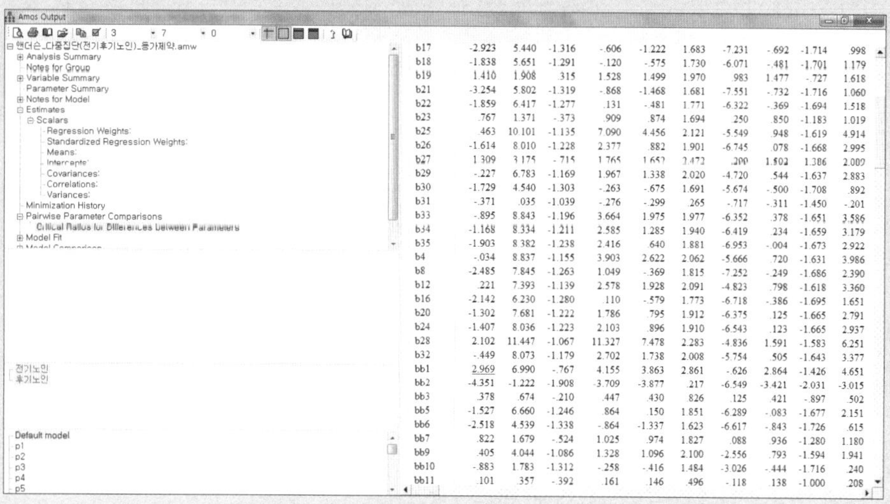



| | | | | | | | | | | |
|---|---|---|---|---|---|---|---|---|---|---|
| b17 | -2.923 | 5.440 | -1.316 | -.606 | -1.222 | 1.683 | -7.231 | -.692 | -1.714 | .998 |
| b18 | -1.838 | 5.651 | -1.291 | -.120 | -.575 | 1.730 | -6.071 | -.481 | -1.701 | 1.179 |
| b19 | 1.410 | 1.908 | .315 | 1.528 | 1.499 | 1.970 | .983 | 1.477 | -.727 | 1.618 |
| b21 | -3.254 | 5.802 | -1.319 | -.868 | -1.468 | 1.681 | -7.551 | -.732 | -1.716 | 1.060 |
| b22 | -1.859 | 6.417 | -1.277 | .131 | -.481 | 1.771 | -6.322 | -.369 | -1.694 | 1.518 |
| b23 | .767 | 1.371 | -.373 | .909 | .874 | 1.694 | .250 | .850 | -1.183 | 1.019 |
| b25 | .463 | 10.101 | -1.135 | 7.090 | 4.456 | 2.121 | -5.549 | .948 | -1.619 | 4.914 |
| b26 | -1.614 | 8.010 | -1.228 | 2.377 | .882 | 1.901 | -6.745 | .078 | -1.668 | 2.995 |
| b27 | 1.309 | 3.175 | -.715 | 1.765 | 1.652 | 2.472 | .200 | 1.502 | 1.386 | 2.009 |
| b29 | -.227 | 6.783 | -1.169 | 1.967 | 1.338 | 2.020 | -4.720 | .544 | -1.637 | 2.883 |
| b30 | -1.729 | 4.540 | -1.303 | -.263 | -.675 | 1.691 | -5.674 | -.500 | -1.708 | .892 |
| b31 | -.371 | .035 | -1.039 | -.276 | -.299 | .265 | -.717 | -.311 | -1.450 | -.201 |
| b33 | -.895 | 8.843 | -1.196 | 3.664 | 1.975 | 1.977 | -6.352 | .378 | -1.651 | 3.586 |
| b34 | -1.168 | 8.334 | -1.211 | 2.585 | 1.285 | 1.940 | -6.419 | .234 | -1.659 | 3.179 |
| b35 | -1.903 | 8.382 | -1.238 | 2.416 | .640 | 1.881 | -6.953 | -.004 | -1.673 | 2.922 |
| b4 | -.034 | 8.837 | -1.155 | 3.903 | 2.622 | 2.062 | -5.666 | .720 | -1.631 | 3.986 |
| b8 | -2.485 | 7.845 | -1.263 | 1.049 | -.369 | 1.815 | -7.252 | -.249 | -1.686 | 2.390 |
| b12 | .221 | 7.393 | -1.139 | 2.578 | 1.928 | 2.091 | -4.823 | .798 | -1.618 | 3.360 |
| b16 | -2.142 | 6.230 | -1.280 | .110 | -.579 | 1.773 | -6.718 | -.386 | -1.695 | 1.651 |
| b20 | -1.302 | 7.681 | -1.222 | 1.786 | .795 | 1.912 | -6.375 | .125 | -1.665 | 2.791 |
| b24 | -1.407 | 8.036 | -1.223 | 2.103 | .896 | 1.910 | -6.543 | .123 | -1.665 | 2.937 |
| b28 | 2.102 | 11.447 | -1.067 | 11.327 | 7.478 | 2.283 | -4.836 | 1.591 | -1.583 | 6.251 |
| b32 | -.449 | 8.073 | -1.179 | 2.702 | 1.738 | 2.008 | -5.754 | .505 | -1.643 | 3.377 |
| bb1 | 2.969 | 6.990 | -.767 | 4.155 | 3.863 | 2.861 | -.626 | 2.864 | -1.426 | 4.651 |
| bb2 | -4.351 | -1.222 | -1.908 | -3.709 | -3.877 | .217 | -6.549 | -3.421 | -2.031 | -3.015 |
| bb3 | .378 | .674 | -.210 | .447 | .430 | .826 | .125 | .421 | -.897 | .502 |
| bb5 | -1.527 | 6.660 | -1.246 | .864 | .150 | 1.851 | -6.289 | -.083 | -1.677 | 2.151 |
| bb6 | -2.518 | 4.539 | -1.338 | -.864 | -1.337 | 1.623 | -6.617 | -.843 | -1.726 | .615 |
| bb7 | .822 | 1.679 | -.524 | 1.025 | .974 | 1.827 | .088 | .936 | -1.280 | 1.180 |
| bb9 | .405 | 4.044 | -1.086 | 1.328 | 1.096 | 2.100 | -2.556 | .793 | -1.594 | 1.941 |
| bb10 | -.883 | 1.783 | -1.312 | -.258 | -.416 | 1.484 | -3.026 | -.444 | -1.716 | .240 |
| bb11 | .101 | .357 | -.392 | .161 | .146 | .496 | -.118 | .138 | -1.000 | .208 |

- [Critical ratios for difference]에서 집단별 경로 간 C.R.값을 확인하면 (b1–bb1, b6–bb6, b7–bb7, b11–bb11, b13=bb13, b24–bb24, b26–bb26, b27–bb27, b30–bb30, b35–bb35)에서 유의한 차이(유의수준 0.05에서의 C.R.값은 1.96)가 있다.

- 전체구조 모형의 적합도가 [$\chi^2$=(6), 84.10, p<0.000]으로 나타난 것은 전기노인과 후기노인 집단 간에 차이가 있다고 판단할 수 있다.

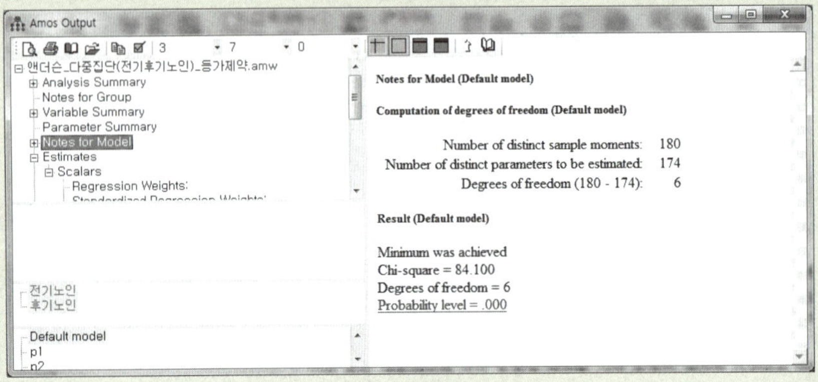


## 10 다중집단 구조모형의 효과분해

• [표 7-6]은 다중집단 구조모형의 효과분해, 매개효과, 유의성 검증의 3가지 분석으로 작성해야 한다. 본 연구의 매개효과는 [표 7-5]에서 전기노인은 외래의료서비스에 우울(b=0.047, p<0.01)이 매개하고, 후기노인은 스트레스(0.572, p<0.01)가 매개하는 것으로 나타났다. 그리고 주요 결정요인에서 전기노인은 만성질환, 장애 유무, 성별, 교육수준, 의료보장에서 외래의료서비스로 가는 경로에 우울이 매개하며, 후기노인은 만성질환, 장애유무, 소득수준에서 외래의료서비스로 가는 경로에 스트레스가 매개하는 것으로 나타났다. 따라서 외래의료서비스 이용에 대한 스트레스 취약요인의 매개효과를 분석하기 위해서는 다음과 같이 효과분해를 실시해야 한다.

• 매개효과는 독립변수와 종속변수 사이에 제3의 변수인 매개변수가 개입될 때 발생한다. 본 연구의 다중집단 구조모형의 매개효과 모형은 전기노인은 우울이 만성질환, 장애 유무, 성별, 교육수준, 의료보장에 매개하는 5개의 구조모형과 후기노인은 스트레스가 만성질환, 장애 유무, 소득수준을 매개하는 3개의 구조모형으로 구성해야 한다.

• 매개모형의 설계를 위해서는 기존의 '앤더슨_다중집단(전기후기노인).amw'의 다중집단모형을 불러와서 삭제아이콘을 이용해 작성해야 한다.

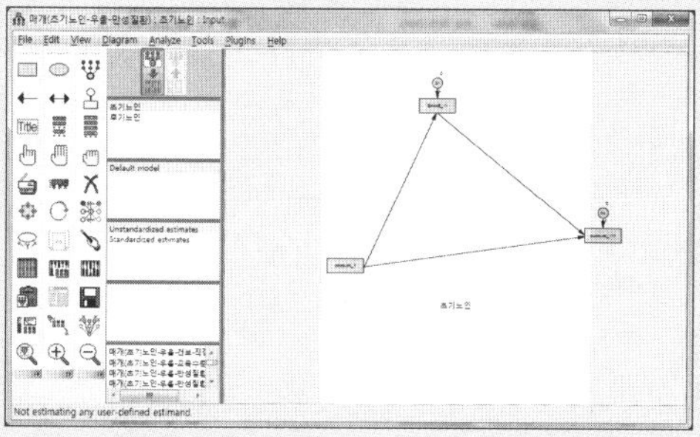

가. 우울(만성질환-외래의료) 매개효과

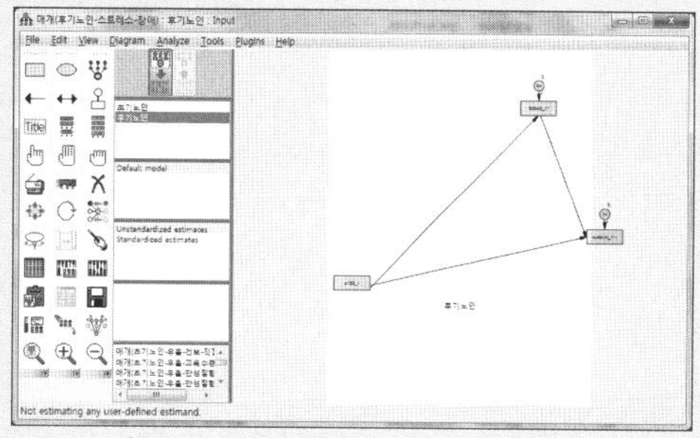

나. 스트레스(장애-외래의료) 매개효과

• (만성질환 → 외래의료서비스) 경로의 우울 매개효과 분석

1단계: 상기 [그림 가]의 모형에서 [View]→[Analysis Properties]에서 표준화 회귀계수(Standardized estimates)와 효과(indirect, direct & total effects)를 선택한다.

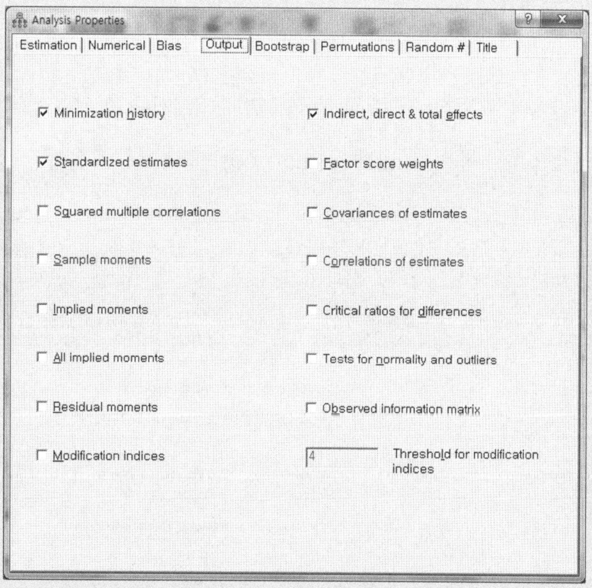


2단계: [실행]한 후 결과를 확인한다[매개(초기노인-우울-만성질환).amw].

- [view]→[text Output]→[estimate]→[matrices]에서 '만성질환→외래의료서비스' 간의 우울 매개효과를 확인한다([standardized]→[total effect, direct effect, indirect effect]).
- 우울 매개효과는 하단의 집단선택창에서 초기노인만 확인해야 한다.

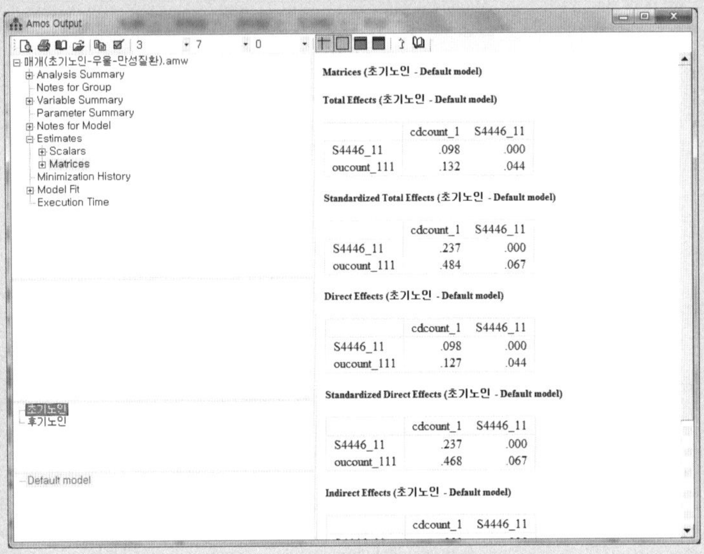


• 스트레스 매개효과 분석

1단계: [그림 나]의 모형을 [실행]한 후 결과를 확인한다[(매개(후기노인-스트레스-장애).amw].

- [view]→[text Output]→[estimate]→[matrices]에서 '장애 유무→외래의료서비스' 간의 우울 매개효과를 확인한다([standardized]→[total effect, direct effect, indirect effect]).
- 우울 매개효과는 하단의 집단선택창에서 후기노인만 확인해야 한다.

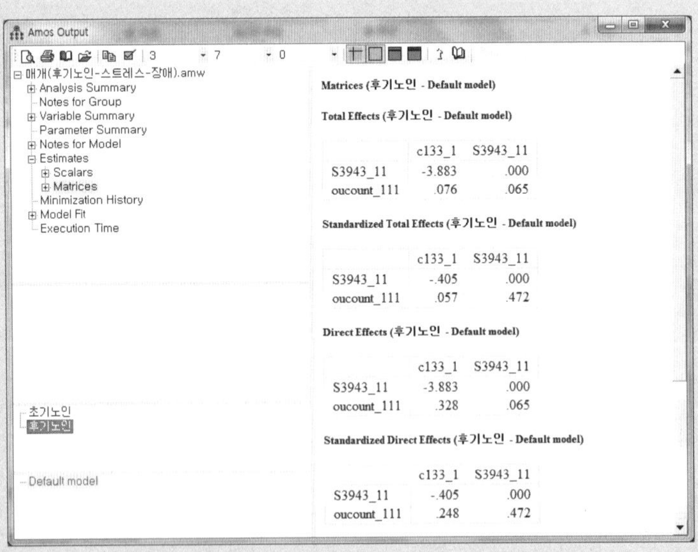


- 계속하여 주요 결정요인에서 외래의료서비스 경로의 우울과 스트레스 매개효과를 분석한다(본고에 수록된 파일을 참조한다).

## 11 다중집단 구조모형의 매개효과

• 매개효과(mediator effect)는 독립변수(X)와 종속변수(Y) 사이에 제3의 변수인 매개변수(M)가 개입될 때 발생한다. 본 연구에서 Hair et al.(2006)이 제안한 매개효과 검증을 위한 절차는 다음과 같다.

1단계: 다중집단 구조모형에서 '만성질환→외래의료서비스' 간의 직접적인 상관관계(경로계수)를 분석한다. 기존 다중집단 구조모형에서 삭제 아이콘을 이용하여 관측변수와 구조오차를 삭제한 후 실행한다[매개(초기노인-우울-만성질환-직접).amw].

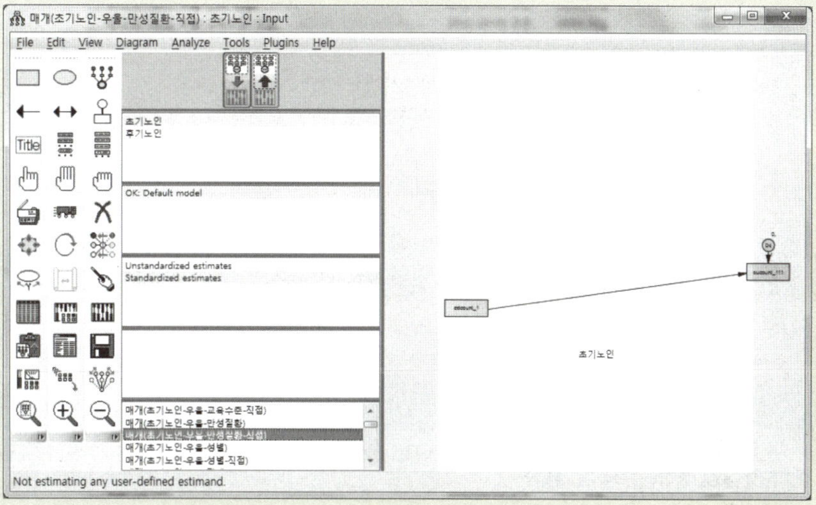


2단계: [실행]한 후 결과를 확인한다.

- [view]→[text Output]→[estimate]에서 '만성질환→외래의료서비스' 간의 직접효과를 확인한다($\beta$=0.486, $p<0.001$).
- 초기노인의 경우 '만성질환→외래의료서비스' 간에 '우울'은 부분매개(partial mediation)하여 외래의료서비스에 대한 직접적인 영향이 조금 감소[$\beta$=0.486($p<0.001$) → $\beta$=0.468($p<0.001$)]하였다. 후기노인의 경우 '장애 유무→외래의료서비스' 간에 '스트레스'는 완전매개(partial mediation)하여 외래의료서비스를 증가시키는 것[$\beta$=0.057(p=0.140) → $\beta$=0.248(p=0.012)]으로 나타났다.

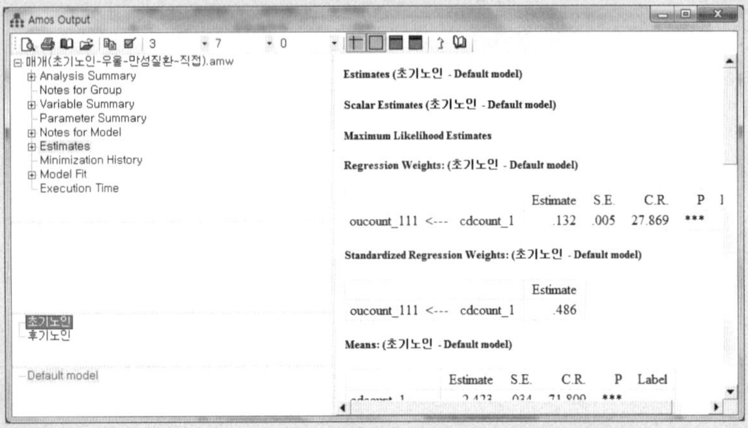


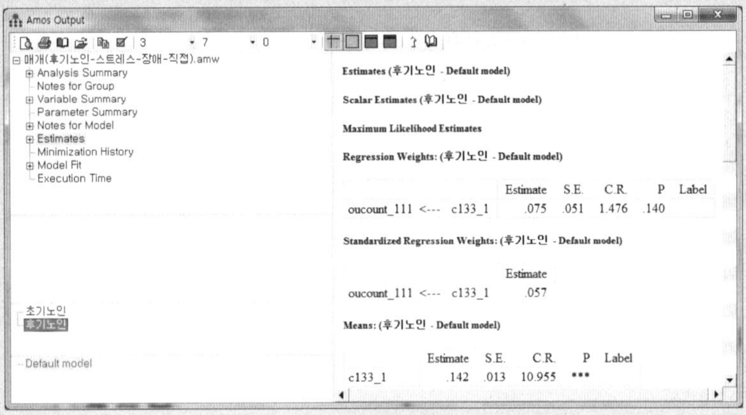


## 12 매개효과(간접효과)의 유의성 검증

• 간접효과의 유의성을 평가하는 Sobel test는 모든 자료가 정규분포를 따른다는 가정 아래 통계적 유의성을 검증한다.

1단계: 초기노인의 '우울'의 간접효과 유의성 검증

- 초기노인의 '만성질환→외래의료서비스' 간 C.R.(11.943), '우울→외래의료서비스' 간 C.R.(3.777)을 프리처(Preacher) 교수의 웹사이트에 접속해 분석한다(http://quantpsy.org/sobel/sobel.htm).
- [Input]에 해당 수치를 입력한 후 [Calculate] 버튼을 누르면 [p-value]가 자동계산된다 [(p=0.000315)로 산출된 것을 알 수 있다. 표 7-6의 만성질환→외래의료서비스 이용 IE(0.016[a]) 표기를 확인한다].

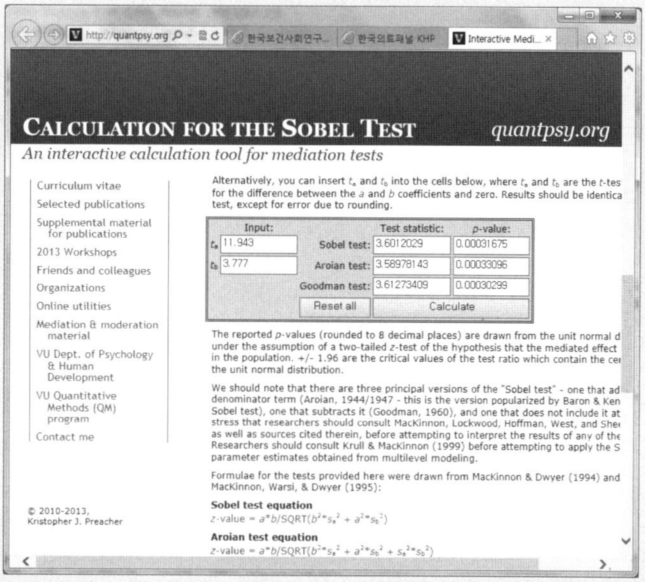


2단계: 후기노인의 '스트레스'의 간접효과 유의성 검증

- 후기노인의 '장애 유무→외래의료서비스' 간의 C.R.(−2.714), '스트레스→외래의료서비스' 간 C.R.(3.777)을 프리처 교수의 웹사이트에 접속하여 분석한다.
- [Input]에 해당 수치를 입력한 후 [Calculate] 버튼을 누르면 [p-value]가 자동계산된다[(p=0.04075)로 산출된 것을 알 수 있다. 표 7-6의 장애 유무→외래의료서비스 이용 IE(−0.191[b]) 표기를 확인한다].

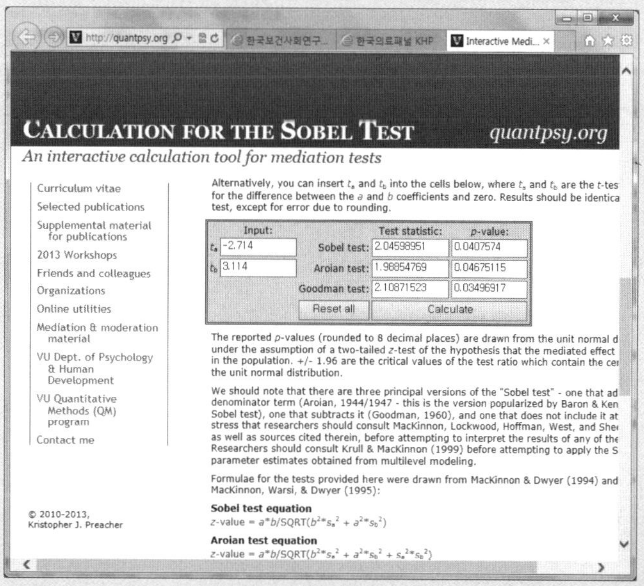

## 4-2 다층모형 분석

기초모형(unconditional model)은 설명변수(독립변수)를 투입하지 않은 상태에서 노인의 외래의료서비스 이용 결정에 대한 지역별 분산을 분석함으로써, 이후 모형에서 다른 독립변수들의 설명력을 살펴볼 수 있다. 즉 기초모형은 다층분석을 통해 노인의 외래의료서비스 이용이 지역별 차이가 있는지를 검증하는 것이다.

[표 7-7]의 model 1에서 고정효과(fixed effect)를 살펴보면 노인의 외래의료서비스 이용의 전체평균은 24.13회로 나타났다. 이로써 2009년 노인의 외래의료서비스 이용은 연평균 24.13회로 통계적으로 유의한 것임을 알 수 있다($p<0.001$). 기초모형의 무선효과(random effect)를 살펴보면 개인수준의 노인의 외래의료서비스 이용의 분산은 261.6이며, 지역수준의 분산은 1.73으로 통계적으로 유의하게 나타났다($p<0.01$). 동일한 수준에 속한 하위수준 간의 유사성을 보여 주는 집단 내 상관계수(Intraclass Correlation Coefficient, ICC)를 통해 지역별 노인의 외래의료서비스 이용의 분산비율을 계산해 보면 0.006[1.73/(1.73+261.6)]으로 지역수준의 분산이 차지하는 비율이 매우 적은 것으로 나타났다. 일반적으로 ICC가 0.05 이상이면 집단 간 변이가 있다고 보며, ICC가 0.05보다 작더라도 집단 간 변이에 대한 경험적 연구결과가 있을 경우에는 다층분석을 실시할 수 있다(Heck & Thomas, 2009; 김광기 외, 2012에서 재인용).

무조건적 기울기 모형의 검증은 개인요인들이 노인의 외래의료서비스 이용에 대한 영향에 있어 지역별 차이가 발생하는가를 검증하는 것이다. 따라서 개인요인이 노인의 외래의료서비스 이용에 미치는 영향을 고정효과를 통해 파악하고 이들 개인요인이 지역에 따라 차이가 나는가는 무선효과를 통해 분석하였다.

무조건적 기울기 모형의 검증 결과는 [표 7-7]의 Model 2와 같이 노인의 외래의료서비스 이용의 고정효과를 분석한 결과 성별($p<0.01$), 소득수준($p<0.01$), 만성질환 수($p<0.001$), 우울($p<0.05$)이 영향을 주는 것으로 나타났다. 즉 여자노인 수와 만성질환 수가 많을수록, 우울이 높을수록 외래의료서비스 이용이 많았으며, 소득수준이 높을수록 적게 나타났다. 확인된 개인별 특성변수와 노인의 외래의료서비스 이용의 관련성에 있어 각 변수가 지역별 차이가 나는지에 대해 무선효과 검증을 실시한 결과, 교육수준과 만성질환 수의 적합도가 통계적으로 유의미한 것으로 확인되었다. 무선효과 검증 결과 유의미성이 나타났다는 것은 개인수준의 변수들이 노인의 외래의료서비스 이용에 미치는 영향에 지역 간 차이가 존재한다는 사실을 의미하므로 지역요인을 투입해야 함을 알 수 있다. 그리고 무선효과 검증에서 유의한 개인별 특성변수(교육수준, 만성질환 수)를 제외한 개인변수는 조건적 모형 검증에서 고정미지수로 묶

어서 분석할 필요가 있는 것으로 나타났다. 무조건적 기울기 모형에서의 지역별 노인의 외래 의료서비스 이용의 ICC는 0.151[3]로 산출되었고 자료와 모형 간의 적합성을 나타내는 편향도(deviance)는 21655.83으로 나타났다.

조건적 모형의 검증은 연구가설 5를 검증하는 것으로 앞서 무조건적 기울기 모형에서 지역별 변수를 투입할 수 있는 개인요인 변수인 교육수준, 만성질환 수와 고정미지수로 묶어야 하는 개인요인 변수를 동시에 투입하는 연구모형을 검증한다. 노인의 외래의료서비스 이용에 영향을 미치는 요인을 개인요인과 지역요인을 동시에 고려하여 영향력을 검증한 결과는 [표 7-7]의 Model 3과 같다. 조건적 모형에서 노인의 외래의료서비스 이용에 대한 고정효과를 분석한 결과 무조건적 기울기 모형에서 영향을 미쳤던 요인(성별, 소득수준, 만성질환 수, 우울)과 비슷한 통계적 유의성을 보였으나, 회귀계수의 값에서 차이가 나타나 지역변수들의 통제를 통해 개인변수들이 영향을 받은 것으로 확인되었다.

수준 2인 지역변수는 의료인력 수($p<0.05$), 병의원 수($p<0.05$), 노인장기요양시설 수($p<0.05$)가 노인의 외래의료서비스 이용에 영향을 미치는 것으로 나타났다. 즉 지역의 의료인력 수가 적을수록 노인의 외래의료서비스 이용이 많았으며, 병의원 수와 노인장기요양시설 수가 많을수록 노인의 외래의료서비스 이용이 많았다. 무선효과 검증 결과 만성질환 수에 지역 차이가 있는 것으로 나타났다($p<0.01$). 조건 모형에서의 노인의 외래의료서비스 이용의 ICC는 0.04로 산출되었고 편향도는 21708.11로 나타났다.

3. 무조건적 기울기 모형의 무선효과 검증에서는 지역 간 차이가 유의하지 않기($\chi^2$=8.68, p>0.1) 때문에 ICC는 의미가 없다.

[표 7-7] 노인의 외래의료서비스 이용 결정요인의 다층모형 분석

| Model<br>Parameter | | Model 1<br>Unconditional model | | | Model 2<br>Unconditional Slope model | | | Model 3<br>Conditional model | | |
|---|---|---|---|---|---|---|---|---|---|---|
| Fixed effect | | Coef. | S.E. | t–ratio | Coef. | S.E. | t–ratio | Coef. | S.E. | t–ratio |
| Level 1 | Intercept, $\gamma_{00}$ | 24.13 | 0.46 | 52.27*** | 28.89 | 2.17 | 13.26*** | 27.66 | 2.74 | 10.06*** |
| | 성별 | | | | 2.09 | 0.72 | 2.91** | 2.44 | 0.69 | 3.53*** |
| | 교육수준 | | | | −0.11 | 0.36 | −0.31 | −0.02 | 0.37 | −0.05 |
| | 의료보장 | | | | −0.68 | 0.97 | 0.71 | −0.65 | 1.14 | −0.56 |
| | 소득수준 | | | | −2.13 | 0.67 | −3.20** | −1.87 | 0.79 | −2.34** |
| | 혼인상태 | | | | 0.76 | 0.61 | 1.26 | 0.88 | 0.69 | 1.27 |
| | 경제활동 유무 | | | | −0.17 | 0.60 | −0.28 | −0.17 | 0.62 | −0.27 |
| | 만성질환 수 | | | | 4.40 | 0.30 | 14.54*** | 4.33 | 0.29 | 14.54*** |
| | 장애 유무 | | | | 0.99 | 0.78 | 1.27 | 0.55 | 0.87 | 0.63 |
| | 문제음주 | | | | 0.12 | 0.27 | 0.45 | 0.19 | 0.25 | 0.76 |
| | 우울 | | | | 0.87 | 0.38 | 2.28* | 0.85 | 0.40 | 2.11* |
| Level 2 | 의료인력 수 | | | | | | | −0.003 | 0.001 | −2.52* |
| | 병의원 수 | | | | | | | 0.009 | 0.003 | 2.53* |
| | 노인장기요양<br>시설 수 | | | | | | | 0.02 | 0.007 | 2.16* |
| | 당뇨경험률 | | | | | | | −0.39 | 0.27 | −1.42 |
| | 고혈압경험률 | | | | | | | 0.05 | 0.16 | 0.31 |
| Random effect | | SD[1)] | $\sigma^2$ | $\chi^2$ | SD[1)] | $\sigma^2$ | $\chi^2$ | SD | $\sigma^2$ | $\chi^2$ |
| level 2, $u_0$ | | 1.31 | 1.73 | 32.31** | 6.06 | 36.75 | 8.68 | 3.11 | 9.70 | 30.81*** |
| level 1, $r$ | | 16.17 | 261.6 | | 14.37 | 206.5 | | 14.49 | 210.2 | |
| 성별 | | | | | 2.00 | 4.01 | 21.39 | | | |
| 교육수준 | | | | | 1.02 | 1.06 | 26.72* | 0.86 | 0.73 | 21.48 |
| 의료보장 | | | | | 1.97 | 3.91 | 15.15 | | | |
| 소득수준 | | | | | 1.50 | 2.26 | 9.70 | | | |
| 혼인상태 | | | | | 1.71 | 2.94 | 16.69 | | | |
| 경제활동 유무 | | | | | 1.17 | 1.37 | 17.41 | | | |
| 만성질환 수 | | | | | 1.01 | 1.01 | 29.51** | 0.84 | 0.70 | 35.51** |
| 장애 유무 | | | | | 2.24 | 5.03 | 15.38 | | | |
| 문제음주 | | | | | 0.79 | 0.62 | 17.45 | | | |
| 우울 | | | | | 0.98 | 0.96 | 14.44 | | | |
| ICC | | 0.006 | | | 0.151 | | | 0.04 | | |
| Deviance | | 22256.98 | | | 21655.83 | | | 21708.11 | | |

*** p<0.001, ** p<0.01, * p<0.05, # p<0.1

1) Standard Deviation

## 13 노년기 외래의료서비스 다층모형 MDM 파일 만들기

• HLM 7.0을 실행한다.

[시작] → [프로그램] → [SSI, Inc] → [HLM7]

• MDM 파일을 만든다.

1단계: [File] → [Make new MDM file] → [Stat package input]을 선택한다.

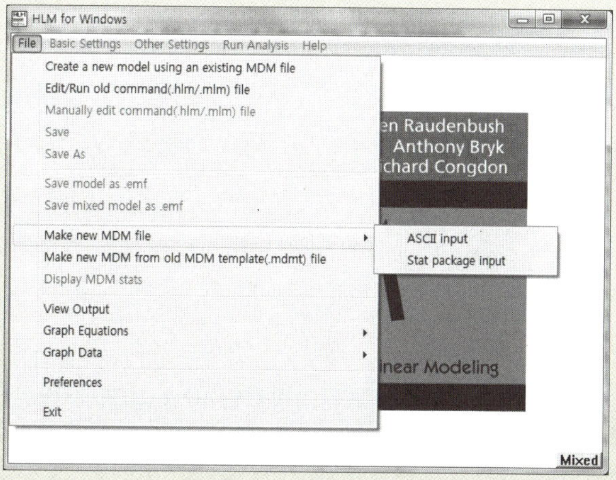


- 상기 [File] → [Make new MDM file] → [Stat package input]을 실행하면 다음과 같은 MDM 파일 형태의 선택화면이 나타난다. 본고의 노년기 외래의료서비스 다층분석 데이터는 2수준이며 1수준의 개인요인이 2수준의 지역요인에 위계적으로 포섭(nested)되어 있기 때문에 Default Model(HLM2)을 선택 후 [OK]를 선택한다.

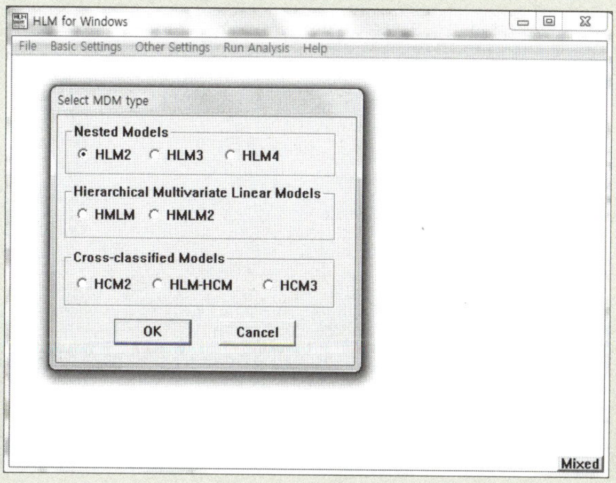

2단계: 아래 그림과 같이 MDM - HLM2 대화상자가 나타나면 다음의 순서대로 MDM 파일을 작성한다.

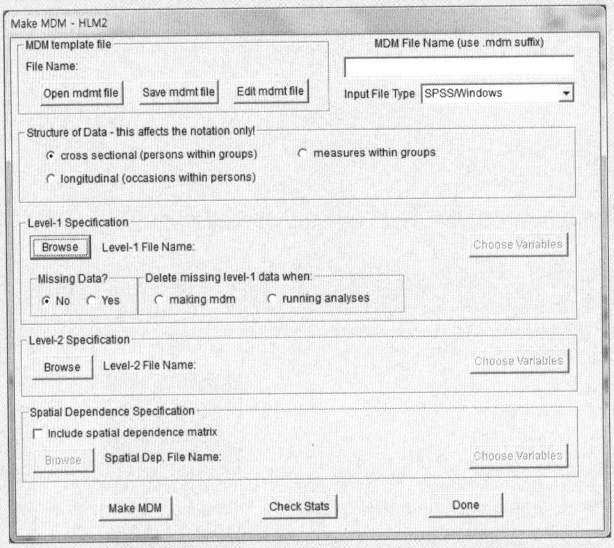


가. pull-down 메뉴의 [Input File Type]에서 [SPSS/Windows]를 선택한다.

나. Date structure(cross-sectional, longitudinal, measures within groups)를 정의한다. 본 실전 자료는 cross-sectional data이다.

다. Level-1 명세서(Specification)에서 [Browse] 선택 후, [Open Data File]에서 Level-1 SPSS 파일[의료패널개인(노인).sav]을 선택[열기]한다.

- 이때 Level 1과 Level 2를 연결시킬 ID(area09_1)는 오름차순으로 정렬한다.

[데이터] → [케이스 정렬] → [area09_1 지정] → [확인] → [파일 저장]

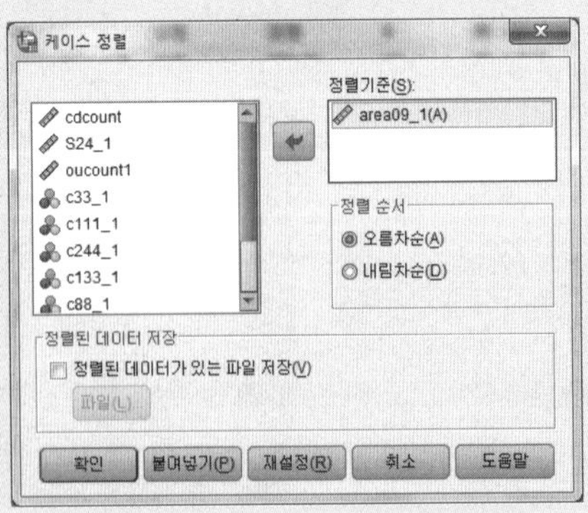

라. [Choose Variables] 선택 후 [Choose Variables – HLM2] 대화상자에서 Level-2(지역요인)와 연결할 수 있는 ID를 선택하고(ID: area09_1), Level-1에서 사용될 Variables을 선택한 후[종속변수(외래의료서비스): oucount1, 독립변수(성별: C33_1, 교육수준: C88_1, 소득수준: TOTAL111, 혼인상태: C77_1, 의료보장형태: C111_1, 경제활동 유무: C244_1, 장애 유무: C133_1, 문제음주: S24_1, 우울: S4466_1, 만성질환: CDCOUNT)], [OK]를 선택한다.

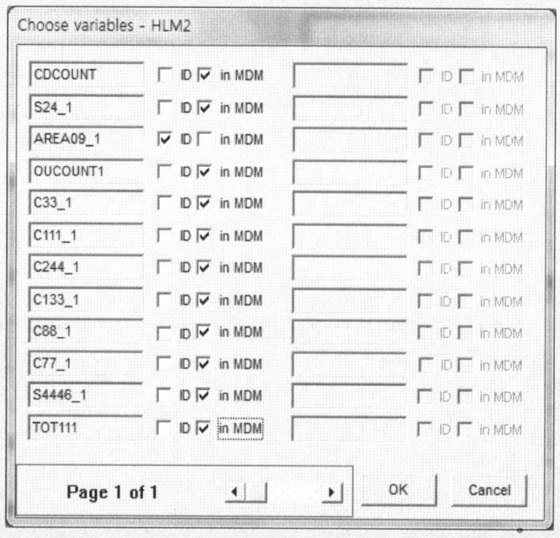


마. Level-1 파일에 결측치(Missing Data)가 있는 경우 [yes]를 선택하고 결측치 데이터를 언제 제외시킬 것인지 선택한다[MDM 파일 작성 시 제외(making mdm), 분석실행 시 제외(running analyses)]. 본 연구 데이터는 결측치가 있으므로 [Missing Data] → [Yes] → [making mdm]을 선택한다.

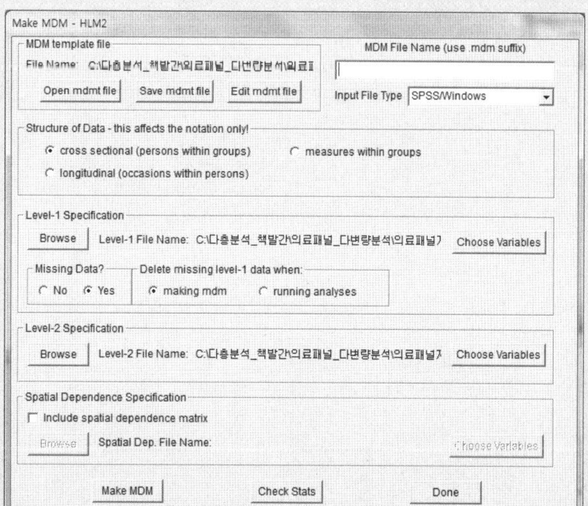

바. Level-2 명세서(Specification)에서 [Browse] 선택 후 [Open Data File]에서 Level-2 SPSS 파일[의료패널지역(노인).sav]을 선택[열기]한다.

사. [Choose Variables] 선택 후 [Choose Variables – HLM2] 대화상자에서 Level-1(개인요인)과 연결할 수 있는 ID를 선택하고(ID: area09_1), Level-2에서 사용될 Variables(R1: 의료인력 수, R2: 병의원 수, R3: 노인장기요양시설 수, R4: 당뇨경험률, R5: 고혈압경험률)을 택한 후 [OK]를 선택한다.

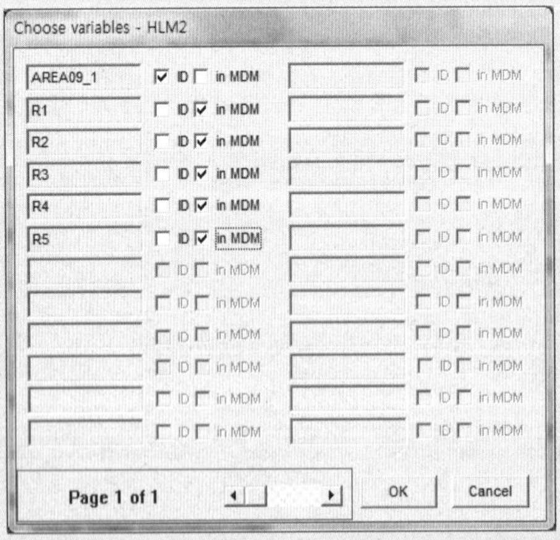

아. [MDM File Name]에 MDM 파일명을 입력한[의료패널_0625] 후 [Save mdmt file]을 선택한다. [Save MDM Template File] 대화상자에서 MDMT 파일명을 [저장](의료패널_0625_SPSS)한다.

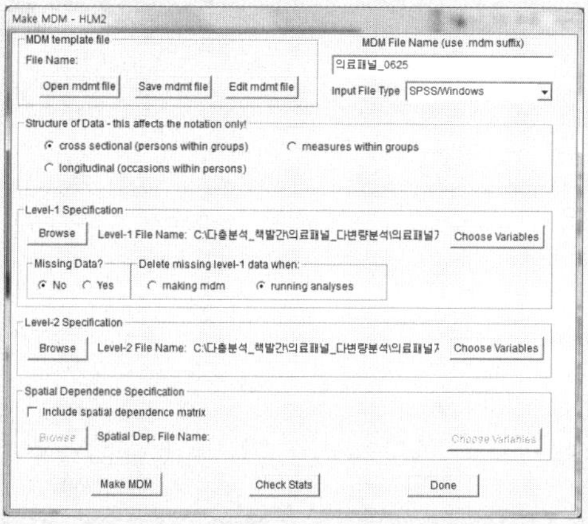


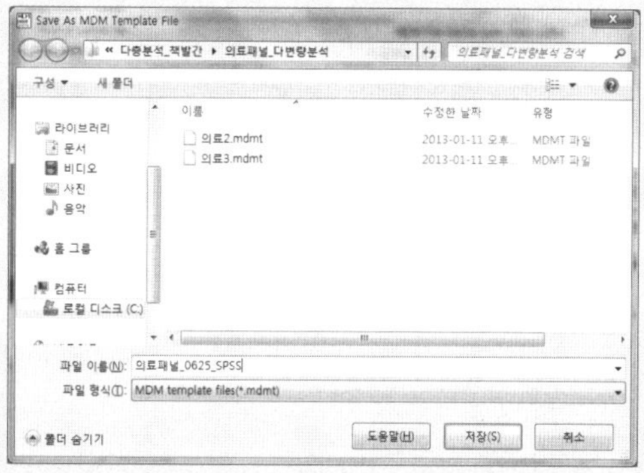


자. [Make MDM] 버튼을 선택한 후, MDM 파일의 기술통계를 확인한다. Level-1과 Level-2에 사용된 모든 변수의 기술통계를 확인할 수 있다.

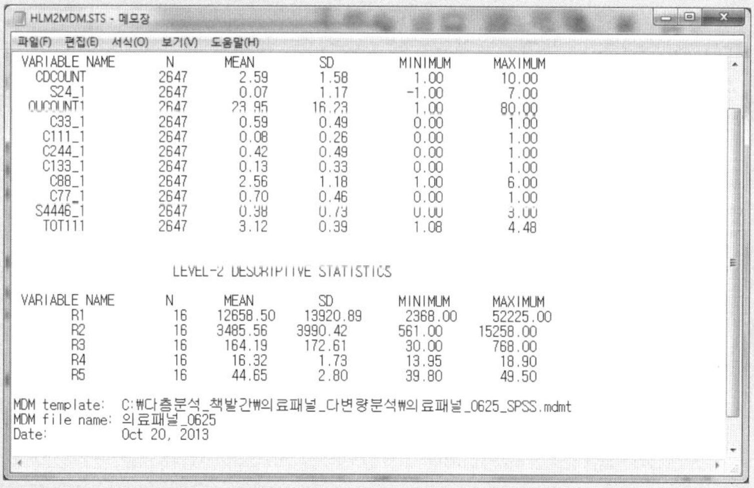
HLM2MDM.STS - 메모장

| VARIABLE NAME | N | MEAN | SD | MINIMUM | MAXIMUM |
|---|---|---|---|---|---|
| CDCOUNT | 2647 | 2.59 | 1.58 | 1.00 | 10.00 |
| S24_1 | 2647 | 0.07 | 1.17 | -1.00 | 7.00 |
| OUCOUNT1 | 2647 | 23.95 | 16.23 | 1.00 | 80.00 |
| C33_1 | 2647 | 0.59 | 0.49 | 0.00 | 1.00 |
| C111_1 | 2647 | 0.08 | 0.26 | 0.00 | 1.00 |
| C244_1 | 2647 | 0.42 | 0.49 | 0.00 | 1.00 |
| C133_1 | 2647 | 0.13 | 0.33 | 0.00 | 1.00 |
| C88_1 | 2647 | 2.56 | 1.18 | 1.00 | 6.00 |
| C77_1 | 2647 | 0.70 | 0.46 | 0.00 | 1.00 |
| S4446_1 | 2647 | 0.38 | 0.73 | 0.00 | 3.00 |
| TOT111 | 2647 | 3.12 | 0.39 | 1.08 | 4.48 |

LEVEL-2 DESCRIPTIVE STATISTICS

| VARIABLE NAME | N | MEAN | SD | MINIMUM | MAXIMUM |
|---|---|---|---|---|---|
| R1 | 16 | 12658.50 | 13920.89 | 2368.00 | 52225.00 |
| R2 | 16 | 3485.56 | 3990.42 | 561.00 | 15258.00 |
| R3 | 16 | 164.19 | 172.61 | 30.00 | 768.00 |
| R4 | 16 | 16.32 | 1.73 | 13.95 | 18.90 |
| R5 | 16 | 44.65 | 2.80 | 39.80 | 49.50 |

MDM template: C:₩다층분석_책발간₩의료패널_다변량분석₩의료패널_0625_SPSS.mdmt
MDM file name: 의료패널_0625
Date: Oct 20, 2013

차. [Done] 버튼을 선택하면 최종 작성된 MDM 파일(의료패널_0625.MDM)을 확인할 수 있다.

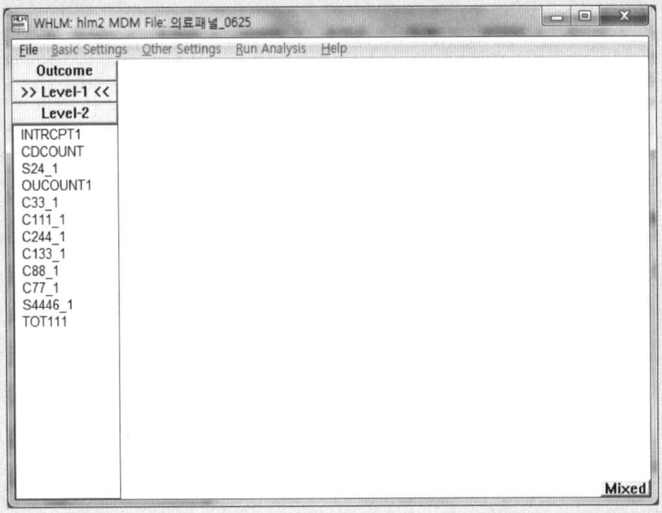


### 14 노년기 외래의료서비스 다층모형 MDM 파일 분석하기

• MDM 파일이 구축되고 나면 1부 1장 [표 1-1]의 다층모형 분석 절차와 같이 4단계로 모형을 검증한다(본 절은 3단계로 검증하였다).

1단계: 무조건 모형

- 기초모형으로 설명변수(독립변수)를 투입하지 않은 상태에서 노인의 외래의료서비스 이용 결정에 대한 지역 간 분산을 분석한다(고정효과, 무선효과를 확인한다).

가. 종속변수(OUCOUNT1) 선택 후 [Outcome variable] 탭을 선택한다.

나. 기본값은 Level-1 모형의 종속변수가 연속형 변수로 설정되어 있다(외래의료서비스 이용횟수는 연속형 변수이므로 기본값인 [Basic Settings]→[Distribution of Outcome Variable]→[Normal(continuous)]을 지정한다).

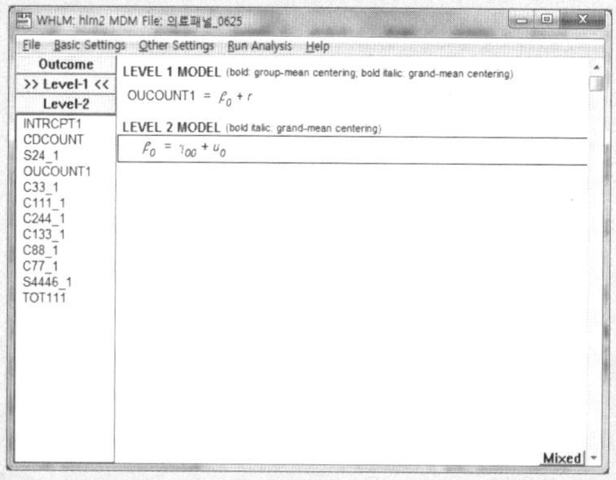


다. [Run Analysis]→[Run the model shown]을 선택한다.

라. 반복연산(iteration)이 실행된다. 결과파일을 확인한다.

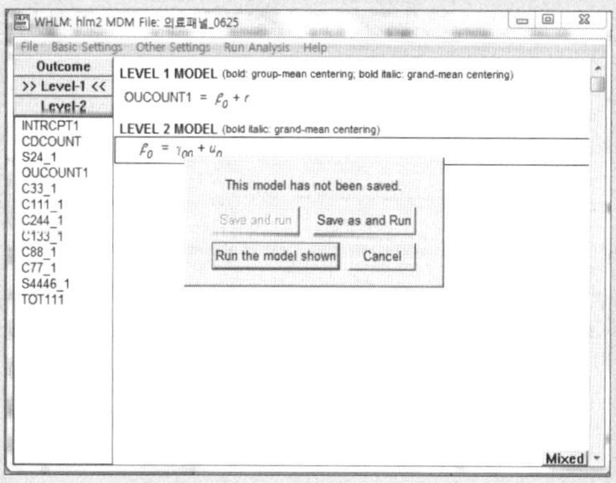


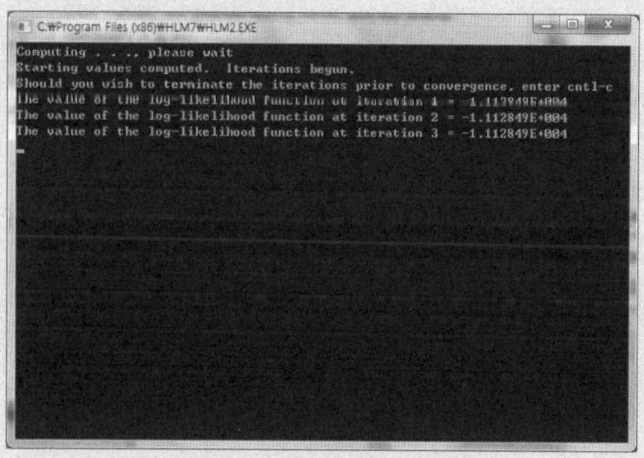

마. 기초모형 모델과 Mixed Model을 기술한다.

바. 무선효과(random effect)의 표준편차(SD), 분산($\sigma^2$), $\chi^2$, 유의확률(p-value)을 확인한다.

사. [Final estimation of fixed effects (with robust standard errors)]에서 고정효과(fixed effect)의 회귀계수(Coefficient), 표준오차(Standard error), 유의확률을 확인한다.

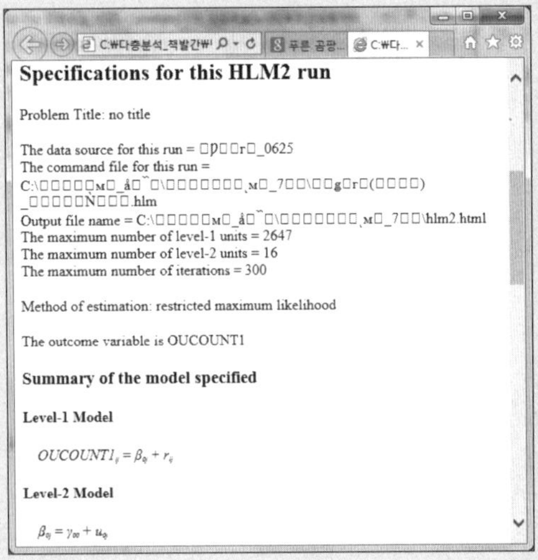

**Specifications for this HLM2 run**

Problem Title: no title

The data source for this run = □p□□r□_0625
The command file for this run = C:\□□□□□□м□_å□˜□\□□□□□□□□˛м□_7□□\□□g□r□(□□□□)_□□□□□Ñ□□□.hlm
Output file name = C:\□□□□□□м□_å□˜□\□□□□□□□□˛м□_7□□\hlm2.html
The maximum number of level-1 units = 2647
The maximum number of level-2 units = 16
The maximum number of iterations = 300

Method of estimation: restricted maximum likelihood

The outcome variable is OUCOUNT1

**Summary of the model specified**

**Level-1 Model**

$OUCOUNT1_{ij} = \beta_{0j} + r_{ij}$

**Level-2 Model**

$\beta_{0j} = \gamma_{00} + u_{0j}$

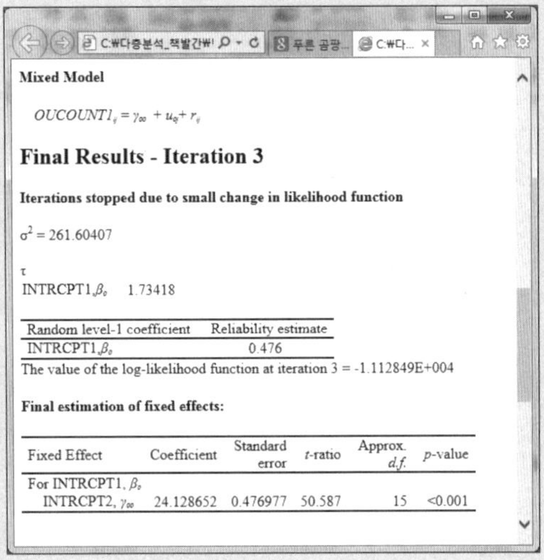

**Mixed Model**

$OUCOUNT1_{ij} = \gamma_{00} + u_{0j} + r_{ij}$

**Final Results - Iteration 3**

**Iterations stopped due to small change in likelihood function**

$\sigma^2$ = 261.60407

τ
INTRCPT1,$\beta_0$ 1.73418

| Random level-1 coefficient | Reliability estimate |
|---|---|
| INTRCPT1,$\beta_0$ | 0.476 |

The value of the log-likelihood function at iteration 3 = -1.112849E+004

**Final estimation of fixed effects:**

| Fixed Effect | Coefficient | Standard error | t-ratio | Approx. d.f. | p-value |
|---|---|---|---|---|---|
| For INTRCPT1, $\beta_0$ | | | | | |
| INTRCPT2, $\gamma_{00}$ | 24.128652 | 0.476977 | 50.587 | 15 | <0.001 |

(마)

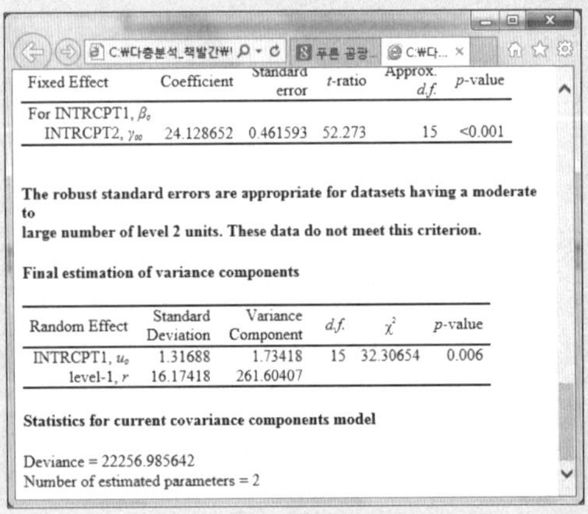

| Fixed Effect | Coefficient | Standard error | t-ratio | Approx. d.f. | p-value |
|---|---|---|---|---|---|
| For INTRCPT1, $\beta_0$ | | | | | |
| INTRCPT2, $\gamma_{00}$ | 24.128652 | 0.461593 | 52.273 | 15 | <0.001 |

**The robust standard errors are appropriate for datasets having a moderate to large number of level 2 units. These data do not meet this criterion.**

**Final estimation of variance components**

| Random Effect | Standard Deviation | Variance Component | d.f. | $\chi^2$ | p-value |
|---|---|---|---|---|---|
| INTRCPT1, $u_0$ | 1.31688 | 1.73418 | 15 | 32.30654 | 0.006 |
| level-1, $r$ | 16.17418 | 261.60407 | | | |

**Statistics for current covariance components model**

Deviance = 22256.985642
Number of estimated parameters = 2

(바)

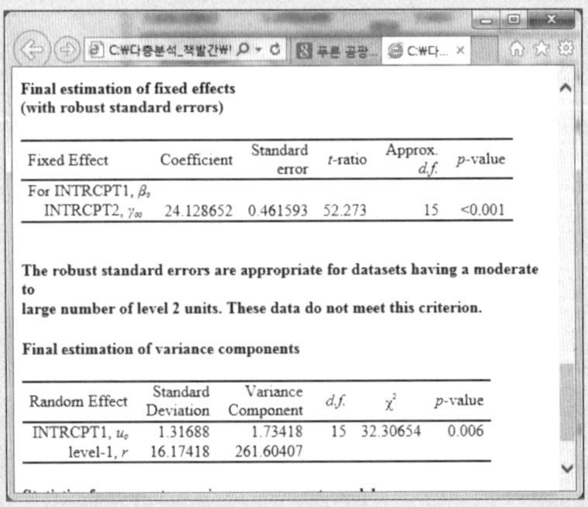

**Final estimation of fixed effects (with robust standard errors)**

| Fixed Effect | Coefficient | Standard error | t-ratio | Approx. d.f. | p-value |
|---|---|---|---|---|---|
| For INTRCPT1, $\beta_0$ | | | | | |
| INTRCPT2, $\gamma_{00}$ | 24.128652 | 0.461593 | 52.273 | 15 | <0.001 |

**The robust standard errors are appropriate for datasets having a moderate to large number of level 2 units. These data do not meet this criterion.**

**Final estimation of variance components**

| Random Effect | Standard Deviation | Variance Component | d.f. | $\chi^2$ | p-value |
|---|---|---|---|---|---|
| INTRCPT1, $u_0$ | 1.31688 | 1.73418 | 15 | 32.30654 | 0.006 |
| level-1, $r$ | 16.17418 | 261.60407 | | | |

(사)

2단계: 무조건적 기울기 모형

- 개인요인들이 종속변수(외래의료서비스)에 미치는 영향에 지역별 차이가 있는지를 검증하는 것으로, 개인요인이 종속변수에 미치는 영향은 고정효과로 분석하고 개인요인이 지역에 따라 차이가 있는지는 무선효과로 분석한다.

가. 독립변수(만성질환 수: CDCOUNT)를 선택한 후, 그룹평균(add variable group centered)으로 중심화(centering)한다.

나. Level-2의 무선효과($u_1$)는 클릭하여 미지수로 지정해야 한다.

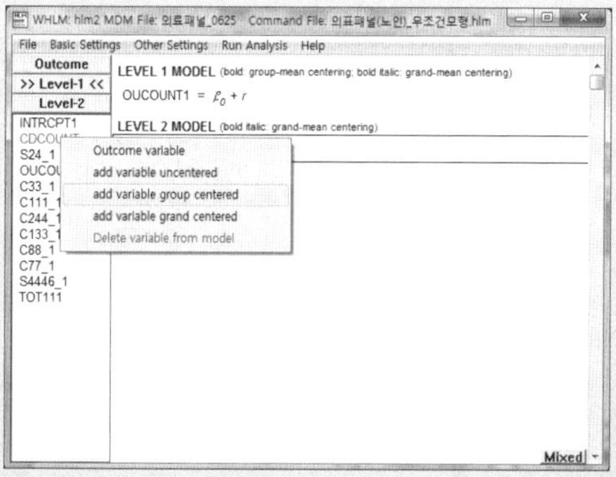


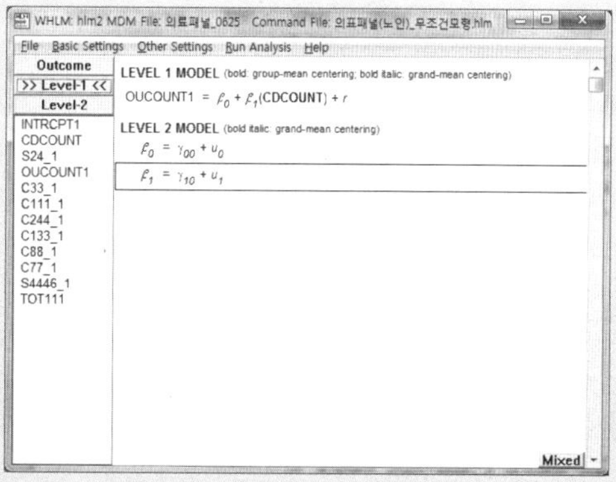


나. 독립변수(S24_1, C33_1, C111_1, C244_1, C133_1, C88_1, C77_1, S4446_1, TOT111)를 연속해서 선택한 후, 그룹평균을 하지 않고(add variable uncentered) 지정한다.

라. Level-2의 무선효과($u_2$, $u_3$, $u_4$, $u_5$, $u_6$, $u_7$, $u_8$, $u_{10}$)는 클릭하여 미지수로 지정해야 한다.

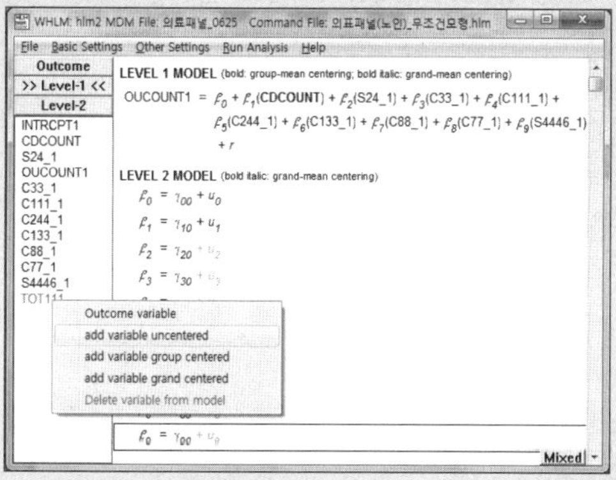


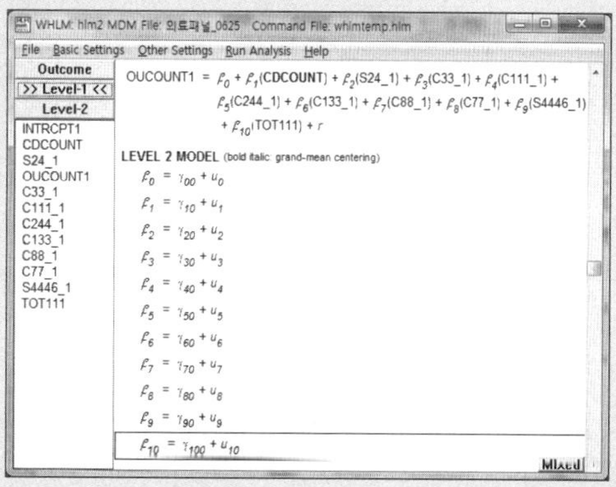

마. [Other Settings]→[Iteration Settings]에서 [Number of macro iterations]을 300으로 지정하고 Iteration의 최대값(300)일 때 연속 지정[Continue iterating] 후 [OK] 한다(본 연구자료에서 모든 변수의 미지수 추정치의 수렴값을 0.000001로 하기 위해서는 300번 이상의 Iteration이 요구된다. 기본값인 100으로 실행할 경우에는 실행창에 'Do you want to continue until convergence?' 메시지가 나타나고 'y'를 선택하면 실행이 끝난다. 따라서 본 연구에서는 300회로 제한하였다).

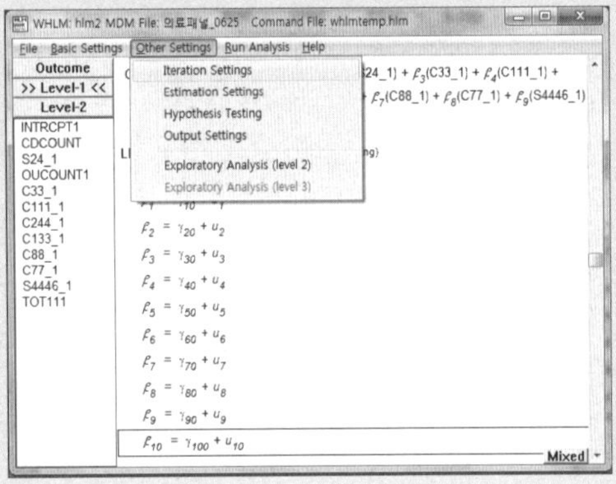


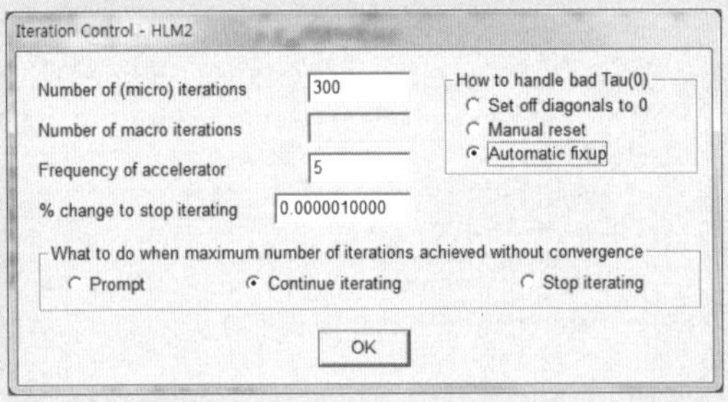


바. [Run Analysis]→[Run the model shown]을 선택한다.

사. 반복연산(iteration)이 실행된다. 결과파일을 확인한다.

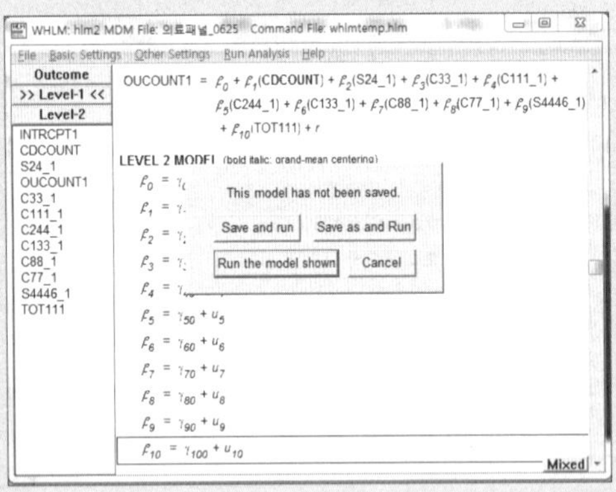


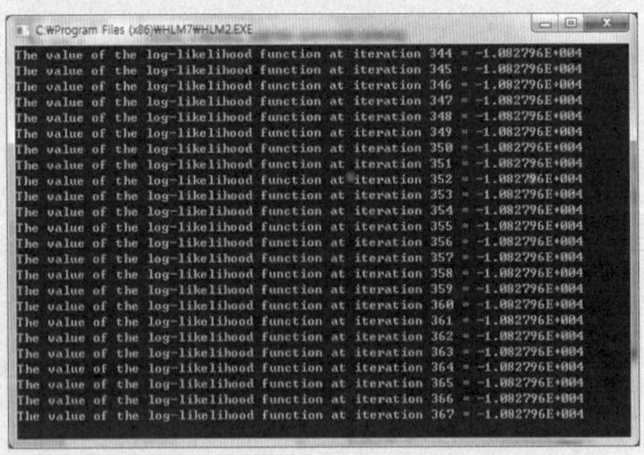

아. 무조건적 기울기 모형과 Mixed Model을 기술한다.

자. 독립변수들의 무선효과(random effect)에 대한 표준편차(SD), 분산($\sigma^2$), $\chi^2$, 유의확률(p-value)을 확인한다.

차. [Final estimation of fixed effects (with robust standard errors)]에서 독립변수들의 고정효과의 회귀계수(Coefficient), 표준오차(Standard error), 유의확률을 확인한다.

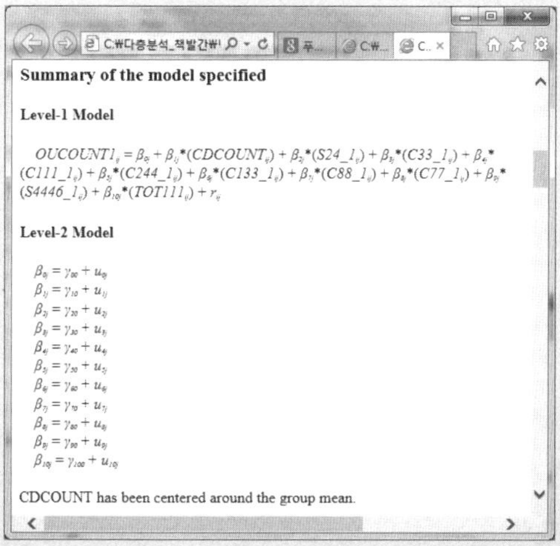

**Summary of the model specified**

**Level-1 Model**

$OUCOUNT1_{ij} = \beta_{0j} + \beta_{1j}*(CDCOUNT_{ij}) + \beta_{2j}*(S24\_1_{ij}) + \beta_{3j}*(C33\_1_{ij}) + \beta_{4j}*(C111\_1_{ij}) + \beta_{5j}*(C244\_1_{ij}) + \beta_{6j}*(C133\_1_{ij}) + \beta_{7j}*(C88\_1_{ij}) + \beta_{8j}*(C77\_1_{ij}) + \beta_{9j}*(S4446\_1_{ij}) + \beta_{10j}*(TOT111_{ij}) + r_{ij}$

**Level-2 Model**

$\beta_{0j} = \gamma_{00} + u_{0j}$
$\beta_{1j} = \gamma_{10} + u_{1j}$
$\beta_{2j} = \gamma_{20} + u_{2j}$
$\beta_{3j} = \gamma_{30} + u_{3j}$
$\beta_{4j} = \gamma_{40} + u_{4j}$
$\beta_{5j} = \gamma_{50} + u_{5j}$
$\beta_{6j} = \gamma_{60} + u_{6j}$
$\beta_{7j} = \gamma_{70} + u_{7j}$
$\beta_{8j} = \gamma_{80} + u_{8j}$
$\beta_{9j} = \gamma_{90} + u_{9j}$
$\beta_{10j} = \gamma_{100} + u_{10j}$

CDCOUNT has been centered around the group mean.

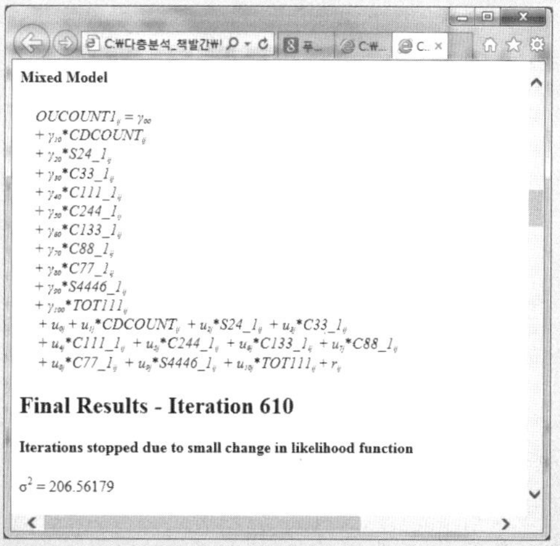

**Mixed Model**

$OUCOUNT1_{ij} = \gamma_{00}$
$+ \gamma_{10}*CDCOUNT_{ij}$
$+ \gamma_{20}*S24\_1_{ij}$
$+ \gamma_{30}*C33\_1_{ij}$
$+ \gamma_{40}*C111\_1_{ij}$
$+ \gamma_{50}*C244\_1_{ij}$
$+ \gamma_{60}*C133\_1_{ij}$
$+ \gamma_{70}*C88\_1_{ij}$
$+ \gamma_{80}*C77\_1_{ij}$
$+ \gamma_{90}*S4446\_1_{ij}$
$+ \gamma_{100}*TOT111_{ij}$
$+ u_{0j} + u_{1j}*CDCOUNT_{ij} + u_{2j}*S24\_1_{ij} + u_{3j}*C33\_1_{ij}$
$+ u_{4j}*C111\_1_{ij} + u_{5j}*C244\_1_{ij} + u_{6j}*C133\_1_{ij} + u_{7j}*C88\_1_{ij}$
$+ u_{8j}*C77\_1_{ij} + u_{9j}*S4446\_1_{ij} + u_{10j}*TOT111_{ij} + r_{ij}$

**Final Results - Iteration 610**

**Iterations stopped due to small change in likelihood function**

$\sigma^2 = 206.56179$

(아)

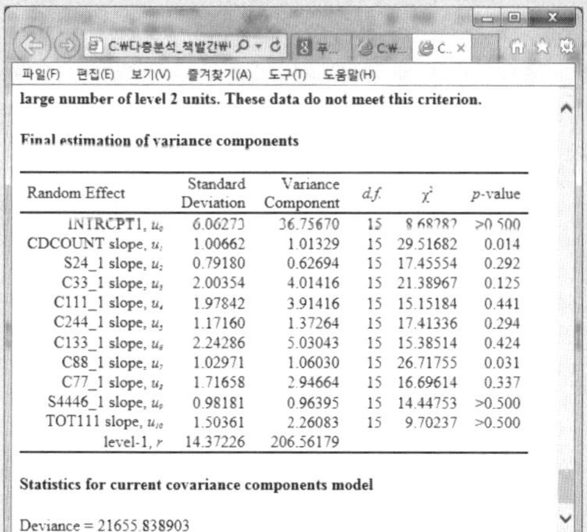

파일(F) 편집(E) 보기(V) 즐겨찾기(A) 도구(T) 도움말(H)

**large number of level 2 units. These data do not meet this criterion.**

**Final estimation of variance components**

| Random Effect | Standard Deviation | Variance Component | d.f. | $\chi^2$ | p-value |
|---|---|---|---|---|---|
| INTRCPT1, $u_0$ | 6.06273 | 36.75670 | 15 | 8.68282 | >0.500 |
| CDCOUNT slope, $u_1$ | 1.00662 | 1.01329 | 15 | 29.51682 | 0.014 |
| S24_1 slope, $u_2$ | 0.79180 | 0.62694 | 15 | 17.45554 | 0.292 |
| C33_1 slope, $u_3$ | 2.00354 | 4.01416 | 15 | 21.38967 | 0.125 |
| C111_1 slope, $u_4$ | 1.97842 | 3.91416 | 15 | 15.15184 | 0.441 |
| C244_1 slope, $u_5$ | 1.17160 | 1.37264 | 15 | 17.41336 | 0.294 |
| C133_1 slope, $u_6$ | 2.24286 | 5.03043 | 15 | 15.38514 | 0.424 |
| C88_1 slope, $u_7$ | 1.02971 | 1.06030 | 15 | 26.71755 | 0.031 |
| C77_1 slope, $u_8$ | 1.71658 | 2.94664 | 15 | 16.69614 | 0.337 |
| S4446_1 slope, $u_9$ | 0.98181 | 0.96395 | 15 | 14.44753 | >0.500 |
| TOT111 slope, $u_{10}$ | 1.50361 | 2.26083 | 15 | 9.70237 | >0.500 |
| level-1, $r$ | 14.37226 | 206.56179 | | | |

**Statistics for current covariance components model**

Deviance = 21655.838903

(자)

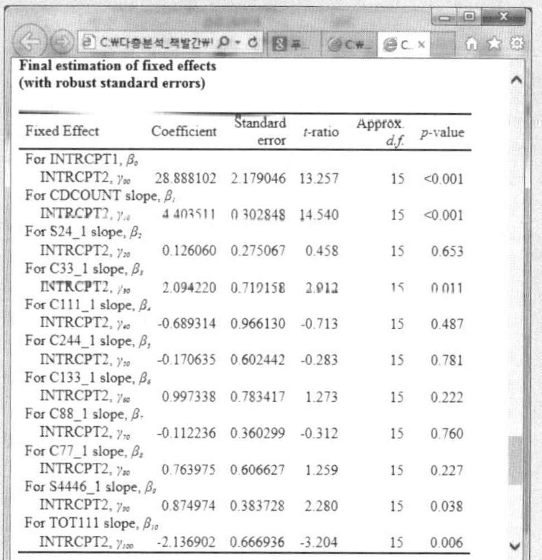

**Final estimation of fixed effects (with robust standard errors)**

| Fixed Effect | Coefficient | Standard error | t-ratio | Approx. d.f. | p-value |
|---|---|---|---|---|---|
| For INTRCPT1, $\beta_0$ | | | | | |
| INTRCPT2, $\gamma_{00}$ | 28.888102 | 2.179046 | 13.257 | 15 | <0.001 |
| For CDCOUNT slope, $\beta_1$ | | | | | |
| INTRCPT2, $\gamma_{10}$ | 4.403511 | 0.302848 | 14.540 | 15 | <0.001 |
| For S24_1 slope, $\beta_2$ | | | | | |
| INTRCPT2, $\gamma_{20}$ | 0.126060 | 0.275067 | 0.458 | 15 | 0.653 |
| For C33_1 slope, $\beta_3$ | | | | | |
| INTRCPT2, $\gamma_{30}$ | 2.094220 | 0.719158 | 2.912 | 15 | 0.011 |
| For C111_1 slope, $\beta_4$ | | | | | |
| INTRCPT2, $\gamma_{40}$ | -0.689314 | 0.966130 | -0.713 | 15 | 0.487 |
| For C244_1 slope, $\beta_5$ | | | | | |
| INTRCPT2, $\gamma_{50}$ | -0.170635 | 0.602442 | -0.283 | 15 | 0.781 |
| For C133_1 slope, $\beta_6$ | | | | | |
| INTRCPT2, $\gamma_{60}$ | 0.997338 | 0.783417 | 1.273 | 15 | 0.222 |
| For C88_1 slope, $\beta_7$ | | | | | |
| INTRCPT2, $\gamma_{70}$ | -0.112236 | 0.360299 | -0.312 | 15 | 0.760 |
| For C77_1 slope, $\beta_8$ | | | | | |
| INTRCPT2, $\gamma_{80}$ | 0.763975 | 0.606627 | 1.259 | 15 | 0.227 |
| For S4446_1 slope, $\beta_9$ | | | | | |
| INTRCPT2, $\gamma_{90}$ | 0.874974 | 0.383728 | 2.280 | 15 | 0.038 |
| For TOT111 slope, $\beta_{10}$ | | | | | |
| INTRCPT2, $\gamma_{100}$ | -2.136902 | 0.666936 | -3.204 | 15 | 0.006 |

(차)

3단계: 조건적 모형

- 개인요인과 지역요인이 노인의 외래의료서비스 이용 결정에 미치는 영향을 검증하는 것이다. 무조건적 기울기 모형의 무선효과 검증에서 유의성이 있는 만성질환 수(CDCOUNT, p=0.014)와 교육수준(C88_1, p=0.031)은 지역요인의 무선효과를 검증하고, 유의미하지 않았던 개인요인(S24_1, C33_1, C111_1, C244_1, C133_1, S4446_1, TOT111)은 고정미지수로 투입하여 검증한다.

가. Level-2의 초기치($\mathcal{L}_0$)를 클릭하여 Level-2의 독립변수(의료인력 수: R1)를 선택한 후, 전체평균(add variable grand centered)으로 중심화(centering)한다. 병의원 수(R2), 노인장기요양시설 수(R3), 당뇨경험률(R4), 고혈압경험률(R5)을 차례로 선택한 후 전체평균으로 중심화한다.

나. 무조건적 기울기 모형의 무선효과 검증에서 유의성이 있는 개인요인인 만성질환 수(CDCOUNT)와 교육수준(C88_1)은 지역요인의 무선효과를 검증한다. 즉 Level-2의 무선효과($u_1$, $u_7$)만 클릭하여 미지수로 지정한다.

다. 유의미하지 않았던 개인요인은 고정미지수로 투입한다. 즉 Level-2의 무선효과($u_2$, $u_3$, $u_4$, $u_5$, $u_6$, $u_8$, $u_9$, $u_{10}$)는 더블클릭하여 고정미지수로 지정한다.

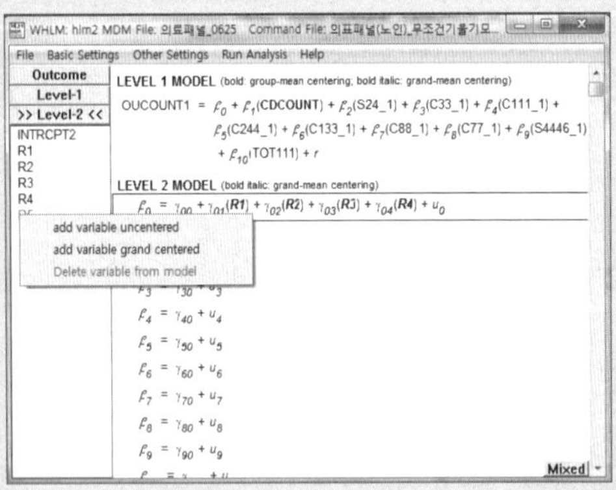


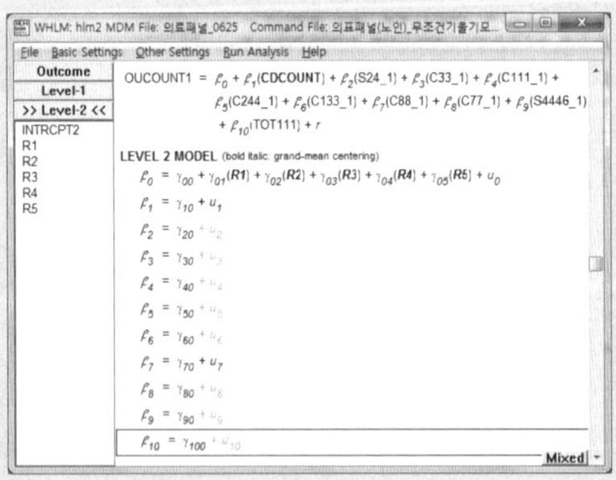


라. [Run Analysis]→[Run the model shown]을 선택한다.

마. 반복연산(iteration)이 실행된다. 결과파일을 확인한다.

바. 조건적 모형과 Mixed Model을 기술한다.

사. 독립변수들의 무선효과(random effect)에 대한 표준편차(SD), 분산($\sigma^2$), $\chi^2$, 유의확률(p-value)을 확인한다.

아. [Final estimation of fixed effects (with robust standard errors)]에서 독립변수들의 고정효과의 회귀계수(Coefficient), 표준오차(Standard error), 유의확률을 확인한다.

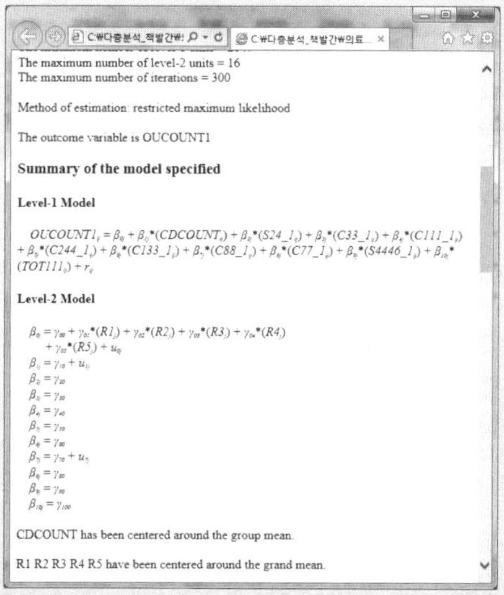
The maximum number of level-2 units = 16
The maximum number of iterations = 300

Method of estimation: restricted maximum likelihood

The outcome variable is OUCOUNT1

**Summary of the model specified**

**Level-1 Model**

$OUCOUNT1_{ij} = \beta_{0j} + \beta_{1j}*(CDCOUNT_{ij}) + \beta_{2j}*(S24\_1_{ij}) + \beta_{3j}*(C33\_1_{ij}) + \beta_{4j}*(C111\_1_{ij}) + \beta_{5j}*(C244\_1_{ij}) + \beta_{6j}*(C133\_1_{ij}) + \beta_{7j}*(C88\_1_{ij}) + \beta_{8j}*(C77\_1_{ij}) + \beta_{9j}*(S4446\_1_{ij}) + \beta_{10j}*(TOT111_{ij}) + r_{ij}$

**Level-2 Model**

$\beta_{0j} = \gamma_{00} + \gamma_{01}*(R1_j) + \gamma_{02}*(R2_j) + \gamma_{03}*(R3_j) + \gamma_{04}*(R4_j) + \gamma_{05}*(R5_j) + u_{0j}$
$\beta_{1j} = \gamma_{10} + u_{1j}$
$\beta_{2j} = \gamma_{20}$
$\beta_{3j} = \gamma_{30}$
$\beta_{4j} = \gamma_{40}$
$\beta_{5j} = \gamma_{50}$
$\beta_{6j} = \gamma_{60}$
$\beta_{7j} = \gamma_{70} + u_{7j}$
$\beta_{8j} = \gamma_{80}$
$\beta_{9j} = \gamma_{90}$
$\beta_{10j} = \gamma_{100}$

CDCOUNT has been centered around the group mean.

R1 R2 R3 R4 R5 have been centered around the grand mean.

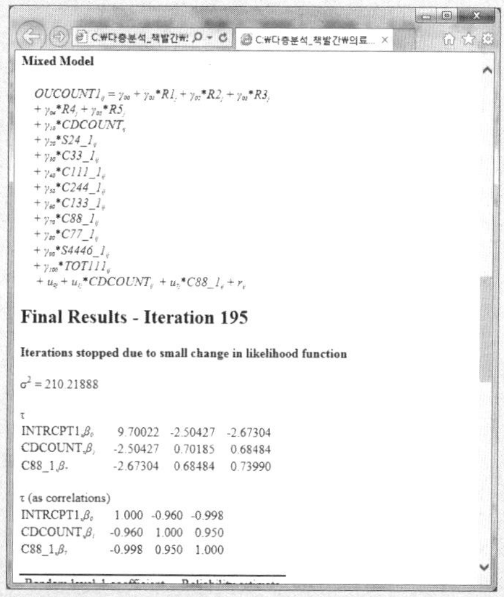
**Mixed Model**

$OUCOUNT1_{ij} = \gamma_{00} + \gamma_{01}*R1_j + \gamma_{02}*R2_j + \gamma_{03}*R3_j + \gamma_{04}*R4_j + \gamma_{05}*R5_j + \gamma_{10}*CDCOUNT_{ij} + \gamma_{20}*S24\_1_{ij} + \gamma_{30}*C33\_1_{ij} + \gamma_{40}*C111\_1_{ij} + \gamma_{50}*C244\_1_{ij} + \gamma_{60}*C133\_1_{ij} + \gamma_{70}*C88\_1_{ij} + \gamma_{80}*C77\_1_{ij} + \gamma_{90}*S4446\_1_{ij} + \gamma_{100}*TOT111_{ij} + u_{0j} + u_{1j}*CDCOUNT_{ij} + u_{7j}*C88\_1_{ij} + r_{ij}$

**Final Results - Iteration 195**

**Iterations stopped due to small change in likelihood function**

$\sigma^2 = 210.21888$

τ

| | | | |
|---|---|---|---|
| INTRCPT1, $\beta_0$ | 9.70022 | -2.50427 | -2.67304 |
| CDCOUNT, $\beta_1$ | -2.50427 | 0.70185 | 0.68484 |
| C88_1, $\beta_7$ | -2.67304 | 0.68484 | 0.73990 |

τ (as correlations)

| | | | |
|---|---|---|---|
| INTRCPT1, $\beta_0$ | 1.000 | -0.960 | -0.998 |
| CDCOUNT, $\beta_1$ | -0.960 | 1.000 | 0.950 |
| C88_1, $\beta_7$ | -0.998 | 0.950 | 1.000 |

(바)

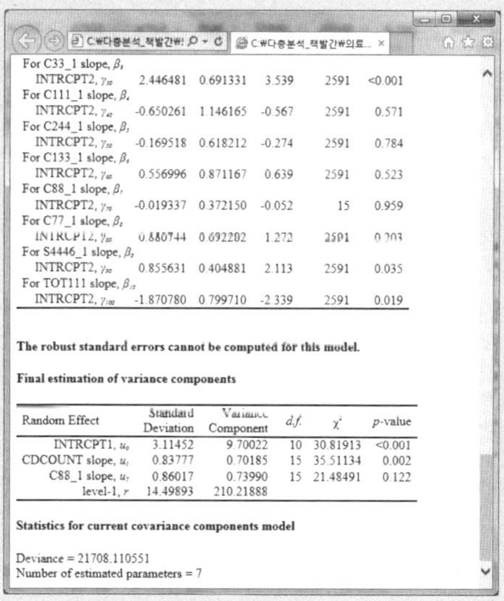
| | | | | | |
|---|---|---|---|---|---|
| For C33_1 slope, $\beta_3$ | | | | | |
| INTRCPT2, $\gamma_{30}$ | 2.446481 | 0.691331 | 3.539 | 2591 | <0.001 |
| For C111_1 slope, $\beta_4$ | | | | | |
| INTRCPT2, $\gamma_{40}$ | -0.650261 | 1.146165 | -0.567 | 2591 | 0.571 |
| For C244_1 slope, $\beta_5$ | | | | | |
| INTRCPT2, $\gamma_{50}$ | -0.169518 | 0.618212 | -0.274 | 2591 | 0.784 |
| For C133_1 slope, $\beta_6$ | | | | | |
| INTRCPT2, $\gamma_{60}$ | 0.556996 | 0.871167 | 0.639 | 2591 | 0.523 |
| For C88_1 slope, $\beta_7$ | | | | | |
| INTRCPT2, $\gamma_{70}$ | -0.019337 | 0.372150 | -0.052 | 15 | 0.959 |
| For C77_1 slope, $\beta_8$ | | | | | |
| INTRCPT2, $\gamma_{80}$ | 0.880744 | 0.692282 | 1.272 | 2591 | 0.203 |
| For S4446_1 slope, $\beta_9$ | | | | | |
| INTRCPT2, $\gamma_{90}$ | 0.855631 | 0.404881 | 2.113 | 2591 | 0.035 |
| For TOT111 slope, $\beta_{10}$ | | | | | |
| INTRCPT2, $\gamma_{100}$ | -1.870780 | 0.799710 | -2.339 | 2591 | 0.019 |

**The robust standard errors cannot be computed for this model.**

**Final estimation of variance components**

| Random Effect | Standard Deviation | Variance Component | d.f. | $\chi^2$ | p-value |
|---|---|---|---|---|---|
| INTRCPT1, $u_0$ | 3.11452 | 9.70022 | 10 | 30.81913 | <0.001 |
| CDCOUNT slope, $u_1$ | 0.83777 | 0.70185 | 15 | 35.51134 | 0.002 |
| C88_1 slope, $u_7$ | 0.86017 | 0.73990 | 15 | 21.48491 | 0.122 |
| level-1, $r$ | 14.49893 | 210.21888 | | | |

**Statistics for current covariance components model**

Deviance = 21708.110551
Number of estimated parameters = 7

(사)

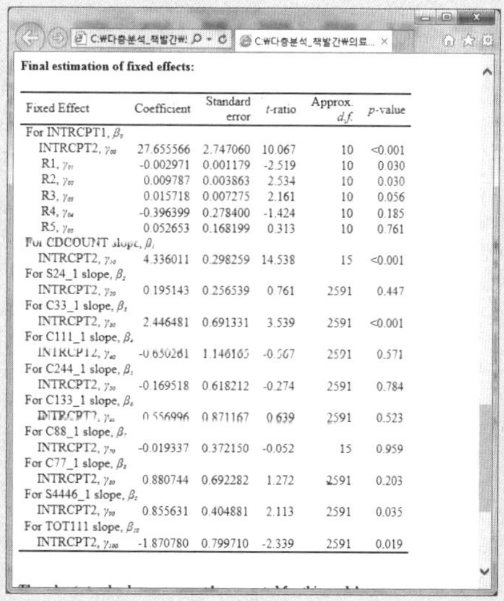
**Final estimation of fixed effects:**

| Fixed Effect | Coefficient | Standard error | t-ratio | Approx. d.f. | p-value |
|---|---|---|---|---|---|
| For INTRCPT1, $\beta_0$ | | | | | |
| INTRCPT2, $\gamma_{00}$ | 27.655566 | 2.747060 | 10.067 | 10 | <0.001 |
| R1, $\gamma_{01}$ | -0.002971 | 0.001179 | -2.519 | 10 | 0.030 |
| R2, $\gamma_{02}$ | 0.009787 | 0.003863 | 2.534 | 10 | 0.030 |
| R3, $\gamma_{03}$ | 0.015718 | 0.007275 | 2.161 | 10 | 0.056 |
| R4, $\gamma_{04}$ | -0.396399 | 0.278400 | -1.424 | 10 | 0.185 |
| R5, $\gamma_{05}$ | 0.052653 | 0.168199 | 0.313 | 10 | 0.761 |
| For CDCOUNT slope, $\beta_1$ | | | | | |
| INTRCPT2, $\gamma_{10}$ | 4.336011 | 0.298259 | 14.538 | 15 | <0.001 |
| For S24_1 slope, $\beta_2$ | | | | | |
| INTRCPT2, $\gamma_{20}$ | 0.195143 | 0.256539 | 0.761 | 2591 | 0.447 |
| For C33_1 slope, $\beta_3$ | | | | | |
| INTRCPT2, $\gamma_{30}$ | 2.446481 | 0.691331 | 3.539 | 2591 | <0.001 |
| For C111_1 slope, $\beta_4$ | | | | | |
| INTRCPT2, $\gamma_{40}$ | -0.650261 | 1.146165 | -0.567 | 2591 | 0.571 |
| For C244_1 slope, $\beta_5$ | | | | | |
| INTRCPT2, $\gamma_{50}$ | -0.169518 | 0.618212 | -0.274 | 2591 | 0.784 |
| For C133_1 slope, $\beta_6$ | | | | | |
| INTRCPT2, $\gamma_{60}$ | 0.556996 | 0.871167 | 0.639 | 2591 | 0.523 |
| For C88_1 slope, $\beta_7$ | | | | | |
| INTRCPT2, $\gamma_{70}$ | -0.019337 | 0.372150 | -0.052 | 15 | 0.959 |
| For C77_1 slope, $\beta_8$ | | | | | |
| INTRCPT2, $\gamma_{80}$ | 0.880744 | 0.692282 | 1.272 | 2591 | 0.203 |
| For S4446_1 slope, $\beta_9$ | | | | | |
| INTRCPT2, $\gamma_{90}$ | 0.855631 | 0.404881 | 2.113 | 2591 | 0.035 |
| For TOT111 slope, $\beta_{10}$ | | | | | |
| INTRCPT2, $\gamma_{100}$ | -1.870780 | 0.799710 | -2.339 | 2591 | 0.019 |

(아)

## 15 기초모형(무조건 모형) 검증

• 본 장의 14 노년기 외래의료서비스 다층모형 MDM 파일 분석하기의 기초모형을 실행한 결과는 아래와 같다.

- [표 7-7] Model 1의 [Intercept, $\gamma_{00}$]는 그림 [나] Fixed Effect(robust standard error)의 [For INTRCPT1, $\beta_0$ INTRCPT2, $\gamma_{00}$]에서 Coefficient(24.13), Standard error(0.46), t-ratio(52.27), p-value(<0.001)를 참조하여 작성한다.
- [표 7-7] Model 1의 지역수준 분산인 [level 2, $u_0$]는 그림 [가] Random Effect의 [INTRCPT1, $u_0$]에서 Standard Deviation(1.31), Variance Component(1.73), $\chi^2$(32.31), p-value(=0.006)를 참조하여 작성한다. 개인수준의 분산인 [level 1, $r$]는 그림 [가] Random Effect의 [level-1, $r$]에서 Standard Deviation(16.17), Variance Component(261.6)를 참조하여 작성한다.

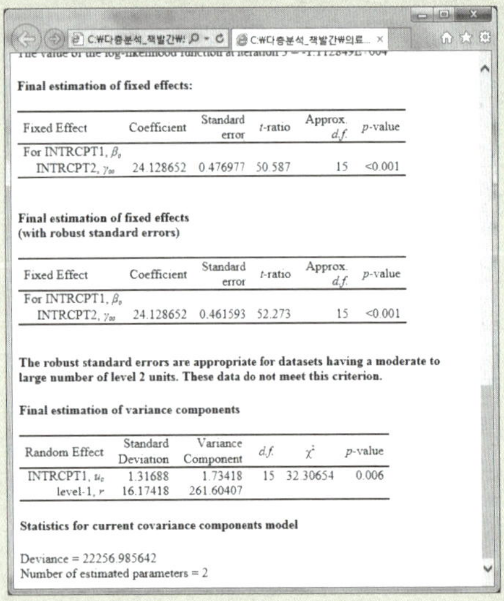

(가)

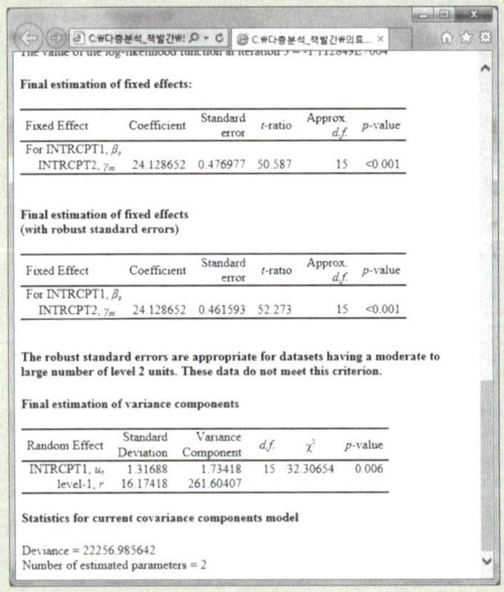

(나)

• 기초모형에서 산출된 계수와 결과해석은 다음과 같다.

- 2009년 노인의 외래의료서비스 이용은 연평균 24.13으로 통계적으로 유의하게 나타났다(p<0.001). 기초모형의 무선효과(random effect)를 살펴보면 개인수준의 노인의 외래의료서비스 이용의 분산은 261.6이며, 지역수준의 분산은 1.73으로 통계적으로 유의하게 나타났다(p<0.01).
- 집단 내 상관계수(ICC)는 종속변수가 연속형인 경우 ICC= $\tau_{00}$(2수준분산)/[$\tau_{00}$(2수준분

산)+$\sigma^2$(1수준분산)]으로 산출된다. 본 연구의 ICC=[1.73/(1.73+261.6)]=0.006으로 지역수준의 분산이 차지하는 비율이 매우 적은 것으로 나타났다. 다층모형의 분석에서 ICC에 관심이 있다면 50개 그룹과 그룹당 20명 정도의 표본수가 필요하다는 주장이 있다(Kreft, 1996). 따라서 본 연구에서의 ICC의 비율이 낮은 이유에 대해 본고의 논의에서는 "이는 개인이 속한 시군구별 환경요인을 반영하지 않고 시도별 환경요인을 반영함으로써 기인된 것으로 본다"라고 밝히고 있다.

## 16 무조건적 기울기 모형 검증

• 본 장의 14 노년기 외래의료서비스 다층모형 MDM 파일 분석하기의 무조건적 기울기 모형을 실행한 결과는 아래와 같다.

- [표 7-7] Model 2의 [Intercept, $\gamma_{00}$]의 고정효과는 그림 [나]의 Fixed Effect(robust standard error)에서, [Intercept, $\gamma_{00}$]의 경우 [For INTRCPT1, $\beta_0$ INTRCPT2, $\gamma_{00}$]에서 Coefficient(28.89), Standard error(2.17), t-ratio(13.26), p-value(<0.001)를 참조한다.
- 성별(C33_1)의 경우 [For C33_1 slope, $\beta_3$ INTRCPT2, $\gamma_{30}$]에서 Coefficient(2.09), Standard error(0.72), t-ratio(2.91), p-value(0.011)를 참조하여 작성한다.
- 계속하여 독립변수(만성질환: CDCOUNT, 교육수준: C88_1, 소득수준: TOTAL111, 혼인상태: C77_1, 의료보장형태: C111_1, 경제활동 유무: C244_1, 장애 유무: C133_1, 문제음주: S24_1, 우울: S4466_1)를 참조하여 작성한다.
- [표 7-7] Model 2의 2수준 무선효과[level 2, $u_0$], 1수준 무선효과[level 1, $r$], 독립변수(성별: C33_1, 교육수준: C88_1, 소득수준: TOTAL111, 혼인상태: C77_1, 의료보장형태: C111_1, 경제활동 유무: C244_1, 장애 유무: C133_1, 문제음주: S24_1, 우울: S4466_1, 만성질환: CDCOUNT)는 그림 [가] Random Effect에서, [level 2, $u_0$]의 경우 [INTRCPT1, $u_0$]에서 Standard Deviation(6.06), Variance Component(36.75), $\chi^2$(8.68), p-value(>0.005)를 참조하여 작성한다. [level 1, $r$]의 경우 [level-1, r]에서 Standard Deviation(14.37), Variance Component(206.5)를 참조하여 작성한다.
- 계속해서 성별(C33_1)의 경우 [C33_1 slope, $u_3$]에서 Standard Deviation(2.0), Variance Component(4.01), $\chi^2$(21.39), p-value(0.125)를 참조하여 작성한다.

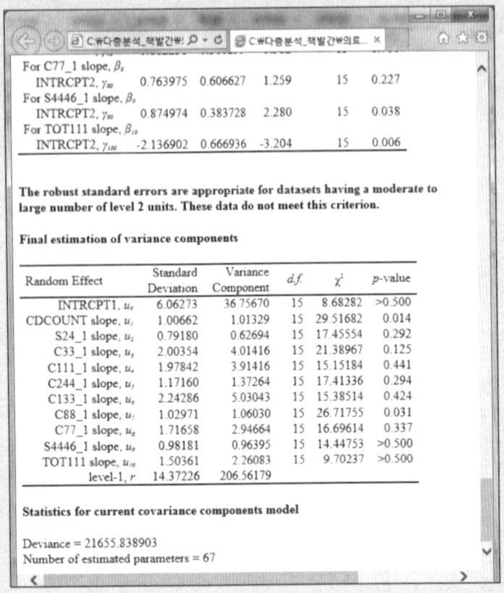

| | | | | | |
|---|---|---|---|---|---|
| For C77_1 slope, $\beta_8$ | | | | | |
| INTRCPT2, $\gamma_{80}$ | 0.763975 | 0.606627 | 1.259 | 15 | 0.227 |
| For S4446_1 slope, $\beta_9$ | | | | | |
| INTRCPT2, $\gamma_{90}$ | 0.874974 | 0.383728 | 2.280 | 15 | 0.038 |
| For TOT111 slope, $\beta_{10}$ | | | | | |
| INTRCPT2, $\gamma_{100}$ | -2.136902 | 0.666936 | -3.204 | 15 | 0.006 |

**The robust standard errors are appropriate for datasets having a moderate to large number of level 2 units. These data do not meet this criterion.**

**Final estimation of variance components**

| Random Effect | Standard Deviation | Variance Component | *d.f.* | $\chi^2$ | *p*-value |
|---|---|---|---|---|---|
| INTRCPT1, $u_0$ | 6.06273 | 36.75670 | 15 | 8.68282 | >0.500 |
| CDCOUNT slope, $u_1$ | 1.00662 | 1.01329 | 15 | 29.51682 | 0.014 |
| S24_1 slope, $u_2$ | 0.79180 | 0.62694 | 15 | 17.45554 | 0.292 |
| C33_1 slope, $u_3$ | 2.00354 | 4.01416 | 15 | 21.38967 | 0.125 |
| C111_1 slope, $u_4$ | 1.97842 | 3.91416 | 15 | 15.15184 | 0.441 |
| C244_1 slope, $u_5$ | 1.17160 | 1.37264 | 15 | 17.41336 | 0.294 |
| C133_1 slope, $u_6$ | 2.24286 | 5.03043 | 15 | 15.38514 | 0.424 |
| C88_1 slope, $u_7$ | 1.02971 | 1.06030 | 15 | 26.71755 | 0.031 |
| C77_1 slope, $u_8$ | 1.71658 | 2.94664 | 15 | 16.69614 | 0.337 |
| S4446_1 slope, $u_9$ | 0.98181 | 0.96395 | 15 | 14.44753 | >0.500 |
| TOT111 slope, $u_{10}$ | 1.50361 | 2.26083 | 15 | 9.70237 | >0.500 |
| level-1, $r$ | 14.37226 | 206.56179 | | | |

**Statistics for current covariance components model**

Deviance = 21655.838903
Number of estimated parameters = 67

(가)

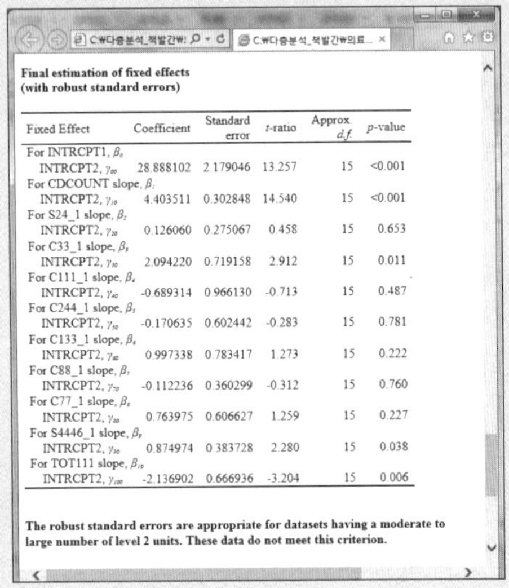

**Final estimation of fixed effects (with robust standard errors)**

| Fixed Effect | Coefficient | Standard error | *t*-ratio | Approx. *d.f.* | *p*-value |
|---|---|---|---|---|---|
| For INTRCPT1, $\beta_0$ | | | | | |
| INTRCPT2, $\gamma_{00}$ | 28.888102 | 2.179046 | 13.257 | 15 | <0.001 |
| For CDCOUNT slope, $\beta_1$ | | | | | |
| INTRCPT2, $\gamma_{10}$ | 4.403511 | 0.302848 | 14.540 | 15 | <0.001 |
| For S24_1 slope, $\beta_2$ | | | | | |
| INTRCPT2, $\gamma_{20}$ | 0.126060 | 0.275067 | 0.458 | 15 | 0.653 |
| For C33_1 slope, $\beta_3$ | | | | | |
| INTRCPT2, $\gamma_{30}$ | 2.094220 | 0.719158 | 2.912 | 15 | 0.011 |
| For C111_1 slope, $\beta_4$ | | | | | |
| INTRCPT2, $\gamma_{40}$ | -0.689314 | 0.966130 | -0.713 | 15 | 0.487 |
| For C244_1 slope, $\beta_5$ | | | | | |
| INTRCPT2, $\gamma_{50}$ | -0.170635 | 0.602442 | -0.283 | 15 | 0.781 |
| For C133_1 slope, $\beta_6$ | | | | | |
| INTRCPT2, $\gamma_{60}$ | 0.997338 | 0.783417 | 1.273 | 15 | 0.222 |
| For C88_1 slope, $\beta_7$ | | | | | |
| INTRCPT2, $\gamma_{70}$ | -0.112236 | 0.360299 | -0.312 | 15 | 0.760 |
| For C77_1 slope, $\beta_8$ | | | | | |
| INTRCPT2, $\gamma_{80}$ | 0.763975 | 0.606627 | 1.259 | 15 | 0.227 |
| For S4446_1 slope, $\beta_9$ | | | | | |
| INTRCPT2, $\gamma_{90}$ | 0.874974 | 0.383728 | 2.280 | 15 | 0.038 |
| For TOT111 slope, $\beta_{10}$ | | | | | |
| INTRCPT2, $\gamma_{100}$ | -2.136902 | 0.666936 | -3.204 | 15 | 0.006 |

**The robust standard errors are appropriate for datasets having a moderate to large number of level 2 units. These data do not meet this criterion.**

(나)

• 무조건적 기울기 모형에서 산출된 계수와 결과해석은 다음과 같다.

- 노인의 외래의료서비스 이용의 고정효과를 분석한 결과 성별(C33_1: $\beta$=2.09, p=0.011), 소득수준(TOT111: $\beta$=−2.13, p=0.006), 만성질환 수(CDCOUNT: $\beta$=4.40, p=<0.001), 우울(S4446: $\beta$=0.87, p=0.038)이 영향을 주는 것으로 나타났다. 즉, 여자노인 수와 만성질환 수가 많을수록, 우울이 높을수록 외래의료서비스 이용이 많았으며, 소득수준이 높을수록 외래의료서비스 이용이 적은 것으로 나타났다.
- 무선효과 검증을 실시한 결과, 교육수준(C88_1: p=0.031)과 만성질환 수(CDCOUNT: p=0.014)의 적합도가 통계적으로 유의미한 것으로 확인되었다. 무선효과 검증 결과 유의미성이 나타났다는 것은 개인수준의 변수들이 노인의 외래의료서비스 이용에 미치는 영향에 지역 간 차이가 있음을 의미하는 것으로, 지역요인을 투입해야 한다는 사실을 알 수 있다. 그리고 무선효과 검증에서 유의한 개인별 특성변수(교육수준, 만성질환 수)를 제외한 개인변수는 조건적 모형 검증에서 고정미지수로 묶어서 분석할 필요가 있는 것으로 나타났다.
- 지역별 노인의료서비스 이용의 ICC=[36.75/(36.75+206.5)]=0.151이나, 통계적으로 유의하지 않아 무조건적 기울기 모형에서는 지역 간 차이가 없는 것으로 나타났다.

• 무조건적 기울기 모형의 구체적인 해석은 본 장의 논의를 참조하기 바란다.

## 17 조건적 모형 검증

- 본 장의 14 노년기 외래의료서비스 다층모형 MDM 파일 분석하기의 조건적 모형을 실행한 결과는 아래와 같다.
  - [표 7-7] Model 3의 [Intercept, $\gamma_{00}$]의 고정효과는 그림 (가)의 Fixed Effect에서, [Intercept, $\gamma_{00}$]의 경우[For INTRCPT1, $\beta_0$ INTRCPT2, $\gamma_{00}$]에서 Coefficient(27.66), Standard error(2.74), t-ratio(10.06), p-value(<0.001)를 참조한다.
  - 성별(C33_1)의 경우 [For C33_1 slope, $\beta_3$ INTRCPT2, $\gamma_{30}$]에서 Coefficient(2.44), Standard error(0.69), t-ratio(3.53), p-value(<0.001)를 참조하여 작성한다.
  - 계속하여 독립변수(만성질환: CDCOUNT, 교육수준: C88_1, 소득수준: TOTAL111, 혼인상태: C77_1, 의료보장형태: C111_1, 경제활동 유무: C244_1, 장애 유무: C133_1, 문제음주: S24_1, 우울: S4466_1)를 참조하여 작성한다.
  - [표 7-7] Model 3의 Level 2의 의료인력 수(R1)는 그림 (가) Fixed Effect의 [For INTRCPT1, $\beta_0$ R1, $\gamma_{01}$]에서 Coefficient(-0.003), Standard error(0.001), t-ratio(-2.52), p-value(0.03)를 참조하여 작성한다.
  - 계속하여 지역변수[병의원 수(R2), 노인장기요양시설 수(R3), 당뇨경험률(R4), 고혈압경험률(R5)]를 참고하여 작성한다.
  - [표 7-7] Model 3의 부선효과(random effect), 즉 [level 2, $u_0$], [level 1, $r$], 만성질환(CDCOUNT), 교육수준(C88_1)은 그림 (나) Random Effect에서, [level 2, $u_0$]의 경우 [INTRCPT1, $u_0$]에서 Standard Deviation(3.11), Variance Component(9.70), $\chi^2$(30.81), p-value(<0.001)를 참조하여 작성한다. [level 1, $r$]의 경우 [level-1, r]에서 Standard Deviation(14.49), Variance Component(210.2)를 참조하여 작성한다.
  - 계속해서 만성질환 수(CDCOUNT)의 경우 [CDCOUNT slope, $u_1$]에서 Standard Deviation(0.84), Variance Component(0.70), $\chi^2$(35.51), p-value(0.002)를 참조하여 작성한다.

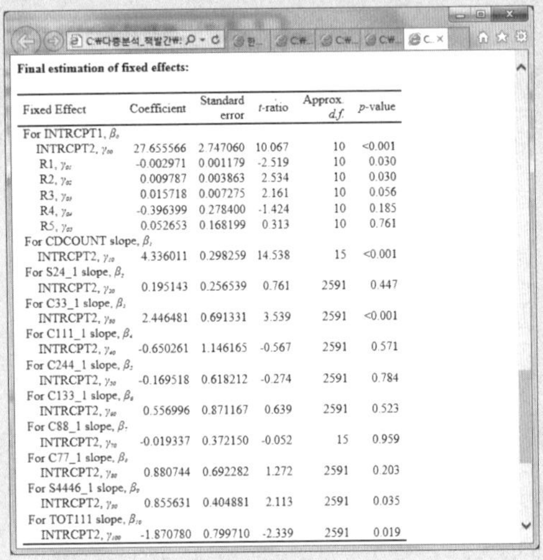

**Final estimation of fixed effects:**

| Fixed Effect | Coefficient | Standard error | t-ratio | Approx. d.f. | p-value |
|---|---|---|---|---|---|
| For INTRCPT1, $\beta_0$ | | | | | |
| INTRCPT2, $\gamma_{00}$ | 27.655566 | 2.747060 | 10.067 | 10 | <0.001 |
| R1, $\gamma_{01}$ | -0.002971 | 0.001179 | -2.519 | 10 | 0.030 |
| R2, $\gamma_{02}$ | 0.009787 | 0.003863 | 2.534 | 10 | 0.030 |
| R3, $\gamma_{03}$ | 0.015718 | 0.007275 | 2.161 | 10 | 0.056 |
| R4, $\gamma_{04}$ | -0.396399 | 0.278400 | -1.424 | 10 | 0.185 |
| R5, $\gamma_{05}$ | 0.052653 | 0.168199 | 0.313 | 10 | 0.761 |
| For CDCOUNT slope, $\beta_1$ | | | | | |
| INTRCPT2, $\gamma_{10}$ | 4.336011 | 0.298259 | 14.538 | 15 | <0.001 |
| For S24_1 slope, $\beta_2$ | | | | | |
| INTRCPT2, $\gamma_{20}$ | 0.195143 | 0.256539 | 0.761 | 2591 | 0.447 |
| For C33_1 slope, $\beta_3$ | | | | | |
| INTRCPT2, $\gamma_{30}$ | 2.446481 | 0.691331 | 3.539 | 2591 | <0.001 |
| For C111_1 slope, $\beta_4$ | | | | | |
| INTRCPT2, $\gamma_{40}$ | -0.650261 | 1.146165 | -0.567 | 2591 | 0.571 |
| For C244_1 slope, $\beta_5$ | | | | | |
| INTRCPT2, $\gamma_{50}$ | -0.169518 | 0.618212 | -0.274 | 2591 | 0.784 |
| For C133_1 slope, $\beta_6$ | | | | | |
| INTRCPT2, $\gamma_{60}$ | 0.556996 | 0.871167 | 0.639 | 2591 | 0.523 |
| For C88_1 slope, $\beta_7$ | | | | | |
| INTRCPT2, $\gamma_{70}$ | -0.019337 | 0.372150 | -0.052 | 15 | 0.959 |
| For C77_1 slope, $\beta_8$ | | | | | |
| INTRCPT2, $\gamma_{80}$ | 0.880744 | 0.692282 | 1.272 | 2591 | 0.203 |
| For S4446_1 slope, $\beta_9$ | | | | | |
| INTRCPT2, $\gamma_{90}$ | 0.855631 | 0.404881 | 2.113 | 2591 | 0.035 |
| For TOT111 slope, $\beta_{10}$ | | | | | |
| INTRCPT2, $\gamma_{100}$ | -1.870780 | 0.799710 | -2.339 | 2591 | 0.019 |

(가)

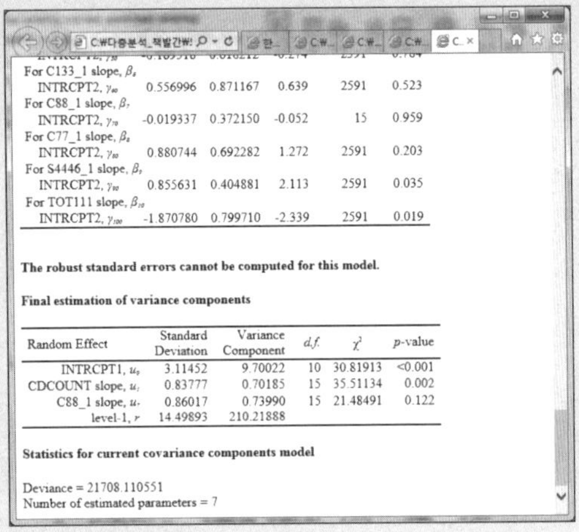


| | | | | | |
|---|---|---|---|---|---|
| For C133_1 slope, $\beta_6$ | | | | | |
| INTRCPT2, $\gamma_{60}$ | 0.556996 | 0.871167 | 0.639 | 2591 | 0.523 |
| For C88_1 slope, $\beta_7$ | | | | | |
| INTRCPT2, $\gamma_{70}$ | -0.019337 | 0.372150 | -0.052 | 15 | 0.959 |
| For C77_1 slope, $\beta_8$ | | | | | |
| INTRCPT2, $\gamma_{80}$ | 0.880744 | 0.692282 | 1.272 | 2591 | 0.203 |
| For S4446_1 slope, $\beta_9$ | | | | | |
| INTRCPT2, $\gamma_{90}$ | 0.855631 | 0.404881 | 2.113 | 2591 | 0.035 |
| For TOT111 slope, $\beta_{10}$ | | | | | |
| INTRCPT2, $\gamma_{100}$ | -1.870780 | 0.799710 | -2.339 | 2591 | 0.019 |


**The robust standard errors cannot be computed for this model.**

**Final estimation of variance components**

| Random Effect | Standard Deviation | Variance Component | d.f. | $\chi^2$ | p-value |
|---|---|---|---|---|---|
| INTRCPT1, $u_0$ | 3.11452 | 9.70022 | 10 | 30.81913 | <0.001 |
| CDCOUNT slope, $u_1$ | 0.83777 | 0.70185 | 15 | 35.51134 | 0.002 |
| C88_1 slope, $u_7$ | 0.86017 | 0.73990 | 15 | 21.48491 | 0.122 |
| level-1, $r$ | 14.49893 | 210.21888 | | | |

**Statistics for current covariance components model**

Deviance = 21708.110551
Number of estimated parameters = 7

(나)

- 조건적 모형에서 산출된 계수와 결과해석은 다음과 같다.
  - Model 3(조건적 모형)에서 노인의 외래의료서비스 이용에 대한 고정효과를 분석한 결과 무조건적 기울기 모형에서 영향을 미쳤던 요인(성별, 소득수준, 만성질환 수, 우울)과 비슷한 통계적 유의성을 보였다. 그러나 회귀계수의 값에서 차이가 있는 것으로 나타나 지역변수들의 통제를 통해 개인변수들이 영향을 받은 것으로 나타났다.
  - 수준 2인 지역변수는 의료인력 수(R1: $\beta=-0.003$, p=0.030), 병의원 수(R2: $\beta=0.009$, p=0.030), 노인장기요양시설 수(R3: $\beta=0.02$, p=0.056)가 노인의 외래의료서비스 이용에 영향을 미치는 것으로 나타났다. 즉, 지역의 의료인력 수가 적을수록 노인의 외래의료서비스 이용이 많았으며, 병의원 수와 노인장기요양시설 수가 많을수록 노인의 외래의료서비스 이용이 많았다.
  - 무선효과 검증 결과 만성질환 수(CDCOUNT)에 지역 차이가 있는 것으로 나타났다 (p=0.002).
  - 노인의 외래의료서비스 이용의 ICC=[9.70/(9.70+210.2)]=0.04로 산출되었다.

- 조건적 모형의 구체적인 해석은 본 장의 논의를 참조하기 바란다.

## 5 논의 및 결론

본 연구는 앤더슨 모형을 이용하여 노년기 외래의료서비스 이용의 예측요인을 살펴보는 것으로 앤더슨 모형이 스트레스 취약요인을 매개하여 외래의료서비스 이용에 영향을 미치는 요인, 그리고 개인요인과 지역요인이 노년기 외래의료서비스 이용의 결정요인에 미치는 영향을 다변량 분석(분산분석, 구조모형 분석, 다층모형 분석)을 통하여 검증하였다.

다변량 분석 결과를 요약하면 다음과 같다. 첫째, 분산분석 결과 외래의료서비스 이용은 후기노인의 이용횟수가 전기노인보다 많은 것으로 나타났다. 그리고 전기노인에서는 남자보다 여자의 외래의료서비스 이용횟수가 후기노인보다 더 많았으며, 전기노인에서 비동거 노인의 외래의료서비스 이용횟수가 동거노인보다 더 많은 것으로 나타났다. 전기노인과 후기노인 모두 경제활동이 없는 노인이 경제활동이 있는 노인보다 외래의료서비스 이용횟수가 많은 것으로 나타났다. 또 전기노인과 후기노인 모두 장애가 있는 노인이 장애가 없는 노인보다 외래의료서비스 이용횟수가 많았다. 둘째, 다중집단 구조모형 분석 결과 구조모형의 적합도는 노인전체, 전기노인, 후기노인 모두 실제 자료와의 적합도가 모든 적합도에서 높게 나타났다. 전기노인과 후기노인의 외래의료서비스 이용은 소득수준, 장애 유무, 문제음주, 스트레스에서 유의한 차이가 있는 것으로 나타났다. 그리고 노인의 외래의료서비스 이용에 전기노인은 우울이 매개하고 후기노인은 스트레스가 매개하는 것으로 나타났다. 셋째, 다층모형 분석 결과 노인의 외래의료서비스 이용에 개인요인은 성별, 소득수준, 만성질환 수, 우울이 영향을 주는 것으로 나타났다. 지역요인은 의료인력 수, 병의원 수, 노인장기요양시설 수가 영향을 주는 것으로 나타났다.

본 연구는 노인의 외래의료서비스 이용의 결정이 개인의 소인요인, 가능요인, 욕구요인에 영향을 받으며 개인의 요인이 스트레스 취약요인을 매개하여 영향을 준다는 것을 구조모형을 통하여 검증하였으며, 개인수준의 요인뿐만 아니라 지역수준의 요인에도 영향을 받는다는 것을 다층모형을 통하여 검증하였다는 점에서 방법론적이나 정책적으로 의미를 가진다고 할 수 있다. 그러나 다층분석에서 동일 수준에 속한 하위수준 간의 유사성을 보여 주는 집단 내 상관계수(ICC)가 충분히 크지 않다는 한계를 가지고 있다. 이는 개인이 속한 시군구별 환경요인을 반영하지 않고 시도별 환경요인을 반영함으로써 기인된 것으로 본다. 또한 다층분석에 사용된 지역변수는 개개인이 속한 집단의 자료를 분석하였기 때문에 이를 개인에 적용하였을 경우 생태학적 오류가 발생할 수 있다.

본 연구의 구체적인 결과와 해석은 다음과 같다.

첫째, 다중집단 구조모형 분석 결과 여성노인이 남성노인보다 외래의료서비스 이용이 많은 것으로 나타났다. 이는 신체적 특징이나 사회구조적 특징 때문에 여성이 남성에 비해서 의료이용도가 높다는 기존의 연구결과(Kaur et al., 2007; 강상경, 2010)를 지지하는 것으로 나타났다.

둘째, 만성질환 수가 많은 노인이 외래의료서비스 이용이 많은 것으로 나타났다. 이는 만성질환이 있는 노인은 초기에 외래진료를 통해 검진, 질병진단, 처방전 수령 등의 원인으로 외래의료서비스를 자주 이용하는 경향이 있지만(김정주, 2007), 질병이 치료되거나 만성화되는 과정을 통해서 점차적으로 외래진료 횟수를 줄이는 경향이 있다는 연구결과(강상경, 2010에서 재인용)를 일부 지지하는 것으로 나타났다.

셋째, 우울이 높은 노인의 외래의료서비스 이용이 많은 것으로 나타났다. 이는 노인의 노화에 따른 신체적 질병, 외로움의 증가, 사회적 지지체계 부재, 재정적 어려움 등으로 우울증 환자가 증가하면서 외래의료서비스 이용이 많다는 기존의 연구(이병란, 2007; 고숙자, 2011)를 지지하는 것으로 나타났다.

넷째, 전기노인과 후기노인의 외래의료서비스 이용 예측요인은 문제음주, 스트레스, 소득수준, 장애 유무에서 유의한 차이가 있는 것으로 나타났다. 즉, 전기노인의 문제음주가 많을수록 외래의료서비스 이용이 많은 것으로 나타났으며 후기노인은 문제음주가 많을수록 외래의료서비스 이용이 적었으나 통계적으로 유의하지 않았다. 전기노인과 후기노인은 모두 스트레스가 많을수록 외래의료서비스 이용이 많았으나 통계적으로 유의하지 않았다. 요컨대 노인은 사회경제적 상황이 나쁠수록 더 많은 스트레스에 노출되고, 그것에 효과적으로 대처할 수 있는 사회적 심리사회적 자원들이 부족하기 때문에 스트레스에 더욱 취약할 수밖에 없는데, 이는 음주 및 과음을 가져오는 원인이 되고(Pearlin et al., 1981; 권현수, 2009에서 재인용) 궁극적으로 우울증을 유발하여 외래의료서비스 이용이 증가하는 것으로 판단된다. 전기노인과 후기노인은 모두 장애가 있는 경우 외래의료서비스 이용이 많았으며, 특히 후기노인의 장애가 이용횟수를 증가시키는 것으로 나타났다. 이는 장애가 만성질환과 상관관계가 높아 초기수준이나 외래의료 이용횟수의 변화에 유의미한 영향을 주지 못한다는 기존의 연구결과(강상경, 2010)와 일치하지 않아 후속연구에서의 검증이 필요할 것으로 본다.

다섯째, 외래의료서비스 이용에 대한 스트레스 취약요인의 매개효과 검증에서 전기노인은 우울을 매개하는 것으로 나타났고, 후기노인은 스트레스를 매개하는 것으로 나타났다. 따라서 전기노인은 만성질환 수, 장애 유무, 성별, 교육수준, 의료보장이 우울을 매개하여 외래의료서비스 이용에 영향을 주는 것으로 나타났으며, 후기노인은 만성질환 수, 장애 유무,

소득수준이 스트레스를 매개하여 외래의료서비스 이용에 영향을 주는 것으로 나타났다. 매개효과 검증에서는 전기노인은 모든 경로에서 우울을 부분매개하여 영향을 조금 주는 것으로 나타났으나, 후기노인은 장애 유무에 스트레스가 완전매개하여 장애가 있는 노인이 스트레스를 매개하면 외래의료서비스 이용을 더욱 많이 하는 것으로 나타났다. 이는 개인이 지니고 있는 심리적, 사회적 자원과 상황적인 스트레스 요인이 상호작용하여 우울이 발생되거나 지속되어(Alloy et al., 1988; Simon et al., 1993) 궁극적으로 외래의료서비스 이용을 증가시키는 것으로 보인다.

여섯째, 노년기 외래의료서비스 이용 결정에 영향을 미치는 개인요인과 지역요인을 검증한 결과 개인요인은 구조모형 분석 결과와 같이 성별, 소득수준, 만성질환 수, 우울이 영향을 주는 것으로 나타났다. 여자노인 수와 만성질환 수가 많을수록, 우울이 높을수록 외래의료서비스 이용이 많았으며, 소득수준이 높을수록 외래의료서비스 이용이 적었다. 이는 기존의 연구(강상경, 2010)에서 우리나라의 경우 공공의료보험제도가 확립되어 소득수준이 외래의료서비스 이용에 영향을 주지 않는다는 연구결과와 일치되지 않아 후속연구에서의 검증이 필요할 것으로 본다. 지역요인은 의료인력 수, 병의원 수, 노인장기요양시설 수가 노인의 외래의료서비스 이용에 영향을 미치는 것으로 나타났다. 즉 지역의 의료인력 수가 적을수록 노인의 외래의료서비스 이용이 많았으며, 병의원 수와 노인장기요양시설 수가 많을수록 노인의 외래의료서비스 이용이 많았다. 지역의 의료인력 수가 적을수록 외래의료이용이 많게 나타난 이유는 의료인력은 대도시에 집중되어 있는 것에 반해, 상대적으로 의료인력 수가 적은 읍면 지역에 노인인구 집단이 많이 분포되어 있기 때문인 것으로 보인다. 그리고 노인장기요양시설 수가 많을수록 외래의료서비스 이용이 증가한 것은 노인의 연령이 높아질수록 신체적 정신적으로 허약해져 시설서비스의 이용이 증가한다는 기존의 연구(Coward et al., 1996; Van Houtven & Norton, 2004)를 지지하는 것으로 나타났다.

본 연구에서는 한국의료패널을 활용하여 제안한 연구모형(앤더슨-스트레스취약 매개모형)의 다변량 분석을 통하여 우리나라 노년기 외래의료서비스 이용에 영향을 주는 예측요인을 검증하였다. 즉 노인은 개인이 스트레스나 우울이 있을 때 외래의료서비스 이용에 영향을 더 많이 주며, 지역의 병의원 수나 노인장기요양시설 수가 많을수록 외래의료서비스 이용에 영향을 준다는 것이다. 이러한 연구결과를 바탕으로 다음과 같은 함의를 도출할 수 있다.

첫째, 노년기 외래의료서비스 이용 예측요인의 분석에 본 연구에서 제안한 앤더슨-스트레스취약 매개모형을 사용할 수 있을 것이다. 그동안 대부분의 국내 연구에서는 앤더슨 모형의 예측변수만 사용하여 외래의료서비스 이용을 예측하여 왔으나, 본 연구를 통하여 외래의료서비스 이용에 스트레스 취약요인의 매개효과를 검증하였다.

둘째, 본 연구를 통해 노인의 외래의료서비스 이용에는 스트레스와 우울이 많은 영향을 준다는 사실이 밝혀졌다. 국내외 횡단적 연구와 종단적 연구에서는 스트레스가 우울과 밀접한 관련이 있으며 직접적으로 우울을 야기시키는 것으로 보고하고 있다. 특히, 많은 선행연구에서 노년기 전반에 걸쳐 증가하는 우울은 노령에 따른 스트레스가 원인인 것으로 보고 있고, 노인의 우울정도는 연령이 높아질수록 커지는 것으로 나타나고 있다. 따라서 노인의 신체적 질병, 배우자의 죽음, 경제상태의 악화, 사회와 가족으로부터 고립, 일상생활에 대한 자기통제 불가능 등으로 인한 스트레스를 해소할 수 있는 국가 차원의 상담프로그램을 도입하여야 할 것이다.

셋째, 다층모형 분석 결과 지역의 병의원 수나 노인장기요양시설 수에 따라 외래이용에 차이가 있는 것으로 나타났기 때문에 보건의료접근성이 취약한 노인계층을 위하여 의료시설의 지역 간 균형적인 공급이 필요할 것으로 본다.

끝으로, 본 연구결과나 기존 연구에서 장애와 만성질환 수가 많은 노인의 외래이용이 많은 것으로 나타났다. 장애나 만성질환의 지속적 관리를 위해 외래진료와 더불어 현재 정부에서 추진하고 있는 u-Health 서비스를 함께 활용하면 외래의료서비스 이용을 감소시키고 접근성과 서비스 질을 개선시킬 수 있을 것으로 본다.

◆ 참고문헌 ◆


1. 강상경. (2010). 노년기 외래이용서비스 이용 궤적 및 예측요인: 연령 차이를 중심으로. 한국사회복지학, 62(3), 83-108.
2. 권현수. (2009). 노인 문제음주가 우울, 자아존중감을 매개로 삶의 만족도에 미치는 영향: 빈곤노인 및 비빈곤노인 집단에 대한 잠재평균분석의 적용. 한국노년학, 29(4), 1521-1538.
3. 고숙자. (2011). 한국의료패널로 본 만성질환으로 인한 의료이용과 의료비: 우울증을 중심으로. 보건복지포럼(2011. 12), 24-31.
4. 고정은·이선혜. (2012). 노인 우울에 영향을 미치는 요인에 대한 다층분석. 정신보건과 사회사업, 40(1), 322-351.
5. 김동진. (2010). 노인의료이용의 형평성. 보건·복지 issue&focus(2010, 11. 19).
6. 김봉재·김응익. (1996). 도시영세지역노인의 건강과 의료이용양상에 관한 연구. 서울대학교인구경제연구원논집, 9, 54-67.
7. 김광기·제갈정·이기일·박정은. (2012). 대학교 음주관련 정책이 대학생 음주문제에 미친 영향. 보건교육건강증진학회지, 29(2), 83-91.
8. 김진구. (2007). 저소득층의 의료이용과 이용포기에 영향을 미치는 요인: 경기지역 자활사업 참여자를 중심으로. 사회복지연구, 34, 29-53.
9. 김진구. (2011). 소득계층에 따른 의료이용의 격차: 연령집단별 Le Grand 지수 분석을 중심으로. 사회보장연구, 27(3), 91-122.
10. 김정주. (2007). 소득계층별 보건의료이용의 양적 질적 차이분석: 광주, 전남지역 주민을 대상으로. 서울대학교 대학원, 학위논문(미간행).
11. 도세록. (2009). 노인의 의료이용 현황과 정책과제. 보건복지포럼(2009. 11), 66-79.
12. 박경돈. (2012). 의료이용의 지역적 불균형에 대한 연구 -공간종속성을 중심으로. 한국정책학회보, 21(3), 387-414.
13. 백옥미. (2011). 지역사회 재가 노인의 일상생활 수행능력 결정요인: 앤더슨 모형의 적용. 한국지역사회복지학, 38, 1-27.
14. 서남규. (2011). 한국의료패널로 본 경제활동 상태 및 소득계층에 따른 의료이용. 보건복지포럼(2011. 12), 15-23.
15. 이동영·박종두. (2011). 재가독거노인의 건강증진프로그램 참여의사 결정요인에 관한 연구: 앤더슨 행동모형(Anderson Model)의 적용. 사회복지정책, 38(4), 1-23.
16. 이익섭·김서원. (2004). 의료수급자의 의료이용에 영향을 미치는 요인에 관한 연구. 연세사회복지연구, 11, 66-99.
17. 이윤경. (2009). 노인장기요양보험 서비스 이용행태 연구. 박사학위 논문, 사회복지학과, 이화여사대학교, 서울.
18. 이병란. (2007). 노인의 의료서비스 이용에 영향을 주는 요인에 관한 연구. 석사학위논문, 사회복

지대학원, 가톨릭대학교, 서울.
19. 전보영·권순만·이혜재·김홍수. (2011). 장애노인의 의료이용에 영향을 미치는 요인. 한국노년학, 31, 171-188.
20. 전해숙·강상경. (2012). 연소노인과 고령노인간 의료서비스 이용 예측요인의 연령차: 고령화 사회의 의료서비스에 주는 함의. 보건사회연구, 32(1), 28-57.
21. 정영호·서남규·고숙자. (2010). 2009년 한국의료패널 기초분석보고서. 서울: 한국보건사회연구원·국민건강보험공단.
22. 정영호. (2011). 한국의료패널로 본 의료이용 및 본인부담 의료비 지출. 보건복지포럼(2011. 9), 64-81.
23. Alloy, L. B., Hartlage, S., Abramson, L. Y. (1988). *Testing the cognitive diathesis-stress theories of depression: Issues of research design, conceptualization, and assesment*, In L. B. Alloy(Ed.) Cognitive precesses in depression. New York: The Guilford Press. pp.31-73.
24. Andersen, R. (1968). *A behavioral model of families'use of health service.* Chicago: Center for Health Administration Studies.
25. Andersen, R. M., Newman, J. F. (1973). Societal and individual determinants of medical care utilization in the United States. The Milbank Memorial Fund Quarterly: *Health and Society*, 51(1), 95-124.
26. Bollen, K. A., Long, J. S. (1993). *Testing Structural Equation Models.* Sage: Newbury Park, CA. pp.136-162.
27. Cohen, S., Edwards, J. R. (1989). Personality characteristics as moderators of the relationship between stress and disorder. In R. W. J. Meufeld (Ed.), *Advanced in investigation of psychological stress.* New York, NY: Wiley. pp. 235-283.
28. Connie Evashwick, ScD, Douglas Conrad. (1982). Factors related to utilization of Dental services by the Elderly. *American Journal of Public Health*, 72(10), 1129-1135.
29. Coward, R. T., Netzer, J. K., Mullens, R. A. (1996). Resdential differences in the incidence of nursing home admissions across a six-year period, *Journal of Gerontology: Series B, Psychological Science & Social Sciences*, 51(5), 258-267.
30. Grossman, M. (1972). *The Demand for Health: A Theoretical and Empirical Investigation.* New York: Columbia.
31. Hair, J. F. Jr., Black, W. C., Babin, B. J., Anderson, R. E., Tatham, R. L. (2006). *Multivariate Data Analysis*(6th ed). Prentice-Hall International.
32. Hammen, C. (1988). Depression and congnitions about personal stressful life events. In L. B. Alloy (Ed.), *Cognitive processes in depression.* New York, NY: The Guilford Press. pp.77-108.
33. Heck, R., Thomas, S. (2009). An introduction to multilevel modeling techniques(2nd ed). New York, NY: Routledge.

34. Hu, L. T., Bentler, P. M. (1999). Cutoff criteria for fit indices in covariance structure analysis: conventional criteria versus new alternatives. *Structural Equation Modeling*, 6, 1-55.

35. James, L. R., Mulaik, S. A., Brett, J. M. (1982). *Causal analysis: Assumptions, models, and data.* Beverly Hills, CA: Sage.

36. Jarvik, L. F. (1981). Aging and depression: Some unanswered questions. *Journal of Gerontology*, 49, 251-264.

37. Jeoung, H. J., Woon, J. Y., Lee, H. S., Lee, S. H., Shim, K. W. (2002). Factors associated with depression in the korean elderly. *The Korean Academy of Clinical Geriatrics*, 2(2), 81-95.

38. Kaur, S., Stechuchak, K. M., Coffman, C. J., Allen, K. D., Bastian, L. A. (2007). Gender differencesin health care utilization among veterans with chronic pain. *Society of General Internal Medicine*, 22, 228-233.

39. Pearlin, L. I., Meneghan, E. G., Liebeman, M. A., Mullan, J. T. (1981). The stress process. *Journal of Health and Socisl Behavior*, 22, 337-356.

40. Preacher, K. J., Hayes, A. F. (2004). SPSS and SAS procedures for estimating indirect effects in simple mediation models. *Behavior Research Methods, Instruments, & Computers*, 36, 717-731.

41. Raudenbush, S. W., Bryk, A. S. (2002). *Hirearchical Linear Models : Application and Data Analysis Methods*(2nd ed.). Thousand Oaks, CA: Sage.

42. Ryu, K., Kang, Y. W. (2009). The emotional experiences and coping styles of depressive and normal elderly person. *The Korean Journal of Clinical Psychology*, 28(3), 893-907.

43. Shin, K. R., Kim, J. S. (2003). A study on the relationship between stress and depression in elderly women. *Journal of Korean Gerontological Nursing*, 5(1), 29-37.

44. Simons, A. D., Angell, K. L., Monroe, S. M., Thase. M. E. (1993). Cognition and life stress in depression: Cognitive factors and the definition, rating, and generation of negative life events. *Journal of abnormal Psychology*, 102(4), 584-591.

45. Van Houtven, C. H., Norton, E. C. (2004). Informal care Health Care Use of Older Adults. *Journal of Health Economics*, 23, 1159-1180.

46. Wolinsky, F. D., Johnson, R. J. (1991). The use of health services by older adults. *Journal of Gerontology: Social Sciences*, 46(6), 345-357.

47. Zimmer, Z., Kwong, J. (2004). Socioeconomic status and health among older adults in rural and urban China. *Journal of Aging and Health*, 16(1), 44.

8장

# 빅데이터 분석 실전 V

공공과 민간 의료기관의
외래의료서비스 이용에 대한 다변량 분석
- 잠재성장모형, 자기회귀교차지연모형,
다층모형을 중심으로 -

※ 주요 내용
1. 서론
2. 연구방법
3. 연구결과
4. 결론 및 정책제언

# 1 서론[1]

의료기술의 발달, 의료보장의 확대 등 제도적 요인과 더불어 개인의 건강에 대한 관심이 늘어나면서 외래의료서비스 이용은 지속적으로 늘어나고 있다. 우리나라 국민의 1일 외래의료서비스 이용은 1990년 107만 4,141명에서 2010년 269만 3,206명으로 기간 내 2.5배 증가하였고, 의료기관은 1990년 2만 5,317개소에서 2010년 5만 9,703개소로 기간 내 2.4배가 증가하였다. 또한 의사 수는 1990년 2만 2,673명에서 2010년 8만 6,419명으로 기간 내 3.8배 증가한 것으로 추정하고 있다.[2]

외래의료 이용을 증가시키는 주된 요인으로는 의료자원의 증가, 새로운 질병의 출현, 노령인구의 증가, 새로운 의료기술 및 장비의 발달, 의료보장 범위 확대 등을 들 수 있다(CDC, 2004). 그동안 의료서비스를 예측하는 데 있어 사회심리적 요인, 개인적 요인, 환경적 요인, 제도적 요인 등 다양한 요인을 고려하는 사회행태학적 모형이 유용하게 사용되어 왔다. 특히, 사회행태학적 모형 중 대표적인 앤더슨 행동모형(Anderson Behavior Model)은 선행요인(predisposing factors)인 연령, 성별 등과 같은 인구사회학적 특성이나 교육이나 계층 등의 사회경제적 요인을 고려하여 외래의료서비스를 예측하고, 가능요인(enabling factor)인 소득수준이나 가족자원 등 경제사회학적 요인을 포함하여 외래의료서비스를 예측하며, 욕구요인(need factors)인 개인의 장애나 질병의 수준에 관련한 생리학적 및 심리적인 요인을 고려하여 외래의료서비스를 예측하고 있다.[3] 특히, 의료인력과 의료장비 등 의료자원의 증가로 인해 의료서비스 접근성이 용이해지면서 의료자원과 지역의 음주율이나 주관적 건강수준 등이 외래의료서비스 예측에 고려되고 있다.[4]

---

1. 본 논문은 〈공공과 민간 의료기관의 외래서비스 이용에 대한 다변량분석: 잠재성장모형과 자기회귀교차지연모형을 중심으로〉(송태민·고혜연, 2013. 9, 한국보건사회연구원 보건복지포럼, pp. 63-77)에 게재된 내용을 기초로 하였다.
2. 〈2010년도 환자조사 심층분석〉(도세록 등, 2012, 보건복지부, 한국보건사회연구원).
3. 〈Societal and individual determinants of medical care utilization in the United States〉(Andersen, R. M., & Newman, J. F., 1973, The Milbank Memorial Fund Quarterly: Health and Society, 51(1), pp. 95-124), 〈지역사회 재가 노인의 일상생활 수행능력 결정요인: 앤더슨 모형의 적용〉(백옥미, 2011, 한국지역사회복지학, 38, pp. 1-27).
4. 〈의료이용의 지역적 불균형에 대한 연구-공간종속성을 중심으로〉(박경돈, 2012, 한국정책학회보 제21권 3호, pp. 387-414), 〈2009년도 환자조사 심층분석-고가의료장비 도입 및 의료이용에 미치는 요인 분석〉(손창균 외, 2011, 한국보건사회연구원), 〈노인의 의료이용 현황과 정책과제〉(도세록, 2009, 한국보건사회연구원 보건복지포럼, 157, pp. 66-79), 〈남녀 노인의 인플루엔자 백신 접종 실태와 영향요인〉(강희선 외, 2011, 지역사회간호학회지, 제22권, 제1호), 〈국민건강영양조사 대상자들의 민간의료보험 가입요인 및 가입여부에 따른 건강행태·의료이용 비교〉(이용철 외, 2010, 한국콘텐츠학회논문지, Vol.10, No.12).

이와 같이 그동안의 연구는 의료자원 요인, 개인적 요인, 지역적 요인 등으로 외래의료서비스 이용을 예측하는 횡단적 분석의 연구가 대부분으로 의료자원과 외래의료서비스 이용의 시간적 변화에 따른 변화의 패턴이나 시간에 따른 요인 상호 간의 관계를 추정하는 연구는 적절하게 이루어지지 못하고 있는 실정이다. 본 연구는 우리나라의 공공의료기관과 민간의료기관의 의료인력 중 의사 수와 외래환자 수가 시간의 변화에 따라 어떤 인과적 관계를 가지고 변화하는지를 발견하고, 지역 특성 변수들이 외래의료서비스 이용에 미치는 영향을 알아보고자 한다.

## 2 연구방법

### 2-1 연구모형 및 연구가설

본 연구의 목적은 공공의료기관과 민간의료기관의 외래의료이용 추이를 살펴보는 것으로 외래환자 수와 의사 수 중 어떤 변인이 다른 변인에 더 영향을 미치는지에 대해 자기회귀교차지연모형으로 검증하고, 의료기관 특성변수와 지역 특성변수들이 외래의료이용에 미치는 영향을 다층모형으로 검증하였다. 따라서 다음과 같이 2개의 연구모형을 설계하였다.

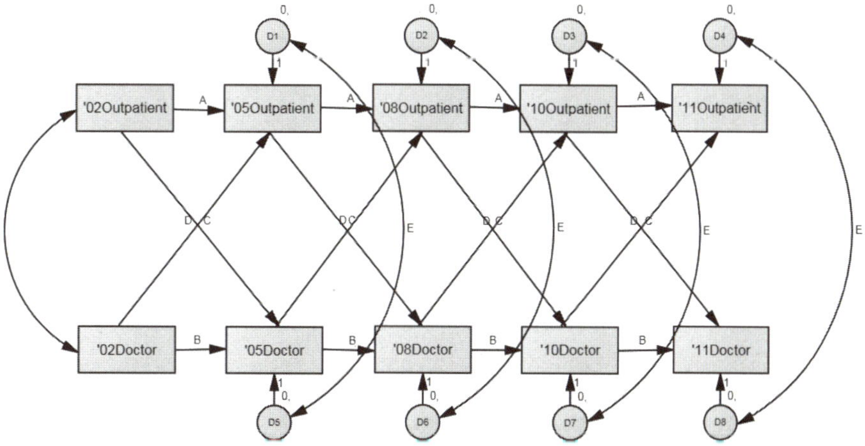


[그림 8-1] 연구모델 1(AutoRegressive Cross-Lagged modeling, ARCL)

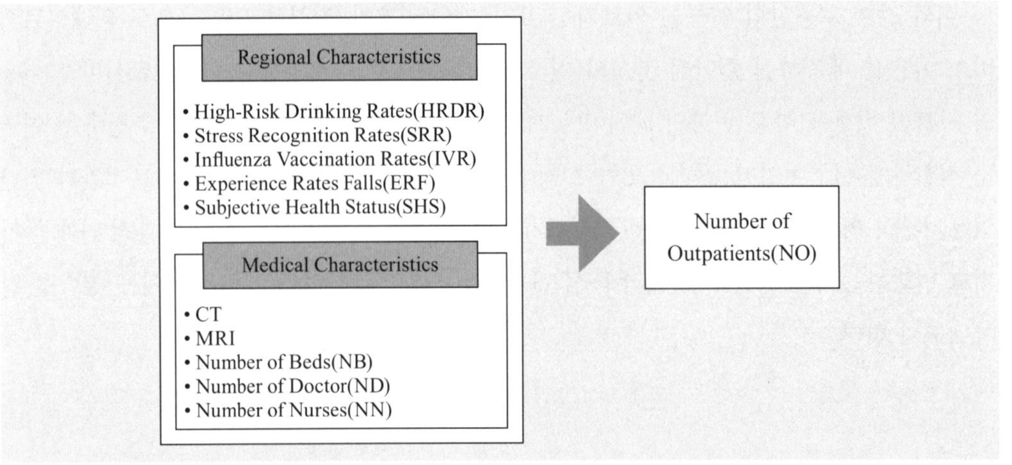


[그림 8-2] 연구모델 2(Multilevel model)

본 연구의 목적을 달성하기 위하여 다음과 같은 연구문제를 도출하였다.

첫째, 시간의 경과에 따른 의료기관의 외래환자 수와 의사 수의 변화궤적은 어떠한가?

둘째, 의료기관의 외래환자 수는 시간의 경과에 따라 안정적인가?

셋째, 의료기관의 의사 수는 시간의 경과에 따라 안정적인가?

넷째, 외래환자 수가 의사 수에 미치는 영향은 어떠한가?

다섯째, 의사 수가 외래환자 수에 미치는 영향은 어떠한가?

여섯째, 의료기관의 외래의료서비스 이용 결정에 미치는 의료기관요인과 지역요인은 무엇인가?

## 2-2 분석자료 및 측정도구

환자조사는 전국 의료기관을 대상으로 일정기간 동안 의료기관을 이용한 환자의 질병·상해 양상과 의료이용 실태, 보건의료 시설 및 인력을 파악하여 보건의료정책에 필요한 기초자료를 제공하고 보건의료통계를 생산하기 위한 조사이다. 환자조사는 1990년~2007년까지 부정기적 또는 2~3년 주기로 조사되었으나 2008년 이후 매년 실시하고 있다. 2012년 현재 전국의 약국을 제외한 의료기관 중 약 9,000여 개 의료기관을 대상으로 종합병원, 병원, 보건소 및 조산원은 전수조사하고 의원급 의료기관은 표본조사하고 있다. 본 연구의 자료는 의약분업 이후인 2002년부터 2011년까지 조사된 5개년도(2002, 2005, 2008, 2010, 2011) 자료 중 동일 의료기관에 대해 조사한 것으로, 739개 의료기관을 분석 대상으로 하였다.

외래의료이용 변화요인을 분석하기 위한 측정도구로 종속변수는 외래환자 수로 하였고, 예측변수는 의사 수, 간호사 수, 병상 수, CT(유무), MRI(유무)로 하였다. 다층분석을 위한 지역 특성변수로는 '2008년~2011년 지역건강통계'에서 2011년 16개 시도의 고위험음주율, 스트레스인지율, 인플루엔자예방접종율, 낙상경험률, 주관적 건강수준을 사용하였다. 본 연구의 종속변수와 독립변수로 사용된 외래환자 수와 의사 수는 정규분포에서 벗어나 상용로그(log10)로 치환하여 사용하였다.

## 2-3 분석방법

본 연구에서는 공공의료기관과 민간의료기관의 외래의료이용과 의사 수 간의 종단관계를 알아보기 위하여 잠재성장모형(Latent Growth curve Model, LGM)과 자기회귀교차지연모형(AutoRegressive Cross-Lagged modeling, ARCL)을 실시하였다. 그리고 의료기관요인과 지역요인이 외래의료서비스 이용에 미치는 영향을 알아보기 위해 다층모형(multilevel model) 분석을 실시하였다. 분석과정을 살펴보면 다음과 같다.

첫째, 잠재성장모형은 3번 이상의 종단자료나 패널자료에 대하여 집단평균 및 변화량을 확인하는 연구방법[5]으로 어떤 변인의 변화경향에 대해 관심을 가질 때 가장 유용하게 사용할 수 있다. 잠재성장모형은 2단계를 거쳐 분석한다.[6] 자기회귀교차지연모형은 종단자료를 이용하여 같은 변수들과 다른 변수들 간의 관계를 추정하는 방법으로 '측정동일성→경로동일성→오차분산동일성'의 순으로 검정한다. 본 연구에서는 하나의 관측변수를 사용하였기 때문에 측정동일성 검정은 실시하지 않았다. 경로동일성 검정은 각 관측변수의 회귀계수가 시간에 따라 동일한 것인지 검정하는 것으로 시점 [t-1]의 변수가 시점 [t]의 변수에 영향을 주는 효과(회귀계수)와 시점 [t]의 변수가 시점 [t+1]의 변수에 주는 효과(회귀계수)가 동일한지를 통해 경로동일성을 검정하며, 이 회귀계수를 안정도계수(stability coefficient)로 해석할 수 있다.[7] 오차공분산동일성 검정은 각 시점에서 설정된 오차 간의 공분산을 동일하게 제약하는

---

5. 《An introduction to latent variable growth curve modeling; Concepts, issues, and applications》(Duncan, T. E., Duncan, S. C., Strycker, A. L., Li F., & Alpert, A., 1999, Mahwah, NJ: Lawrence Erlbaum Associates).
6. 《Principles and Practice of Structural Equation Modeling》(Kline, R. B., 2005, 2nd ed., NY: Guilford Press).
7. 〈Autoregressive latent trajectory (ALT) models a synthesis of two traditions〉(Bollen KA, & Curran PJ., 2004, Social Methods Res, 32, pp. 336-383), 〈Testing the autoregressive cross-lagged effects between adolescents' internet addiction and communication with parents: multigroup analysis across gender〉(Hong SH, Park MS, & Kim WJ., 2007, Korean J Educ Psychol, 21, pp. 129-143).

것이다.

둘째, 검정모형의 적합도를 평가하기 위하여 $\chi^2$검정과 적합도 지수를 고려하였다. 본 연구의 구조모형 적합도 비교에는 증분적합지수(incremental fit index)인 NFI(Normed Fit Index), CFI(Comparative Fit Index), TLI(Tucker-Lewis Index)와 절대적합지수(absolute fit index)인 RMSEA(Root Mean Squared Error of Approximation)를 사용하였다. CFI를 비롯한 증분적합지수들은 0.9보다 크면 모형 적합도가 양호하다고 해석하고,[8] RMSEA는 0.05 이하이면 적합도가 매우 좋고, 0.10 이상이면 적합도가 좋지 않다고 해석한다.[9] 모형추정은 최대우도법(Maximum Likelihood, ML)을 사용하였으며, 결측치 문제의 해결은 완전정보최대우도법(Full Information Maximum Likelihood, FIML)을 사용하였다.

셋째, 다층모형은 위계적 선형모형(hierarchical linear model)이라고 흔히 부르며, 1차 수준의 예측변인뿐만 아니라 1차 수준의 상위에 있는 그룹의 변인을 가지고 종속변인을 예측하는 분석기법으로, 다층모형의 모수 추정방식은 무선효과의 분산추정을 계산하는 과정에서 고정효과의 자유도 감소를 고려하는 한정최대우도추정법(REstricted Maximum Likelihood, REML)을 사용하였다.[10] 그리고 고정효과의 최종추정은 종속변수의 분포를 정상분포로 가정하지 않는 표준오차(robust standard error)를 적용하였다. 본 연구의 분석을 위해 기술통계분석은 SPSS 20.0을 사용하였고 잠재성장모형과 자기회귀교차지연모형은 Amos 20.0을 사용하였다. 그리고 다층모형 분석은 HLM 7.0을 사용하였다.

8. 〈Cutoff criteria for fit indices in covariance structure analysis: conventional criteria versus new alternatives〉(Hu LT & Bentler PM, 1999, Structural Equation Modeling, 6, pp. 1-55).

9. 〈CFI versus RMSEA: a comparison of two fit indexes for structural equation modeling〉(Riddon EE, 1996, Struct Equ Modeling, 3, pp. 369-379).

10. 《Hirearchical Linear Models: Application and Data Analysis Methods》(Raudenbush, S. W., & Bryk, A. S., 2002, 2nd ed., Thousand Oaks, CA: Sage).

## 1 연구데이터 변환하기

• 연구대상 자료를 구조방정식모형과 다층모형 자료로 변환하기 위해서는 준비된 환자조사 자료를 다음과 같이 변수변환을 실시하여야 한다. 변수변환은 SPSS syntax를 이용하면 편리하다.

- 환자조사 파일은 한국보건사회연구원(http://www.kihasa.re.kr)에 사용목적 등을 공문으로 요청하면 실비를 받고 필요한 파일을 제공해 준다[제공파일: 1990년~2011년(11개년도)].

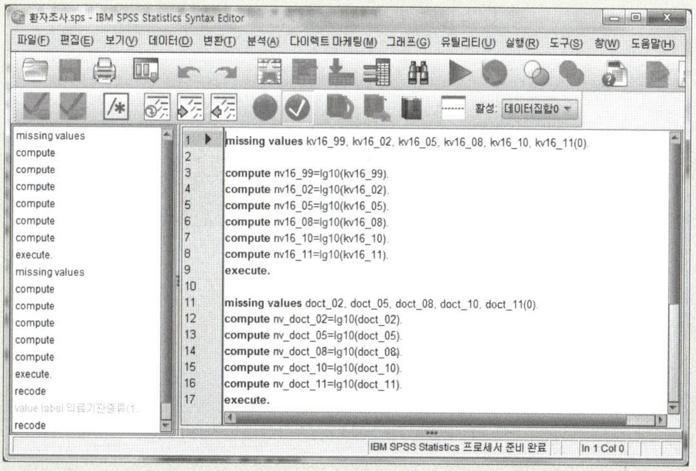


[그림 8-3] SPSS 명령문(환자조사.sps)

• 본 연구의 잠재성장모형과 자기회귀교차지연모형에 사용될 변수는 다음과 같다(변환파일명: 2005_2011_환자조사.sav).

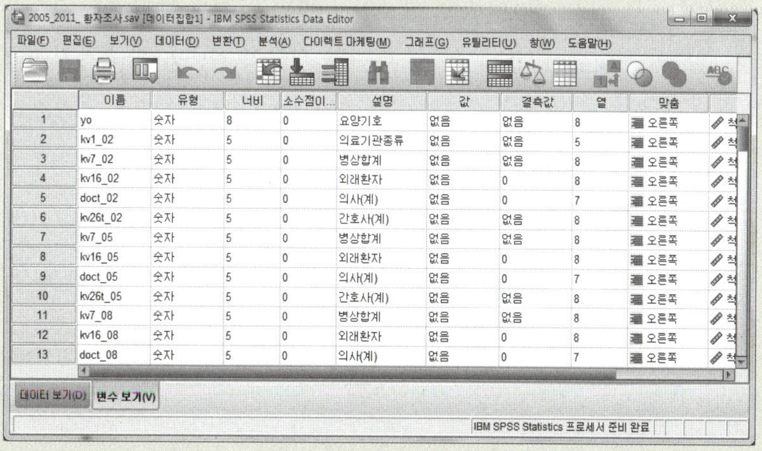

- 외래환자 수(실수): kv16_02, kv16_05, kv16_08, kv16_10, kv16_11
- 외래환자 수(로그치환): nv16_02, nv16_05, nv16_08, nv16_10, nv16_11
- 의사 수(실수): doct_02, doct_05, doct_08, doct_10, doct_11
- 의사 수(로그치환): nv_doct_02, nv_doct_05, nv_doct_08, nv_doct_10, nv_doct_11
- 의료기관종류: 의료기관종류1(0: 공공의료기관, 1: 민간의료기관)

## 3 연구결과

### 3-1 주요 변인들의 기술통계

본 연구대상은 공공의료기관[11] 35.0%(259개소)와 민간의료기관 65.0%(480개)의 총 739개소이다. 공공의료기관은 보건의료원(16개소), 보건소(208개소), 보건지소(18개소), 보건진료소(17개소)이며 민간의료기관은 3차병원(37개소), 종합병원(138개소), 병원(146개소), 특수병원(43개소), 치과병원(11개소), 한방병원(37개소), 의원(53개소), 치과의원(2개소), 한의원(4개소), 조산원(9개소)으로 나타났다.

[표 8-1]과 같이 주요 변인들의 다변량 정규성을 확인한 결과 대부분의 변수에서 왜도가 절대값 3 이상, 첨도의 절대값이 10 이상으로 다변량 정규성 기준을 만족하지 못하는 것으로 나타나 상용로그(log10)로 치환하여 사용하였다. 2011년에 CT를 보유하고 있는 의료기관은 37.5%(277개소), MRI를 보유하고 있는 의료기관은 26.8%(198개소)로 나타났다. 2011년 의료기관 이용환자의 지역특성은 고위험음주율은 19.46%, 스트레스인지율은 27.46%, 인플루엔자예방접종률은 34.03%, 낙상경험률은 16.49%, 주관적 건강수준은 45.20%로 나타났다.

11. 본 연구에서는 의료기관종류가 보건기관(보건의료원, 보건소, 보건지소, 보건진료소)으로 분류된 의료기관을 공공의료기관으로 정의하였다.

[표 8-1] 주요 변수의 기술통계 및 다변량 정규성 검증

| 변수 | 전체 | | | 공공의료기관 | | | 민간의료기관 | | | t-검정 |
|---|---|---|---|---|---|---|---|---|---|---|
| | 평균(표준편차) | 왜도 | 첨도 | 평균(표준편차) | 왜도 | 첨도 | 평균(표준편차) | 왜도 | 첨도 | |
| ‘02 외래환자 수 | 293.90(579.53) | 4.50 | 27.91 | 68.42(51.09) | 1.70 | 4.01 | 418.96(690.76) | 3.61 | 18.08 | −10.91*** |
| ‘05 외래환자 수 | 348.47(708.44) | 4.82 | 32.48 | 98.51(93.69) | 2.60 | 10.71 | 488.07(850.54) | 3.87 | 21.02 | −9.64*** |
| ‘08 외래환자 수 | 372.48(769.14) | 4.99 | 34.99 | 97.83(82.83) | 2.51 | 10.86 | 523.18(921.35) | 4.02 | 22.89 | −9.95*** |
| ‘10 외래환자 수 | 415.35(858.28) | 5.33 | 42.32 | 100.98(90.05) | 3.34 | 21.09 | 586.66(1024.44) | 4.35 | 28.50 | −10.15*** |
| ‘11 외래환자 수 | 406.34(348.58) | 5.17 | 38.19 | 89.40(65.49) | 1.19 | 1.98 | 581.06(1027.49) | 4.19 | 25.25 | −10.31*** |
| ‘02 의사 수 | 38.60(106.52) | 4.92 | 30.89 | 3.21(2.64) | 2.73 | 10.58 | 59.15(129.58) | 3.86 | 18.96 | −8.65*** |
| ‘05 의사 수 | 43.15(123.36) | 5.65 | 44.18 | 3.24(2.44) | 2.98 | 12.70 | 66.31(150.34) | 4.49 | 28.05 | −8.42*** |
| ‘08 의사 수 | 47.25(139.94) | 6.04 | 48.28 | 3.64(3.04) | 2.61 | 8.17 | 72.56(170.94) | 4.81 | 30.60 | −8.10*** |
| ‘10 의사 수 | 48.76(138.61) | 5.40 | 38.16 | 3.76(2.91) | 2.27 | 6.51 | 74.88(168.89) | 4.27 | 23.87 | −8.45*** |
| ‘11 의사 수 | 49.56(144.68) | 5.66 | 41.91 | 3.69(2.91) | 2.65 | 9.38 | 75.81(176.18) | 4.50 | 26.45 | −8.30*** |
| ‘11 간호사 수 | 107.56(256.85) | 5.77 | 47.19 | 17.14(13.39) | 1.45 | 4.11 | 156.35(307.81) | 4.70 | 31.48 | −9.89*** |
| ‘11 병상 수 | 183.29(299.44) | 2.94 | 13.60 | 1.61(7.82) | 5.36 | 30.62 | 281.33(332.62) | 2.49 | 10.32 | −18.41*** |

*** $p<0.001$

5개년에 걸친 외래환자 수와 의사 수 간의 상관관계를 살펴본 결과 [표 8-2]와 같이 연도별 외래환자 수와 의사 수 사이에 모두 강한 정적 상관관계가 있는 것으로 나타났다.

[표 8-2] 외래환자 수와 의사 수 간의 상관관계

| 변수 | ‘02 외래환자 수 | ‘05 외래환자 수 | ‘08 외래환자 수 | ‘10 외래환자 수 | ‘11 외래환자 수 | ‘02 의사 수 | ‘05 의사 수 | ‘08 의사 수 | ‘10 의사 수 | ‘11 의사 수 |
|---|---|---|---|---|---|---|---|---|---|---|
| ‘02 외래환자 수 | 1 | | | | | | | | | |
| ‘05 외래환자 수 | 0.982** | 1 | | | | | | | | |
| ‘08 외래환자 수 | 0.961** | 0.979** | 1 | | | | | | | |
| ‘10 외래환자 수 | 0.958** | 0.975** | 0.977** | 1 | | | | | | |
| ‘11 외래환자 수 | 0.954** | 0.975** | 0.977** | 0.977** | 1 | | | | | |
| ‘02 의사 수 | 0.957** | 0.954** | 0.928** | 0.921** | 0.916** | 1 | | | | |
| ‘05 의사 수 | 0.950** | 0.945** | 0.926** | 0.916** | 0.912** | 0.980** | 1 | | | |
| ‘08 의사 수 | 0.948** | 0.948** | 0.938** | 0.924** | 0.924** | 0.975** | 0.990** | 1 | | |
| ‘10 의사 수 | 0.951** | 0.960** | 0.950** | 0.938** | 0.945** | 0.982** | 0.972** | 0.984** | 1 | |
| ‘11 의사 수 | 0.948** | 0.958** | 0.949** | 0.937** | 0.947** | 0.978** | 0.975** | 0.987** | 0.997** | 1 |

** $p<0.01$

## 2 주요 변수의 기술통계 및 다변량 정규성 검증, 상관관계

1단계: [SPSS 데이터 편집기] → [분석] → [평균비교] → [집단별 평균분석]→ [독립변수(의료기관종류1), 종속변수(kv16_02~11, doct_02~11) 지정] → [옵션(첨도, 왜도 지정)] → [확인]

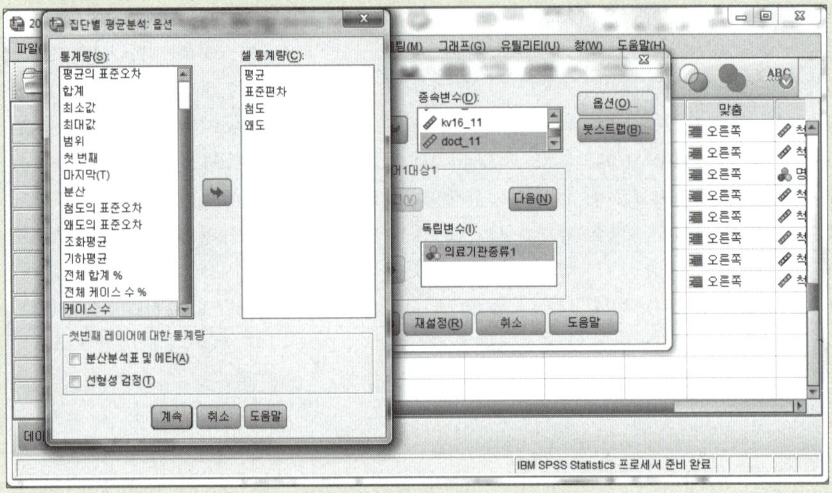

2단계: [SPSS 데이터 편집기] → [분석] → [평균비교] → [독립표본 T검정]→ [집단변수(의료기관종류1), 검정변수(kv16_02~11, doct_02~11) 지정] → [확인]

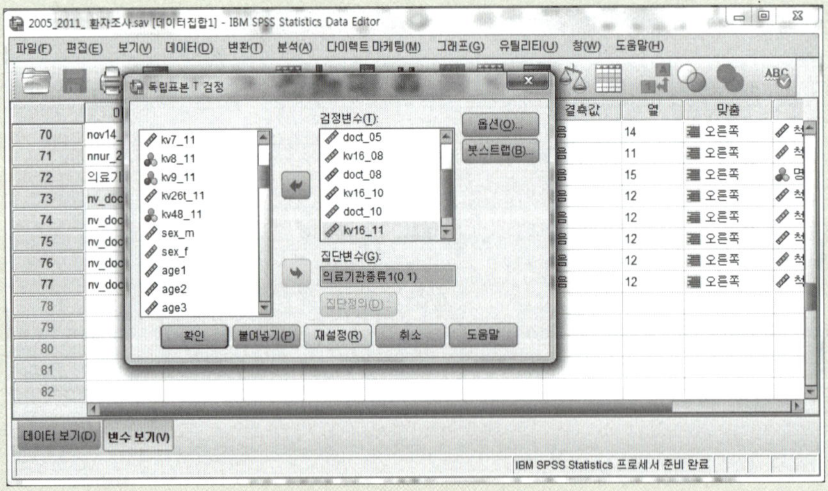

3단계: [SPSS 데이터 편집기] → [분석] → [상관분석] → [이변량상관계수] → [변수 지정] → [확인]

## 3-2 외래의료이용의 변화에 대한 예측요인 분석

### 1) 외래의료이용의 발달궤적 분석

외래의료이용의 발달궤적은 살펴보기 위해 5차년에 걸친 외래환자 수와 의사 수에 대한 무조건모형을 설정하였다. [표 8-3]과 같이 공공의료기관의 외래환자 수는 꾸준히 증가하였으며, 초기치의 평균은 70.82명[12]으로 시간이 지남에 따라 5.33명씩 증가하였다. 그리고 초기치와 변화율의 변량(분산)이 모두 통계적으로 유의미하여 초기의 외래환자 수는 기관 간에 유의미한 차이가 있으며, 그 변화율 또한 기관 사이에 차이가 나타났다. 외래환자 수의 초기치와 변화율의 상관계수는 0.399로 1차년도 외래환자 수가 많은 기관은 해가 갈수록 그 증가 폭이 크게 나타났다.

민간의료기관의 외래환자 수는 꾸준히 증가하였으며 초기치의 평균은 431.19명으로 시간

12. 본 연구의 무조건모형 분석에서는 관측변수(외래환자 수, 의사 수)가 상용로그(log10)로 치환되었기 때문에 실제 초기치의 평균값과 변화율의 평균값을 산출하기 위해서는 상용로그로 치환되기 전 실제 변수를 사용하여야 한다.

이 지남에 따라 41.70명씩 증가하였다. 초기치와 변화율의 변량(분산)이 모두 통계적으로 유의미하여 초기의 외래환자 수는 기관 간에 유의미한 차이가 나타났으며, 그 변화율 또한 기관 사이에 차이가 있었다.[13] 외래환자 수의 초기치와 변화율의 상관계수는 0.236으로 1차년도 외래환자 수가 많은 기관은 해가 갈수록 그 증가 폭이 크게 나타났다.

공공의료기관의 의사 수는 꾸준히 증가하였으며, 초기치의 평균은 3.3명으로 시간이 지남에 따라 0.24명씩 증가하였다. 그리고 초기치와 변화율의 변량(분산)이 모두 통계적으로 유의미하여 초기의 외래환자 수는 기관 간 유의미한 차이가 있으며, 그 변화율 또한 기관 간 차이가 나타났다. 의사 수의 초기치와 변화율의 상관계수는 0.179로 유의미하지 않게 나타났다.

민간의료기관의 의사 수는 꾸준히 증가하였으며 초기치의 평균은 59.97명으로 시간이 지남에 따라 3.96명씩 증가하였다. 그리고 초기치와 변화율의 변량(분산)이 모두 통계적으로 유의미하여 초기의 의사 수는 기관 간 유의미한 차이가 있으며, 그 변화율 또한 기관 간 차이가 나타났다. 의사 수의 초기치와 변화율의 상관계수는 0.788로 1차년도 의사 수가 많은 기관은 해가 갈수록 그 증가 폭이 크게 나타났다.

[표 8-3] 외래환자이용의 잠재성장모형(무조건모형)의 적합도 및 변화율

| | | 변화율 요인계수 | $\chi^2$ | NFI | TLI | CFI | RMSEA | 초기치 평균, 분산 | 변화율 평균, 분산 | 공분산 |
|---|---|---|---|---|---|---|---|---|---|---|
| 공공의료기관 | 외래환자 수 | 0,1,2,3,4 | 68.192 | 0.941** | 0.923** | 0.948** | 0.150 | 1.76**, 0.097** | 0.02**, 0.001* | 0.004* |
| | 의사 수 | 0,0,1,2,* | 22.197 | 0.973** | 0.973** | 0.984** | 0.075* | 0.42**, 0.047** | 0.030**, 0.002* | 0.002 |
| 민간의료기관 | 외래환자 수 | 0,1,2,3,4 | 69.009 | 0.987** | 0.983** | 0.989** | 0.111 | 2.17**, 0.49** | 0.019**, 0.002** | 0.008** |
| | 의사 수 | 0,1,2,3,4 | 66.432 | 0.990** | 0.988** | 0.992** | 0.109 | 1.14**, 0.51** | 0.016**, 0.001** | 0.004** |

** $p<0.01$, * $p<0.05$

---

13. 공분산과 변화율 해석: 잠재성장모형의 공분산(상관계수)과 변화율의 평균에 대한 해석은 다음과 같다.
본 잠재성장구조모형과 같이 **초기치와 변화율의 공분산 관계가 정(+)이고**(0.004) **변화율의 평균이 정(+)이면**(0.02), 1차년도 외래환자 수가 많은 기관은 시간이 갈수록 외래환자 수의 증가폭이 가파르다. 즉 '1차년도 외래환자가 많은 기관은 해가 갈수록 외래환자 수의 증가 폭이 크게 나타났다'라고 해석한다.
만약 **공분산 관계가 부(−)적이고 변화율의 평균이 정(+)적이라면**, 1차년도 외래의료이용이 많은 기관은 시간이 지날수록 외래의료이용이 줄어든다. 즉 '1차년도 외래의료이용이 많은 기관은 5차년도 외래의료이용이 조금 증가한 반면, 1차년도 외래의료이용이 적은 기관은 5차년도 외래의료이용이 크게 증가했다'라고 해석한다.
만약 **공분산 관계가 부(−)적이고 변화율도 부(−)적이라면**, 1차년도 외래의료이용이 많은 기관들은 해가 갈수록 변화율이 낮아지고(외래의료이용의 감소 속도가 낮고) 1차년도 외래의료이용이 적었던 기관은 해가 갈수록 변화율이 높게(외래의료이용의 감소폭이 크게) 나타난다. 즉 '1차 년도에 외래의료이용이 많은 기관은 5차년도 외래의료이용이 조금 줄어든 반면, 1차년도 외래의료이용이 적은 기관은 5차년도 외래의료이용이 크게 줄어들었다'라고 해석한다.
**공분산 관계가 정(+)이고 변화율이 부(−)적이면**, 1차년도 외래의료이용이 많은 기관은 시간이 갈수록 외래의료이용의 감소율이 가파르다. 즉 '1차년도 외래의료이용이 많은 기관은 해가 갈수록 외래의료이용의 감소폭이 크게 나타났다'라고 해석한다.

## 3 공공의료기관 외래환자 수의 발달궤적 분석(표 8-3, 무조건모형 작성)

1단계: Amos의 메뉴에서 [plugins]→[growth curve model]을 선택한 후 [number of time points]에 측정시점을 입력한다(본 연구의 환자조사는 5차년도를 대상으로 하였기 때문에 '5'로 입력하고 [OK]를 누르면 잠재성장모형이 자동생성된다).

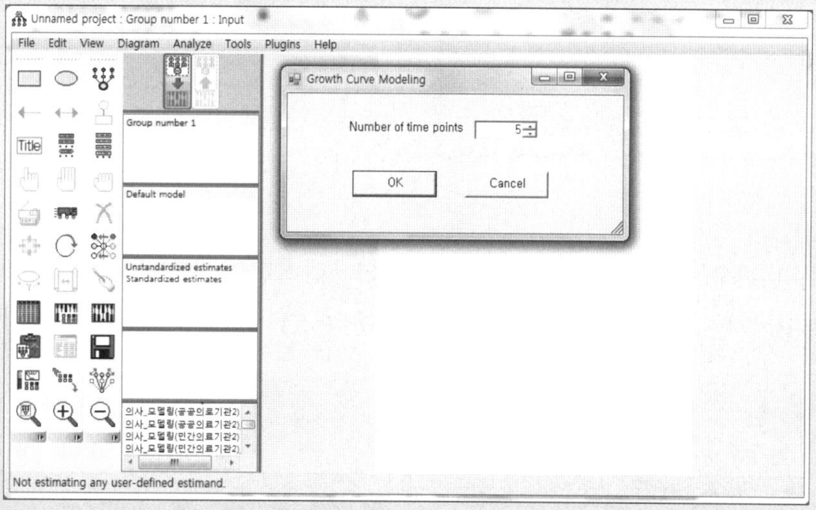


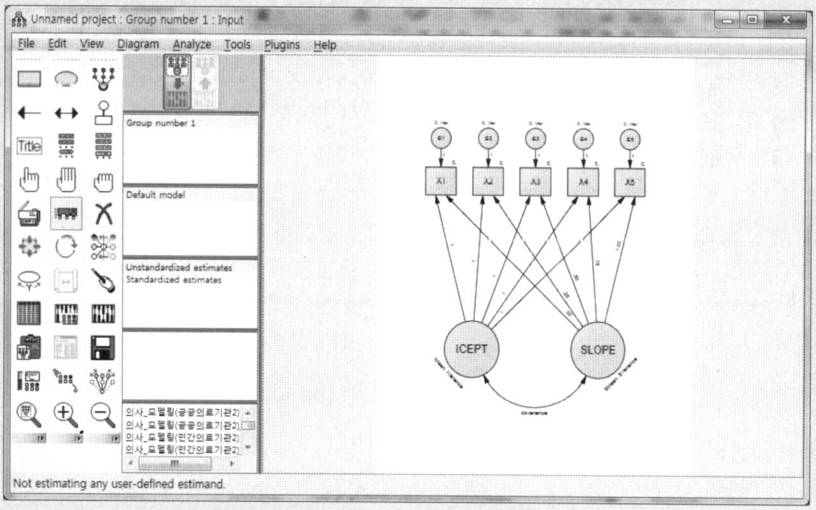

2단계: 데이터(2005_2011_ 환자조사.sav)를 연결시킨다.

- [file]→[data files]에서 지정하고 [Grouping Variable]에서 '의료기관종류1'을 지정한 후, [Group Value]에서 '0: 공공의료기관'을 선택한다.

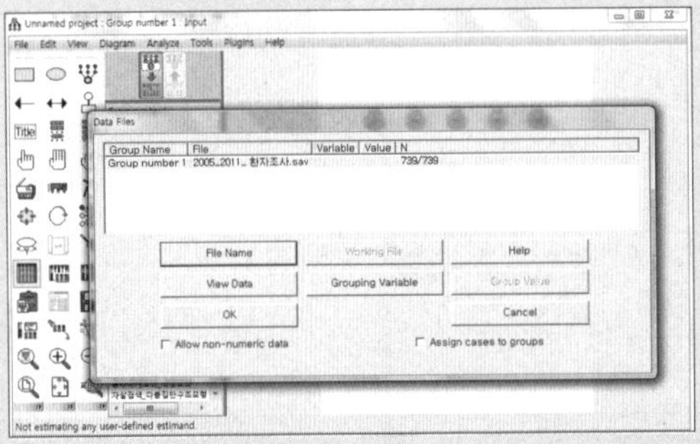

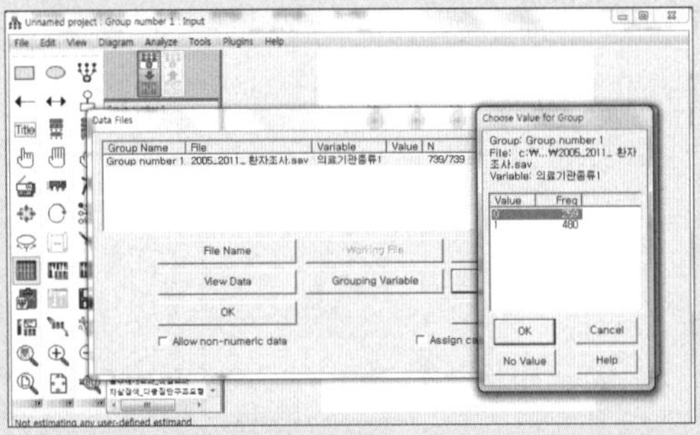

3단계: 데이터변수목록 아이콘을 선택하여 X1~X5에 관측변수(외래환자 수)를 입력한다.

- 목록창에서 변수(nv16_02~nv16_11)를 드래그하여 'X1~X5'에 차례로 드롭한다.

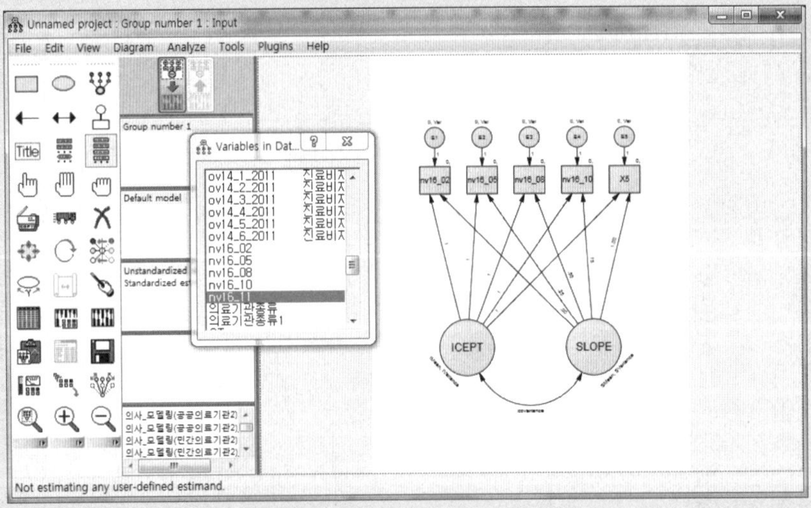


- 오차항의 분산(var)을 삭제하여 자유모수로 변경한다. 오차항(E1~E5)을 더블클릭하여 [Parameter의 Variance]의 'Var'을 삭제한다.

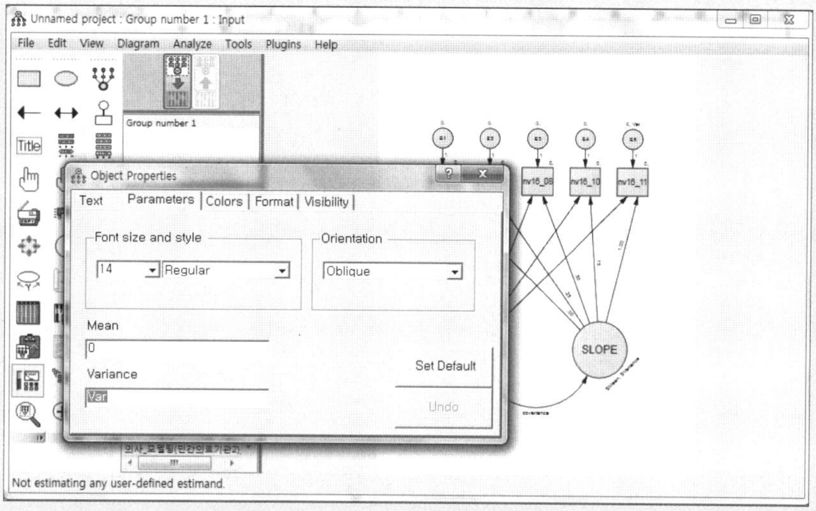


4단계: 변화량에 해당하는 SLOPE는 관측변수로 가는 경로를 [0, 1, 2, 3, 4]로 고정한다.

- 관측변수에서 잠재변수(잠재변수) 경로선을 더블클릭하여 수정한다.

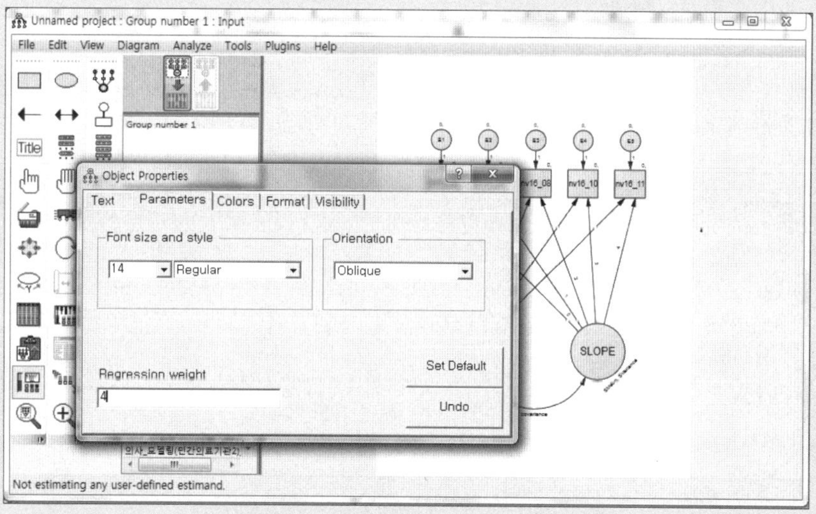


※ 잠재성장모형은 6가지 유형의 잠재성장모형이 있다. 따라서 본 연구의 외래환자 수의 변화율이 [0,1,2,3,4]를 검증하는 절차를 거쳐야 한다. 또한 오차항 동질성 검증을 실시하여 오차항의 동질성에 문제가 있을 때는 본 연구와 같이 오차항을 제약하지 않고 자유모수로 지정해야 한다(자세한 내용은《보건복지연구를 위한 구조방정식 모형》(송태민·김계수, 2012, pp. 178-196)을 참조하기 바란다).

5단계: [view]→[analysis properties]→[[Output]을 지정한다.

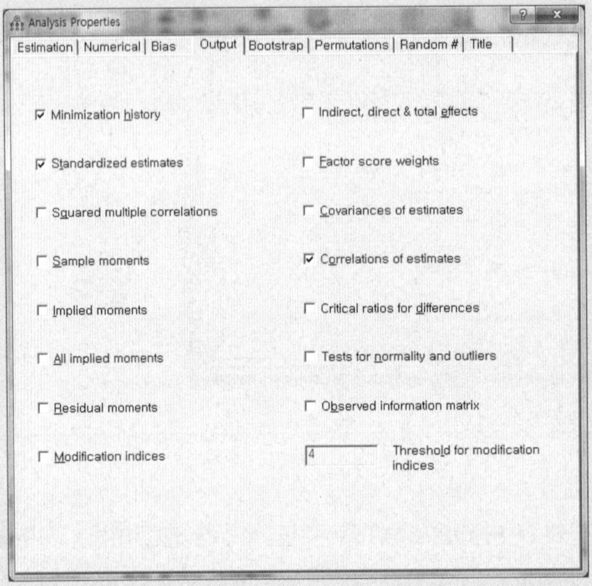


6단계: 실행아이콘을 실행한다.

- 실행되기 전 파일저장창에 파일명[환자_모델링(공공의료기관2).amw]을 입력한 후 [저장(S)]을 누르면 분석이 시작된다.

7단계: [view]→[text Output]에서 Amos Output을 확인한다.

- [Model fit]에서 적합도를 확인하고 [Estimates]에서 초기치와 기울기의 평균, 분산 등을 확인한다.

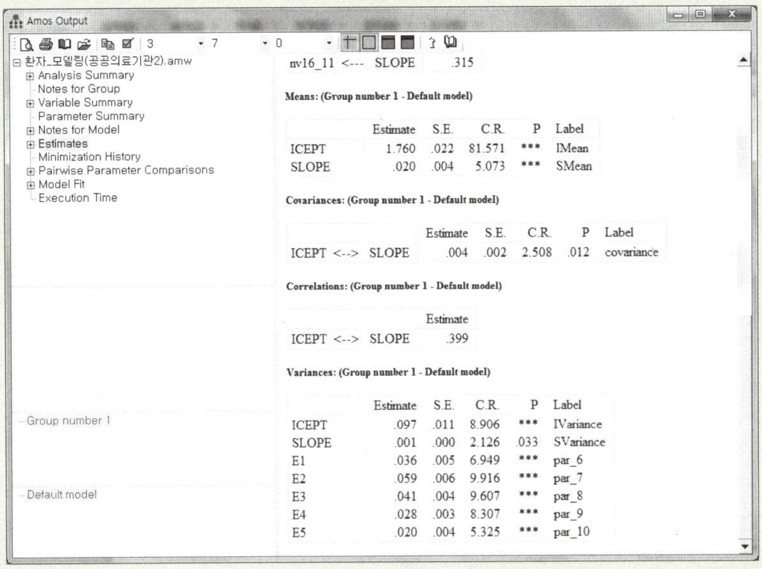


## 4 실제 관측변수(외래환자 수, 의사 수)의 초기치와 변화율의 평균값 산출

1단계: '환자_모델링(공공의료기관2).amw'를 불러온다.

2단계: 데이터변수목록 아이콘을 선택해 관측변수(외래환자 수의 로그치환 전 변수)를 입력한다.

- 목록창에서 변수(kv16_02~kv16_11)를 드래그하여 'nv16_02~nv16_11'에 차례로 드롭한다.

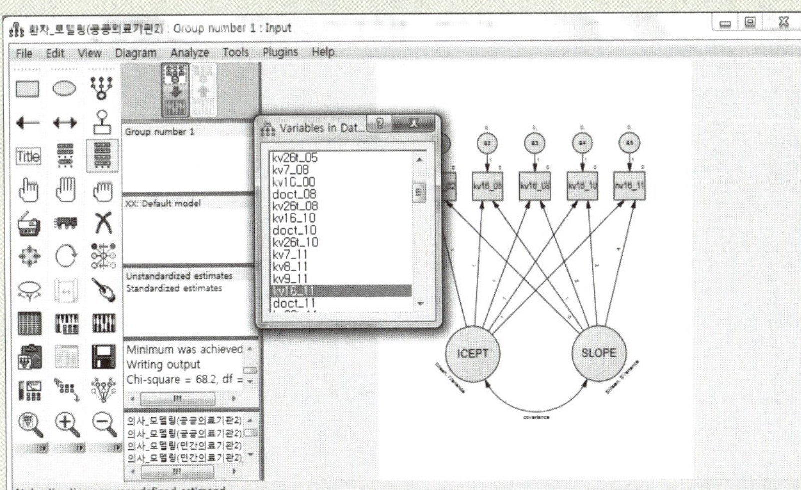

3단계: '환자_모델링(공공의료기관2)_실수.amw'로 저장한다.

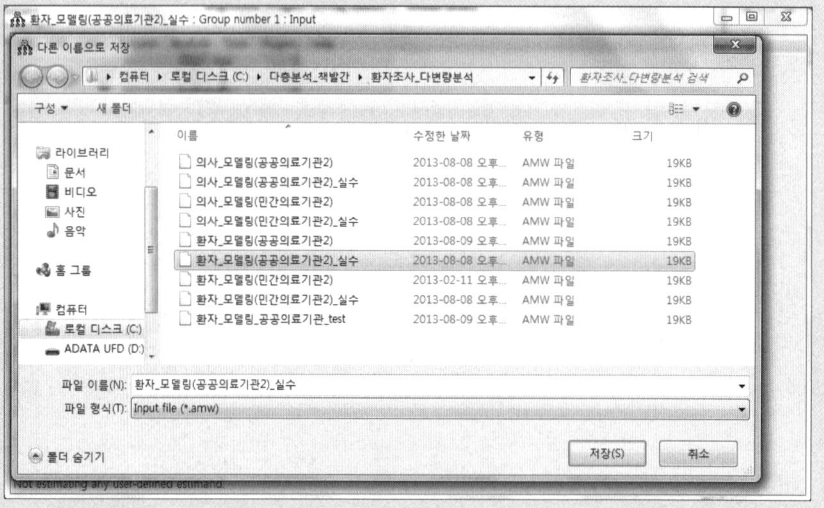


4단계: [view]→[text Output]에서 Amos Output을 확인한다.

- [Estimates]에서 초기치와 기울기의 평균을 확인한다.
- 공공의료기관의 외래환자 수의 초기치의 평균은 70.823명이고, 변화율의 평균은 5.327명으로 산출되었다.

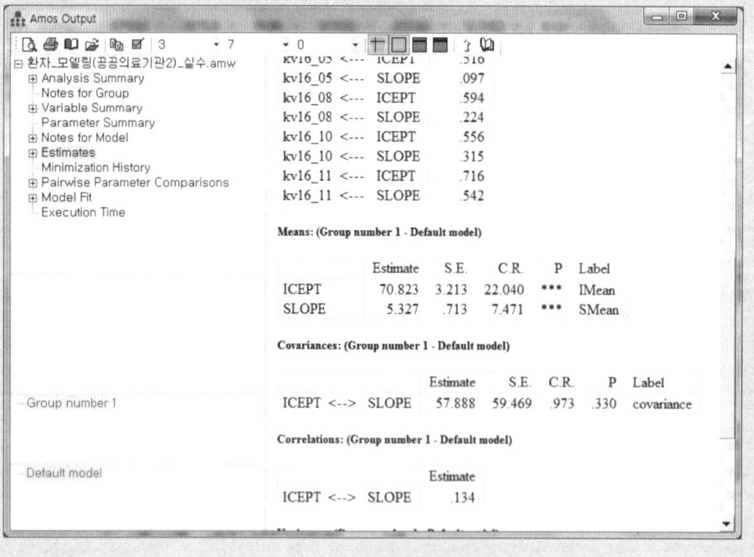

### 2) 외래환자이용 변화의 예측요인 분석

공공의료기관과 민간의료기관의 외래환자 수와 의사 수의 잠재성장곡선 간 인과모형의 적합도를 검증(공공: $\chi^2$=128.757, NFI=0.941, TLI=0.942, CFI=0.958, RMSEA=0.093, 민간: $\chi^2$=204.338 NFI=0.984, TLI=0.982, CFI=0.987, RMSEA=0.093)하여 두 요인 간의 잠재성장곡선 간 인과모형을 분석한 결과는 [표 8-4]와 같다.

공공과 민간 의료기관 모두 '의사 수 초기치→외래환자 수 초기치'의 경로가 유의한 정적(+) 상관관계를 보여 의사 수가 많은 의료기관의 초기 외래환자 수가 더 많은 것을 확인할 수 있다. 그리고 '의사 수 기울기→외래환자 수 기울기'의 경로는 민간의료기관에만 유의한 정적 상관관계를 보여 민간의료기관은 의사 수가 증가함에 따라 외래환자 수가 유의하게 증가함을 알 수 있다.

[표 8-4] 공공과 민간 의료기관의 외래환자 수와 의사 수의 잠재성장곡선 간 경로계수

| 구분 | 경로 | B | $\beta$ | S.E. | C.R. | P |
|---|---|---|---|---|---|---|
| 공공의료기관 | 의사 수 ICEPT → 외래환자 수 ICEPT | 1.077 | 0.797 | 0.077 | 14.022 | *** |
| | 의사 수 SLOPE → 외래환자 수 SLOPE | 0.004 | 0.025 | 0.021 | 0.177 | 0.859 |
| | 의사 수 ICEPT → 외래환자 수 SLOPE | 0.243 | 0.382 | 0.149 | 1.629 | * |
| 민간의료기관 | 의사 수 ICEPT → 외래환자 수 ICEPT | 0.815 | 0.817 | 0.029 | 28.458 | *** |
| | 의사 수 SLOPE → 외래환자 수 SLOPE | 0.011 | 0.160 | 0.004 | 2.587 | *** |
| | 의사 수 ICEPT → 외래환자 수 SLOPE | 0.665 | 0.481 | 0.005 | 6.321 | *** |

*** p< 0.01, ** p<0.05, * p<0.1

## 5 외래환자 수와 의사 수의 잠재성장곡선 간 인과모형

1단계: 외래환자무조건모형[환자_모델링(민간의료기관2).amw]을 불러온다.

2단계: 아이콘 창의 [select all objects] 아이콘으로 모형 전체를 선택한다.

3단계: [move objects] 아이콘을 이용하여 모형 전체를 위로 이동한다.

4단계: [deselect all objects] 아이콘으로 모형 지정을 해제한다.

5단계: 잠재변수(외래환자 수) 간 공분산 연결을 삭제하고, 평균과 분산을 삭제한다.

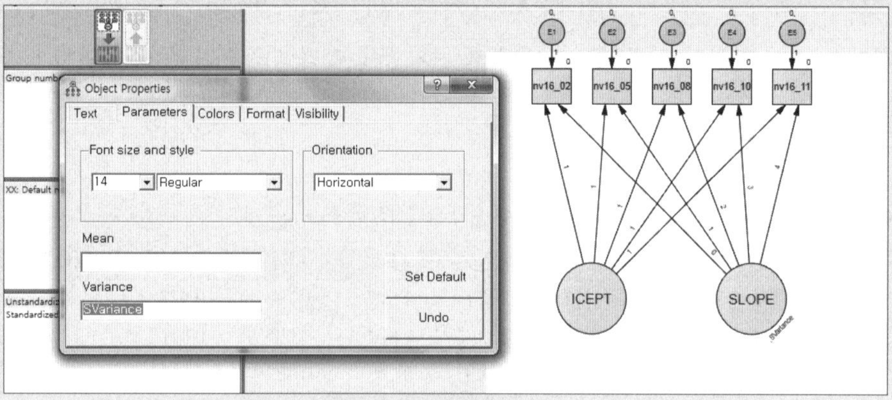

6단계: [duplicate objects] 아이콘으로 관측변수와 잠재변수 그림을 복사하여 이동한다.

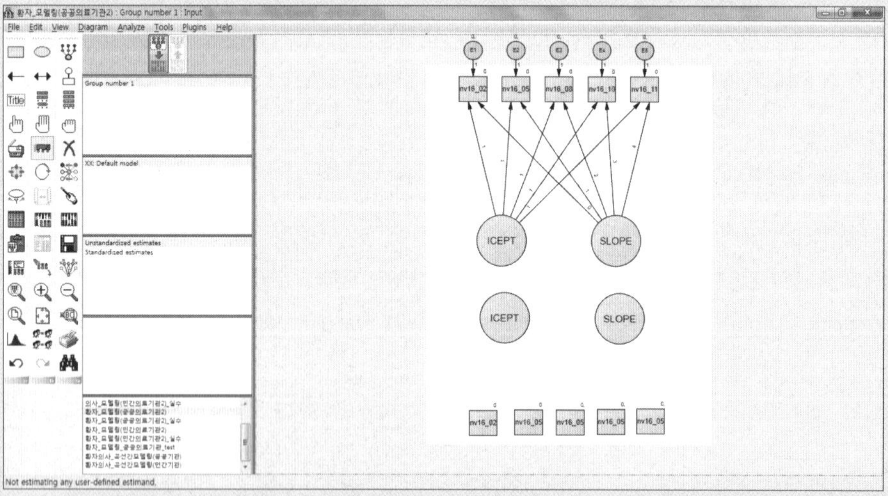

7단계: 파일을 연결한다.

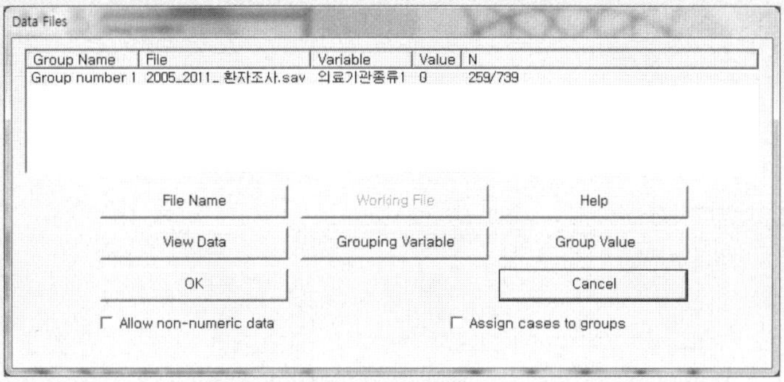


8단계: [variable list] 아이콘으로 관측변수를 지정하고, 잠재변수명을 수정한다.

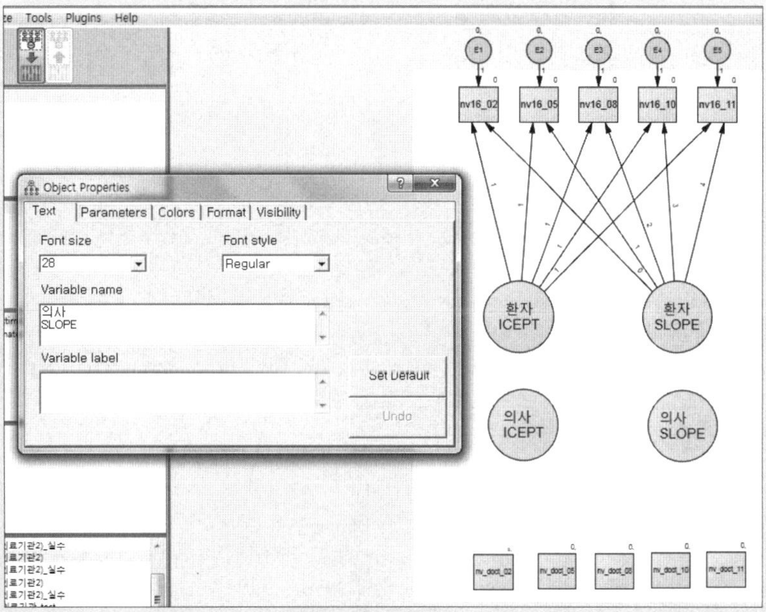

9단계: 의사초기치(1,1,1,1,1)와 변화율(0,0,1,2,*)에 가는 경로를 그리고 지정한다.

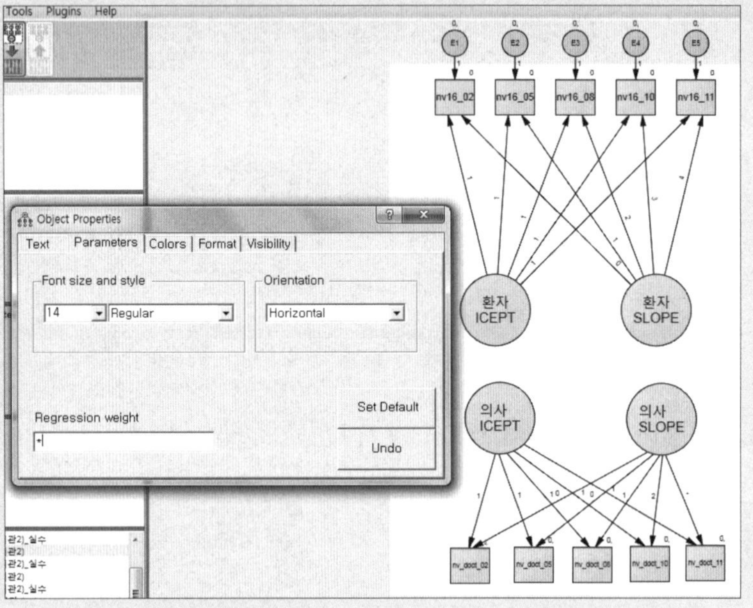


10단계: 의사 수 관측변수에 측정오차를, 환자 잠재변수에 구조오차를 지정한다.

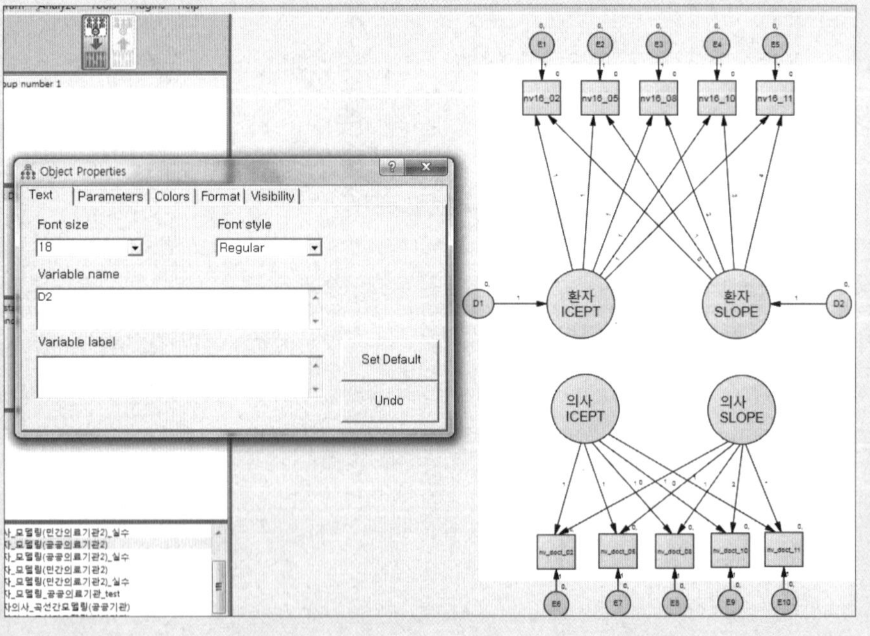

11단계: 최종 잠재성장곡선 간 인과모델은 구조오차 간 인과관계로 연결하고, 외생변수(의사)의 절편(ICEPT)이 내생변수(환자)의 기울기(SLOPE)에 영향을 미치고, 외생변수의 기울기는 내생변수의 기울기에만 영향을 미치는 방향으로 화살표를 그려야 한다.

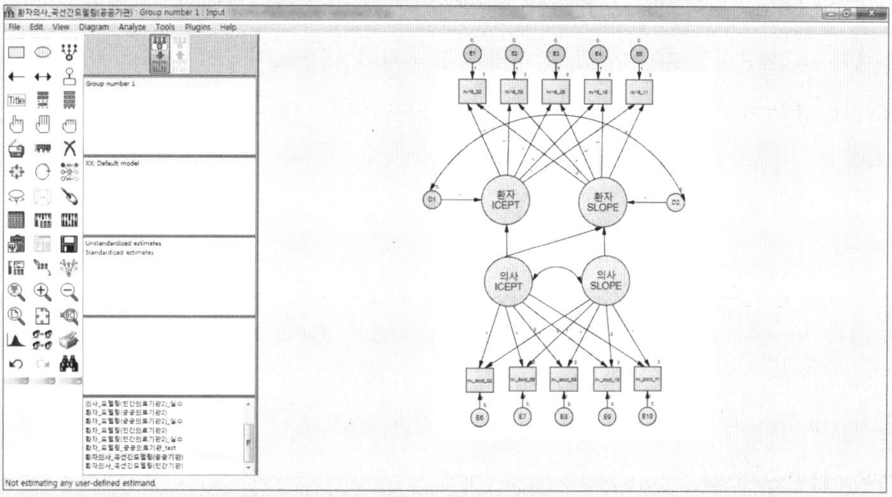


• 최종 인과모형

환자의사_곡선간모델링(공공기관).amw, 환자의사_곡선간모델링(민간기관).amw

12단계: [Amos Output]에서 잠재요인 간 경로계수를 확인한다.

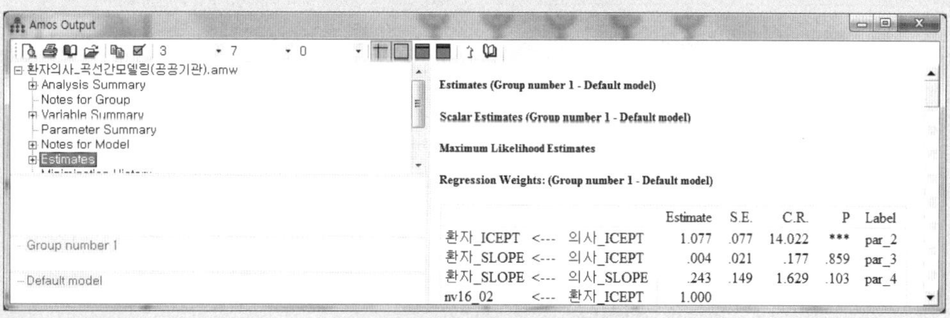


**Estimates (Group number 1 - Default model)**

**Scalar Estimates (Group number 1 - Default model)**

**Maximum Likelihood Estimates**

**Regression Weights: (Group number 1 - Default model)**

| | | | Estimate | S.E. | C.R. | P | Label |
|---|---|---|---|---|---|---|---|
| 환자_ICEPT | <--- | 의사_ICEPT | 1.077 | .077 | 14.022 | *** | par_2 |
| 환자_SLOPE | <--- | 의사_ICEPT | .004 | .021 | .177 | .859 | par_3 |
| 환자_SLOPE | <--- | 의사_SLOPE | .243 | .149 | 1.629 | .103 | par_4 |
| nv16_02 | <--- | 환자_ICEPT | 1.000 | | | | |

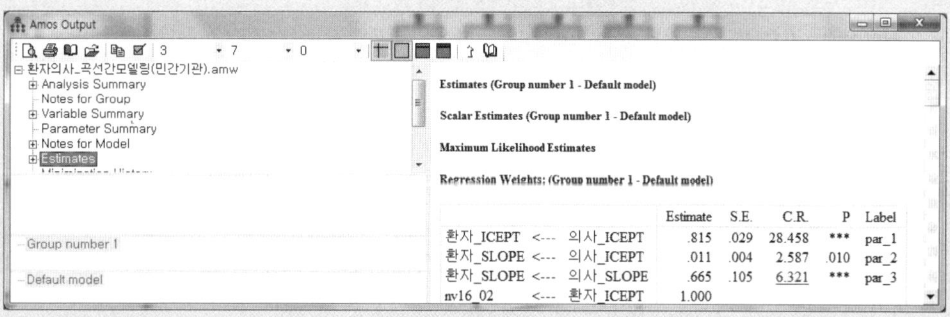


**Estimates (Group number 1 - Default model)**

**Scalar Estimates (Group number 1 - Default model)**

**Maximum Likelihood Estimates**

**Regression Weights: (Group number 1 - Default model)**

| | | | Estimate | S.E. | C.R. | P | Label |
|---|---|---|---|---|---|---|---|
| 환자_ICEPT | <--- | 의사_ICEPT | .815 | .029 | 28.458 | *** | par_1 |
| 환자_SLOPE | <--- | 의사_ICEPT | .011 | .004 | 2.587 | .010 | par_2 |
| 환자_SLOPE | <--- | 의사_SLOPE | .665 | .105 | 6.321 | *** | par_3 |
| nv16_02 | <--- | 환자_ICEPT | 1.000 | | | | |

보건소와 병원에 대한 외래환자 수 변화를 살펴보기 위하여 의료기관종류(보건소: 0, 병원: 1) 공변량 변수가 외래환자 수의 잠재성장에 미치는 영향을 분석하였다. [표 8-5]와 같이 의료기관종류→외래환자 수 ICEPT 경로는 정적으로 유의한 차이가 있으며 의료기관종류→외래환자 수 SLOPE[14]는 부적으로 유의한 차이가 있는 것으로 나타났다. 이는 보건소보다 병원의 초기년도 외래환자 수가 많으며, 병원의 환자증가가 보건소의 환자증가에 비해 줄어드는 것으로 나타났다. 따라서 의료기관종류에 따라 외래환자 수의 변화량은 차이가 있는 것으로 나타났다.

[표 8-5] 의료기관종류별(보건소, 병원) 외래환자 수의 잠재성장모형 경로계수

| 경로 | B | β | S.E. | C.R. | P |
|---|---|---|---|---|---|
| 의료기관종류 → 외래환자 수 ICEPT | 0.141 | 0.209 | 0.038 | 3.669 | *** |
| 의료기관종류 → 외래환자 수 SLOPE | −0.012 | −0.147 | 0.007 | −1.724 | * |

*** p< 0.01, ** p<0.05, * p<0.1

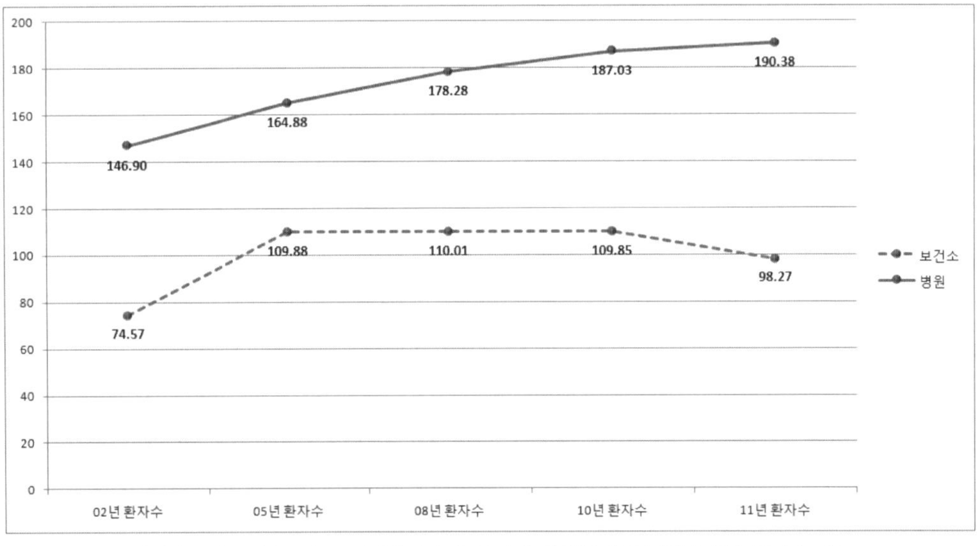


[그림 8-4] 의료기관종류별(보건소, 병원) 외래환자 수와 의사 수의 변화궤적(보건소병원_환자수.xls)

14. 공변량에서 ICEPT와 SLOPE로 가는 경로계수의 부호에 따라 해석은 달라진다. 본 연구와 같이 ICEPT가 정(+)적이고, SLOPE가 부(−)적일 때 '병원은 보건소에 비해 초기년도의 외래환자 수는 많으나 시간이 갈수록 외래환자 수의 증가가 더디게 진행된다'라고 해석한다.

## 6 외래환자 수 변화에 대한 예측요인 분석

1단계: 예측변수(공변량)인 의료기관종류(보건소, 병원)에 대한 데이터만 선택하여 별도의 파일로 구성한다.

- 2005_2011_ 환자조사.sav 파일을 불러온다.

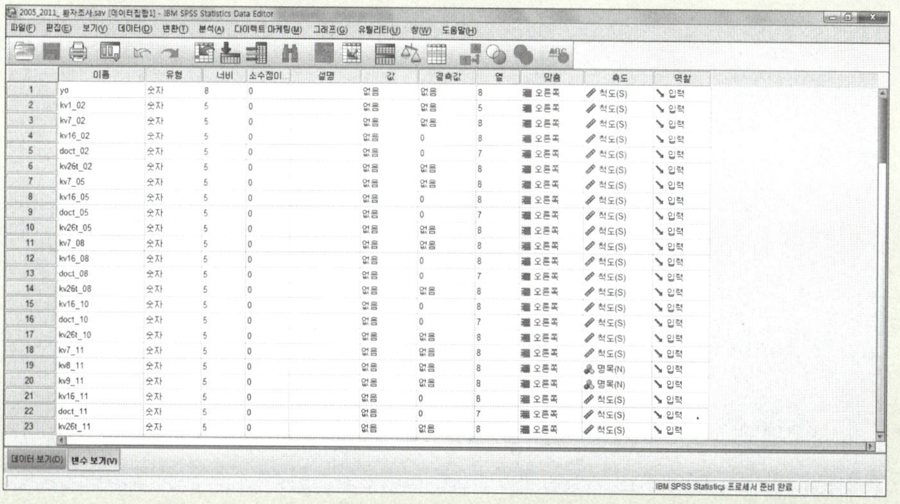

- [데이터 → 케이스선택 → 조건을 만족하는 case → 조건]의 kv1(의료기관종류) 변수에서 보건소(code: 161)와 병원(code: 121)만 선택한다.
- syntax : kv1_02 eq 161 or kv1_02 eq 121

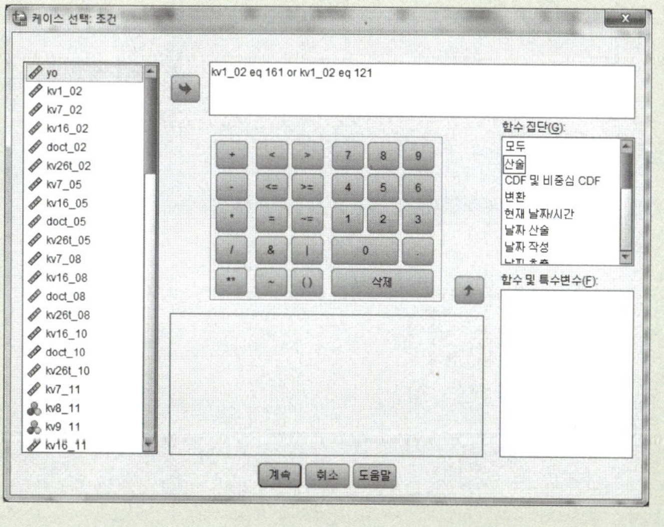

- [선택하지 않은 케이스 삭제]를 지정한 후, 파일을 저장한다.
- 파일명: 2005_2011_환자조사_보건소병원.sav

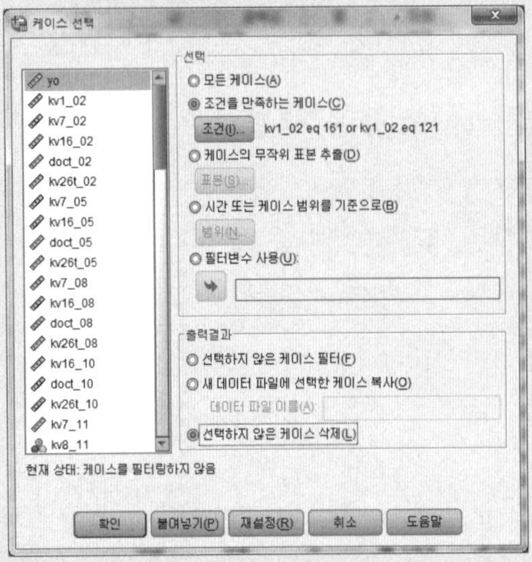


2단계: 환자_모델링(공공의료기관2).amw 파일을 불러와서 초기치(ICEPT)와 기울기(SLOPE)의 평균과 분산을 삭제한다.

- ICEPT와 SLOPE를 더블클릭하여 [parameter의 variance]의 'mean'과 'variance'를 삭제한다.

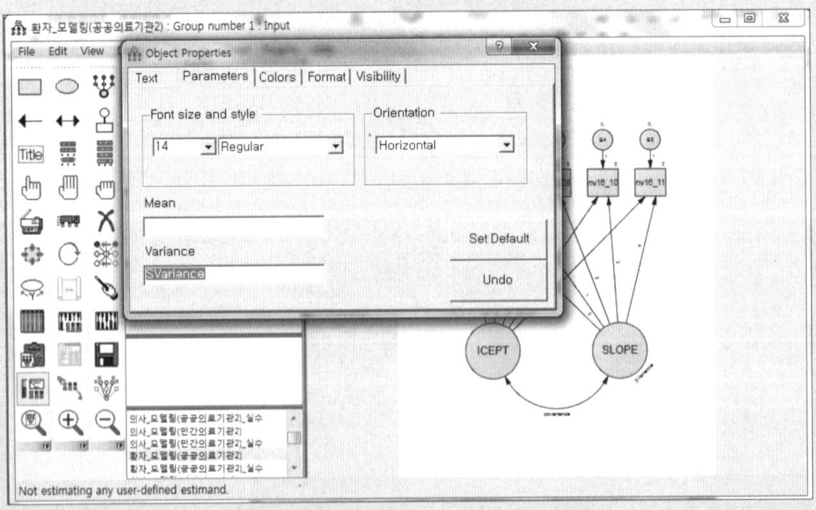

3단계: [erase objects] 아이콘으로 ICEPT와 SLOPE의 공분산(covariance) 연결선을 삭제한다.

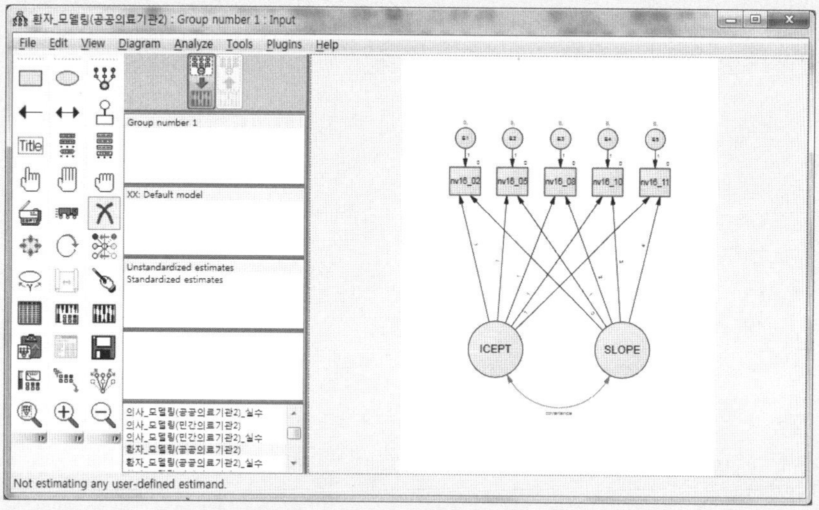

4단계: 데이터(2005_2011_ 환자조사_보건소병원.sav)를 모형에 연결시킨다.

- [file]→[data files]에서 지정한다.

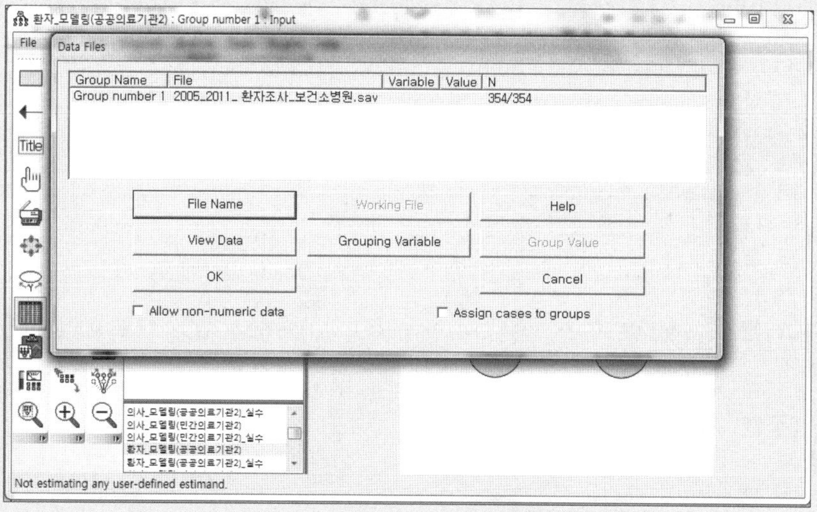

5단계: [draw observed variables] 아이콘을 선택하여 예측변수를 그린다.

- 관찰변수를 그릴 때는 [사각형] 아이콘을 적당한 크기로 드래그 앤 드롭하고 [복사, 이동] 등의 아이콘을 사용하여 연구모형을 그린다.

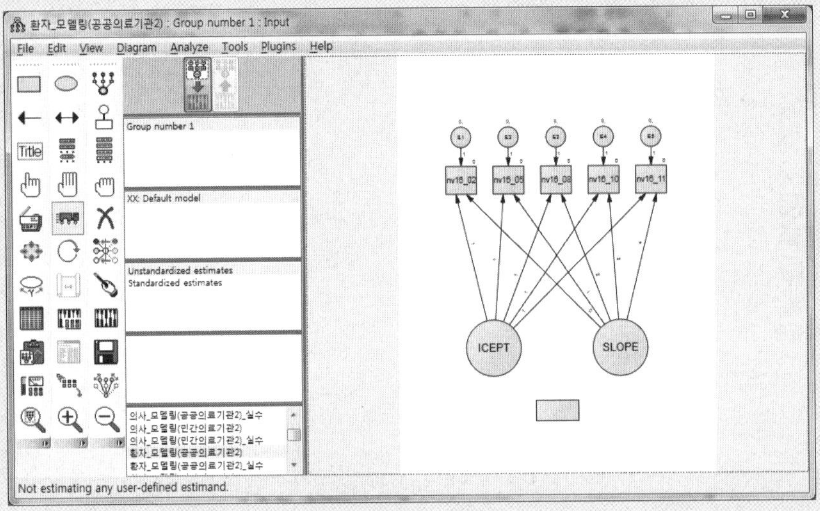

6단계: [데이터변수목록] 아이콘을 선택하여 관측변수에 해당 예측변수를 입력한다[예측변수명: 의료기관종류2(0: 보건소, 1: 병원)].

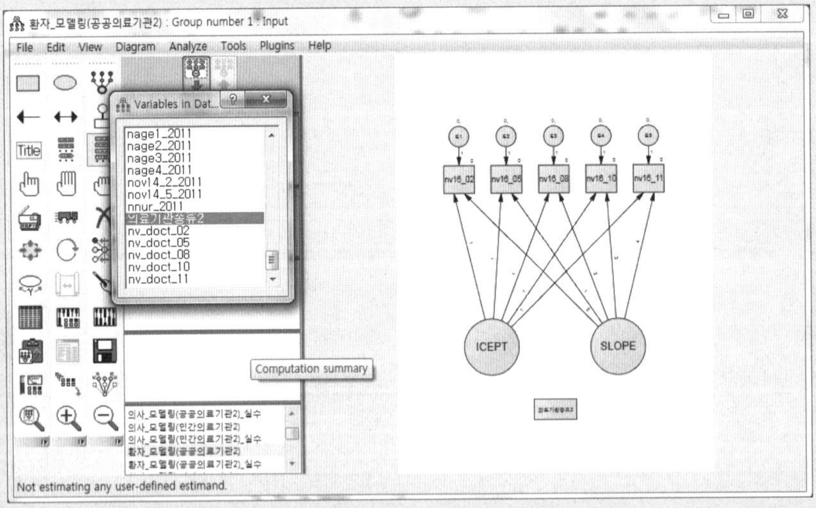

7단계: [경로화살표]를 이용하여 예측변수와 잠재변수(ICEPT, SLOPE)에 경로선을 연결한다.

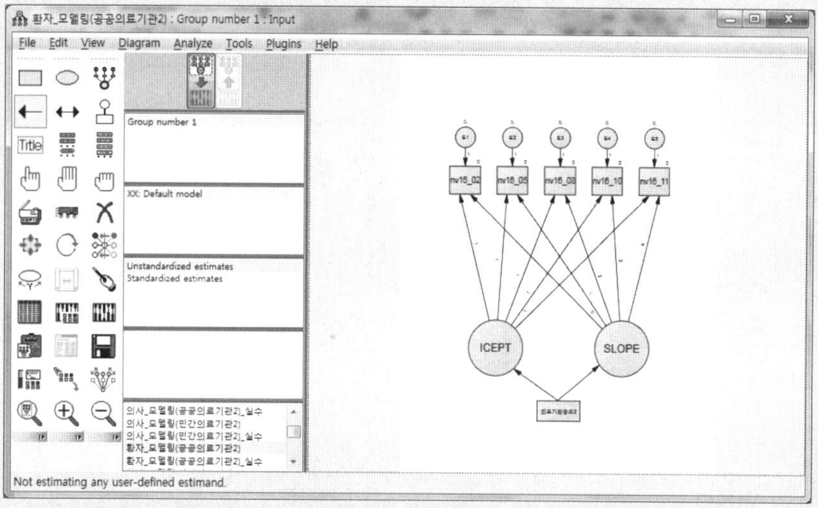


8단계: [draw unique variables] 아이콘을 이용하여 잠재변수에 구조오차를 생성한다.

- 잠재변수에 구조오차 아이콘을 더블클릭하여 적당한 위치에서 멈춘다. 구조오차의 타원이 너무 크면 [shape of objects] 아이콘을 이용하여 크기를 조정한다.

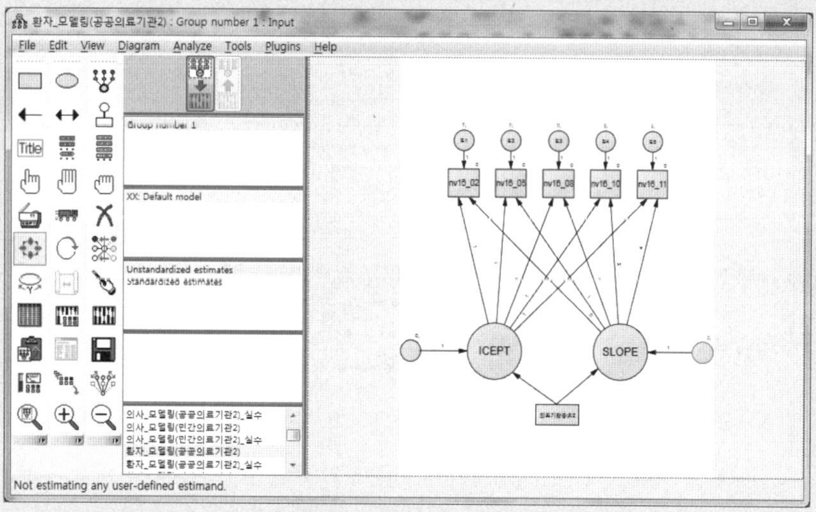

9단계: 구조오차에 변수명(D1, D2)을 입력한 후, 구조오차 간 공분산을 연결한다.

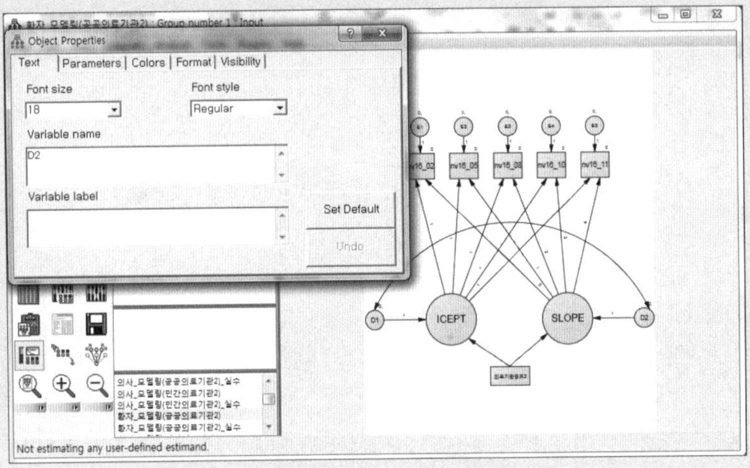


10단계: 연구모형을 저장한다(환자_모델링_공분산_보건소병원.amw).

11단계: [실행아이콘(calculate estimate)]으로 연구모형을 실행한다.

12단계: [view]→[text Output]에서 결과를 확인한다.

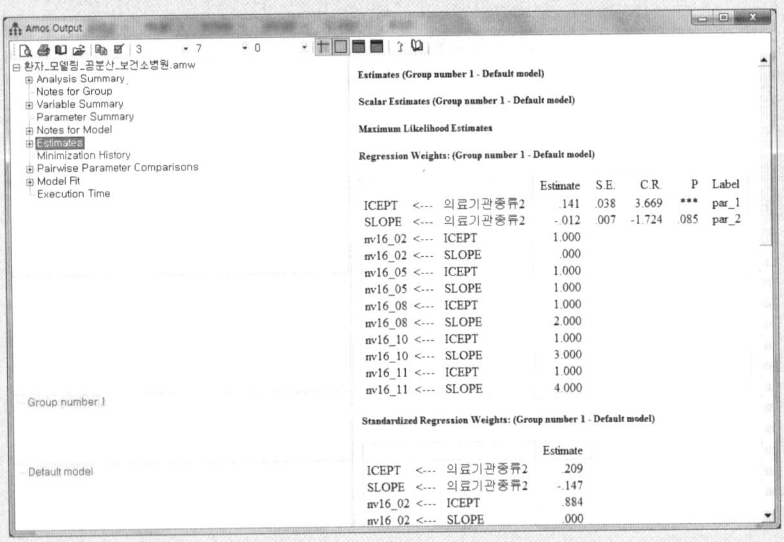


• 공변량 잠재성장모형의 해석은 공변량 변수값의 큰 값을 기준으로 해석한다. 즉 본 연구에서의 공변량(의료기관종류2)의 변수값(0: 보건소, 1: 병원) 중 큰 값이 병원이기 때문에 의료기관종류→ICEPT($\beta$:0.141, $p<0.01$)로 보건소보다 병원의 초기년도 외래환자 수가 많다고 해석한다. 그리고 의료기관종류2→SLOPE($\beta$:-0.012, $p<0.10$)로 병원의 외래환자 증가가 보건소의 외래환자 증가에 비해 줄어들었다고 해석한다.

### 3) 외래환자 수와 의사 수 사이의 다중집단 자기회귀교차지연모형 검증

다중집단 자기회기교차지연모형의 검증은 공공의료기간과 민간의료기관, 두 집단의 외래환자 수 변수(1차~5차)와 의사 수 변수(1차~5차) 간의 관계를 종단자료를 이용하여 추정하는 방법이다. 경로동일성과 오차공분산 동일성순으로 검증하기 위해 다음과 같이 6개의 경쟁모형을 설정하였다.

모형 1: [그림 8-1]에 제시된 어떠한 제약도 가하지 않은 기본모형
모형 2: 외래환자 수의 자기회귀 계수(A)에 대해 동일성 제약을 가한 모형
모형 3: 의사 수의 자기회귀 계수(B)에 대해 동일성 제약을 가한 모형
모형 4: 외래환자 수에 대한 의사 수의 교차회귀계수(C)에 동일성 제약을 가한 모형
모형 5: 의사 수에 대한 외래환자 수의 교차회귀계수(D)에 동일성 제약을 가한 모형
모형 6: 의사 수에 대한 외래환자 수의 오차공분산 사이(E)에 동일성 제약을 가한 모형

위의 6개 모형 중에서 최적의 모형을 찾기 위해 모형 1에서 모형 6까지 순차적으로 비교하였다. 본 연구에서의 모형비교는 $\chi^2$가 표본크기에 민감하기 때문에 다른 적합도 지수(NFI, TLI, CFI, RMSEA)를 사용하였다. 동일화 제약을 가해 적합도 지수가 나빠지지 않으면 동일성이 성립된 것으로 해석하였다. [표 8-6]과 같이 경로 'A~E'에 동일화 제약을 계속 추가해도 모형의 적합도가 나빠지지 않아 모든 경로의 이전 시점인 [t-1]이 이후 시점인 [t]에 주는 영향력 정도가 시점 [t]가 시점 [t+1]에 주는 영향력 정도와 같은 것으로 나타났다. 오차공분산을 동일하게 제약한 모형 6도 모형 5와 비교하여 큰 차이를 보이지 않았다. 따라서 모형의 간명성을 고려한 모형 6을 최종모형으로 선정하였다.

[표 8-6] 다중집단 자기회귀교차지연모형의 적합도 비교

| 모형 | $\chi^2$ | *df* | NFI | CFI | TLI | RMSEA |
|---|---|---|---|---|---|---|
| 모형 1 | 690.864 | 48 | 0.953 | 0.956 | 0.899 | 0.135 |
| 모형 2 | 712.763 | 54 | 0.951 | 0.955 | 0.908 | 0.129 |
| 모형 3 | 731.714 | 60 | 0.950 | 0.954 | 0.915 | 0.123 |
| 모형 4 | 741.833 | 66 | 0.949 | 0.954 | 0.923 | 0.118 |
| 모형 5 | 749.486 | 72 | 0.949 | 0.954 | 0.929 | 0.113 |
| 모형 6 | 758.691 | 78 | 0.948 | 0.953 | 0.934 | 0.109 |

## 7 외래환자 수와 의사 수 사이의 다중집단 자기회귀교차지연모형 작성

1단계: 공공과 민간 의료기관의 파일을 분리하여 2개의 파일로 작성한다.

- 2005_2011_환자조사.sav → (공공의료.sav, 민간의료.sav)

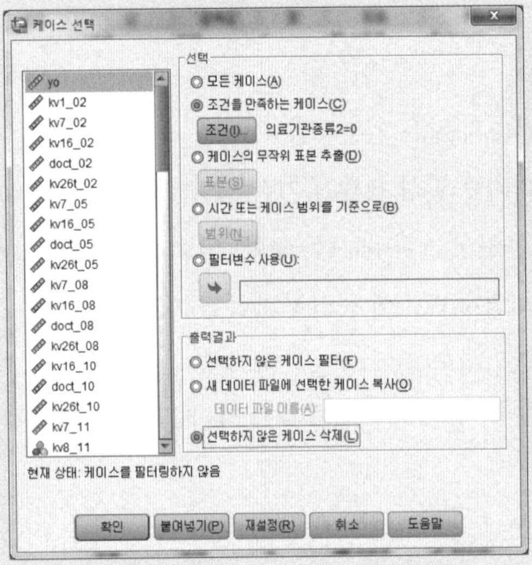


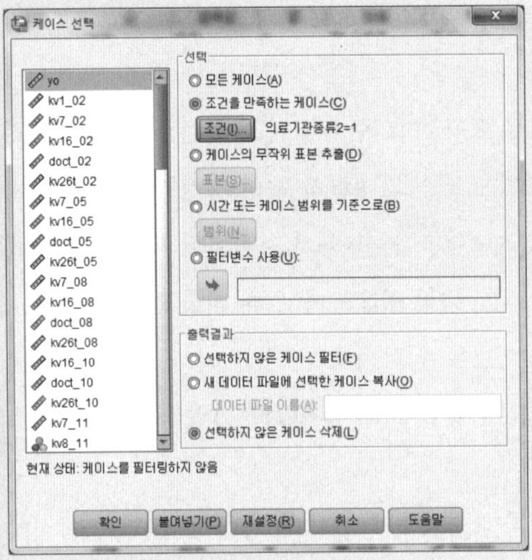


2단계: [시작]→[프로그램]→[Amos 20.0]→[Amos Graphics]를 실행한다.

3단계: 아이콘 모음창에서 [관측변수] 아이콘을 클릭한 후, 모델작업창의 적당한 위치에 마우스 포인터를 위치시키고 왼쪽 버튼을 누른 상태에서 대각선 우측 밑으로 드래그하면 관측변수가 1개 생성된다.

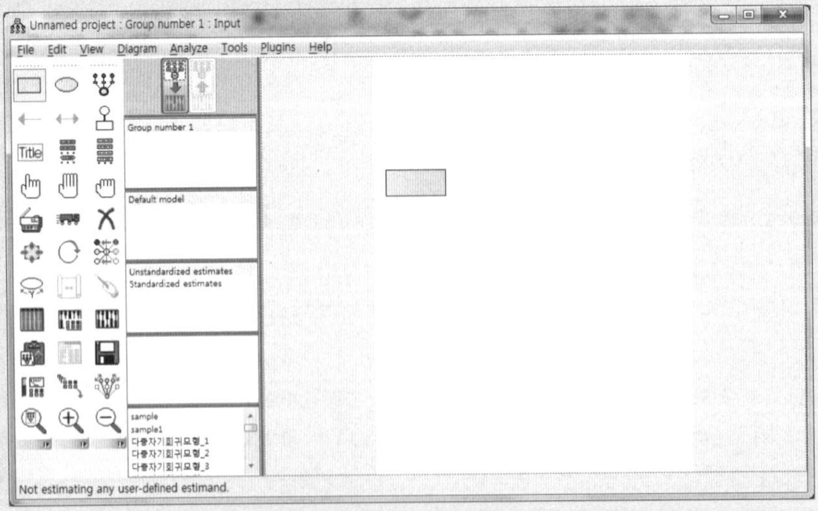

4단계: 아이콘 모음창에서 [복사] 아이콘을 클릭한 후, 몇 개의 관측변수를 복사한다(본 연구 모델은 관측변수가 상단 5개, 하단 5개이므로 5개를 우선적으로 복사한다).

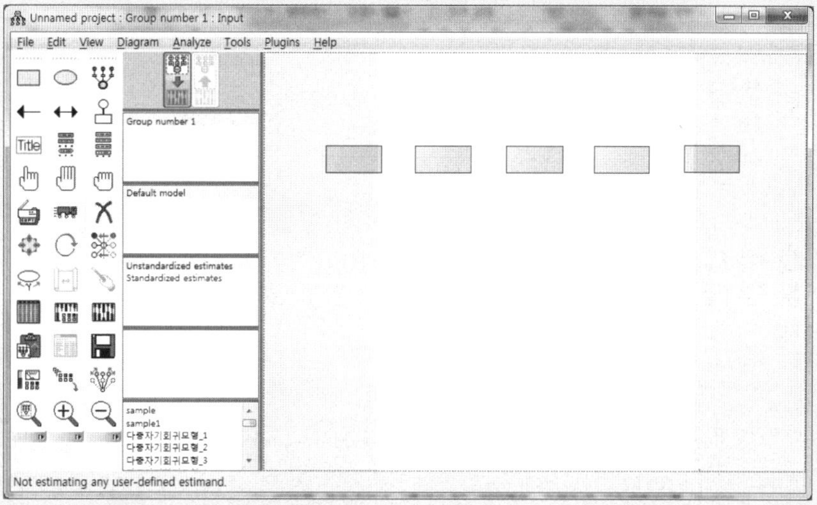

5단계: [집단선택] 아이콘을 클릭한 후 [복사] 아이콘을 이용하여 집단선택되어 있는 관측변수 5개를 모델 작업창 하단으로 복사한 후, [집단선택해지] 아이콘을 클릭한다.

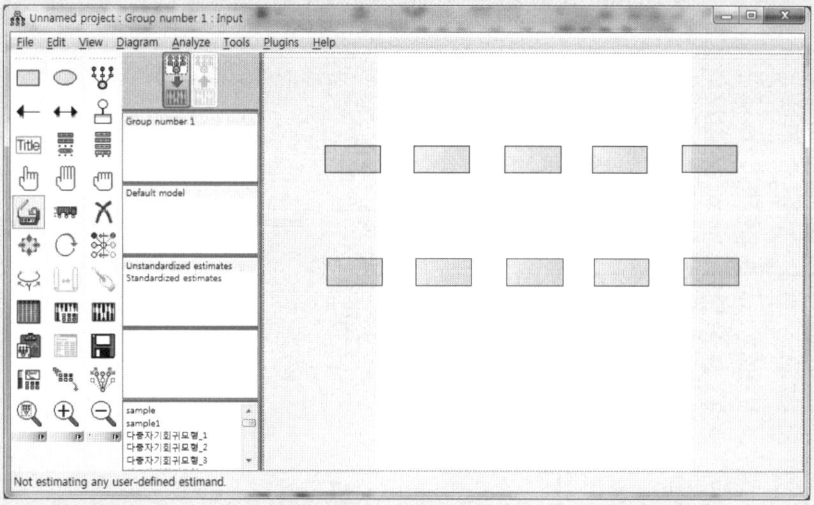

6단계: 자기회귀교차 경로를 [화살표] 아이콘으로 연결한다.

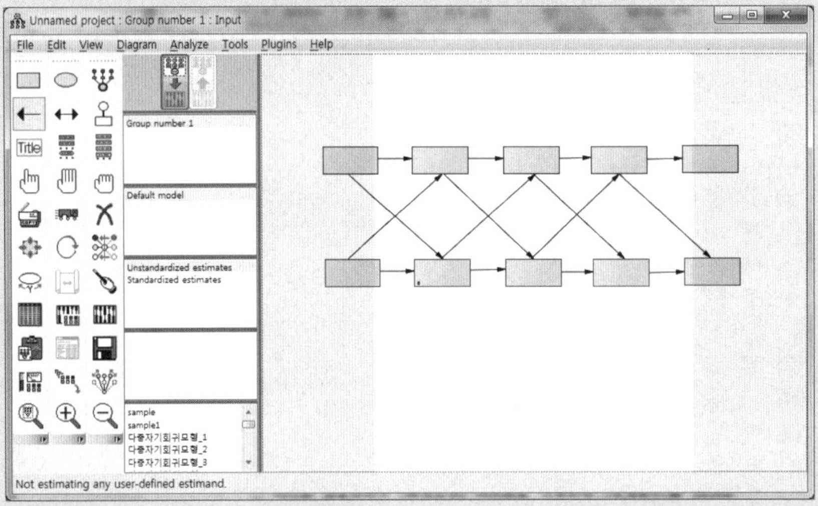


7단계: 구조오차를 생성한다(본 연구의 외래환자 수와 의사 수 요인은 1개의 관측변수로 구성되어 관측변수의 오차인 측정오차는 없고, 내생변수에 대한 구조오차만 그리면 된다).

- 아이콘 모음창에서 [측정오차] 아이콘을 선택하여 [내생변수]를 더블클릭하면 구조오차가 발생하고, 계속 클릭하면 시계방향으로 회전한다.

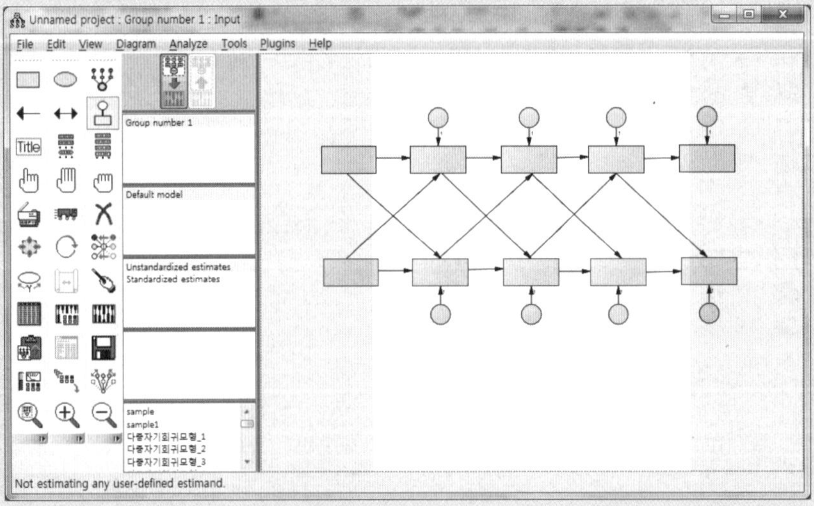

8단계: [공분산연결] 아이콘을 클릭하여 외생변수 간 공분산 연결과 구조오차 간 공분산을 연결한다.

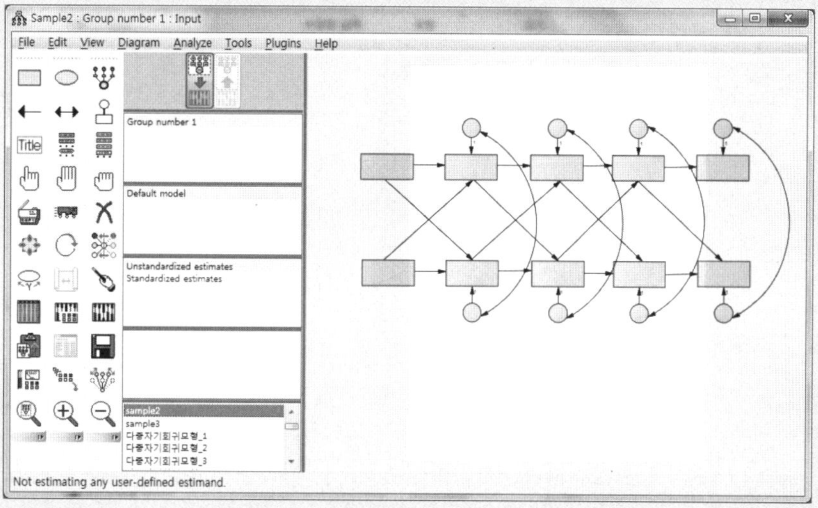

9단계: 데이터(공공의료.sav)를 모형에 연결시킨다.

- [file]→[data files]에서 지정한다.

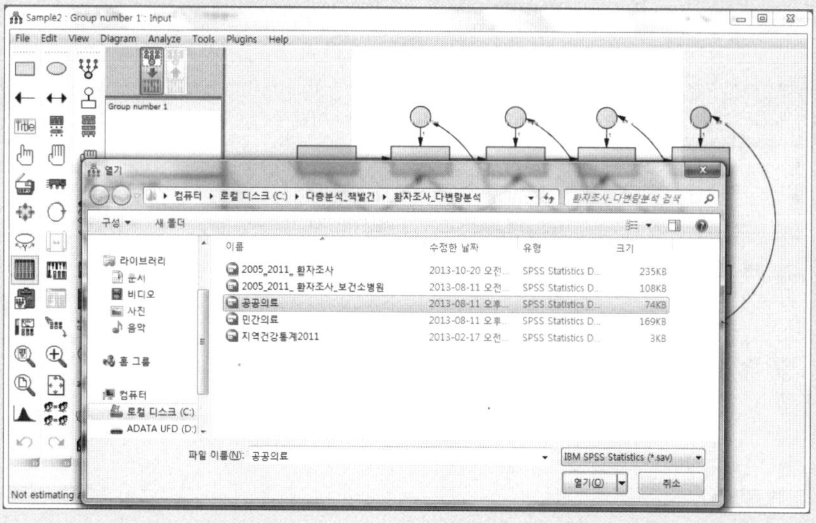

10단계: [데이터변수목록] 아이콘을 선택하여 관측변수를 입력한다.

- 목록창에서 변수(nv16_02~nv16_11, nv_doct_02~nv_doct_11)를 드래그하여 관측변수의 위치에 맞게 차례로 드래그 앤 드롭한다. 구조오차의 변수명(D1 ~ D8)은 별도로 입력한다.

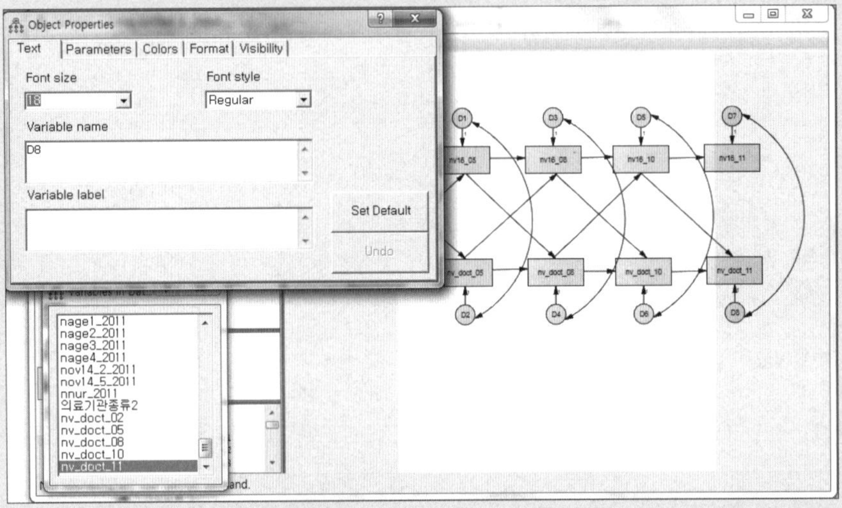


11단계: 다중집단 구조모형을 작성한다.

- 집단관리창에 있는 [Group number 1]을 더블클릭한다.

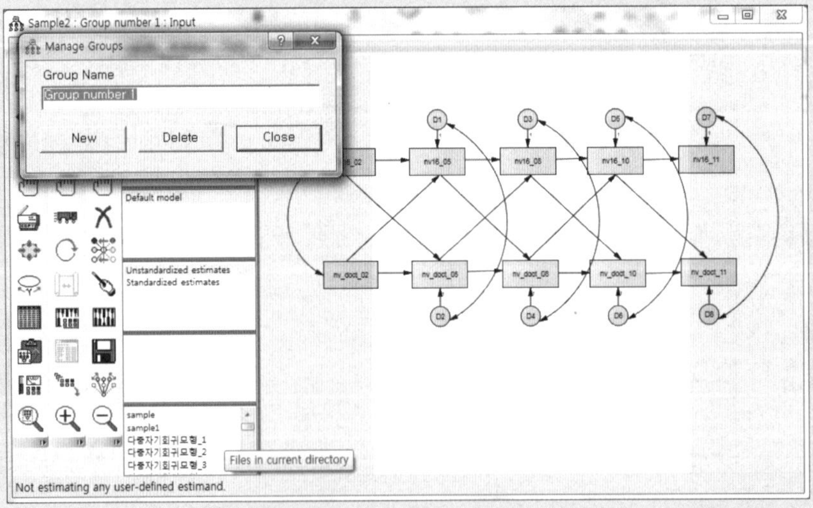

- 생성된 [Manage Groups] 창에서 [New] 버튼을 누르면 [Group number 2]가 생성된다.

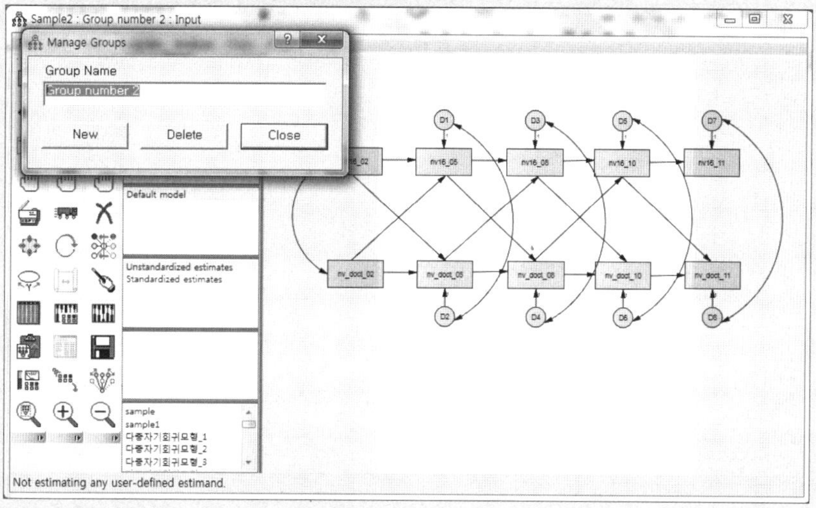

- 이 상태는 두 집단을 연결하는 모델 2개가 생성된 것으로서 [Group number 1]에는 '공공의료기관'으로 입력하고 [Group number 2]에는 '민간의료기관'으로 입력한다.

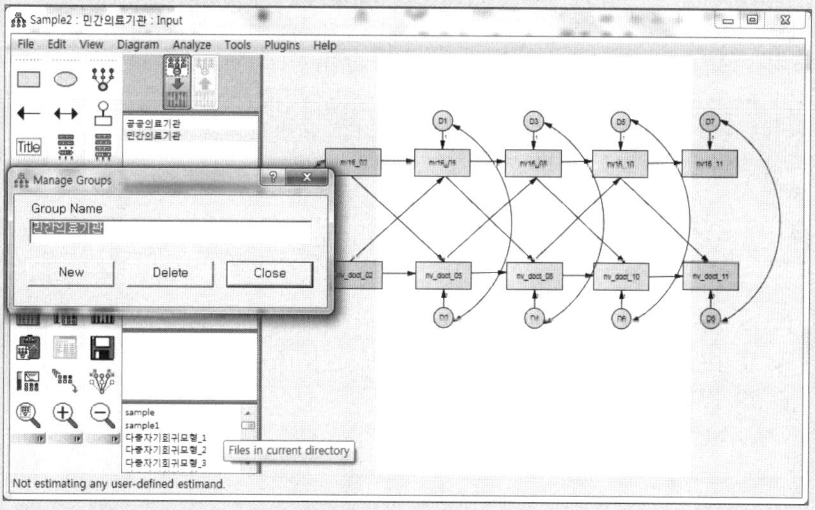

- [File-Data Files]에서 '공공의료기관'과 '민간의료기관'에 각각의 데이터를 연결한다.
- 공공의료기관 → 공공의료.sav, 민간의료기관 → 민간의료.sav

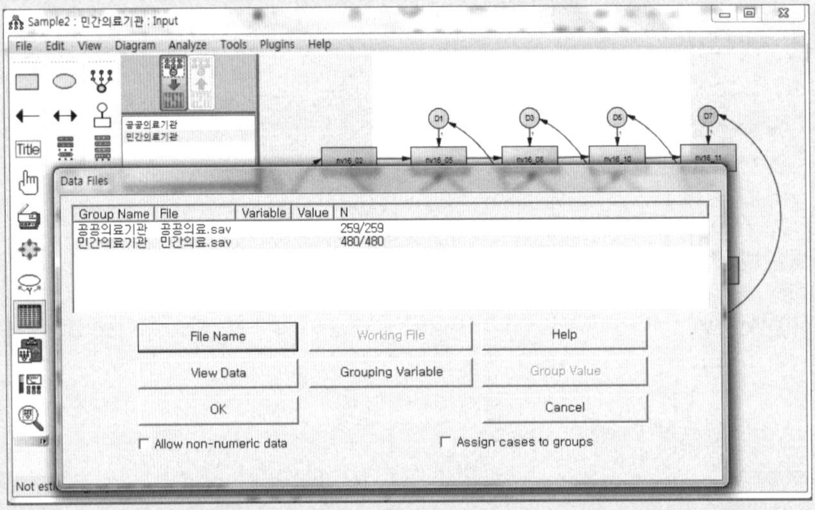


- 하나의 모델을 2개의 집단으로 나누었기 때문에 분석결과에 혼돈이 올 수 있다. 그러므로 모델작업창에 각 집단의 이름을 입력해 줘야 한다. [title 아이콘] 클릭 → [모델작업창] 클릭 → [Figure caption] 창이 생성되면 [caption]란에 '공공의료기관'이라고 모델명을 입력한다. 같은 방법으로 '민간의료기관' 집단의 이름을 입력한다. 이름의 위치를 수정할 때는 [이동아이콘]을 이용한다.

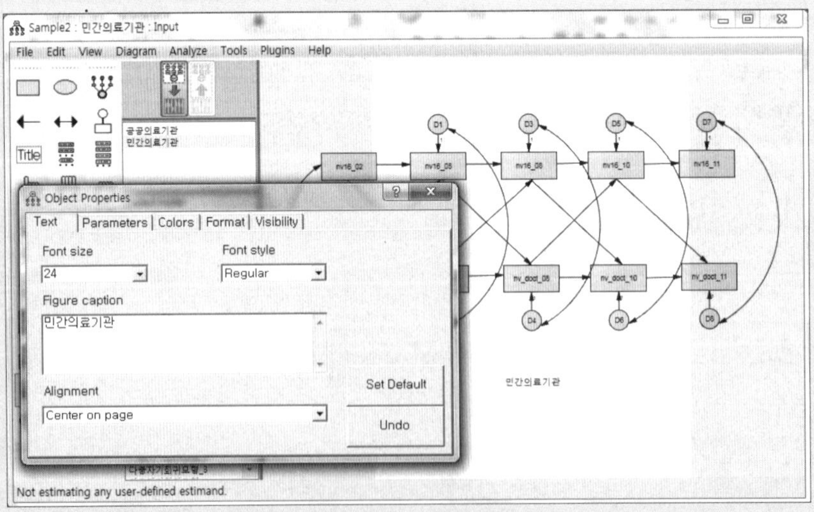

12단계: 다중집단 구조모형을 저장한다(다중자기회귀모형_1.amw).

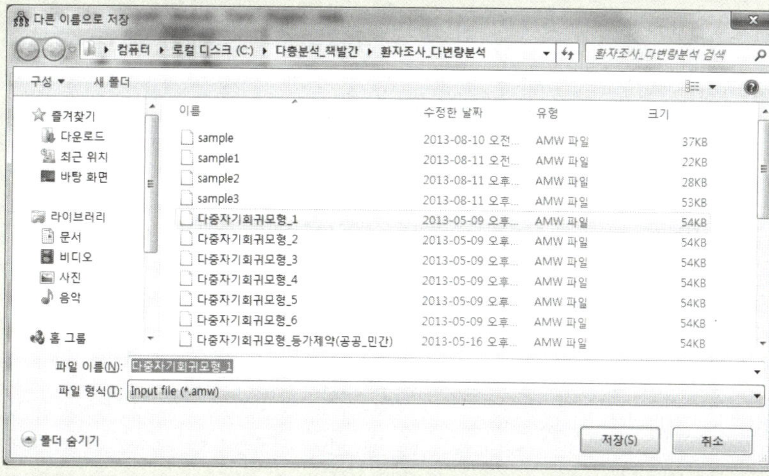


## 8 외래환자 수와 의사 수 사이의 다중집단 자기회귀교차지연모형 검증

• 자기회귀교차지연모형은 종단자료를 이용하여 다음과 같이 6개 모형의 적합도를 비교한 후 관계를 검증한다.

모형1 검증: 비제약모델의 적합도 검증은 어떠한 제약도 없이 구성된 '다중자기모형1.amw' 모형의 적합도를 검증한다.

- [실행(calculate estimates)] 아이콘을 클릭하여 '다중자기모형1.amw'를 [실행]한 후, [결과보기(view text)] 아이콘을 클릭하여 결과[Model Fit]를 확인한다.

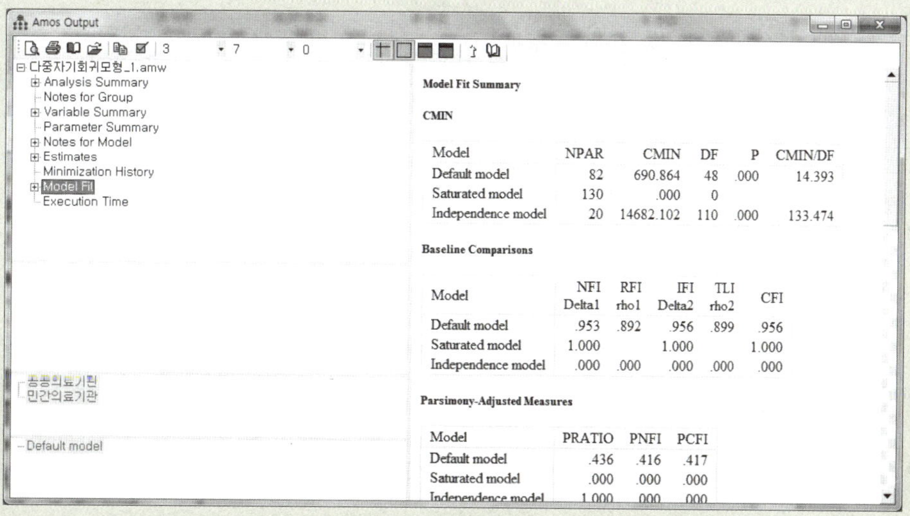

모형2 검증: 외래환자 수 자기회귀계수 동일성 제약모델은 다음과 같이 외래환자 수 자기회귀계수를 제약(공공의료기관: A, 민간의료기관: A1)하여 실행한다(다중자기회귀모형_2.amw).

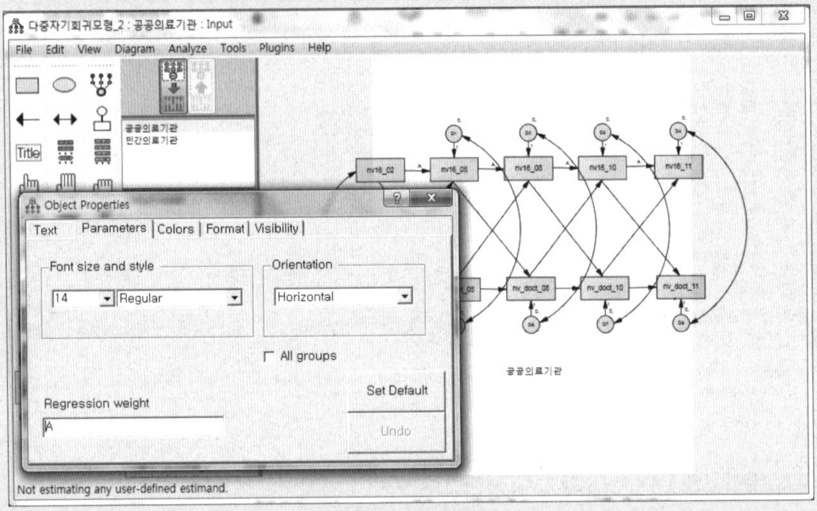


- [결과보기(view text)] 아이콘을 클릭하여 결과[Model Fit]를 확인한다.

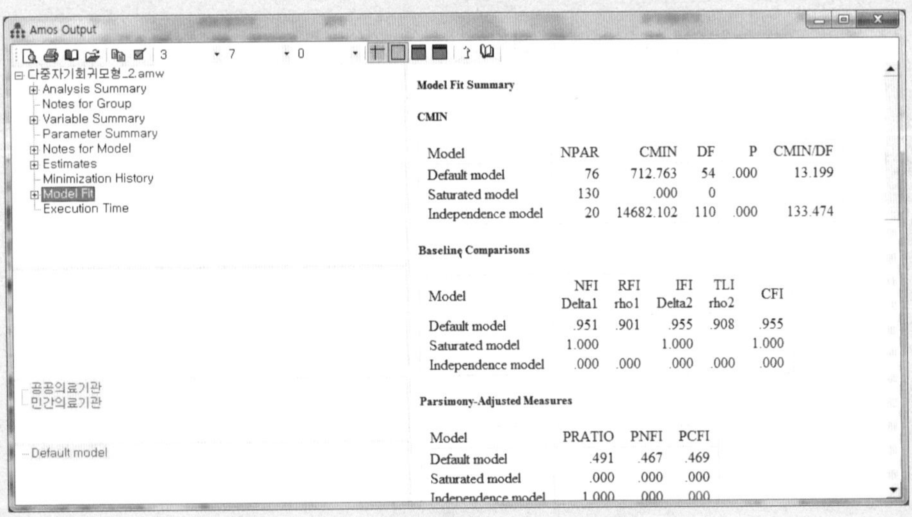


**Model Fit Summary**

**CMIN**

| Model | NPAR | CMIN | DF | P | CMIN/DF |
|---|---|---|---|---|---|
| Default model | 76 | 712.763 | 54 | .000 | 13.199 |
| Saturated model | 130 | .000 | 0 | | |
| Independence model | 20 | 14682.102 | 110 | .000 | 133.474 |

**Baseline Comparisons**

| Model | NFI Delta1 | RFI rho1 | IFI Delta2 | TLI rho2 | CFI |
|---|---|---|---|---|---|
| Default model | .951 | .901 | .955 | .908 | .955 |
| Saturated model | 1.000 | | 1.000 | | 1.000 |
| Independence model | .000 | .000 | .000 | .000 | .000 |

**Parsimony-Adjusted Measures**

| Model | PRATIO | PNFI | PCFI |
|---|---|---|---|
| Default model | .491 | .467 | .469 |
| Saturated model | .000 | .000 | .000 |
| Independence model | 1.000 | .000 | .000 |

모형3 검증: 의사 수 자기회귀계수 동일성 제약모델은 다음과 같이 의사 수 자기회귀계수를 제약(공공의료기관: B, 민간의료기관: B1)하여 실행한다(다중자기회귀모형_3.amw).

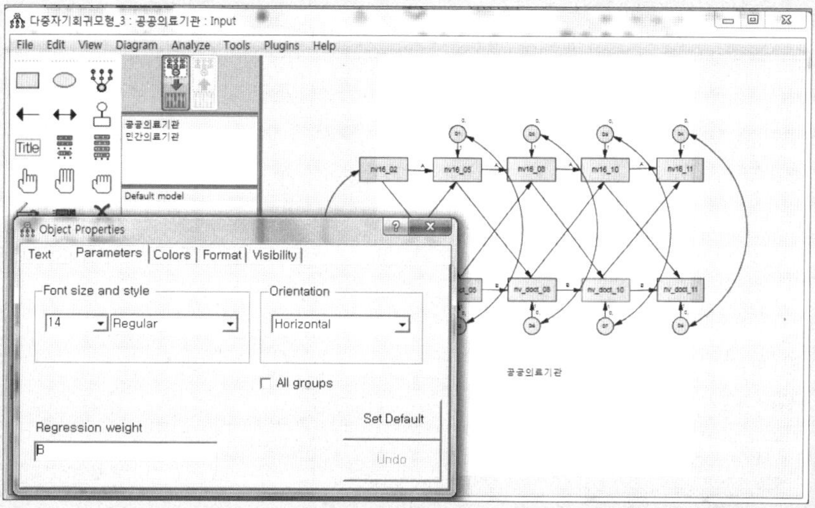


- [결과보기(view text)] 아이콘을 클릭하여 결과[Model Fit]를 확인한다.

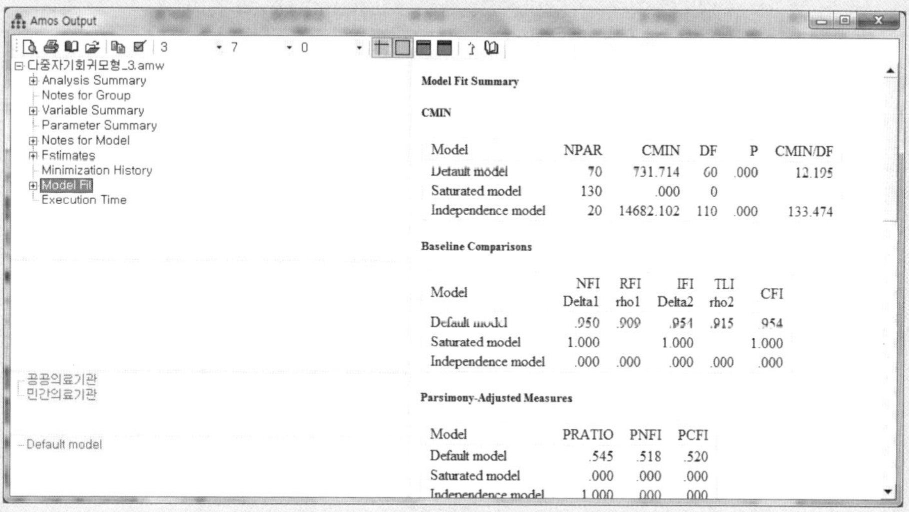

모형4 검증: 외래환자 수에서 의사 수 사이의 교차회귀계수 동일성 제약모델은 다음과 같이 외래환자 수와 의사 수 사이의 교차회귀계수를 제약(공공의료기관: C, 민간의료기관: C1)하여 실행한다(다중자기회귀모형_4.amw).

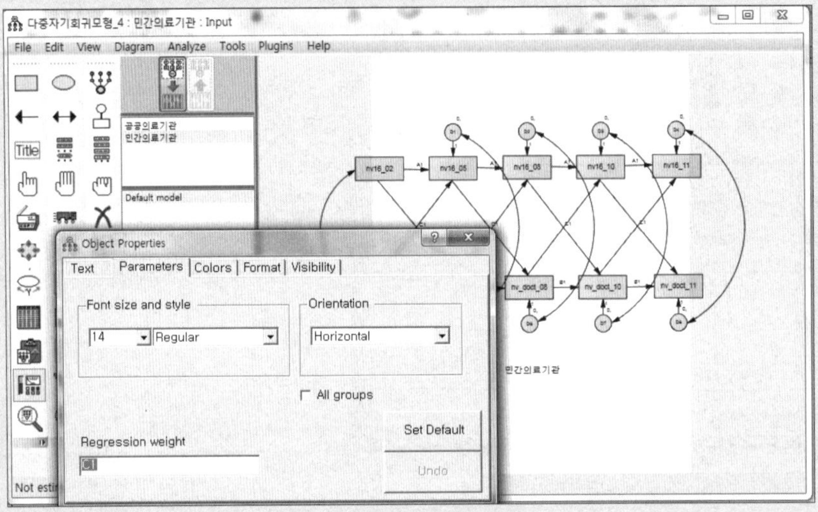


- [결과보기(view text)] 아이콘을 클릭하여 결과[Model Fit]를 확인한다.

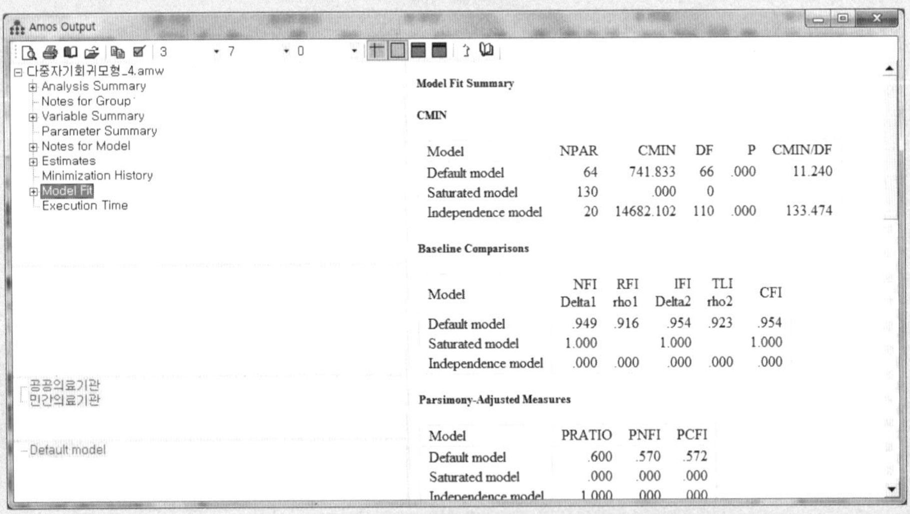

모형5 검증: 의사 수에서 외래환자 수 사이의 교차회귀계수 동일성 제약모델은 다음과 같이 의사 수와 외래환자 수 사이의 교차회귀계수를 제약(공공의료기관: D, 민간의료기관: D1)하여 실행한다(다중자기회귀모형_5.amw).

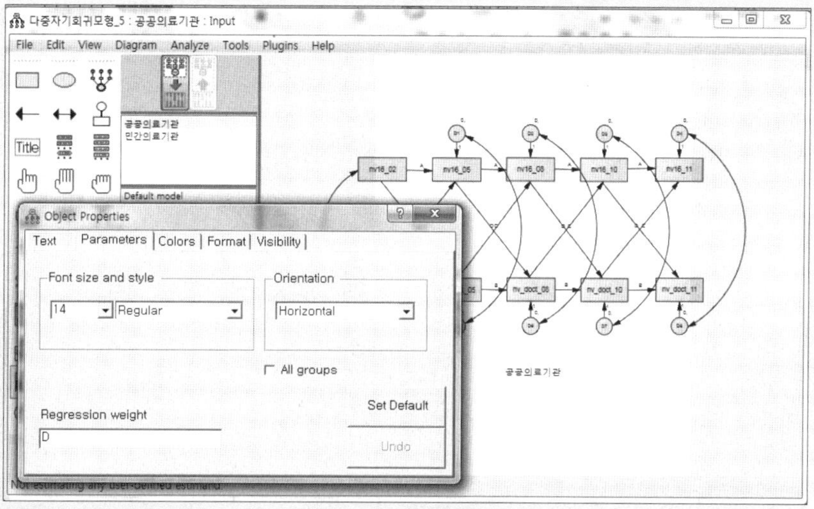


- [결과보기(view text)] 아이콘을 클릭하여 결과[Model Fit]를 확인한다.

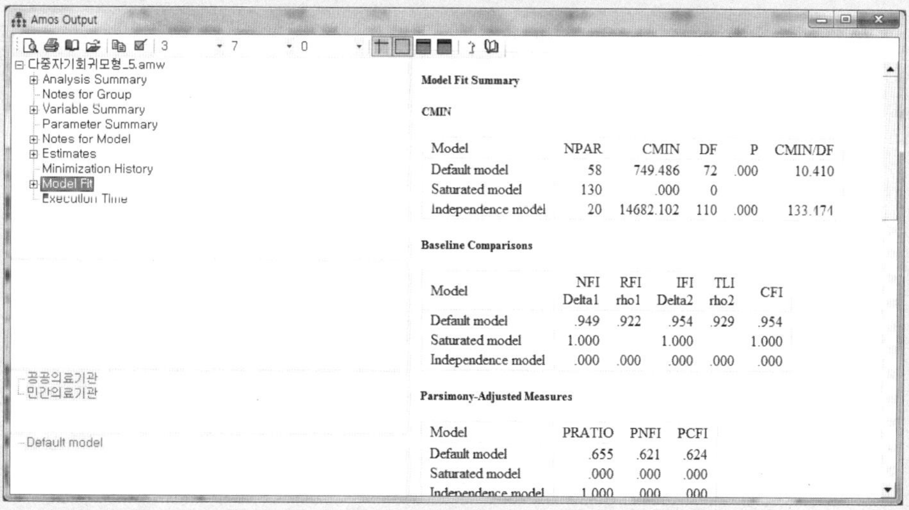


**Model Fit Summary**

**CMIN**

| Model | NPAR | CMIN | DF | P | CMIN/DF |
|---|---|---|---|---|---|
| Default model | 58 | 749.486 | 72 | .000 | 10.410 |
| Saturated model | 130 | .000 | 0 | | |
| Independence model | 20 | 14682.102 | 110 | .000 | 133.474 |

**Baseline Comparisons**

| Model | NFI Delta1 | RFI rho1 | IFI Delta2 | TLI rho2 | CFI |
|---|---|---|---|---|---|
| Default model | .949 | .922 | .954 | .929 | .954 |
| Saturated model | 1.000 | | 1.000 | | 1.000 |
| Independence model | .000 | .000 | .000 | .000 | .000 |

**Parsimony-Adjusted Measures**

| Model | PRATIO | PNFI | PCFI |
|---|---|---|---|
| Default model | .655 | .621 | .624 |
| Saturated model | .000 | .000 | .000 |
| Independence model | 1.000 | .000 | .000 |

모형6 검증: 의사 수에서 외래환자 수 사이의 오차공분산 동일성 제약모델은 다음과 같이 의사 수와 외래환자 수 사이의 공분산을 제약(공공의료기관: E, 민간의료기관: E1)하여 실행한다(다중자기회귀모형_6.amw).

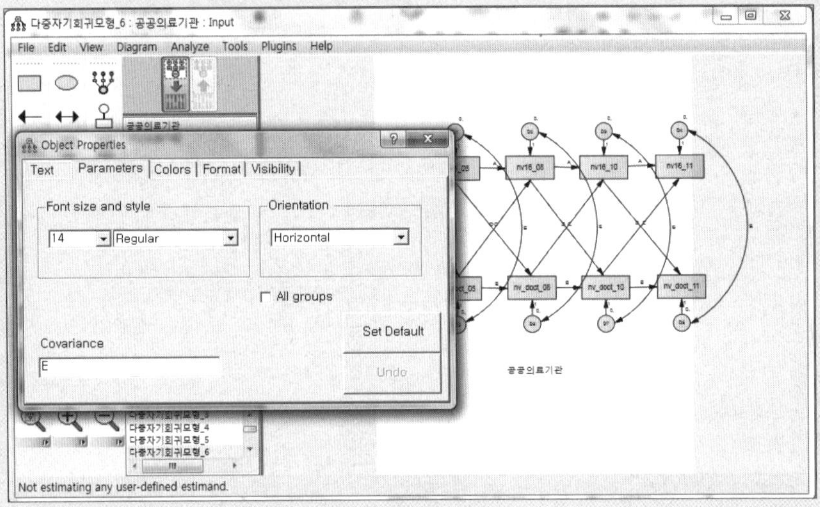


- [결과보기(view text)] 아이콘을 클릭하여 결과[Model Fit]를 확인한다.

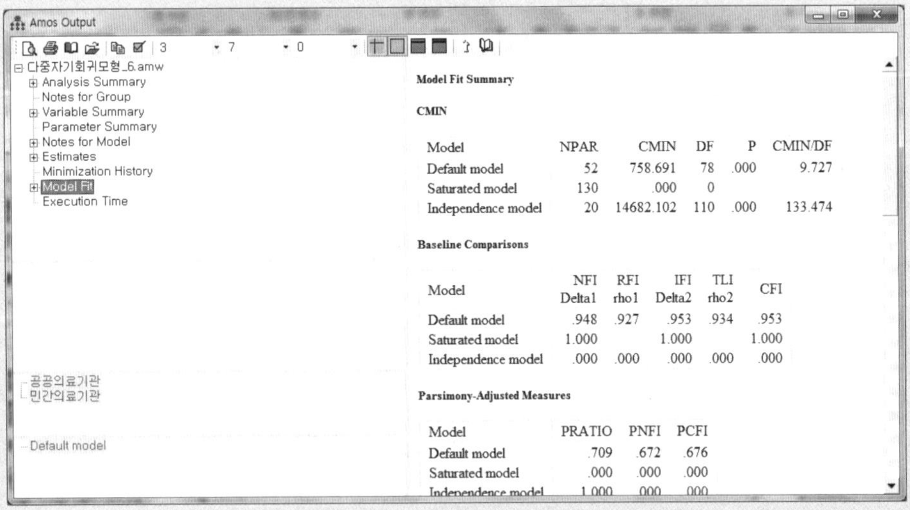


Model Fit Summary

CMIN

| Model | NPAR | CMIN | DF | P | CMIN/DF |
|---|---|---|---|---|---|
| Default model | 52 | 758.691 | 78 | .000 | 9.727 |
| Saturated model | 130 | .000 | 0 | | |
| Independence model | 20 | 14682.102 | 110 | .000 | 133.474 |

Baseline Comparisons

| Model | NFI Delta1 | RFI rho1 | IFI Delta2 | TLI rho2 | CFI |
|---|---|---|---|---|---|
| Default model | .948 | .927 | .953 | .934 | .953 |
| Saturated model | 1.000 | | 1.000 | | 1.000 |
| Independence model | .000 | .000 | .000 | .000 | .000 |

Parsimony-Adjusted Measures

| Model | PRATIO | PNFI | PCFI |
|---|---|---|---|
| Default model | .709 | .672 | .676 |
| Saturated model | .000 | .000 | .000 |
| Independence model | 1.000 | .000 | .000 |

최종모형으로 선정된 모형 6의 공공의료기관과 민간의료기관의 집단 간 경로계수는 [표 8-7]과 같다. 두 의료기관의 시간변화에 따른 외래환자 수와의 관계는 강한 정적인 관계를 가지며, 시간변화에 따른 의사 수와의 관계도 강한 정적인 관계를 가진다. 공공의료기관의 외래환자 수와 의사 수 사이에 교차관계는 강한 정적인 관계를 가지며, 외래환자 수가 의사 수에 미치는 영향이 의사 수가 외래환자 수에 미치는 영향보다 높은 것으로 나타났다. 반면 민간의료기관은 의사 수가 외래환자 수에 미치는 영향만 유의미하게 나타났다. 집단 간 경로계수의 비교에서 '외래환자 수→의사 수'로 가는 경로를 제외하고 대부분의 경로에서 공공의료기관보다 민간의료기관의 경로가 더 강한 정적 영향을 주는 것으로 나타났다.

[표 8-7] 다중집단 자기회귀교차지연모형의 모수추정치

| 경로 | 공공의료기관 | | 민간의료기관 | | C.R.[1)] |
|---|---|---|---|---|---|
| | B($\beta$) | C.R. | B($\beta$) | C.R. | |
| '02외래환자 수 → '05외래환자 수 | 0.894(0.727) | 96.518** | 0.894(0.881) | 96.518** | 8.104** |
| '05외래환자 수 → '08외래환자 수 | 0.894(0.796) | 96.518** | 0.894(0.876) | 96.518** | |
| '08외래환자 수 → '10외래환자 수 | 0.894(0.854) | 96.518** | 0.894(0.880) | 96.518** | |
| '10외래환자 수 → '11외래환자 수 | 0.894(0.896) | 96.518** | 0.894(0.888) | 96.518** | |
| '02의사 수 → '05의사 수 | 0.604(0.637) | 24.118** | 0.997(0.981) | 183.017** | 15.346** |
| '05의사 수 → '08의사 수 | 0.604(0.557) | 24.118** | 0.997(0.982) | 183.017** | |
| '08의사 수 → '10의사 수 | 0.604(0.615) | 24.118** | 0.997(0.988) | 183.017** | |
| '10의사 수 → '11의사 수 | 0.604(0.590) | 24.118** | 0.997(0.989) | 183.017** | |
| '02외래환자 수 → '05의사 수 | 0.151(0.195) | 9.472** | 0.007(0.007) | 1.228 | −8.604** |
| '05외래환자 수 → '08의사 수 | 0.151(0.221) | 9.472** | 0.007(0.007) | 1.228 | |
| '08외래환자 수 → '10의사 수 | 0.151(0.253) | 9.472** | 0.007(0.007) | 1.228 | |
| '10외래환자 수 → '11의사 수 | 0.151(0.259) | 9.472** | 0.007(0.007) | 1.228 | |
| '02의사 수 → '05외래환자 수 | 0.073(0.048) | 2.567* | 0.107(0.104) | 10.740** | 1.221 |
| '05의사 수 → '08외래환자 수 | 0.073(0.041) | 2.567* | 0.107(0.103) | 10.740** | |
| '08의사 수 → '10외래환자 수 | 0.073(0.042) | 2.567* | 0.107(0.103) | 10.740** | |
| '10의사 수 → '11외래환자 수 | 0.073(0.041) | 2.567* | 0.107(0.104) | 10.740** | |

** p<0.001, * p<0.01, B: 비표준화계수, $\beta$: 표준화계수

1) C.R.: 집단 간 Critical ratio for differences

## 9 다중집단 자기회귀교차지연모형의 모수추정치 확인

• 다중집단 자기회귀교차지연모형의 추정치 비교는 다중집단 구조모형 분석과 동일하다. 다중집단 자기회귀교차지연모형 분석은 측정동일성 제약이 끝난 후, 집단 간 등가제약 과정을 거쳐 경로계수 사이에 유의미한 차이가 있는지 보아야 한다. 본 연구의 다중집단 자기회귀교차지연모형은 경로모형으로, 각 요인에 대한 측정동일성을 검증할 필요가 없기 때문에 요인 사이의 경로계수로 집단 간 차이를 검증하였다(표 8-7의 C.R.[1] 작성).

1단계: 집단 간 등가제약을 실시한다.

- model 창에서 [XX: Default model]을 더블클릭한다.
- [Manage Models] 창에서 [Model Name]을 p1으로 입력한다.
- [Parameter Constrains] 창에 'A=A1'을 입력한다.

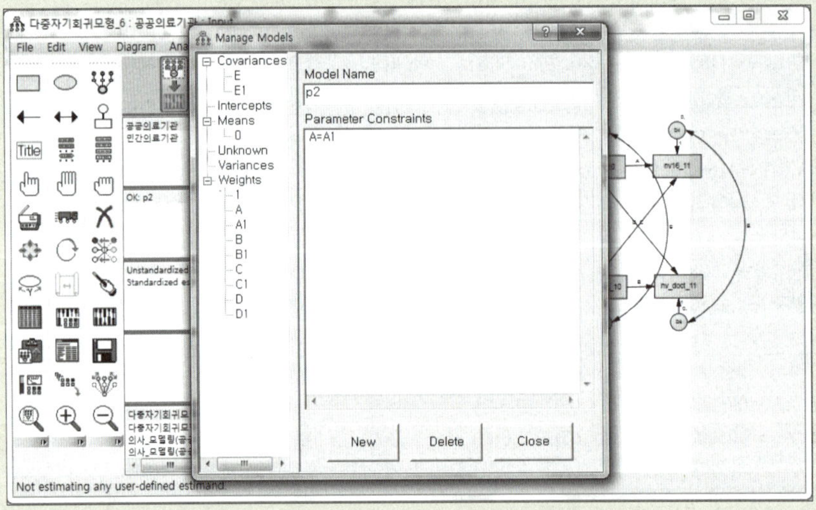


- [Manage Models] 창에서 [New]를 클릭한 후, 같은 방식으로 p2(B=B1), p3(C=C1), p4(D=D1)로 집단별 비교경로에 대한 제약모형을 만든다.

2단계: 다중집단 자기회귀교차지연모형을 저장한다.

- [File]→[Save as]를 클릭하여 '다중자기회귀모형_등가제약(공공_민간).amw'로 저장한다.

3단계: 집단 간 경로계수의 유의미한 차이는 Amos [Critical ratios for differences]에서 집단 간 C.R.값을 확인하여 검증할 수 있다.

- [View]→[Analysis Properties]→[Output]→[Critical ratios for differences]를 선택한다.

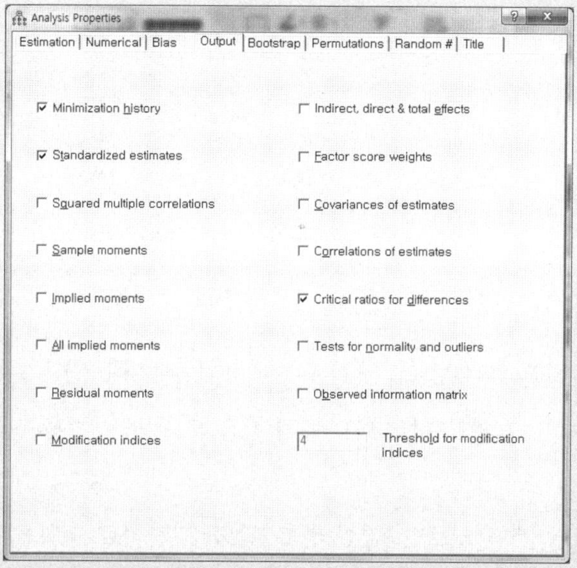


4단계: 다중집단 자기회귀교차지연모형을 실행한 후, 결과를 확인한다.

- [View]→[Text Output]→[Estimate]에서 모든 경로계수를 확인한다.
- 공공의료기관과 민간의료기관의 경로계수를 확인하여 작성한다.

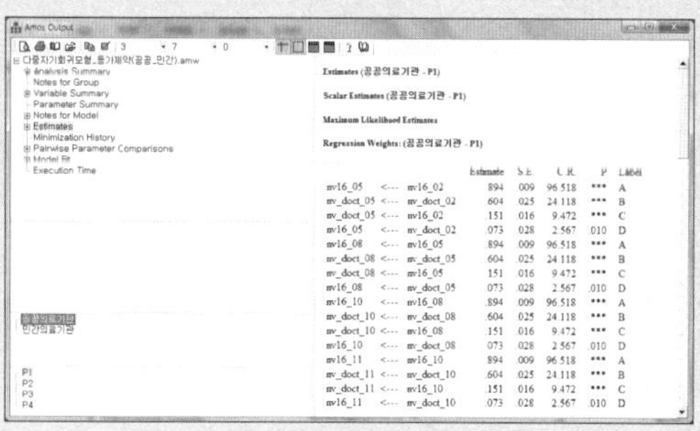

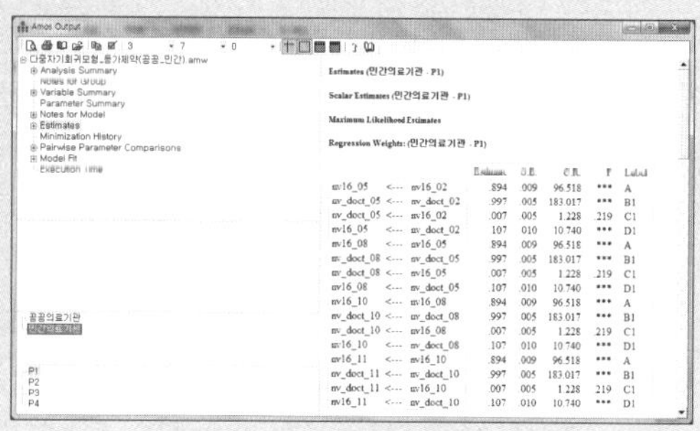

- [Pairwise Parameter Comparisons]→[Critical ratios for difference]에서 [B−B1]의 차이를 나타내는 C.R.값(15.346)을 확인한다.
- 계속해서 'C−C1, D−D1' 계수를 확인한다.

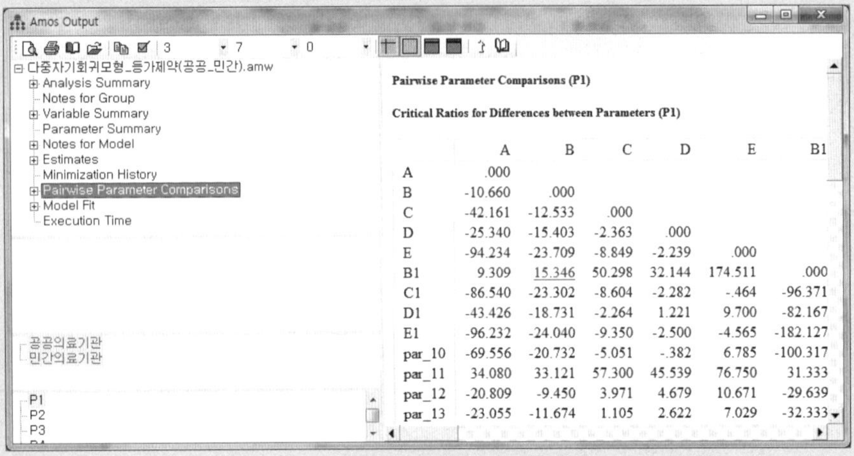

5단계: 본 연구의 모델링에서 [A-A1] 값의 비교는 본 모델링에서 [A-A]로 나타나기 때문에 C.R.값을 확인할 수 없다. 따라서 다음과 같은 모델링(가변수를 적용)을 하여 산출할 수 있다.

- 'nv16_02→nv16_05'의 경로만 '공공의료기관: F, 민간의료기관: F1'으로 제약한다.

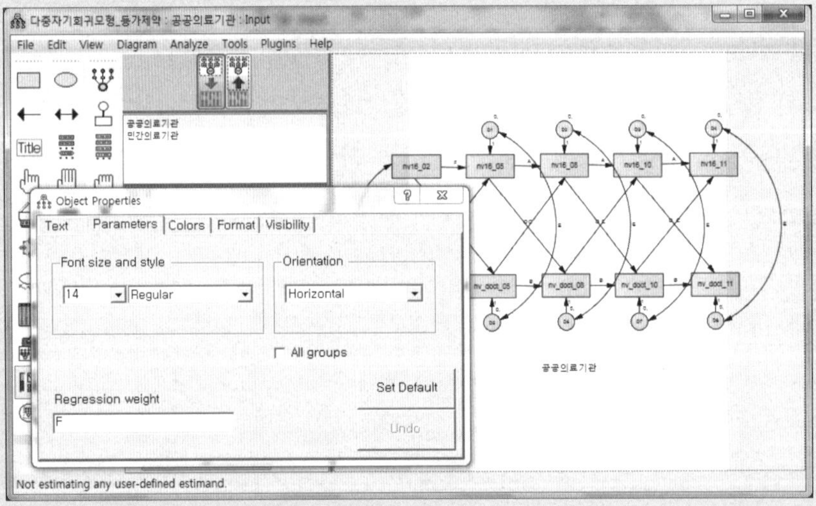

6단계: 집단 간 등가제약을 실시한다.

- model 창에서 [XX: Default model]을 더블클릭한다.
- [Manage Models] 창에서 [Model Name]을 p1으로 입력한다.
- [Parameter Constrains] 창에 'F=F1'을 입력한다.

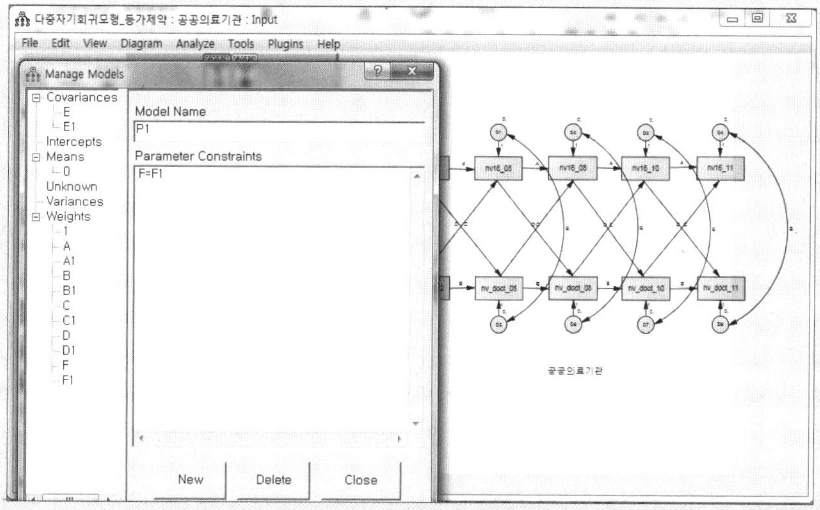


- [Manage Models] 창에서 [New]를 클릭한 후, 같은 방식으로 p2(A=A1), p3(B=B1), p4(C=C1), p5(D=D1)로 집단별 비교경로에 대한 제약모형을 만든다.
- 다중집단 자기회귀교차지연모형을 저장한다['다중자기회귀모형_등가제약(가변수).amw'로 저장한다].
- [Pairwise Parameter Comparisons]→[Critical ratios for difference]에서 [A−A1]의 차이를 나타내는 C.R.값(8.104)을 확인한다.

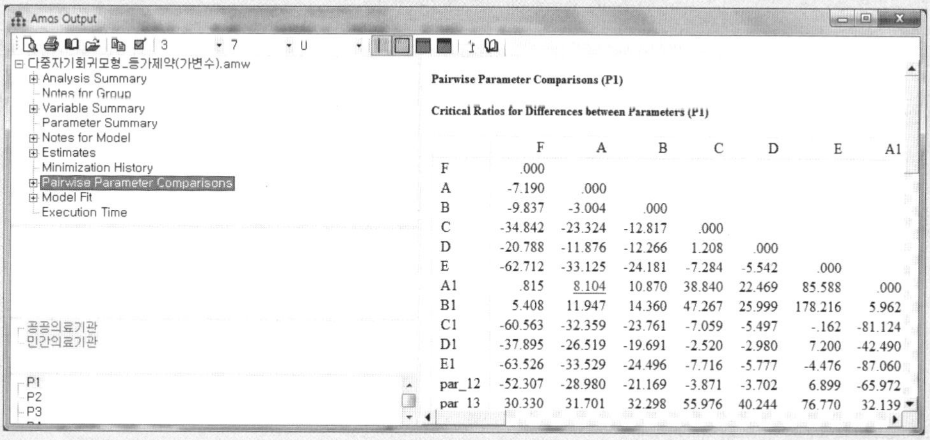


**Pairwise Parameter Comparisons (P1)**

**Critical Ratios for Differences between Parameters (P1)**

| | F | A | B | C | D | E | A1 |
|---|---|---|---|---|---|---|---|
| F | .000 | | | | | | |
| A | -7.190 | .000 | | | | | |
| B | -9.837 | -3.004 | .000 | | | | |
| C | -34.842 | -23.324 | -12.817 | .000 | | | |
| D | -20.788 | -11.876 | -12.266 | 1.208 | .000 | | |
| E | -62.712 | -33.125 | -24.181 | -7.284 | -5.542 | .000 | |
| A1 | .815 | 8.104 | 10.870 | 38.840 | 22.469 | 85.588 | .000 |
| B1 | 5.408 | 11.947 | 14.360 | 47.267 | 25.999 | 178.216 | 5.962 |
| C1 | -60.563 | -32.359 | -23.761 | -7.059 | -5.497 | -.162 | -81.124 |
| D1 | -37.895 | -26.519 | -19.691 | -2.520 | -2.980 | 7.200 | -42.490 |
| E1 | -63.526 | -33.529 | -24.496 | -7.716 | -5.777 | -4.476 | -87.060 |
| par_12 | -52.307 | -28.980 | -21.169 | -3.871 | -3.702 | 6.899 | -65.972 |
| par_13 | 30.330 | 31.701 | 32.298 | 55.976 | 40.244 | 76.770 | 32.139 |

## 3-3 다층모형 분석[15]

기초모형(unconditional model)에서는 설명변수(독립변수)를 투입하지 않은 상태에서 의료기관 환자의 외래의료서비스 이용 결정에 대한 지역별 분산을 분석함으로써, 이후 모형에서 다른 독립변수들의 설명력을 살펴볼 수 있다. 즉, 기초모형은 다층분석을 통해 의료기관 환자의 외래의료서비스 이용이 지역별 차이가 있는지를 검증하는 것이다.

[표 8-8]의 model 1에서 고정효과(fixed effect)를 살펴보면 의료기관 환자의 외래의료서비스 이용은 통계적으로 유의한 것으로 나타났다($p<0.001$). 기초모형의 무선효과(random effect)를 살펴보면 의료기관수준의 환자의 외래의료서비스 이용의 분산은 0.02이며, 지역수준의 분산은 0.25로 통계적으로 유의한 것으로 나타났다($p<0.001$). 동일한 수준에 속한 하위수준 간의 유사성을 보여 주는 집단 내 상관계수(Intraclass Correlation Coefficient, ICC)를 통해 지역별 의료기관의 환자의 외래의료서비스 이용의 분산비율은 0.074[0.02/(0.02+0.25)]로 지역수준의 분산이 차지하는 비율이 매우 적은 것으로 나타났다. 일반적으로 ICC가 0.05 이상이면 집단 간 변이가 있다고 보며, ICC가 0.05보다 작더라도 집단 간 변이에 대한 경험적 연구결과가 있을 경우에는 다층분석을 실시할 수 있다.[16]

무조건적 기울기 모형의 검증은 의료기관요인들이 환자의 외래의료서비스 이용에 대한 영향에 있어 지역별 차이가 발생하는가를 검증하는 것이다. 따라서 의료기관요인이 환자의 외래의료서비스 이용에 미치는 영향은 고정효과를 통해 파악하고, 환자의 의료이용이 지역에 따라 차이가 나는가는 무선효과를 통해 분석하였다.

무조건적 기울기 모형의 검증 결과는 [표 8-8]의 Model 2와 같이 의료기관 환자의 외래의료서비스 이용에 대한 고정효과를 분석한 결과 CT 유무($p<0.1$), 병상 수($p<0.001$), 의사 수($p<0.001$), 간호사 수($p<0.001$)가 영향을 주는 것으로 나타났다. 즉 CT가 있을수록, 의사 수와 간호사 수가 많을수록 환자의 외래의료서비스 이용이 많았으며, 병상 수가 많을수록 환자의 외래의료서비스 이용이 적게 나타났다. 확인된 의료기관별 특성변수와 환자의 외래의료서비스 이용의 관련성에 있어 각 변수에 따라 지역별 차이가 나는지 무선효과 검증을 실시한 결과, CT 유무, MRI 유무, 병상 수의 적합도가 통계적으로 유의미한 것으로 확인되었다. 무선

15. 본 장에서는 다층모형 분석 실습을 생략하였다.

16. 《An introduction to multilevel modeling techniques》(Heck, R., & Thomas, S., 2009, 2nd ed, New York, NY: Routledge), 〈Effects of Policy and Environmental Characteristics of University on Drinking Problems among University Students〉(Kim, K. K., Jekarl, J., & Park, J, E., 2012, Korean Journal of Health Education and Promotion, 29(2), pp. 83-91).

효과 검증 결과 유의미성이 나타났다는 것은 의료기관수준의 변수들이 환자의 외래의료서비스 이용에 미치는 영향에 지역 간 차이가 존재한다는 사실을 의미하므로 지역요인을 투입해야 한다는 것을 알 수 있다. 그리고 무선효과 검증에서 유의한 의료기관별 특성변수(CT 유무, MRI 유무, 병상 수)를 제외한 의료기관변수는 조건적 모형 검증에서 고정미지수로 묶어서 분석할 필요가 있는 것으로 나타났다. 무조건적 기울기 모형에서의 지역별 환자의 외래의료서비스 이용의 ICC는 0.824로 산출되었다.

조건적 모형의 검증은 연구가설 6을 검증하는 것으로 앞서 무조건적 기울기 모형에서 지역별 변수를 투입할 수 있는 CT 유무, MRI 유무, 병상 수와 고정미지수로 묶어야 하는 의료기관요인 변수를 동시에 투입하는 연구모형을 검증한다. 환자의 외래의료서비스 이용에 영향을 미치는 요인을 의료기관요인과 지역요인을 동시에 고려하였을 때의 영향력 검증 결과는 [표 8-8]의 Model 3과 같다.

조건적 모형에서 환자의 외래의료서비스 이용에 대한 고정효과를 분석한 결과, 무조건적 기울기 모형에서 영향을 미쳤던 요인(CT 유무, 병상 수, 의사 수, 간호사 수)과 비슷한 통계적 유의성을 보였다. 그러나 회귀계수의 값에서 차이를 보여 지역변수들의 통제를 통해 의료기관변수들이 영향을 받은 것으로 나타났다. 수준 2인 지역변수는 인플루엔자 예방접종율($p<0.05$), 낙상경험률($p<0.01$)이 환자의 외래의료서비스 이용에 영향을 미치는 것으로 나타났다. 즉 지역의 인플루엔자 예방접종율과 낙상경험률이 낮을수록 환자의 외래의료서비스 이용은 많았다. 무선효과 검증 결과 CT 유무($p<0.001$)와 병상 수($P<0.01$)에 지역 간 차이가 있는 것으로 나타났다. 조건적 모형에서 환자의 외래의료서비스 이용의 ICC는 0.727로 산출되었다.

[표 8-8] 외래의료서비스 이용 결정요인의 다층모형 분석

| Model Parameter | | Model 1 Unconditional model | | | Model 2 Unconditional Slope model | | | Model 3 Conditional model | | |
|---|---|---|---|---|---|---|---|---|---|---|
| Fixed effect | | Coef. | S.E. | t-ratio | Coef. | S.E. | t-ratio | Coef. | S.E. | t-ratio |
| Level 1 | Intercept, $\gamma_{00}$ | 2.61 | 0.048 | 54.345$^{***}$ | 1.92 | 0.12 | 15.91$^{***}$ | 1.95 | 0.12 | 16.09$^{***}$ |
| | CT | | | | 0.14 | 0.07 | 2.05$^{\#}$ | 0.14 | 0.07 | 1.85$^{\#}$ |
| | MRI | | | | 0.04 | 0.03 | 1.11 | 0.04 | 0.03 | 1.04 |
| | 병상 수 | | | | −0.62 | 0.10 | −6.24$^{***}$ | −0.60 | 0.10 | −6.05$^{***}$ |
| | 의사 수 | | | | 0.36 | 0.05 | 7.91$^{***}$ | 0.42 | 0.04 | 10.61$^{***}$ |
| | 간호사 수 | | | | 0.76 | 0.10 | 7.34$^{***}$ | 0.68 | 0.09 | 7.59$^{***}$ |
| Level 2 | 고위험음주율 | | | | | | | 0.003 | 0.007 | 0.51 |
| | 스트레스인지율 | | | | | | | −0.006 | 0.004 | −1.64 |
| | 인플루엔자 예방접종율 | | | | | | | −0.006 | 0.002 | −2.95$^{*}$ |
| | 낙상경험율 | | | | | | | −0.01 | 0.002 | −4.89$^{***}$ |
| | 주관적건강수준 | | | | | | | −0.001 | 0.001 | −0.84 |
| Random effect | | SD[1)] | $\sigma^2$ | $\chi^2$ | SD[1)] | $\sigma^2$ | $\chi^2$ | SD[1)] | $\sigma^2$ | $\chi^2$ |
| level 2, $u_0$ | | 0.14 | 0.02 | 44.76$^{***}$ | 0.37 | 0.14 | 28.85$^{**}$ | 0.28 | 0.08 | 24.42$^{**}$ |
| level 1, $r$ | | 0.50 | 0.25 | | 0.17 | 0.03 | | 0.18 | 0.03 | |
| CT | | | | | 0.22 | 0.05 | 44.09$^{***}$ | 0.23 | 0.05 | 51.18$^{***}$ |
| MRI | | | | | 0.06 | 0.00 | 22.83$^{*}$ | 0.07 | 0.004 | 19.59 |
| 병상 수 | | | | | 0.29 | 0.09 | 31.60$^{**}$ | 0.14 | 0.02 | 33.94$^{**}$ |
| 의사 수 | | | | | 0.15 | 0.02 | 10.31 | | | |
| 간호사 수 | | | | | 0.33 | 0.11 | 16.93 | | | |
| ICC | | 0.074 | | | 0.824 | | | 0.727 | | |

$^{***}$ p<0.001, $^{**}$ p<0.01, $^{*}$ p<0.05, $^{\#}$ p<0.1

[1)] Standard Deviation

## 4 결론 및 정책제언

본 연구에서는 최근 5개년도 환자조사 자료를 활용하여 잠재성장모형과 자기회귀교차지연모형을 적용함으로써 공공의료기관과 민간의료기관에서의 외래의료이용과 의사 수 사이의 종단관계를 살펴보았다. 다층모형을 이용하여 의료기관 특성요인과 지역적 특성요인이 외래의료이용에 미치는 영향 분석을 실시하였으며 분석결과를 요약하면 다음과 같다.

첫째, 공공의료기관과 민간의료기관 모두 1차년도 외래환자 수가 많은 기관은 해가 갈수록 그 증가폭이 크게 나타났다. 그리고 공공의료기관 의사 수의 초기치와 변화율의 상관계수

는 유의미하지 않았고, 민간의료기관의 경우 1차년도 의사 수가 많은 기관은 해가 갈수록 그 증가폭이 크게 나타났다. 외래환자 수의 경우 두 기관 모두 1차년도 외래환자 수가 많은 기관이 그 증가폭도 큰 것으로 나타났으나, 의사 수의 경우 공공의료기관에서는 초기치와 그 변화율에 유의미한 차이를 보이지 않았는데 그 이유는 공공의료기관이 민간의료기관에 비해 의사 수 증감에 대한 크기가 크지 않은 데에 기인하는 것으로 보인다. 민간의료기관의 초기 환자 수와 의사 수가 많을수록 증가폭이 큰 이유는 초기년도 의사 수나 환자 수가 다음 연도의 의사 수나 환자 수에 영향을 미치는 결과로 본다.

둘째, 공공의료기관과 민간의료기관 모두 '의사 수 초기치→외래환자 수 초기치'의 경로가 유의한 정적 상관관계를 보였다. 또한 '의사 수 기울기→외래환자 수 기울기' 경로는 민간의료기관에서만 유의한 정적 상관관계를 보였다. 이는 의료기관 내의 의료인력 증가가 의료서비스 접근을 용이하게 한다는 점에서 당연한 결과이며, 인구대비 총 의료인력이 증가할수록 외래이용이 증가한다는 연구[17]와 지역 내 인구 10만 명당 의사 수가 증가할수록 외래환자도 증가한다는 연구[18]를 지지하는 것이다.

셋째, 공공의료기관의 경우 외래환자 수가 의사 수에 미치는 영향이 의사 수가 외래환자 수에 미치는 영향보다 높았고, 민간의료기관에서는 의사 수가 외래환자 수에 미치는 영향만 유의미하게 나타났다. 이는 공공의료기관의 경우 환자 수에 따라 의료인력 투입에 영향을 받지만, 민간의료기관의 경우 기관 내 의료인력에 따라 환자의 의료이용이 증가되기 때문으로 해석할 수 있다. 또한 공공의료기관과 민간의료기관의 역할과 제도적 특성 등의 요인에 기인한 결과로 판단된다.

넷째, 의료기관의 CT 유무, MRI 유무, 병상 수가 외래의료이용에 통계적으로 유의미하였으며, 지역특성 요인을 투입한 결과 인플루엔자 예방접종율과 낙상경험률이 낮을수록 환자의 외래의료서비스 이용이 많은 것으로 나타났다. 이는 인구 10만 명당 특수의료장비 수가 높은 거주지의 외래이용율이 높게 나타난다는 연구결과[19]를 지지한다. 그러나 CT 도입 병원이 그렇지 않은 병원보다 의사당 외래환자 수가 더 많고, MRI 도입과 관련해서는 외래환자 수에 영향을 미치지 않는다는 연구결과[20]를 일부 지지하는 것으로 나타나 후속연구의 검증

17. 〈의료이용의 지역적 불균형에 대한 연구- 공간종속성을 중심으로〉(박경돈, 2012, 한국정책학, 회보, 21(3), pp. 387~414).

18. 〈건강라이프스타일이 의료이용에 미치는 영향〉(상명근, 2000, 연세대학교보건대학원 석사논문).

19. 〈지역별 외래 의료이용의 변이에 관한 연구〉(이주영, 2010, 인제대학교 보건행정학과 석사논문).

20. 〈2009년도 환자조사 심층분석- 고가의료장비 도입 및 의료이용에 미치는 요인 분석〉(정영호·고숙자, 2011, 한국보건사회연구원).

이 필요할 것으로 본다.

본 연구를 바탕으로 도출한 공공의료기관 외래의료서비스의 효율적 제공을 위한 정책적 함의는 다음과 같다. 첫째, 본 연구의 결과에서 공공보건의료기관의 외래환자 수가 의사 수에 미치는 영향이 민간의료기관보다 크게 나타났다. 이는 공공의료기관은 환자 수에 따라 의료인력 수에 영향을 미치고 있어 고령층 인구가 꾸준히 증가하면서 공공의료기관 방문 환자 수가 증가하고 이에 따른 의사 수도 꾸준히 증가하는 현실을 감안할 때, 공공의료기관의 방문 환자 수에 따른 적정 의료인력의 공급이 이루어져야 할 것으로 본다.

둘째, 대다수 고령자가 타 연령층에 비해 공공의료기관을 많이 찾고 있고 이들 대부분은 만성질환으로 외래의료서비스를 이용하고 있다.[21] 이러한 고령자 만성질환의 지속적 관리는 외래진료와 더불어 현재 정부에서 추진하고 있는 u-Health 서비스와 함께 활용하면, 공공의료기관의 외래의료서비스 이용을 감소시키고 의료이용의 접근성과 서비스 질을 개선할 수 있을 것으로 본다.[22]

21. 〈2010년도 환자조사 심층분석- 공공의료기관의 의료이용 요인분석〉(손창균·김은주, 2010, 한국보건사회연구원).

22. 〈앤더슨 행동모형을 이용한 노년기 외래의료서비스 이용에 대한 스트레스 취약요인의 매개효과 분석〉(송태민, 2013, 보건사회연구, 3(1), pp. 547~576).

◆ 표준정규분포표

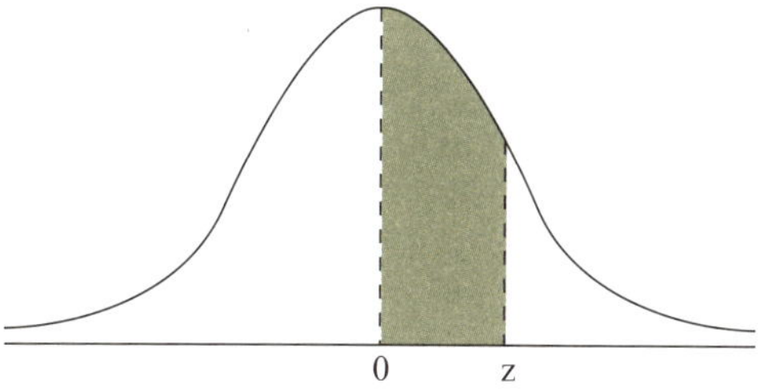


이 표는 Z=0에서 Z값까지의 면적을 나타낸다. 예를 들어 Z=1.25일 때 0~1.25 사이의 면적은 0.3944이다.

| Z | 0.00 | 0.01 | 0.02 | 0.03 | 0.04 | 0.05 | 0.06 | 0.07 | 0.08 | 0.09 |
|---|---|---|---|---|---|---|---|---|---|---|
| 0.0 | 0.0000 | 0.0040 | 0.0080 | 0.0120 | 0.0160 | 0.0199 | 0.0239 | 0.0279 | 0.0319 | 0.0359 |
| 0.1 | 0.0398 | 0.0438 | 0.0478 | 0.0517 | 0.0557 | 0.0596 | 0.0636 | 0.0675 | 0.0714 | 0.0753 |
| 0.2 | 0.0793 | 0.0832 | 0.0871 | 0.0910 | 0.0948 | 0.0987 | 0.1026 | 0.1064 | 0.1103 | 0.1141 |
| 0.3 | 0.1179 | 0.1217 | 0.1255 | 0.1293 | 0.1331 | 0.1368 | 0.1406 | 0.1443 | 0.1480 | 0.1517 |
| 0.4 | 0.1554 | 0.1591 | 0.1628 | 0.1664 | 0.1700 | 0.1736 | 0.1772 | 0.1808 | 0.1844 | 0.1879 |
| 0.5 | 0.1915 | 0.1950 | 0.1985 | 0.2019 | 0.2054 | 0.2088 | 0.2123 | 0.2157 | 0.2190 | 0.2224 |
| 0.6 | 0.2257 | 0.2291 | 0.2324 | 0.2357 | 0.2389 | 0.2422 | 0.2454 | 0.2486 | 0.2517 | 0.2549 |
| 0.7 | 0.2580 | 0.2611 | 0.2642 | 0.2673 | 0.2704 | 0.2734 | 0.2764 | 0.2794 | 0.2823 | 0.2852 |
| 0.8 | 0.2881 | 0.2910 | 0.2939 | 0.2967 | 0.2995 | 0.3023 | 0.3051 | 0.3078 | 0.3106 | 0.3133 |
| 0.9 | 0.3159 | 0.3186 | 0.3212 | 0.3238 | 0.3264 | 0.3289 | 0.3315 | 0.3340 | 0.3365 | 0.3389 |
| 1.0 | 0.3413 | 0.3438 | 0.3461 | 0.3485 | 0.3508 | 0.3531 | 0.3554 | 0.3577 | 0.3599 | 0.3621 |
| 1.1 | 0.3643 | 0.3665 | 0.3686 | 0.3708 | 0.3279 | 0.3749 | 0.3770 | 0.3790 | 0.3810 | 0.3830 |
| 1.2 | 0.3849 | 0.3869 | 0.3888 | 0.3907 | 0.3925 | 0.3944 | 0.3962 | 0.3980 | 0.3997 | 0.4015 |
| 1.3 | 0.4032 | 0.4049 | 0.4066 | 0.4082 | 0.4099 | 0.4115 | 0.4131 | 0.4147 | 0.4162 | 0.4177 |
| 1.4 | 0.4192 | 0.4207 | 0.4222 | 0.4236 | 0.4251 | 0.4265 | 0.4279 | 0.4292 | 0.4306 | 0.4319 |
| 1.5 | 0.4332 | 0.4345 | 0.4357 | 0.4370 | 0.7382 | 0.4394 | 0.4406 | 0.4418 | 0.4429 | 0.4441 |
| 1.6 | 0.4452 | 0.4463 | 0.4474 | 0.4484 | 0.4495 | 0.4505 | 0.4515 | 0.4525 | 0.4535 | 0.4545 |
| 1.7 | 0.4554 | 0.4564 | 0.4573 | 0.4582 | 0.4591 | 0.4599 | 0.4608 | 0.4616 | 0.4625 | 0.4633 |
| 1.8 | 0.4641 | 0.4649 | 0.4656 | 0.4664 | 0.4671 | 0.4678 | 0.4686 | 0.4693 | 0.4699 | 0.4706 |
| 1.9 | 0.4713 | 0.4719 | 0.4726 | 0.4732 | 0.4738 | 0.4744 | 0.4750 | 0.4756 | 0.4761 | 0.4767 |
| 2.0 | 0.4772 | 0.4778 | 0.4783 | 0.4788 | 0.4793 | 0.4798 | 0.4803 | 0.4808 | 0.4812 | 0.4817 |
| 2.1 | 0.4821 | 0.4826 | 0.4830 | 0.4834 | 0.4838 | 0.4842 | 0.4846 | 0.4850 | 0.4856 | 0.4857 |
| 2.2 | 0.4861 | 0.4864 | 0.4868 | 0.4871 | 0.4875 | 0.4878 | 0.4881 | 0.4884 | 0.4887 | 0.4890 |
| 2.3 | 0.4893 | 0.4896 | 0.4898 | 0.4901 | 0.4904 | 0.4906 | 0.4909 | 0.4911 | 0.4913 | 0.4916 |
| 2.4 | 0.4918 | 0.4920 | 0.4922 | 0.4925 | 0.4927 | 0.4929 | 0.4931 | 0.4932 | 0.4934 | 0.4936 |
| 2.5 | 0.4938 | 0.4940 | 0.4941 | 0.4943 | 0.4945 | 0.4946 | 0.4948 | 0.4949 | 0.4951 | 0.4952 |
| 2.6 | 0.4953 | 0.4955 | 0.4956 | 0.4957 | 0.4959 | 0.4960 | 0.4961 | 0.4962 | 0.4963 | 0.4964 |
| 2.7 | 0.4965 | 0.4966 | 0.4967 | 0.4968 | 0.4969 | 0.4970 | 0.4971 | 0.4972 | 0.4973 | 0.4974 |
| 2.8 | 0.4974 | 0.4975 | 0.4976 | 0.4977 | 0.4977 | 0.4978 | 0.4979 | 0.4979 | 0.4980 | 0.4981 |
| 2.9 | 0.4981 | 0.4982 | 0.4982 | 0.4983 | 0.4984 | 0.4984 | 0.4985 | 0.4985 | 0.4986 | 0.4986 |
| 3.0 | 0.4987 | 0.4987 | 0.4987 | 0.4988 | 0.4988 | 0.4989 | 0.4989 | 0.4989 | 0.4990 | 0.4990 |

◆ $\chi^2$ – 분포표

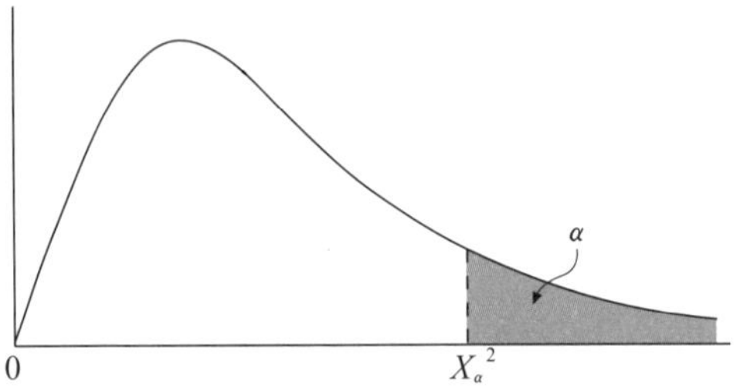


| d.f. | $\chi_{0.990}$ | $\chi_{0.975}$ | $\chi_{0.950}$ | $\chi_{0.900}$ | $\chi_{0.500}$ | $\chi_{0.100}$ | $\chi_{0.050}$ | $\chi_{0.025}$ | $\chi_{0.010}$ | $\chi_{0.005}$ |
|---|---|---|---|---|---|---|---|---|---|---|
| 1 | 0.0002 | 0.0001 | 0.004 | 0.02 | 0.45 | 2.71 | 3.84 | 5.02 | 6.63 | 7.88 |
| 2 | 0.02 | 0.05 | 0.10 | 0.21 | 1.39 | 4.61 | 5.99 | 7.38 | 9.21 | 10.60 |
| 3 | 0.11 | 0.22 | 0.35 | 0.58 | 2.37 | 6.25 | 7.81 | 9.35 | 11.34 | 12.84 |
| 4 | 0.30 | 0.48 | 0.71 | 1.06 | 3.36 | 7.78 | 9.49 | 11.14 | 13.28 | 14.86 |
| 5 | 0.55 | 0.83 | 1.15 | 1.61 | 4.35 | 9.24 | 11.07 | 12.83 | 15.09 | 16.75 |
| 6 | 0.87 | 1.24 | 1.64 | 2.20 | 5.35 | 10.64 | 12.59 | 14.45 | 16.81 | 18.55 |
| 7 | 1.24 | 1.69 | 2.17 | 2.83 | 6.35 | 12.02 | 14.07 | 16.01 | 18.48 | 20.28 |
| 8 | 1.65 | 2.18 | 2.73 | 3.49 | 7.34 | 13.36 | 15.51 | 17.53 | 20.09 | 21.95 |
| 9 | 2.09 | 2.70 | 3.33 | 4.17 | 8.34 | 14.68 | 16.92 | 19.02 | 21.67 | 23.59 |
| 10 | 2.56 | 3.25 | 3.94 | 4.87 | 9.34 | 15.99 | 18.31 | 20.48 | 23.21 | 25.19 |
| 11 | 3.05 | 3.82 | 4.57 | 5.58 | 10.34 | 17.28 | 19.68 | 21.92 | 24.72 | 26.76 |
| 12 | 3.57 | 4.40 | 5.23 | 6.30 | 11.34 | 18.55 | 21.03 | 23.34 | 26.22 | 28.30 |
| 13 | 4.11 | 5.01 | 5.89 | 7.04 | 12.34 | 19.81 | 22.36 | 24.74 | 27.69 | 29.82 |
| 14 | 4.66 | 5.63 | 6.57 | 7.79 | 13.34 | 21.06 | 23.68 | 26.12 | 29.14 | 31.32 |
| 15 | 5.23 | 6.26 | 7.26 | 8.55 | 14.34 | 22.31 | 25.00 | 27.49 | 30.58 | 32.80 |
| 16 | 5.81 | 6.91 | 7.96 | 9.31 | 15.34 | 23.54 | 26.30 | 28.85 | 32.00 | 34.27 |
| 17 | 6.41 | 7.56 | 8.67 | 10.09 | 16.34 | 24.77 | 27.59 | 30.19 | 33.41 | 35.72 |
| 18 | 7.01 | 8.23 | 9.39 | 10.86 | 17.34 | 25.99 | 28.87 | 31.53 | 34.81 | 37.16 |
| 19 | 7.63 | 8.91 | 10.12 | 11.65 | 18.34 | 27.20 | 30.14 | 32.85 | 36.19 | 38.58 |
| 20 | 8.26 | 9.59 | 10.85 | 12.44 | 19.34 | 28.41 | 31.14 | 34.17 | 37.57 | 40.00 |
| 21 | 8.90 | 10.28 | 11.59 | 13.24 | 20.34 | 29.62 | 32.67 | 35.48 | 38.93 | 41.40 |
| 22 | 9.54 | 10.98 | 12.34 | 14.04 | 21.34 | 30.81 | 33.92 | 36.78 | 40.29 | 42.80 |
| 23 | 10.20 | 11.69 | 13.09 | 14.85 | 22.34 | 32.01 | 35.17 | 38.08 | 41.64 | 44.18 |
| 24 | 10.86 | 12.40 | 13.85 | 15.66 | 23.34 | 33.20 | 36.74 | 39.36 | 42.98 | 45.56 |
| 25 | 11.52 | 13.12 | 14.61 | 16.47 | 24.34 | 34.38 | 37.92 | 40.65 | 44.31 | 46.93 |
| 26 | 12.20 | 13.84 | 15.38 | 17.29 | 25.34 | 35.56 | 38.89 | 41.92 | 45.64 | 48.29 |
| 27 | 12.83 | 14.57 | 16.15 | 18.11 | 26.34 | 36.74 | 40.11 | 43.19 | 46.96 | 49.64 |
| 28 | 13.56 | 15.31 | 16.93 | 18.94 | 27.34 | 37.92 | 41.34 | 44.46 | 48.28 | 50.99 |
| 29 | 14.26 | 16.05 | 17.71 | 19.77 | 28.34 | 39.09 | 42.56 | 45.72 | 49.59 | 52.34 |
| 30 | 14.95 | 16.79 | 18.49 | 20.60 | 29.34 | 40.26 | 43.77 | 46.98 | 50.89 | 53.67 |
| 40 | 22.16 | 24.43 | 26.51 | 29.05 | 39.34 | 51.81 | 55.76 | 59.34 | 63.69 | 66.77 |
| 50 | 29.71 | 32.36 | 34.76 | 37.69 | 49.33 | 63.17 | 67.50 | 71.42 | 76.15 | 79.49 |
| 60 | 37.48 | 40.48 | 43.19 | 46.46 | 59.33 | 74.40 | 79.08 | 83.30 | 88.38 | 91.95 |
| 70 | 45.44 | 48.76 | 51.74 | 55.33 | 69.33 | 85.53 | 90.53 | 95.02 | 100.43 | 104.21 |
| 80 | 53.54 | 57.15 | 60.39 | 64.28 | 79.33 | 96.58 | 101.88 | 106.63 | 112.33 | 116.32 |
| 90 | 61.75 | 65.65 | 69.13 | 73.29 | 89.33 | 107.57 | 113.15 | 118.14 | 124.12 | 128.30 |
| 100 | 70.06 | 74.22 | 77.93 | 82.36 | 99.33 | 118.50 | 124.34 | 129.56 | 135.81 | 140.17 |

## 찾아보기